罗克韦尔自动化技术丛书

ControlLogix 系统组态与编程
——现代控制工程设计

主　编　钱晓龙
副主编　赵　强　李成铁

机 械 工 业 出 版 社

本书是罗克韦尔自动化 ControlLogix 控制系统在工程设计中应用的教材。

本书以 ControlLogix 系统的 DEMO 实验平台为对象，设计出有针对性的实验题目。首先介绍了 ControlLogix 系统的组成及硬件；通过讲解 RSLogix5000 的 4 种编程方法，教会读者如何使用编程软件；通过讲解罗克韦尔自动化 NetLinx 网络通信的几个典型应用案例，使读者学会对网络的合理设置和组态，解决应用中存在的问题；特别是详细地描述了 ControlLogix 系统如何兼容 DH+、Remote I/O 和 DH-485 等原有的网络体系，又能够与第三方产品如 Modbus、Profibus 网络设备进行通信。针对当前工业应用中对系统的可靠性要求，介绍了 ControlLogix 如何实现热备冗余系统的功能；针对系统的安全性要求，介绍了安全体系的标准及罗克韦尔自动化特有的 GuardLogix 安全控制产品在应用中是如何使用的。最后以循序渐进的方式，引领读者一步一步地学会使用 FactoryTalk View 监控软件，并以 PowerFlex 变频器在 PanelView Plus 中进行的首要集成为例，使读者初步体会分布式控制的优势。

本书立足于提高控制工程领域专业学位研究生和从事自动化专业的工程技术人员对罗克韦尔自动化 ControlLogix 控制系统的综合运用能力。本书是东北大学为培养控制工程专业学位研究生而开设的“现代控制工程设计”等实践技能课程群的教学参考书，同时也可作为罗克韦尔自动化公司的高级培训教材。

图书在版编目（CIP）数据

Control Logix 系统组态与编程：现代控制工程设计/钱晓龙主编.
—北京：机械工业出版社，2013.6（2024.1 重印）
（罗克韦尔自动化技术丛书）
ISBN 978-7-111-42627-1

Ⅰ.①C…　Ⅱ.①钱…　Ⅲ.①可编程序控制器-程序设计
Ⅳ.①TP332.3

中国版本图书馆 CIP 数据核字（2013）第 109262 号

机械工业出版社（北京市百万庄大街 22 号　邮政编码 100037）
策划编辑：林春泉　责任编辑：赵　任
版式设计：霍永明　责任校对：李锦莉　刘秀丽
封面设计：鞠　扬　责任印制：郜　敏
北京富资园科技发展有限公司印刷
2024 年 1 月第 1 版 · 第 11 次印刷
184mm×260mm · 25.25 印张 · 610 千字
标准书号：ISBN 978-7-111-42627-1
定价：65.00 元

凡购本书，如有缺页、倒页、脱页，由本社发行部调换
电话服务　网络服务
社服务中心：（010）88361066　教材网：http://www.cmpedu.com
销售一部：（010）68326294　机工官网：http://www.cmpbook.com
销售二部：（010）88379649　机工官博：http://weibo.com/cmp1952
读者购书热线：（010）88379203　**封面无防伪标均为盗版**

前　言

随着科技及工程应用的发展，企业对工程师的能力提出了更高的要求，期望他们不仅要具备科学研究、技术开发、工程设计和组织管理能力，还要具有国际化视野、创新精神和知识的综合应用能力。在这种形势之下，根据2010年教育部提出的《关于实施专业学位研究生教育综合改革试点工作的指导意见》的有关精神，东北大学制订了控制工程领域专业学位研究生教育综合改革试点实施方案，依托罗克韦尔自动化等校企联合实验室，规划并开设了“现代控制工程设计”等实践技能课程群。目的是培养控制工程领域专业硕士在巩固原有理论知识的基础上，熟悉工程实际；充分锻炼和提高学生的设计能力、施工能力和维护能力；为现代企业培养最急需、最实用的人才。

本书正是在此背景下，总结以往的教学经验，借鉴国内外一些著名自动化公司对工程师的培训方法，编写了大量与工程相关的实践内容，引导学生通过实训项目的演练，掌握自动化产品的使用和技巧，强化学生分析问题和解决问题的能力，提高他们的工程设计能力和训练水平。

全书共分八章，详细地讲述了ControlLogix控制系统在各种网络环境下的组态过程和在工程应用中的编程方法。其中第1章介绍了ControlLogix控制系统的组成及硬件组态；第2章介绍了RSLogix5000编程软件的使用；第3章介绍了RSLogix5000编程的4种方法，通过编程实验教会学生对方法的使用；第4章列举了罗克韦尔自动化NetLinx网络通信的几个典型应用案例，通过对网络的合理设置和组态，解决在应用中存在的问题；第5章介绍了ControlLogix控制系统如何兼容DH+、Remote I/O和DH-485等传统的网络体系，给出了两个与第三方产品，如Modbus、Profibus网络设备的通信实例；第6章介绍了如何发挥ControlLogix热备冗余系统的特点，实现了一些特殊的应用案例；第7章针对FactoryTalk View监控软件的特点，重点介绍了人机界面在PowerFlex变频器首要集成控制中的使用和如何发挥PanelView Plus的优势，实现一些特殊的功能；第8章介绍了GuardLogix安全控制系统产品在应用中如何组态与编程，由于该产品主要应用在汽车、轮胎等安全等级要求很高的行业，目前在国内鲜有介绍，但是在教材中做如此详细的讲解是首次。

本书第1章由沈阳航空航天大学的张晓东编写；第2章由哈尔滨电机厂有限责任公司的王晓瑜编写；第3章由中科院沈阳计算技术研究所的朱翔宇编写；第4章由赵强编写；第5章由钱晓龙编写；第6章由郭海编写；第7章由李成铁编写；第8章由太原电力高等专科学校的高世红编写。王圣炜、马少华、陈建祥、徐天洋、孙若武、李世超等也参加了部分编写工作和实验设计，同时他们还对书中的所有实验进行了验证。本书也得到了东北大学研究生教材建设立项资助项目和国家自然科学基金重点项目（71032004）的支持，在这里一并表示感谢。本书由东北大学信息学院的钱晓龙教授主编并统稿。

在编写过程中，罗克韦尔自动化公司的王树璋经理、李海燕女士，中国大学项目部的李磊先生、李淼小姐和吕颖珊小姐也一直关注着本书的出版，他们给予了我们各方面的帮助，同时也提出了大量宝贵的意见，在此表示最诚挚的谢意。由于编者水平有限，对 ControlLogix 控制系统应用的积累还很不够，书中难免有错误和不妥之处，敬请广大读者批评指正。

编者于东北大学

目　录

第1章

ControlLogix 硬件系统

学习目标

- ControlLogix 基本组成结构
- ControlLogix 系统硬件
- 输入/输出模块的组态
- 三层网络的通信模块

1.1 ControlLogix 控制器模块

1.1.1 ControlLogix 控制器

ControlLogix 控制系统有多种类型的控制器，目前占主导地位的主要是 1756-L6 × 和 1756-L7 × 系列的控制器。以 ControlLogix 控制器为核心的 ControlLogix 平台是一个模块化的平台，适用于顺序、过程、安全、传动（或运动）以及批处理控制应用的任意组合。通过此平台，可无限地混用多种处理器、网络和 I/O，而且随着系统的扩展，可使用 EtherNet/IP、ControlNet 或 DeviceNet 网络将控制设备分布到其他机架或其他 Logix 平台。控制器支持的数字量 I/O 最多可达到 128000 点，模拟量 I/O 最多可达到 4000 点。一个控制器支持 32 个任务（可组态为不同的类型：连续型、周期型和事件型）。ControlLogix 控制系统的控制器内存使用情况如图 1-1 所示。

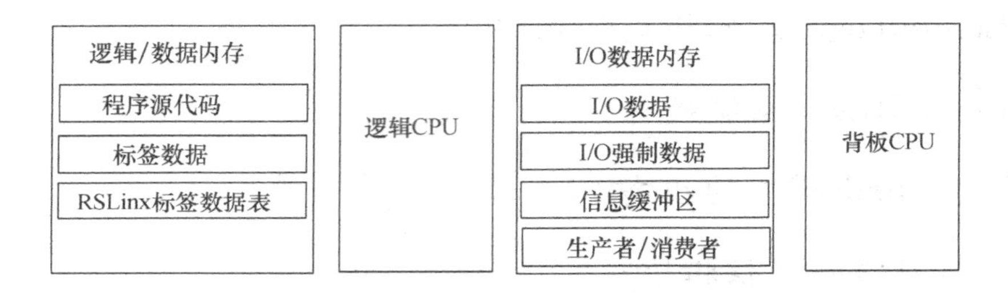

图 1-1　ControlLogix 控制器内存

由图 1-1 可以看出 ControlLogix 控制器内存分为逻辑/数据内存和共享 I/O 数据内存。控制器有两个 CPU：逻辑 CPU 和背板 CPU。它们分别用来处理逻辑程序和进行数据通信。这样就能保证既能快速地执行程序，又不影响数据交换。

ControlLogix 控制器模块可以插在 ControlLogix 框架的任意槽内，并且在同一个框架内可以插入多个控制器，控制器之间可以通过背板进行通信。控制器模块外形如图 1-2a、1-2b 所示。模块的 LED 指示灯用于指示控制器模块的状态，分别指示控制器的运行状态、I/O 状态、I/O 强制状态以及控制器的电池信息等。

ControlLogix 控制器可以通过多种方式访问，最直接的访问方式是通过控制器上的内置通信端口进行通信，如 1756-L6 × 系列的控制器可以通过内置的 RS-232 串行端口访问，而 1756-L7 × 系列的控制器可以通过内置的 USB 2. 0 全速 B 类端口访问。同时，ControlLogix 控制器还可以经过 1756-ENBT 通信模块通过 EtherNet/IP（工业以太网）路由到框架的背板，再访问到控制器；同样，也可以经过 1756-CNB（R）模块通过 ControlNet（控制网）路由到背板，再访问到控制器。下文中会以示例实验的方式介绍访问控制器的方式。

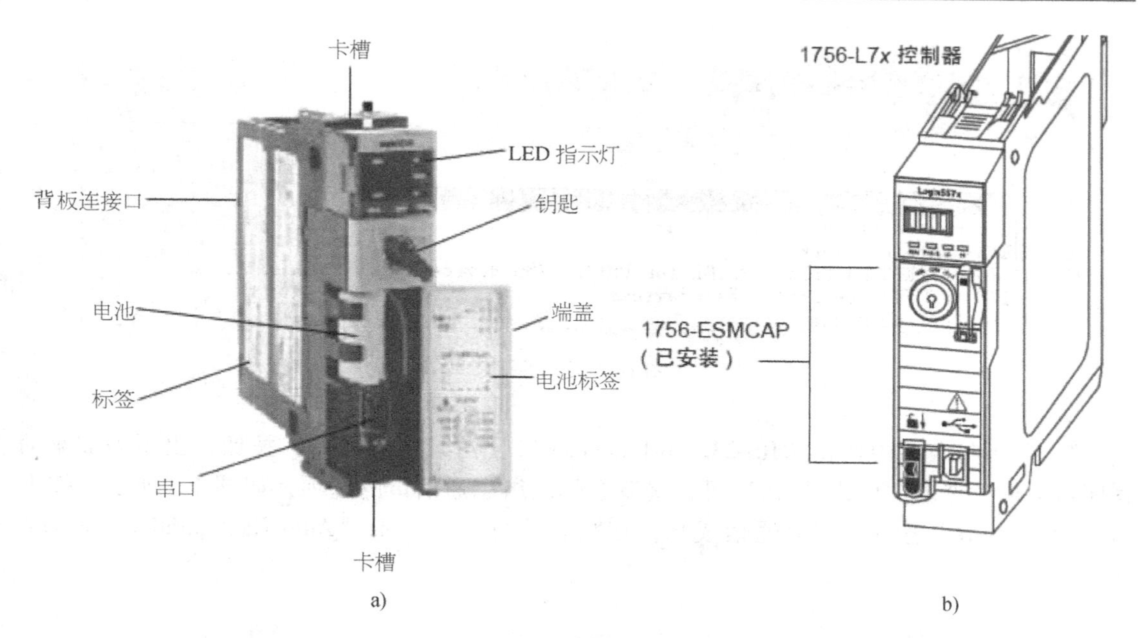

图 1-2　控制器模块外形
a）1756-L6 × 控制器模块外形　b）1756-L7 × 控制器模块外形

值得注意的一点是，一般情况下很少使用 1756-L6 × 系列控制器的串口上传和下载程序，因为串口的速度相对于其他通信方式（如以太网）较慢。但是，在特殊情况下，会用到串口和控制器进行通信，串口的连接方式如图 1-3 所示。

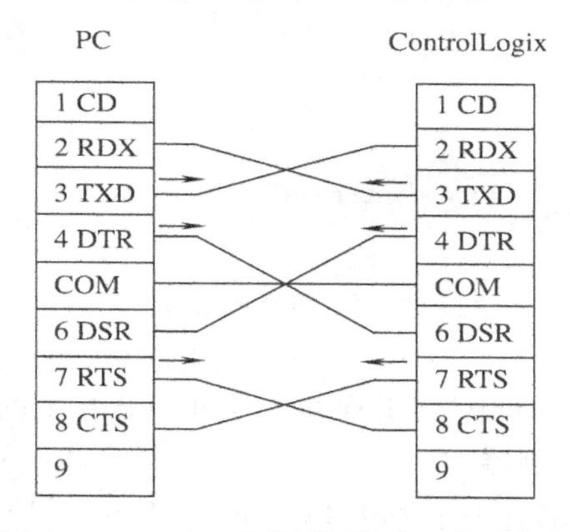

图 1-3　1756-L6 × 系列控制器串口的连接方式

1.1.2　访问控制器

1. 访问 1756-L6 × 系列控制器

1756-L6 × 系列控制器上都有一个串口，开发人员可以采用 DF1 协议与控制器进行串口通信。通信步骤如下所示：

1）单击 Start→Program→Rockwell Software→RSLinx，启动 RSLinx Classic 软件。

2）选择 “Communication” 菜单中的 “Configure Drivers”，弹出如图 1-4 所示对话框。

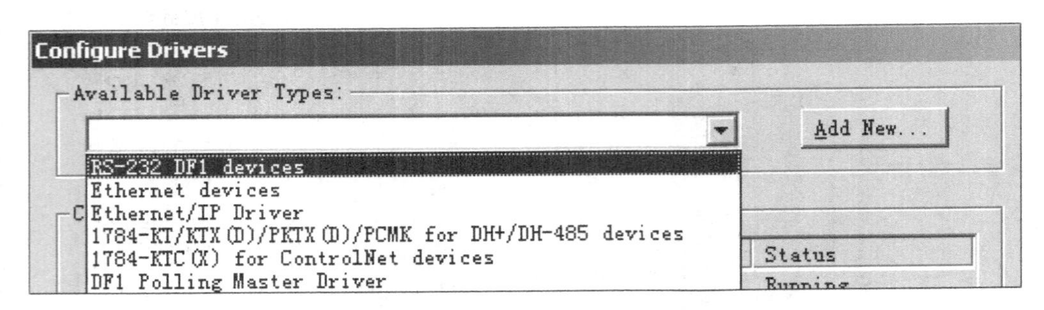

图 1-4　添加驱动

3）从下拉菜单中选择“RS-232 DF1 devices”，点击“Add New”按钮，出现添加驱动程序对话框，点击“OK”按钮即可，接着会弹出组态通信口的选项，如图 1-5 所示。按下“Auto-Configure”按钮，如果通信成功，在状态信息栏会显示“Auto Configuration Successful”。

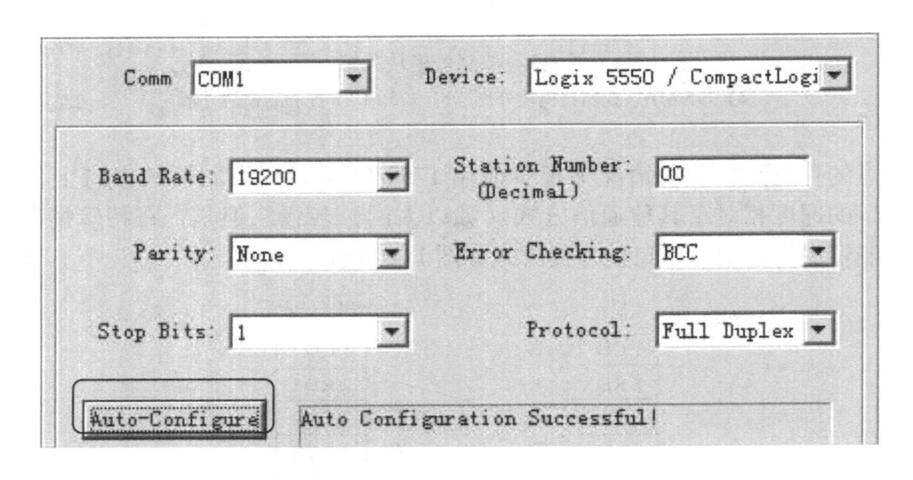

图 1-5　组态通信口

4）点击“OK”按钮，这时点击“RSWho”会出现连接上的设备，如图 1-6 所示。

2. 访问 1756-L7×系列控制器

1756-L7×系列控制器上都有一个 USB 口，可与控制器进行串口通信。要将 RSLinx 软件组态为使用 USB 端口，需要先设置 USB 驱动程序。通信步骤如下所示：

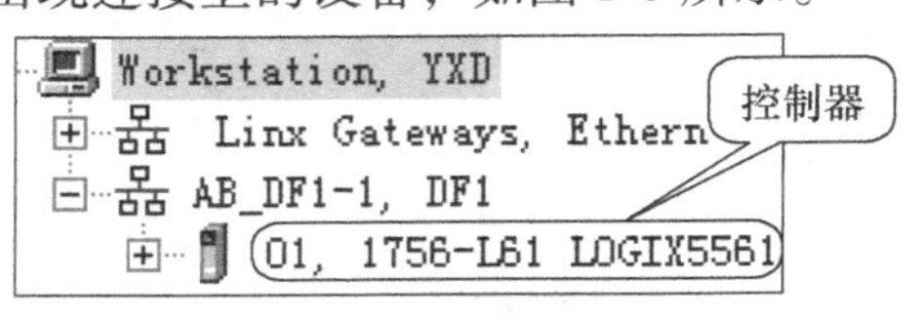

图 1-6　RSLinx 界面

1）使用 USB 电缆连接控制器和工作站，将显示“发现新硬件向导”（Found New Hardware Wizard）对话框，如图 1-7 所示。

2）单击任意一个 Windows 更新连接选项并单击“下一步”。注意，如果没有找到 USB 驱动程序软件且安装被取消，请验证是否已安装 RSLinx Classic 软件（版本 2.56 或更高版本）。

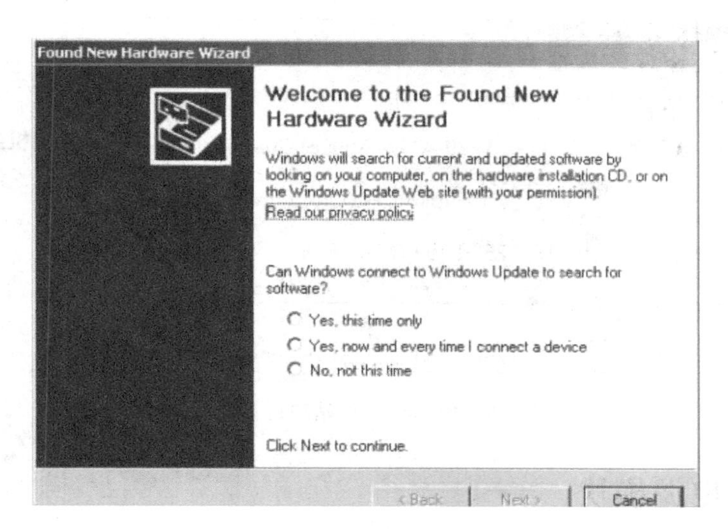

图 1-7　发现新硬件向导

3）单击“自动安装软件”（Install the software automatically），然后单击“下一步”，软件即被安装，如图 1-8 所示。

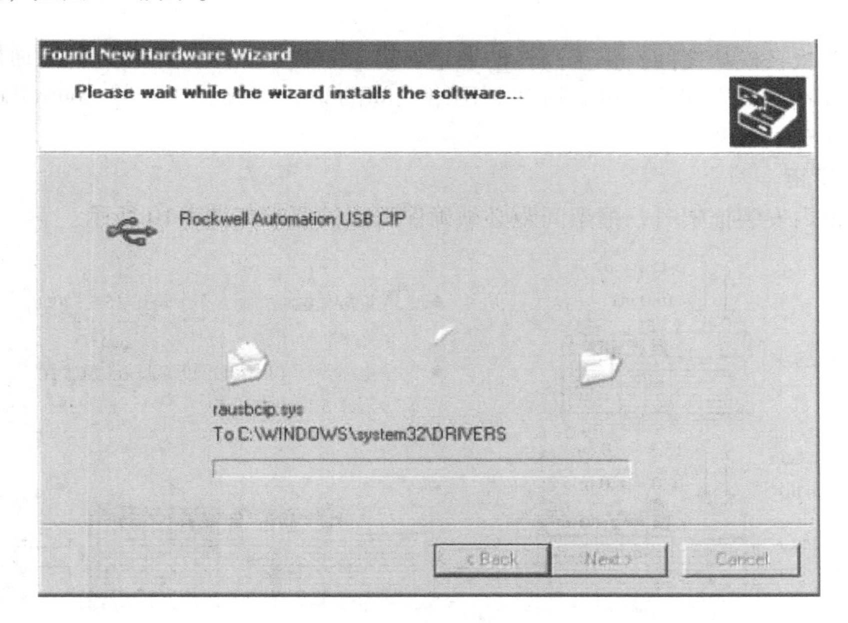

图 1-8　安装软件

4）单击“完成”（Finish）以设置 USB 驱动程序。

5）单击 RSLinx 软件中的“RSWho”图标 以浏览控制器，将出现 RSLinx 工作站项目管理器，如图 1-9 所示。

控制器将出现在两个不同的驱动程序（虚拟机架驱动程序和 USB 端口驱动程序）下方，可以使用任意一个驱动程序浏览控制器。

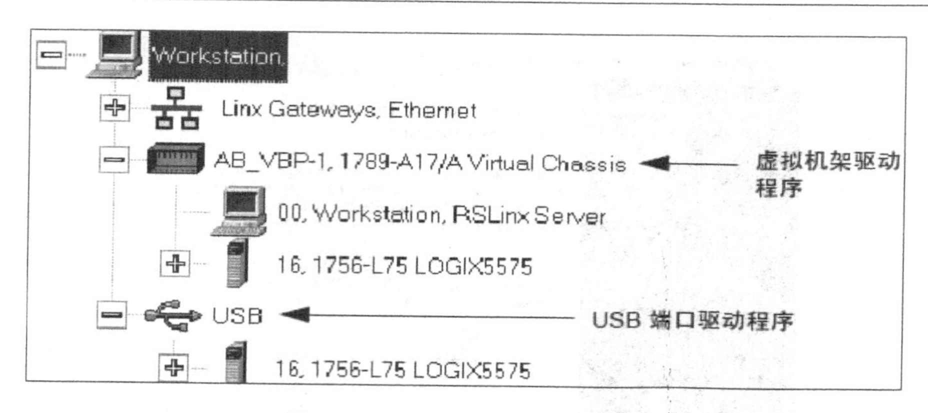

图 1-9　RSLinx 工作站项目管理器

1.2　框架及电源模块

1.2.1　框架

ControlLogix 框架有 4 槽、7 槽、10 槽、13 槽和 17 槽 5 种形式，并且对控制器所处的槽位没有要求。

框架的背板在模块之间提供了高速的通信通道。背板上多个控制器可相互通信，信息可通过背板完成不同网络间的路由，以达到网络之间的无缝集成。在安装 ControlLogix 框架的时候，需要注意以下两点：

1. 框架间距

在控制柜内安装框架时，框架间距必须确保符合的要求如图 1-10 所示。

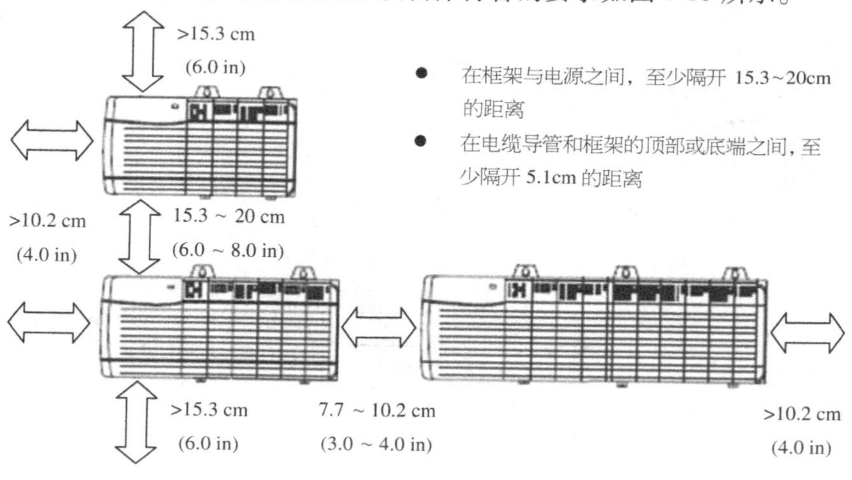

图 1-10　框架间距

2. 接地

每个 ControlLogix 框架都有一个接地螺母，具体的位置如图 1-11 所示。

如果控制柜的面板上有多个框架，建议采用如图 1-12 所示的方法进行接地。

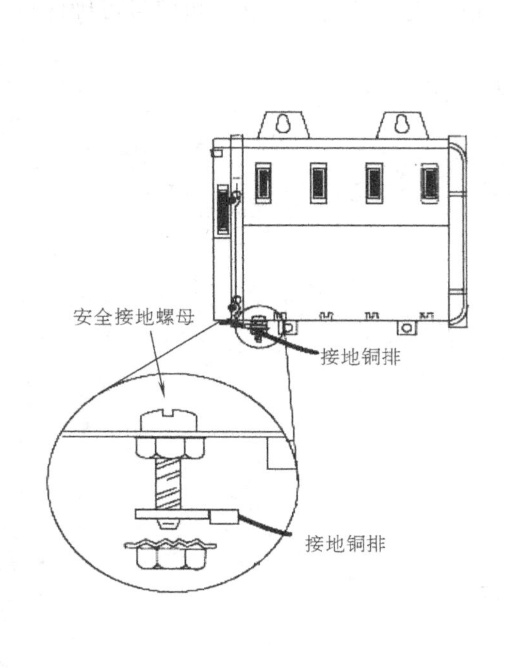

图1-11　框架接地

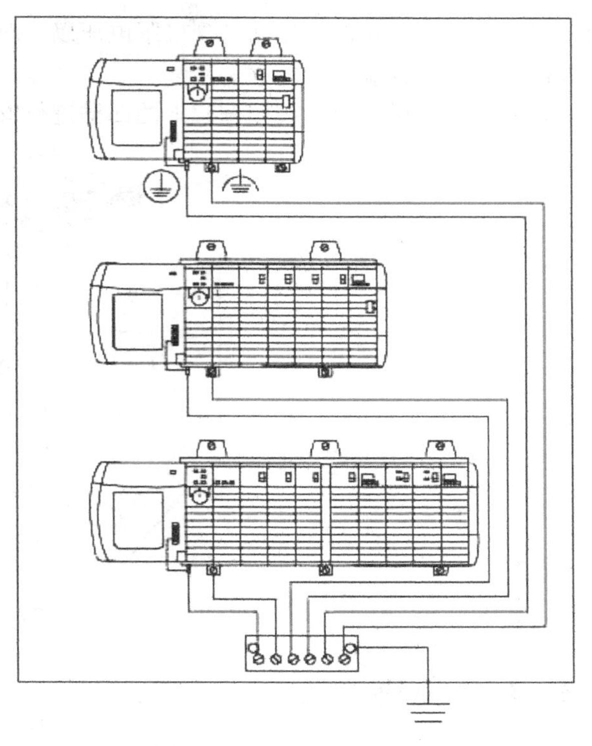

图1-12　多个框架接地

ControlLogix框架的5种规格见表1-1。

表1-1　ControlLogix框架的5种规格

目　录　号	槽　　数	尺寸(H×W×D)/mm	背板电源
1756-A4	4	137×263×145	DC4.0A@3.3V DC15.0A@5V DC2.8A@24V
1756-A7	7	137×368×145	
1756-A10	10	137×483×145	
1756-A13	13	137×588×145	
1756-A17	17	137×738×145	

1.2.2　电源

1756框架上的电源模块直接给框架的背板提供1.2V、3.3V、5V和24V的直流电源。电源模块有标准电源模块（例如：1756-PA72、1756-PB72、1756-PA75、1756-PB75、1756-PC75和1756-PH75）和冗余电源模块（例如：1756-PA75R和1756-PB75R）。

严格地说，在选择电源模块时应当将框架内的所有模块的电流累加起来。1756-PA72和1756-PB72电源模块提供10A的背板电流。1756-PA75、1756-PB75、1756-PC75和1756-PH75电源模块提供13A的背板电流。对于电压的选择则要根据现场所提供的电源类型。例如，如果现场提供220V的交流电压，框架内模块所需背板提供的电流在11A左右，则最好选择1756-PA75模块。

当电源模块的供电电压降到极限电压以下时，每个交流输入电源模块都在背板上发出关机信号。当模块的供电电压回升到极限电压以上时，则关机信号消失。该关机信号可确保将有效的数据存入控制器的内存。

在安装电源模块时，按照框架上的凹槽进行安装，如图 1-13 所示。

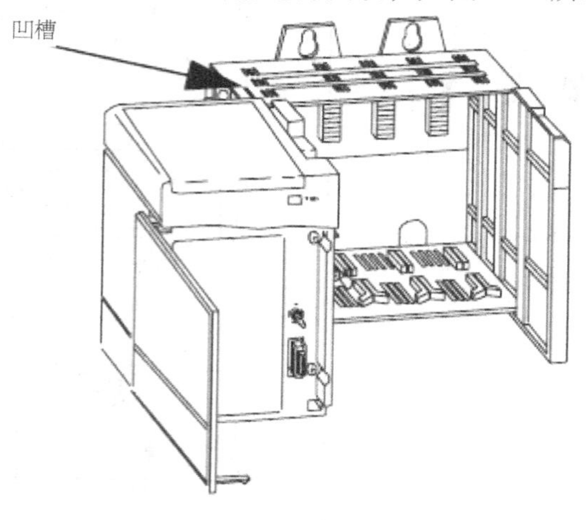

图 1-13　电源安装

1.3　I/O 模块

在 1.1 节中简单地介绍了输入/输出模块的作用，本节将对输入/输出模块原理进行介绍。

输入/输出模块分为数字量输入/输出模块和模拟量输入/输出模块两大类。

数字量输入/输出模块用来接收和采集现场设备的输入信号，包括按钮、选择开关、行程开关、继电器触点、接近开关、光电开关、数字拨码开关等数字量输入信号，以及用来对各执行机构进行控制的输出信号，包括向接触器、电磁阀、指示灯和开关等输出的数字量输出信号。模拟量输入/输出模块能直接接收和输出模拟量信号。

输入/输出模块通常采用滤波器、光耦合器或隔离脉冲变压器将来自现场的输入信号或驱动现场设备的输出信号与 CPU 隔离，以防止外来干扰引起的误动作或故障。

1.3.1　数字量 I/O 模块

1. 基本原理

（1）数字量输入模块

1）直流输入模块：直流输入模块外接直流电源，电路如图 1-14 所示。有的输入模块内部提供 24V 直流电源，称作无源式输入模块，用户只需将开关接在输入端子和公共端子之间即可。

2）交流输入模块：交流输入模块外接交流电源。

在如图 1-15 所示的输入电路中，输入端子有一个公共端子 COM，即有一个公共汇集点，因此称为汇点式输入方式。除此之外，输入模块还有分组式和分隔式。分组式输入模块的输入端子分为若干组，每组共用一个公共端子和一个电源。分隔式输入模块的输入端子互相隔离，互不影响，各自使用独立的电源。

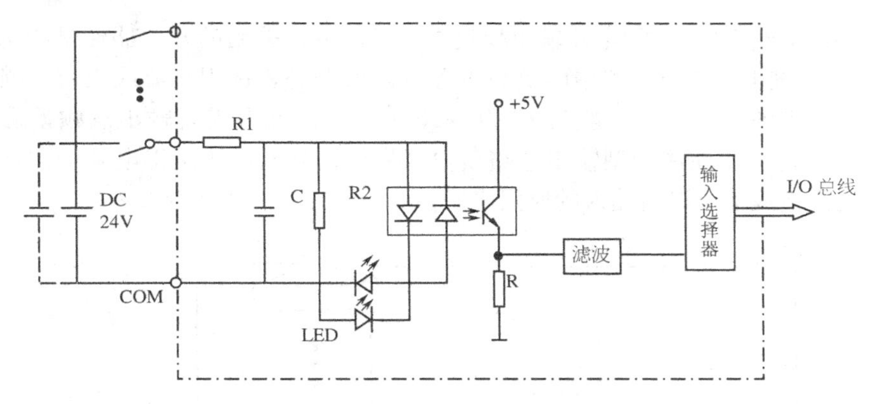

图 1-14　直流输入电路

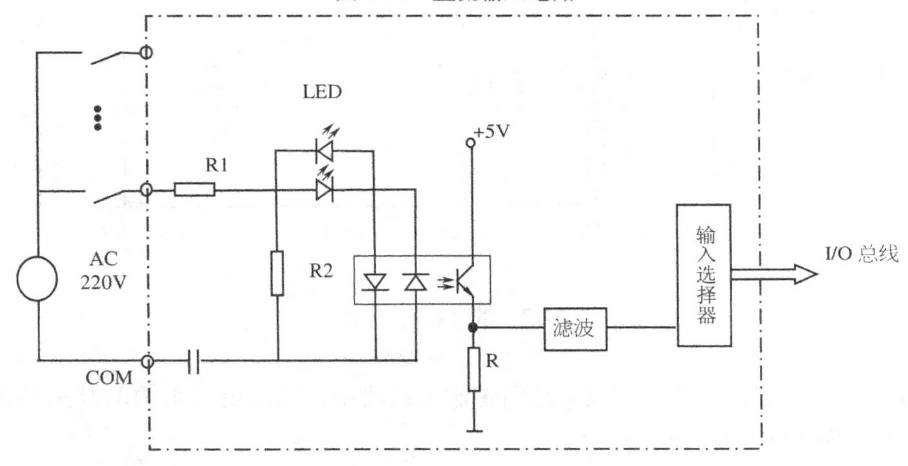

图 1-15　交流输入电路

（2）数字量输出模块

1）晶体管输出模块：在晶体管输出模块中，输出电路采用晶体管作为开关器件，电路如图 1-16 所示。晶体管数字量输出模块为无触点输出，使用寿命长，响应速度快。

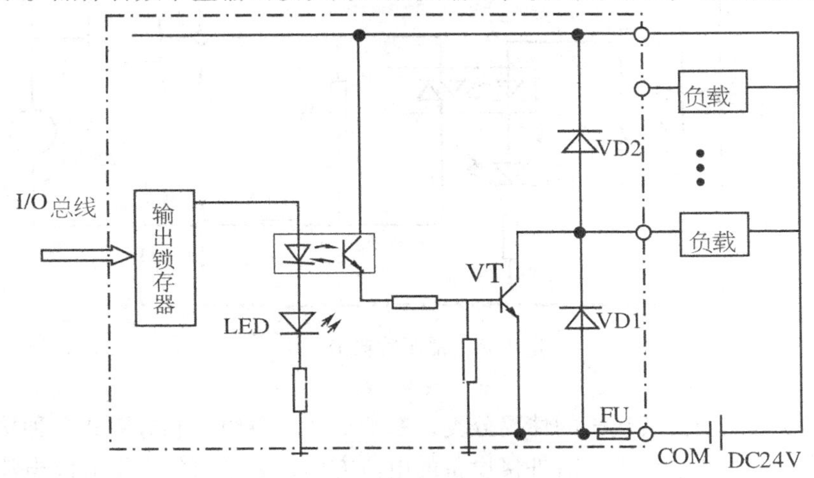

图 1-16　晶体管输出电路

2）继电器输出模块：在继电器输出模块中，输出电路采用的开关器件是继电器，电路如图 1-17 所示。继电器输出电路中的负载电源可以根据需要选用直流或交流。继电器的工作寿命有限，触点的电气寿命一般为 10 万～30 万次，因此在需要输出点频繁通断的场合（如脉冲输出），应使用晶体管型输出电路模块。另外，继电器线圈得电到触点动作，存在延迟时间，这是造成输出滞后输入的原因之一。

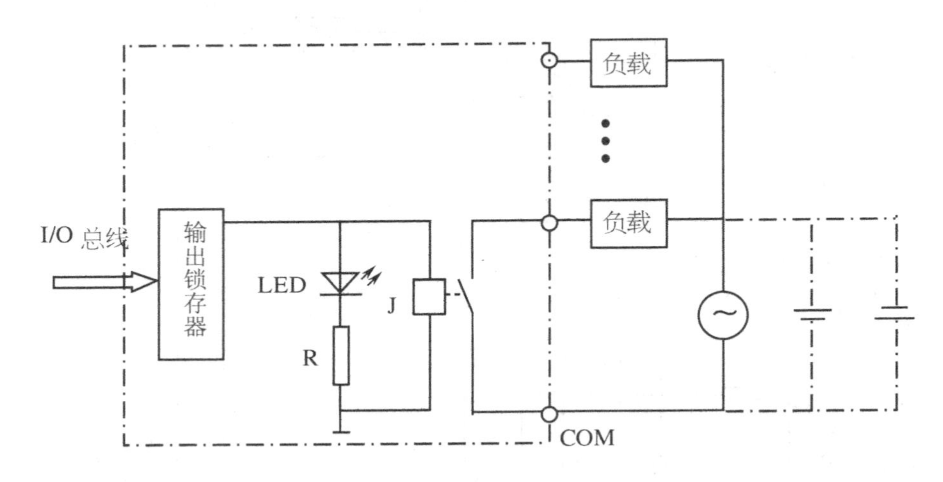

图 1-17　继电器输出电路

3）双向晶闸管输出模块：在双向晶闸管输出模块中，输出电路采用的开关器件是光控双向晶闸管，电路如图 1-18 所示。

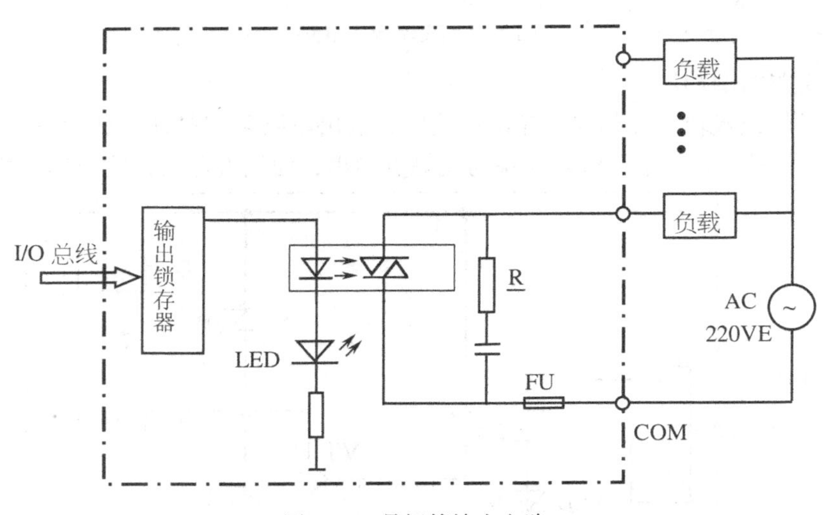

图 1-18　晶闸管输出电路

输出模块按照使用公共端子的情况分类，有汇点式、分组式和分隔式 3 种接线方式。

在一些晶体管 I/O 模块中，对外接设备的电流方向是有要求的，即有灌电流（Sink）与拉电流（Source）之分。4 种不同的输入/输出接线方式如图 1-19 所示。

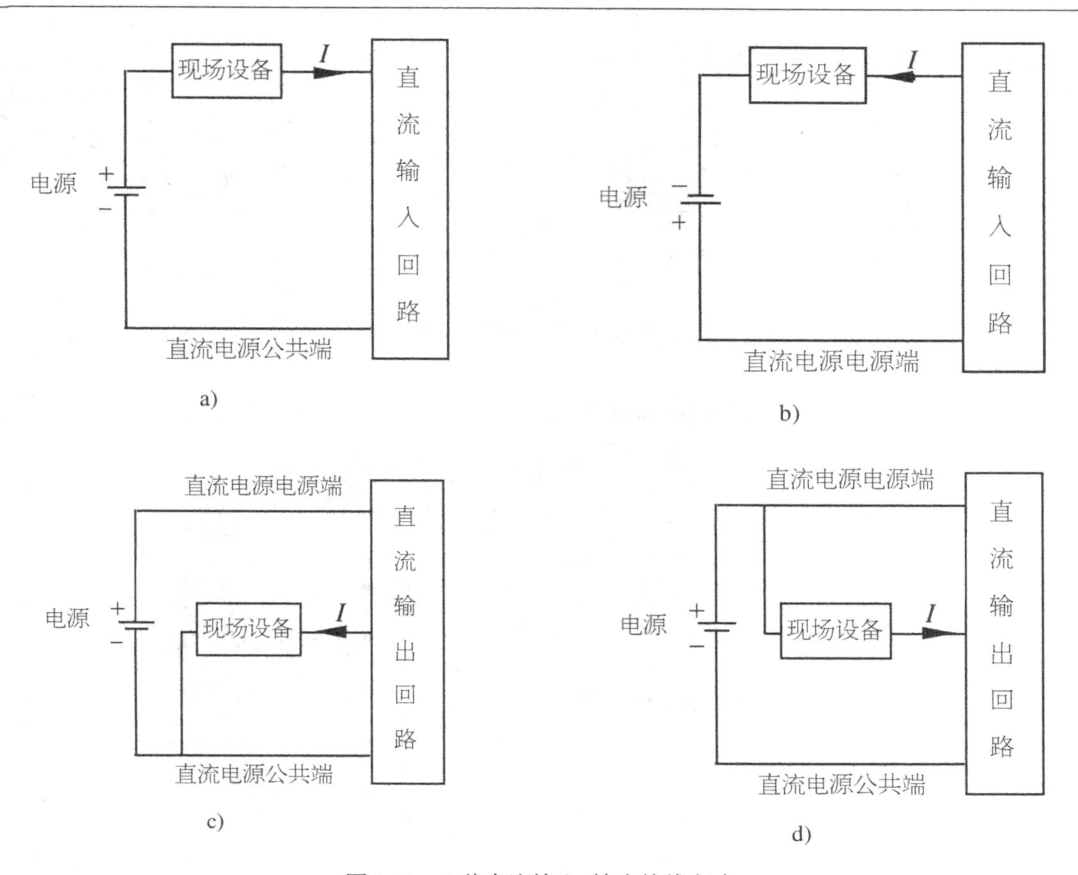

图 1-19　4 种直流输入/输出接线方式
a）灌直流输入　b）拉直流输入　c）拉直流输出　d）灌直流输出

2. ControlLoigx 的数字量输入/输出模块

ControlLogix 提供了种类丰富的数字量输入和输出模块，以适应各种场合的要求。这些数字量 I/O 模块提供如下的功能：

1）多种电压规格接口；

2）隔离型模块和非隔离型模块；

3）通道的故障诊断；

4）可选直接连接方式或者框架优化的连接方式；

5）可选支持现场诊断能力的模块。

输入模块原理如图 1-20 所示。

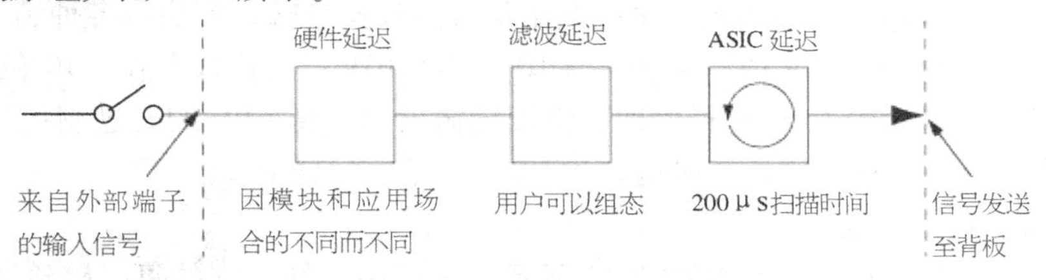

图 1-20　输入模块原理

输出模块原理如图 1-21 所示。

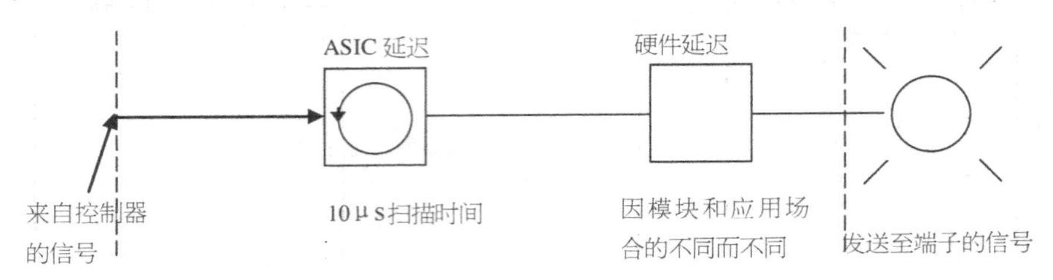

图 1-21　输出模块原理

输入/输出模块的外部视图如图 1-22 所示。

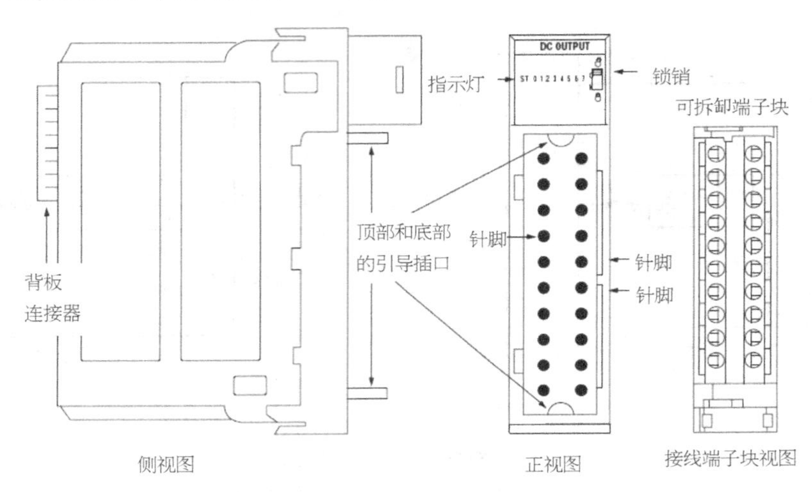

图 1-22　输入/输出模块的外部视图

1756 系列的 I/O 模块有可拆卸的端子块，这使得接线极为方便，为了防止误操作，端子块设有引导插口和锁销。模块的前部还有诊断指示灯，可以精确到位级。

若要查看模拟量模块的接线信息，打开 RSLogix5000 软件，选择如下路径：Help→Contents→Wiring Diagrams 来查看接线图，如图 1-23 所示。

1.3.2　模拟量 I/O 模块

1. 模块量 I/O 模块基本原理

用来接收和采集由电位器、测速发电机和各种变送器等送来的连续变化的模拟量输入信号以及向调节阀、调速装置输出模拟量的输出信号。模拟量输入模块将各种满足 IEC 标准的直流信号（如 4~20mA、1~5V、-10~+10V、0~10V）转换成 8 位、10 位、12 位或 16 位的二进制数字信号送给 CPU 进行处理，模拟量输出模块将 CPU 的二进制信号转换成满足 IEC 标准的直流信号，提供给执行机构。

（1）模拟量输入模块

模拟量输入模块的内部结构如图 1-24 所示，从图中可知，它的每一路输入端子都有电压输入和电流输入两种，用户可以通过拨码开关、跳线来选择输入方式。

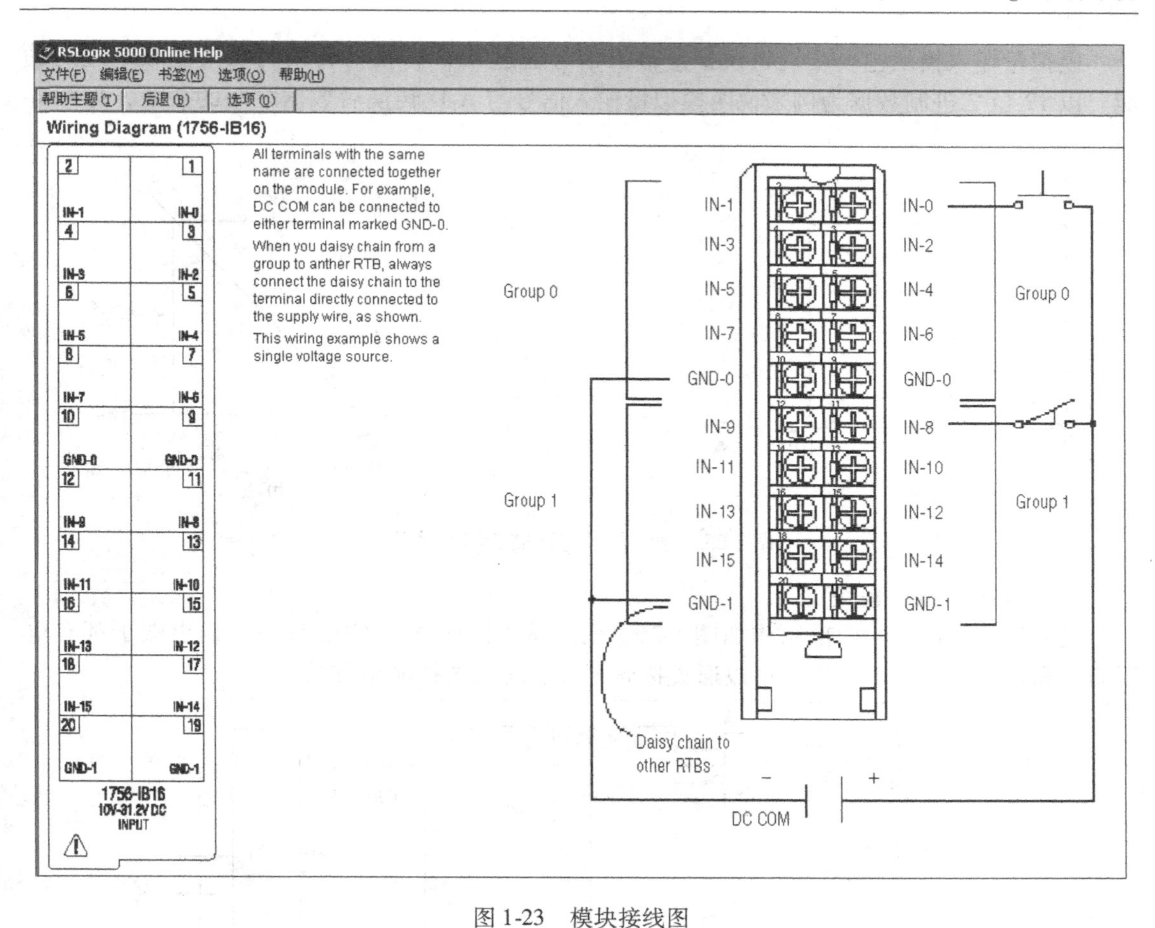

图 1-23　模块接线图

图 1-24　模拟量输入模块的结构

模拟量输入模块主要实现将模拟量输入信号通过 A-D 转换器转换为二进制数字量的功能。以 12 位二进制数据为例来说明模拟量输入信号与 A-D 转换后数据之间的关系，如图 1-25 所示。

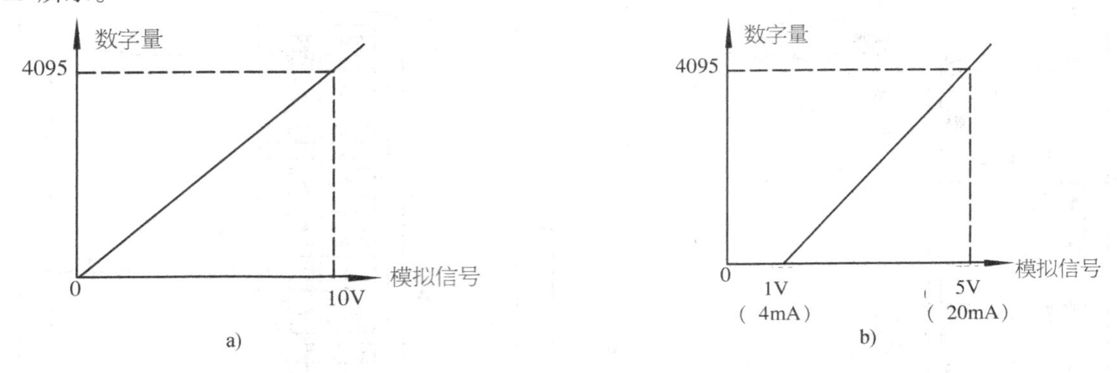

图 1-25　输入信号与转换数据的关系

（2）模拟量输出模块

模拟量输出模块的内部结构如图 1-26 所示。从图中可知，它的每一路输出端子都有电压输出和电流输出两种，用户可以通过拨码开关、跳线选择输出方式。

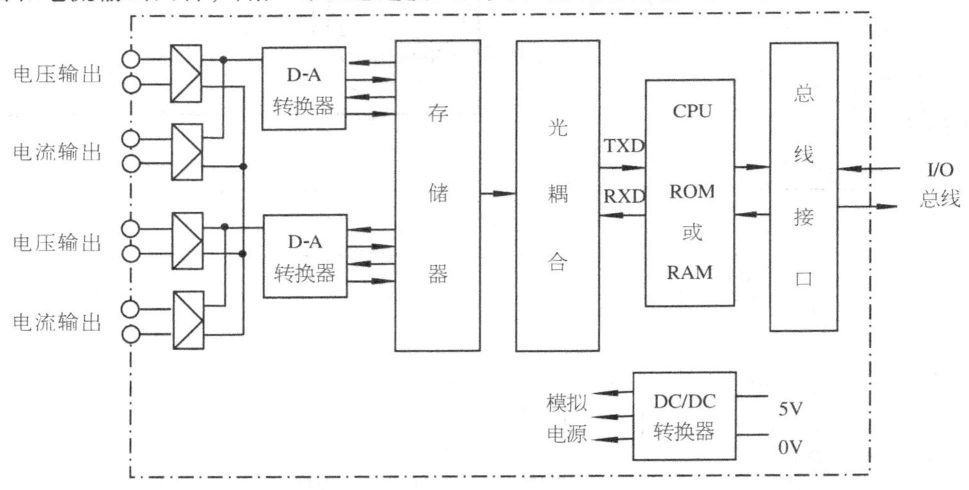

图 1-26　模拟量输出模块的结构

模拟量输出模块主要通过 D-A 转换器完成二进制数字量转换为模拟量的功能，并最终将模拟量信号输出到端子上，以 12 位二进制数据为例来说明数字量输入与模拟量输出之间的转换关系，如图 1-27 所示。

2. ControlLoigx 的模拟量 I/O 模块

ControlLogix 的模拟量模块支持以下功能：

1）板载数据报警；

2）工程单位标定；

3）实时通道采样；

4）IEEE32 位浮点或者 16 位整型数据格式。

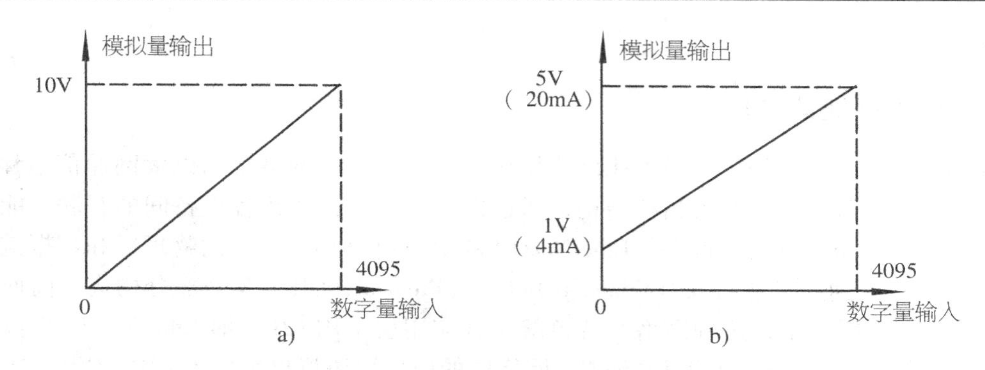

图 1-27　数字量输入与 D-A 转换的关系

模拟量信号的输入与输出通过通道来实现。在实际使用时有单端型和差动型两种接法。

打开 RSLogix5000 软件，选择 Help→Contents→Wiring Diagrams 来查看接线图，如图 1-28 所示。

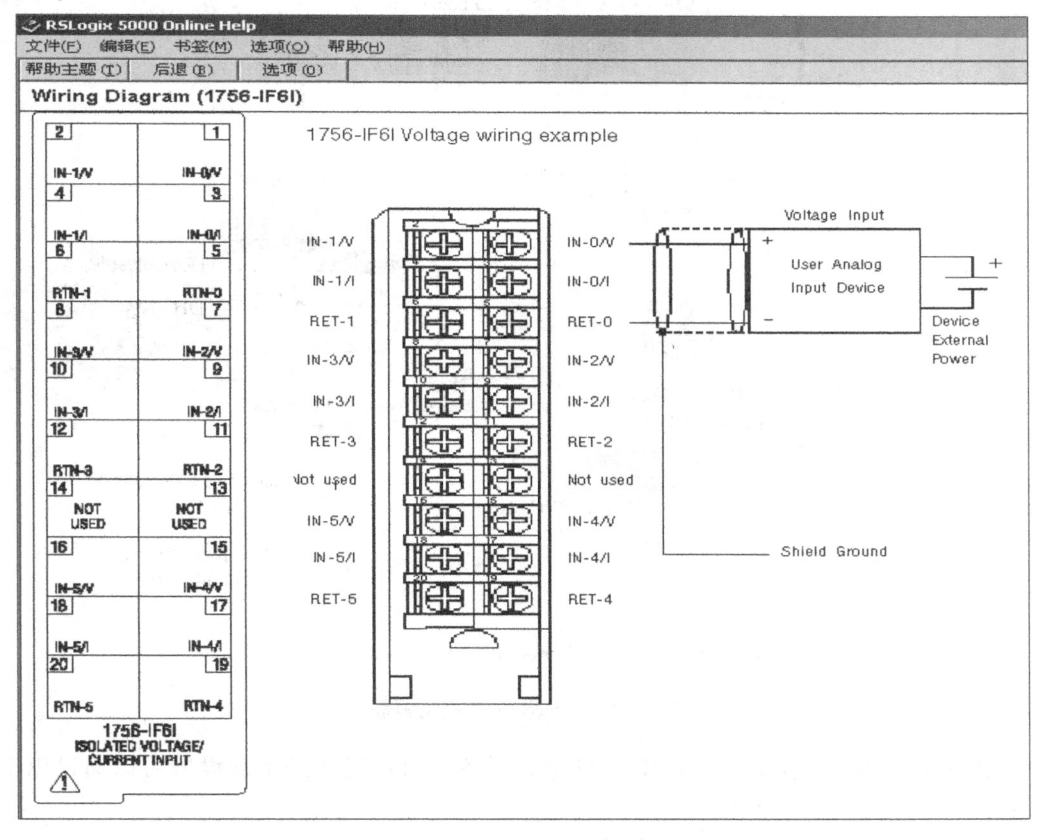

图 1-28　模拟量模块的接线

1.4　通信模块

通信模块是用来将控制器模块连接到不同网络的设备。在 ControlLogix 框架上安装通信模块后，就可以访问相应的网络。网络与网络之间可以通过 ControlLogix 的框架背板实现无缝连接。

1.4.1 以太网通信模块

EtherNet/IP 是一种开放式的工业网络协议。EtherNet/IP 网络采用以太网通信芯片、物理介质（非屏蔽双绞线）及其拓扑结构，通过以太网交换机实现各设备间的互联，能够同时支持 10M 和 100M 以太网设备。EtherNet/IP 的协议由 IEEE802.3 的物理层和数据链路层标准、TCP/IP 和通用工业协议（Common Industry Protocol，CIP）3 个部分构成，前面两部分为标准的以太网技术，这种网络的特色就是其应用层采用 CIP，即 EtherNet/IP 提高了设备间的互操作性。ControlNet 和 DeviceNet 网络中的应用层协议也采用了 CIP。CIP 一方面提供实时 I/O 通信，另一方面实现信息的对等传输，用以实现非实时的信息交换。

ControlLogix 通过以太网模块和 EtherNet/IP 网络进行通信，如图 1-29 所示。

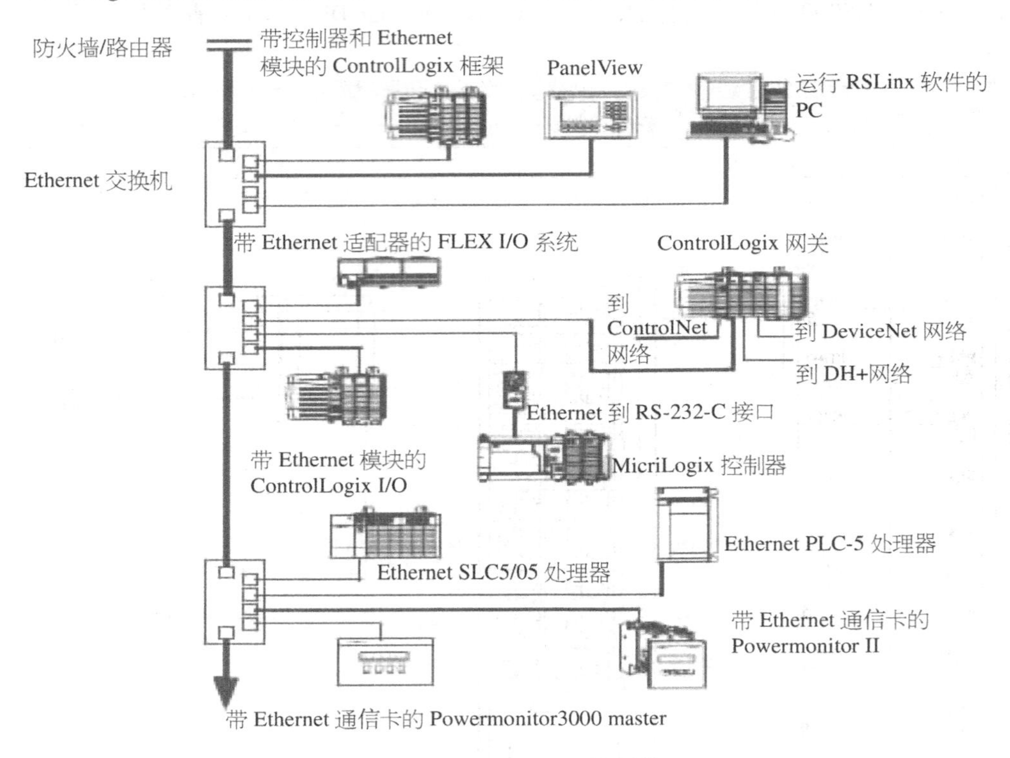

图 1-29　EtherNet/IP 网络概貌

在使用该模块时，需要对它的 IP 地址进行设置。对该模块地址的设置可以通过以下方式实现。

1. 设置 1756-ENBT 模块 IP 地址

1）打开 RSLinx 软件，添加 DF1 驱动，组态完毕后，打开“RSWho”窗口，如图 1-30 所示。

2）在 1756-ENBT 模块上点击右键，选择“Module Configuration”，如图 1-31 所示。

3）弹出窗口如图 1-32 所示，在这里显示模块的名称、供货商、硬件版本号、序列码信息以及故障信息。

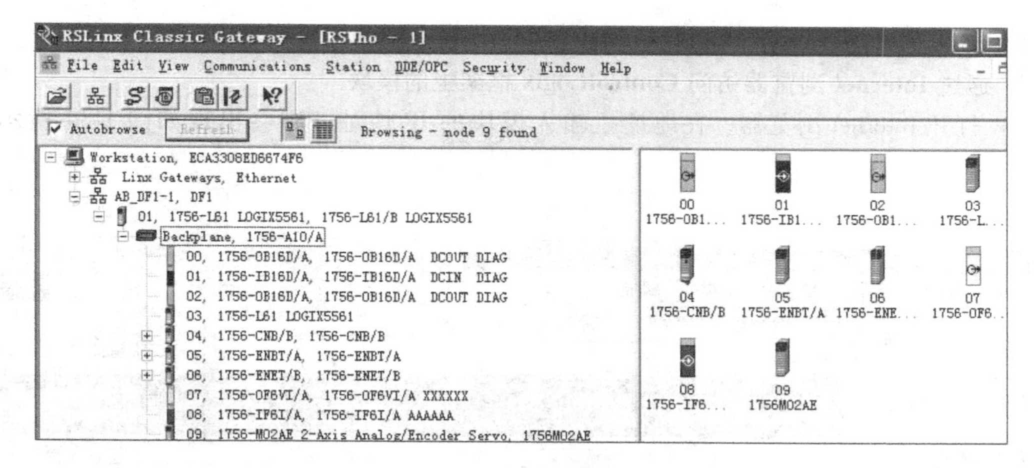

图 1-30　RSLinx 界面

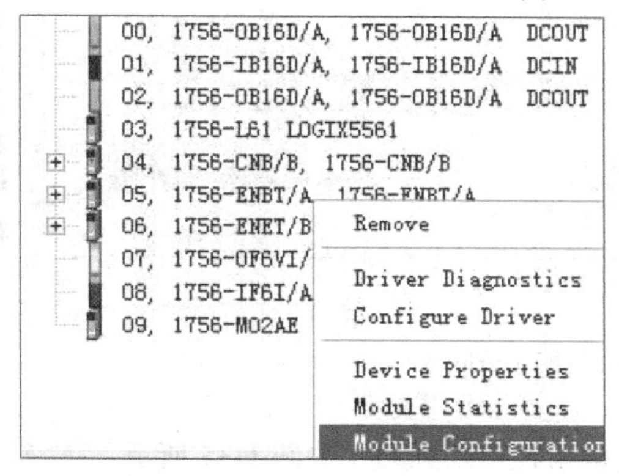

图 1-31　以太网模块组态对话框

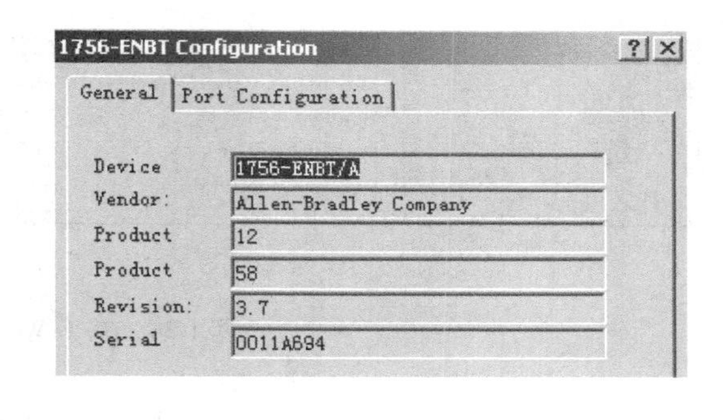

图 1-32　以太网模块常规选项卡

4）接下来选择“Port Configuration”选项卡，在这里填入模块的 IP 地址、子网掩码、网关、DNS 服务器等信息。选中“Obtain IP Address from Bootp Servers”复选框后，可以使用 BOOTP 方式来扫描模块，详细信息如图 1-33 所示。

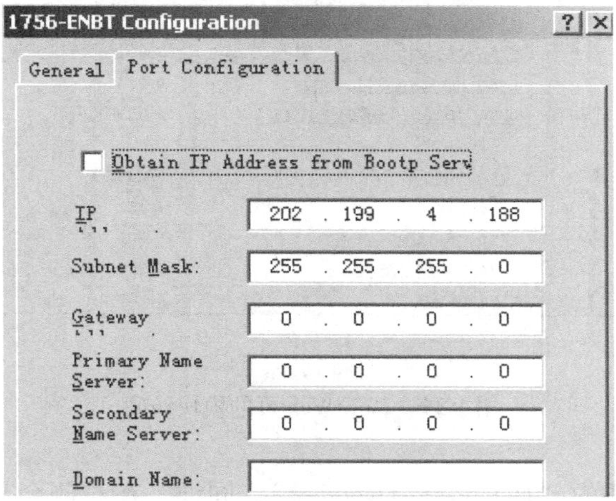

1756-ENBT Configuration
General　Port Configuration
Obtain IP Address from Bootp Serv
IP: 202 . 199 . 4 . 188
Subnet Mask: 255 . 255 . 255 . 0
Gateway: 0 . 0 . 0 . 0
Primary Name Server: 0 . 0 . 0 . 0
Secondary Name Server: 0 . 0 . 0 . 0
Domain Name:

图 1-33　端口组态选项卡

5）输入信号后，点击“确定”，将组态信息下载到模块中。

2. 通过 Internet 浏览器访问 ControlLogix 框架上的模块

1）打开 Internet 浏览器，在地址栏输入模块的 IP 地址，则会出现如图 1-34 所示界面。

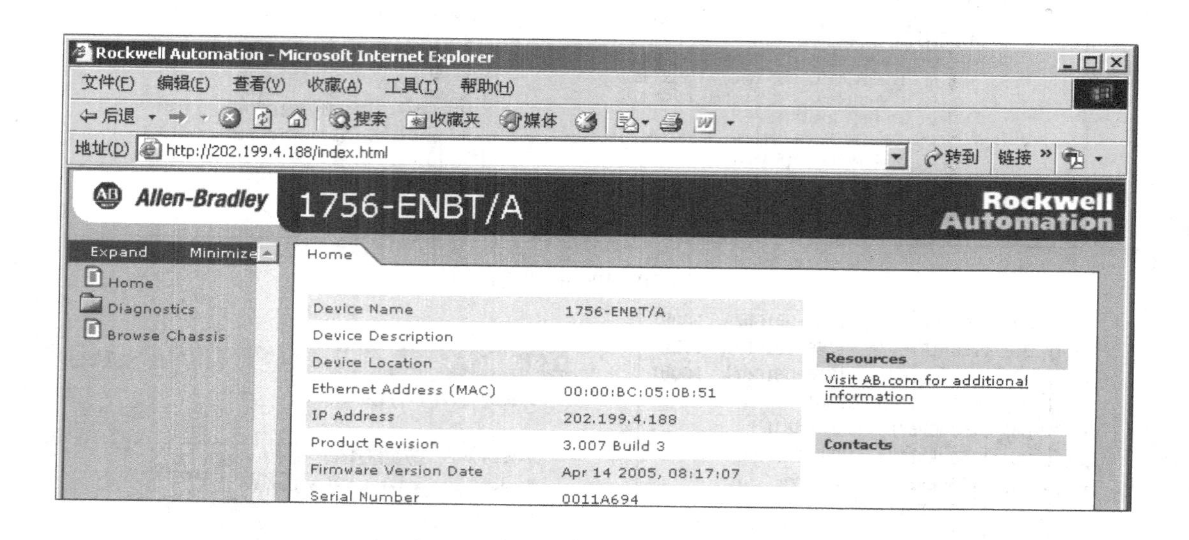

图 1-34 基于 Web 页的模块访问

2）点击左侧的“Browse Chassis”，则会在右侧出现模块列表，如图 1-35 所示。

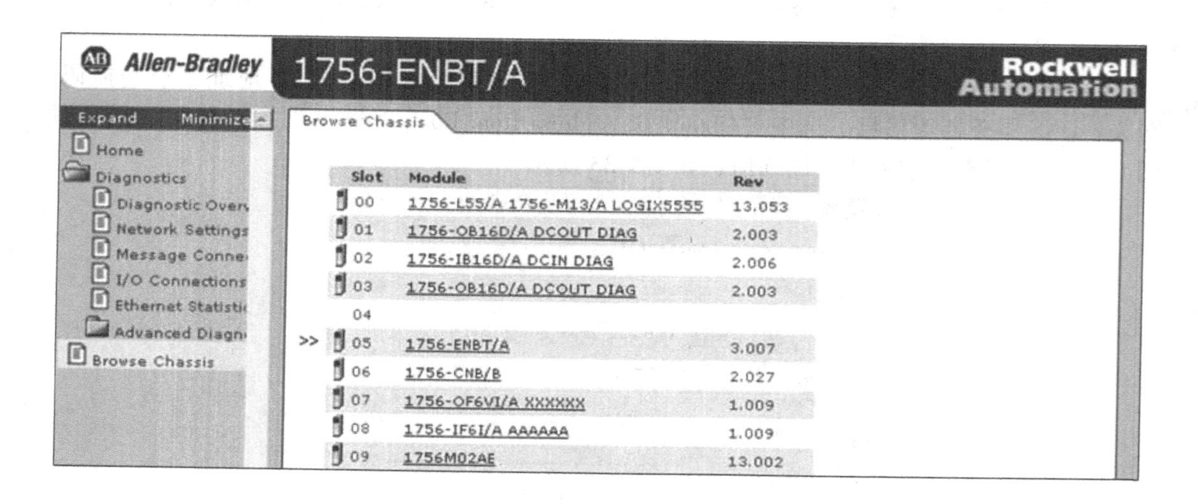

图 1-35 基于 Web 页的模块访问

3）还可以点击左侧的“Diagnostic Overview”，同样，在右侧会显示网络的通信状态以及 I/O 连接状态等信息，如图 1-36 所示。

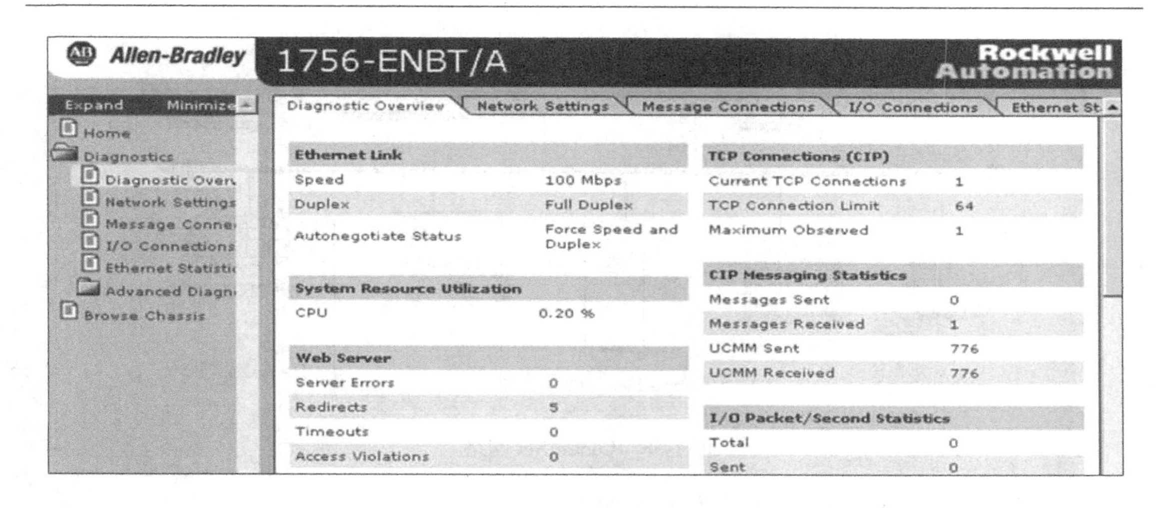

图 1-36　诊断界面

1.4.2　控制网通信模块

ControlNet（控制网）采用最新技术的工业控制网络，它满足了大吞吐量数据的实时控制要求。ControlNet 采用可靠的通用工业协议，将 I/O 网络和对等网络信息传输的功能集成在一起，具有强大的网络通信功能。

ControlNet 网络能够对苛刻任务控制数据提供确定的、可重复的传输，同时支持对时间无苛刻要求的数据转输。I/O 数据的更新和控制器之间的互锁始终优先于程序的上传/下载、常规报文传输。

ControlLogix 控制系统同 ControlNet 网络进行通信是通过 1756-CNB 或者 1756-CNBR 以及 1756-CN2 模块实现的。这些模块的节点地址通过模块顶部的拨码开关进行设置，如图 1-37 所示。

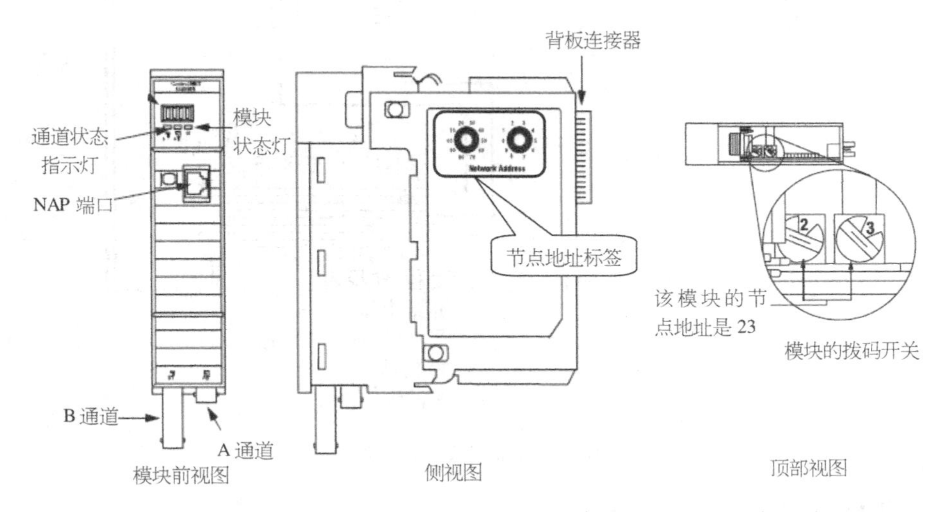

图 1-37　1756-CNBR 通信模块外部

ControlNet 网络一般采用总线型结构，如图 1-38 所示。其中 1756-CNB（R）模块既可以当“扫描器”也可以当“适配器”。

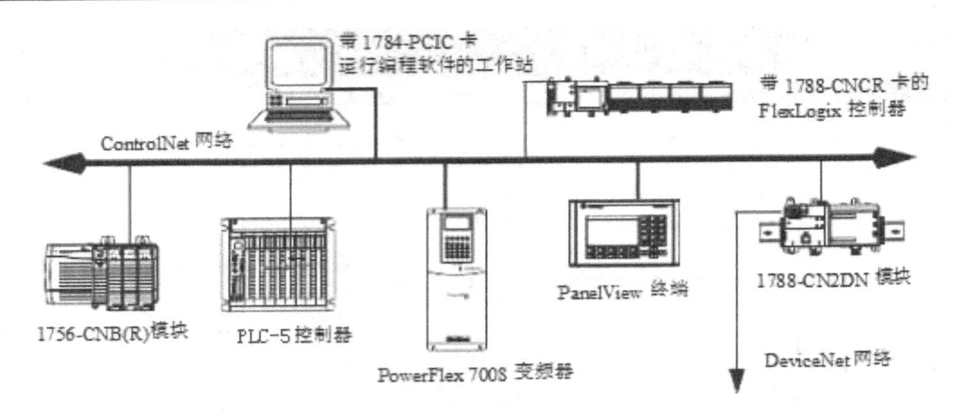

图 1-38　ControlNet 网络

关于使用 ControlNet 冗余系统，如图 1-39 所示。

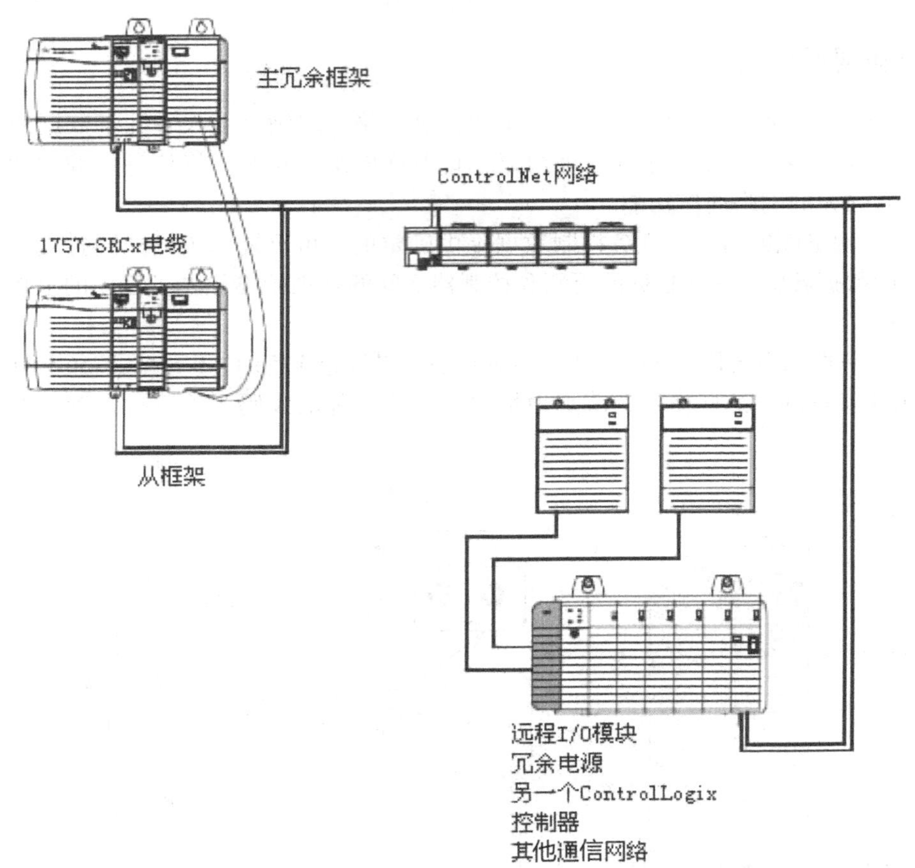

图 1-39　ControlNet 冗余系统

1.4.3　设备网通信模块

DeviceNet（设备网）是一种基于 CAN 的通信技术，主要用于构建底层控制网络，在车间级的现场设备（传感器、执行器等）和控制设备（PLC、工控机）间建立连接，从而避免了昂贵和繁琐的硬接线。

在 ControlLogix 控制系统中，DeviceNet 使用 1756-DNB 模块对整个网络的设备进行监视和控制，其外形如图 1-40 所示。

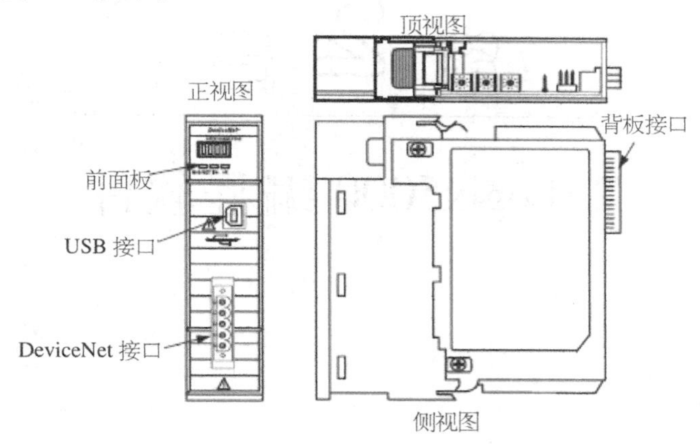

图 1-40　1756-DNB 外形视图

DeviceNet 应用于工业网络的底层，是最接近现场的总线类型。有关设备网的详细信息，请参阅第 4 章 DeviceNet 通信网络的内容。

第2章

RSLogix5000 编程软件

学习目标

- 使用示例程序
- 掌握 RSLogix5000 软件
- 使用不同的方法创建标签
- 数据结构的含义
- 三种任务及其区别
- 组态本地 I/O 模块
- 组态远程 I/O 模块
- 在线修改
- 创建趋势图
- 使用帮助文件
- 导入/导出工具

本章以压缩机装配项目工艺流程为例，讲解 RSLogix5000 编程基本方法。压缩机装配工艺流程图如图 2-1 所示。

在该项目中，传送带上的压缩机经过 3 个装配站：冲压、卷边和焊接。然后，压缩机被传送到第二个传送带并接受质量检查，通过检查的压缩机码垛后装船运走。

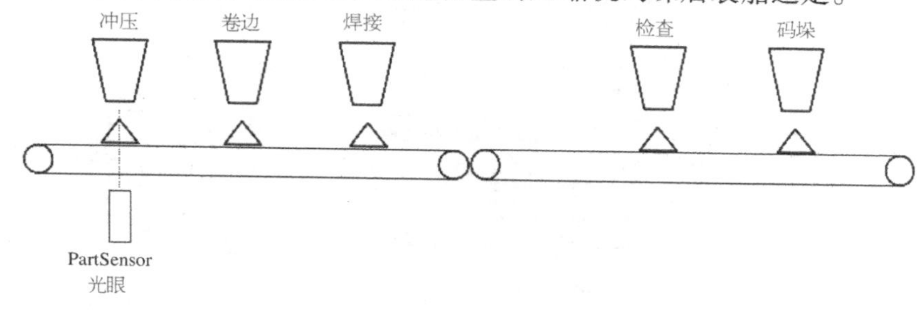

图 2-1　工艺流程图

冲压、卷边和焊接 3 个装配站和传送带 1 由控制器 P1 控制，质量检查和码垛站以及传送带 2 由控制器 P2 控制。光眼检测到有部件放置到传送带上（PartSensor 由 0 变为 1）后，站 1、2 和 3 顺序执行，然后传送带动作。当光眼再次检测到有部件送至传送带上，上述操作再次执行，依次循环。上面以时序图方式描述控制器 P1 的操作流程，如图 2-2 所示。

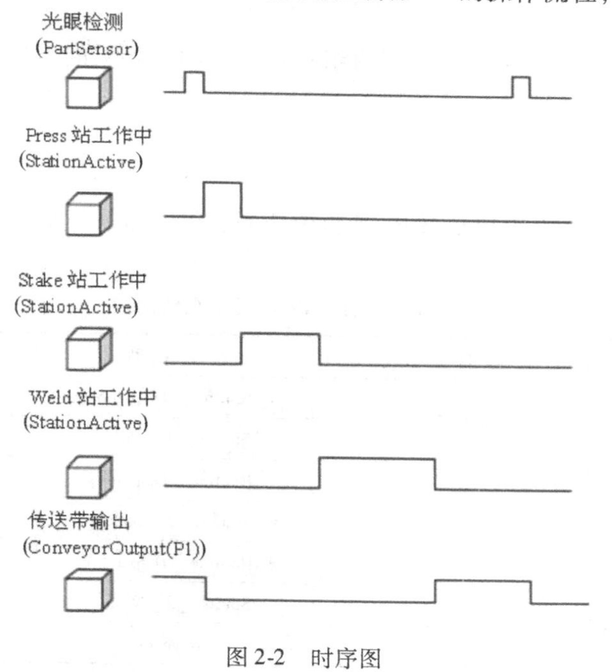

图 2-2　时序图

2.1　编程入门

2.1.1　创建工程

打开 RSLogix5000 软件，单击 File→New 创建新项目。这时出现“New Controller”界面。

起始槽号为 0。可以直接观察 ControlLogix 的位置，确定 Logix5561 控制器所在槽位；也可以打开 RSLinx 软件，组态通信，在“RSWho”中确定 Logix5561 控制器槽位，后者显然更适用于操作员处于远程位置操作。此外还应该填写正确的 RSLogix5000 软件版本号，选择正确的框架（ControlLogix 框架有 4 槽、7 槽、10 槽、13 槽和 17 槽 5 种形式）。组态画面如图 2-3 所示。

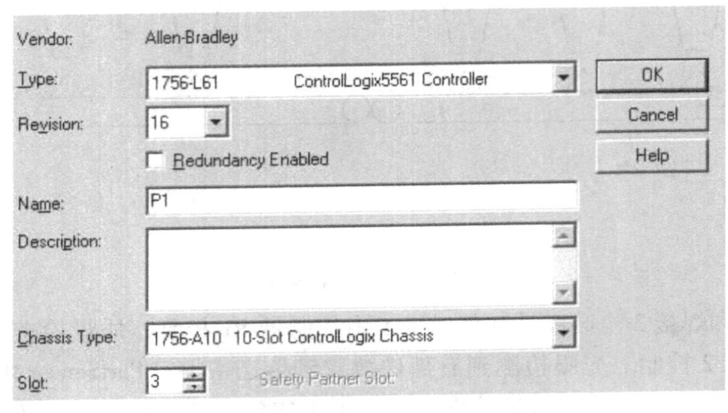

图 2-3　新建控制器对话框组态画面

创建好一个 ControlLogix 项目，还没有组态任何与项目相关的 I/O 模块，项目中也没有可执行的代码（如梯形图）。

2.1.2　程序文件

根据应用实例要求来组织控制器 P1 项目中任务、程序和例程及其操作要求。控制器 P1 项目组织结构见表 2-1。

表 2-1　控制器 P1 项目组织结构

任　务	包含程序	包含例程	执行的操作
Assembly	Program _ 1 _ Press	Routine _ Dispatch	调度子例程
		Station _ 1 _ Press	控制冲压站例程
	Program _ 2 _ Stake	Routine _ Dispatch	调度子例程
		Station _ 2 _ Stake	控制卷边站例程
	Program _ 3 _ Weld	Routine _ Dispatch	调度子例程
		Station _ 3 _ Weld	控制焊接站例程
Conveyor	Conveyor	Conveyor	控制传送带操作
Periodic _ Dispatcher	Station _ Dispatcher	Station _ Dispatcher	初始化(使能)站操作例程

操作要求分析如下：

控制器 P1 中任务必须符合以下要求：

● 装配线任务（站 1、2 和 3）

—执行时间不超过 500ms；

—根据调度连续运行。

● 传送带任务

—执行时间不超过 500ms；

—与调度任务分时执行（两任务的优先级相同）；

—每 50ms 执行一次。

● 调度任务

—执行时间不超过 400ms；

—与传送带任务分时执行（两任务的优先级相同）；

—每 50ms 执行一次。

ControlLogix 控制器不仅支持 Continuous（连续型）任务，还支持 Periodic（周期型）和 Event（事件型）任务。根据上述 P1 的操作要求，确定控制器 P1 中各任务的属性，见表 2-2。

表 2-2　控制器 P1 中各任务的属性

Task(任务)	Type(类型)	Watchdog(看门狗)	优先级	执行周期
Assembly(装配线)	连续型任务	500ms	—	—
Conveyor(传送带)	周期型任务	500ms	5	50ms
Periodic _ Dispatcher(定期调度)	周期型任务	400ms	5	50ms

ControlLogix 控制器仅支持一个连续型任务，并且 RSLogix5000 已经自动创建了连续型任务“MainTask”。在“MainTask”文件上单击右键，在弹出菜单中选择“Properties”（属性），将“MainTask”任务名称改为“Assembly”，并输入相应属性值。

单击 File→New Component→Task 或在项目管理器“Tasks”（任务）文件夹上单击右键，选择“New Task”，创建新任务“Conveyor”，并设置相应属性，如图 2-4 所示。因为传送带任务要求 50ms 执行一次，所以选择的任务类型为“Periodic”（周期型）。同理，创建新任务“Periodic _ Dispatcher”，并设置相应属性，保存该项目。

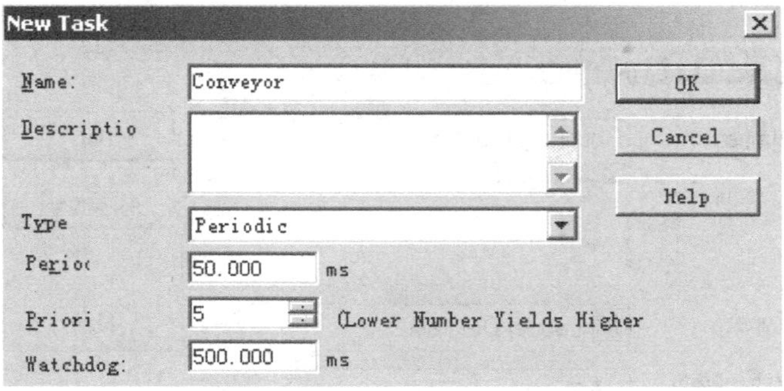

New Task
Name: Conveyor
Descriptio
Type Periodic
Perioc 50.000 ms
Priori 5 (Lower Number Yields Higher
Watchdog: 500.000 ms
OK
Cancel
Help

图 2-4　创建新任务“Conveyor”

创建“Assembly”（装配线）任务的程序。在“Assembly”文件夹上单击右键并选择“New Program”（创建新程序）。输入程序名称“Program _ 1 _ Press”并设置相应属性，如图 2-5 所示。同理创建“Program _ 2 _ Stake”以及“Program _ 3 _ Weld”并设置相应属性。

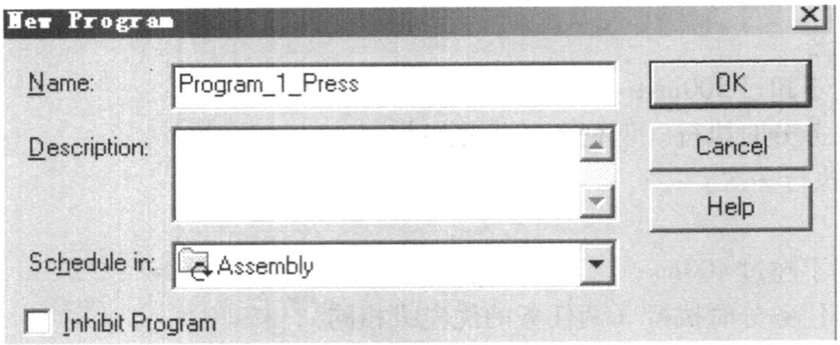

图 2-5　创建新程序

规划“Assembly”（装配线）任务的程序。右键单击“Assembly”任务，选择“Properties”（属性），选择“Program Schedule”（程序规划）选项卡，如图 2-6 所示。

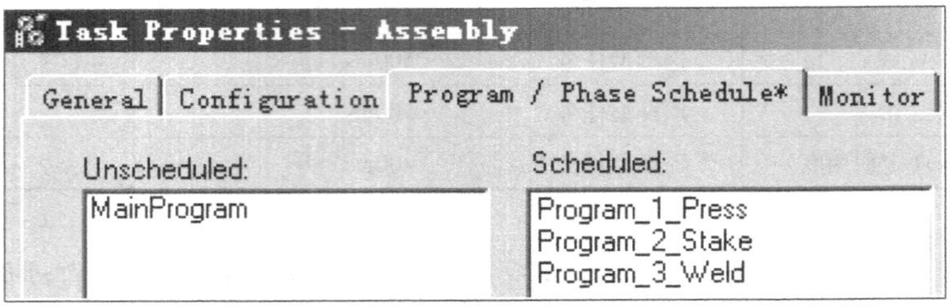

图 2-6　规划程序

为“Assembly”（装配线）任务的“Program _ 1 _ Press”程序创建例程。右键单击“Program _ 1 _ Press”程序，选择“New”（新建），输入名称“Routine _ Dispatch”（调度例程），类型为“Ladder Diagram”（梯形图），范围在“Program _ 1 _ Press”程序中，如图 2-7 所示。该例程用于调度程序中其他的子例程。

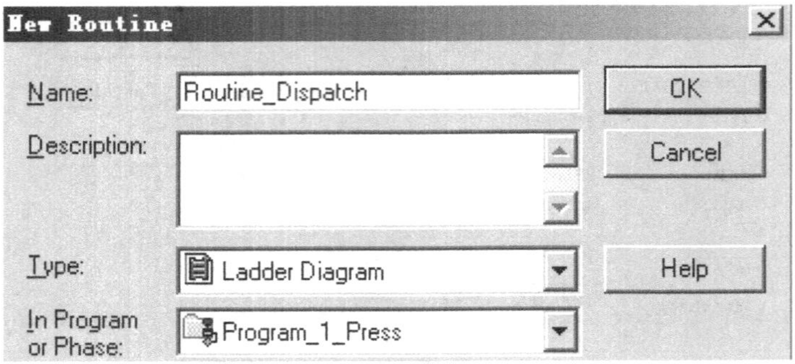

图 2-7　创建例程

同理，创建“Station _ 1 _ Press”（冲压）例程，类型为“Ladder Diagram”（梯形图），范围在“Program _ 1 _ Press”程序中。该例程用于控制冲压工序的时间。

为“Assembly”（装配线）任务中“Program _ 1 _ Press”程序指定主例程。右键单击“Program _ 1 _ Press”程序，在“Properties”（属性）中选择“Configuration”（组态）选项卡。“Assigned Main”（指定主例程）为“Routine _ Dispatch”（调度子例程），如图 2-8 所示。

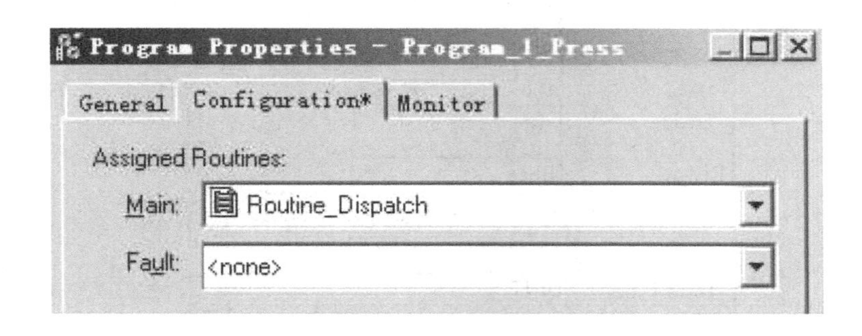

图 2-8　指定主例程

按照相同的步骤，读者可自行为“Program _ 2 _ Stake”、“Program _ 3 _ Weld”程序创建相应例程并设置主例程。

对于“Conveyor”和“Periodic _ Dispatcher”任务，如图 2-9 所示，执行如下操作：

—创建所需程序；

—创建所需例程并指定主例程。

单击 File→Save，保存该项目。至此项目中的所有任务、程序和例程创建完毕。

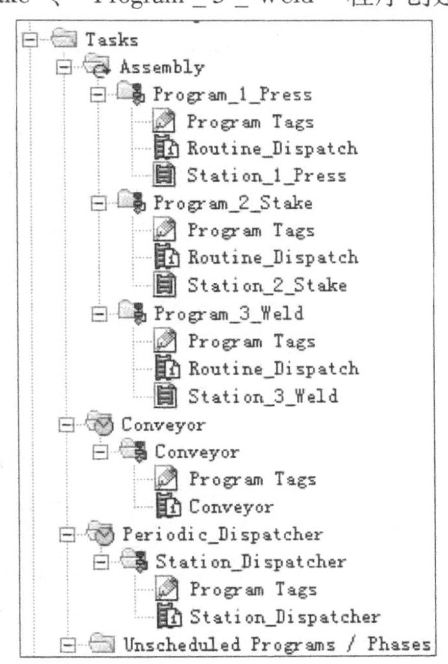

图 2-9　新建任务、程序和例程

2.1.3　数据文件

在本实验中，将创建相应标签、结构体和数组。Logix 控制器的特点：无需手动进行 I/O 映射，根据控制属性，自动创建/命名标签，并且支持结构体和数组。控制器域和程序域标签的分类提高了代码重用性。

右键单击“Controller Tags”（控制器标签），选择“New Tag”（新建标签）。“Tag Name”类似于其他编程语言中的变量，用于存储数值。可以根据 P&ID（管道仪表图）或电气设计图中的符号名称来命名标签（Tag Name）。在此输入标签名称会保存在控制器中，不会因为更换用于编程的上位机而丢失。且这些“Tag Name”可供系统中的人机界面直接使用，而无需重新定义。这会为编程、文档管理和系统维护带来极大的便利。在对话框中输入名称“Call _ Program _ Value”，数据类型“DINT”，标签类型为“Base”（基本型），范围为“P1”（Controller），显示类型为“Decimal”（十进制），如图 2-10 所示。

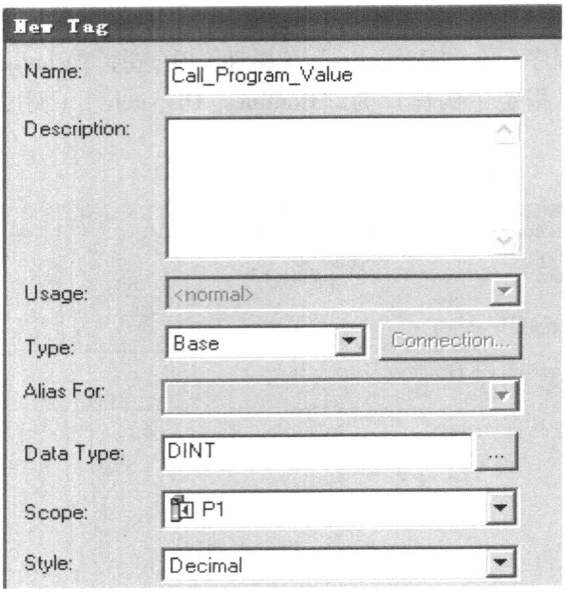

New Tag

Name:	Call_Program_Value
Description:	
Usage:	<normal>
Type:	Base (Connection...)
Alias For:	
Data Type:	DINT
Scope:	P1
Style:	Decimal

图 2-10　新建标签

按照上述步骤逐个创建以下控制器域的标签，如图 2-11 所示，这些标签将在下面的实验中用到。

Scope: P1(controller)　Show: Show All　Sort: Tag Name

P	Tag Name	Alias For	Type	Style
	+-Call_Program_Value		DINT	Decimal
	Complete		BOOL	Decimal
	ConveyorOutput		BOOL	Decimal
	+-InCycle		DINT	Decimal
	+-PartSensor		DINT	Decimal
	StationComplete		BOOL	Decimal

图 2-11　控制器域标签

创建下面的“Conveyor”程序域内的标签，如图 2-12 所示。

Scope: Conveyor　Show: Show All　Sort: Tag Name

Tag Name	Type	Style	Description
+-Conveyor_Timer	TIMER		
Part_Sensor_Fault	BOOL	Decimal	
Part_Sensor_Fault_Indicator	BOOL	Decimal	

图 2-12　“Conveyor”程序域内的标签

创建下面的“Station _ Dispatcher”（站调度）程序域的标签，如图 2-13 所示。

Scope: Station_Dispatch　Show: Show All　Sort: Tag Name

Tag Name	Type	Style	Description
PartSensorOneShot	BOOL	Decimal	

图 2-13　“Station _ Dispatcher”程序域的标签

创建下面的“Program _ 1 _ Press”（冲压站）程序域的标签，如图 2-14 所示。

Scope: Program_1_Press　Show: Show All　Sort: Tag Name

Tag Name	Type	Style	Description
StationActive	BOOL	Decimal	
StationOneShot	BOOL	Decimal	
⊞-StationTimer	TIMER		

图 2-14　“Program _ 1 _ Press”程序域的标签

将“Program _ 1 _ Press”（冲压站）程序域的标签复制（Ctrl + C）并粘贴（Ctrl + V）到“Program _ 2 _ Stake”和“Program _ 3 _ Weld”程序域内，无需重建标签，提高代码重用性。同时在 Logix 控制器中，不同程序域内的标签名称是可以相同的。

创建自定义数据类型。在控制器 P1 中为每个压缩机生成一个产品编号（Product ID），每个产品编号由零件编号（Part _ ID）、序列号（Serial _ No）和目录号（Catalog _ No）3 部分构成。使用自定义数据结构可以更方便地管理这种数据类型的标签。右键单击“Data Type”文件夹下“User-Defined”（自定义），选择“New Data Type”（新建数据类型）。

输入自定义数据类型的“Name”（名称）和“Members”（成员），如图 2-15 所示。此时创建了一个自定义的数据类型，如果需要在例程中使用，必须创建相应的标签。

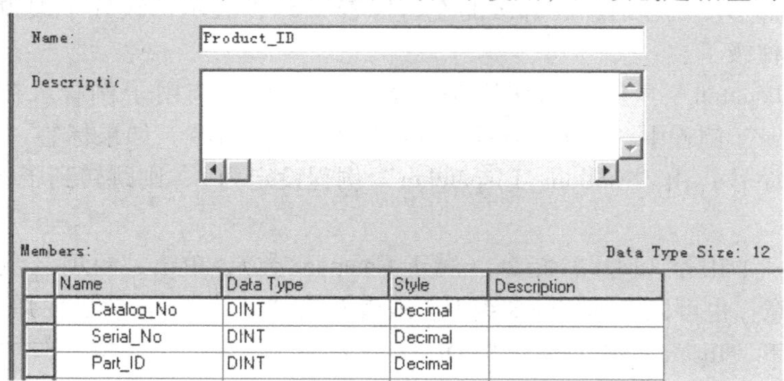

Name	Data Type	Style	Description
Catalog_No	DINT	Decimal	
Serial_No	DINT	Decimal	
Part_ID	DINT	Decimal	

图 2-15　自定义数据类型中名称和成员

在“Controller Scope”（控制器域）内创建数据类型为“Product _ ID”的标签“Station _ Data”，如图 2-16 所示。

Name	Data Type	Style
ConveyorOutput	BOOL	Decimal
PartSensor	BOOL	Decimal
StationComplete	BOOL	Decimal
⊞-InCycle	DINT	Decimal
⊞-InCycle_Peer	DINT	Decimal
⊞-Call_Program_Value	DINT	Decimal
⊟-Station_Data	Product_ID	
⊞-Station_Data.Catalog_No	DINT	Decimal

图 2-16　创建数据类型为“Product _ ID”的标签

2.1.4 梯形图程序

创建了任务、程序、例程以及所需标签后，需要编写工作站（冲压、卷边和焊接）、传送带和站调度梯形图逻辑程序。RSLogix5000 编程软件支持梯形图、功能块、顺序功能图和结构文本等编程语言，读者可以根据自己的需求灵活选择编程语言。对于本例，选择梯形图编程语言。

本节目标：

—输入梯级和指令；

—使用快捷键输入指令和梯级元素；

—输入分支；

—掌握常用指令，如输入、输出、定时器、跳转子程序等；

—在多个项目间复制梯级；

—校验梯形图逻辑。

创建梯形图逻辑。右键单击 Assembly→Program _ 1 _ Press→Routine _ Dispatch，选择“Open”（打开）。

创建好一个梯形图例程后，在梯级的左边标着“e”，表示梯级处于编辑（Edit）模式，可以添加指令和梯级了。

“Routine _ Dispatch”主例程的作用是初始化子例程、调用子例程。初始化子例程将“Station _ 1 _ Press”例程中“StationTimer”的计时累加值清零。如果标签“Call _ Program _ Value”（调用程序号）由“Station _ Dispatcher”例程设定为 1，则跳转到子例程“Station _ 1 _ Press”中。

首先，输入一个相等（EQU）指令（属于 Compare 类），单击“EQU”，它就出现在梯级的相应位置。注意：也可以将其拖到梯级上，或者双击“e”标记，然后在弹出的窗口中输入“EQU”，或者按下“Insert”键，输入“EQU”。

无论采用哪种方法都能够使用“EQU”指令，如图 2-17 所示。

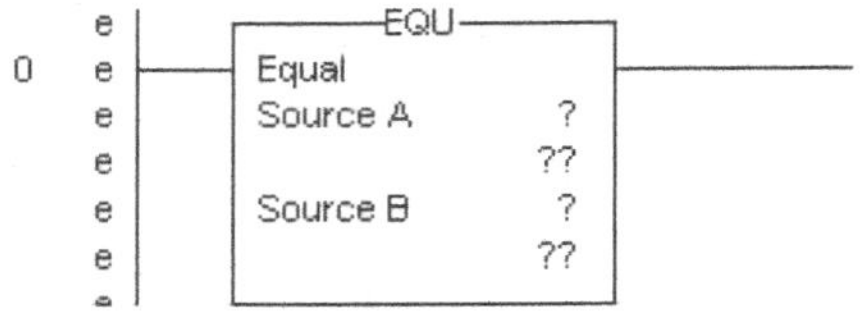

图 2-17 输入“EQU”指令

现在需要在“EQU”指令的“Source A”和“Source B”处输入正确的标签地址。所有需要用到的标签在上一实验中都已经创建完毕，这时，仅需双击问号，然后单击向下箭头，选择相应的标签即可。

可以在“Controller Scope Tags”和“Program Scope Tags”之间切换画面。回顾上次实验内容，因为“Call _ Program _ Value”会在多个程序中使用，故作用域为“Controller Scope Tags”。

需要注意的是，如果一个标签被定义为“Program Scope Tags”，那么，只有属于这个“Program”的“Routine”才可以对此变量进行读/写操作。

双击“Source B”，直接输入立即数 1。如果不采用立即数方式，而采用标签的方式，那么可以右键单击“Source B”的问号，如图 2-18 所示。

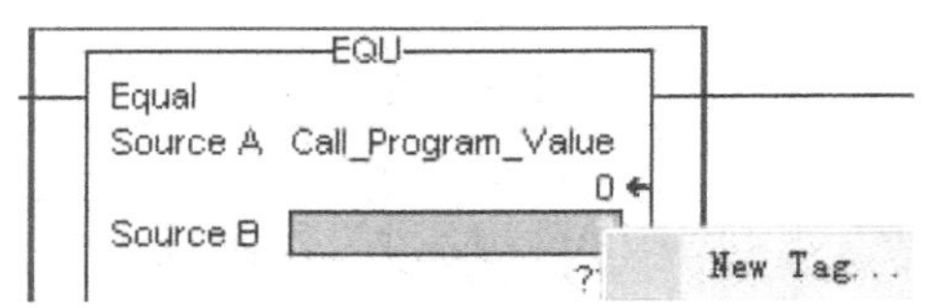

图 2-18 设置“Source B”参数

单击“New Tag”，弹出如图 2-19 所示画面。为了与本实验保持一致，采用下图中的名称，并组态成相应属性。

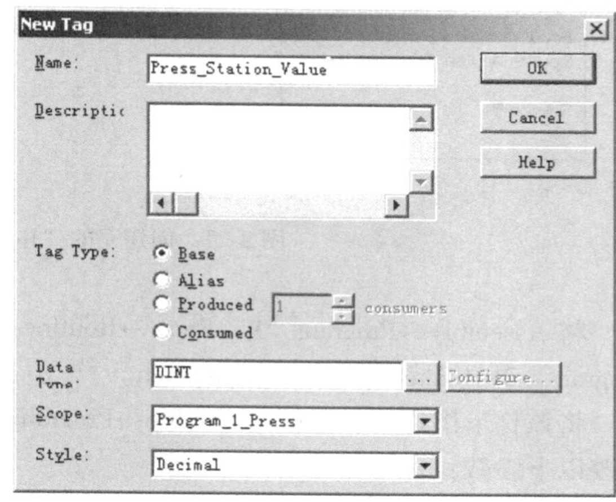

图 2-19　新建标签对话框

按照上述方法，为 Assembly→Program _ 1 _ Press→Routine _ Dispatch 例程创建如图 2-20 所示梯形图逻辑，添加清除定时累加值所需指令“ONS”和“RES”。按下“Insert”键，直接输入指令名称。由于本次实验中使用了较多指令，不作一一介绍。

创建梯形图分支。在“Routine _ Dispatch”例程中，对“Station _ 1 _ Press”例程中定时器累加值清零后，梯级需要跳转到“Station _ 1 _ Press”，开始执行压缩机部件的冲压工序。由于计时器累加值清零程序的输入条件与跳转指令相同，故需要将两个输出并联，但一定要注意，输出并联梯级的顺序不能交换。

单击“EQU”梯级指令，然后在工具条中选择“Branch”，如图 2-21 所示。

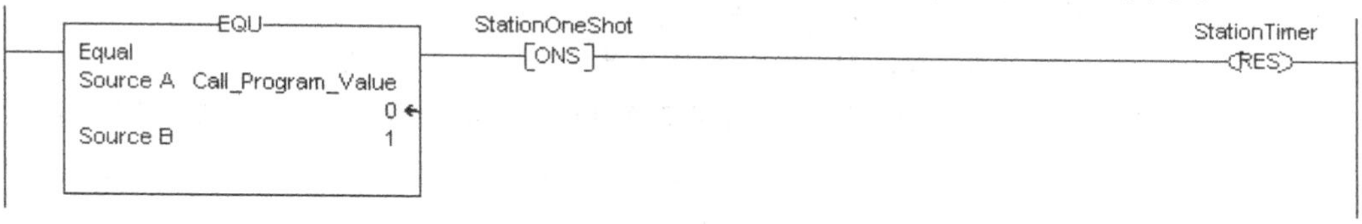

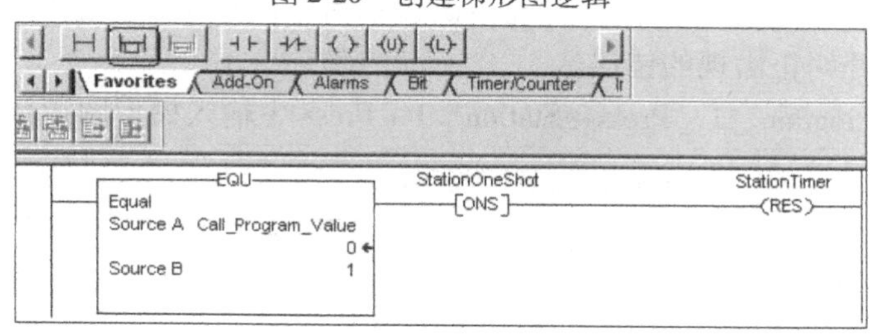

图 2-20　创建梯形图逻辑

图 2-21　选择分支

单击“Branch”，然后将其一端拖动到所需位置，释放左键，如图 2-22 所示。

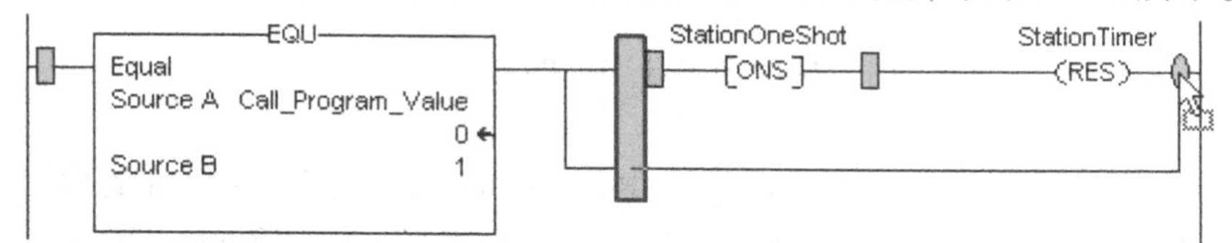

图 2-22　创建分支

添加跳转到子例程指令“JSR”。按下“Insert”键，直接输入指令名称。

最终，创建完成的 Assembly→Program _ 1 _ Press→Routine _ Dispatch 例程如图 2-23 所示。

图 2-23 创建完的“Routine _ Dispatch”例程

将 Assembly→Program _ 1 _ Press→Routine _ Dispatch 中的梯形图逻辑复制到 Assembly→Program _ 2 _ Stake→Routine _ Dispatch。

将该梯形图逻辑粘贴到 Assembly→Program _ 2 _ Stake→Routine _ Dispatch 例程后，需要修改以下参数：

—将“EQU”指令中“Source B”参数改为 2。

—将“JSR”指令中“Routine Name”参数改为“Station _ 2 _ Stake”。

将 Assembly→Program _ 1 _ Press→Routine _ Dispatch 中的梯形图逻辑复制到 Assembly→Program _ 3 _ Weld→Routine _ Dispatch 中，需要修改以下参数：

—将“EQU”指令中“Source B”参数改为 3。

—将“JSR”指令中“Routine Name”参数改为“Station _ 3 _ Weld”。

需要注意的是，由于程序功能类似，通过简单的“Copy + Paste”就完成了程序的编写，无需重新修改标签，那么，可以想象，如果有多个冲压工作站，只需编写一个冲压工作站的程序，其余的只需“Copy + Paste”就可以完成。

单击工具条上校验每个例程，出现错误提示后，纠正错误。然后，单击工具条上按钮校验整个项目并纠正出现的错误。

在 Assembly→Program _ 1 _ Press→Station _ 1 _ Press 中输入梯形图逻辑，如图 2-24 所示。

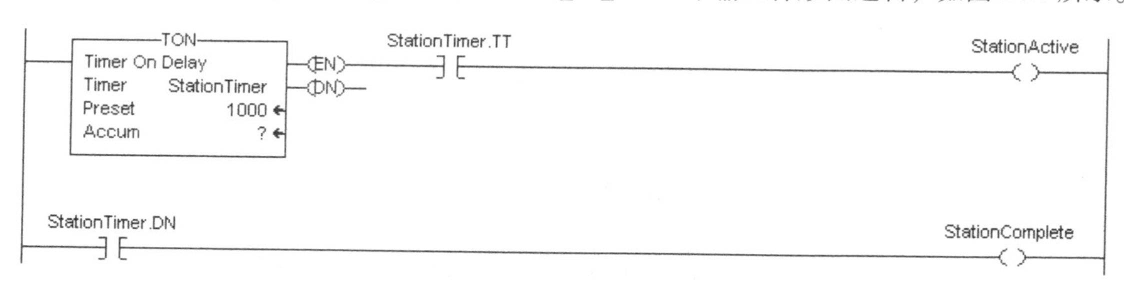

图 2-24 “Station _ 1 _ Press”梯形图

读者可以直接将 Assembly→Program _ 1 _ Press→Station _ 1 _ Press 例程的梯形图逻辑复制到 Assembly→Program _ 2 _ Stake→Station _ 2 _ Stake 例程后，将“StationTimer”的“Preset”（预设值）改为 2000。

注意：选择多行梯级可以按下“Shift”（转换）键，依次单击要选择的梯级即可。

读者可以直接将 Assembly→Program _ 1 _ Press→Station _ 1 _ Press 例程的梯形图逻辑复制到 Assembly→Program _ 3 _ Weld→Station _ 3 _ Weld 例程后，修改如下参数：

—将“StationTimer”的“Preset”（预设值）改为 3000。

—“StationTimer”定时结束后，添加“Complete”输出，表示三道工序都已经完成，用于控制“Conveyor”输出。修改后的结果如图 2-25 所示。

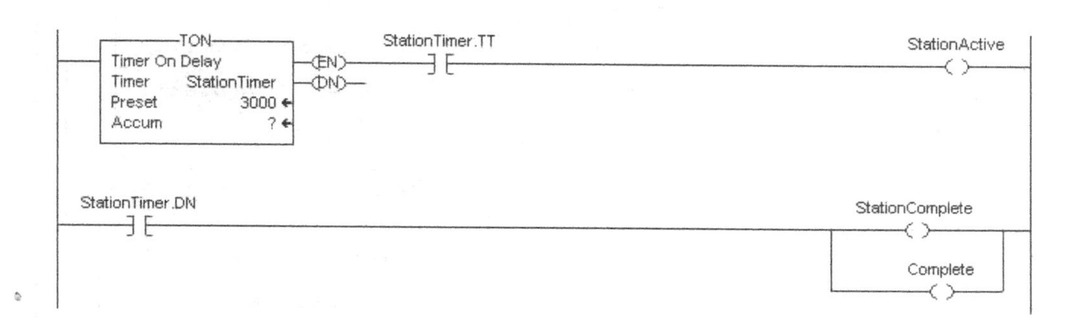

图 2-25　参数修改

至此，已经完成 3 个工作站程序。

在创建过程中，仅程序“Program _ 1 _ Press”是自己创建的，其他两个程序都是对第一个程序的“Copy + Paste”以及一些简单的修改。那么，读者可以先将程序“Program _ 1 _ Press”的标签、例程创建完成后，再复制、粘贴、修改以及校验。注意：标签名称为什么不会冲突?

编写“Conveyor”（传送带）例程的梯形图逻辑，双击 Conveyor→Conveyor→Conveyor 例程，编写梯形图逻辑，如图 2-26 所示。

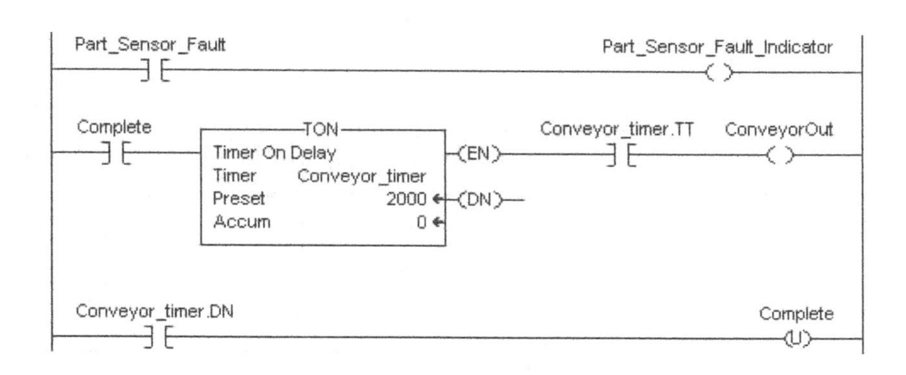

图 2-26　“Conveyor”例程中梯形图

第 0 行梯级用于对光眼故障（接线故障）的报警。第 1、2 行梯级用于控制传送带输出。

继续编写工作站调度例程。双击 Periodic _ Dispatcher→Station _ Dispatcher→Station _ Dispatcher 例程，编写梯形图逻辑，如图 2-27 所示。

其中，第一条梯级用于生成压缩机产品编号。第二条梯级用于判断三道工序是否正在工作。第三条梯级和第四条梯级用于调度工作站。

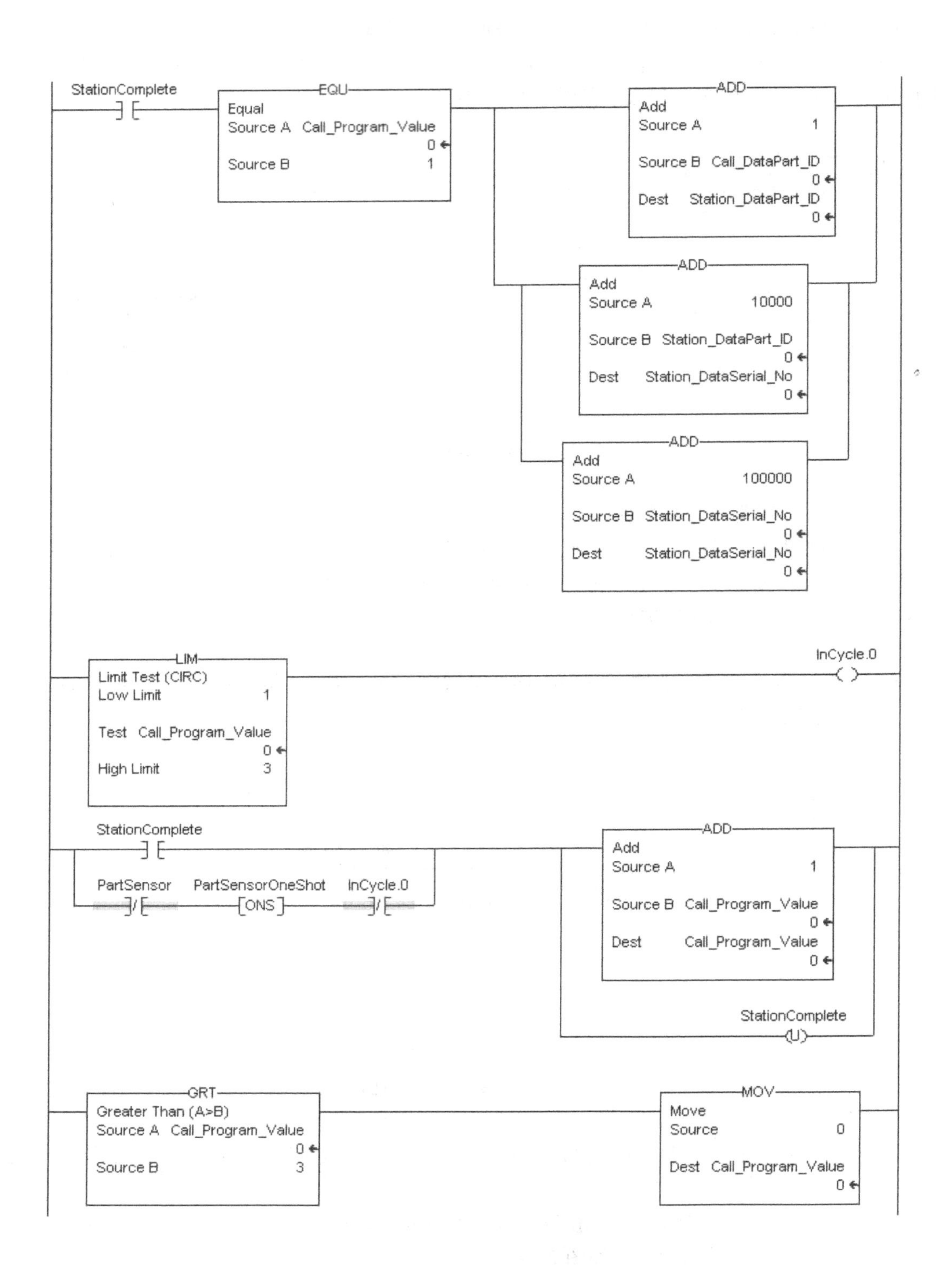

图 2-27 “Station _ Dispatcher” 例程的梯形图

2.1.5　趋势图

选中资源管理器中“Trends”（趋势图）文件夹，右键单击选择“New Trend”（创建新趋势图）。命名新趋势图为“Compressor”。

弹出“Add/Configure Tags”（添加/组态标签）对话框，从“Scope”（作用域）中选择“Controller”或其他“Program”，然后从“Available Tags”（可用标签）中选择标签，单击“Add”（添加）按钮，如图 2-28 所示。

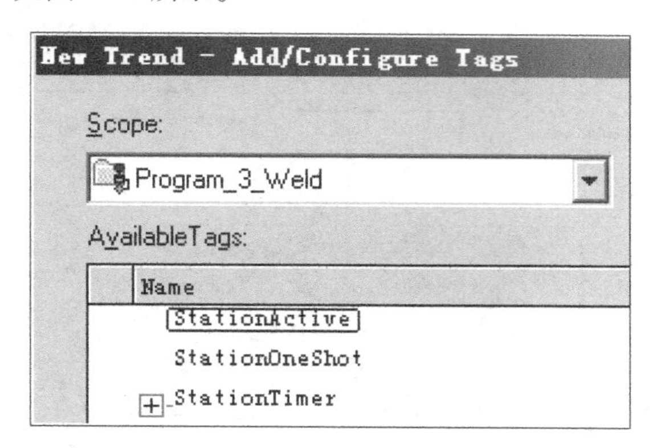

图 2-28　添加/组态标签对话框

在趋势图画面中单击右键，选择“Chart Properties”（图表属性）。在“Display”（显示）选项卡中，可以改变“Background color”（背景色）的颜色。

选择“X-Axis”（X 轴）时间轴选项卡，设置相应参数，如图 2-29 所示。

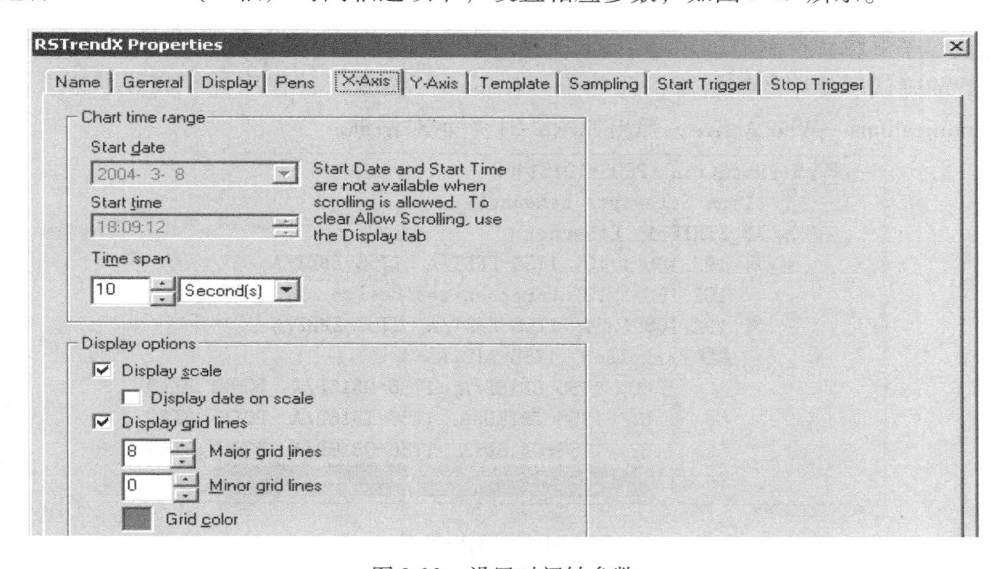

图 2-29　设置时间轴参数

选择“Y-Axis”（Y 轴）选项卡，设置相应参数，如图 2-30 所示。设置完成后，单击“OK”按钮。

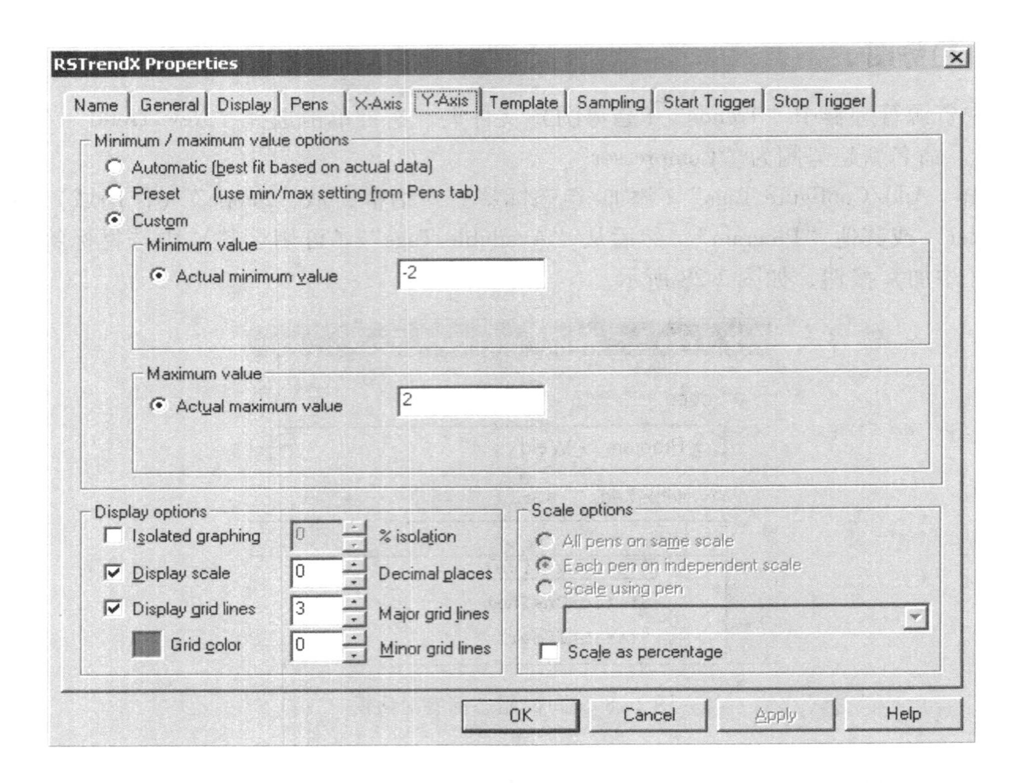

图 2-30　设置 Y 轴参数

2.1.6　下载工程

将该程序下载到控制器中运行，通过趋势图观察其运行结果是否正确。

下载前确认所使用的控制器钥匙处于“Remote”位置，且程序处于离线状态。单击菜单 Communications→Who Active，弹出如图 2-31 所示对话框。

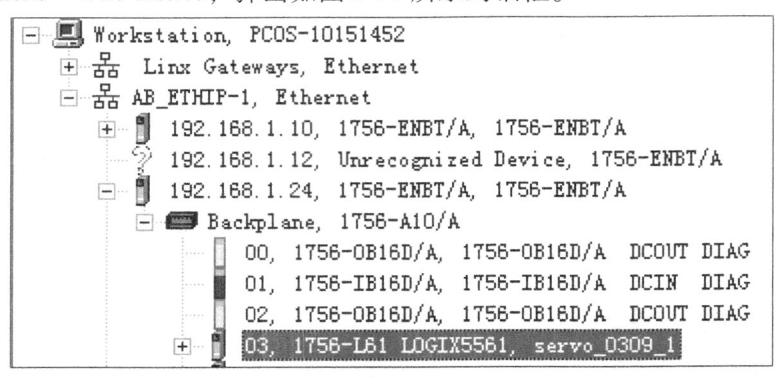

图 2-31　浏览控制器

选中控制器，然后单击“Download”（下载）按钮，将该程序下载到控制器中。如果控制器正处于“Remote Run”（远程运行）状态，将弹出如图 2-32 所示警告。

单击“Download”（下载）按钮，即可将程序下载到控制器中。

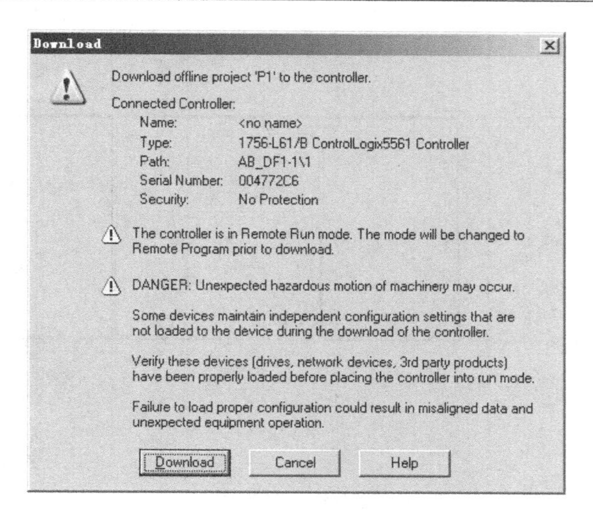

图 2-32　警告对话框

2.1.7　运行工程

程序下载后，通过旋转控制器上的切换钥匙，实现控制器切换运行状态，也可以左键单击如图 2-33 所示的“Online”（在线工具栏），选择“Run Mode”（运行模式）。

改变控制器运行模式后，双击已创建的“Compressor”趋势图，弹出趋势图画面，并单击“Run”（运行），开始实时绘制曲线。

接下来通过手动触发“PartSensor”标签，使模拟的生产线运行起来。双击“Station _ Dispatcher”（站调度）例程，弹出程序窗口，触发梯级 2 中标签“PartSensor”，如图 2-34 所示。

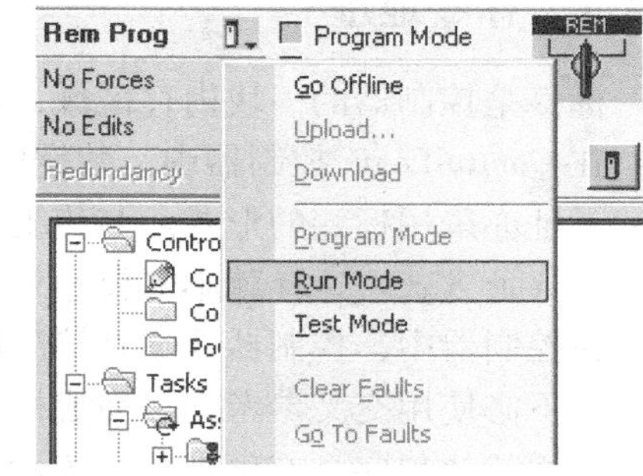

图 2-33　运行模式

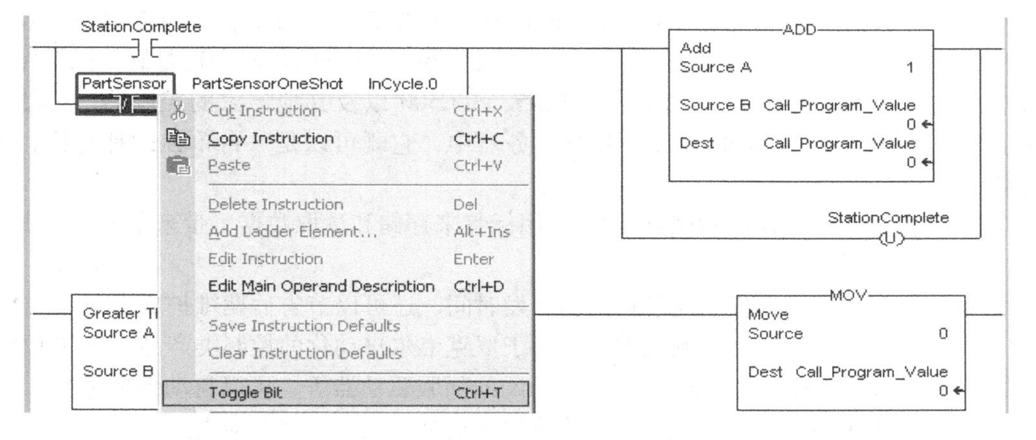

图 2-34　程序窗口

双击 Trends→Compress，观察如图 2-35 所示时序图。

图 2-35　时序图

2.2　Tag 标签

2.2.1　标签地址

标签是控制器的一块内存区域，用来存储表示设备、计算、故障等信息的数据。

在 ControlLogix 控制器中，数据的读取与存储是通过标签来实现的。故 ControlLogix 控制器的寻址亦采用标签的形式。与传统的可编程序控制器不同，在控制器的内部直接采用基于标签的寻址方式。这样就不需要额外的标签名称与实际 I/O 物理地址对应的交叉参考列表。

在控制器中，控制器能够直接运用实名标签，例如使用“tanklevel”、“flowrate”等。这样，就不必使用交叉参考列表完成标签名称与物理地址之间的转换。唯一的地址就是标签名称，这样就使程序具有更高的可读性，即使没有说明性的文档也能够看懂。

标签功能的引入，使得在内置 FactoryTalk 服务的系统中，一旦定义标签，就可以在系统的任何地方应用。新定义的标签可以立即在整个内置 FactoryTalk 服务的系统中生效。这些标签即不是保存在某个通用的数据库中，也不是在多个数据库之间进行复制，标签保存在控制器的内部。对于罗克韦尔自动化的 PLC-5、SLC500 以及其他厂家的控制器，标签可以保存在 OPC（面向过程控制的 OLE）数据服务器中，它既可以是一台单独的计算机，也可以是组成局域网的多台计算机。

综上所述，同传统的解决方案相比，使用标签来存储和读取数据，带来了如下诸多的优点：

1）标签实名功能，不仅缩短了初期的开发时间，还可以节省后期维护成本。

2）避免了导入、导出和复制数据库，对于罗克韦尔自动化的控制类产品，例如 1756 系列的 I/O 模块、PowerFlex 变频器，还有 Kinetix 的伺服驱动器等，可以自动创建标签。

3）避免了由于采用单一数据库出现故障后对整个系统造成重大损失。

4）程序更容易阅读。

标签可分为 Controller Tags（控制器域标签）和 Program Tags（程序域标签），它们的区别如下：控制器域标签，例如创建 I/O 标签，工程中所有的任务和程序都可以使用；程序域标签，标签只有在与之关联的程序内才可以使用。两者的关系如同全局变量（控制器域标签）和局部变量（程序域标签）。

2.2.2　标签的操作

1. 创建标签

创建标签即为数据创建存储区。在 ControlLogix 中，数据分为 I/O 数据和中间变量数据。I/O 数据的标签在组态 I/O 模块完毕后会自动生成。本节主要讲述创建中间变量数据。在第 2.4 节中将讲述创建 I/O 数据标签。

（1） Edit Tags 窗口创建标签

具体操作如下：

新建工程后，根据需要单击“Controller Tags”或者“Program Tags”标签区域，选择“Edit Tags”选项卡。

在编辑标签区域，有“Name”（标签名称）、“Alias For”（映射地址）、“Data Type”（数据类型）、“Style”（显示类型）和“Descriptions”（注释信息）。在“Name”处输入标签名称后，自动出现默认的数据类型和显示类型等信息。然后单击“Data Type”，根据需要选择相应的数据类型。

现在，将这个标签创建为 BOOL（布尔型）标签，在输入框内输入“BOOL”即可，如果要建立数组，则在“Array Dimensions”中输入数组的个数即可。

单击“Description”下面的空白处即可输入注释信息。

这样就创建完毕了一个布尔型的标签，在程序中直接使用即可。

输入标签后，注释信息也自动添加进来，如图 2-36 所示。

图 2-36　标签添加完毕后的信息

（2） 在编程序时直接创建标签

在程序标签窗口，输入标签名称，然后在名称处单击右键，选择“New Tag”，如图 2-37 所示。

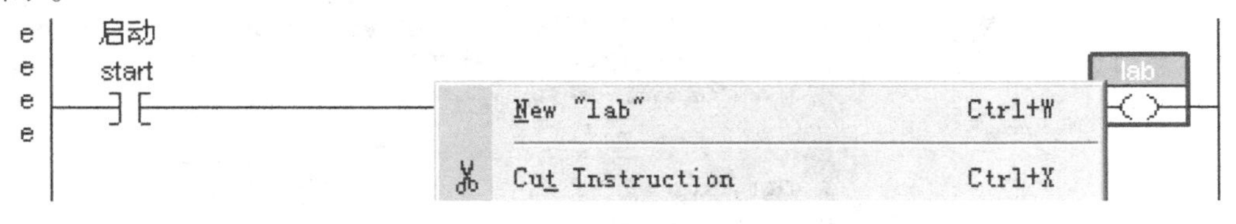

图 2-37　新建标签

弹出如图 2-38 所示窗口，在此窗口中，有“Name”（标签名称）、“Description”（注释信息）、“Type”（有基本型、别名型、生产和消费类型）、“Data Type”（数据类型）、“Scope”（作用域：控制器域或程序域）以及“Style”（样式：十进制、二进制、八进制或者十六进制）等。

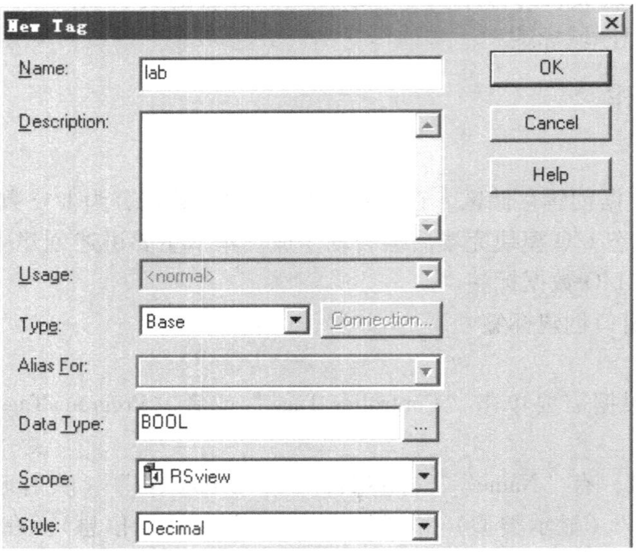

图 2-38　编辑标签

单击“OK”按钮后，标签如图 2-39 所示。

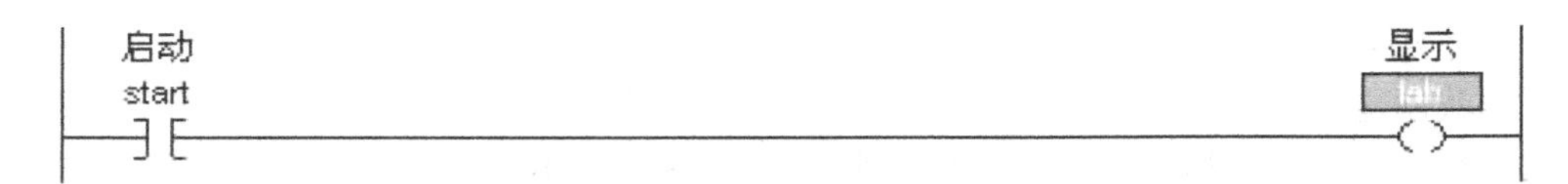

图 2-39　编辑完毕后的标签

2. 标签的查找及交叉索引

在进行工程调试和开发时，经常会查找在何处使用过该标签。可以通过搜索的方法实现，打开某个工程，在工程中待查找的标签处单击右键，如图 2-40 所示。

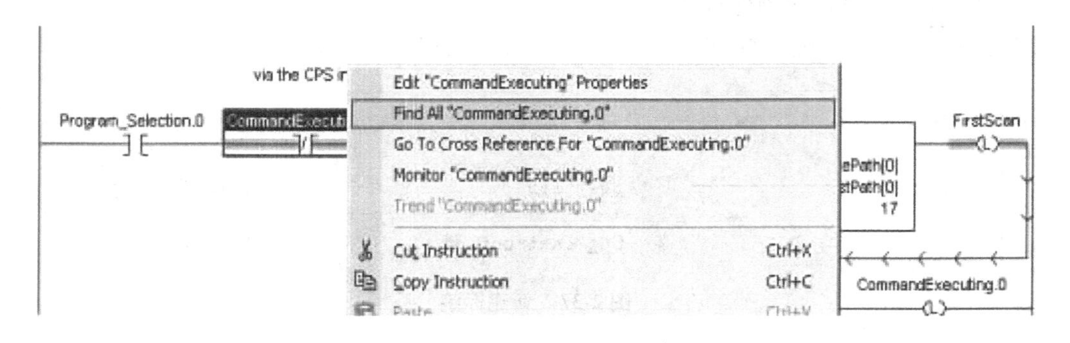

图 2-40　查找标签功能

然后单击左键即可，在编辑窗口下方的“Search Results”（搜索结果）窗口会显示出搜索的结果以及标签所在的指令，如图 2-41 所示。

```
Searching for "CommandExecuting.0"...

Searching through Example_XY_Coordinate_Motion - MotionCircleDiamondSquare...
Found: Rung 1, XIC, Operand 0: XIC(CommandExecuting.0)
Found: Rung 2, XIO, Operand 0: XIO(CommandExecuting.0)
Found: Rung 2, OTL, Operand 0: OTL(CommandExecuting.0)
Found: Rung 3, XIC, Operand 0: XIC(CommandExecuting.0)
Found: Rung 4, XIC, Operand 0: XIC(CommandExecuting.0)
Found: Rung 5, XIC, Operand 0: XIC(CommandExecuting.0)
Found: Rung 6, XIC, Operand 0: XIC(CommandExecuting.0)

Searching through Example_XY_Coordinate_Motion - Run_Example_CirDSq...

Searching through Example_XY_Coordinate_Motion - DrawAlongPath2D...

Searching through Example_XY_Coordinate_Motion - MotionCircleDiamondSquare...

Complete - 7 occurrence(s) found.
Errors | Search Results | Watch
```

图 2-41　搜索结果窗口

这时，双击其中的任意行，程序开发窗口会自动跳转至标签所在的梯级，如图 2-42 所示。

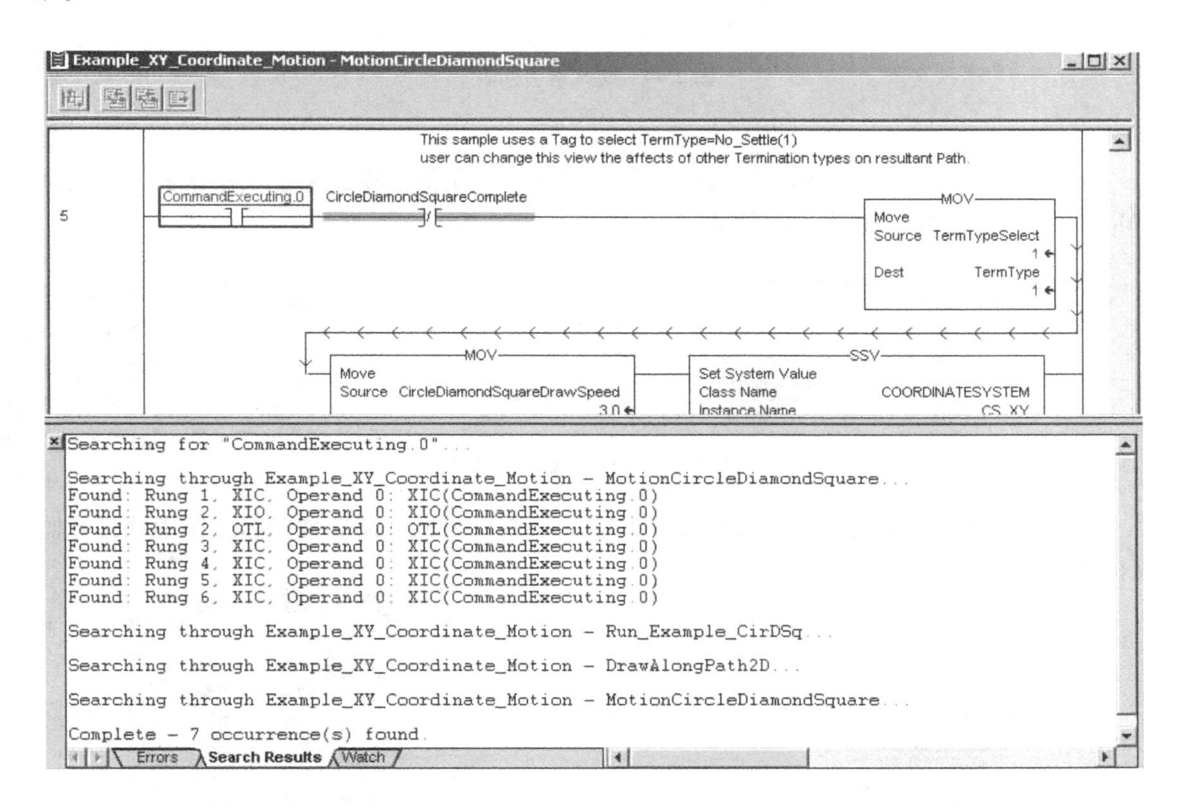

图 2-42　查看标签所在的指令

另一种方法是在标签上单击右键，选择“Go To Cross Reference”标签名称（交叉索引），如图 2-43 所示。

CommandExecuting.0
CircleDiamondSquareComplete
Edit "CommandExecuting" Properties
Find All "CommandExecuting.0"
Go To Cross Reference For "CommandExecuting.0"
Monitor "CommandExecuting.0"
Trend "CommandExecuting.0"
MOV
Move
Source TermTypeSelect
1
Dest TermType
1

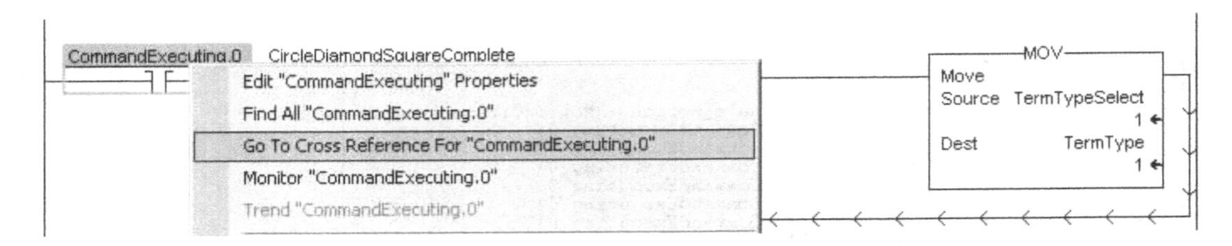

图 2-43　选择交叉索引功能

单击左键即可启动该功能，弹出如图 2-44 所示窗口。

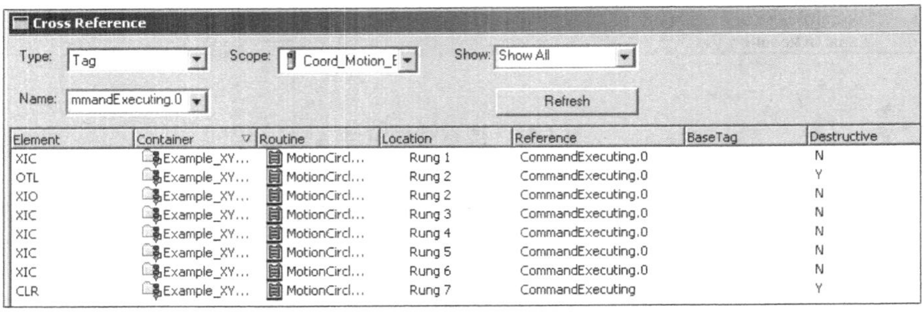

Cross Reference
Type: Tag
Scope: Coord_Motion_E
Show: Show All
Name: mmandExecuting.0
Refresh
Element Container Routine Location Reference BaseTag Destructive
XIC Example_XY... MotionCircl... Rung 1 CommandExecuting.0 N
OTL Example_XY... MotionCircl... Rung 2 CommandExecuting.0 Y
XIO Example_XY... MotionCircl... Rung 2 CommandExecuting.0 N
XIC Example_XY... MotionCircl... Rung 3 CommandExecuting.0 N
XIC Example_XY... MotionCircl... Rung 4 CommandExecuting.0 N
XIC Example_XY... MotionCircl... Rung 5 CommandExecuting.0 N
XIC Example_XY... MotionCircl... Rung 6 CommandExecuting.0 N
CLR Example_XY... MotionCircl... Rung 7 CommandExecuting Y

图 2-44　交叉索引列表

3. 标签监视

在线状态下，可以进行标签监视。具体操作如下：在待监视的标签上单击右键，选择"Monitor"标签名称，如图 2-45 所示。

Edit "CommandExecuting" Properties
Find All "CommandExecuting.0"
Go To Cross Reference For "CommandExecuting.0"
Monitor "CommandExecuting.0"
Trend "CommandExecuting.0"
MOV
Move
Source TermTypeSelect
1
Dest TermType
1

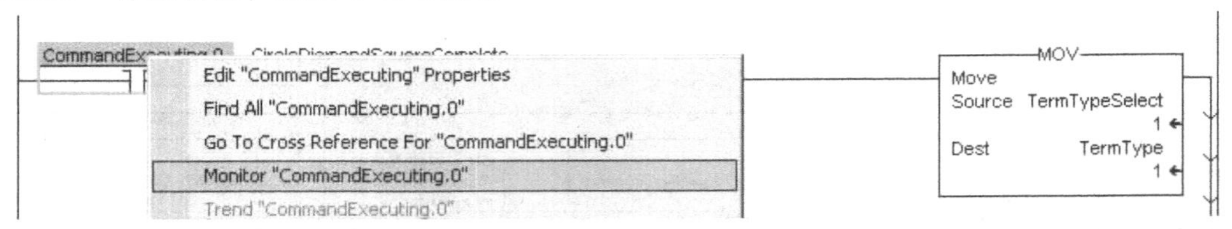

图 2-45　选择监视标签功能

单击左键即可启动该功能，弹出如图 2-46 所示窗口。也可以直接在标签作用域打开监视标签选项卡直接进行查看。

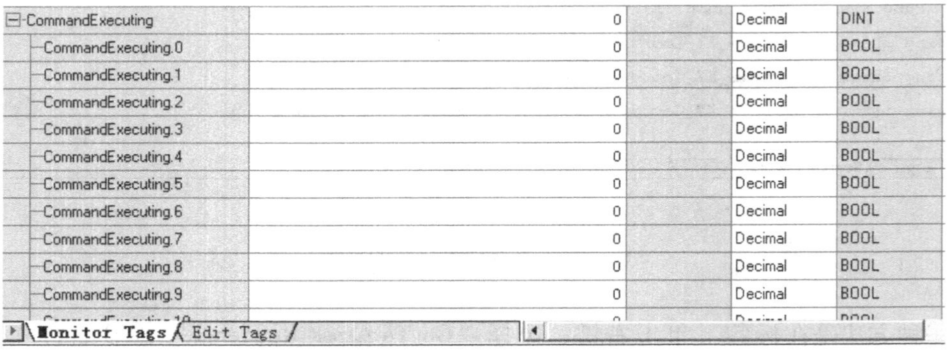

CommandExecuting 0 Decimal DINT
CommandExecuting.0 0 Decimal BOOL
CommandExecuting.1 0 Decimal BOOL
CommandExecuting.2 0 Decimal BOOL
CommandExecuting.3 0 Decimal BOOL
CommandExecuting.4 0 Decimal BOOL
CommandExecuting.5 0 Decimal BOOL
CommandExecuting.6 0 Decimal BOOL
CommandExecuting.7 0 Decimal BOOL
CommandExecuting.8 0 Decimal BOOL
CommandExecuting.9 0 Decimal BOOL
Monitor Tags
Edit Tags

图 2-46　标签监视区域

2.2.3　标签别名

标签别名功能为 ControlLogix 控制系统独有的功能。正是有了这项功能，在对 Control-Logix 控制器进行开发时才能独立于硬件 I/O 地址的分配，这样大大加快了开发工程的速度。

1）在“Edit Tags”窗口选择“Alias For”选项，如图 2-47 所示。

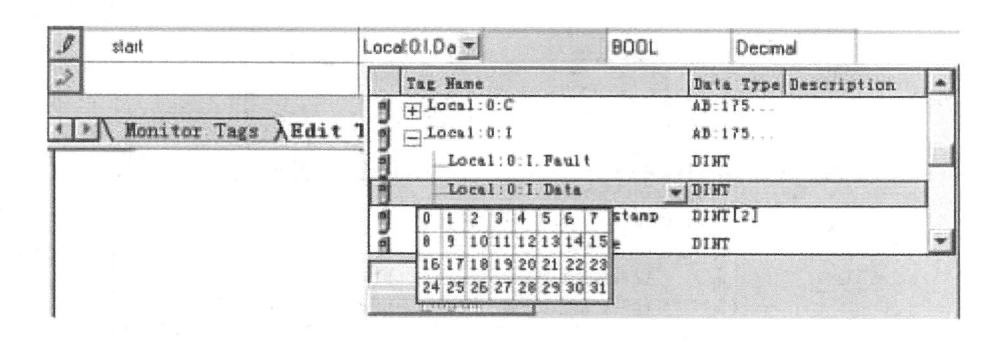

图 2-47　标签别名

2）建立新标签时，在“Type”的下拉框处选择“Alias”，如图 2-48 所示。

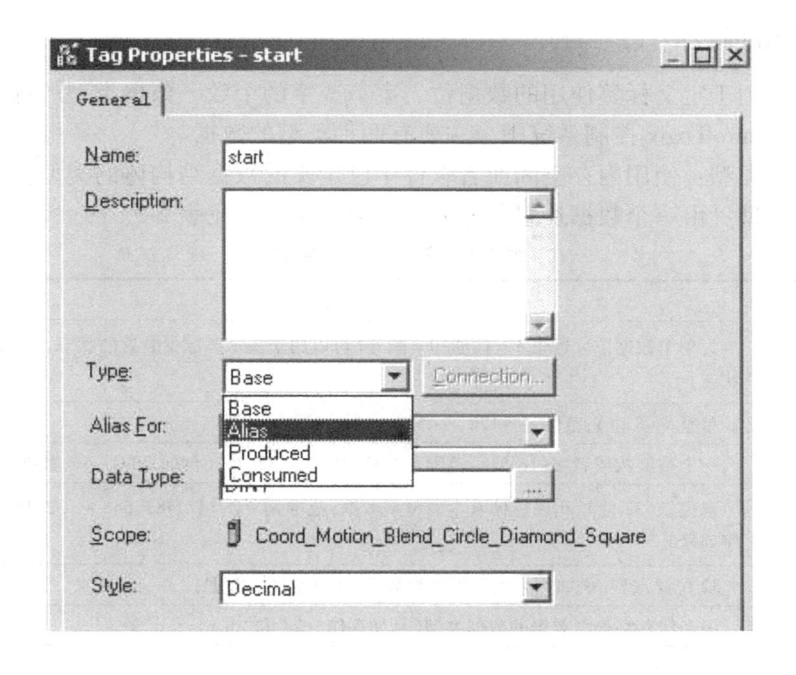

图 2-48　选择标签别名

然后在“Alias For”下拉框中选择实际的 I/O 点即可，如图 2-49 所示。

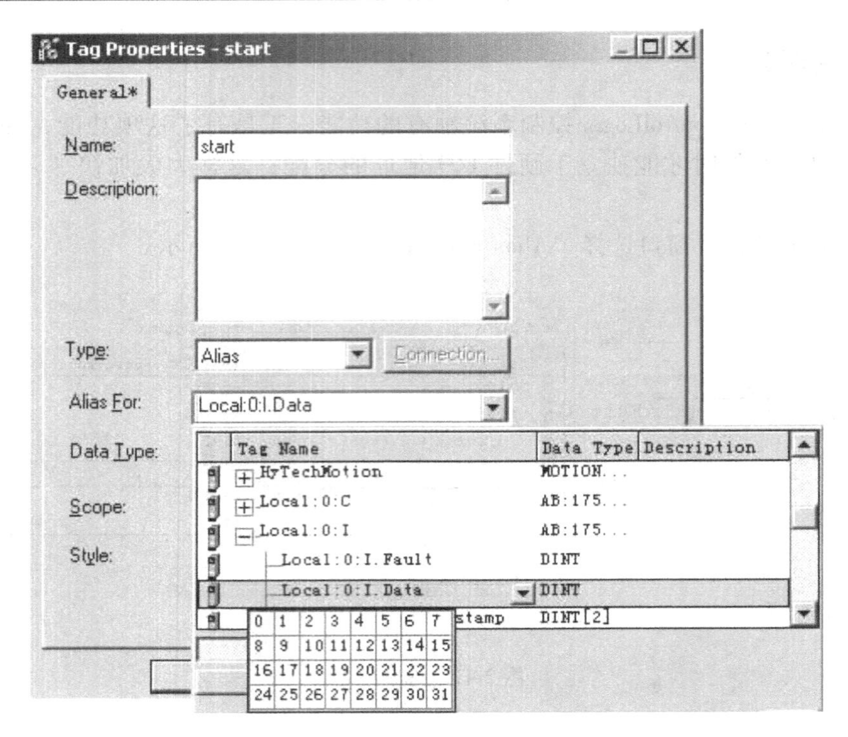

图 2-49 进行标签别名

2.2.4 数据结构

数据类型是用于定义标签使用的数据位、字节或字的个数。数据类型的选择是根据数据源而定的。在 ControlLogix 控制系统中，主要有两种类型的数据。

预定义数据类型：使用内存空间或者软件中已定义的数据结构体的类型。

基本数据类型：由一个数据片组成的简单的数据类型，见表 2-3。

表 2-3 常见的数据类型

数 据 类 型	定 义
BOOL(布尔型)	为单个数据位。这里 1 = 接通;0 = 断开(可以用来表示离散量装置的状态,例如按钮和传感器的状态)
SINT(单整型)	单整型(8 位),范围是 - 128 ~ + 127
INT(整型)	一个整型数或者字(16 位),范围是 - 32,768 ~ + 32,767(例如,PLC - 5® 数据)
DINT(双整型)	双整型(32 位),用来存储基本的整型数据,范围是 - 2,147,483,648 ~ + 2,147,483,647(例如:序列号)
REAL(实型)	32 位浮点型(例如用来表示模拟量数据,如电位计的数据)
STRING(字符串型)	用来保存字符型数据的数据类型(例如存储"car"和"this is text")

数据类型之所以重要，是因为它涉及的数据在控制器中的内存分配问题。下面将详细讲述：

任何数据的最小内存分配的数据类型为 DINT 型（双整型或者 32 位）。DINT 型为

Logix5000 的主要数据类型。当读者分配了数据后，控制器自动为任何数据类型分配下一个可用的 DINT 内存空间。

当给标签分配数据类型（如 BOOL、SINT 和 INT 型）时，控制器仍占用一个 DINT 型空间，但实际只占用部分空间，如图 2-50 所示。

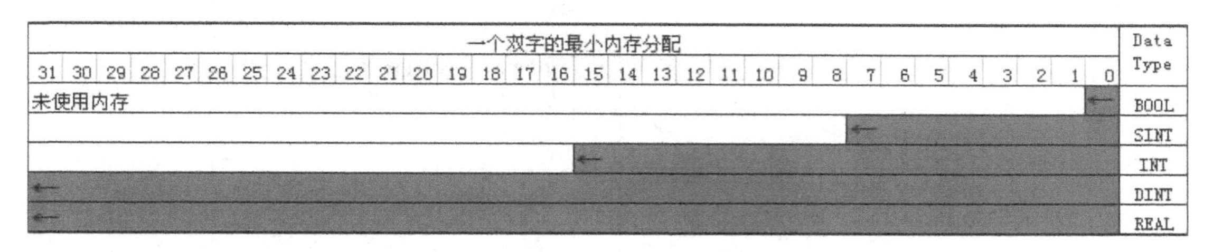

图 2-50　最小内存分配示意图

由于上述原因，推荐读者在创建标签的时候尽可能地创建 DINT 类型的标签。

2.2.5　数组与结构体

1. 数组

ControlLogix 控制器允许使用数组数据。

数组是包含一组多个数据的标签。它有以下的特征：

1）每个元素使用相同的数据类型。

2）数组标签占据控制器中的一个连续内存块，每个元素顺序排列。

3）可以使用高级指令（文件指令等）操作数组中的元素。

4）数组有一维、二维和三维 3 个种类。

数组中的每个元素都由下标标识。下标从 0 开始，至元素数目减 1 的位置结束。如图 2-51 所示为通常的数组标签。

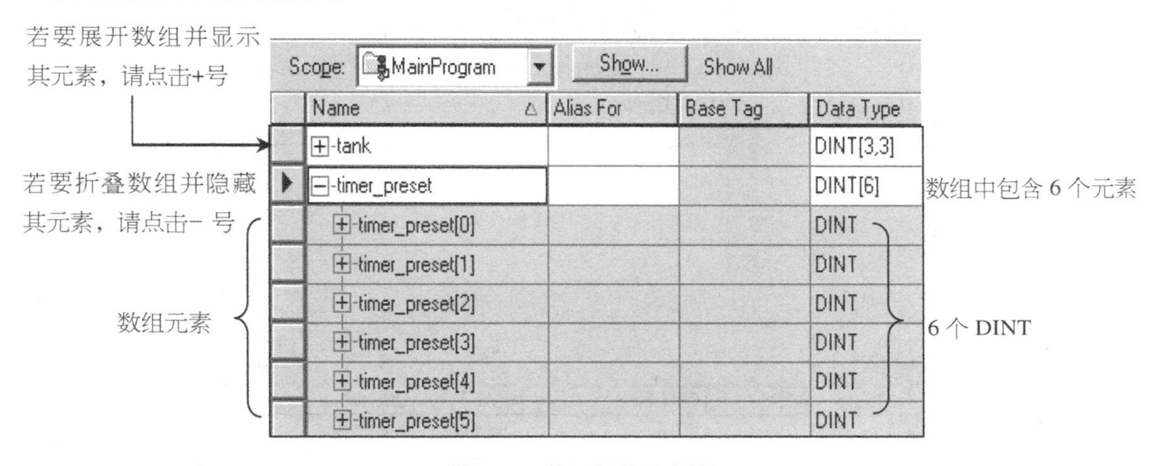

图 2-51　数组标签示意图

创建数组的过程比较简单，在创建标签时，选择数据类型，单击旁边的按钮，会弹出如图 2-52 所示画面。

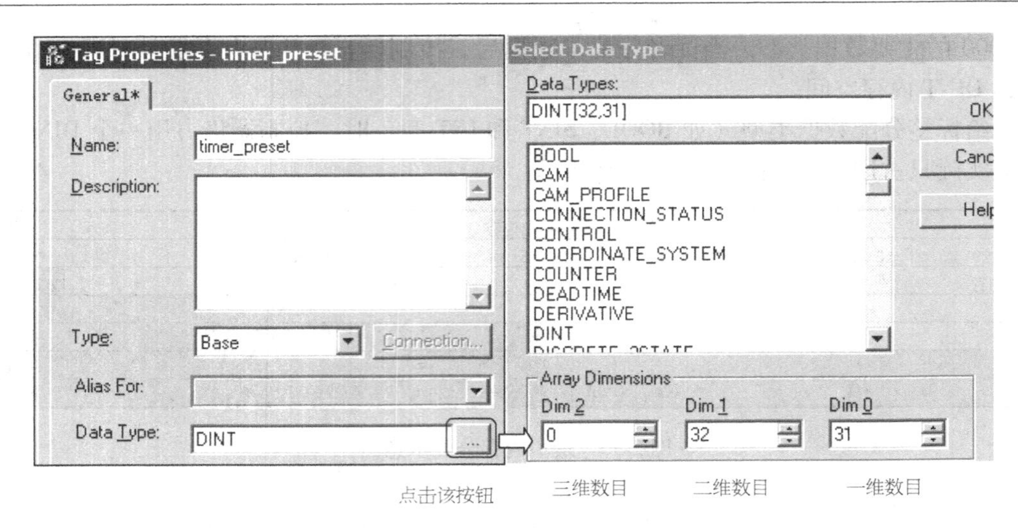

图 2-52　创建数组及其维数

另外，需要特别说明的是使用数组数据类型不但可以节省内存，加快通信速度，而且还有专门的用于处理数组的指令。可以大大方便编程，缩短工程开发周期。

2. 用户自定义结构体

用户自定义结构体可以根据控制对象创建适合其应用的结构体数据类型，大大地方便编程和进行设备维护。

下面以创建电动机控制的自定义结构体为例。

在控制器项目资源管理器的“User-Defined”处单击右键，选择“New Data Type”，开始创建自定义结构体。

在弹出的对话框中添入自定义结构体的名称、描述信息和各个成员的名称，如图 2-53 所示。

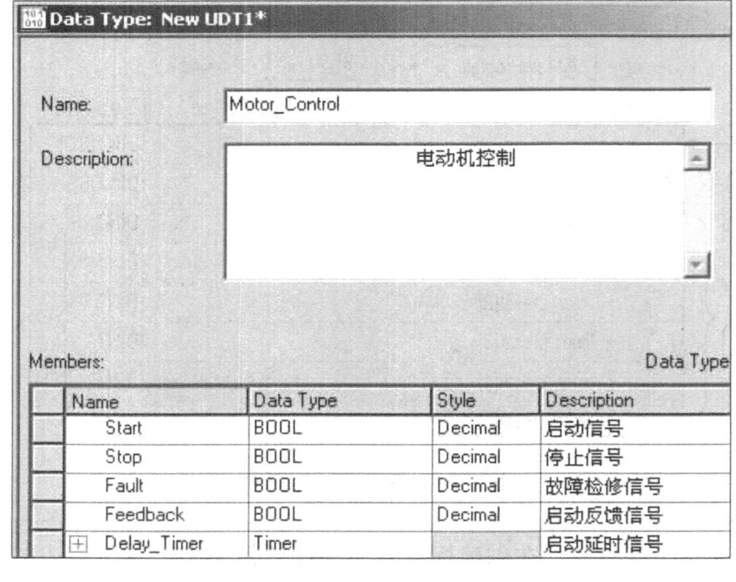

图 2-53　用户自定义结构体

2.3 系统任务

ControlLoigx 控制系统中执行指令代码是通过任务（Task）来完成的，每个工程最多支持 32 个任务（Task），每个任务（Task）中又包含程序（Program），程序（Program）包含例程（Routine），在例程（Routine）中可以写入指令代码。ControlLoigx 的编程方式符合 IEC-61131 标准，支持梯形图（LD）、结构化文本（ST）、功能块（FBD）和顺序功能图（SFC）4 种编程方法。关于这 4 种编程方法，将在第三章中进行详细的讲述。

2.3.1 任务的类别

ControlLoigx 控制系统支持 3 种类型的任务，分别为连续型（Continous）任务、周期型（Periodic）任务和事件型（Event）任务，见表 2-4。

表 2-4　ControlLoigx 支持的任务

如果读者需要以下列方式执行程序	使用任务类型	说　明
在全部的时间内都执行	连续型任务	连续型任务在后台运行。任何不分配给其他操作（其他的操作指：运动、通信以及周期型任务或事件型任务）的 CPU 时间，用于执行连续型任务中的程序 连续型任务始终运行。当连续型任务完成一次全扫描之后，它会立刻重新开始进行扫描 一个工程有且必须只有一个连续型任务
以一个固定的周期（例如：每 100ms）执行 在扫描其他逻辑程序时多次运行某一程序	周期型任务	周期型任务按照指定的周期来执行 只要到达周期型任务指定的时刻，该种类型的任务就会自动中断所有低优先级的任务。执行一次，然后将控制权交回先前正在执行的任务 周期型任务的执行周期默认值为 10ms，可以选择的范围是 0.1 ~ 2000ms
当某事件发生时立刻执行程序	事件型任务	事件型任务是在某项特定的事件发生（触发）时才开始执行。这些触发可以是以下几种： 1）数字量输入触发 2）模拟量数据新采样数据 3）特定的运动操作 4）消费者标签 5）使用 EVENT 指令

1. 连续型任务

控制器一直执行的任务是连续型任务。控制器一直在不断循环扫描连续型任务。连续型（其他两种类型的任务同理）的任务中可以建立多个程序，每个程序下也可以创建多个例程。这样就极大地方便了读者在编程时可以按照工艺或者功能的不同划分任务、程序和例程。下面讲述如何创建程序和例程（其他两种类型的任务同理）。

（1）创建程序

创建工程完毕后，在“Tasks Properties”处会有一个“MainTask”的任务和“MainProgram”的程序以及“MainRoutine”的例程。并且“MainTask”是连续型的任务。如果需要修改任务的名称，在“Tasks”处单击右键，选择“Properties”，可在“Name”栏更改任务的名称。

在属性对话框中选择“Configuration”选项卡，这里主要用来组态任务的类型、看门狗时间以及可以进行禁止输出和禁止任务的操作，如图 2-54 所示。

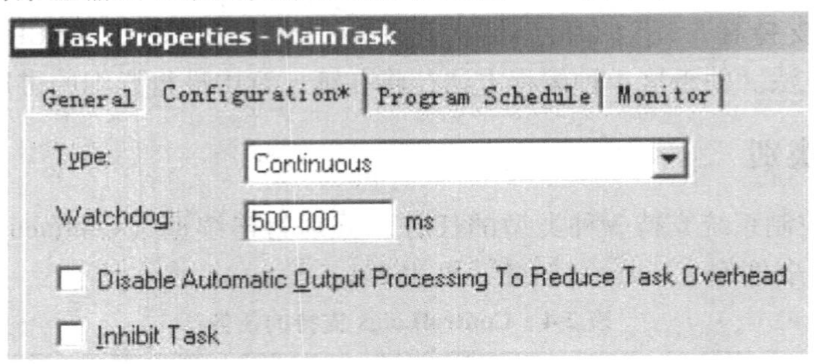

图 2-54　组态选项卡

同样，在这里可以更改任务类型，在“Type”下拉框内单击下拉箭头，选择需要的任务类型。

2. 周期型任务

周期型任务特点如下：

1）指定时间间隔来执行的任务。

2）可以中断连续型任务。

3）可以中断其他优先级低的周期型或者事件型任务。

4）在一次扫描完毕后，更新输出，控制器从中断处继续执行。

下面将以示例的形式创建一个周期型任务。

在“Tasks”处单击右键，选择“New Task”。

在弹出的对话框中输入名称、周期、优先级，如图 2-55 所示。

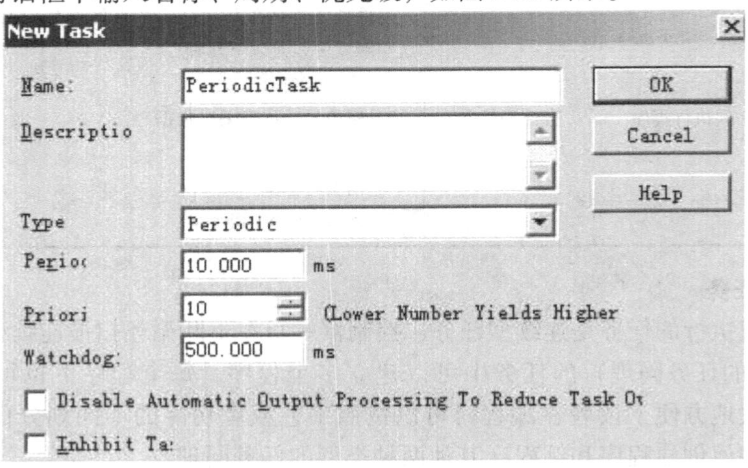

图 2-55　设置任务

设置完毕后，程序会自动地添加一个周期型任务，然后新建程序。同样，在周期型任务处单击右键，选择“New Program”。在弹出的对话框中可以为程序起一个名字并且规划于哪个任务之下，组态完毕后，在程序的下方会自动地生成“Program Tags”区域。

下面要创建例程，具体方法如下：在程序的名称处单击右键，选择“New Routine”，开始创建新的例程。在弹出的对话框中，输入例程的名称和描述信息。

在创建例程时，可以选择所创建例程使用的编程方式，在“Type”栏单击下拉框，可以选择梯形图、顺序功能图、功能块和结构化文本。

需要指出的是，一个程序可以有多个例程，这就需要指定其中某个例程为主例程。设置主例程的过程如下：在程序处单击右键，选择属性，进入程序的属性对话框，然后选择“Configuration”选项卡，在“Assigned Routines”下的“Main”选项栏中单击下拉框，选择主例程即可，如图 2-56 所示。

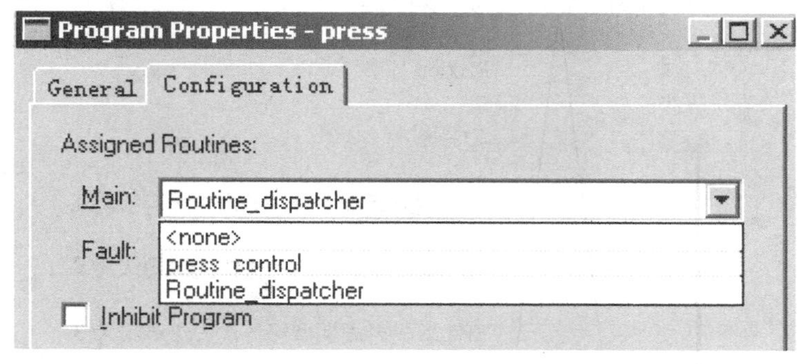

图 2-56　指定主例程

3. 事件型任务

事件型任务只有在发生某项特定的事件时才执行。事件型任务有以下特点：

1）每个事件型任务必须指定一个触发事件。

2）每个事件型任务必须设置一个优先级别。当该任务的触发事件发生时，它能够中断所有的低优先级任务。

3）事件型任务执行完毕后，控制器从中断处接着执行程序。

事件型任务的创建和周期型任务的创建基本一致，不过也有一些不同的地方，主要是指该事件型任务的触发类型的设置。具体的触发类型有以下几种，如图 2-57 所示。

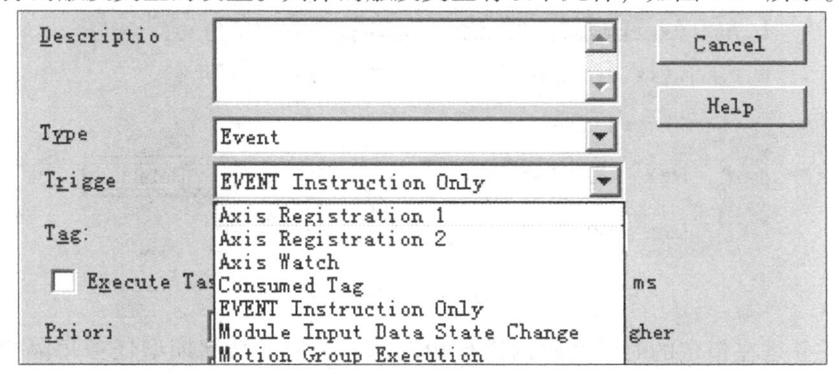

图 2-57　事件型任务的触发类型

触发事件的类型见表 2-5。

表 2-5 触发事件的类型

触发事件	解释	触发事件	解释
Axis Registration	轴注册事件	EVENT Instruction Only	EVENT 指令
Axis Watch	轴观察事件	Module Input Data State Change	模块输入数据的状态改变
Consumed Tags	消费者标签	Motion Group Execution	执行运动组

2.3.2 任务的优先级

1. 优先级

在任务属性的“Configuration”选项卡中设置优先级。

优先级数值越小，任务的优先级越高，如图 2-58 所示。

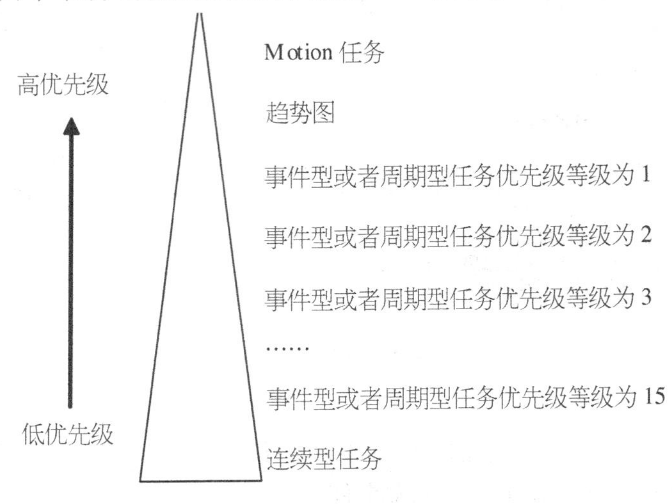

图 2-58 任务的优先级

2. 扫描时间

在程序执行期间，RSLogix5000 软件显示执行任务所用的最大扫描时间和最新的扫描时间，这一功能在任务属性对话框中以毫秒级别显示。注意：最新的扫描时间是实时变化的，如图 2-59 所示。

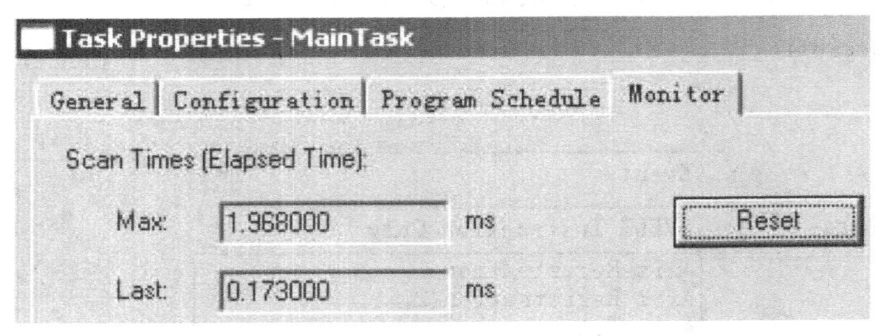

图 2-59 程序扫描时间

周期型任务是在指定的时间间隔内进行触发的。例如，某周期型任务每隔 20ms 触发一次。它的执行顺序如图 2-60 所示。

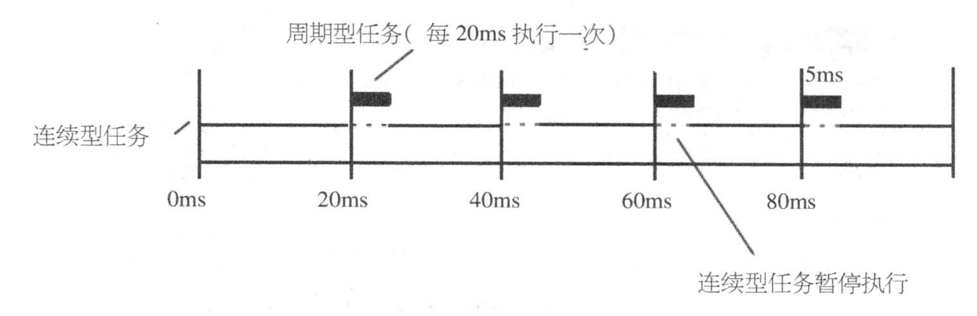

图 2-60　周期型任务的执行

3. 周期性任务的优先级

有两个周期型任务 A 与任务 B，任务 A 每 20ms 触发一次，并且其优先级为 3；任务 B 每 22ms 触发一次，其优先级为 1。它们的执行情况如图 2-61 所示。

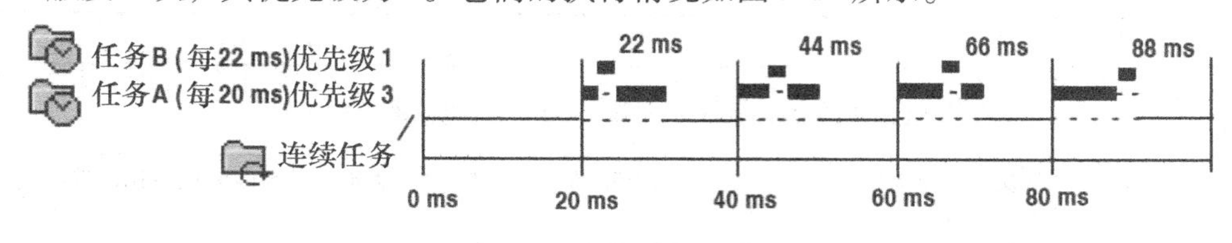

图 2-61　多个周期型任务的执行

2.4　I/O 模块的组态

在进行 I/O 模块组态之前，首先明确下面两个概念：

本地 I/O 模块：和运行程序的控制器处于同一框架的 I/O 模块。

远程 I/O 模块：和运行程序的控制器处于不同框架的 I/O 模块。

2.4.1　本地 I/O 模块

1. 组态本地数字量模块

本节中，将以实验的形式介绍本地 I/O 模块的组态。

在本实验中，控制器位于第 1 号槽，输入模块位于第 0 号槽，输出模块位于第 2 号槽，如图 2-62 所示。

图 2-62　本地框架

新建工程完毕后，就可以添加 I/O 模块了。

1）在“I/O Configuration”处单击右键，选择“New Module”，开始添加新模块。

2）弹出如下的模块列表，选择“Digital”。

3）选择“1756-IB16D”（这要根据实际项目而定）后单击“OK”按钮即可。

4）这时会弹出选择所组态模块主要硬件版本号的窗口。通过 RSLinx 软件查看相应的版本号、模块所在的槽号、模块的注释信息。

5）接着弹出模块组态窗口，在此输入模块名称、模块所在的槽号、模块的注释信息、通信格式以及硬件和软件的电子锁，如图 2-63 所示。

New Module
Type: 1756-IB16D 16 Point 10V-30V DC Diagnostic Input
Vendor: Allen-Bradley
Parent: Local
Name: input0
Slot: 0
Description:
Comm Format: Full Diagnostics - Input Data
Revision: 3 1
Electronic Keying: Compatible Keying

图 2-63　模块组态窗口

关于电子锁，见表 2-6。

表 2-6　电子锁对照表

关于电子锁的格式	模块必须匹配
Exact Match （精确匹配）	所有信息（例如：类型、主要和次要版本号）。版本号必须精确匹配
Compatible Keying （兼容模块）	除次要版本号外的所有信息（如：类型和主要版本号）。版本号必须匹配或者比该选项高的版本号也可以
Disable Keying （禁止电子锁）	最少的信息（例如：仅要求类型即可）

6）通信格式有两种：完全诊断和只听，如图 2-64 所示。

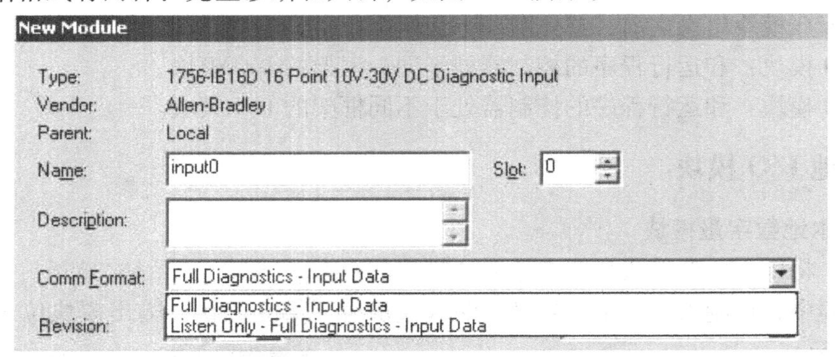

图 2-64　模块的通信格式

输入和输出模块的通信格式，见表 2-7。

表 2-7　输入和输出模块的通信格式

模块类型	要发送或者返回下列类型的数据	选择下面的通信格式
输入模块	常规的故障和输入数据	输入数据
	输入数据，数据改变时的系统时钟的数值（本地机架），诊断数据（只对于诊断型的模块）	完全诊断输入数据
	数据改变时带系统时间戳的输入数据	CST 时间戳

（续）

模块类型	要发送或者返回下列类型的数据	选择下面的通信格式
输出模块（宿主或者只听）	控制器只发送输出数据	输出数据
	控制器只发送输出数据，模块返回熔断器熔断状态并且带有熔断器熔断或者复位时的系统时钟数值（本地机架）	CST 时间戳熔断器数据—输出数据
	控制器发送输出数据，模块返回带诊断时间戳的诊断数据	完全诊断—输出数据
	宿主控制器发送输出数据和 CST 时间戳数值	规划的输出数据
	宿主控制器向模块发送带 CST 时间戳的输出数据。当熔断器被烧时，模块返回熔断器烧坏状态并且带有系统时钟数值（本地机架）	CST 时间戳熔断数据—规划的输出数据
	宿主控制器向模块发送输出数据和 CST 时间戳数据。模块返回诊断数据和诊断的时间戳	完全诊断—规划的输出数据

7）接着单击“Connection”选项卡，在这里设置 RPI（请求数据包间隔时间，详细的信息，请参阅第 4 章）以及是否禁止模块还有模块的故障信息显示，如图 2-65 所示。

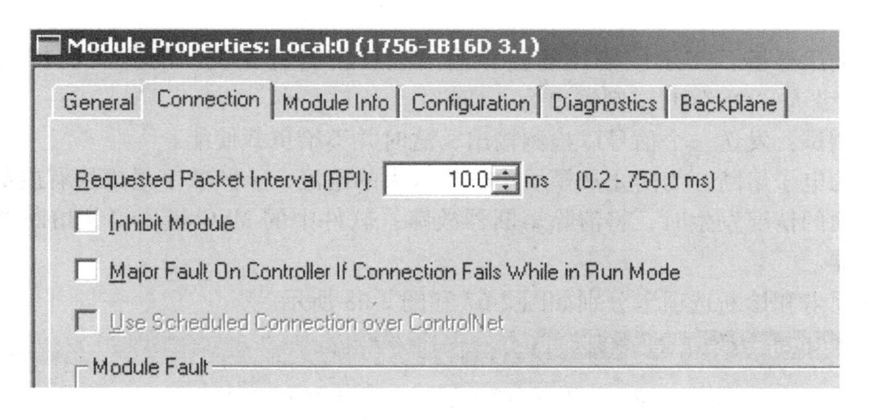

图 2-65　模块 Connection 选项卡

8）选择“Module Info”选项卡，在此显示模块的信息，例如供货商的信息、产品类型、产品代码、版本和 CST 时间信息等。注意该项只有在程序处于在线状态下时才会显示信息，在此还可以复位、刷新模块，如图 2-66 所示。

9）选择模块的“Configuration”选项卡，在此有使用 COS（状态改变）功能，它是指当数字量 I/O 模块使能了 COS 选项时，则只有当指定的模块状态发生改变时（传输从开启到关闭或者从关闭到开启时），数据才会传送。使用诊断的选项，具体如下：

1756 数字量和模拟量的诊断型 I/O 模块有下述特征：

● 开线检测：该功能可以诊断到输入模块的现场接线是否断开。使用该功能时在输入设备的连接处必须连接漏电阻。模块必须能检测到最小的漏电流或者将点级的故障信息发送回控制器。

● 现场断电检测：当给模块的供电出现故障，则点级的故障信息发送到控制器中。

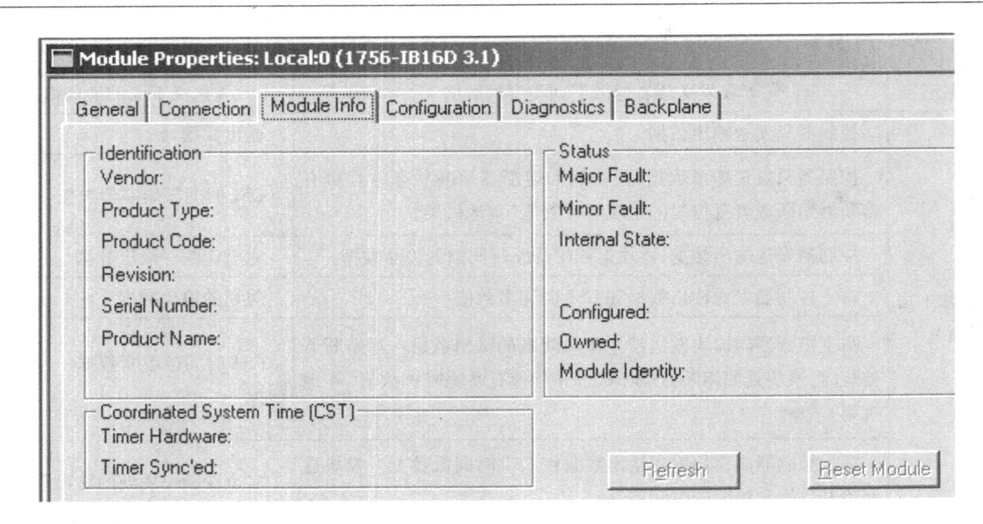

图 2-66　模块“Module Info”选项卡

● 无负载检测：只在输出模块每个输出通道关闭状态下检测现场接线是否断开或者负载是否断开。

● 现场输出检验：表示该模块的程序输出能够精确地在现场的开关设备上反映出来（例如：当命令为“ON”时，则输出为“ON”）。

● 脉冲测试：发送一个信号以检测输出，这时并不给负载使能。

● 点级的电子熔断：为防止从模块中输出过大的电流，一些数字量模块有内部电子熔断功能。若下面的情况发生时，将清除熔断器故障：软件中的 MSG 指令复位熔断器，循环上电复位熔断器。

组态选项卡和诊断选项卡分别如图 2-67 和图 2-68 所示。

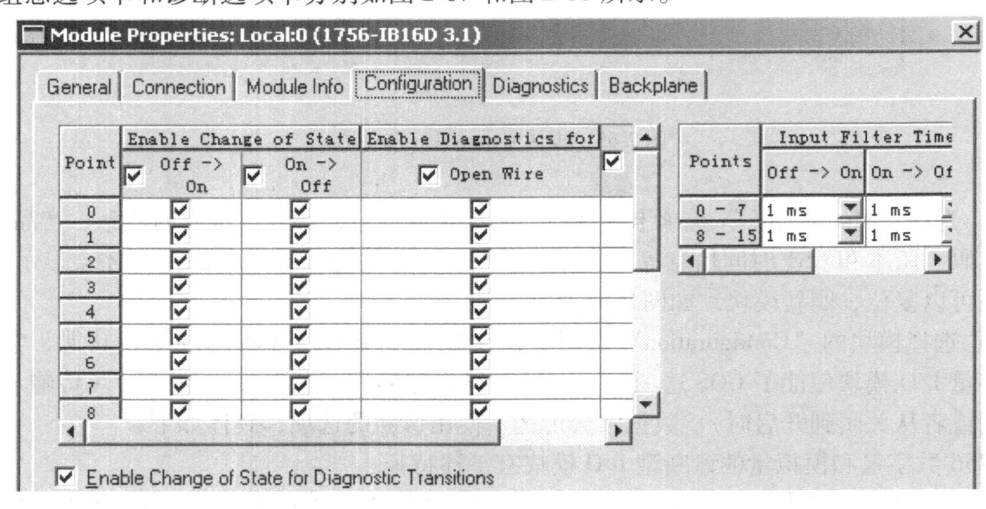

图 2-67　模块“Configuration”选项卡

10）单击“Backplane”选项卡，这里主要显示模块与背板的通信信息，它与“Module Info”选项卡一样，也是在上线状态时才显示，如图 2-69 所示。

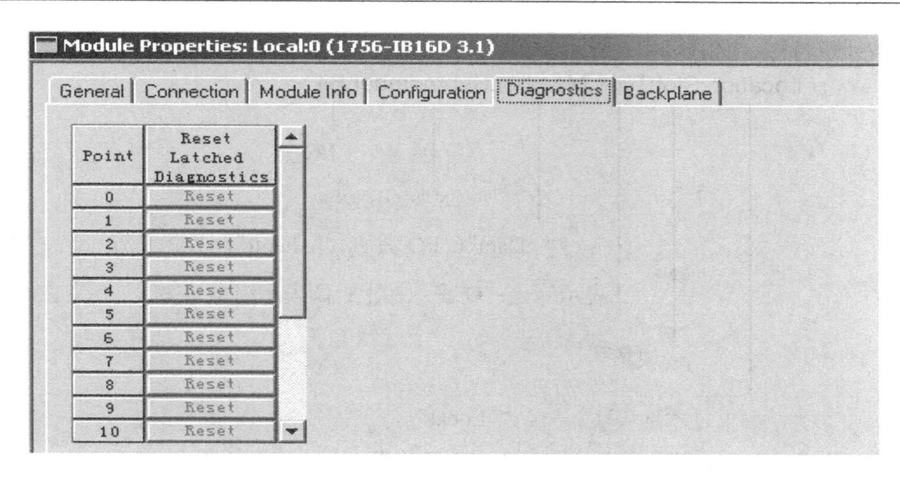

图 2-68　模块“Diagnostics”选项卡

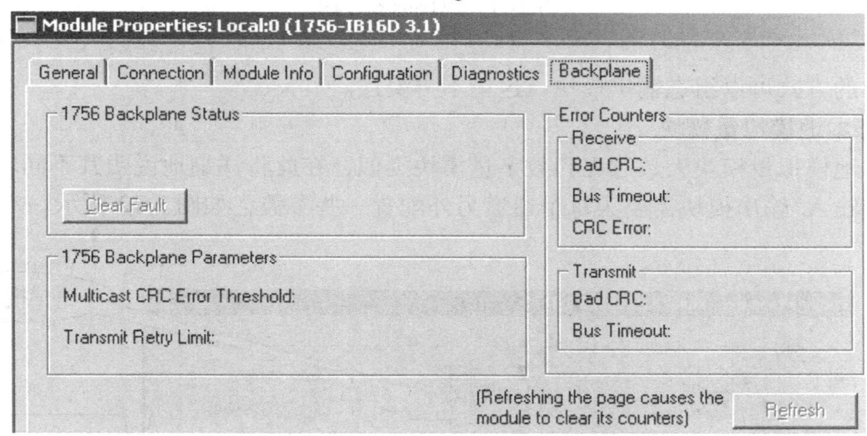

图 2-69　模块“Backplane”选项卡

11）单击“OK”按钮，即可完成组态。组态完毕后，单击“Controller Tags”选项卡即可看到自动生成的输入模块的标签结构体，如图 2-70 所示。

⊟-Local:0:C	{...}	{...}		AB:1756_DI_...
Local:0:C.DiagCOSD...	0		Decimal	BOOL
⊞-Local:0:C.FilterOffOn...	1		Decimal	SINT
⊞-Local:0:C.FilterOnOff...	1		Decimal	SINT
⊞-Local:0:C.FilterOffOn...	1		Decimal	SINT
⊞-Local:0:C.FilterOnOff...	1		Decimal	SINT
⊞-Local:0:C.COSOnOffEn	2#0000_0000_0000_0000_1111_...		Binary	DINT
⊞-Local:0:C.COSOffOnEn	2#0000_0000_0000_0000_1111_...		Binary	DINT
⊞-Local:0:C.FaultLatchEn	2#0000_0000_0000_0000_1111_...		Binary	DINT
⊞-Local:0:C.OpenWireEn	2#0000_0000_0000_0000_1111_...		Binary	DINT
⊟-Local:0:I	{...}	{...}		AB:1756_DI_...
⊞-Local:0:I.Fault	2#0000_0000_0000_0000_0000_...		Binary	DINT
⊞-Local:0:I.Data	2#0000_0000_0000_0000_0000_...		Binary	DINT
⊞-Local:0:I.CSTTimest...	{...}	{...}	Decimal	DINT[2]
⊞-Local:0:I.OpenWire	2#0000_0000_0000_0000_0000_...		Binary	DINT

图 2-70　输入模块标签结构体

生成的标签名称，如图 2-71 所示。

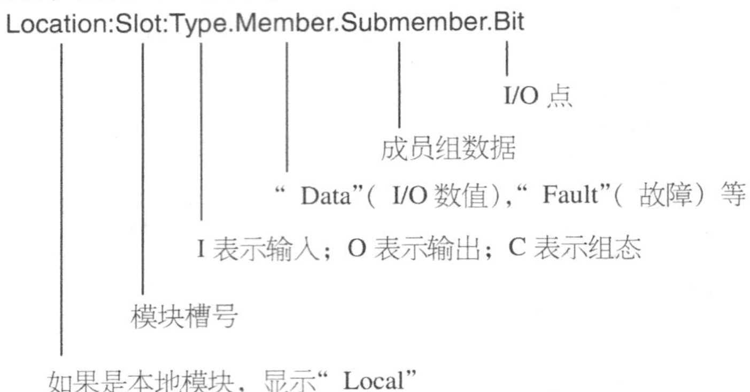

图 2-71　模块标签名称

以同样的方式可以组态输出模块，这里不再赘述。

2. 组态本地模拟量模块

组态本地模拟量模块大致过程和数字量模块类似，在此将详细地说明其不同之处。模拟量输入/输出模块需要为每个通道另外配置一些参数，如图 2-72 所示。

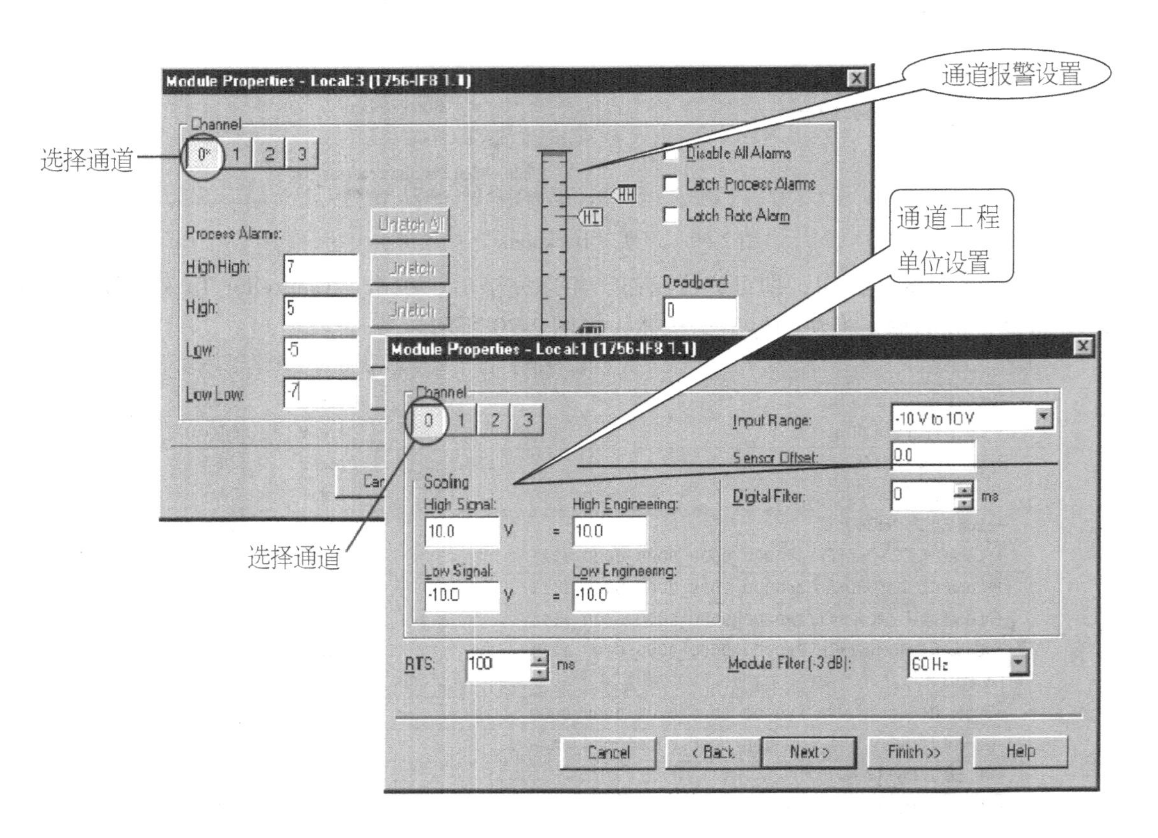

图 2-72　模拟量输入/输出模块参数组态

这些界面上需要组态的附加参数见表 2-8。

表 2-8　模拟量模块的组态参数

要执行下列操作	选择并改变下列参数
要改变模块浮点通信格式下的标定值（例如，如果向 0 ~ 20mA 的模块发送 4 ~ 20mA 的信号，在这里，模块可以将 4mA 标定为低电平信号，20mA 标定为高电平信号）	Scaling（标定）
将输出限定在一个安全的范围内。在模块的命令信号超过限定范围，这时可以起到保护作用（例如：如果数值范围为 0 ~ 10000，这时可以将 Clamping（钳位）设置为 9000，则输出信号将不会超过 9000）	Clamping（钳位）
在隔离型模块的每个通道上可以设置频率（例如，60Hz 传输线噪声）并将其过滤	Notch Filter（陷波滤波器）
当输出信号超过所设置的限位（高高报警、高报警、低报警和低低报警）后，给控制器发送信号将某些位置 1	Process Alarms（过程报警）

2.4.2　远程 I/O 模块

1. 通过 ControlNet 扩展远程 I/O 模块

通过 ControlNet 扩展远程 I/O 的硬件结构如图 2-73 所示。

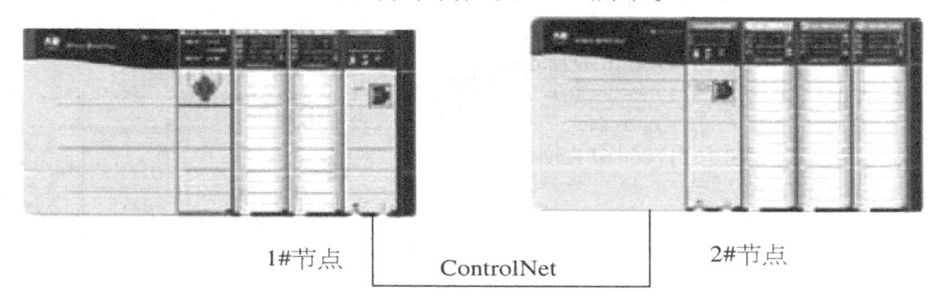

图 2-73　通过 ControlNet 扩展远程 I/O

通过 ControlNet 扩展远程 I/O 的步骤如下：

1）在模块选择列表处选择“ControlNet”通信模块（这根据实际情况而定），如图 2-74 所示。

Select Module

Module	Description
Communications	
56AMXN	DCSNet Interface
1756-CN2/A	1756 ControlNet Bridge
1756-CN2R/A	1756 ControlNet Bridge
1756-CNB/A	1756 ControlNet Bridge
1756-CNB/B	1756 ControlNet Bridge
1756-CNB/D	1756 ControlNet Bridge
1756-CNB/E	1756 ControlNet Bridge
1756-CNBR/A	1756 ControlNet Bridge, Redundant Media
1756-CNBR/B	1756 ControlNet Bridge, Redundant Media
1756-CNBR/D	1756 ControlNet Bridge, Redundant Media

图 2-74　选择“ControlNet”模块

2）组态模块名称、模块在 ControlNet 上的节点号、模块所在的槽号以及电子锁信息，如图 2-75 所示。

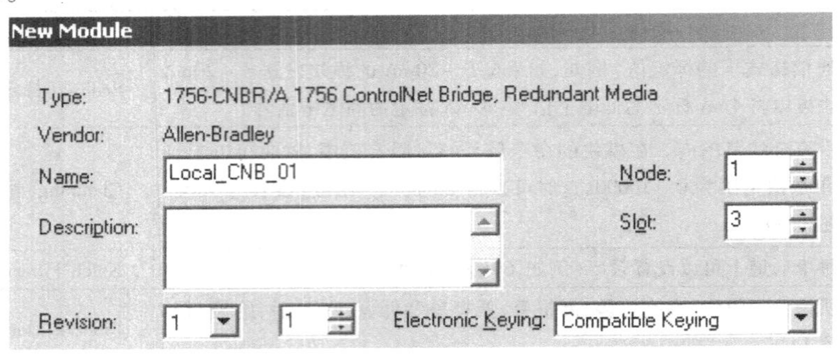

图 2-75　CNB（R）模块组态

3）设置完毕后，单击“OK”按钮，接受组态。然后在该模块上再次单击右键，选择“New Module”选项卡，开始添加远程 ControlNet 通信模块，如图 2-76 所示。

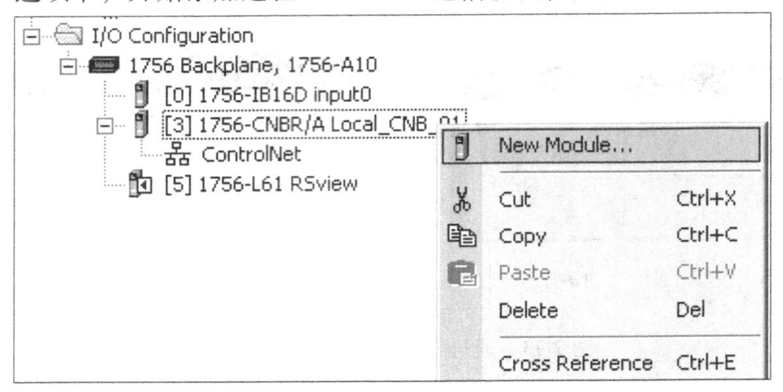

图 2-76　CNB（R）模块组态

4）在弹出的模块处选择远程框架上的 ControlNet 通信模块（这根据实际的应用项目而定）。

5）组态远程框架上的通信模块，除了模块名称、节点、槽号和电子锁的匹配这些信息之外，还有 Comm Format（通信格式）和 Chassis Size（框架大小）这两个选项卡，如图 2-77 所示。

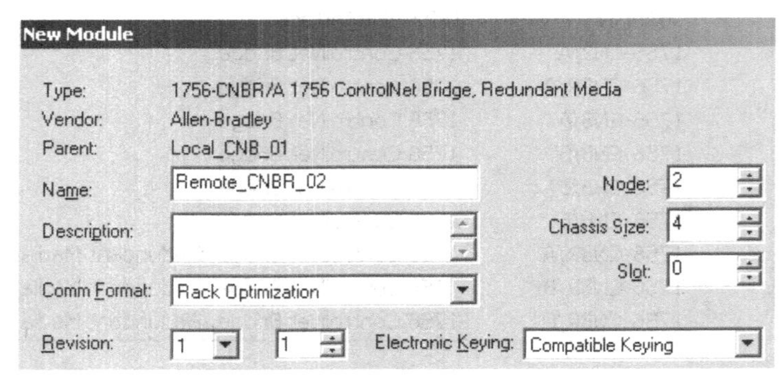

图 2-77　配置远程框架上的通信模块

6）配置完毕后，单击“OK”按钮即可完成。添加远程框架上的 I/O 模块，在远程通信模块上单击右键，选择“New Module”选项卡。

7）在弹出的模块列表中选择数字量输入模块。

8）组态该模块，填写模块的名称、模块所在的槽号、通信格式和模块的电子锁等信息，如图 2-78 所示。

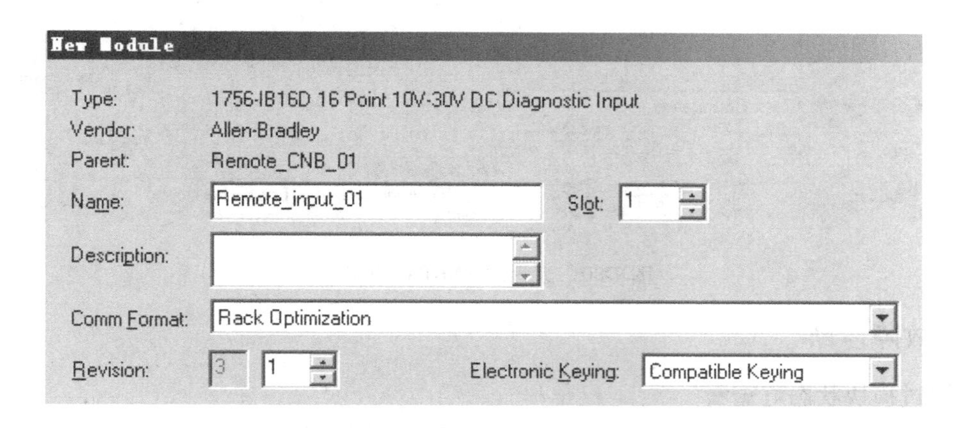

图 2-78　配置远程 I/O 框架上的输入模块

9）组态输入模块完毕后会自动生成远程模块的结构体。

2. 通过 EtherNet/IP 扩展远程 I/O 模块

通过 EtherNet/IP 模块扩展远程 I/O 模块，大致过程与通过 ControlNet 扩展远程 I/O 模块基本一致。所不同的是 EtherNet/IP 添入模块的 IP 地址。本地 ENBT 模块的组态如图 2-79 所示。

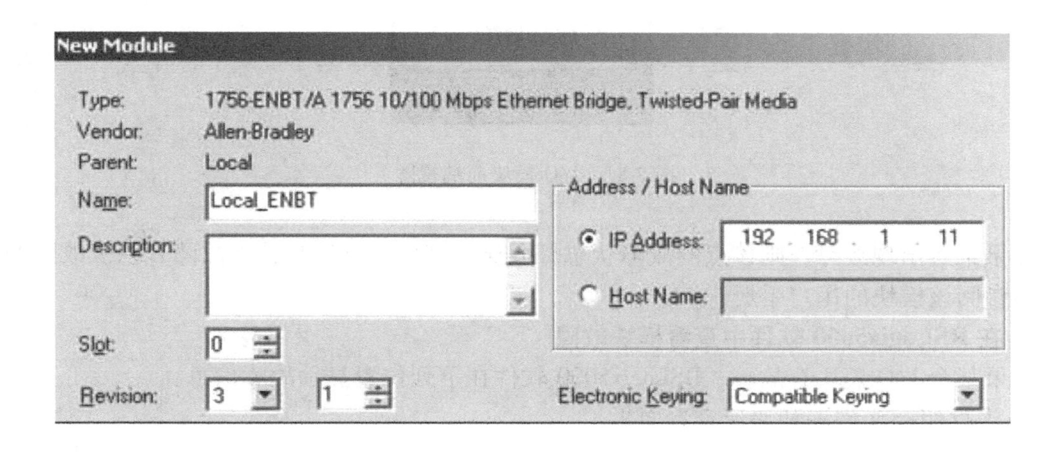

图 2-79　本地 ENBT 模块的组态

远程的 ENBT 模块组态，如图 2-80 所示。

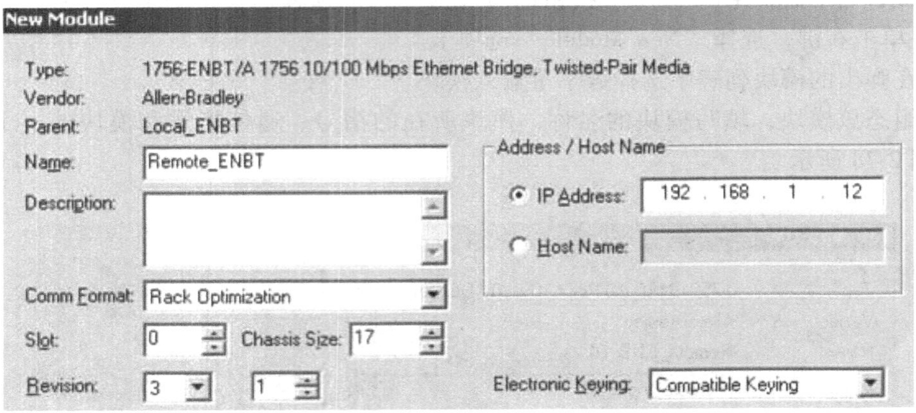

New Module
Type: 1756-ENBT/A 1756 10/100 Mbps Ethernet Bridge, Twisted-Pair Media
Vendor: Allen-Bradley
Parent: Local_ENBT
Name: Remote_ENBT
Description:
Comm Format: Rack Optimization
Slot: 0
Chassis Size: 17
Revision: 3 1
Address / Host Name
IP Address: 192 . 168 . 1 . 12
Host Name:
Electronic Keying: Compatible Keying

图 2-80　远程的 ENBT 模块组态

2.4.3　故障诊断

1. 通过模块状态灯查看

该种方法是最直接的办法，也是最常用的办法，如图 2-81 所示。

DC OUTPUT
ST
FLT
OK
DIAGNOSTIC
模块状态灯
模块各点状态
模块各点故障状态

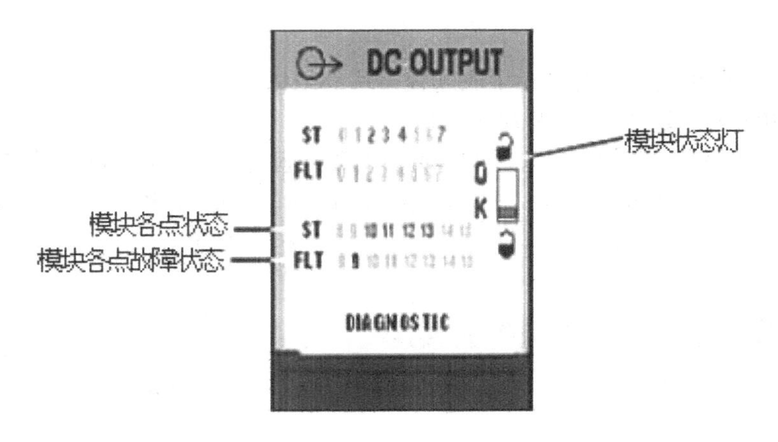

图 2-81　I/O 模块前端视图

如果某点出现故障，则该点的故障状态灯会显示红色。具体是什么故障，以及故障的类型，请参阅该模块的用户手册。

2. 在 RSLogix5000 软件中查看模块故障

如果某个 I/O 模块有故障，RSLogix5000 软件在下列位置显示故障信息：

1）I/O 组态文件夹和快速查看面板。

2）模块属性对话框。

3）控制器作用域标签。

（1）I/O 组态文件夹和快速查看面板

I/O 组态文件夹内所有有故障的模块都会有一个三角黄色叹号，如图 2-82 所示。

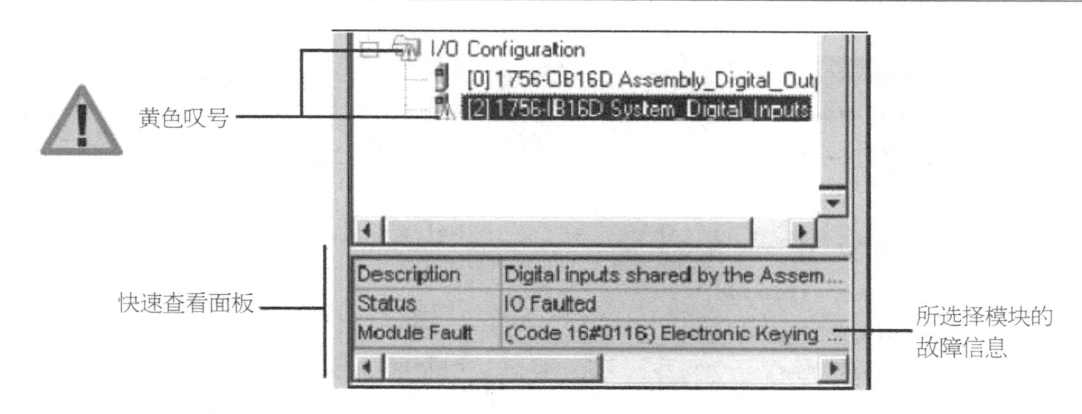

图 2-82　快速查看面板

(2) 模块属性对话框

模块的状态和故障信息也在模块属性对话框的选项卡中显示，如图 2-83 所示。

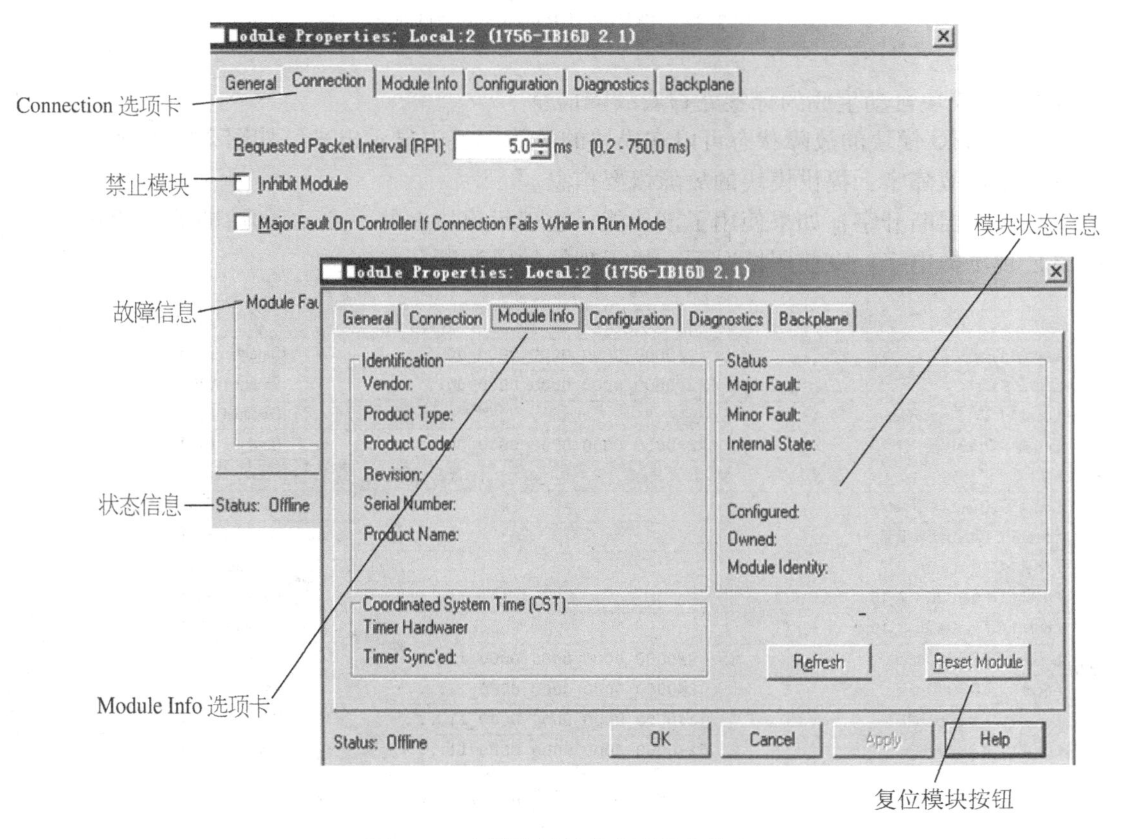

图 2-83　在模块属性处查看故障信息

一般情况下，一旦清除了故障源，I/O 模块将自动复位。如果清除故障后未建立连接，则 “Reset Module”（模块复位）按钮将使模块返回至上电状态。通信状态可以在模块属性的 “Backplane”（背板）选项卡中查看，如图 2-84 所示。

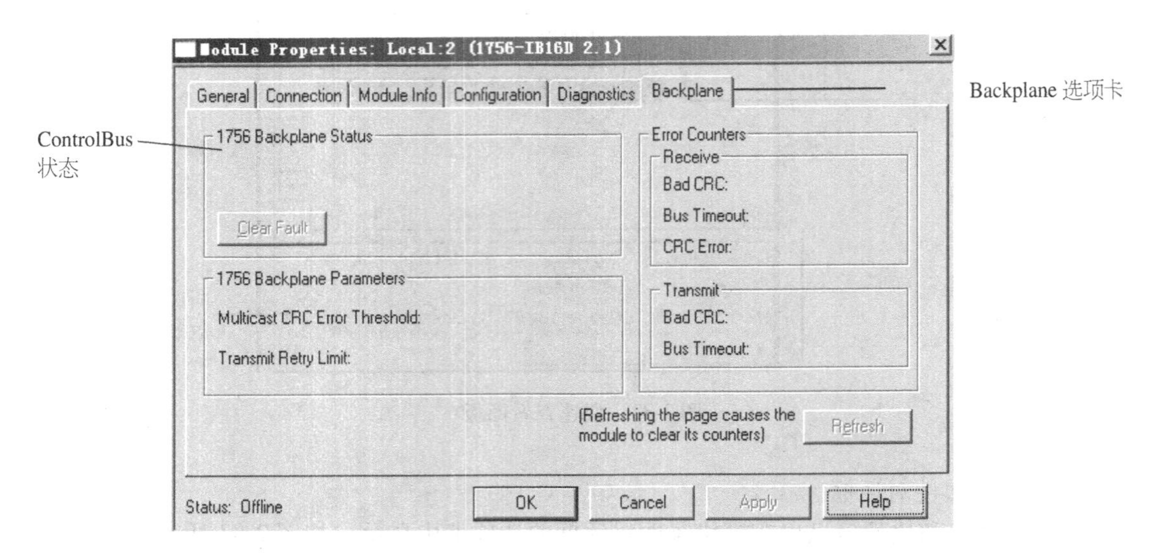

图 2-84　模块的“Backplane”选项卡

(3) 在模块自动生成的标签处查看故障信息

数字量 I/O 模块的故障状态可以在模块的故障标签中显示出来，如图 2-85 所示。

1) 模块故障字：提供模块的故障概要信息。

2) 熔断器断开字：如果使用了该功能，它表示模块上的一点/组的熔断器已断开。

3) 现场掉电字：在使用情况下，显示现场的电源断开状态。

⊟-Local:1:I	{...}	{...}		AB:1756_DI_DC_Diag:I:0
⊞-Local:1:I.Fault	2#0000_0000_0000_0000_00...		Binary	DINT
⊞-Local:1:I.Data	2#0000_0000_0000_0000_00...		Binary	DINT
⊞-Local:1:I.CSTTimestamp	{...}	{...}	Decimal	DINT[2]
⊞-Local:1:I.OpenWire	2#0000_0000_0000_0000_00...		Binary	DINT
⊟-Local:1:C	{...}	{...}		AB:1756_DI_DC_Diag:C:0
-Local:1:C.DiagCOSDisable	0		Decimal	BOOL
⊞-Local:1:C.FilterOffOn_0_7	1		Decimal	SINT
⊞-Local:1:C.FilterOnOff_0_7	1		Decimal	SINT
⊞-Local:1:C.FilterOffOn_8_15	1		Decimal	SINT
⊞-Local:1:C.FilterOnOff_8_15	1		Decimal	SINT
⊞-Local:1:C.COSOnOffEn	2#0000_0000_0000_0000_11...		Binary	DINT
⊞-Local:1:C.COSOffOnEn	2#0000_0000_0000_0000_11...		Binary	DINT
⊞-Local:1:C.FaultLatchEn	2#0000_0000_0000_0000_11...		Binary	DINT
⊞-Local:1:C.OpenWireEn	2#0000_0000_0000_0000_11...		Binary	DINT

图 2-85　I/O 模块的故障标签

2.5　程序的在线编辑

在进行工程调试的时候，在线修改与编程用的很频繁，它在不中断处理器运行的情况下即可完成程序的修改与编写。下面将分别介绍在线修改与在线编程。

2.5.1　在线修改

一段程序正在控制器中运行，如图 2-86 所示。

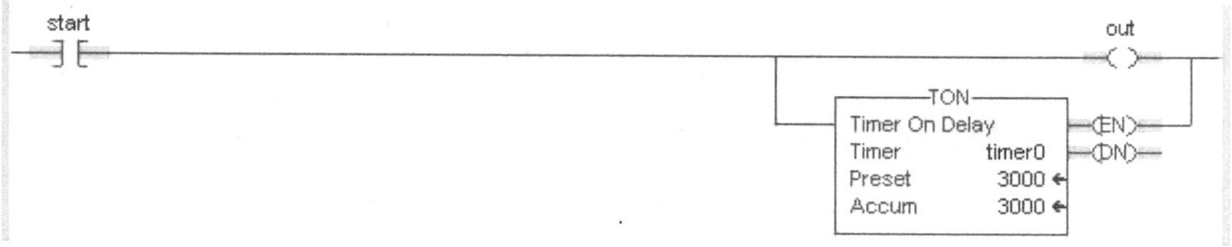

图 2-86　待修改的程序

要进行在线修改，先在梯级的左侧双击，会自动地生成一条同样的程序，只不过梯级前面的标识不同，如图 2-87 所示。

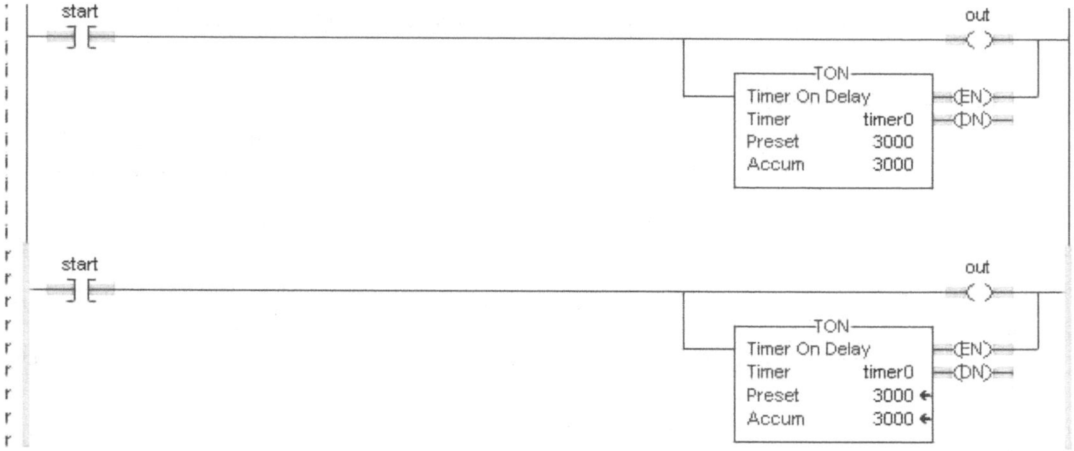

图 2-87　生成同样的梯级

要进行修改，在前面有“i”标识的梯级进行修改。在本示例中，在 TON 指令前面加入一个常闭的触点，使用该定时器实现循环计时。在添加指令时，梯级前面的标识会自动地变为“e”，这表示梯级正在编辑修改，如图 2-88 所示。

图 2-88　在线添加指令

然后，点击图 2-88 中的对勾标识，开始检查梯级，并接受修改的程序，在弹出的“确认”对话框中选择“是”。

然后，再点击“应用”按钮，如图 2-89 所示。

图 2-89　应用修改

这时会弹出“确认”信息框，确认无误后点击“Yes”按钮。这样就完成了在线修改功能。

2.5.2　在线编辑

在待添加程序处的梯级，双击会自动地生成一条新梯级，如图 2-90 所示。

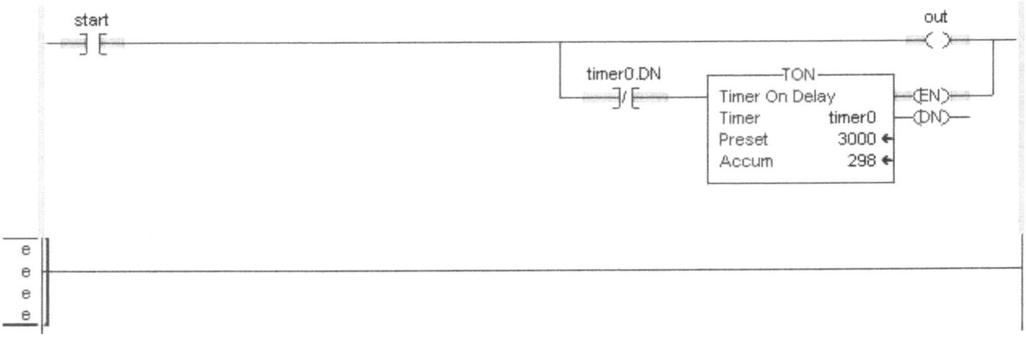

图 2-90　建立在线编程梯级

添入如下的指令，再创建好标签，如图 2-91 所示。

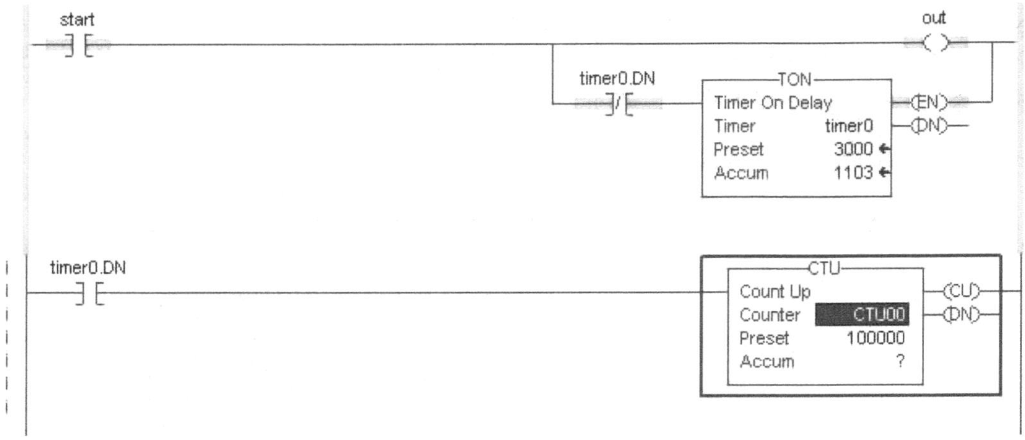

图 2-91　添入新程序

然后，检查、接受修改、再确认。如同在线修改的过程是一样的。

2.6　RSLogix5000 帮助文件

2.6.1　指令帮助功能

如图 2-92 所示，在“Help”菜单下点击“Instruction Help”选项卡。

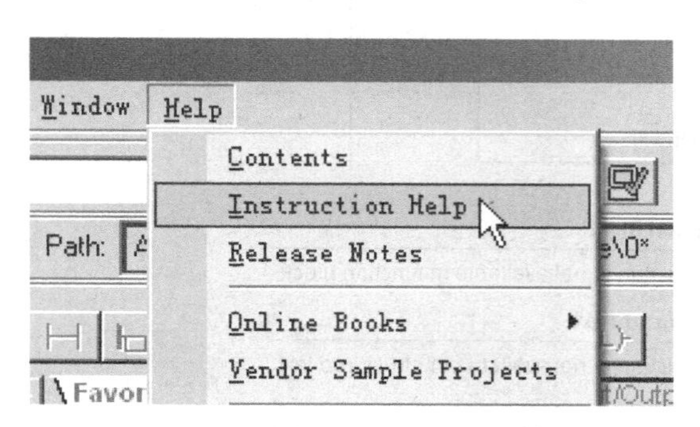

图 2-92　帮助选项

启动该项功能后，会弹出如图 2-93 所示对话框，例如想要了解 BSL 指令的用法，则点击“BSL”指令按钮即可。

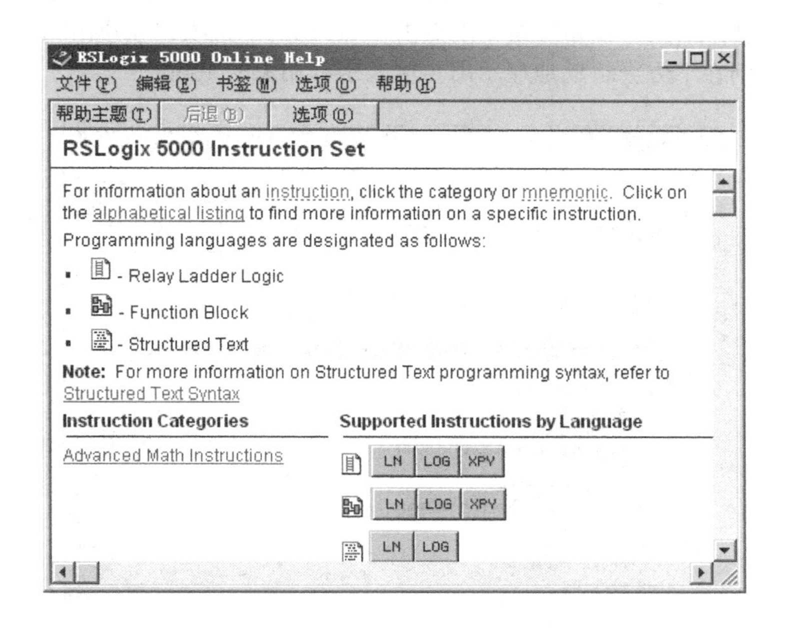

图 2-93　指令帮助窗口

点击后，弹出 BSL 指令的功能介绍、如何使用以及注意事项等信息，如图 2-94 所示。

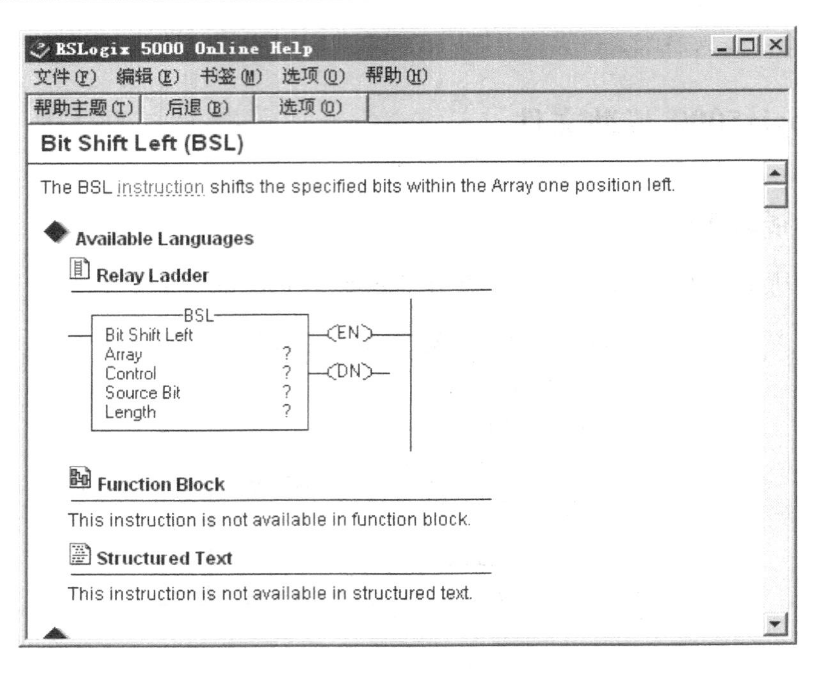

图 2-94 BSL 指令的功能介绍

2.6.2 其他帮助功能

除了指令帮助外，也可以充分利用帮助的索引功能完成其他信息的查询，例如要了解有关标签的一些信息，则在“Help”菜单下点击“Contents”选项，在弹出图 2-95 所示的窗口中输入“Tag”，则在下方会自动地显示出与输入字母相关的主题。

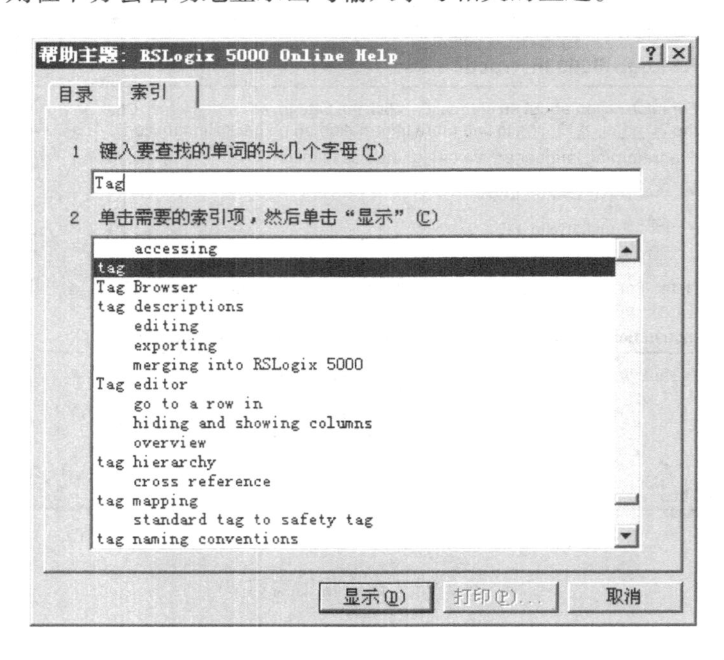

图 2-95 输入待查找内容

2.7　导入/导出工具

2.7.1　改变控制器的版本

1. 将控制器从低版本刷到高版本

将控制器从低版本刷到高版本的操作过程比较简单，步骤如下：

1）打开一个已编好的 RSLogix5000 程序，点击控制器属性图标，查看当前控制器的版本号，如图 2-96 所示。

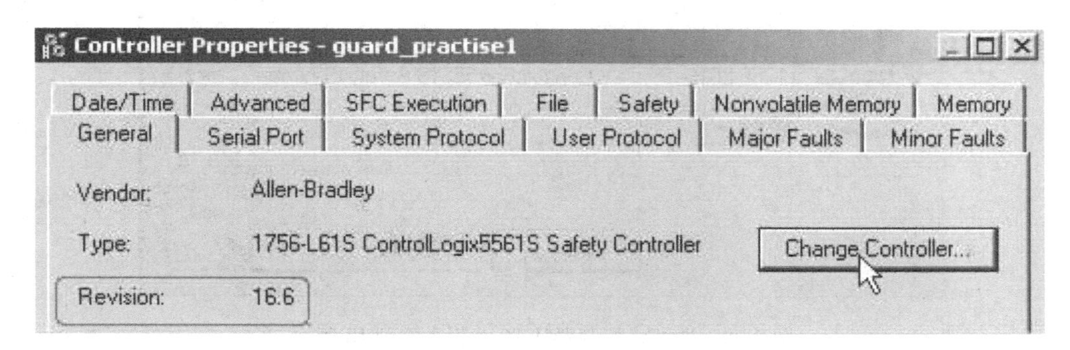

图 2-96　查看当前控制器的版本号

点击“Change Controller”按钮，在“Revision”的下拉框中查看可选择的控制器版本号，如图 2-97 所示。

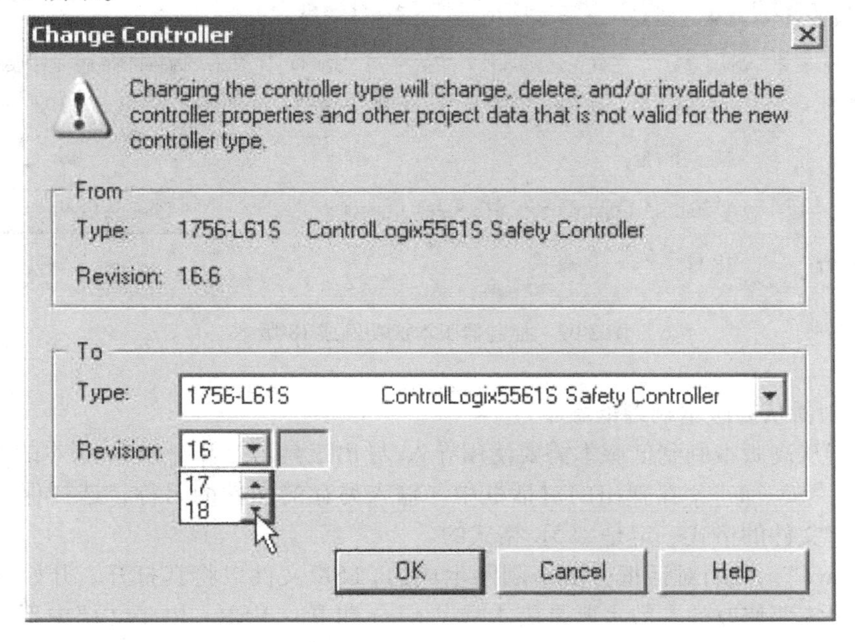

图 2-97　查看可供选择的控制器版本号

选择 18 版本，即将控制器从 16.6 版本刷到 18 版本，如图 2-98 所示。

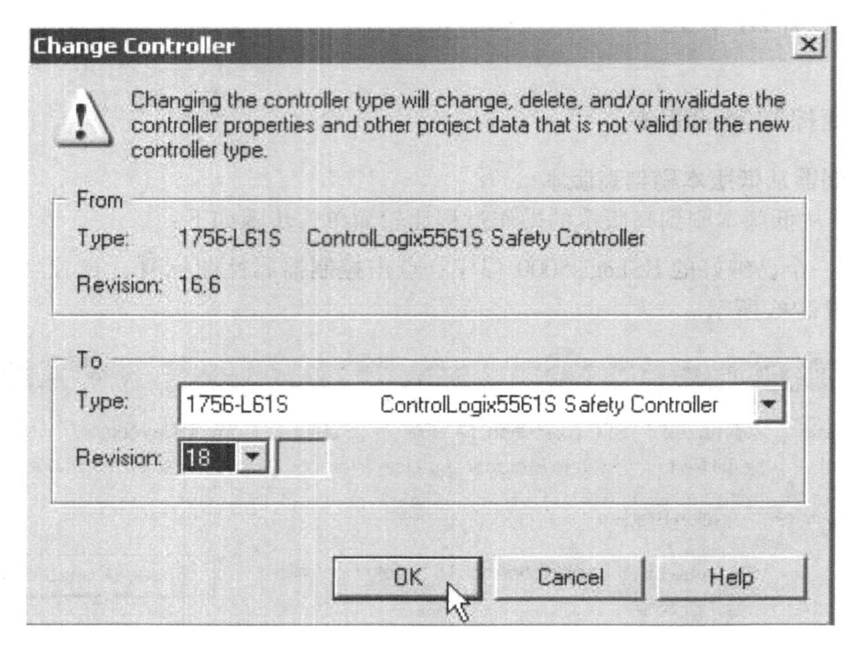

图 2-98　选择将控制器从 16.6 版本刷到 18 版本

点击“OK”按钮，等待控制器被自动刷成 18 版本。刷新结束后，再次查看控制器版本，以确认控制器版本刷新成功，如图 2-99 所示。

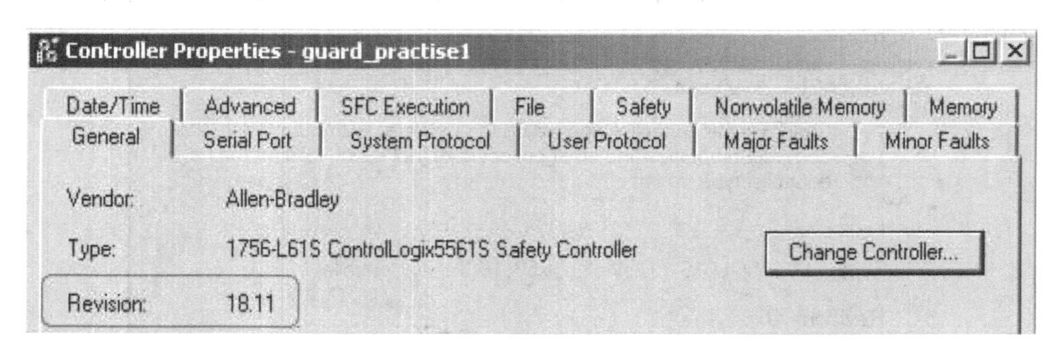

图 2-99　控制器版本成功刷成 18 版本

2. 将控制器从高版本刷到低版本

将控制器从高版本刷到低版本需要使用导入/导出工具。打开一个 18 版本的程序，点击“file”，选择“save as”，在弹出的对话框中，输入另存的文件的名称，选择保存路径。注意，这里另存文件的格式一定是 . L5K 格式的。

点击“save”，关闭对话框。双击刚刚生成的 . L5K 文件以将其打开，开始修改文件中的参数。这里需要修改的参数主要是版本号 version 和 IE _ VER。由于文档中不止一处出现版本号，使用查找工具查找所有显示“18”（即版本号）的地方，如图 2-100 所示。

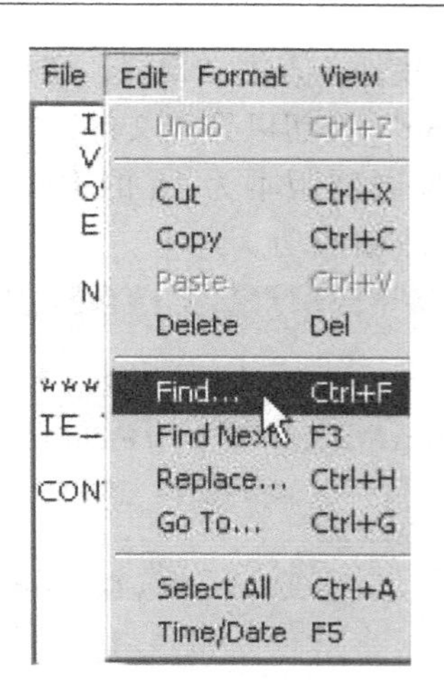

图 2-100　使用查找工具

查找结果如图 2-101 所示。

```
Version    := RSLogix 5000 v18.00
Owner      := Rockwell Automation
Exported   := Sun Sep 09 09:33:45
```

Find

Find what: 18

图 2-101　查找到版本号“18”所在的位置

将每处的“18”（这里的“18”仅代表版本号）改成“16”；将“IE _ VER: =2.9”改为“IE _ VER: =2.7”，文档修改结果如图 2-102 所示。

```
 Import-Export
 Version    := RSLogix 5000 v16.00
 Owner      := Rockwell Automation, Rockwell Automation
 Exported   := Sun Sep 09 09:33:45 2012

 Note:  File encoded in UTF-8.  Only edit file in a program
        which supports UTF-8 (like Notepad, not Wordpad).

**********************************************)
IE_VER := 2.7;

CONTROLLER guard_practise1 (ProcessorType := "1756-L61S",
                            Major := 16,
                            TimeSlice := 20,
                            ShareUnusedTimeSlice := 1,
                            RedundancyEnabled := 0,
                            KeepTestEditsOnSwitchOver := 0,
                            DataTablePadPercentage := 50,
                            SecurityCode := 0,
                            SFCExecutionControl := "CurrentActive",
                            SFCRestartPosition := "MostRecent",
                            SFCLastScan := "DontScan",
                            SerialNumber := 16#0000_0000,
                            MatchProjectToController := No,
                            CanUseRPIFromProducer := No,
                            SafetyLocked := No,
                            ConfigureSafetyIOAlways := No,
                            InhibitAutomaticFirmwareUpdate := 0)
        MODULE Local (Parent := "Local",
                      ParentModPortId := 1,
                      CatalogNumber := "1756-L61S",
                      Vendor := 1,
                      ProductType := 14,
                      ProductCode := 67,
                      Major := 16,
```

图 2-102　文档修改结果

保存文档。打开 RSLogix5000 软件，点击“file”，选择“Open”，找到刚刚保存的 . L5K 文档，点击“Open”，点击“Import”按钮以导入文件，文件类型为 . ACD 类型。

等待程序自动将文件转换为控制器版本为 16 的 RSLogix5000 程序，查看控制器版本。由图 2-103 可以看出，控制器版本刷新成功。

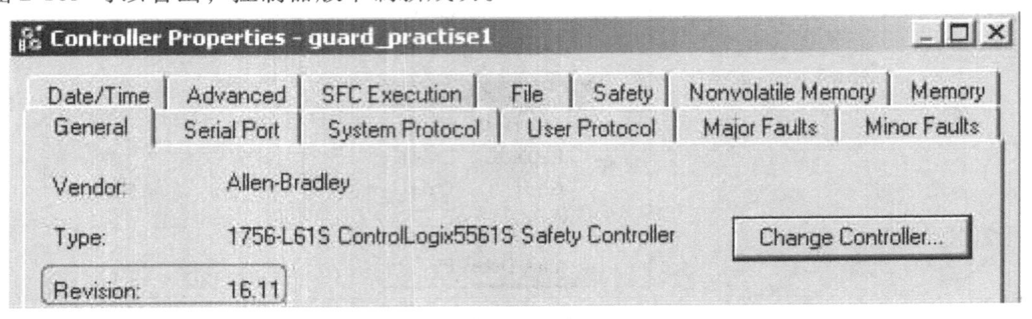

图 2-103　查看控制器版本

2.7.2　导出标签

借助导出工具可以将 RSLogix5000 程序里的标签导出，以 Excel 表格的形式保存，具体步骤如下。

1）打开一个 RSLogix5000 程序（该程序应包含一些已定义的标签）。点击菜单栏里的“Tools”选项卡，选择“Export”选项，如图 2-104 所示。

2）选择文件保存格式为 . CSV 类型，输入文件名称，注意文件的保存路径。导出的标签范围是可选的，可以是控制器域范围、程序域范围或者其他范围，如图 2-105 所示。

3）点击“Exprot”按钮，将标签导出。导出的标签以 Excel 表格的形式保存在指定路径。双击导出的 Excel 表格，查看导出的标签。

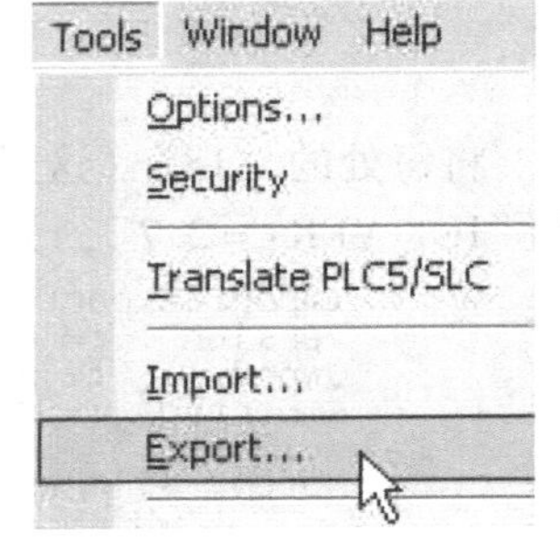

图 2-104　选择工具栏的“Export”选项

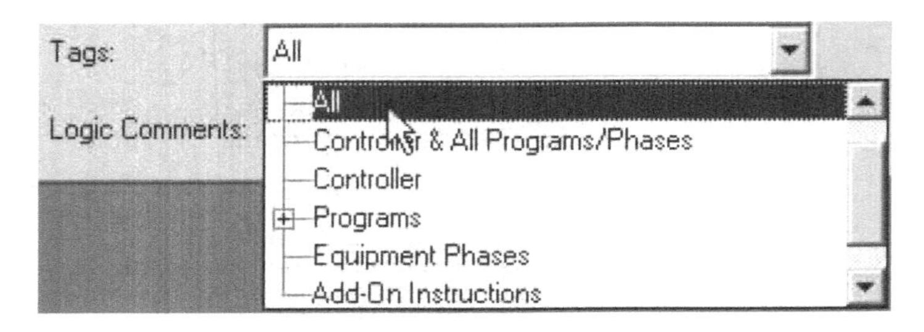

图 2-105　选择导出标签的范围

与 RSLogix5000 程序中的控制器标签对比，Excel 表格中对标签的描述与 RSLogix5000 程序中的标签一致。

第 3 章

RSLogix5000 编程方式

学习目标

- 梯形图（LAD）编程
- 功能块图（FBD）编程
- 结构化文本（ST）
- 顺序功能流程图（SFC）
- 自定义功能指令（AOI）

3.1 梯形图编程

3.1.1 主例程的编写

梯形图（LAD）是在电气控制系统中常用的接触器、继电器控制基础上演变而来的，沿用了继电器的触点、线圈、串联等术语和图形符号，并增加了一些继电接触控制没有的符号。梯形图形象、直观，对于熟悉继电接触控制方式的人来说，非常容易接受，不需要学习更深的计算机知识。梯形图是一种最广泛的编程方式（一般使用梯形图编程），适用于顺序逻辑控制、离散量控制以及定时/计数控制等。

本实验使用梯形图逻辑来编程，在主例程中添加一个简单的电动机起动/停止制动电路的代码，具体实验步骤如下：

1）打开已创建的 RSLogix5000 项目，在控制器项目管理器中单击“MainProgram”文件夹的 + 号以将其展开，如图 3-1 所示。

Tasks
MainTask
MainProgram
Program Tags
MainRoutine

图 3-1 “MainProgram”文件夹

2）双击“MainRoutine”图标 MainRoutine。这将打开例程编辑器，软件中会自动添加一个空梯级，如图 3-2 所示。

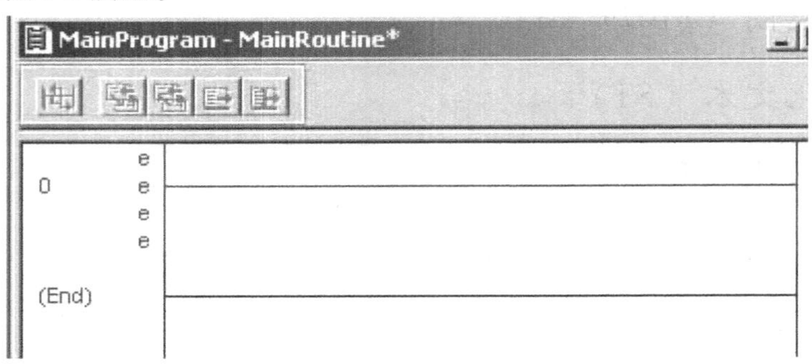

图 3-2 例程编辑器

3）在指令工具栏中，将常开 指令 XIC 拖拽到梯级 0 上，直到出现绿色点，在左侧的位置释放鼠标按键；将常闭 指令 XIO 拖拽到梯级 0 上 XIC 指令的旁边。最后将输出激励 指令 OTE 拖拽到梯级 0 的最右侧，出现的梯级如图 3-3 所示。

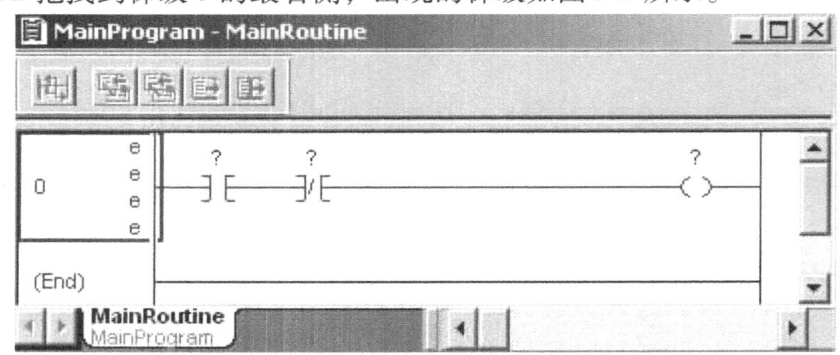

图 3-3 添加梯级指令

4）在 XIC 指令周围添加一个分支。在指令工具栏中选中“分支”指令，按住并拖拽分支的“蓝色突出显示部分”，将分支引脚拖拽到 XIC 指令的左侧，将分支放置到绿色点上并释放鼠标按键，再将指令 XIC 拖拽到新创建的分支上，直到绿色点出现，如图 3-4 所示。

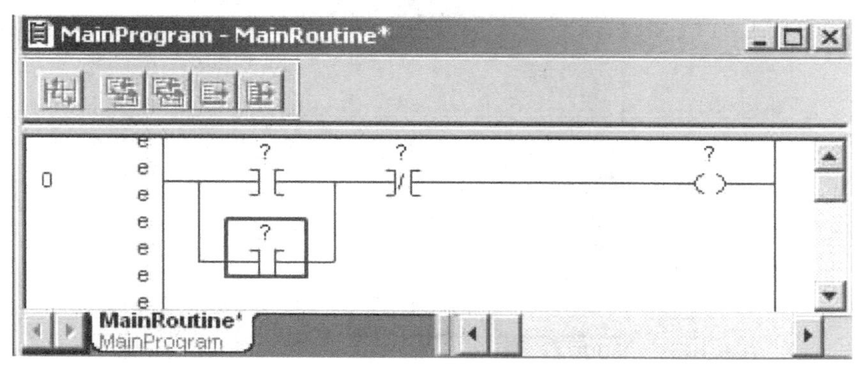

图 3-4　在梯级中添加分支

5）在传统的 PLC 中，各数据项都用物理内存地址标识，例如 N7:0 便是如此，而在 Logix 控制器中则没有固定的数据格式，使用标签来标识各数据项。标签是内存区域基于文本的名称，所有标签名称都存储在控制器中。下面将为梯形图代码创建 3 个标签：Motor _ Start、Motor _ Stop 和 Motor _ Run。

首先创建标签 Motor _ Start。右键单击首个 XIC 指令的“?”并选择“New Tag”（新建标签），如图 3-5 所示，在弹出的对话框中设置新标签的信息，输入标签参数，如图 3-6 所示。对标签属性解释如下：

- Type（类型）：定义标签在项目中的工作方式。
- Base（基本）：存储供项目中逻辑使用的一个或多个值。
- Alias（别名）：表示另一个标签的标签。
- Produced（生产者）：向另一个控制器发送数据。
- Consumed（消费者）：从另一个控制器接收数据。
- Data Type（数据类型）：定义标签所存储数据的类型，例如：布尔型、整型、实数型和字符串型等。
- Scope（域）：定义项目中数据的访问方式。或者是以控制器为域（即可在整个控制器域内访问的全局数据），或者是以程序为域（即特定程序可访问的数据）。

图 3-5　创建标签

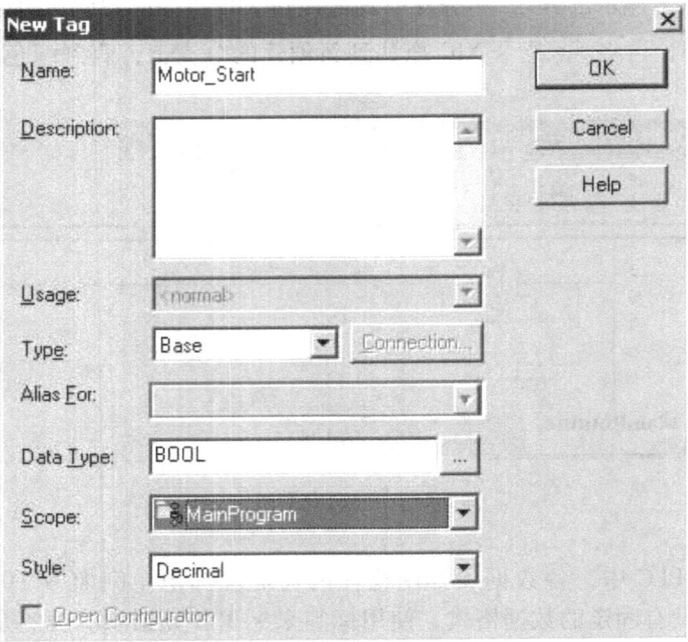

图 3-6　标签创建对话框

单击“OK”按钮接受并创建标签，创建另外两个标签 Motor _ Stop 和 Motor _ Run，除标签名与 Motor _ Start 不同外，其他参数不变，验证梯级如图 3-7 所示。

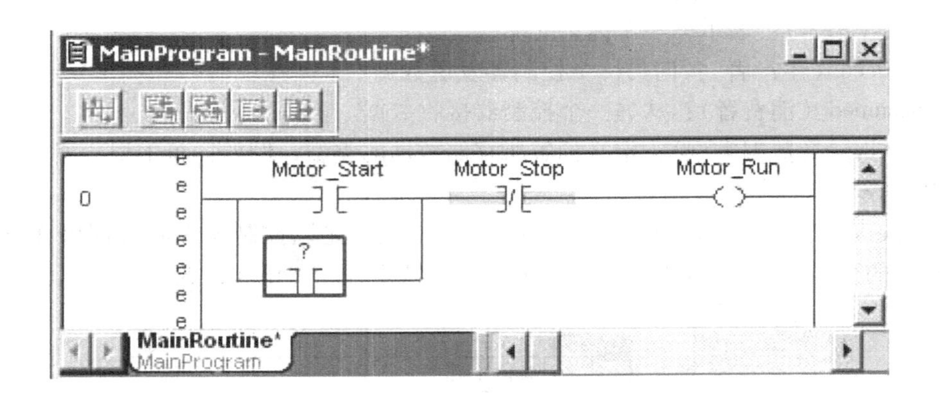

图 3-7　创建标签后的梯级程序

6）在 OTE 指令的标签 Motor _ Run 上单击并按住鼠标左键，将标签 Motor _ Run 拖到 XIC 指令上，直到“?”旁边出现绿色点，然后释放鼠标按键，如图 3-8 所示。

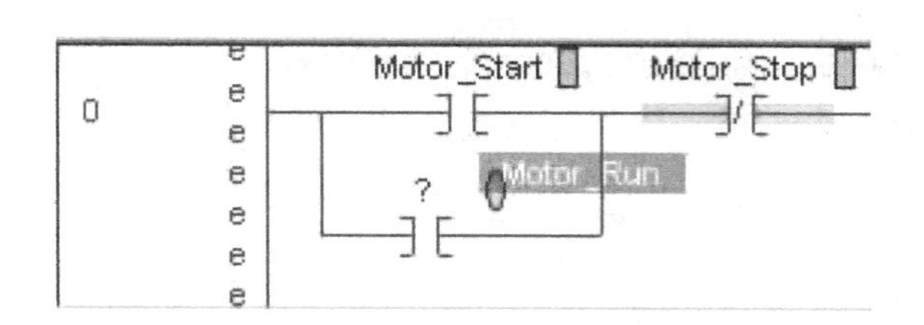

图 3-8　拖动标签到指令上

7）验证梯级如图 3-9 所示。注意梯级旁边的“e”，这些“e”表示该梯级处于编辑模式。单击“End”梯级，这些“e”将消失。当鼠标单击取消编辑模式时，RSLogix5000 软件将自动验证每个梯级。

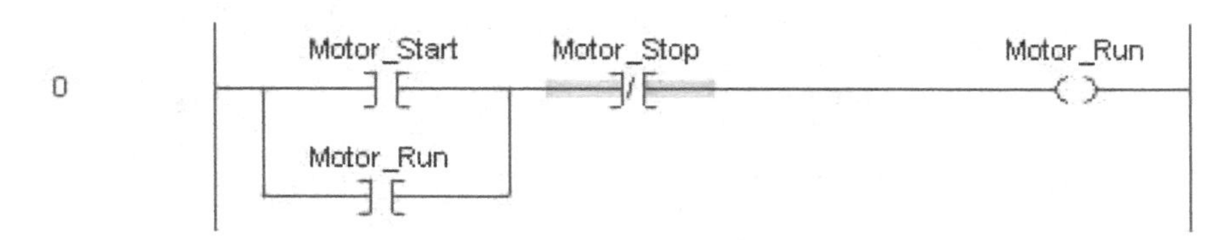

图 3-9　完整验证梯级

8）在工具栏上单击“Save”（保存）图标，保存项目。

3.1.2　别名标签的作用

本实验将讲解别名标签的作用以及如何分配别名标签。别名标签允许用户创建代表另一个标签的标签，特点如下：

- 两个标签共享相同的值。
- 当一个标签值改变时，另一个标签也反映该变化。

在下列情况下使用别名：

- 在绘制接线图前对逻辑进行编程。
- 为 I/O 设备分配描述性名称。
- 为复杂标签提供更简单的名称。
- 为数组元素使用描述性名称。

具体实验步骤如下：

1）在控制器项目管理器中，双击“MainRoutine”（主例程），将出现如图 3-9 所示的梯形图逻辑。请确定已向项目中添加了如下 I/O 模块：2 号槽的 1756-IB16D 模块，3 号槽的 1756-OB16D 模块。现在为 I/O 模块进行标签别名。

- 将 Motor _ Start 指定为 2 号槽中 1756-IB16D 的输入点 0 的别名。
- 将 Motor _ Stop 指定为 2 号槽中 1756-IB16D 的输入点 1 的别名。
- 将 Motor _ Run 指定为 3 号槽中 1756 – OB16D 的输出点 0 的别名。

2）右键单击标签 Motor _ Start 并选择“Edit“Motor _ Start” Properties”，将出现 Motor _ Start 的标签属性窗口，如图 3-10 所示。将标签定义为“Alias”类型标签。

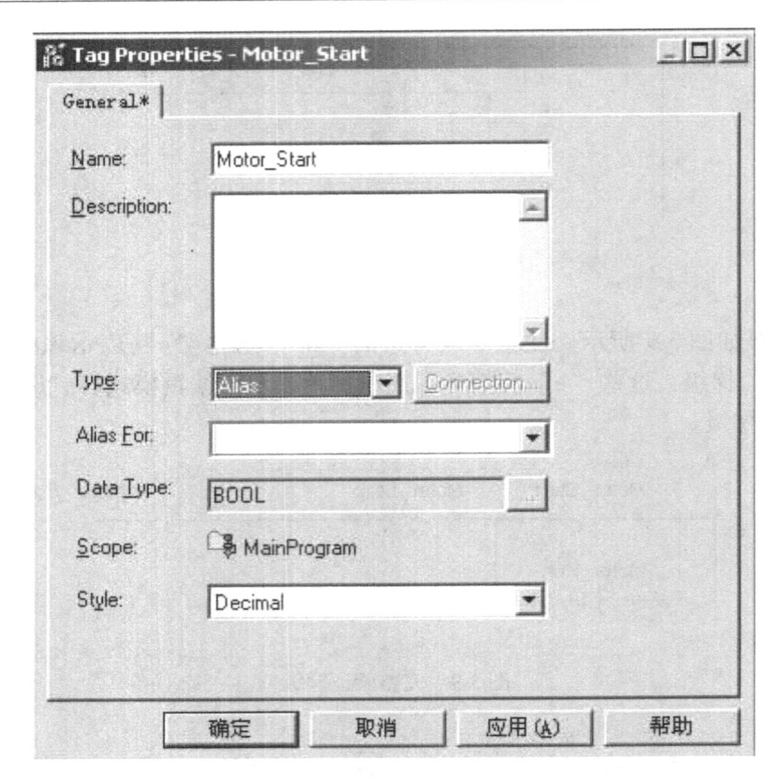

图 3-10　Motor _ Start 的标签属性

3）选择“Alias”（别名）作为“Type”（类型），单击“Alias For”的下拉箭头将出现标签浏览器，浏览器中同时显示控制器域和程序域的标签，如图 3-11 所示。本实验要在控制器域标签中选择地址。单击“Program”按钮取消程序域标签，画面将更改为仅显示控制器域标签。

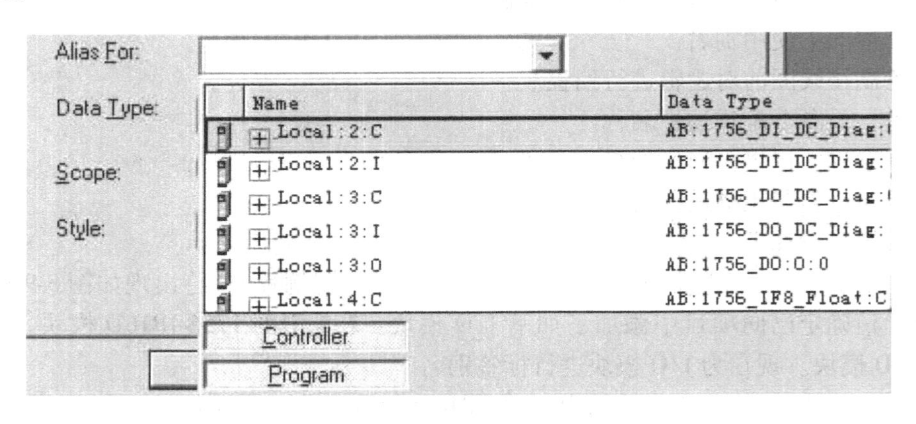

图 3-11　浏览器中显示的标签

4）展开“Local:2:I. Data”，单击“Local:2:I. Data”数据类型“DINT”旁边的下拉箭头，这将打开 1756-IB16D 模块的数据点表格，选择表格中的 0 号点，如图 3-12 所示。

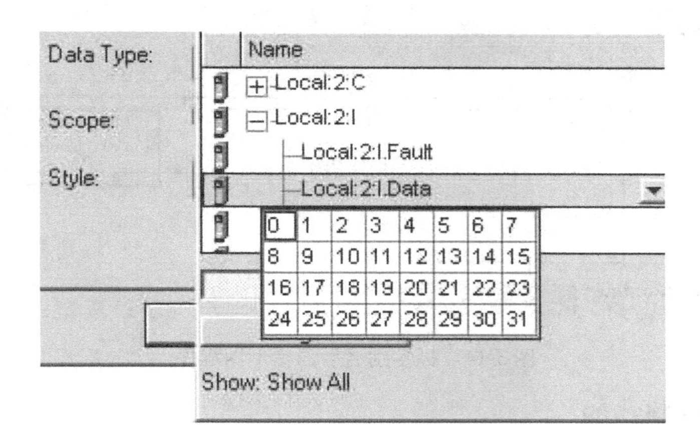

图3-12　选择0号点

5）Motor _ Start现在已经被指定为“Local:2:I. Data. 0”的别名，如图3-13所示。

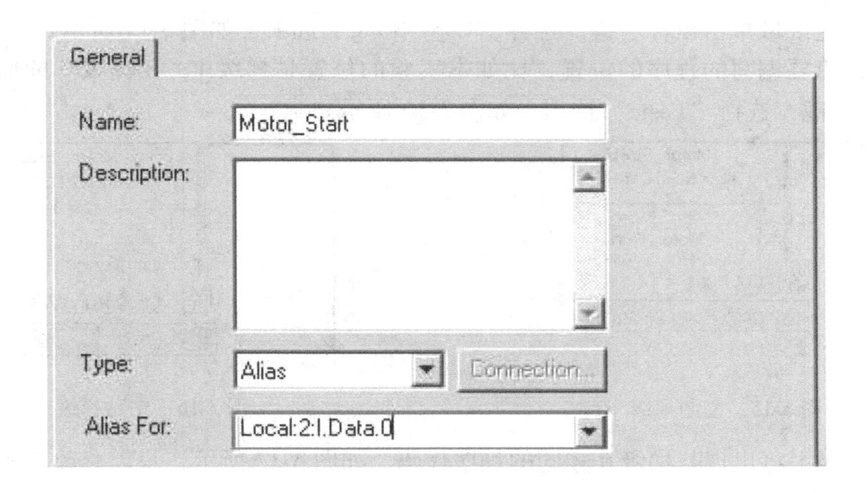

图3-13　别名后的Motor _ Start属性

6）单击“OK”按钮将所做的更改应用到Motor _ Start标签。仔细查看梯形图代码中的标签Motor _ Start，在Motor _ Start下可看到 <Local:2:I. Data. 0>，如图3-14所示。这表示Motor _ Start已经被指定为“Local:2:I. Data. 0”的别名，这意味着标签在代码中彼此所代表的意义相同，而Motor _ Start要比“Local:2:I. Data. 0”更易于阅读。

7）使用相同的步骤，指定剩余两个标签的别名如下：

- Motor _ Stop = Local:2:I. Data. 1。
- Motor _ Run = Local:3:O. Data. 0。

8）完成后，梯形图代码应如图3-14所示。

9）保存程序。

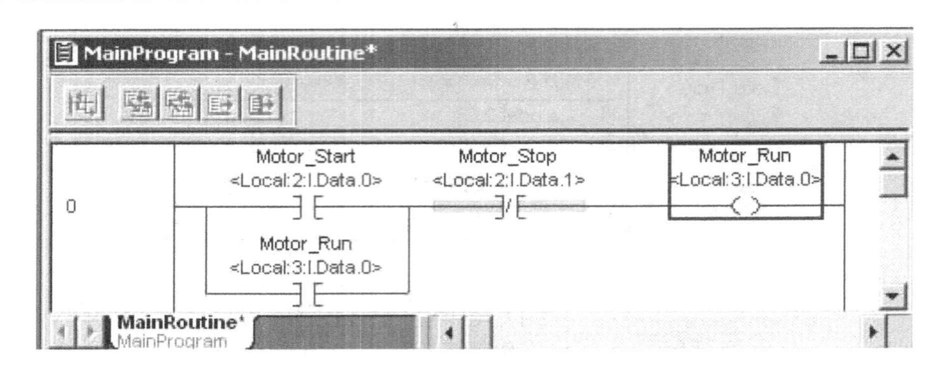

图 3-14　标签别名后的梯形图程序

3.1.3　程序的复制功能

如果将要编写的梯形图程序与已经编写的程序功能类似，可以借助程序的复制功能，快速完成程序的编写，具体实验步骤如下。

1）打开前面创建的工程，打开主例程，如图 3-14 所示。

2）鼠标左键单击将要复制的梯级的号以选中该梯级，该梯级左侧变蓝。

3）在蓝色区域单击鼠标右键，选择“Copy Rung”选项，如图 3-15 所示。

4）找到将要编写的程序的位置，比如本实验的位置是梯级 1，在梯级 0 的蓝色区域再次单击鼠标右键，选择“Paste”选项，如图 3-16 所示。

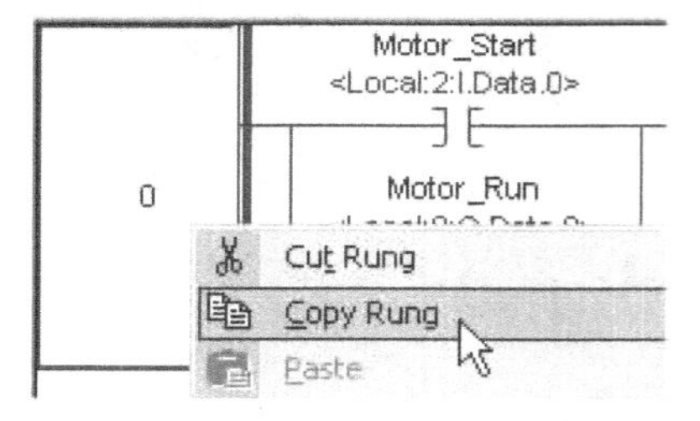

图 3-15　复制梯级

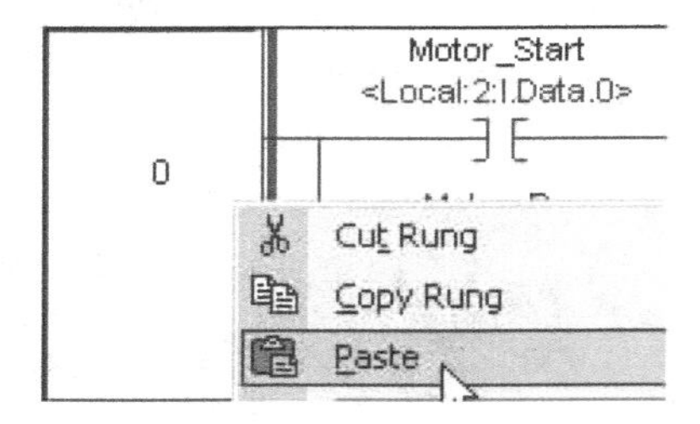

图 3-16　粘贴梯级

5）在梯级 1 将出现与梯级 0 相同的程序代码，如图 3-17 所示，只需修改程序标签即可实现想要的功能。

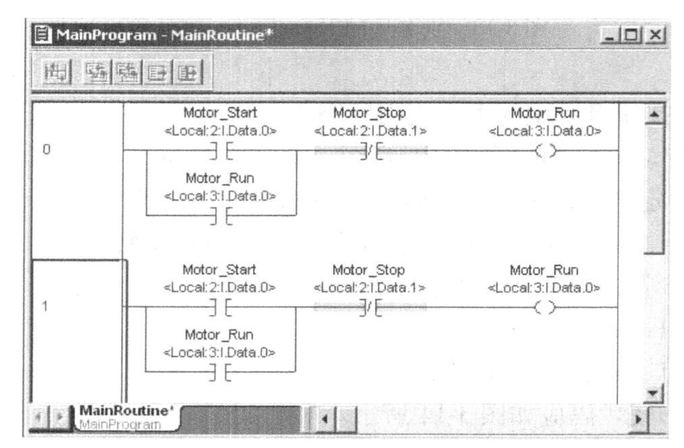

图 3-17　复制粘贴后的梯级程序

3.2　功能块图编程

3.2.1　周期性任务和程序

功能块编程一般用于过程控制领域。使用功能块（FBD）开发程序，即将代表各项功能的指令块（如 PIDE 指令）放入一个图表中，再连接输入和输出端的一系列功能块。ControlLogix 具有十分丰富的功能块指令，这些功能块完成的功能涉及领域很广，从逻辑操作到自适应调节 PID 回路控制。滤波、比例、积分、微分控制、模糊控制、脉宽调制变换、统计、三角函数和集成的用于阀、泵、电动机的控制算法模块，所有这些都作为标准功能模块包含在 RSLogix5000 集成开发环境中。在本实验环节，将新建一个周期性任务并进行配置，具体实验步骤如下。

1）在控制器项目管理器中，右键单击“Tasks”文件夹并选择“New Task”，在弹出的“New Task”对话框按图 3-18 所示设置名称和参数。

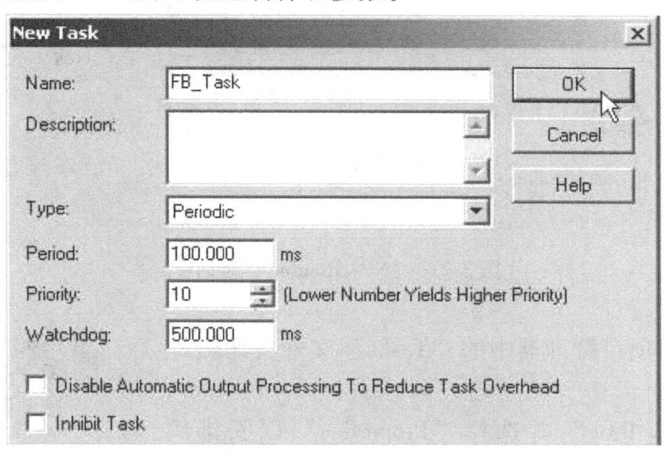

图 3-18　“New Task”对话框

2）在控制器项目管理器中，右键单击“FB _ Task”并选择“New Program”，在弹出的“New Program”对话框中按图 3-19 所示设置名称。

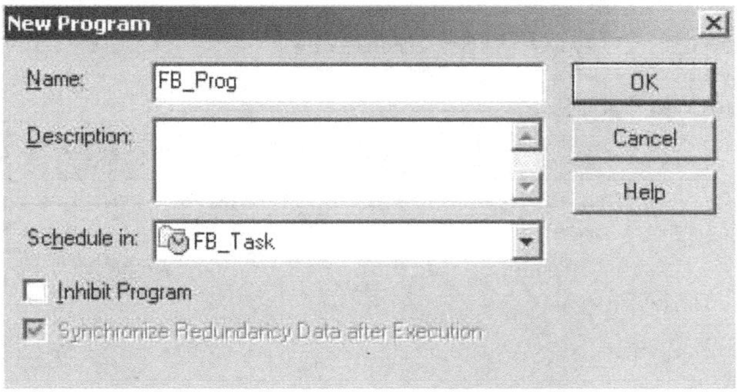

图 3-19　“New Program”对话框

3）控制器项目管理器的“Tasks”文件夹如图 3-20 所示。

图 3-20 “Tasks”文件夹

4）在控制器项目管理器中，右键单击“FB _ Prog”并选择“New Routine”，在弹出的“New Routine”对话框中按图 3-21 所示设置。

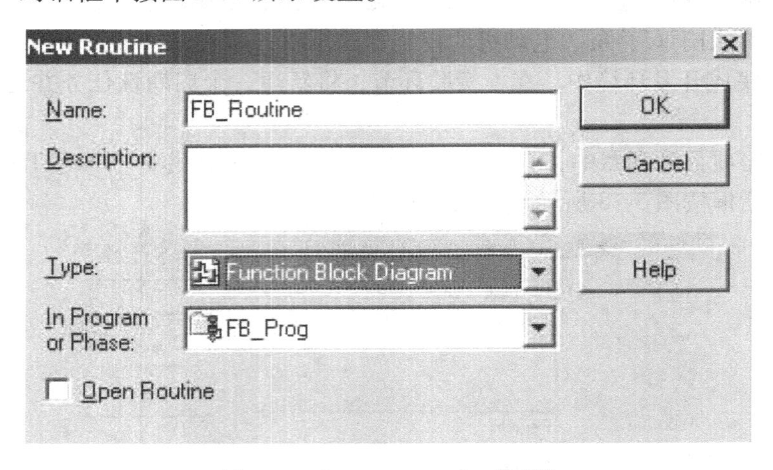

图 3-21 “New Routine”对话框

5）验证控制器项目管理器中的“Tasks”文件夹如图 3-22 所示。

6）单击“FB _ Prog”并选择“Properties”以安排例程，在弹出的“Program Properties”对话框单击“Configuration”选项卡，并在“Main”下拉菜单中选择“FB _ Routine”例程，如图 3-23 所示。

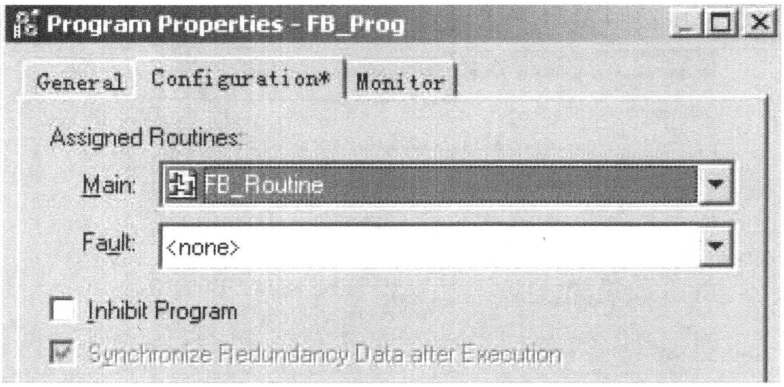

图 3-22 “Tasks”文件夹

图 3-23 “Program Properties”对话框

7）确认后退出该对话框。

8）在控制器项目管理器中双击“FB _ Routine”例程，工作区中会打开一个空白工作表（默认为工作表 1），在命名空间编辑框中将此表命名为“TIC101”，如图 3-24 所示。

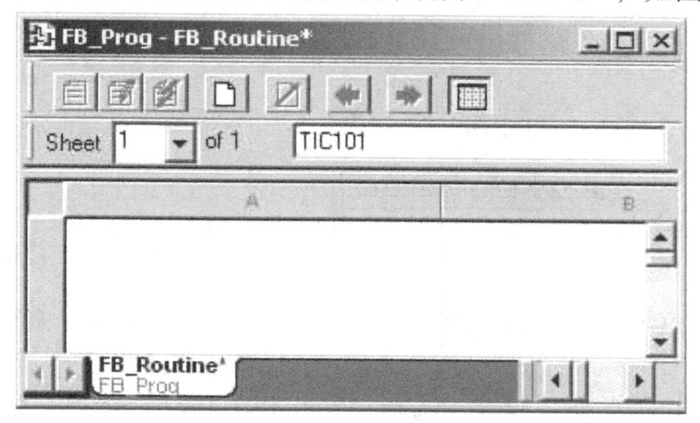

图 3-24　“FB _ Routine”例程工作表

9）添加到图中的第一个块为增强型 PID 块（PIDE），用于控制模拟循环。在工具栏“Process”选项卡上单击 PIDE 功能块，该块便显示在图中，单击该块的属性按钮，查看所有可用参数。注意，共分 7 个选项卡，“Parameters”选项卡列出了块中所有的参数：第一列显示该参数是该块的输入和输出，第二列的复选框用来显示或隐藏功能块图中的参数引脚。单击“OK”关闭 PIDE 属性对话框。

10）在工具栏上单击“Input Reference”（输入参考值），通过拖拽，将输入参考值引到 PIDE 功能块的输入侧（左侧），并用线将其连接到 PV 点上，方法为：单击一下输入参考输出引脚，再单击一下 PIDE PV 输入引脚。注意，如果将鼠标悬停在有效连接点上方，则引脚变为绿色。

11）双击输入参考值的引用，打开输入标签名称对话框，键入“PID _ PV”并按回车接受。

12）在工具栏上单击“Output Reference”（输出参考值），通过拖拽，将输出参考值引到 PIDE 功能块输出侧（右侧），并用线将其连接到 CVEU 点上，方法如下：单击一下 PIDE CVEU 引脚，再单击一下输出参考输入引脚。

13）双击输出参考值引用，键入“PID _ CV”并按回车接受，如图 3-25 所示。

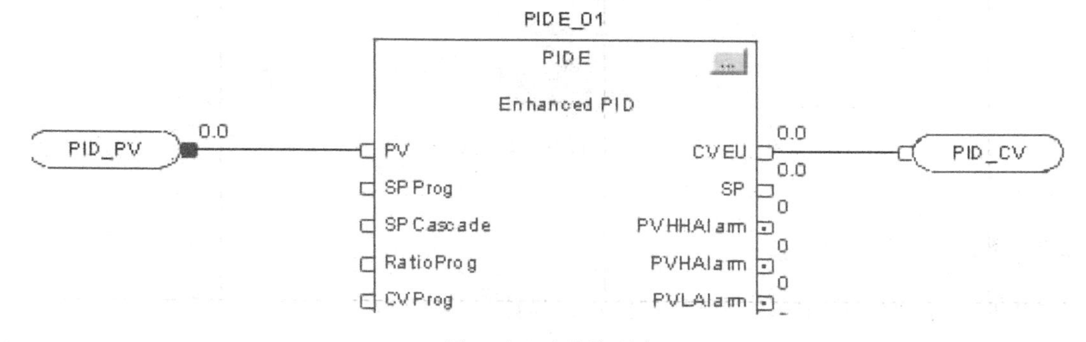

图 3-25　功能块程序

14）右键单击 PID _ PV 输入参考值到 PIDE _ 01. PV 的引线，并从弹出的列表中选择“Assume Data Available”（假设数据可用），如图 3-26 所示。

15）在 PIDE 功能块的底部，双击“?”输入自整定标签名称“PID Tune”，并按回车接受，如图 3-27 所示。

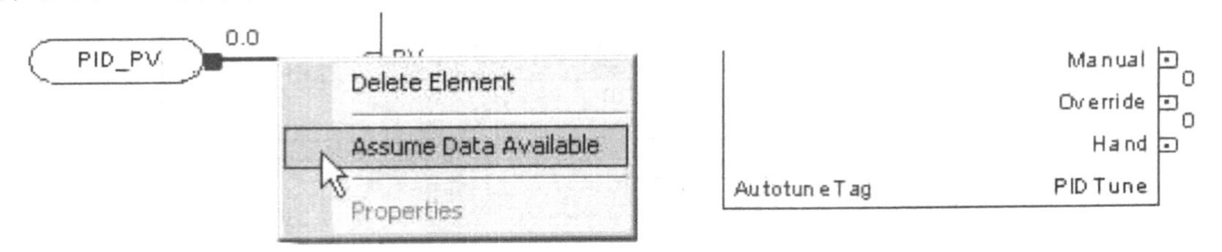

图 3-26　PID _ PV 输入参考值弹出列表

图 3-27　自整定标签名

16）右键单击“PID Tune”标签，选择“New PID Tune”选项，编辑该标签，如图 3-28 所示，点击“OK”接受所做更改以创建自整定标签。

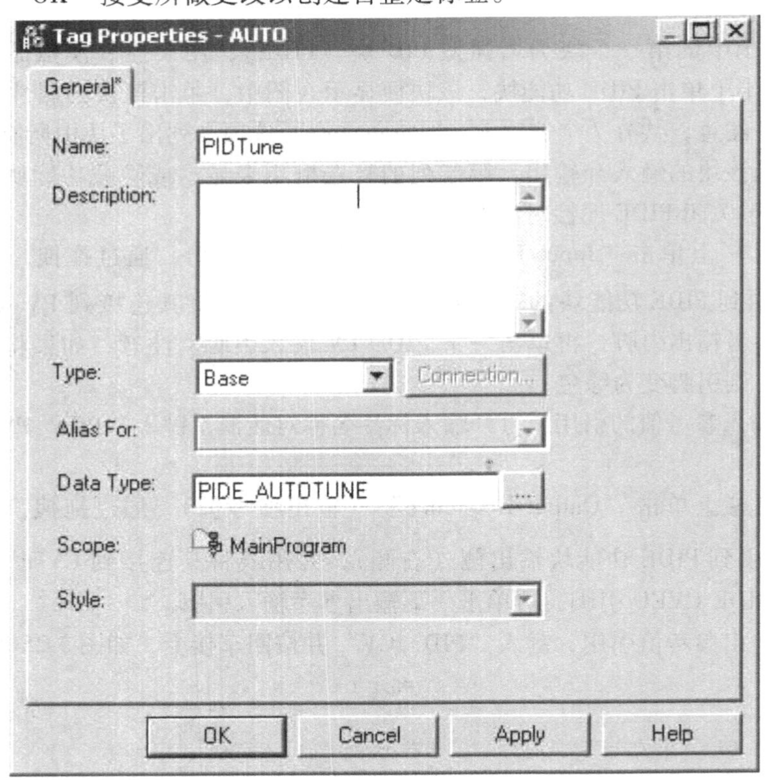

图 3-28　标签编辑对话框

17）保存项目。

3.2.2　FBD 模拟例程

本实验环节将编辑功能块回路模拟例程，具体步骤如下。

1）单击“Add Sheet”（添加工作表）按钮，为模拟元素创建一个新工作表（默认为工作表 2）。

2）将该工作表命名为“Simulation”。

3）在工具栏的“Process”选项卡中，选择死区时间（DEDT）块，放置到工作表 2 上。

4）接下来创建一个存储数组供该指令调用。双击“Storage Array”后面的“?”，键入“Dead _ Array”并按回车接受。右键单击“Storage Array”，选择“New Dead _ Array”以创建死区时间数组标签，将此标签设置为 Real 型数组，在程序“FB _ Prog”范围内，设维数为 100，如图 3-29 所示。

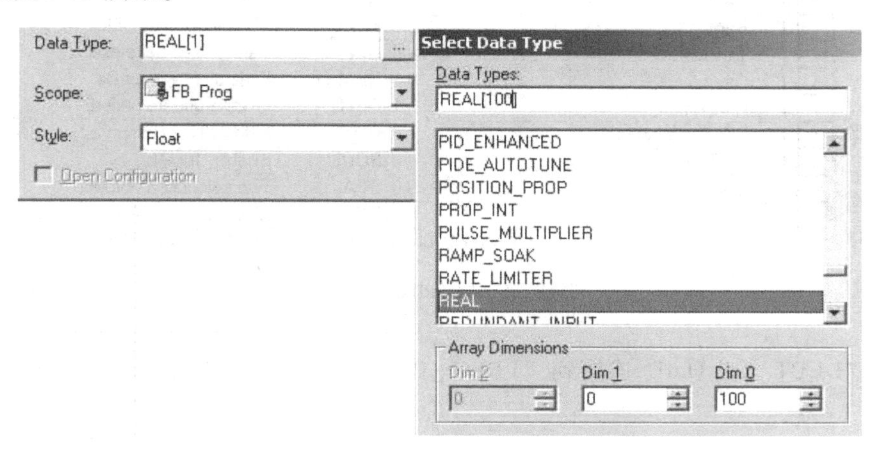

图 3-29　创建一个存储数组

5）打开“DeadTime Properties”（死区时间属性）对话框（即双击省略号），选择“Parameters”选择项卡，将“Deadtime”（死区时间）设为 5.0s，将“Gain”（增益）设为 1.4，如图 3-30 所示。

Storage Array　Parameters*　Tag

	Vis	Name	Value	Type	Description
I	☐	EnableIn	1	BOOL	Enable Input. If False, t...
I	☑	In	0.0	REAL	The analog signal input t...
I	☐	InFault	0	BOOL	Bad health indicator for t...
I*	☐	Deadtime	5.0	REAL	Deadtime input to the in...
I*	☐	Gain	1.4	REAL	Gain input to the instruct...
I	☐	Bias	0.0	REAL	Bias input to the instructi...
I	☐	TimingMode	0	DINT	Selects time base execu...
I	☐	OversampleDT	0.0	REAL	Execution time for Overs...
I	☐	RTSTime	1	DINT	Module update period fo...
I	☐	RTSTimeStamp	0	DINT	Module time stamp valu...
O	☐	EnableOut	0	BOOL	Enable Output.
O	☑	Out	0.0	REAL	The calculated output of...
O	☐	DeltaT	0.0	REAL	Elapsed time between u...
O	☐	Status	16#0000_0000	DINT	Bit mapped status of the...
O	☐	InstructFault	0	BOOL	Instruction generated a f...

图 3-30　“DeadTime Properties”对话框

6）在工具栏的“Process”选项卡上，选择“LDLG”（超前滞后）块并放置在工作表 2 中。双击省略号 ...，打开“LeadLag”参数，将滞后时间设置为 40s，如图 3-31 所示。

Parameters* | Tag

	Vis	Name	Value	Type	Description
I	☐	EnableIn	1	BOOL	Enable Input. If False...
I	☑	In	0.0	REAL	The analog signal inp...
I	☐	Initialize	0	BOOL	Request to initialize filt...
I	☐	Lead	0.0	REAL	The lead time in seco...
I*	☐	Lag	40.0	REAL	The lag time in secon...
I	☐	Gain	1.0	REAL	The process gain mult...
I	☐	Bias	0.0	REAL	The process offset le...
I	☐	TimingMode	0	DINT	Selects time base exe...
I	☐	OversampleDT	0.0	REAL	Execution time for Ov...
I	☐	RTSTime	1	DINT	Module update period...
I	☐	RTSTimeStamp	0	DINT	Module time stamp va...
O	☐	EnableOut	0	BOOL	Enable Output.
O	☑	Out	0.0	REAL	The calculated output...
O	☐	DeltaT	0.0	REAL	Elapsed time between...
O	☐	Status	16#0000_0000	DINT	The bit mapped statu...

图 3-31 “LeadLag” 参数

7）将 “DEDT _01. Out” 连接到 “LDLG _01. In”，如图 3-32 所示。

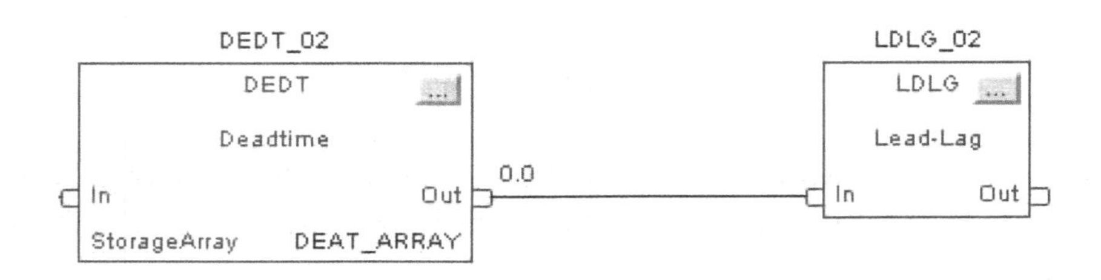

图 3-32 功能块程序

8）添加输入/输出线连接器，验证工作表 1、工作表 2 程序如图 3-33 所示。

9）编译例程，并将程序下载到控制器，然后转到远程运行模式。在工作区上将出现绿色边框，表示控制器正在扫描此代码。

3.2.3 PIDE 回路自整定功能

本实验环节将介绍如何进行 PIDE 功能块回路自整定，具体实验步骤如下所示：

FBD 中提供的 PIDE 指令（增强型 PID 控制指令）是采用增量式算法，它区别于传统的梯形图 PID 控制指令（采用位置式算法）。PIDE 指令自带自整定功能，在 PIDE 手动模式下，可以通过自整定来确定 P、I、D 参数，减少了 PID 参数调节的时间；另外，PV 类型（如温度、流量、液位、压力等）可选。

需要说明的是，因为 PID 自整定功能必须在手动模式下才能实现，所以必须将图 3-33a 中的 “ProgManualReq” 置 1（这里控制模式选择程序控制模式）。

1）回到工作表 1，单击 PIDE 指令的属性按钮 ...，然后单击 “Autotune” 选项卡，如图 3-34 所示。

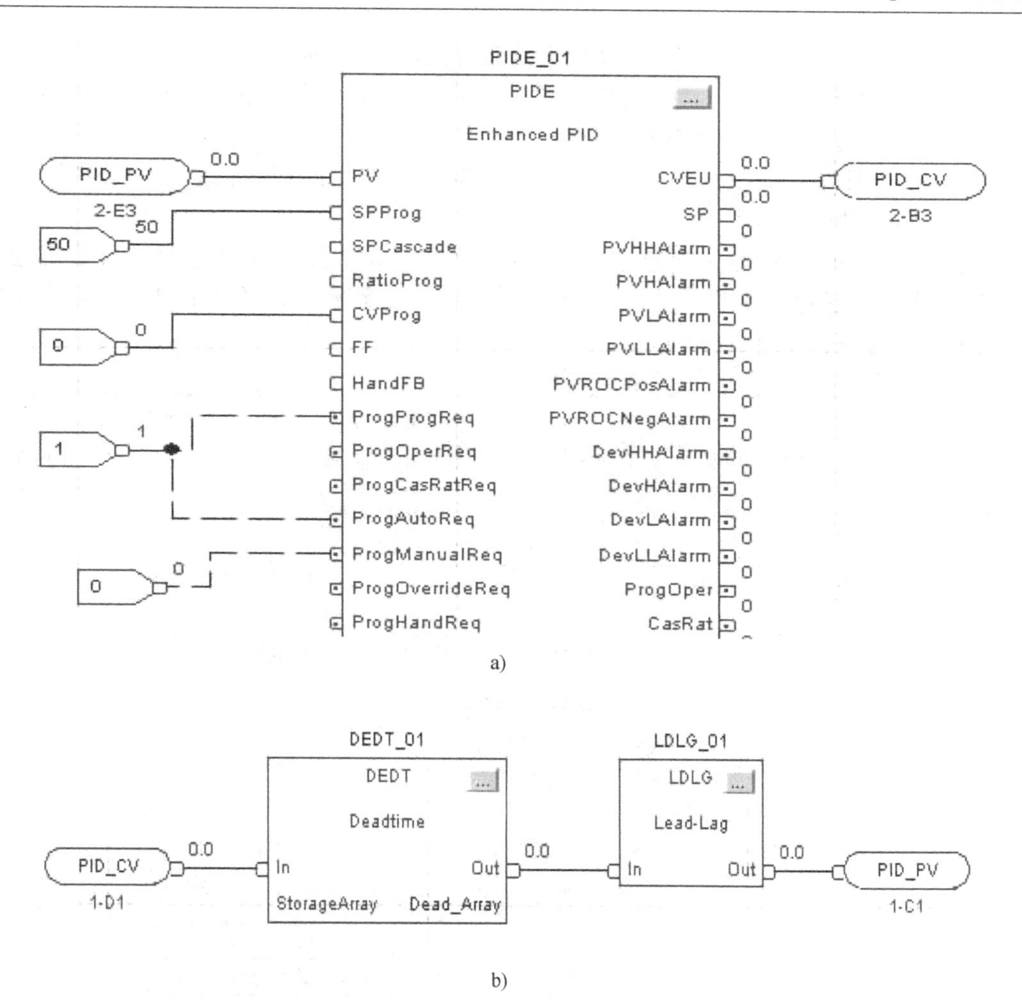

a)

b)

图 3-33　验证工作表程序

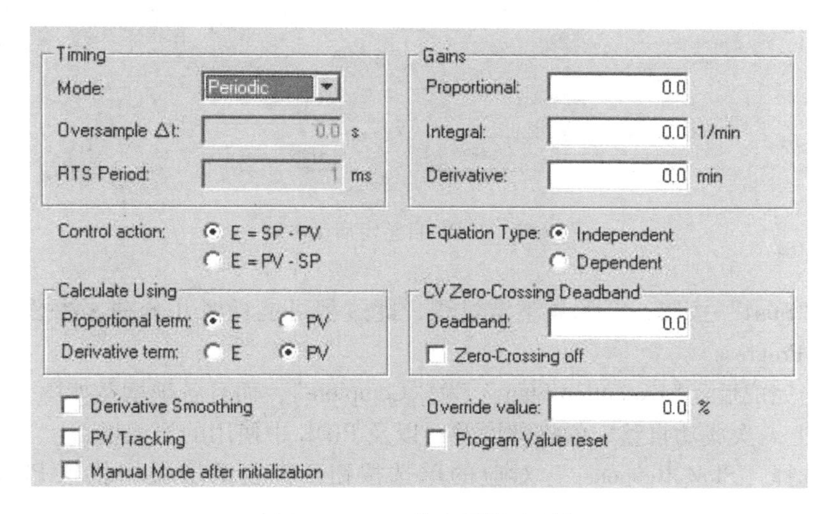

图 3-34　PIDE 指令属性选项卡

2）通过单击“Acquire Tag”按钮获取自整定标签，如图 3-35 所示。注意，RSLogix5000 中 PIDE 底部输入的自整定标签作为一项资源，既可以专属于单个 PIDE，也可以由许多 PIDE 共享。在共享资源时，对于某一次整定，同一时刻只有一个 PIDE 可以使用该自整定标签，所以，就必须有一种方法来“获取”要使用的资源，然后“释放”以使其他 PIDE 获得使用权。

3）按照图 3-36 所示配置自整定，然后单击“Apply”接受所做修改。自整定通过将 PIDE CV 在其当前值基础上增加 30% 来调节温度这个过程量，如果这个过程量在自整定完成前超过了 100，则将终止自整定过程。

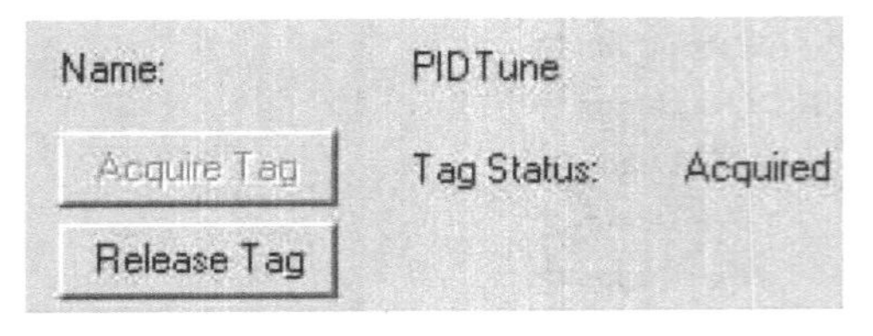

图 3-35　自整定标签　　　　图 3-36　自整定配置

4）单击“Autotune”按钮，显示 PIDE 自整定启动画面，如图 3-37 所示。

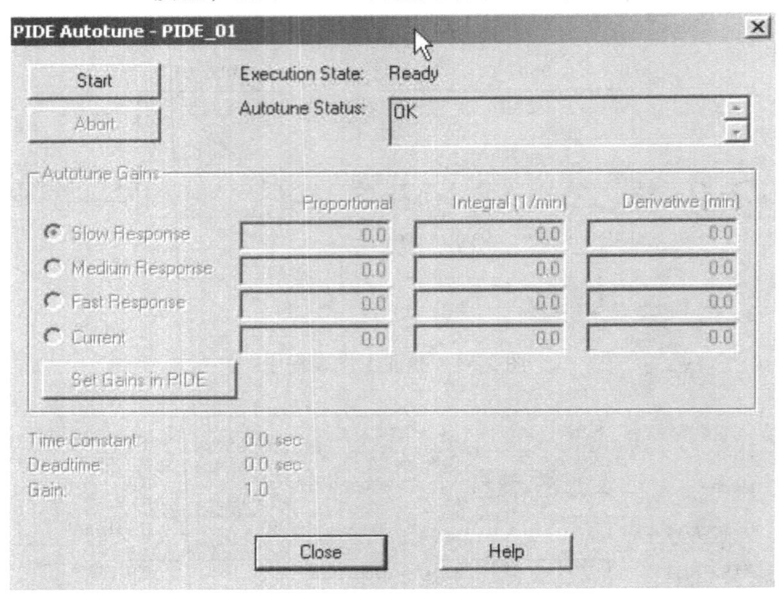

图 3-37　PIDE 自整定启动画面

5）单击“Start”按钮，开始自整定过程，此过程可能耗时几分钟。注意，“Execution State”为“In Progress”。

6）自整定完成后，“Execution State”为“Complete”，而且各项增益如图 3-38 所示。本部分显示基于上一次成功自整定的推荐增益，以及 PIDE 中使用的当前增益。

7）通过选择“Slow Response”对应的单选按钮，将这组增益加载到 PIDE 中，单击“Set Gains in PIDE”按钮。

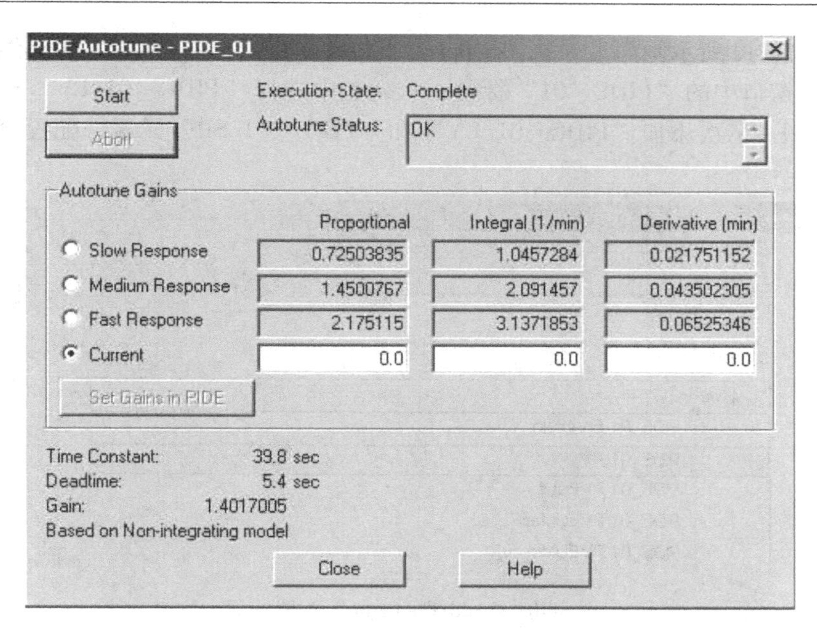

图 3-38　自整定完成画面

8）关闭对话框，返回 FBD 的工作表 1，注意 PID _ PV 值的变化。

9）PID 参数自调整完毕后，将控制方式设置为程序手动模式（将“ProgManualReq” 置 0，“ProgAutoReq” 置 1），以使 PV 值跟踪 SPProg 的值，且所用的 PID 参数就是自整定得到的。

注意，手动模式的优先级高于自动模式；“ProgProgReq” 是编程请求位，在编程模式下进行手动自动切换时需要置位此位。

10）此时可以看到 PV 值成功跟踪 SPProg 的值，这可以通过 3.2.4 节将要讲到的趋势图观察到。

3.2.4　趋势图跟踪

本实验环节介绍如何创建趋势图以跟踪过程变量，具体实验步骤如下：

1）在控制器项目管理器中，右键单击“Trend” 文件夹并选择“New Trend”。

2）输入趋势名称，如图 3-39 所示，然后单击“Next”。

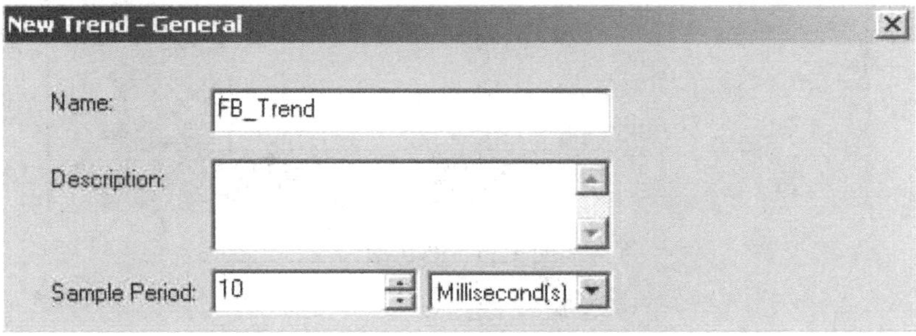

New Trend - General

Name: FB_Trend

Description:

Sample Period: 10　Millisecond(s)

图 3-39　“New Trend” 对话框

3）出现图 3-40 所示画面后，从“Scope”下拉菜单中选择“FB _ Prog”，然后展开“Available Tags”窗口中的“PIDE _ 01”标签，从列表中选择“PIDE _ 01. PV”标签，然后单击“Add”按钮。依次添加“PIDE _ 01. CV”和“PIDE _ 01. SP”元素，配置窗口如图 3-41 所示。

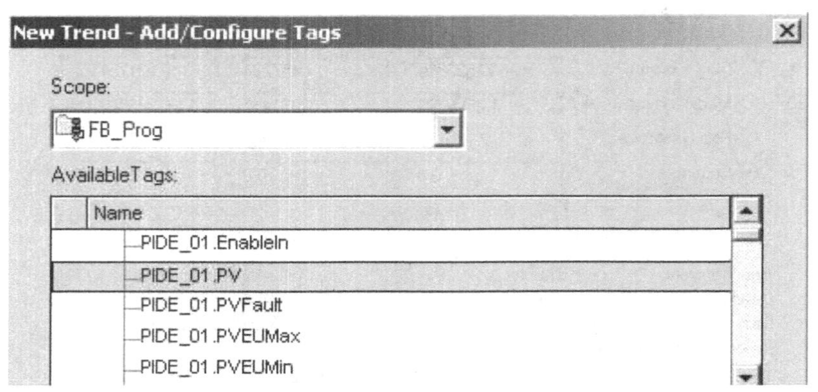

图 3-40 “Add/Configure”配置画面

Tags To Trend:
FB_Prog\PIDE_01.PV
FB_Prog\PIDE_01.CV
FB_Prog\PIDE_01.SP

图 3-41 添加元素

4）单击“Finish”接受这些更改，出现如图 3-42 所示的趋势图。

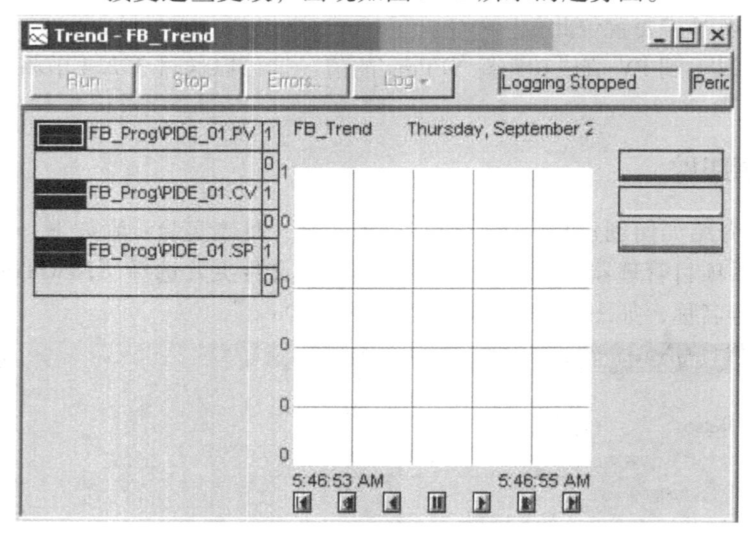

图 3-42 趋势图

5）右键单击白色区域并选择“Chart Properties”。单击 X 轴（X-Axis）选项卡，将时间设为 3s，如图 3-43 所示。

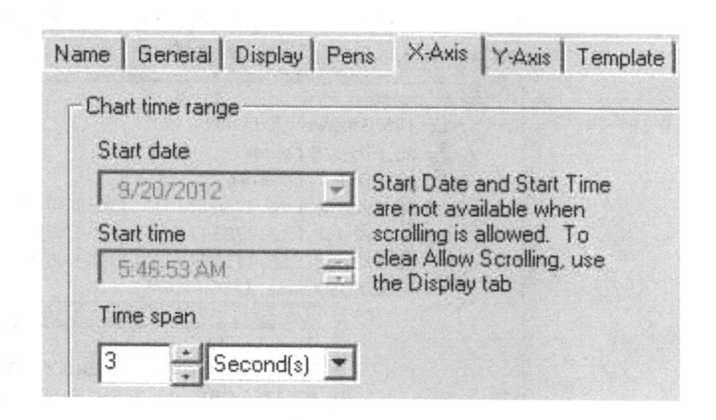

图 3-43　X 轴选项卡

6）单击 Y 轴（Y-Axias）选项卡，单击“Custom”（自定义）单选按钮，按图 3-44 所示设置最大值和最小值。

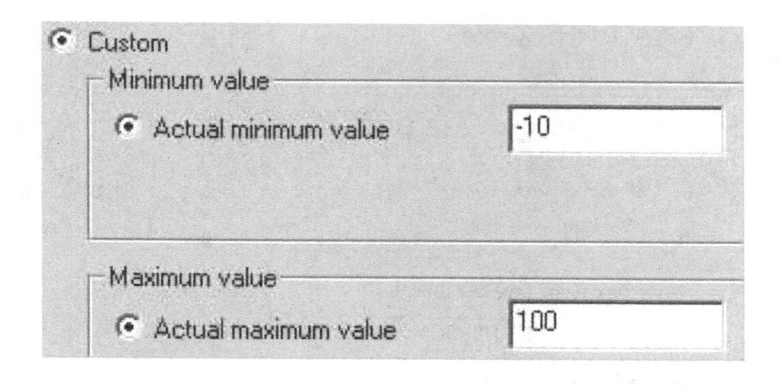

图 3-44　Y 轴选项卡

7）单击“Apply”接受所做修改，单击“OK”退出趋势属性窗口。

3.2.5　Active X 面板链接

RSLogix5000 提供 7 个 ActiveX 面板，可在 FTView 或任何 ActiveX 容器（例如 MS Excel）中使用。以下为功能块提供面板：Alarm、Enhanced Select、Totalizer、Ramp/Soak、Discrete 2 State Device、Discrete 3 State Device 和 Enhanced PID。

在本实验环节将在 Excel 中创建一个 Enhanced PID 面板，该过程分为 3 部分：在 RSLinx 中组态主题、向 MS Excel 电子表格中添加 PIDE 面板、在 PIDE 面板中配置通信。

（1）在 RSLinx 中组态主题

1）打开 RSLinx 软件，鼠标单击菜单栏的“DDE/OPC”选项，在弹出的列表中选择“Topic Configuration”选项。

2）指定 TEST 主题，展开 AB _ ETHIP _ 1 驱动程序，然后选择所连接的控制器，如图 3-45 所示。

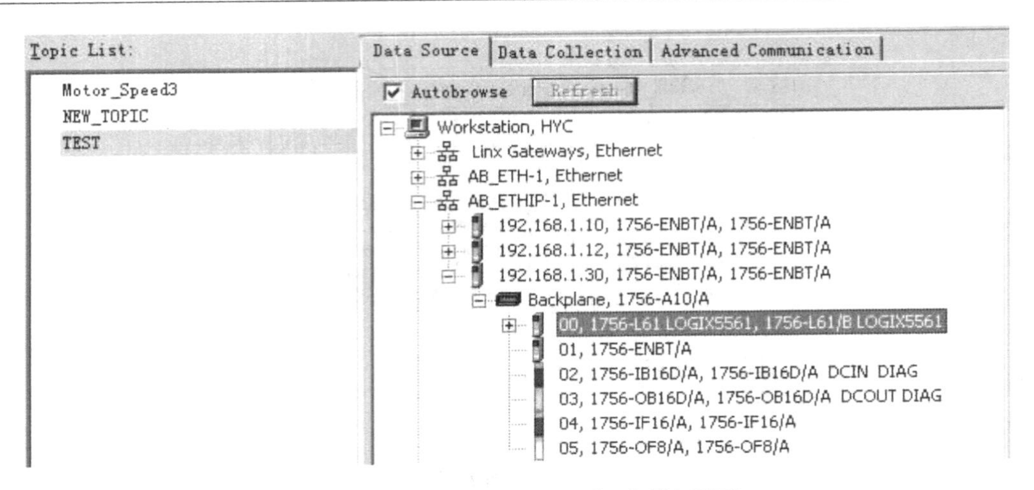

图 3-45 “Topic Configuration” 选项卡画面

3）在“Data Collection”选项卡中，按照图 3-46 所示配置该主题。

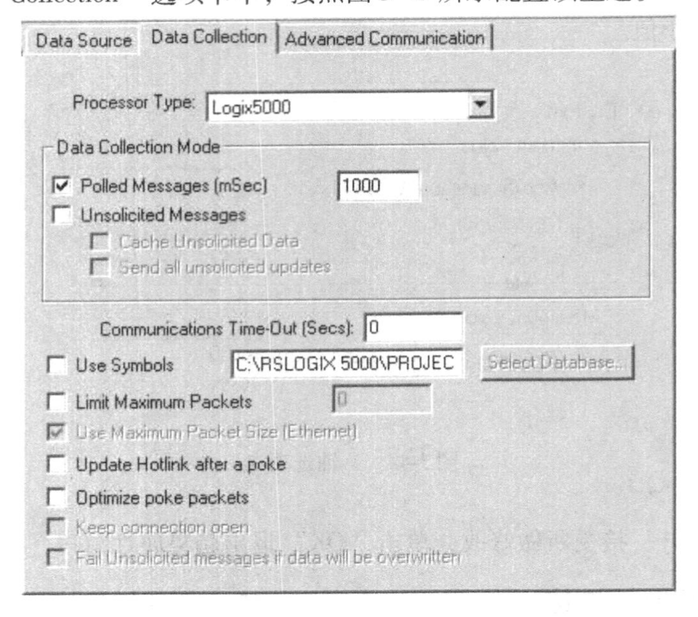

图 3-46 “Data Collection” 选项卡

4）单击“Apply，Done”按钮，退出对话框。

（2）向 MS Excel 电子表格中添加 PIDE 面板

1）打开 Microsoft Office Excel 2003 软件，将出现空白工作表。

2）在电子表格的“Control Toolbox”（控件工具箱）中，选择工具箱底部的“More Controls”图标 。

3）在弹出的滚动列表中，向下滚动并选择“Logix 5000 PIDE 面板控件”（Logix 5000 PIDE Faceplate Control），光标现在变成十字状。

4）在表中用光标画一个方框，出现如图 3-47 所示的面板。接下来将此面板连接到控制器中的 PIDE 指令。

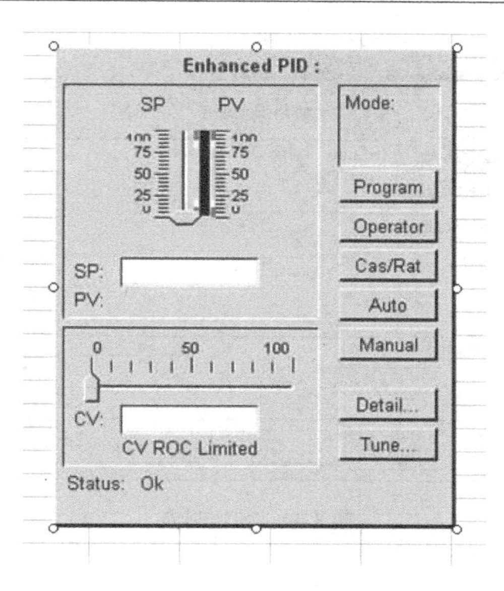

图 3-47　Excel 中的 PIDE 指令

（3）在 PIDE 面板中配置通信

1）在 Excel 中，右键单击 PIDE 面板，然后选择“Logix 5000 PIDE Faceplate Control Object”中的“Properties”。

2）在弹出的画面中，如图 3-48 所示，单击标签条目旁边的省略号，启动标签浏览器。

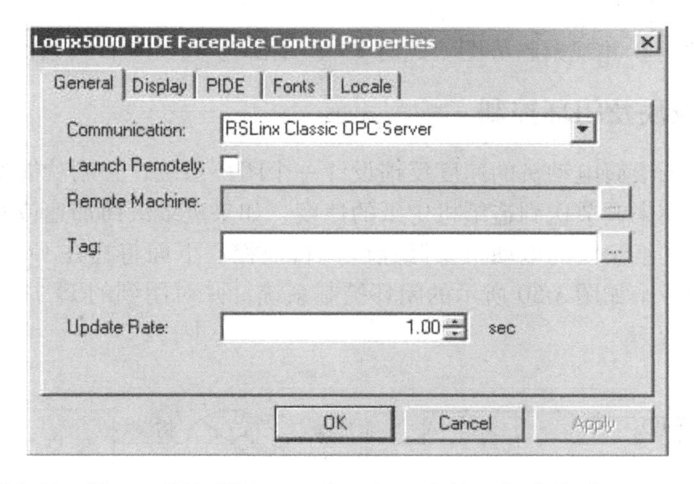

图 3-48　“Logix 5000 PIDE Faceplate Control Objec”中的“Properties”

3）展开主题 TEST 旁边的 + 号，浏览在线标签。

4）在线标签下，展开程序“FB:Prog”并选择 PIDE _ 01 标签，然后单击“OK”。

5）确认配置结果如图 3-49 所示，单击“Apply”接受所做更改，单击“OK”关闭窗口。

6）在控件工具箱中选择三角板图标，退出设计模式。

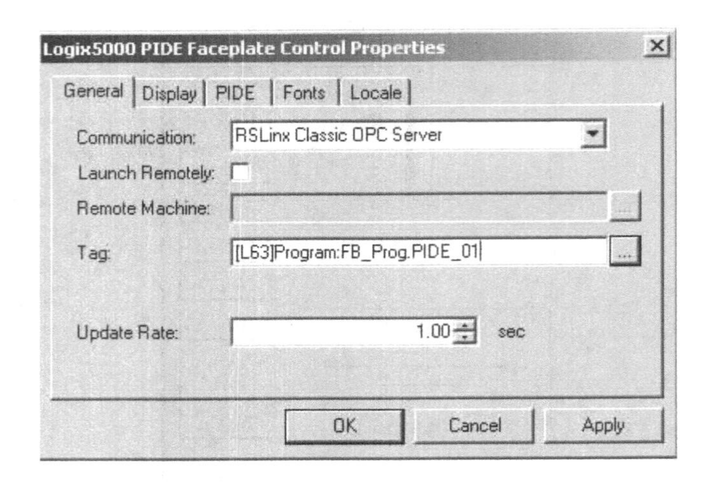

图 3-49　配置画面

最后，通过以下步骤练习使用 PIDE 面板：

1）当 PIDE 处于手动模式时，将 SP 更改为 30（在 SP 编辑字段中手动输入该值，或者使用垂直滑块）。

2）单击“Auto”按钮转到自动模式。

3）观察面板中和 RSLogix 5000 中过程变量 PV 的变化情况。

4）回到 RSLogix 5000 项目中，在趋势中单击“Run”按钮，然后在练习使用 PIDE 的同时观察过程量的变化情况。

5）将 SP 更改为 0 并观察趋势图。此时 PV 应下降为 0。

3.2.6　驱动功能块及闭环控制

本实验结合进纸滚筒电动机的速度反馈设计一个闭环系统，并用功能块来实现。

驱动控制系统用来调节送到造纸机中纸的速度，如果进纸滚筒加速或减速都有可能把纸撕破，因此要求对进纸滚筒的电动机实际速度进行监控。下面将在在 ControlLogix 系统中使用驱动功能块创建一个如图 3-50 所示的闭环控制系统，并对用到的 PI 指令设置比例和积分增益以调节速度。

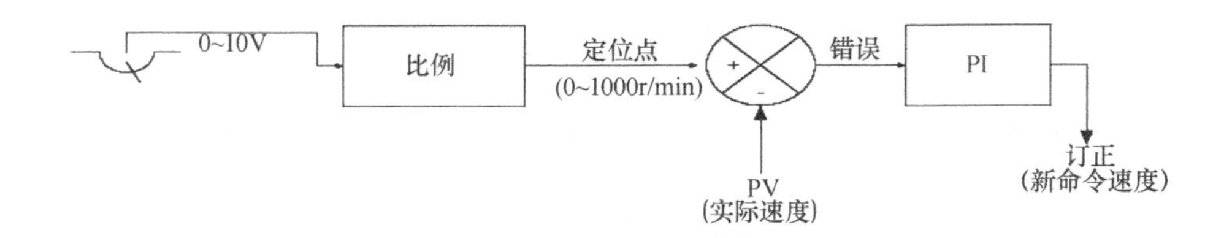

图 3-50　闭环控制系统结构图

在这个实验里用 ControlLogix DEMO 箱中的第一个模拟量输入口（AIO）代表进纸滚筒的设定值，将 0 ~ 10V 的信号定标以代表电动机的 RPM 设定值。

由于使用 0 ~ 10V 电压信号模拟速度值输入，范围为 0 ~ 10V 的电压表模拟速度值输出，故可以定标如下：

输入整定为：0V = 0RPM，10V = 1000RPM；

输出整定为：0RPM = 0V，1000RPM = 10V。

把速度设定值和实际速度值相减得到一个偏差，再将偏差作为 PI 功能块的输入，在 PI 调节器的作用下就可以产生一个速度的校正值，然后再反馈回系统。

用 PI 回路来控制驱动控制系统，所以可以用每 10ms 运行一次的周期任务，PI 算法中的积分增益取决于下列公式中的时间间隔：

$Output = Kp * Error + Ki * (delta\ T) + IA$，其中 $delta\ T$ 为时间间隔。

当 PI 或 PID 回路作为周期任务执行时，回路中用到的时间间隔和周期任务的时间间隔是一样的，所以，这里 PI 回路中的 *delta T* 将自动设定为 10ms。

本实验主题：

- 创建功能块图项目控制驱动系统。
- 采用闭环控制。
- 闭环系统中选择起始触发的选择。
- 采用比例和积分增益。
- 功能块报警面板。

实验步骤：

1）打开 RSLogix5000 软件。新建项目“Motor _ Speed3”，如图 3-51 所示。

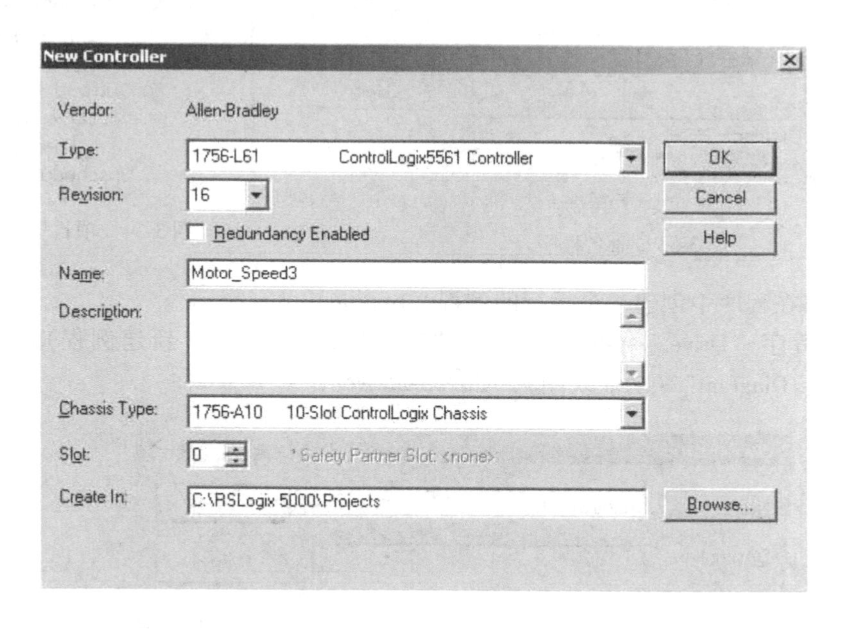

图 3-51　新建项目“Motor _ Speed3”

2）右键单击“Tasks”（任务）文件夹，从弹出菜单中选择“New Task…”（新建任务）并命名任务为“Outfeed”。设定周期为 10ms，参数设置如图 3-52 所示。

我们已经创建了一个每 10ms 执行的周期性任务，我们还必须在里面再创建一个运行程序。

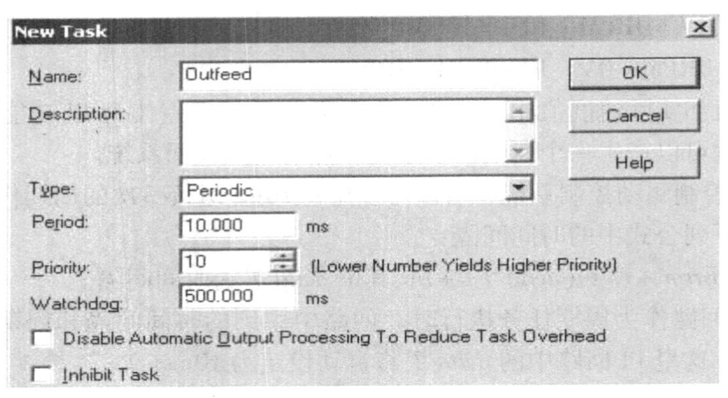

图 3-52　设置任务属性

3）在项目资源管理器中，右键单击周期型任务“Outfeed”，从弹出菜单中选择“New Program”（新建程序），把程序命名为“Drive _ system”，如图 3-53 所示。

完成后单击“OK”。

在项目资源管理器下可以看到如图 3-54 所示画面。

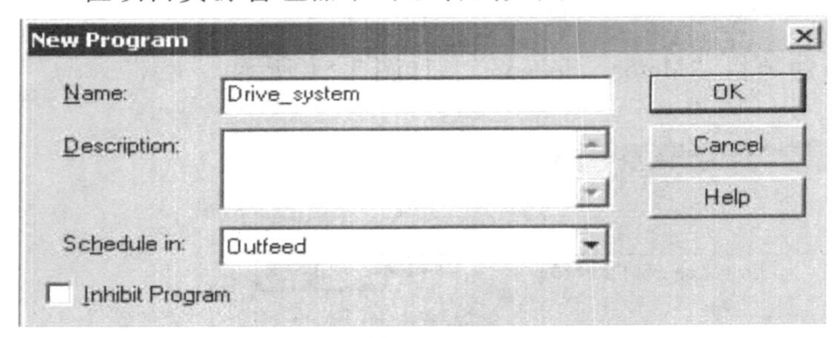

图 3-53　命名程序

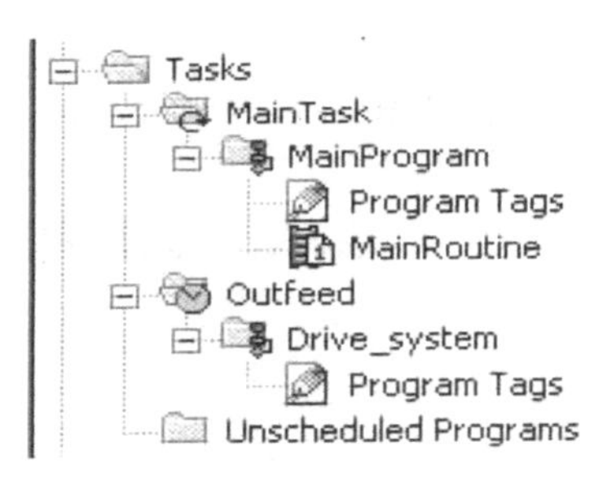

图 3-54　项目资源管理器

4）接着再在程序中创建一个运行的例程（routine）。

右键单击程序“Drive _ system”。选择“New Routine...”（新建例程）。例程类型为“Function Block Diagram”（功能块图），如图 3-55 所示。

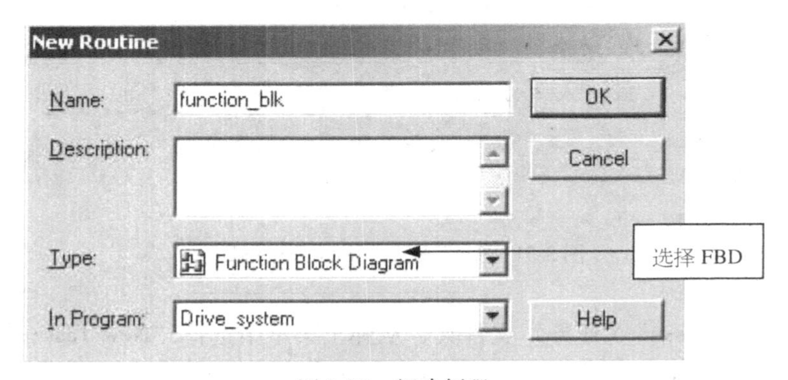

图 3-55　新建例程

项目树如图 3-56 所示。

5）现在需要把该“Routine”规划到运行程序中。

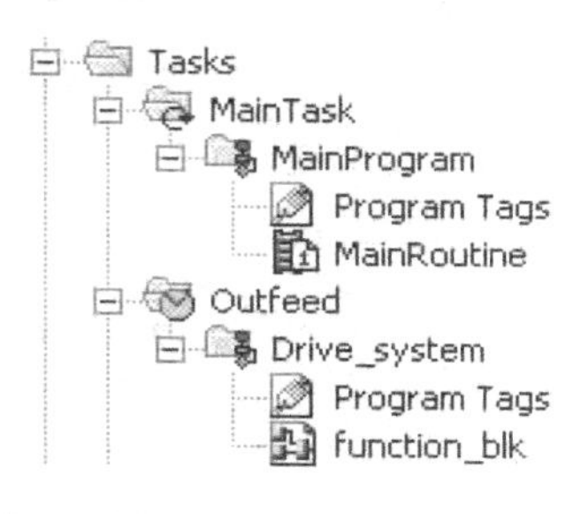

图 3-56　项目资源管理器

右击程序“Drive _ system”，在“Properties”（属性）的“Configuration”选项卡中选择“function _ blk”作为主例程，如图 3-57 所示。

由图 3-58 可以看出，外部电压输入（速度给定值）到模拟量输入模块后，整定为项目量（转速）后与速度反馈相减计算偏差值，然后对偏差值进行 PI 运算，最后得出速度控制值。

下面我们编程实现虚线框内的偏差值 PI 控制算法。

注意：Scale（项目量整定）这部分工作无需编程，可以在模拟量模块通道组态过程中完成，Alarm（报警）同样如此。

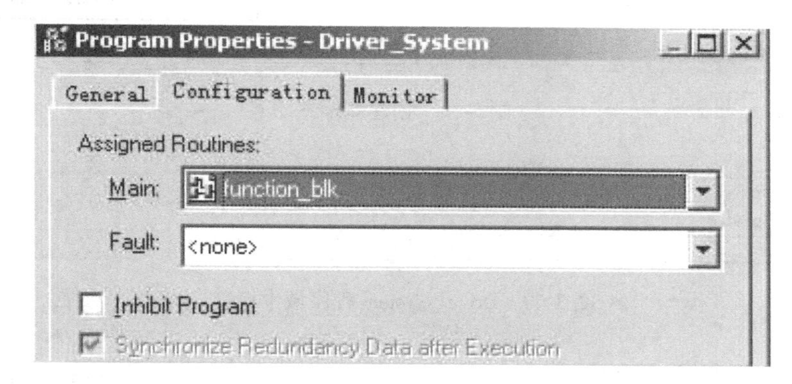

图 3-57　指定主例程

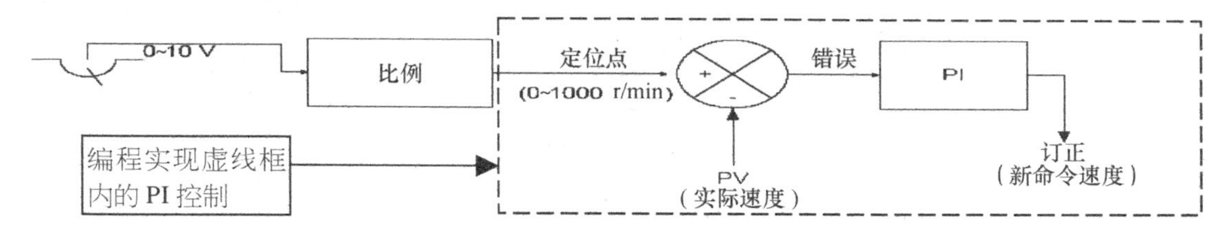

图 3-58　速度调节系统结构图

创建功能块程序中所需的标签 Command _ Speed、Output _ Speed 和 Actual _ Speed。这些标签都是 Drive _ system 程序域标签。右键单击“Program Tags”，从弹出菜单中选择“New Tag”（新建标签）。输入如图 3-59 所示。

创建完成后，双击 Drive _ system→Program Tags，Drive _ system 程序域中标签如图 3-60 所示。

接下来，编写功能块程序。在项目资源管理器中，单击“fuction _ blk”功能块例程。

与前面的实验相同，首先需要添加的功能块为 IREF（Input Reference）。并为两个 IREF 功能块输入标签 Command _ Speed 和 Actual _ Speed，如图 3-61 所示。

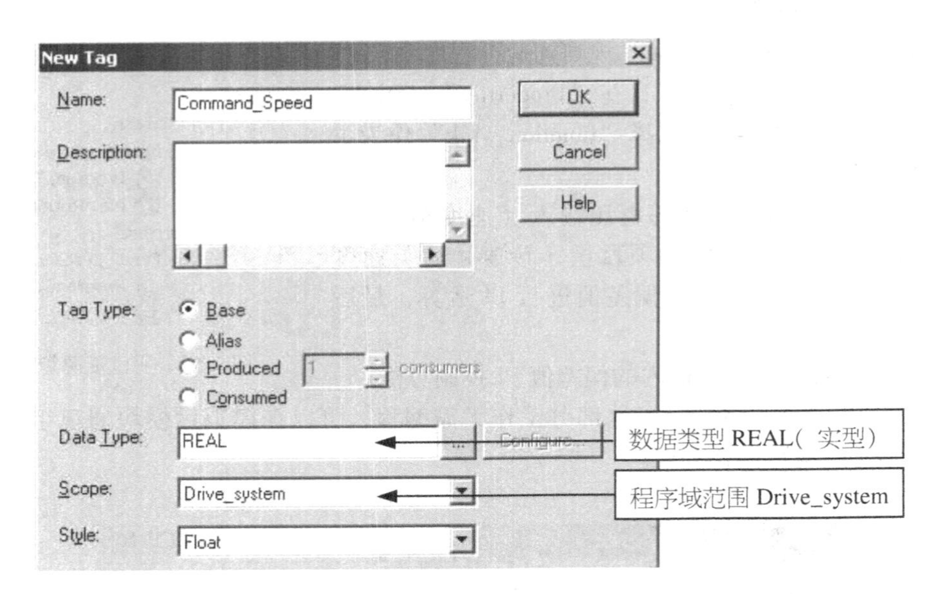

图 3-59　创建新标签

	Actual_Speed		REAL	Float
	Command_Speed		REAL	Float
▶	Output_Speed		REAL	Float

图 3-60　Drive _ system 程序域中标签

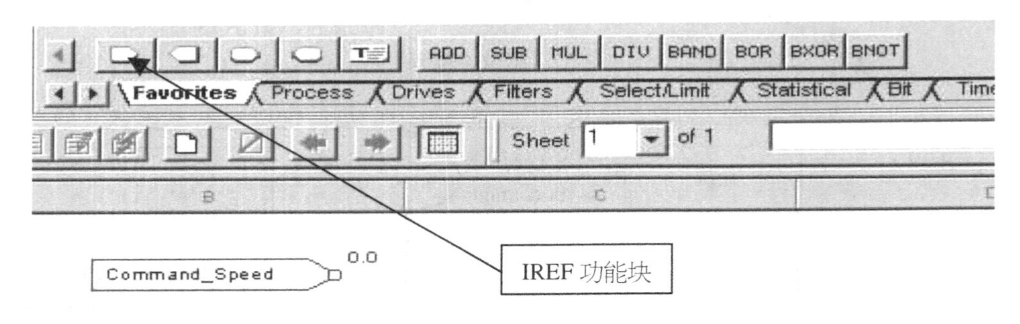

图 3-61　添加功能块 IREF

如果将给定速度“Command _ Speed”减去电动机的实际速度“Actual _ Speed”，用产生的偏差去校正它，所以接下去要添加一个减法功能块。

找到工具栏中“Favorite”大类，单击“SUB”指令，在图上添加一个减法功能块。在 SUB 功能块上双击参数按钮，弹出如图 3-62 所示属性框。

注意功能块里的参数，“SourceA”代表设定点或期望的速度。该系统中需要将“Command _ Speed”与“SourceA”相连。

把 IREF 模块“Command _ Speed”连到减法功能块的“SourceA”。

要把设定值减去电动机的实际速度，就需要将另一个 IREF 指令“Actual _ Speed”作为输入参考加到“SourceB”上，如图 3-63 所示。

Parameters | Tag

	Vis	Name	Value	Type	Description
I	☐	EnableIn	1	BOOL	Enable Input. If False, the...
I	☑	SourceA	0.0	REAL	Source A value
I	☑	SourceB	0.0	REAL	Source B value
O	☐	EnableOut	0	BOOL	Enable Output.
O	☑	Dest	0.0	REAL	Dest value

图 3-62　SUB 属性框

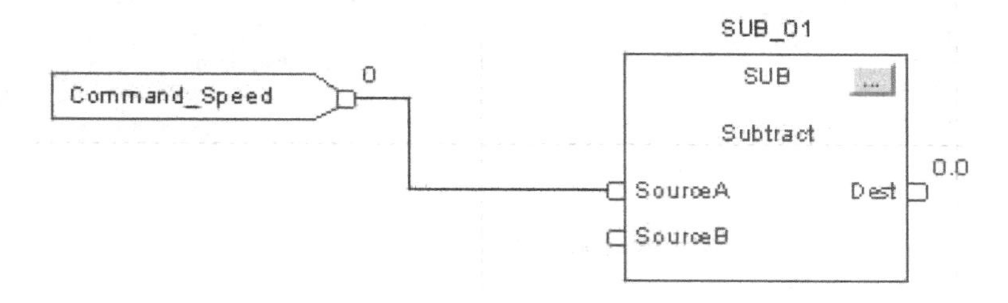

图 3-63　连接功能块

减法功能块的输出（Dest）代表电动机实际值和理想值间的偏差。把这个偏差加到 PI 指令中，计算校正值。从工具栏“Drive”中选择 PI 指令，如图 3-64 所示。

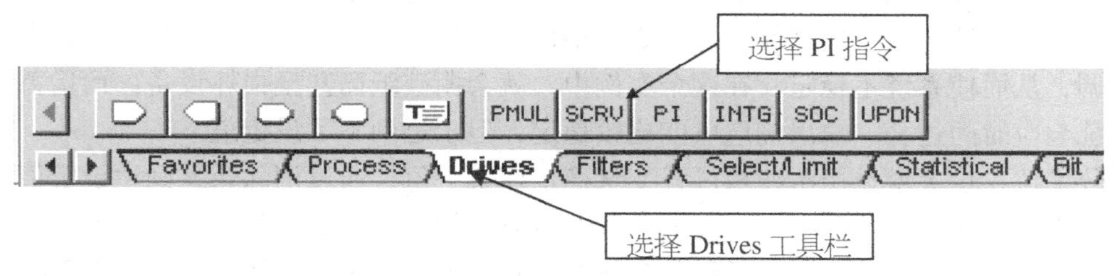

图 3-64　选择 PI 指令

把减法功能块的“Dest”这一点连到 PI 指令的输入，如图 3-65 所示。

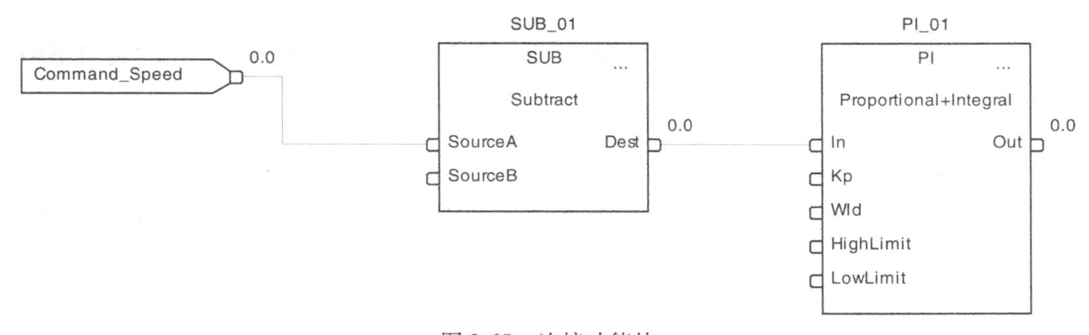

图 3-65　连接功能块

打开 PI 指令的参数表，如图 3-66 所示。

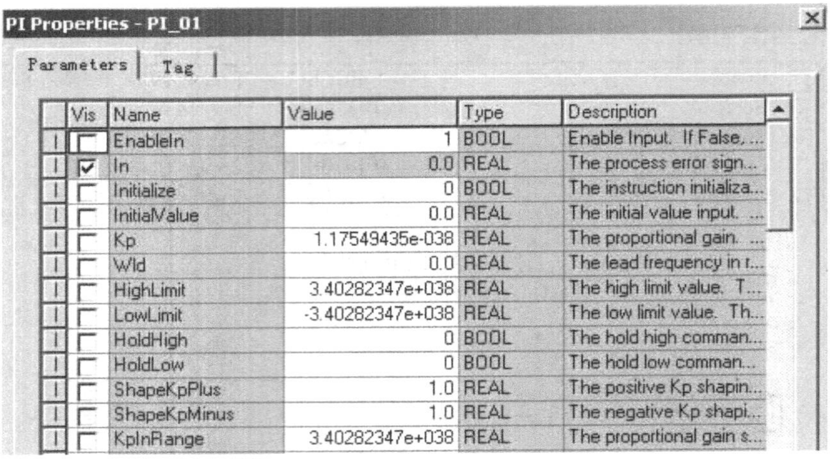

PI Properties - PI_01

Parameters | Tag

	Vis	Name	Value	Type	Description
	☐	EnableIn	1	BOOL	Enable Input. If False, ...
	☑	In	0.0	REAL	The process error sign...
	☐	Initialize	0	BOOL	The instruction initializa...
	☐	InitialValue	0.0	REAL	The initial value input. ...
	☐	Kp	1.17549435e-038	REAL	The proportional gain. ...
	☐	Wld	0.0	REAL	The lead frequency in r...
	☐	HighLimit	3.40282347e+038	REAL	The high limit value. T...
	☐	LowLimit	-3.40282347e+038	REAL	The low limit value. Th...
	☐	HoldHigh	0	BOOL	The hold high comman...
	☐	HoldLow	0	BOOL	The hold low comman...
	☐	ShapeKpPlus	1.0	REAL	The positive Kp shapin...
	☐	ShapeKpMinus	1.0	REAL	The negative Kp shapi...
	☐	KpInRange	3.40282347e+038	REAL	The proportional gain s...

图 3-66　PI 指令参数表

在功能块编辑器中 PI 功能块与梯形图编辑器中使用的 PID 指令稍微有些不同，首先它没有微分增益，只有比例和积分增益。所以，PI 直接把增益用到输入信号（偏差）上而不是输入信号的变化量上。其次，必须在 PI 功能块以外产生偏差（用减法功能块作设定值和反馈量的减法运算），再把这个偏差反馈作为 PI 功能块的一个输入。

比例增益：这个增益用来使得过程变量很快到达设定值，然而，过大的增益会引起过程变量超调，从而使系统不稳定，在这个实例中，就会撕破纸筒甚至损坏设备。而增益太小又会使系统响应时间过长，输出响应可能比较稳定，但永远到不了设定值。

积分增益：这个增益用于使得过程变量稳定在某一值，通过消除余差到达设定值，控制器输出的变化量正比于偏差存在的时间总量。所以，偏差存在的时间越长，积分增益需要校正的就越多，如果这个值太大，系统本身将会超调变得不稳定，始终在设定值上下振荡。

一开始只需在系统中加入比例增益。

把比例增益（Kp）设为 1。

把“HighLimit”设为 1000，这样 PI 指令的输出就不会超出 1000，这是电动机运行的最大值。

把“LowLimit”设为 0，这样 PI 指令的输出就不会是负值，送给电动机的速度也不会低于 0r/min。

选择“OK”。

PI 指令的输出就是要送给进纸滚筒的新指定速度的校正值。将 PI 指令的输出值与一个 OREF 功能块相连，并为该 OREF 功能块添加标签“Output _ Speed”，如图 3-67 所示。

将 PI 指令的输出与 SUB 指令的“SourceB”相连，构成闭环系统，如图 3-68 所示。

对于闭环控制系统而言，如果一组功能块在同一闭环内，则控制器无法确定哪个功能块

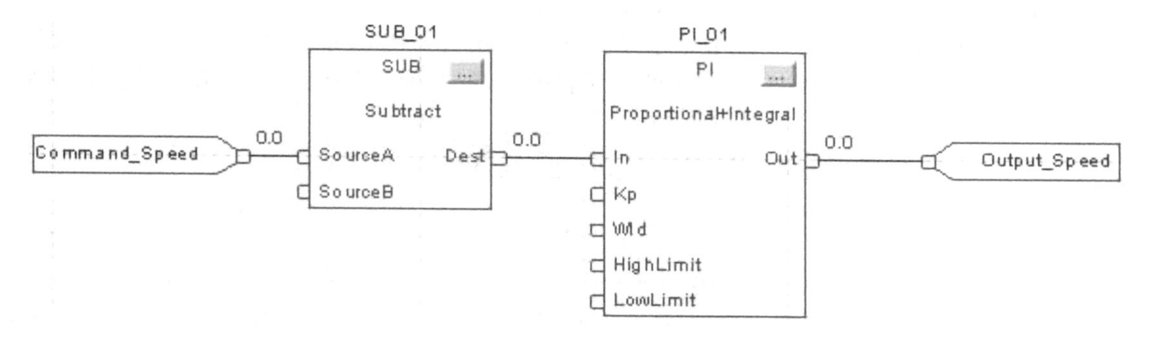

图 3-67　编辑 OREF 功能块

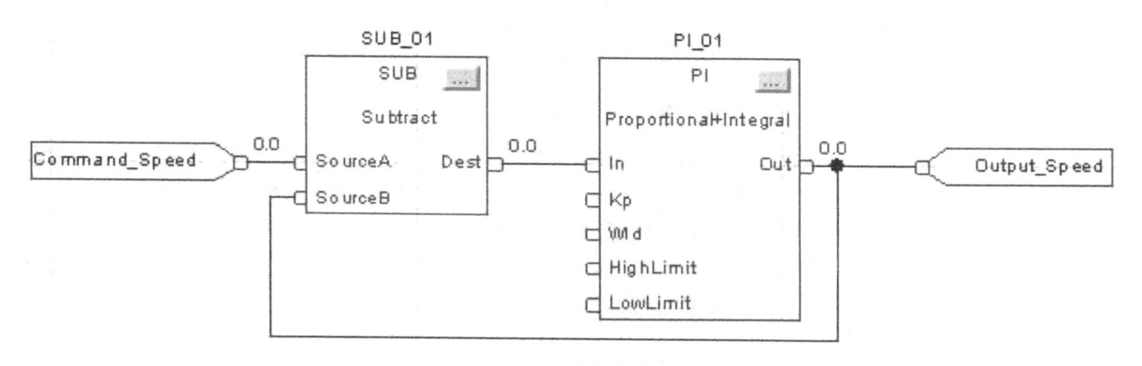

图 3-68　编辑闭环回路

最先执行。也就是说，它无法解析回路，如图 3-69 所示。

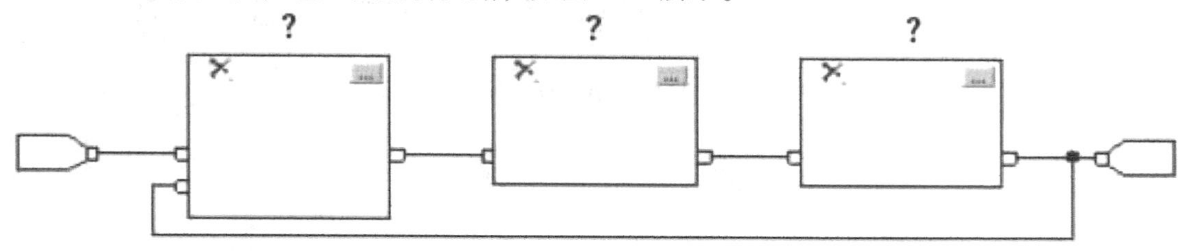

图 3-69　无法解析回路

为确定功能块的执行顺序，可使用假定数据有效（Assume Data Available）指示来标记用于创建回路（反馈线）的输入线。对于本实验而言，功能块 1（SUB）使用功能块 2（PI）在上次例程执行后的输出。假定数据有效（Assume Data Available）指示确定了回路内数据流向。箭头指示了数据输入到回路的首个功能块。切忌使用假定数据有效（Assume Data Available）指示来标记回路中所有连接线，如图 3-70 所示。

程序编写完成。接下来，进行 I/O 组态。

注意：要将外部电压输入 0 ~ 10V 整定为转速值 0 ~ 1000r/min，传统的方式需要添加专门的工程量整定指令。对于 ControlLogix 平台，只需要在模拟量输入/输出模块向导中就可以完成工程量整定、校准和报警等功能的设置，无需专门编写程序。

添加一个模拟量输入模块，用作速度给定。单击“I/O Configuration”文件夹，选择“New Module”（添加新模块）。从添加模块列表中选择“1756-IF6I”。从弹出对话框中输入如图 3-71 所示属性。

SUB_01
SUB
Subtract
PI_01
PI
Proportional+Integral
Command_Speed
0.0
SourceA
Dest
SourceB
0.0
In
Out
Kp
Wld
HighLimit
LowLimit
0.0
Output_Speed
Delete Element
Assume Data Available
Properties

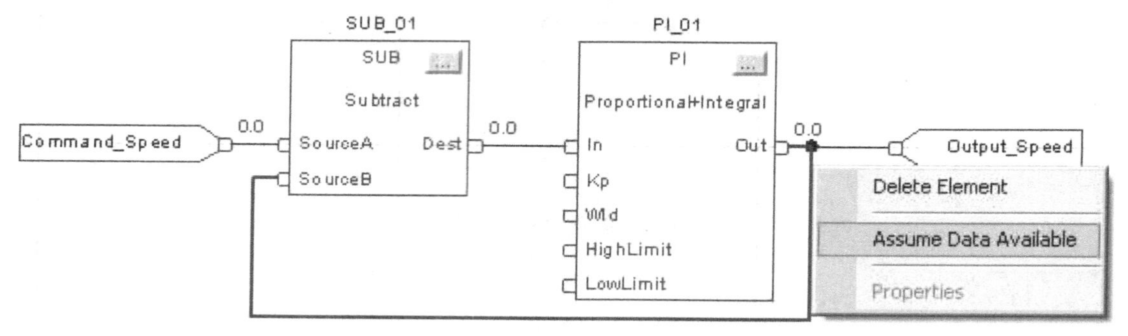

图 3-70　标记反馈线

General
Connection
Module Info
Configuration
Alarm Configuration
Calibration
Backplane
Type:
1756-IF16 16 Channel Non-Isolated Voltage/Current Analog Input
Vendor:
Allen-Bradley
Parent:
Local
Name:
IF16
Slot:
4
Description:
Comm Format:
Float Data - Differential Mode
Revision:
1
5
Electronic Keying:
Compatible Keying

图 3-71　“1756-IF6I”模块属性对话框

输入后，单击“Next”，弹出如图 3-72 所示对话框。

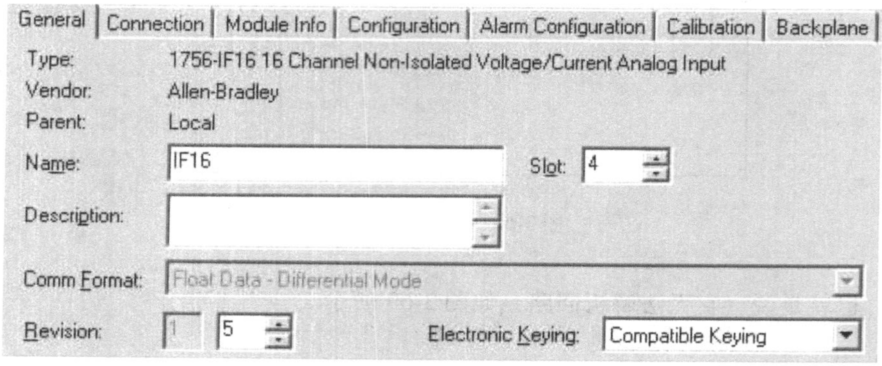

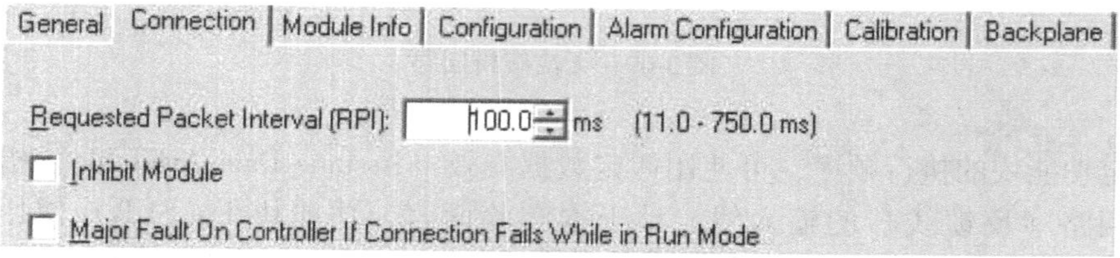

General
Connection
Module Info
Configuration
Alarm Configuration
Calibration
Backplane
Requested Packet Interval (RPI):
100.0
ms
(11.0 - 750.0 ms)
Inhibit Module
Major Fault On Controller If Connection Fails While in Run Mode

图 3-72　“1756-IF6I”默认属性

该页不修改，单击“Next”，弹出如图 3-73 所示对话框。

该页只能在线监视，单击“Next”，弹出如图 3-74 所示工程量整定对话框。

该页用于设定工程量整定 0 ~ 10V 对应 0 ~ 1000r/min。完成后，单击“Next”，弹出报警设置对话框，如图 3-75 所示。

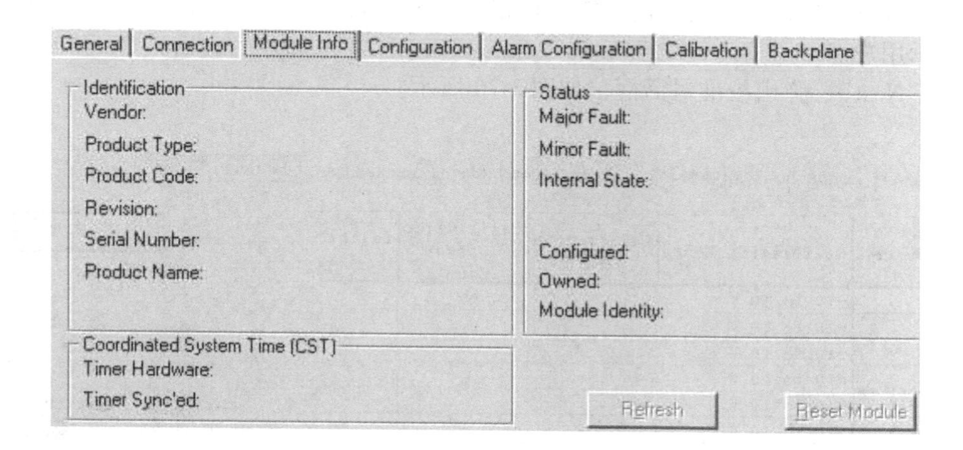

图 3-73　“1756-IF6I”可在线监视的属性

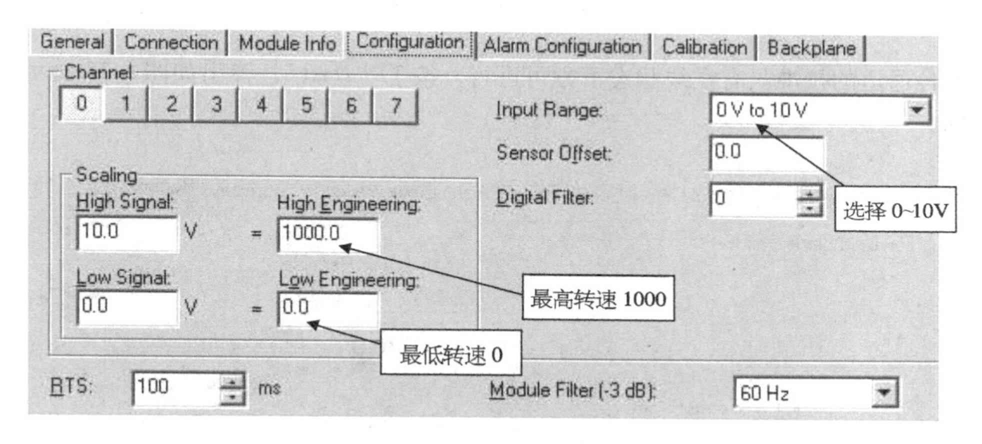

图 3-74　工程量整定对话框

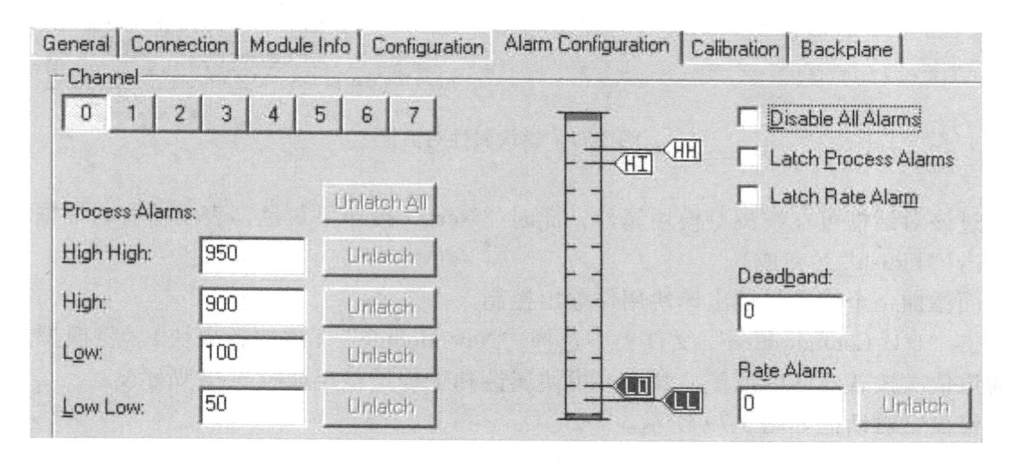

图 3-75　报警设置对话框

在该页分别设定高高报警、高报警、低报警以及低低报警。一旦超过该值，相应报警位置位以提示用户。

单击“Next”，弹出校准对话框，如图 3-76 所示。

General | Connection | Module Info | Configuration | Alarm Configuration | Calibration | Backplane

Channel	Calibration Range	Calibration Gain	Calibration Offset (Counts)	Calibr Sta
0	-10 to 10 V			
1	-10 to 10 V			
2	-10 to 10 V			
3	-10 to 10 V			
4	-10 to 10 V			
5	-10 to 10 V			
6	-10 to 10 V			
7	-10 to 10 V			

Start Calibration

Module Last Successfully Calibrated on:

图 3-76　校准对话框

模块各通道的校准只有在线状态下方可进行，按下“Next”，弹出如图 3-77 所示模块属性对话框。

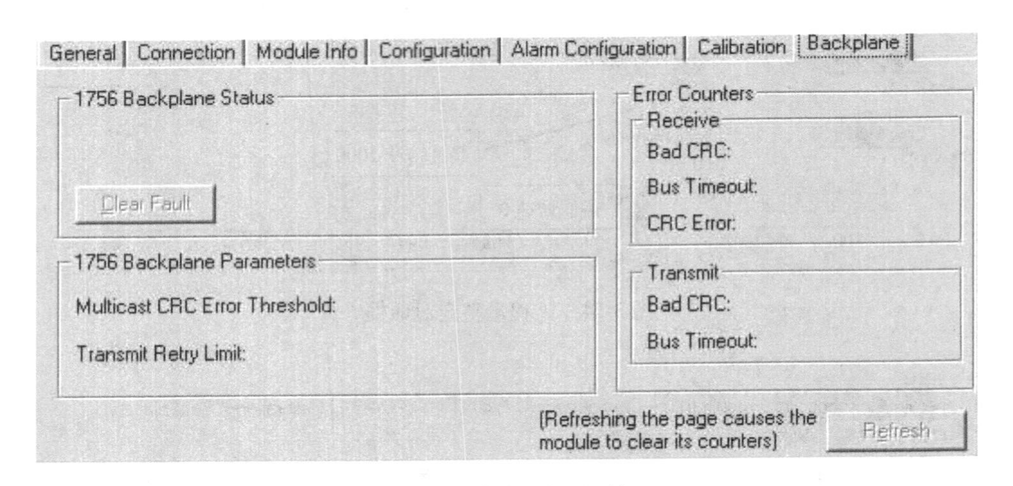

图 3-77　模块属性对话框

通过该对话框可在线浏览模块属性，此时“Next”按钮呈灰色，表示所有对话框均设置完，单击“Finish”（完成）。

下面添加一个模拟量输出模块用作输出控制。

单击“I/O Configuration”文件夹中选择“New Module”（添加新模块）。将模拟量输出模块通道依次按各对话框设置，其中，模块属性和工程量整定如图 3-78 所示。

报警设置对话框如图 3-79 所示。

同时利用“Aliasfor”（别名标签）完成程序标签与 I/O 地址间映射。

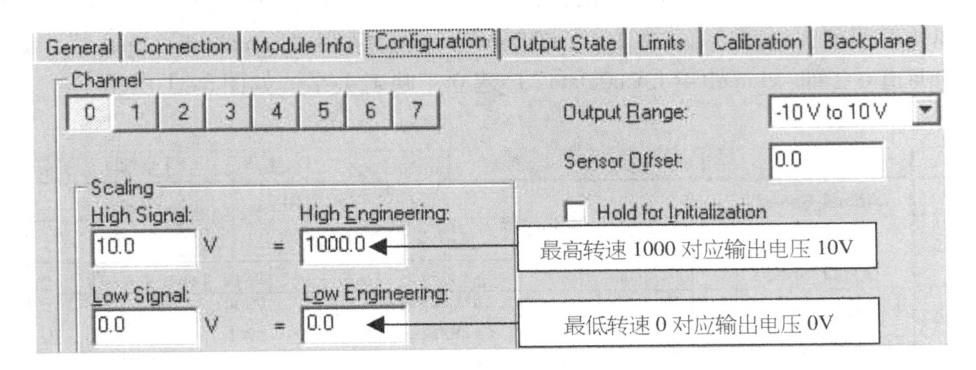

图 3-78　工程量整定对话框

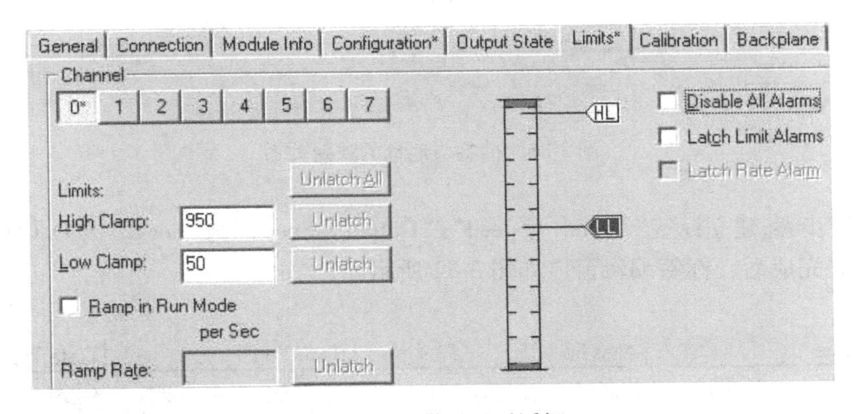

图 3-79　报警设置对话框

注意：由于没有实际的电动机和编码器，实际转速（Actual _ Speed）值也就无法测得，故在此使用模拟量输出模块 0 通道“Local: 5: O. Ch0Data”值模拟实际转速。

以“Command _ Speed”标签与地址“Local: 4: I. Ch0Data”映射为例，左键单击选择“Drive _ system”程序中“Program Tags”（程序域标签），单击右键在弹出菜单中选择“Edit Tags”（编辑标签）。弹出标签编辑窗口，如图 3-80 所示。

Scope: Drive_system　Show: Show All　Sort: Style

Tag Name	Alias For	Base Tag	Type
Actual_Speed			REAL
Command_Speed			REAL
Output_Speed			
⊞-PI_01			···_INT
⊞-SUB_01			FBD_MATH
*			

别名标签

在此输入别名 I/O 地址

图 3-80　标签编辑窗口

如果对“Command _ Speed”标签映射的 I/O 地址很熟悉，可以直接在“Alias For”一列中输入该 I/O 地址。如果对该 I/O 地址不熟悉，我们可以通过软件来帮助输入地址。左键单击“Command _ Speed”一行的“Alias For”（别名），并单击出现的向下箭头。逐层展开，直至出现如下画面，选择“Local: 4: I. Ch0Data”，表示标签“Command _ Speed”与“1756-IF16”的通道 0（即“Local: 4: I. Ch0Data”）建立了映射关系，如图 3-81 所示。

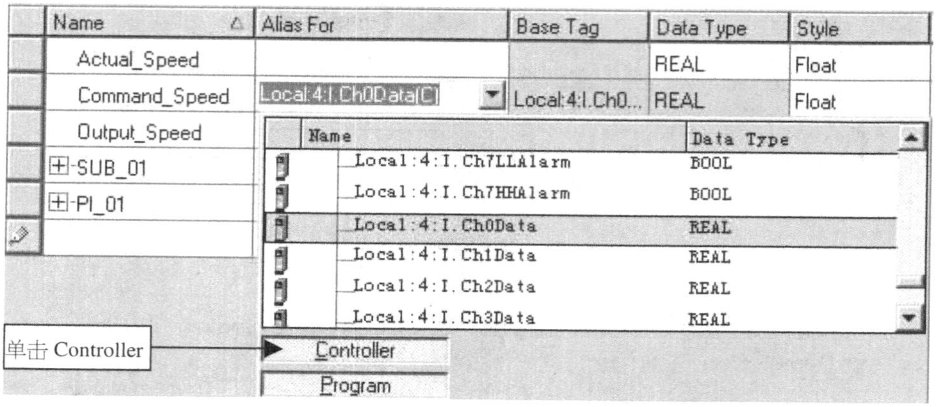

Name	Alias For	Base Tag	Data Type	Style
Actual_Speed			REAL	Float
Command_Speed	Local:4:I.Ch0Data(C)	Local:4:I.Ch0...	REAL	Float
Output_Speed				
⊞-SUB_01				
⊞-PI_01				

Name	Data Type
Local:4:I.Ch7LLAlarm	BOOL
Local:4:I.Ch7HHAlarm	BOOL
Local:4:I.Ch0Data	REAL
Local:4:I.Ch1Data	REAL
Local:4:I.Ch2Data	REAL
Local:4:I.Ch3Data	REAL

单击 Controller

Controller

Program

图 3-81　标签与地址的映射关系

按照上述步骤，建立标签“Actual _ Speed”、“Output _ Speed”与“Local: 5: O. Ch0Data”的映射关系。建立完成后，标签编辑窗口如图 3-82 所示。

Name	Alias For	Base Tag	Data Type
Autual_Speed	Local:5:O.Ch0Data(C)	Local:5:O.Ch0Data(C)	REAL
Command_Speed	Local:4:I.Ch0Data(C)	Local:4:I.Ch0Data(C)	REAL
Out_Speed	Local:5:O.Ch0Data(C)	Local:5:O.Ch0Data(C)	REAL

图 3-82　标签编辑窗口

将程序下载到 1756-L6H 控制器中如图 3-83 所示。

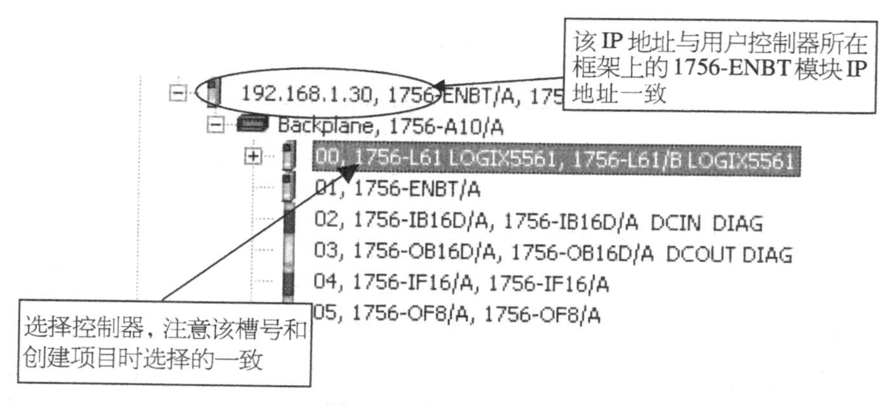

图 3-83　扫描到控制器

单击“Download”（下载）按钮，下载后显示 RSLogix5000 界面如图 3-84 所示。

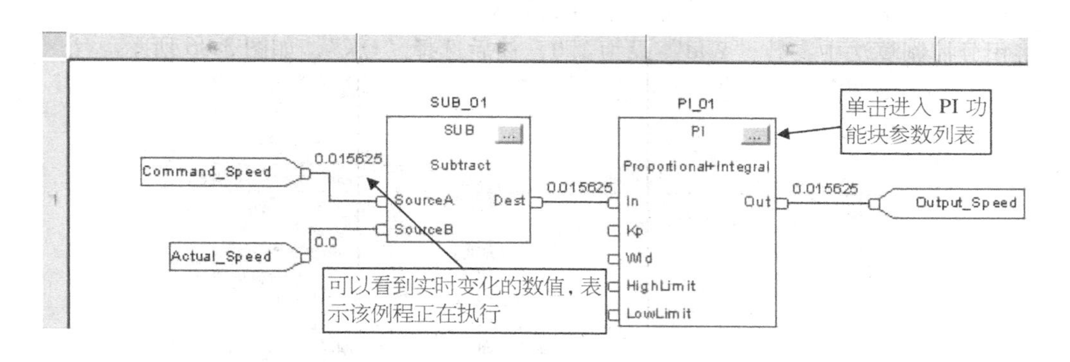

图 3-84　RSLogix5000 运行界面

通过 PI 指令的参数来看一下比例增益和积分增益对输出响应有什么影响。

首先，将比例增益 Kp 值设为 0.5，并调整“Command _ Speed”的值（旋转 AI0），观察输出值大小，如图 3-85 所示。

PI Properties - PI_01

Parameters　Tag

Vis	Name	Value	Type	Description
☐	EnableIn	1	BOOL	Enable Input. If False, ...
☑	In	-0.9237013	REAL	The process error sign...
☐	Initialize	0	BOOL	The instruction initializa...
☐	InitialValue	0.0	REAL	The initial value input. ...
☐	Kp	0.5	REAL	The proportional gain. ...
☐	Wld	0.0	REAL	The lead frequency in r...
☐	HighLimit	3.40282347e+038	REAL	The high limit value. T...
☐	LowLimit	-3.40282347e+038	REAL	The low limit value. Th...
☐	HoldHigh	0	BOOL	The hold high comman...
☐	HoldLow	0	BOOL	The hold low comman...
☐	ShapeKpPlus	1.0	REAL	The positive Kp shapin...

Scope: Drive_system　Show: Show All　Sort: Tag Name

Tag Name	Value	Force Mask	Style
⊞-SUB_01	{...}	{...}	
⊞-PI_01	{...}	{...}	
Output_Speed	137.91496		Float
Command_Speed	409.09875		Float
Actual_Speed	137.91496		

实际转速值

给定转速值

图 3-85　观察输出值

可以看出，实际转速值与给定转速值之间有较大的偏差。

再添加积分增益看看它对输出响应有什么影响。

将积分控制算法中参数“Wld”设为 1.0，然后选择“OK”，如图 3-86 所示。

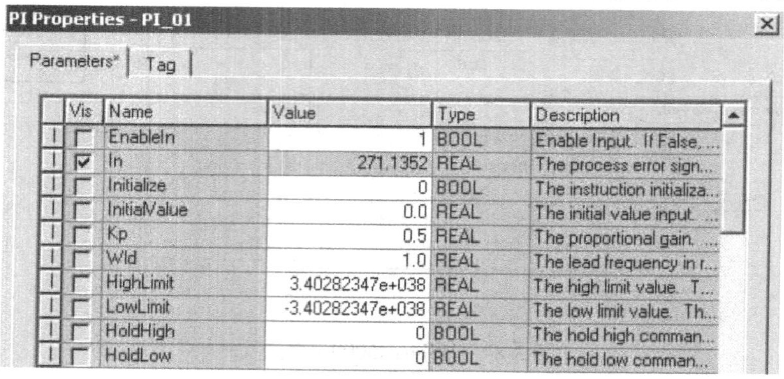

PI Properties - PI_01

Parameters* | Tag

Vis	Name	Value	Type	Description
☐	EnableIn	1	BOOL	Enable Input. If False, ...
☑	In	271.1352	REAL	The process error sign...
☐	Initialize	0	BOOL	The instruction initializa...
☐	InitialValue	0.0	REAL	The initial value input. ...
☐	Kp	0.5	REAL	The proportional gain. ...
☐	Wld	1.0	REAL	The lead frequency in r...
☐	HighLimit	3.40282347e+038	REAL	The high limit value. T...
☐	LowLimit	-3.40282347e+038	REAL	The low limit value. Th...
☐	HoldHigh	0	BOOL	The hold high comman...
☐	HoldLow	0	BOOL	The hold low comman...

图 3-86　将积分参数“Wld”设为 1.0

再来监视实际转速值，如图 3-87 所示。

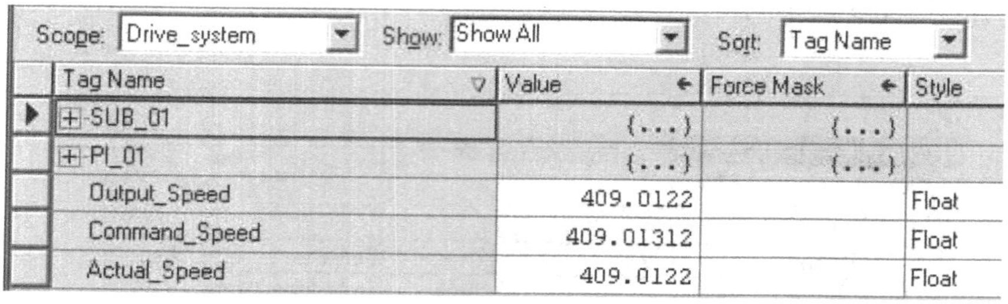

Scope: Drive_system　Show: Show All　Sort: Tag Name

Tag Name	Value	Force Mask	Style
+-SUB_01	{...}	{...}	
+-PI_01	{...}	{...}	
Output_Speed	409.0122		Float
Command_Speed	409.01312		Float
Actual_Speed	409.0122		Float

图 3-87　监视实际转速值

由此可以看出，系统中的任何小偏差都可以通过积分增益来校正，使 RPM 变得平稳，然而在现有系统的基础上有时到不了 1000r/min，这是因为 ControlLogix DEMO 箱上的端口输出值在旋钮右转到底时，可能并不是 10V（检查“Local:0:I. Data. 0”中的值），另外变频器可能对系统产生一些影响，在这个实验里没有考虑在内。

3.3　结构化文本编程

结构化文本（ST）是一种高级的文本语言，它可以用来描述功能、功能块和程序的行为，还可以在顺序功能流程图中编写 Action（操作）和 Transition（转换条件）的行为。

ST 语言表面上同 C 语言和 PASCAL 语言很相似，但它是一个专门为工业控制应用开发的编程语言，具有很强的编程能力，它能够用于对变量赋值、回调功能块、创建表达式、编写语句条件和迭代程序等。结构化文本非常适合应用在有复杂算术运算的应用中。

需要注意的是，结构化文本的程序格式自由，可以在关键词与标识符之间任何地方插入制表符、换行字符和注释。对于熟悉计算机高级语言开发的人员来说，结构化文本语言更是易学易用。此外，结构化文本的语言还易读易理解（当然，这是针对熟悉计算机高级语言开发的人员而言)，特别是当用有实际意义的标识符、批注来注释时更是这样。

3.3.1　ST 编程要素

ST 是一种使用语句来定义执行动作的文本化编程语言（同 C 语言很相近，但有区别）。有几个基本原则：

- 结构化文本不区分字母大小写；
- 使用 Tab（制表符）和 Enter（回车）键使得结构化文本易于阅读；
- 注释信息尽量详尽。

ST 由赋值语句（Assignment）、表达式（Expression）、指令（Instruction）、结构（Construct）以及注释（Comment）组成。在本小节中将进行详细说明。

1. 赋值语句（Assignments）

（1）常规赋值语句

使用常规赋值语句改变标签内存储的数值。常规赋值语句的语法是：

tag: = *expression* ;

有关上式的说明，见表 3-1。

表 3-1　常规赋值语句说明

组成部分	说　明
tag	取得新数值的标签；数据类型必须为 BOOL、SINT、INT、DINT 或者 REAL
: =	赋值符号
expression	代表赋给标签的新数值 如果标签是 BOOL 数据类型，则使用布尔表达式； 如果标签是 SINT、INT、DINT 或者 REAL 数据类型，则使用数值表达式
;	结构赋值符号

（2）非保持赋值语句

非保持赋值语句与上面所描述的常规赋值语句不同，控制器每次处于下面的任一状态，非保持赋值语句中的标签会重置为 0。

- 进入运行模式；
- 当用户设置 SFC 为自动重置(Automatic Reset)的情况下,离开 SFC 的步时(仅适用于用户在步的操作间嵌入赋值语句,或者使用操作通过 JSR 指令调用结构化文本例程的情况)。

非保持赋值语句的语法如下：*tag* [: =] *expression*;

上式的说明见表 3-2。

表 3-2　常规赋值语句说明

组成部分	说　明
tag	取得新数值的标签；数据类型必须为 BOOL、SINT、INT、DINT 或者 REAL
[: =]	非保持赋值符号
expression	代表赋给标签的新数值 如果标签是 BOOL 数据类型，则使用布尔表达式； 如果标签是 SINT、INT、DINT 或者 REAL 数据类型，则使用数值表达式
;	结构赋值符号

（3） 为字符串赋值 ASCII 字符

通过赋值运算符可将 ASCII 字符赋给字符串标签中的 DATA 成员。通过指定字符值或者指定标签名称、DATA 成员和字符元素来为字符串赋值。注意，这里经常出现一些错误，例如将 string1 标签定义为字符串（string）数据类型，如果要将大写字母 A 赋于 string1. DATA [0]，正确的写法是 string1. DATA [0] ：=65；而不是 string1. DATA [0] ：=A；。

注意：ASCII 字符串指令用于增加或者插入 ASCII 字符串。常用的有 CONCAT 指令和 INSERT 指令。这时用户可以在 RSLogix5000 软件的 Help 菜单下查看这两种指令的用法。

2. 表达式（Expression）

（1） 表达式组成

一个表达式大致由以下的元素组成：

- 标签名称：用以存储数值（变量）；
- 用户直接输入到表达式的数值（立即数）；
- 函数，例如，ABS、TRUNC；
- 运算符，例如，+、-、>、<、AND、OR 等。

（2） 表达式的类型

在结构化文本中，用户可以使用以下两种类型的表达式：

布尔表达式：产生 1（真）或 0（假）布尔值的表达式。用户在使用时请注意以下三点：

1） 布尔表达式使用布尔标签、关系运算符和逻辑运算符来比较条件是否为真或假。

2） 简单的布尔表达式可以是一个单独的布尔型标签。

3） 一般情况下，用户使用布尔型表达式作为执行其他逻辑的条件。

数值表达式：计算整数或者浮点数的表达式。用户在使用时注意以下两点：

1） 数值表达式使用算术运算符、算术函数和按位（bitwise）运算符。例如，tag1 +5。

2） 通常情况下，用户会将数值表达式嵌套到布尔表达式中。例如，（tag1 +5）>65。

（3） 使用运算符和函数

算术运算符和函数是表达式不可缺少的组成部分。常用的算术运算符见表 3-3。

表 3-3　常用的算术运算符

算术运算符	含　义	最优数据类型	算术运算符	含　义	最优数据类型
+	加	整型、实型	**	指数（x 的 y 次幂）	整型、实型
-	减/非	整型、实型	/	除	整型、实型
*	乘	整型、实型	MOD	模数-除（取余）	整型、实型

算术函数用来执行数学操作。在函数中需指定常数、非布尔量的标签和表达式。常用的算术函数见表 3-4。

表 3-4　常用的算术函数

算术函数	含　义	数据类型
ABS（*numeric_expression*）	绝对值	整型、实型
ACOS（*numeric_expression*）	反余弦	实型

（续）

算术函数	含　　义	数据类型
ASIN（*numeric _ expression*）	反正弦	实型
ATAN（*numeric _ expression*）	反正切	实型
DEG（*numeric _ expression*）	弧度转换成角度	整型、实型
LN（*numeric _ expression*）	自然对数	实型
LOG（*numeric _ expression*）	以 10 为底的对数	实型

示例：如果 adjustment 和 position 均为 DINT 型标签，并且 sensor1 和 sensor2 均为实型标签，要求计算 sensor1 和 sensor2 平均值的绝对值再加上 adjustment，并将结果存于 position。

输入的程序如下所示：

$$position\!:= adjustment + ABS((sensor1 + sensor2)/2);$$

关系运算符是将两数值或者字符串进行比较，产生一个真（1）或者假（0）的结果。经常使用的关系运算符见表 3-5，逻辑运算符见表 3-6。

表 3-5　常用的关系运算符

关系运算符	含　义	最优数据类型	关系运算符	含　义	最优数据类型
=	等于	整型、实型、字符串型	>	大于	整型、实型、字符串型
<	小于	整型、实型、字符串型	> =	大于等于	整型、实型、字符串型
< =	小于等于	整型、实型、字符串型	< >	不等于	整型、实型、字符串型

表 3-6　常用的逻辑运算符

关系运算符	含　　义	关系运算符	含　　义
&，AND	逻辑与	XOR	逻辑异或
OR	逻辑或	NOT	逻辑取反

示例：如果 count 和 length 均为双整型标签，done 是布尔量标签，要求“如果 count 大于或者等于 length，计算完成”，输入的程序如下所示：

$$done\!:=\ (count <= length);$$

示例：如果 photoeye1 和 photoeye2 均为布尔型标签，open 是布尔量标签，并且要求“如果 photoeye1 和 photoeye2 同为真，置位 open”，输入如下的程序：

$$open\!:= photoeye1 \& photoeye2;$$

按位运算符是对标签中的各位做逻辑运算。

常用的按位运算符见表 3-7。

表 3-7　常用的按位运算符

按位运算符	含　　义	按位运算符	含　　义
&，AND	按位与	XOR	按位异或
OR	按位或	NOT	按位取反

示例：如果 input1、input2 和 result1 均为双整型标签，并且要求“计算 input1 和 input2 的按位运算结果，并将其存到 result1 标签”。用户输入以下程序即可：

result1: = input1 AND input2;

（4）运算顺序

运算是按照预先规定的顺序，而不是一定按照从左到右的顺序来执行，但有两个原则：

1）同级运算的顺序是从左到右的执行。

2）如果表达式中包含多个运算符或者函数，可通过小括号“()”将条件分组，这样可以确保执行顺序正确并使得表达式更具有可读性。

运算的顺序见表 3-8。

表 3-8　运算的顺序

顺序	运算符	顺序	运算符
1	()	7	+，-（减）
2	function（......）	8	<，<=，>，>=
3	**	9	=，<>
4	-（取反）	10	&，AND
5	NOT	11	XOR
6	*，/，MOD	12	OR

（5）注意事项

1）表达式中可以混合使用大小写字母。例如，“AND”也可以书写为 And 和 and。

2）对于较复杂的应用场合，可以在表达式内使用括号集合多个表达式。

3. 指令（Instruction）

ST 的编程语句可以是指令。每扫描一次 ST 程序，指令执行一次。每次结构条件为真时，结构中的 ST 指令执行。如果结构中的条件为假，则结构中的语句不被扫描。此时没有梯级条件或者状态转变触发指令执行。与 FBD 指令的区别在于，FBD 指令通过输入使用（EnableIn）触发其执行，而 ST 指令执行时相当于输入使用（EnableIn）一直置位。

与 LAD 指令的区别在于，LAD 指令通过输入梯级条件触发执行。一些 LAD 指令仅当输入梯级条件从假变为真时执行。这些是转变触发型 LAD 指令。在 ST 的程序中，除非用户预先规定 ST 指令的执行条件，否则指令将会在其被扫描时执行。

例如，ABL 指令是转变触发 LAD 指令。在图 3-88 中，当 tag_xic 由零到置位转变一次，ABL 指令执行一次。当 tag_xic 一直置位或者清零时，ABL 指令不执行。

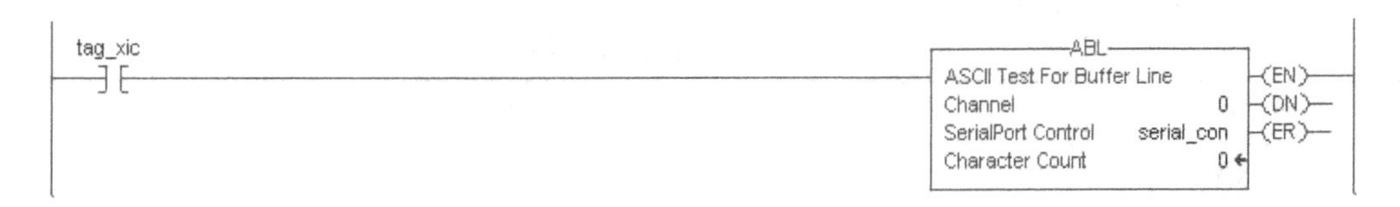

图 3-88　ABL 指令梯级示例

在 ST 中，如果用户将上面的指令写为：

```
IF tag _ xic THEN ABL（0，serial _ con）;
END _ IF;
```

tag _ xic 置位，ABL 指令每次扫描时均执行。如果用户希望仅当 tag _ xic 为从零到置位转变时 ABL 指令执行，必须编写 ST 条件指令，具体做法如下所示：

```
OSRI _ 01. inputbit: = tag _ xic;
OSRI（OSR _ 01）; //设置正跳变沿
IF（OSRI _ 01. outputbit）THEN
    ABL（0，serial _ con）; //如果发生正跳变则执行 ABL 指令
END _ IF;
```

4. 结构（Construction）

结构的应用十分广泛，常用的结构见表 3-9，结构可以单独使用也可以与其他结构嵌套使用。在下节中将详细介绍上面几个结构的具体应用。

表 3-9　ST 常用的结构

结　　构	作用描述
IF...... THEN	当特定的条件发生时，执行某项操作
CASE...... OF	基于数值选择执行的操作
FOR...... DO	根据指定的次数重复执行某项操作，然后再执行其他的操作
WHILE...... DO	一旦条件为真，重复执行某项操作
REPEAT...... UNTIL	直到条件为真，否则重复执行某项操作

5. 注释（Comment）

为使用户编写的 ST 程序更具有可读性，需要添加注释。

ST 的注释下载到控制器内存，并且可以上载。添加注释的几种类型见表 3-10。

表 3-10　添加注释的几种类型

添加注释	使用以下格式	添加注释	使用以下格式
单独一行	//comment	在一行 ST 程序内	(* comment *) /* comment */
ST 程序的最后一行	(* comment *) /* comment */	范围超过一行	(*start of comment...... end of comment*) /* start of comment...... end of comment */

3.3.2　ST 编程结构及示例

1. IF...... THEN 语句

当特定条件发生时，使用 IF...... THEN 语句执行某项操作。

(1) 格式与语法

一般情况下的格式为：

IF bool _ expression THEN
< *statement* > ;
END _ IF;

注意，上面的 *bool _ expression* 为标签表达式，计算结果为布尔量。

这种格式也常和 ELSIF 以及 ELSE 结合起来构成多种选择结构，如下所示：

IF bool _ expression1 THEN
< *statement* > ; ←—当 *bool _ expression1* 为真时，执行该语句
⋮
可选{ *ELSIF bool _ expression2 THEN*
< *statement* > ; ←—当 *bool _ expression2* 为真时，执行该语句 }
⋮
可选{ *ELSE*
< *statement* > ; ←—当两个表达式都为假时，执行该语句 }
⋮
END _ IF;

使用上面的格式时需要注意以下几点：

1) 如果从多个语句组（2 个以上）中选择，需要添加一个或者多个 ELSIF 语句。

2) 每个 ELSIF 表示一个选择路径。

3) 控制器执行首个条件为真的 IF 或者 ELSIF 语句，并跳过其余的 ELSIF 和 ELSE 语句。

4) 如果要求当所有 IF 和 ELSIF 条件为假时执行 ELSE 语句后的指令。

表 3-11 总结了 IF、THEN、ELSIF 和 ELSE 语句的多种组合情况。

表 3-11 IF、THEN、ELSIF 和 ELSE 语句使用总结

如果需要	并且	使用的结构
当条件为真时，执行语句	如果条件为假时，不执行语句	IF...... THEN
	如果条件为假时，执行其他操作	IF...... THEN...... ELSE
根据输入条件，从多个语句（语句组）中选择	如果条件为假时，不执行语句	IF...... THEN...... ELSIF
	如果所有条件为假，分配默认语句	IF...... THEN...... ELSIF...... ELSE

(2) 应用示例

如果有以下的要求：若判断条件（rejects）大于 3 则停止运行传送带（conveyor）并且报警（alarm）置位。在 ST 例程中输入以下语句：

/ * 判断是否停止传送带并且报警置位 * /

```
IF rejects >3 THEN
        conveyor: =0; //停止传送带
        alarm: =1; //报警置位
END _ IF;
```

如果有以下要求：若传送带此时方向（conveyor direction contact）为向前（用 1 表示），则将灯（light）熄灭；否则灯是点亮的。

根据上面的要求，在 ST 中输入以下语句：

```
/ * 如果传送带此时方向为向前（用 1 表示），则将灯熄灭；否则灯是点亮的
* /
IF conveyor _ direction THEN
        light: =0; //如果传送带的方向是向前，则灯熄灭
ELSE
        light [: =] 1; //否则为暂时点亮
END _ IF;
```

如果有以下要求：若液位上下限位开关都导通，则阀打开；如果液位低于上限位开关，则阀关闭。

```
/ * 通过判断液位的上下限位开关的状态来决定阀的开与关操作 * /
IF water. Low&water. High THEN
    water. Inlet [: =] 1; //如果液位上下限位开关都有信号，则阀打开
ELSEIF NOT (water. High) THEN
    Water. Inlet: =0; //如果液位低于上限开关，则阀关闭
END _ IF;
```

如果有以下要求：若罐温度大于 200℃，则泵快速运行；如果罐温度大于 100℃，则泵缓慢运行；否则泵停止运行。

```
/ * 通过温度大小来决定泵的运行状态 * /
IF tank. temp >200 THEN
    pump. fast: =1; pump. slow: =0; pump. off: =0;
//如果温度大于 200℃，则泵快速运行
ELSEIF tank. temp >100 THEN
    Pump. fast: =0; pump. slow: =1; pump. off: =0;
//如果温度大于 100℃，则泵慢速运行
ELSE
    Pump. fast: =0; pump. slow: =0; pump. off: =1;
//其他情况下，泵停止运行
END _ IF;
```

2. CASE...... OF 语句

使用 CASE 语句根据数值来选择执行的操作。

(1) 格式与语法

一般情况下的格式为：

```
CASE numeric _ expression OF
    selector1: statement;
    selectorN: statement;
ELSE
    statement;
END _ CASE;
```

注意，上面的 numeric _ expression 为标签表达式，selector 为选择器。

这种选择语句的具体做法如下所示：

```
CASE numeric _ expression OF
selector1: < statement > ;  ←—当 numeric _ expression = selector1 时，执行该语句
  ⋮
selector2: < statement > ;  ←—当 numeric _ expression = selector2 时，执行该语句
  ⋮
selector3: < statement > ;  ←—当 numeric _ expression = selector3 时，执行该语句
  ⋮
ELSE
        < statement > ;
  ⋮
END _ CASE;
```

用户必须指定 selector（选择器）的数值

（2）应用示例

下面的示例是在进行配方管理时经常遇见的。具体要求如下：如果配方号是 1，则成分 A 的 1 号出口和成分 B 的 4 号出口打开；如果配方号是 2 或 3，则成分 A 的 4 号出口和成分 B 的 2 号出口打开；如果配方号是 4、5、6、7，则成分 A 的 4 号出口和成分 B 的 1 号出口打开；如果配方号是 8、11、12、13，则成分 A 的 1 号出口和成分 B 的 2 号出口打开；否则所有的出口关闭。

```
/ * 本示例根据配方号来决定要添加的成分 * /
CASE recipe _ number OF
    1:       Ingredient _ A. Outlet _ 1: =1;
             Ingredient _ B. Outlet _ 4: =1; //如果配方号是 1，则成分 A 的 1 号出口和成分 B 的 4 号出口打开
    2, 3:    Ingredient _ A. Outlet _ 4: =1;
             Ingredient _ B. Outlet _ 2: =1; //如果配方号是 2 或 3，则成分 A 的 4 号出口和成分 B 的 2 号出口打开
    4...7:   Ingredient _ A. Outlet _ 4: =1;
             Ingredient _ B. Outlet _ 1: =1; //如果配方号是 4、5、6、7，则成分 A 的 4 号出口和成分 B 的 1 号出口打开
```

8，11...13：Ingredient _ A. Outlet _ 1：=1；

Ingredient _ B. Outlet _ 2：=1；//如果配方号是 8、11、12、13，则成分 A 的 1 号出口和成分 B 的 2 号出口打开

ELSE

Ingredient _ A. Outlet _ 1 [：=] 0；

Ingredient _ A. Outlet _ 2 [：=] 0；

Ingredient _ A. Outlet _ 4 [：=] 0；

Ingredient _ B. Outlet _ 1 [：=] 0；

Ingredient _ B. Outlet _ 2 [：=] 0；

Ingredient _ B. Outlet _ 4 [：=] 0；//否则关闭所有出口

END _ CASE；

3. FOR...... DO 语句

使用 FOR...... DO 循环在执行其他操作前执行特定次数的操作。

（1）格式与语法

```
FOR count: = initial _ value TO
final _ value BY increment DO
    <statement>;
END _ FOR;
```

在上式中，*count* 是计数值；*initial _ value* 是初始值；*final _ value* 是结束值；*increment* 是增量值。这种选择语句的具体做法如下所示：

```
        FOR count : = intial _ value
可选{   TO final _ value
        BY increment           如果用户不指定增量，默认为 1
         DO
          <statement>;

可选{   IF bool _ expression THEN   如果提前退出循环，可使用其他语
            EXIT;                   句，例如使用 IF...... THEN 结构
        END _ IF                    做为 EXIT 语句

        END _ FOR;
```

（2）应用示例

下面示例使用 FOR...... DO 循环将一个 32 个元素的数组全部置位成 0。

```
/ * 本示例使用 FOR...... DO 循环将一个 32 个元素的数组全部置位成 0 * /
FOR i: =0 TO 31 BY 1 DO
    Array [i] : =0;
END _ FOR;
```

当然，FOR...... THEN 循环语句的应用十分广泛，这里仅是举了一个比较简单的例子。下面再演示一个比较复杂的例子。

下面的例子中，输入条形码，则查询相对货物的数量。注意，货物的数据结构体中是包

含条形码的数值和存货数量信息。程序如下：

```
/ * 本示例中通过输入条形码来查询货物的数量 * /
SIZE (Inventory, 0, Inventory _ Item); //计算货物的种类数目
FOR position: =0 TO Inventory _ Item - 1 DO
    IF Barcode = Inventory [position] . ID THEN
        Quantity: = Inventory [position] . Qty; //如果条形码的数值等于货物的条形码则显示货物的数目
    END _ IF;
END _ FOR;
```

4. WHILE...... DO 语句

如果条件为真，使用 WHILE...... DO 循环连续工作。

（1）格式与语法

```
WHILE bool _ expression DO
<statement>;
END _ WHILE;
```

上式中：*bool _ expression* 为表达式，是判断条件。

这种循环语句的具体做法为：

```
WHILE bool _ expression1 DO
    <statement>; 当 bool _ expression1 为真时，执行该语句
     ┌IF bool _ expression2 THEN
     │    EXIT;      如果需要提前退出循环，可使用其
可选 ┤  END _ IF;     他语句，例如使用 IF...... THEN
     └END _ WHILE;   结构做为 EXIT 语句
```

（2）应用示例

在本例中，要求复制两个数组中的偶数位。具体实现如下：

```
/ * 本例复制大小为 32 的数组中的偶数位 * /
pos: =0, 初始化指针
WHILE pos < =32 DO
    dest [pos] : = sore [pos]; //顺序移位
    pos: = pos +2; //指针递加 2
END _ WHILE;
```

5. REPEAT...... UNTIL 语句

该语句同 WHILE...... DO 语句相对应，它的含义是：连续执行某操作，直到条件为真。它同 WHILE...... DO 语句的区别如下：REPEAT...... UNTIL 执行结构内语句，然后在再次执行语句前判断条件是否为真，这样 REPEAT...... UNTIL 内语句至少执行一次，而 WHILE...... DO 循环中的语句可能一次也不执行。

（1）格式与语法

```
REPEAT
 < statement > ;
UNTIL bool _ expression
END _ REPEAT;
```

在上式中，*bool _ expression* 为判断条件。

这种循环的具体做法如下：

```
REPEAT
    < statement > ;        当 bool _ expression1 为假
                           时，执行该语句
     ┌IF bool _ expression2 THEN
     │     EXIT;                 如果需要提前退出循环，可使用其
可选 ┤   END _ IF;               他语句，例如使用 IF...... THEN
     └UNTIL Bool _ expression1 结构做为 EXIT 语句
      END _ WHILE;
```

（2）应用示例

在本例中，要求复制两个数组中的奇数位。具体实现如下：

```
/ * 本例复制大小为 32 的数组中的奇数位 * /
pos: = -1;//初始化指针
REPEAT
    pos: =pos +2;//指针递加 2
    dest[pos]: =sore[pos];//顺序移位
UNTIL pos > =32
END _ REPEAT;
```

3.4　顺序功能流程图

很多工业过程是按照顺序进行的，设计顺序控制系统的梯形图有一套固定的方法和步骤可以遵循。这种系统化的设计方法采用一些简单的图形符号来形象地表示，以此描述出整个控制系统的控制过程、功能和特性，这就是所谓的顺序功能流程图（SFC）。它简单易学、设计周期短、规律性强，且设计出来的程序结构清晰、可读性好。在本节中将详细介绍如何使用 SFC 对 ControlLogix 控制器进行编程。

SFC 是一种顺序控制语言，对于用户的应用，可将逻辑分成易于处理的步和转换条件来替代较长的梯形图或 ST。SFC 中的每一步对应于一个控制任务（实际上是一段为了完成某一个控制任务的程序，该程序可以是 LAD、ST 或 SFC 的任意一个形式，用方框表示）；步与步之间有转换条件（逻辑判断或者一段程序）以水平线表示。这些功能将在下一小节中专门进行详细的介绍。

SFC 是一种强大的描述控制程序的顺序行为特性的图形化语言，可对复杂的过程由顶到底的进行辅助开发。也就是说，SFC 允许将一个复杂的问题逐层地分解为步和更小的能够被详细分析的顺序。

使用 SFC 的优势如下：

1）通过图形化的方式将加工过程划分为主要的逻辑块（步骤）。

2）快捷地重复执行各个逻辑片断。

3）简洁的屏幕显示。

4）缩短设计和调试程序的时间。

5）快速简洁地排除故障。

6）直接访问程序出现故障的逻辑点。

7）方便升级。

3.4.1 SFC 编程要素

SFC 是由 Step、Transition 和 Action 三个要素组成，一个简单的 SFC 如图 3-89 所示。

1. Step

（1）定义

Step 表示整个过程的某个主要功能。它可以是特定的时间、阶段或者某几个设备发生的 Action。一个步可以是激活的，也可以是不激活的，只有当步处于激活状态时，与之相应的动作才会执行。至于如何使某步处于激活状态，则是由程序执行的次序和步上面的 Transition 决定的。

（2）Step 的种类

在 RSLogix5000 中，有两种类型的 Step：Initial Step 和 Normal Step。图 3-90 为某个步的外观。

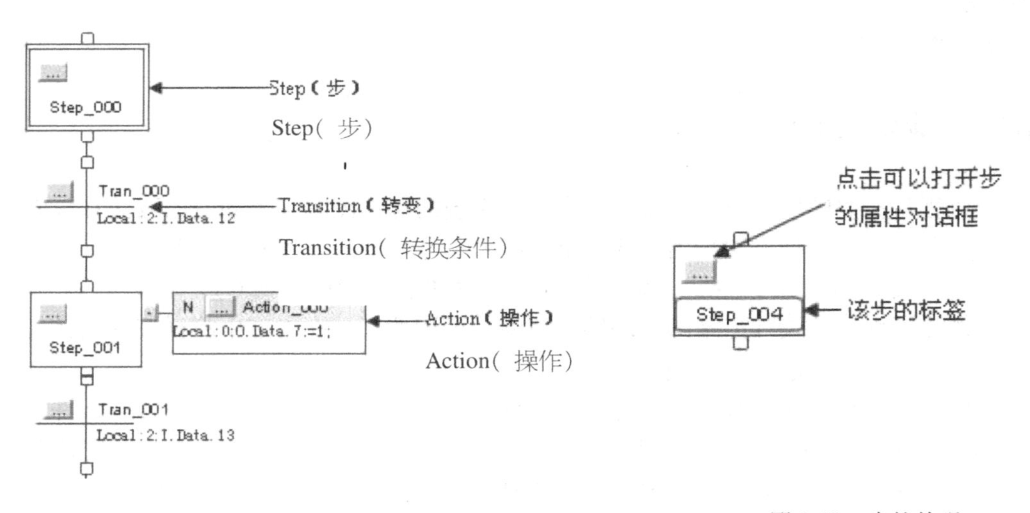

图 3-89　顺序功能流程图

图 3-90　步的外观

单击上图的按钮，可以打开 Step 的属性对话框，如图 3-91 所示。在 SFC 中，步只是表示某个特定的阶段，具体这个阶段在何时有效，何时无效，就需要结合后面将要讲到的 Transition。而在这个阶段要执行的操作，则需要通过添加 Action 来实现。

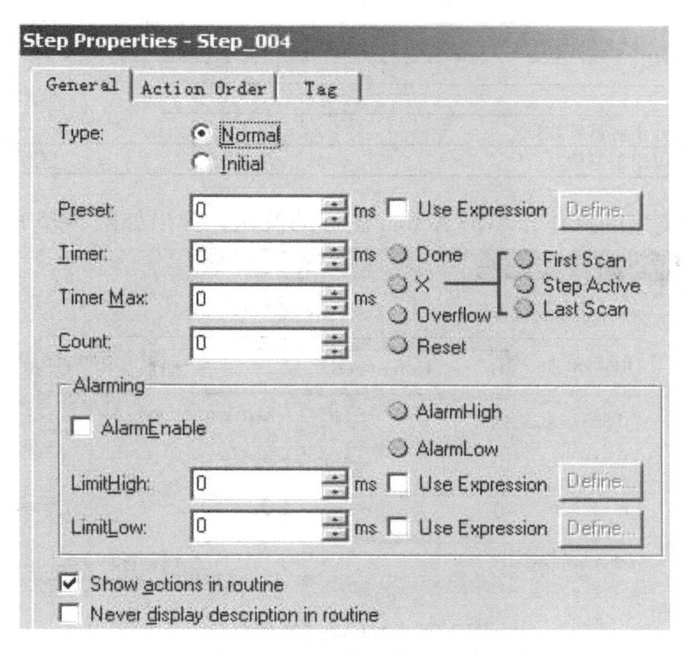

图 3-91　Step 的属性选项卡

2. Action

(1) 定义

每个 Step 可以执行一个或者多个 Action。Action 包含了在步被执行时应当发生的行为描述，Action 的编写一般是由 ST 来书写，当然，也可以进行调用子例程的操作。此外，每个 Action 都会有一个 Qualifier，用来确定动作什么时候执行。

Action 是步具体执行的功能。例如起动或者停止电动机，开启或者关闭阀门的数值。步和操作的关系如图 3-92 所示。

Step	Action
某阶段	起动电动机
	开启阀门

图 3-92　Step 与 Action 的关系

(2) Action 的使用

在 RSLogix5000 中，添加 Action 如图 3-93 所示，在步上单击右键，选择“Add Action”。按照同样的方法可以继续添加 Action，添加完毕后的步与操作如图 3-94 所示。

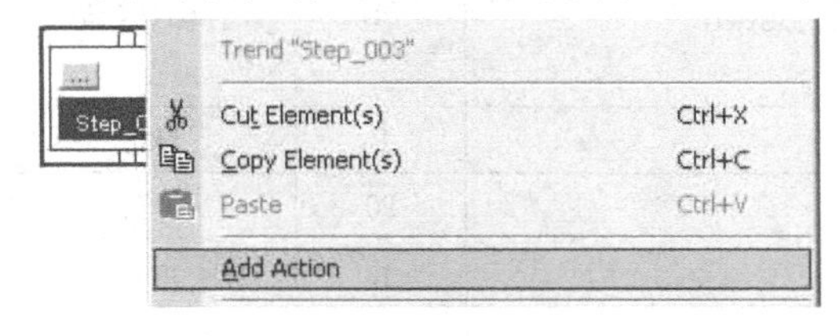

图 3-93　添加 Action

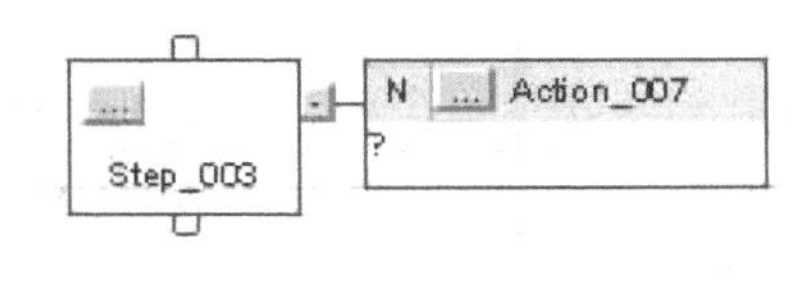

图 3-94　Step 与 Action 的组合图

Action 有两种类型的操作：布尔量和非布尔量，这两种类型的操作见表 3-12。

表 3-12　如何使用布尔量操作

如果需要	则选用
直接执行 SFC 中的 ST	使用非布尔量操作
调用子例程	
使用自动重置选项在离开步时重置数据	
仅调用步的某个状态位以用于编程	使用布尔量操作

要设置这两种类型的操作，单击 Action 图标的按钮，弹出如图 3-95 所示对话框。

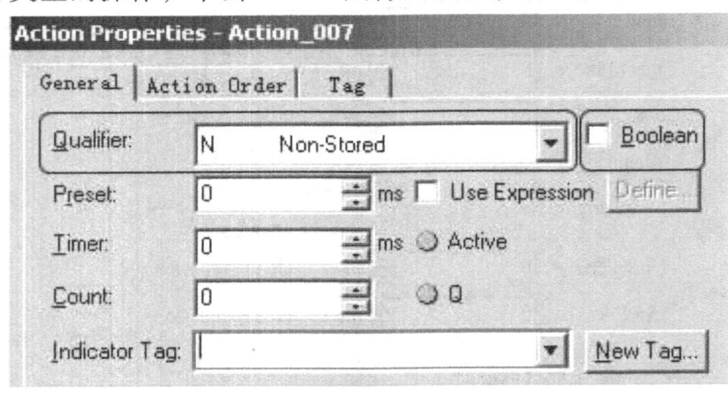

图 3-95　Action 的属性窗口

注意，每个 Action 都会有一个 Qualifier，它是用来确定动作何时执行。详细的信息见表 3-13。

表 3-13　选择某个 Action 的 Qualifier

如果	并且	Qualifier	表示
步被激活时开始	步取消时停止	N	不存储
	仅执行一次（一个扫描周期）	P1	上升沿脉冲
	在限定时间内有效，超过限定时间则不执行	L	时间限制
	保持激活直至 Reset 操作复位该操作	S	存储
	保持激活直至限定的时候结束并且使用 Reset 操作复位该操作	SL	存储且有时间限制
步被激活特定的时间后方有效	步取消激活时停止	D	时间延迟
	保持激活直至 Reset 操作关闭此操作	DS	延迟且存储
步被激活，经过指定的时间后才会开始操作（不论此时该步是否还被激活）	保持激活直至 Reset 操作关闭此操作	SD	存储且延迟
步激活时执行一次	步取消激活时执行一次	P	脉冲
步取消激活时执行一次	仅执行一次	P0	下降沿
关闭（重置）存储的操作 ● S　存储 ● SL　存储且时间限制 ● DS　延迟且存储 ● SD　存储且时间延迟		R	重置

一定需要注意：Qualifier 是专门针对 Action 而言的。并且大部分操作在系统默认部分的情况下 Action 中的对象不会因为该步已执行而自动复位。

3. Transition

（1）定义

Transition 表示从一个步到另一个步的转换，这种转换并非任意的，只有当满足一定的条件时，转换才能发生。转换条件可以为布尔型标签，使用 ST 书写的逻辑判断，或者使用 ST 调用子例程。

（2）Transition 的使用

如图 3-96 所示，如果 Transition 表达式为 1，激活下一步。

注意，如果转变处的表达式使用了调用子例程的程序，如图 3-97 所示。

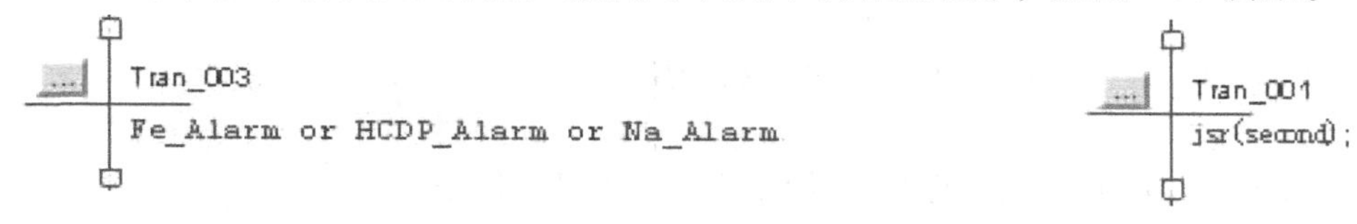

图 3-96　Transition 表达式为 1

图 3-97　使用调用子例程 Transition

此时，必须在调用的子例程末尾书写一条 EOT 指令，如图 3-98 所示。

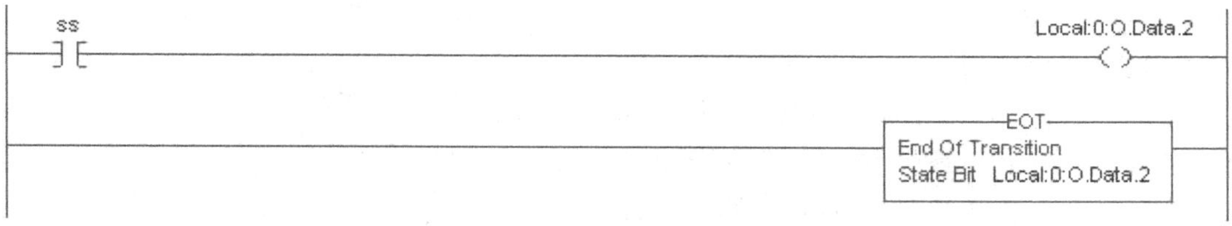

图 3-98　EOT 指令示例

注意在上段程序中，只有 EOT 指令的 State Bit 置位后，才使图 3-97 中的转变完成。由上一步切换到下一步。

3.4.2　SFC 编程结构

顺序功能流程图是一种图形化、结构化的形式。它的结构有 3 种形式：单序列结构、选择分支结构和并行分支结构。

1. 单序列结构

单序列由一系列相继激活的步组成，每一步的后面仅有一个转换条件，每一个转换条件后面仅有一步，如图 3-99 所示。

通过单序列结构的程序例子，对步与转换的含义进行说明。代表步的方框中号码 4 表示该步的梯形图逻辑的程序文件号。每步可允许有多个动作，一个动作即一个步的子集（subset），这样在编写程序时就可以将完成某一功能的梯形图程序分配给一个步的某一个动作。在转换条件中，号码 1 也代表一个程序文件号，通过对该条件的检测来决定控制器什么时候开始执行下一步。当一个以 EOT 指令结尾的梯级为真时，则转换为真。它按顺序执行每一步。

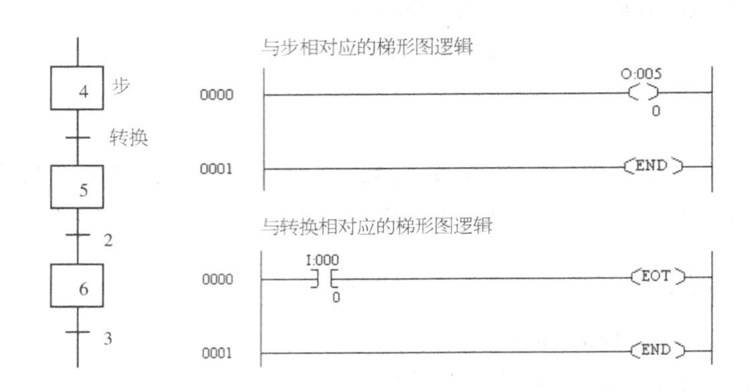

图 3-99　SFC 步与转换的例子

图 3-100 即是 RSLogix5000 使用单序列结构编程的一段 SFC 程序。

图 3-100 所示程序中，开始执行子例程时执行 Step _ 000 步，当转换条件 Local: 2: I. Data. 12 这个标签变为 1 时，开始执行 Step _ 001 步，依次类推。

2. 选择分支结构

选择分支中包含多个可供控制器选择的路径，这相当于一个“或”结构。选择分支的画法是连接到一根单横线上的并行路径。注意，转换应放在框界之内，而且在每个并行路径的顶部，如图 3-101 所示。

当控制器运行一个选择分支时，控制器按程序扫描顺序从左到右扫描每个路径前面的转换条件，直至找到第一条转换为真的路径为止，程序执行该路径的步和转换。如果在选择分支中同时有多条路径为真，则控制器选择最左面的转换为真的路径。

图 3-102 所示是 RSLogix5000 使用选择分支结构编程的一段 SFC 程序。如果 Local: 2: I. Data. 0 和 Local: 2: I. Data. 1 两个转换条件其中一个先为真，则会执行为真的路径，直至结束；如果 Local: 2: I. Data. 0 和 Local: 2: I. Data. 1 两个转换条件同时为真时，则会执行左边的程序直至结束。

3. 并行分支结构

并行分支中包含多个至少被控制器扫描一

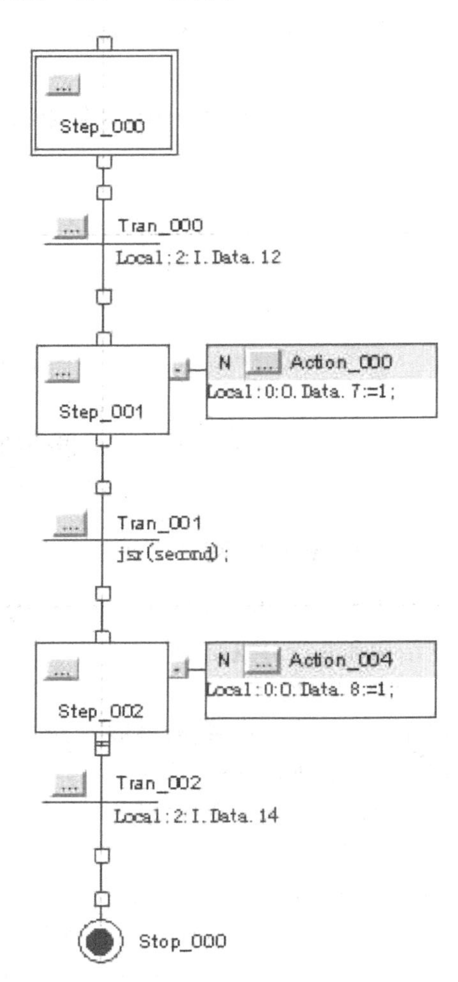

图 3-100　单序列结构的 SFC 程序

次的路径，这相当于一个“与”结构，控制器完成并行分支之后转向下一步。并行分支的画法是连接在双横线上的并行路径，如图 3-103 所示。注意路径的公用转换在分支的外面，当控制器将每一分支的每一步扫描一次之后，而且公用转换为真时，控制器才结束执行并行分支。

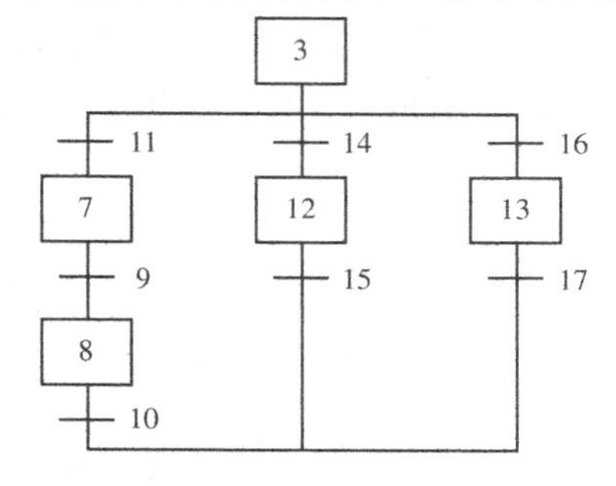

图 3-101　选择分支结构图

当控制器运行并行分支时，按从左到右、从上到下的顺序扫描分支。由于控制器的扫描速度很快，故看起来，控制器似乎是在同时执行每一条路径。下面举一个典型的 SFC 并行分支扫描的例子，如图 3-104 所示。

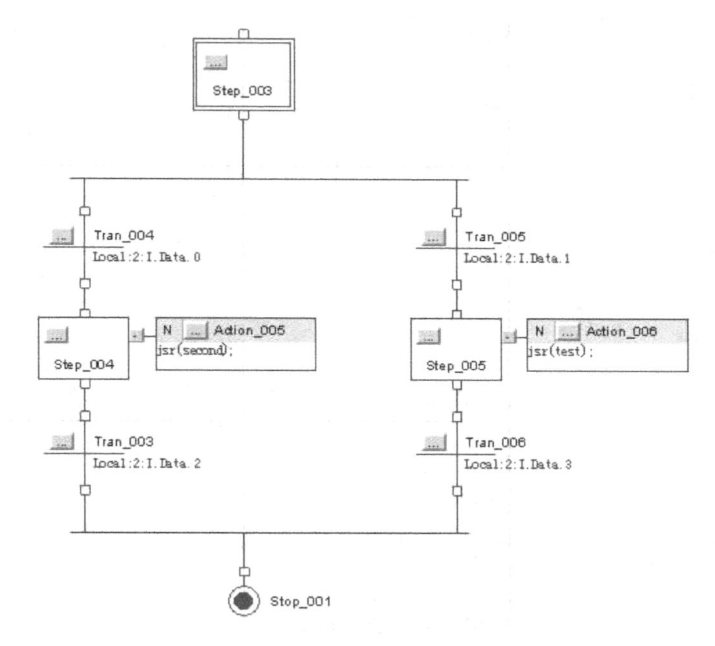

图 3-102　选择分支结构的 SFC 程序

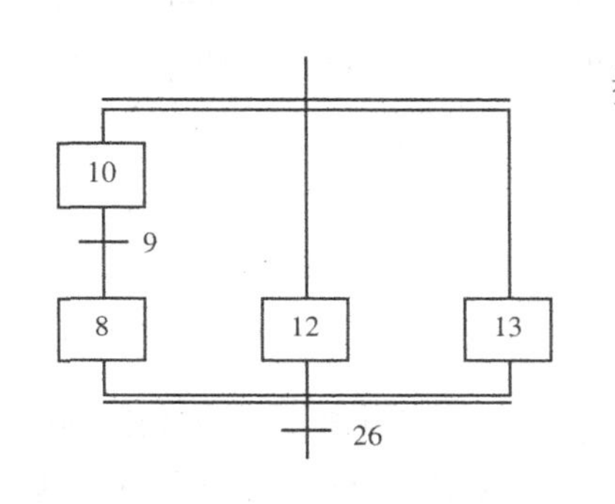

图 3-103　并行分支结构

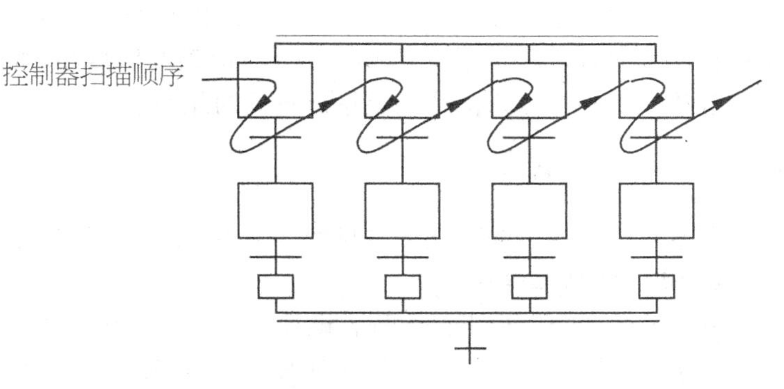

图 3-104　典型的 SFC 并行分支扫描

当使用并行分支时，可在每个路径的末端加一个“虚”步，以协调并行动作，此“虚”步仅仅到转换之间维持每个路径的执行，直到所有路径被执行为止。

图 3-105 所示是 RSLogix5000 使用并行分支结构编程的一段 SFC 程序。

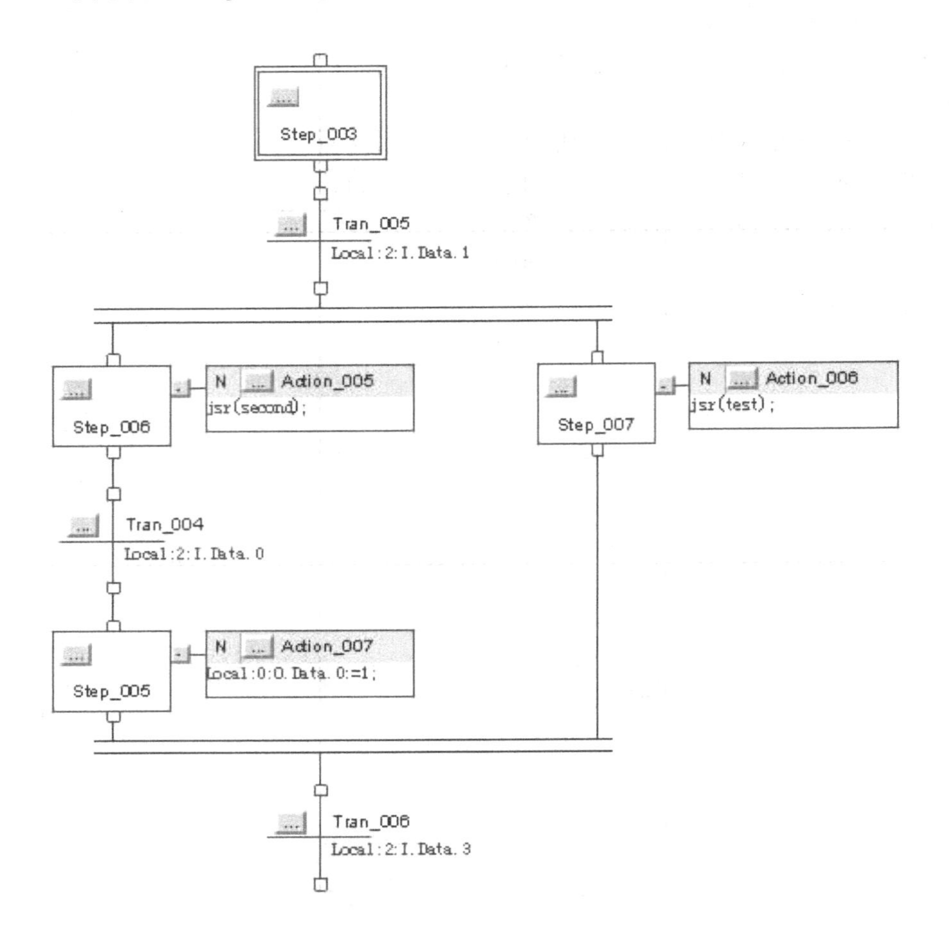

图 3-105　并行分支结构的 SFC 程序

需要说明的是，图 3-105 并不是一个完整的 SFC 程序。因为没有结束或者返回线段。在执行程序的时候，如果满足转换条件 Local: 2: I. Data. 1，同时执行 Step _ 006 和 Step _ 007，然后等待左侧的分支全部执行完毕后再同时结束。

3.4.3　SFC 编程示例

在本节中，通过演示几种常见的 SFC 来说明其使用方法。

1. SFC 的基本要求

SFC 虽然十分接近工艺流程，即使这样，推荐用户不要把它做为主例程。因为使用 SFC 有一个基本的要求：能够随时停止顺序功能子例程，并且把程序复位到 SFC 的任意步。这是通过 LAD 编程支持的两条指令完成的，SFR 和 SFP 指令示例如图 3-106 所示。

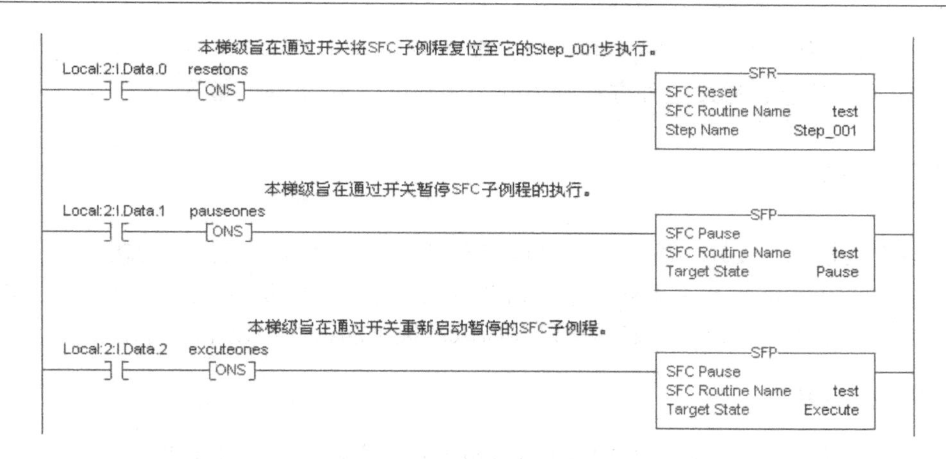

图 3-106　SFR 和 SFP 指令示例

2. Qualifier 的使用

Qualifier 是每一个 Action 都涉及的。关于 Qualifier 的详细内容，见表 3-13。下面以示例的形式说明 N 和 P0 两种类型的 Qualifier，如图 3-107 所示。

N 是非存储类型的 Qualifier，而 P0 是下降沿触发的 Qualifier。注意，所谓的“非存储”和“下降沿”都是针对 Step（步）而言的。即 N 在该步中是非存储类型的，P0 是该步即将转至下步执行时的下降沿方有效。在图 3-100 所示的程序中，Local：0：O. Data. 7 标签只会在执行 Step _001 步的过程中才会被置 1。

3. SFC 调用子例程

SFC 调用其他子例程除了如前面所述，在转变处调用外，也可以通过 Action（操作）来调用子例程，如图 3-108 所示。

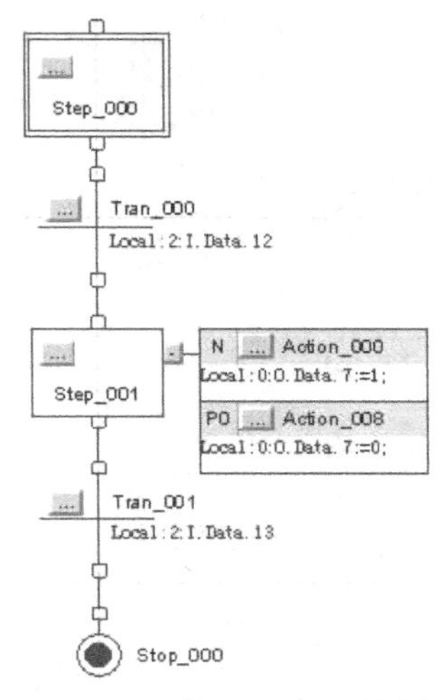

图 3-107　SFC 的 Qualifier 示例程序

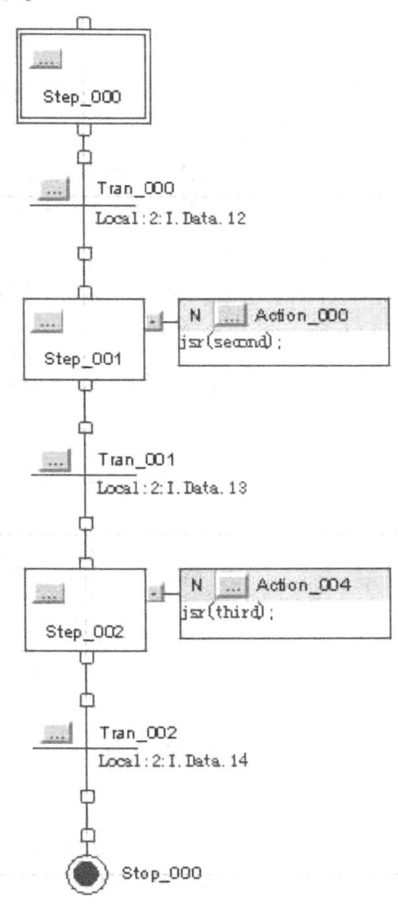

图 3-108　SFC 中调用子例程程序

图 3-108 中，如果执行到 Step _001 步，则调用 second 子例程；执行到 Step _002，则调用 third 子例程。注意，通过这种方法调用的子例程可以不用 EOT 指令。

3.5 用户自定义指令

用户自定义指令（AOI）是实现用户自定义指令、并且自定义指令的接口以及功能等。用户可以通过 AOI 功能封装一系列常用的指令以及程序，以满足自己特定的需要。AOI 功能可以允许重复使用代码，提供友好的接口界面以及提供加密保护以至于简化维护。

3.5.1 创建 AOI

在 RSLogix5000 工程目录的“Add-On Instruction”文件夹处单击右键，选择“New Add-On Instruction”，开始创建 AOI，如图 3-109 所示。

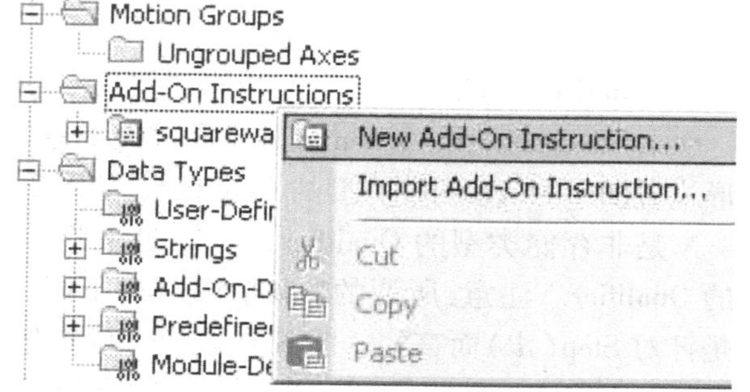

图 3-109 创建 AOI

在弹出的对话框中输入该 AOI 的名称、编程语言、描述信息及供货商信息等，如图 3-110 所示。

在这里将该 AOI 命名为“Motor _ Control”，使用的语言是 LAD，创建者为“NEU _ RALAB”。

1. 定义 AOI 输入/输出参数

对于“Motor _ Control”这种 AOI 而言，它的输入参数包括停止、启动、点动、辅助触点反馈等；输出参数包括电动机的输出信号以及故障信号等。在新生成的“Motor _ Control”指令下单击右键，选择“Properties”，如图 3-111 所示。

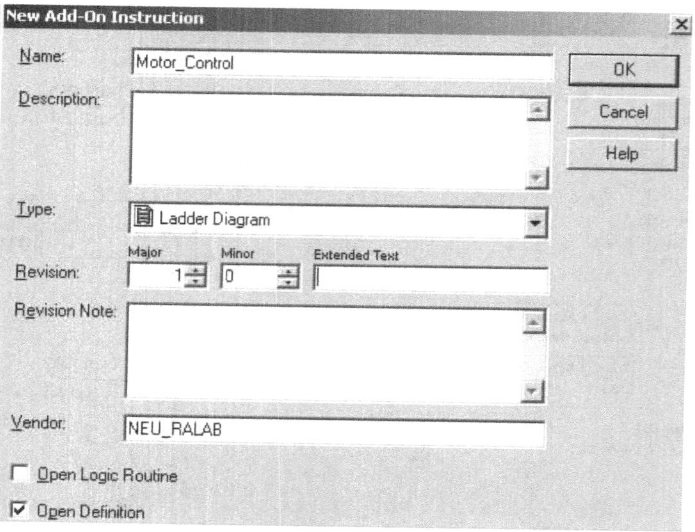

图 3-110 输入 AOI 名称

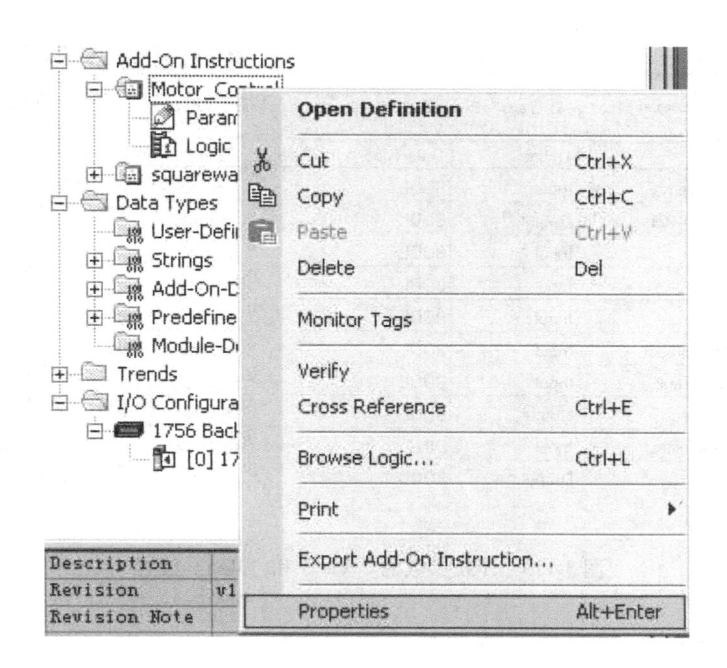

图 3-111　打开 AOI 属性窗口

选择 “Parameters” 选项卡，按照图 3-112 输入下列参数。

Add-On Instruction Definition - Motor_Control v1.0

General | Parameters* | Local Tags | Scan Modes | Change History | Help

Name	Data Type	Default	Style	Req	Vis	Description
EnableIn	BOOL	1	Decimal			Enable Input -...
EnableOut	BOOL	0	Decimal			Enable Output ...
Stop	BOOL	0	Decimal			电机的停止命...
Start	BOOL	0	Decimal			电机的启动命...
Jog	BOOL	0	Decimal			电机的点动命...
AuxContact	BOOL	0	Decimal			电机的辅助触...
ClearFault	BOOL	0	Decimal			清除故障位
Out	BOOL	0	Decimal			电机启动装置...
Fault	BOOL	0	Decimal			故障位，如果...
FaultTime	DINT	0	Decimal			故障时间。用...

图 3-112　打开 AOI 输入/输出参数选项卡

需要注意的是，这些参数有两个选择需要进行设置，“Req” 和 “Vis” 参数。它们的含义如下：“Req” 是指在进行指令调用时需要在该参数处创建标签；“Vis” 是指在进行指令调用时不需要创建标签，但是只是作为显示。具体的设置如图 3-113 所示。

Add-On Instruction Definition - Motor_Control v1.0

General | Parameters* | Local Tags | Scan Modes | Change History | Help

Name	Usage	Data Type	Default	Style	Req	Vis	Descripti
EnableIn	Input	BOOL	1	Decimal	☐	☐	Enable I
EnableOut	Output	BOOL	0	Decimal	☐	☐	Enable C
Stop	Input	BOOL	0	Decimal	☑	☑	电机的
Start	Input	BOOL	0	Decimal	☑	☑	电机的
Jog	Input	BOOL	0	Decimal	☑	☑	电机的
AuxContact	Input	BOOL	0	Decimal	☑	☑	电机的
ClearFault	Input	BOOL	0	Decimal	☑	☑	清除故
Out	Output	BOOL	0	Decimal	☑	☑	电机启
⊞-FaultTime	Input	DINT	0	Decimal	☑	☑	故障时
Fault	Output	BOOL	0	Decimal	☐	☑	故障位，

图 3-113　AOI 参数的 “Vis” 和 “Req” 设置

2. 定义 AOI 本地标签

定义完输入/输出参数后，还需要定义指令的中间变量存储标签，即 “Local Tags”，如图 3-114 所示。

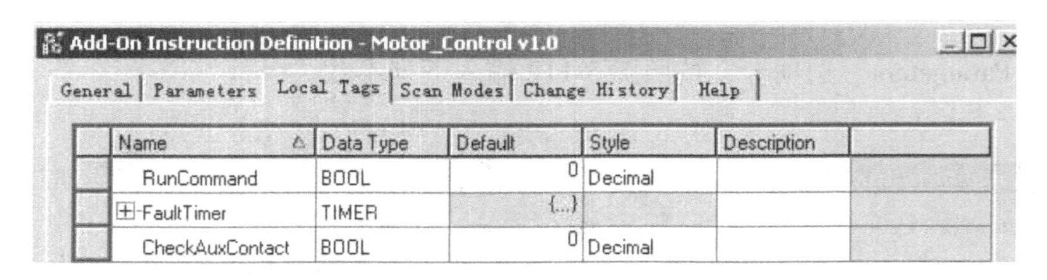
Add-On Instruction Definition - Motor_Control v1.0

General | Parameters | Local Tags | Scan Modes | Change History | Help

Name	Data Type	Default	Style	Description
RunCommand	BOOL	0	Decimal	
⊞-FaultTimer	TIMER	{...}		
CheckAuxContact	BOOL	0	Decimal	

图 3-114　AOI 的本地标签

3. 编辑 AOI 功能

定义完毕指令所用的参数后，即开始编辑该指令的功能，这里可以使用 RSLogix5000 所支持的编程语言。实现该指令功能 LAD 逻辑如图 3-115 所示。

4. 在例程中调用 AOI

在程序中调用 AOI 时，选择指令选项卡的 “Add-On” 选项卡，这时会出现新创建的指令，将光标放于指令之上，会出现指令的详细信息，如图 3-116 所示。

单击该指令，然后拖曳至梯级上即可使用。或者直接双击梯级左侧，在 “In ASCII Text” 处直接输出 “Motor _ Control” 即可，如图 3-117 所示。

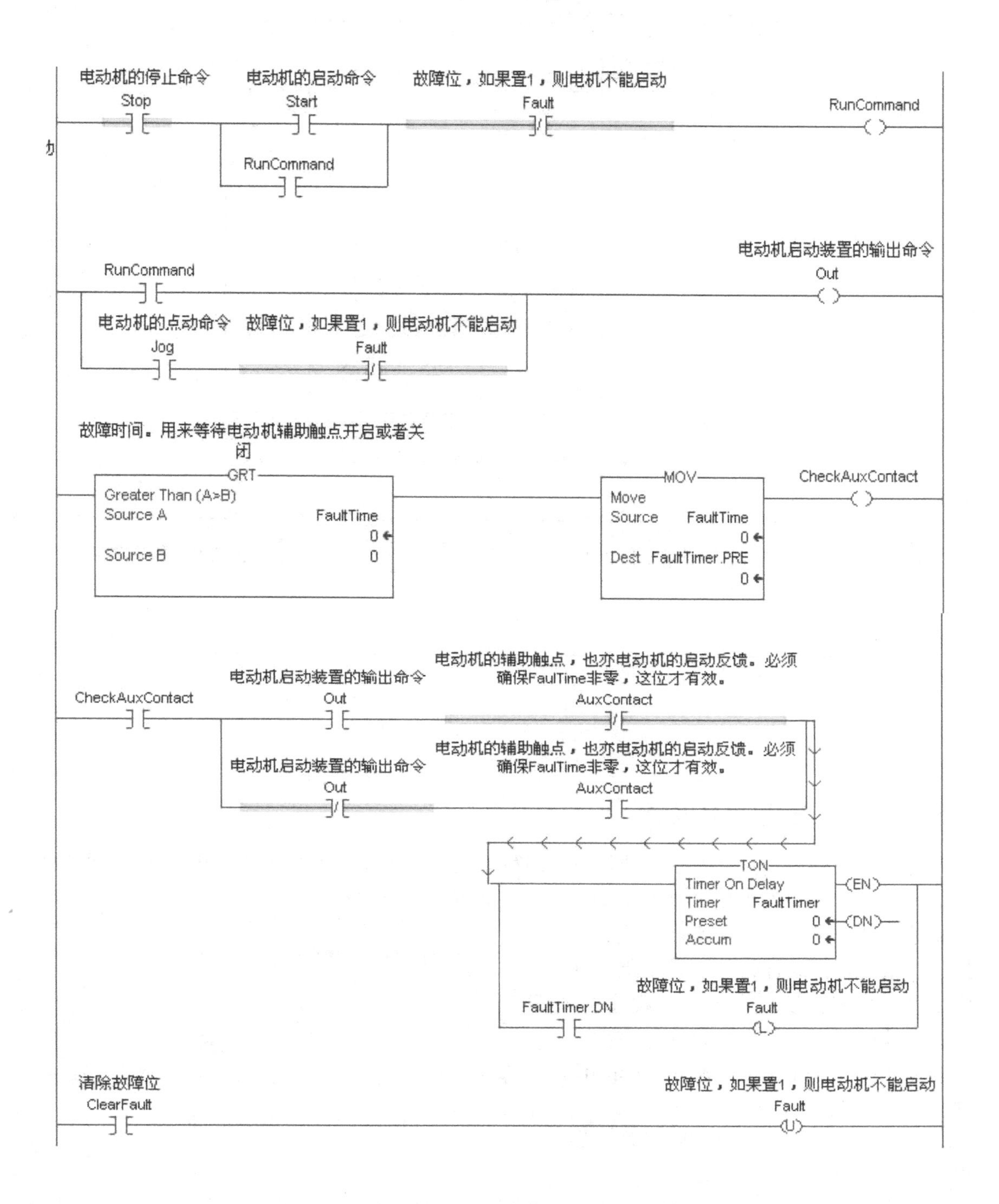

图 3-115　AOI 功能 LAD 逻辑

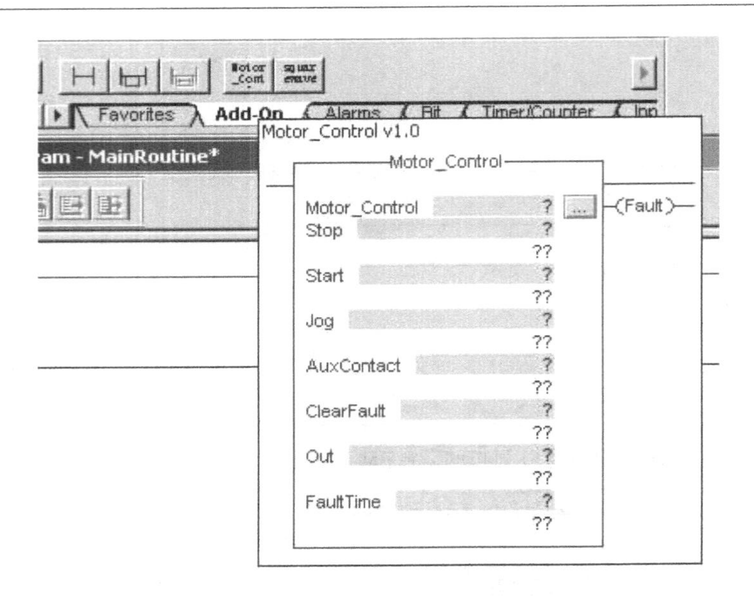

图 3-116　调用新创建的 AOI

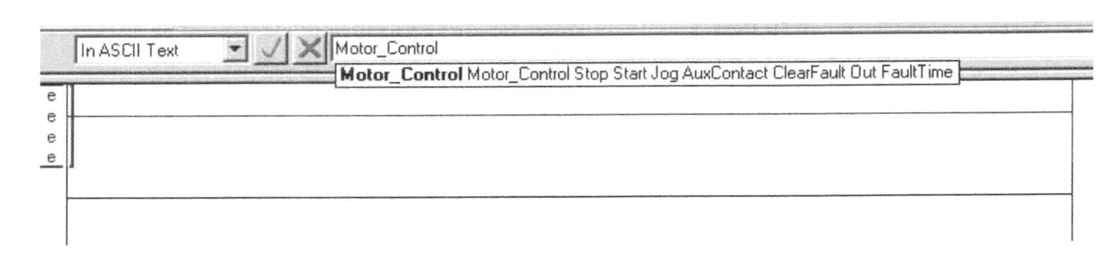

图 3-117　文本方式输入 AOI

3.5.2　导入/导出 AOI 功能

为了简化编程，罗克韦尔自动化公司编写了适用于各种设备的 AOI，很多项目中所使用的 AOI 都是事先编写好的，如对电动机控制编写的 AOI 名为 P _ Motor，它具有控制、报警及模式选择等多种功能，在应用时，只需将该指令导入到程序中，再进行编程即可。导入过程为：右键单击“Add-on Instruction”选择“Import”选项，如图 3-118 所示。

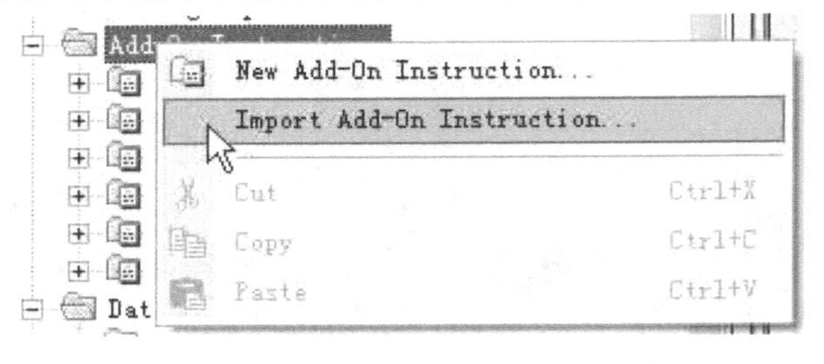

图 3-118　导入“Add-on”指令

然后，就可以调用该指令进行编程，其结构如图 3-119 所示。

当用户自己创建好一个 AOI，又希望在其他工程中进行反复调用，那么就可以将其导出。具体操作方法如图 3-120 所示。在需要导出的指令处单击右键，选择“Export Add-On Instruction”。

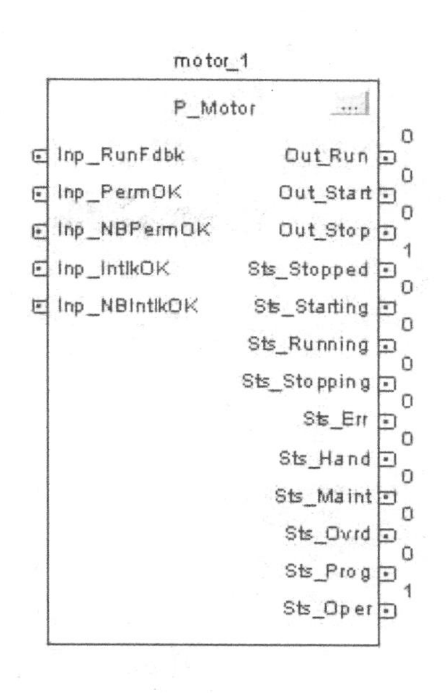

图 3-119　P _ Motor 指令

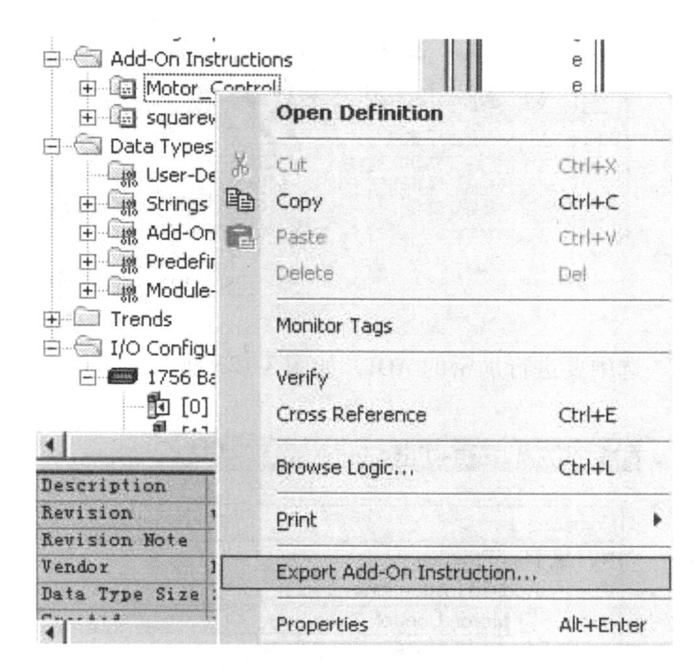

图 3-120　选择导出 AOI

选择导出的路径，然后选择“Export”，如图 3-121 所示。

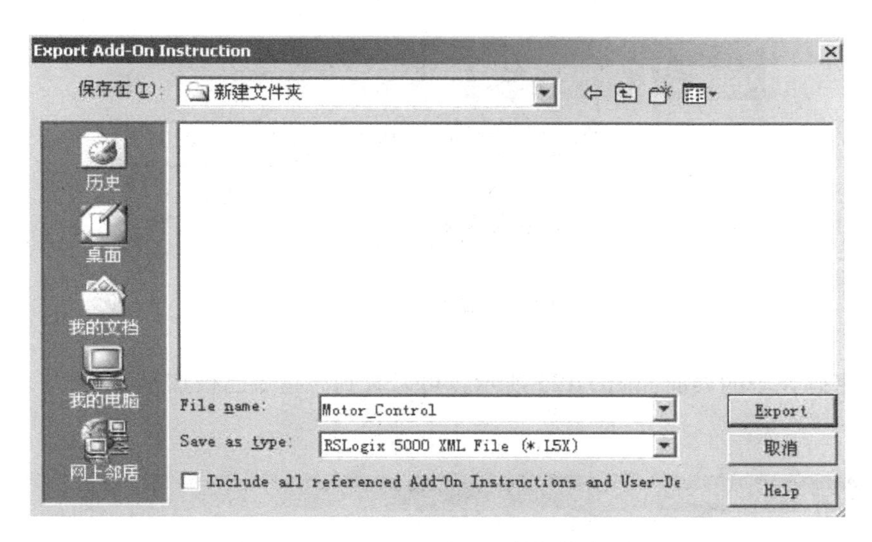

图 3-121　选择导出的 AOI 存储路径

3.5.3　AOI 的加密方法

在 RSLogix5000 的“Tools”菜单下选择“Security”选项，再选择其“Configure Source Protection”，如图 3-122 所示。

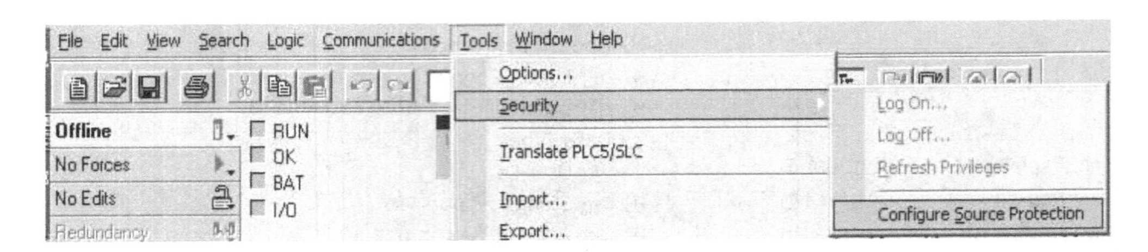

图 3-122　加密 AOI

选中要进行加密的 AOI，如图 3-123 所示。

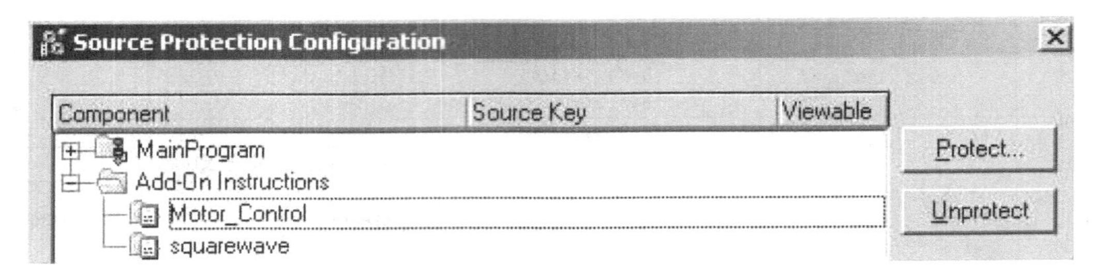

图 3-123　选中待加密的 AOI

单击“Protect”按钮，弹出下面的对话框，输入加密码，如图 3-124 所示。

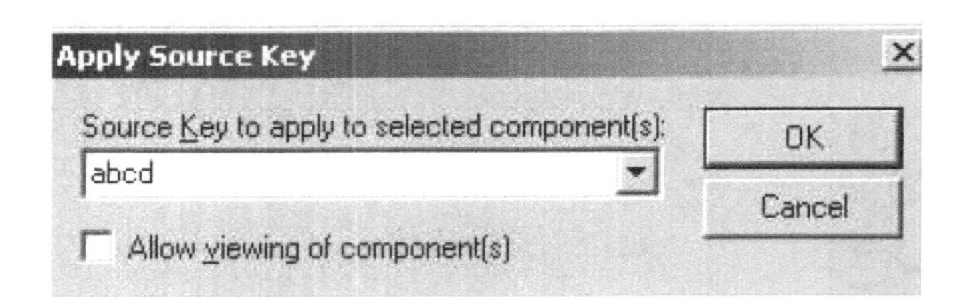

图 3-124　输入 AOI 的加密码

输入加密码完毕的界面如图 3-125 所示，可以看到该指令已被加密。

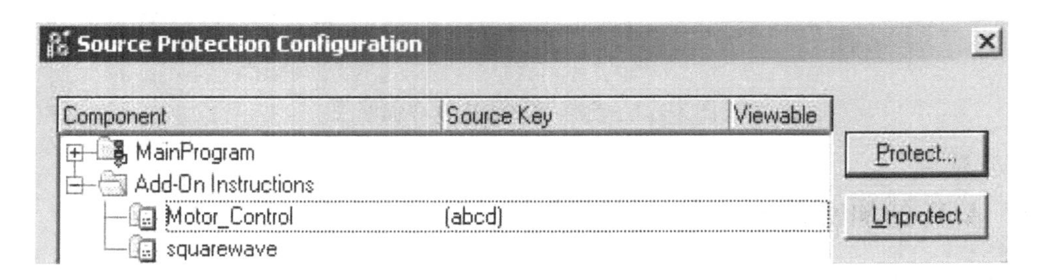

图 3-125　已加密的 AOI

这样，当有其他用户从控制器上载完毕程序后，该条 AOI 就是被加密的。

3.5.4 AOI 使用示例

在很多企业中，传送带输送物料的重要设备。而传送带的启动并不是很简单的一件事，在启动传送带之前，必须先判断传送带是否满足启动条件，例如：传送带是否处于远程操作状态，传送带是否有故障，传送带的手动启动和自动启动命令是否同时下达等。下面将介绍如何实现传送带启动的 AOI。

1. 创建传送带启动的结构体

传送带对象由自定义结构体来存储。定义传送带自定义结构体如图 3-126 所示。

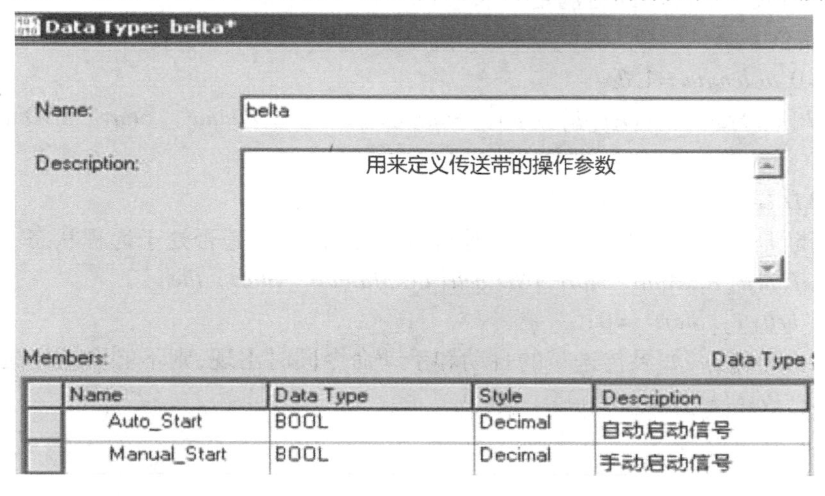

图 3-126 传送带启动自定义结构体

2. 创建 AOI 的参数

在传送带启动的 AOI 中，将 belt 定义为图 3-126 中定义的 belta 自定义结构体，但是将它置为输入/输出参数，其他的参数如图 3-127 所示。

Add-On Instruction Definition - Belt_Start v1.0

General | Parameters* | Local Tags | Scan Modes | Change History | Help

Name	Usage	Data Type	Default	Style	Re	Vis	Description
EnableIn	Input	BOOL	1	Decimal	☐	☐	Enable Input - System D...
EnableOut	Output	BOOL	0	Decimal	☐	☐	Enable Output - System ...
⊞-belt	InOut	belta[32]			☑	☑	传送带
⊞-length	Input	DINT	0	Decimal	☑	☑	传送带的个数
⊞-Scan_Pos	Output	DINT	0	Decimal	☐	☑	当前正在扫描的传送带

图 3-127 传送带启动 AOI 的参数设置

由于在该指令中，用一个中间变量作为循环时使用的指针，故在 “Local Tags” 处定义该参数，如图 3-128 所示。

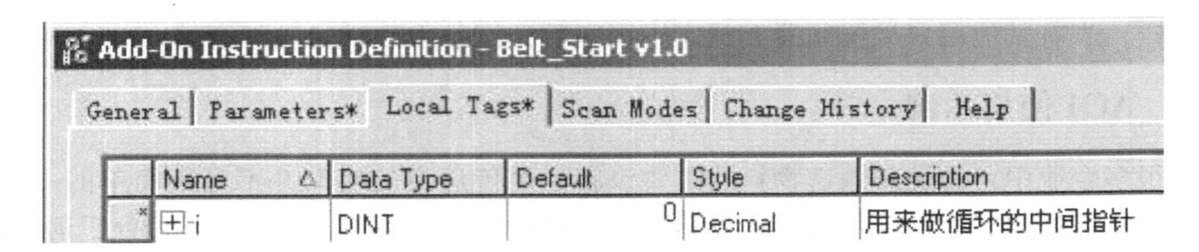

图 3-128　传送带启动 AOI 的本地标签

3. 程序逻辑

在程序区输入如下程序即可满足要求：

```
If length <33 then
  for i: =0 to length =1 do
        belt[i].Start: = (belt[i].Auto _ Start OR belt[i].Manual _ Start) AND (NOT belt[i].Fault)
        AND belt[i].remote;
    //判断是否有启动命令、传送带是否有故障,传送带是否处于远程状态
          if(belt[i].Auto _ start AND belt[i].Manual _ Start) then
           belt[i].Start: =0;
          end _ if;//如果传送带的自动和手动命令同时出现,则不能启动传送带
    Scan _ Pos: =I;
  end _for;
else
end _ if;
```

4. 调用 AOI

在梯形图中调用该 AOI 如图 3-129 所示。

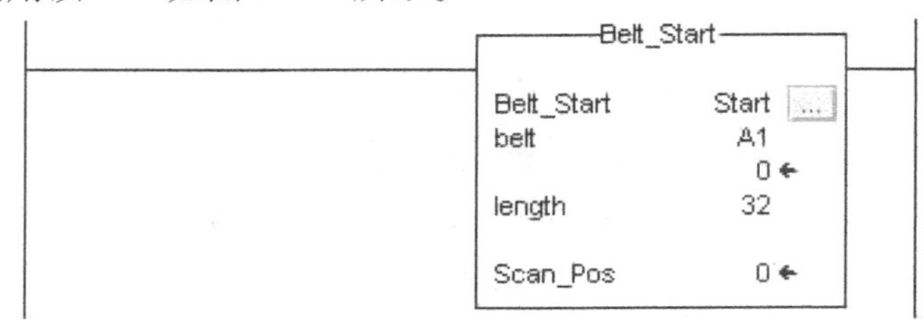

图 3-129　调用 AOI

或者直接在 FBD 中调用，如图 3-130 所示。

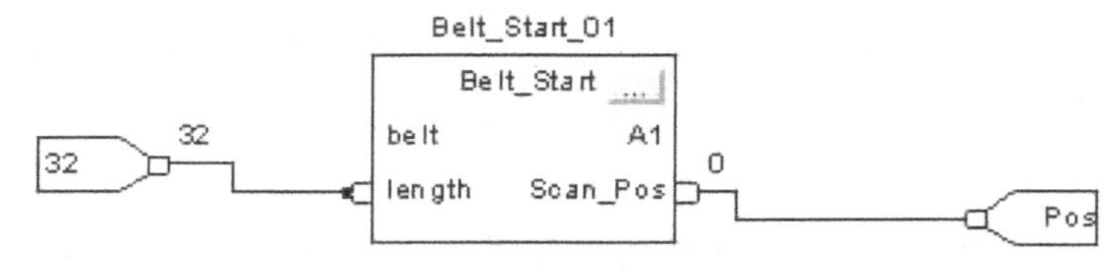

图 3-130　在 FBD 中调用传送带启动指令

第 4 章

NetLinx 网络通信

学习目标

- EtherNet/IP 工业以太网的使用
- Stratix8000 工业以太网交换机
- ControlNet 网络的特点
- ControlNet 网络的优化
- DevicelNet 网络的组态
- DevicelNet 网络的灵活使用

4.1 EtherNet/IP 工业以太网

罗克韦尔自动化控制系统 EtherNet/IP 开放式工业以太网主要以 Stratix 系列交换机为建网基础，下面将介绍 Stratix8300 交换机的组态方法。

4.1.1 Stratix8000 交换机组态

本节以 Stratix™8300 为例介绍 Stratix8000 系列交换机的组态方法。

1. 硬件介绍

工业以太网交换机 StratixTM 8300 如图 4-1 所示。

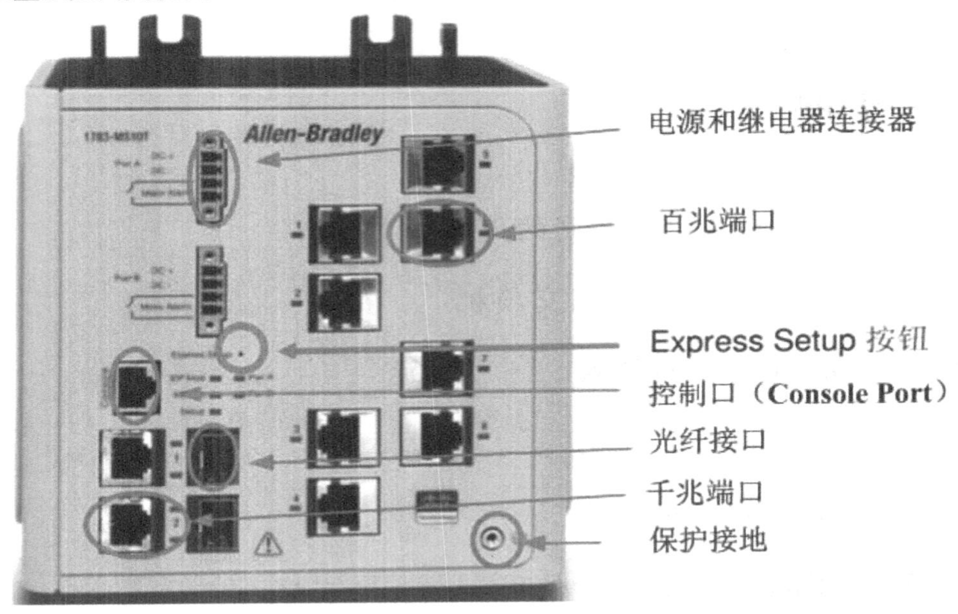

图 4-1　工业以太网交换机 StratixTM 8300

（1）电源和继电器连接器

交换机前端面板左上角有两个端口连接直流电源和报警信号。Pwr A（上）连接主要的直流电源和报警信号；Pwr B（下）提供备用电源和报警信号，它们在物理上是等同的。

对电源和继电器连接器接线时，直流电源的正极连接到标有 V 字符的端口，负极连接到标有 RT 字符的端口，如图 4-2 所示。

图 4-2　电源和继电器连接器

交换机可以工作在单电源和双电源情况下。当两个电源都处于运行状态时，电压较高的直流电源向交换机供电。如果有一个电源出现故障，那么另一个电源将继续向交换机供电。电源和继电器连接器为报警继电器提供了一个接口，这些报警可以由环境、电源和端口状态条件所激活，也可以通过触点的通断被组态成指示报警。继电器本身触点一般是常开的，当发生电源故障时，触点断开。从命令行界面（CLI）可以将任何报警条件与一个或两个报警继电器连接到一起。

报警继电器通常控制一个外部报警设备，例如：响铃或指示灯。要将一个外部报警设备连接到继电器，则必须连接两个继电器触点，形成一个完整的电路。电源和继电器连接器上的报警线槽都标有 A 字符。报警设备接线时无需考虑极性。

（2）控制端口（Console Port）

组态、监视和管理交换机时，用一根 RJ45-转-DB-9 的适配器电缆，通过控制端口连接到计算机上。如果希望将交换机连接到终端，需要提供 RJ45-转-DB-25 的孔型 DTE 适配器。

（3）百兆端口

将百兆端口设置成在全双工或半双工通信模式下的 10Mbit/s 或 100Mbit/s 运行，也可以将这些端口设置为速度和双工模式的自动协商，这遵从 IEEE 802. 3-2002 准则。千兆端口类似。

（4）上行链路端口

上行链路端口可以组态为 RJ45（电口）或 SFP（光口）介质类型。同一时刻，只能运行其中的一个连接。如果两种端口都要进行连接，那么优先运行 SFP 模块。

RJ45 电口可以设置成全双工或半双工通信模式下的 10Mbit/s、100Mbit/s 或 1000Mbit/s 运行，也可组态成固定的 10Mbit/s、100Mbit/s 或 1000Mbit/s 以太网端口。

（5）状态指示器

在控制口的旁边有 5 个状态指示灯，分别是 EIP Mod（EtherNet/IP 模块状态）、EIP Net（EtherNet/IP 网络状态）、Setup（设置）、Pwr A 和 Pwr B，此外每个网口的右侧也都有指示灯。上述指示灯的具体含义见表 4-1。

表 4-1　交换机指示灯含义

指示灯	状　态	含　义
EIP Mod（EtherNet/IP 模块状态）	熄灭	无电源。检查电源和电缆
	绿色常亮	交换机运行正常
	绿色闪烁	交换机没有按照管理型交换机进行配置（例如：没有执行 Express Setup，没有 IP 地址，没有口令）。交换机以非管理型交换机方式运行
	红色闪烁	发生了可恢复的次要故障，例如：不正确的组态
	红色常亮	发生了不可恢复的主要故障。重新上电，如果此情况持续存在，请与罗克韦尔自动化技术支持取得联系
	绿色/红色交替闪烁	交换机正在执行上电自检（POST）
EIP Net（EtherNet/IP 网络状态）	熄灭	无电源或无 IP 地址。检测电源和电缆，确保交换机组态正确
	绿色常亮	设备至少建立了一个 EtherNet/IP 连接
	绿色闪烁	无 EtherNet/IP 连接，但是交换机已经获得了一个 IP 地址
	红色闪烁	EtherNet/IP 连接超时
	红色常亮	IP 地址重复。交换机已检测到它的 IP 已被使用
	绿色/红色交替闪烁	交换机正在执行上电自检（POST）

（续）

指示灯	状　　态	含　　义
Setup（设置）	熄灭	交换机被组态成管理型交换机
	绿色常亮	交换机进行初始化设置
	绿色闪烁	交换机处于以下状态之一： 1）初始化设置 2）恢复 3）初始化设置未完成
	红色常亮	由于没有可用的交换机端口能够连接到管理工作站，所以交换机起动初始化设置或恢复失败 处理方法：从交换机的一个端口断开设备，并按下快速设置（Express Setup）按钮
Pwr A 和 Pwr B	熄灭	电路上不存在电源，或电源未应用到系统中，即如果交换机被组态成双电源输入，则当交换机没有被组态时，会熄灭
	绿色常亮	电源已连接到 Pwr A 或 Pwr B 上
	红色	如果交换机被组态成双电源输入，则当无电源时，显示红色
网口指示灯	熄灭	无链路
	绿色常亮	链路存在
	绿色闪烁	激活，端口正在发送或接收数据
	橙色闪烁	链路堵塞，因为生成树违例发送或接收数据
	绿色/橙色交替闪烁	链路故障。错误帧影响连接，如冲突频繁、CRC 错误、重组和逾限错误（alignment and jabber errors）等应该被监视，以指示链路故障（仅适用于 RJ45 连接）
	橙色常亮	端口没有转发。端口被管理、地址违例或生成树违例所禁止。当端口被重新组态后，端口状态指示器仍将保持多达 30s，此刻生成树检测网络中可能的回路

（6）CompactFlash 存储卡

交换机支持 CompactFlash 储存卡。这样，当更换交换机时无需重新组态交换机。CompactFlash 储存卡插槽位于交换机的底部。在出厂时交换机已安装了 CompactFlash 储存卡。按住储存卡上的突出部位，可以从交换机的底部插入或拉出此卡。

2. 软件配置

（1）通过 Express Setup 设置交换机

为了使 EtherNet/IP 设备能高效而正确的运行，必须配置交换机。通过 Express Setup 可以自动完成这一最普通的设置。

由于交换机的 Express Setup 功能只运行在默认状态下的交换机上，所以首先需要将交换机恢复为默认状态。

如果知道交换机的 IP 地址、用户名及密码，就可以按照方法一来恢复默认设置，如果不知道用户名及密码则可以按照方法二或方法三来恢复默认设置。

方法一：

1）打开 Internet Explorer 浏览器，在 URL 地址栏输入交换机的 IP 地址，如果弹出登录窗口，则需输入相应的用户名和密码，如图 4-3 所示。

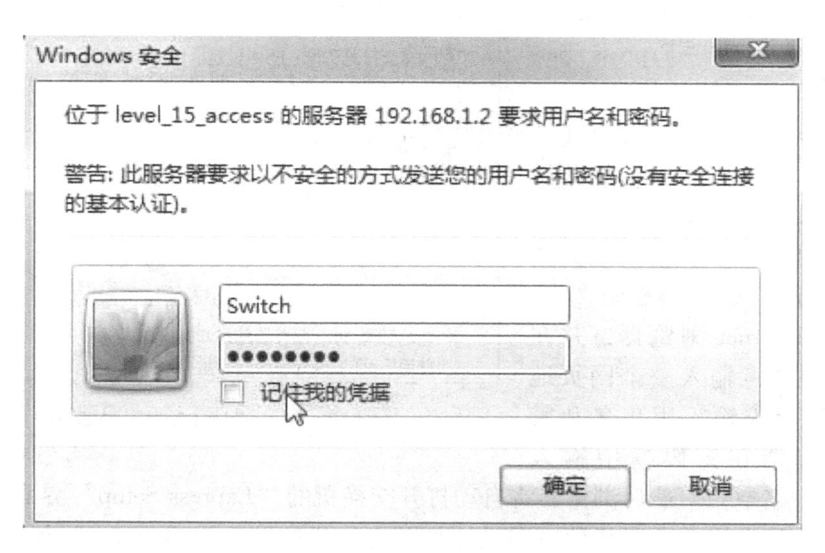

图 4-3　交换机登录界面

2）进入交换机的控制界面后，展开“Configure”文件夹，并选择“Restart/Reset”，如图 4-4 所示。

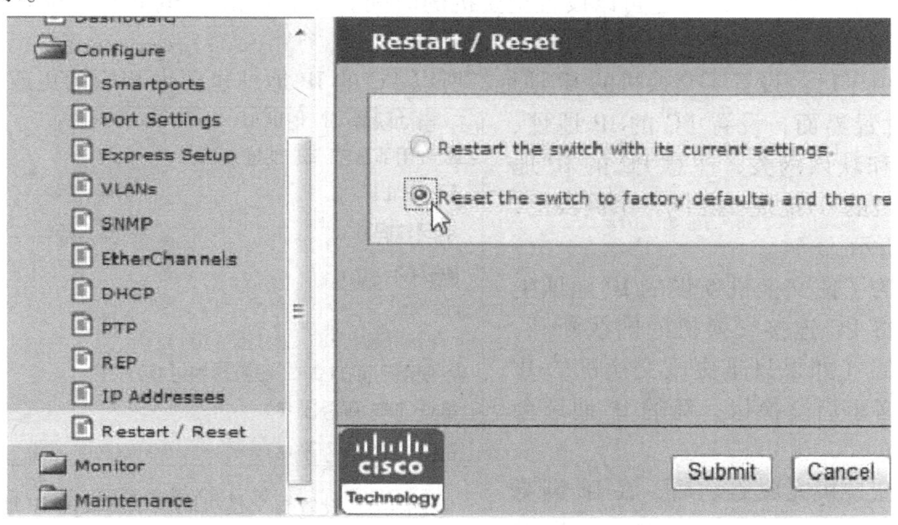

图 4-4　交换机恢复默认设置界面

3）选择“Reset the switch to factory defaults, and then restart the switch”，点击“Submit”按钮。当提示继续时，点击“OK”，之后会出现 1min 计时。计时完成后，交换机状态指示灯关闭，交换机重启。经过几分钟的交换机指示灯顺序亮灭（表明交换机正在进行初始化检查）后，如果 EIP MOD 指示灯闪烁，电源指示灯常亮，就可以开始配置交换机。

4）为了能正常完成配置，需要断开连接到交换机上的网络电缆。另外需要将 PC 设置为自动获取 IP，如图 4-5 所示。

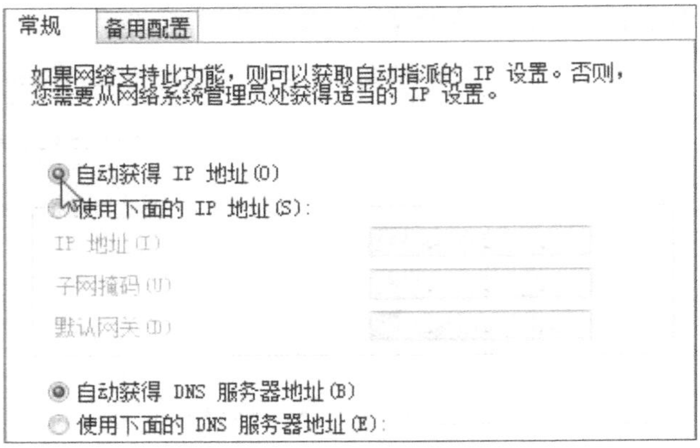

5）使用回形针按下“Express Setup”按钮，启动“Express Setup”。

6）当交换机上的一个端口（一般为第一个百兆口）的指示灯开始闪烁时，释放“Express Setup”按钮。用网线连接 PC 和交换机上有指示灯闪烁的端口。

7）打开 Internet 浏览器，并在 URL 地址栏中任意输入一个网页地址，如果出现要求输入用户名和密码的对话框，请在密码框中输入“switch”，用户名空白。然后浏览器将自动打开交换机的“Express Setup”界面。

图 4-5　设置 PC 自动获取 IP

8）在上一步中如果由于某种原因无法打开交换机的“Express Setup”界面，可以直接在 URL 地址栏中输入“http：//169. 254. 0. 1”，该地址是交换机通过“Express Setup”后默认的 IP 地址。此时就能打开“Express Setup”设置画面。

9）在“Express Setup”界面中输入满足需要的设置，包括 IP 地址、子网掩码、默认网关、密码和主机名等，同时还可以设置交换机的时间。然后点击“Submit”，完成对交换机的普通设置。

10）由于已经设置了交换机的 IP 地址，所以 PC 的 IP 地址也要做相应的更改。返回到 PC 网络设置界面，设置 PC 的 IP 地址、子网掩码和默认网关，注意 PC 的 IP 地址与交换机的 IP 地址要在同一个网段上，如图 4-6 所示。

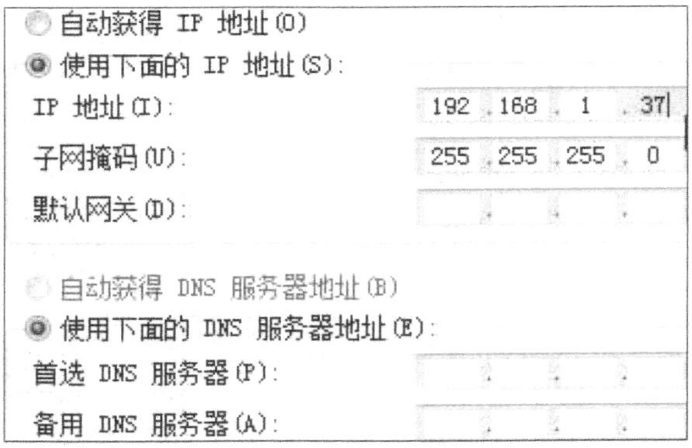

11）为了使交换机新设的 IP 地址生效，需要将 PC 连接交换机的网线断开，再重新连接（如果只是更改交换机的 IP 地址，不必重启交换机，新的 IP 地址会立即生效）。

12）交换机完成启动后，在 IE 浏览器的地址栏输入交换机的 IP 地址，即可访问交换机并做进一步设置。

图 4-6　设置与交换机同一个网段的 IP 地址

方法二：

给交换机上电时，用回形针按住交换机上的“Express Setup”按钮（该按钮在一个细孔内，需要回形针等细长坚硬的物体伸入孔内，按住按钮），当“EIP Mod”、“EIP Net”、“Setup”三个指示灯变红时，释放“Express Setup”按钮。此时，交换机将自动开始恢复默认设置，整个过程大概需要 3min。

EIP Mod 指示灯闪烁，电源指示灯常亮时就可以接着方法一的 4）～12）步配置交换机。

方法三：

当有两台交换机，一台配置正常，而另一台设置未知，可以使用该方法。

1）拔下配置正常交换机上的 CompactFlash 卡。

2）确保配置异常的交换机断电且没有任何网络连接后，拔下其自身的 CompactFlash 卡，换上配置正常的交换机上的那块 CompactFlash 卡。

3）给配置异常的交换机上电，该交换机将自动采用配置正常的交换机上的那块 CompactFlash 卡启动。启动完成后，拔下配置正常的 CompactFlash 卡，换回交换机原来的 CompactFlash 卡。

4）打开 IE 浏览器访问交换机，此时配置异常的交换机 IP 地址、用户名和密码与配置正常的交换机就一样了。

5）进入交换机的配置界面，按照需要对该交换机进行配置，点击“Submit”，即完成对交换机的配置。

（2）交换机的设备管理器

设备管理器（Device Manager）是思科公司内的 Web 服务器的名字，Stratix 8300 也使用同一术语。打开 IE 浏览器，在地址栏输入交换机的 IP 地址，在登录界面输入用户名和密码后，可以看见如图 4-7 的信息。

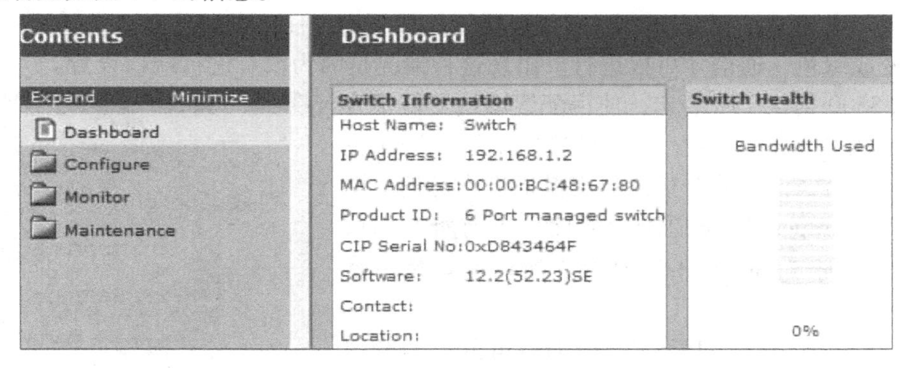

图 4-7　交换机设备管理界面

交换机系统信息可以在“Switch Information”界面中看到，该界面列出了交换机的主机名称、IP 地址、MAC 地址、生产 ID、CIP 序列号和软件版本号等信息。

移动鼠标到某一端口上可以看见端口的名字、状态、速度和双工设置，如图 4-8 所示。

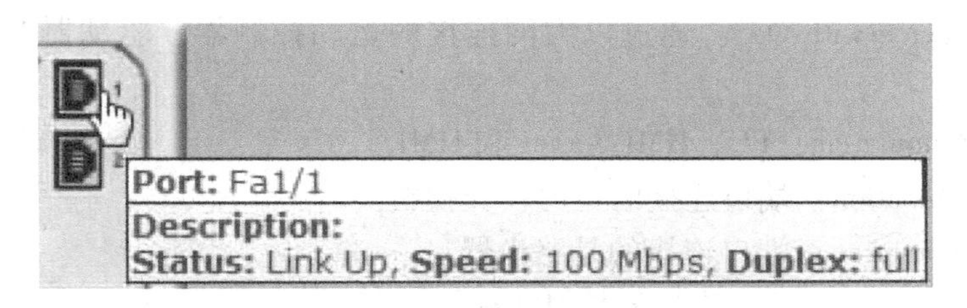

图 4-8　端口信息界面

端口标识说明：

千兆口的端口标识为 Gi1/1 和 Gi1/2，其他端口标识为 Fa1。“Fa”代表快速以太网，第一个数字代表模块号，第二个数字代表端口号，在基本模块上的所有标准端口以 Fa1 开头。对于扩展模块，第一个扩展模块的端口标识以 Fa2 开头，第二个扩展模块的端口标识以 Fa3 开头，其他依次类推。

端口状态指示灯说明：

绿色：活动（连接设备）端口。

灰色：非活动端口。

棕色：被禁止的端口。

第一个千兆网口目前处于非活动状态，如图 4-9 所示。另外，在端口状态菜单“Monitor Port Status”中可以看到列表形式的端口信息，此处不再列图展示。

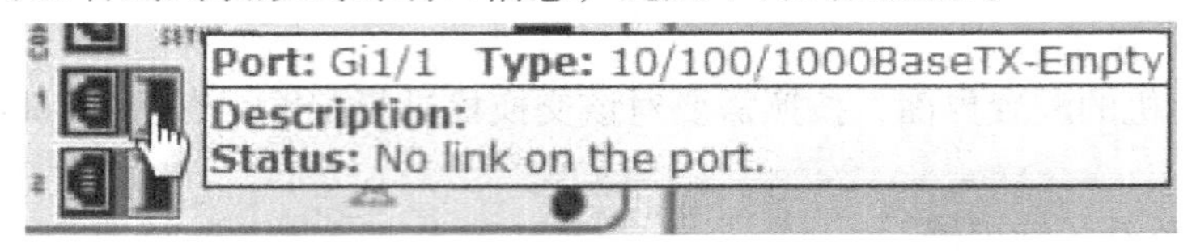

图 4-9 非活动状态的千兆端口信息界面

（3）配置“Smartports”

将以太网电缆连接到 Stratix 8300 交换机后，如果不经任何设置要经过 1min 左右交换机端口才会变成绿色，通信才可以进行。出现这种情况是因为没有进行端口设置。

Stratix 8300 提供了一些宏，使得配置端口变得很容易。通过使用“Smartports”便可设置端口。“Smartports”设置好后，设备就会很快与交换机进行通信。图 4-10 就是“Smartports”端口配置界面，当前所有端口都没有选择任何“Smartports”功能，所以端口指示皆为灰色。

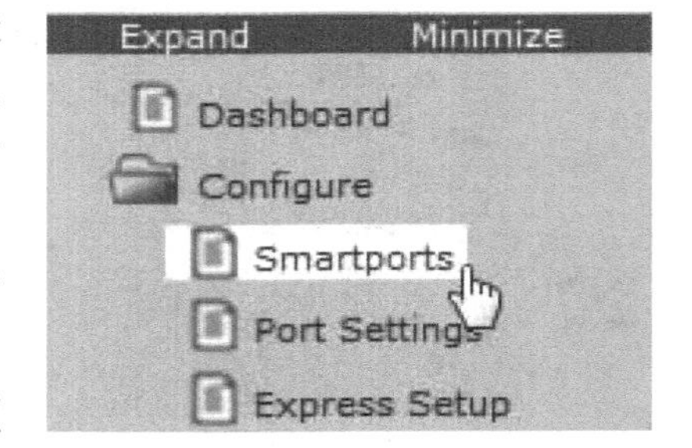

图 4-10 “Smartports”端口配置界面

单击“Select a port role”（选择端口角色）组合框中的下拉按钮，选择需要的角色。

端口角色解释如下：

Automation Device：现场的自动化设备，如 Logix 控制器的 1756-ENBT 模块、变频器的以太网模块（22-Comm-E 和 20-Comm-E）和以太网 I/O 适配器等。

Automation Device with QoS：通过以太网连接的运动控制器、驱动器及时间同步（CIP Sync）设备。

Desktop for Automation：PC、HMI Server 和 HMI。

Switch for Automation：端口连接的是另一交换机。

Router for Automation：端口连接的是路由器。

Phone for Automation：端口连接的是 IP 电话。

Wireless for Automation：端口连接一个无线 AP。

Port Mirroring：端口镜像。

None：不确定端口连接的设备。

如果端口进行了除 None 以外的配置，并且正确连接设备，则端口指示灯会很快（约 2s）变绿，且很快与设备进行通信。

对端口进行配置之后，显示画面如图 4-11 所示。为了测试“Smartports”功能，可以将上位机与交换机断开，并将上位机连接到没有进行“Smartports”设置的端口，观察数据链路重新建立起来的时间；再将上位机连到设置了“Desktop for Automation”角色口，对比建立连接的时间。可以看到设置了“Desktop for Automation”角色口的端口连接速度明显快于未设置角色的连接速度。

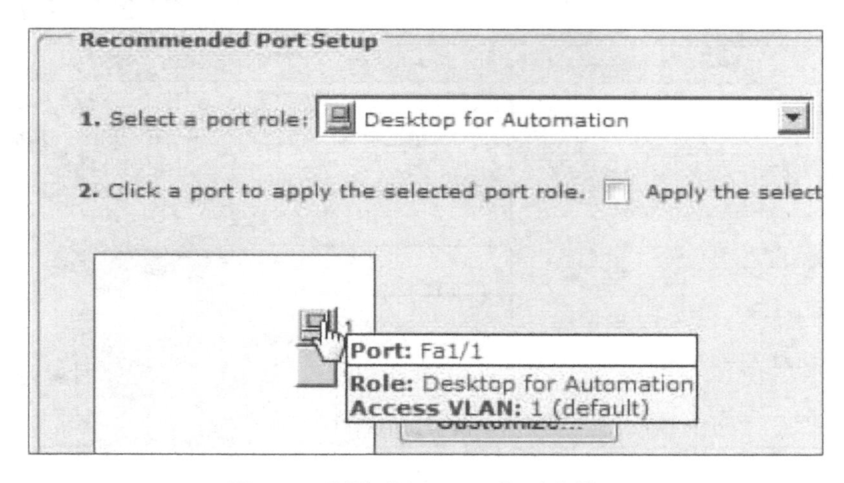

图 4-11　配置“Smartports”功能端口

因为设置了“Desktop for Automation”角色口并启用了“PortFast”功能，这个功能可以让数据链路快速建立。该功能通过禁止环路检查来完成，这样可以有效地告诉交换机端口连接的是一个终端设备，没必要进行环路检查。

但是请注意：禁止环路检查可以提高链路的建立速度，但是如果端口分配了一个错误的“Smartports”功能，即实际设备跟设置的端口角色不相符合将会导致不可预知的错误。所以不确定实际连接的设备时，建议不要设置“Smartports”端口角色。

（4）禁止端口

打开“Configure”文件夹并点击“Port Setting”，如图 4-12 所示。

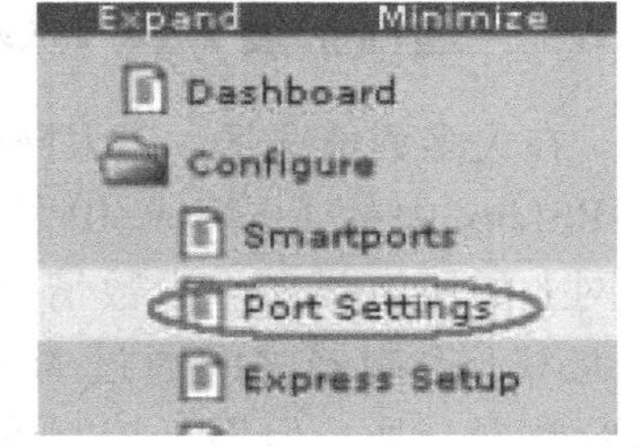

图 4-12　“Port Setting”树状图

“Port Setting”端口设置页面允许对交换机的各个端口进行设置，可以禁止和使能某个端口。如图 4-13 所示，Gi1/2 端口目前处于未连接状态。

通过“Port Setting”界面，禁止该端口，如图 4-14 所示。

禁止后可以看到此时 Gi1/2 端口状态已经是“管理员关闭”状态，如图 4-15 所示。

至此，Stratix™ 8300 交换机的组态及基本功能设置完毕。

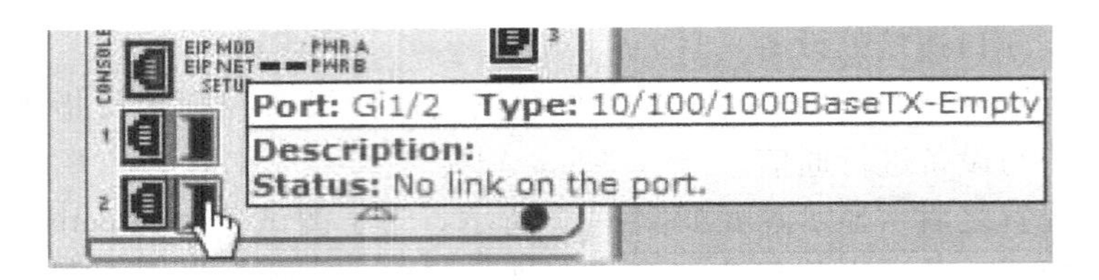

图 4-13 未手动禁止的端口信息

Port Settings

Port ▲	Description	Enable
Fa1/1		☑
Fa1/2		☑
Fa1/3		☑
Fa1/4		☑
Gi1/1		☑
Gi1/2		☐

图 4-14 禁止端口

图 4-15 手动禁止端口信息

4.1.2 远程扩展 Flex I/O

在大多数情况下，以太网用于上位机访问控制系统，如图 4-16 所示系统结构就是 PC 通过 RSLinx 中的 EtherNet/IP 协议访问以太网上的所有设备。少数情况下，以太网也用于控制器之间通过 Message 指令进行数据交换。但用于控制器组态远程 I/O 将是未来发展的重要趋势，即所谓的“一 e 到底”。下面将以 ControlLogix 控制器通过 EtherNet/IP 网络扩展 Flex I/O 为例来讲解这种主从通信的方法。

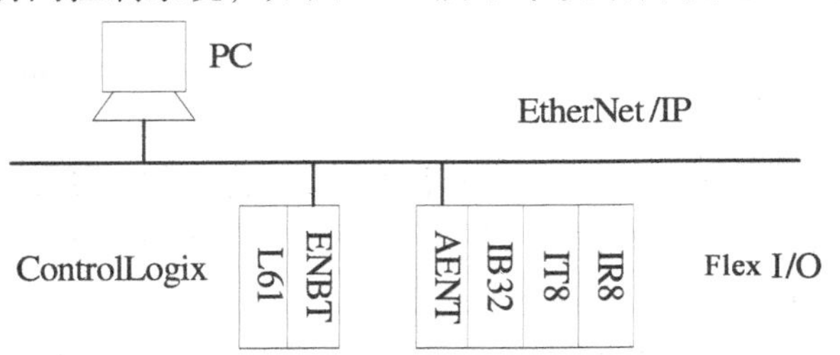

图 4-16 通过 EtherNet/IP 网络扩展 FlexI/O 的系统结构图

本实验的主题：

- 通过 EtherNet/IP 网络扩展 Flex I/O；
- 通过 RSNetWorx for EtherNet-IP 软件查看 Flex I/O 属性。

1）首先需要查看以太网中的连接设备的情况。打开 RSLinx，添加 EtherNet/IP 驱动，通过该驱动访问 EtherNet 上的所有设备，如图 4-17 所示。

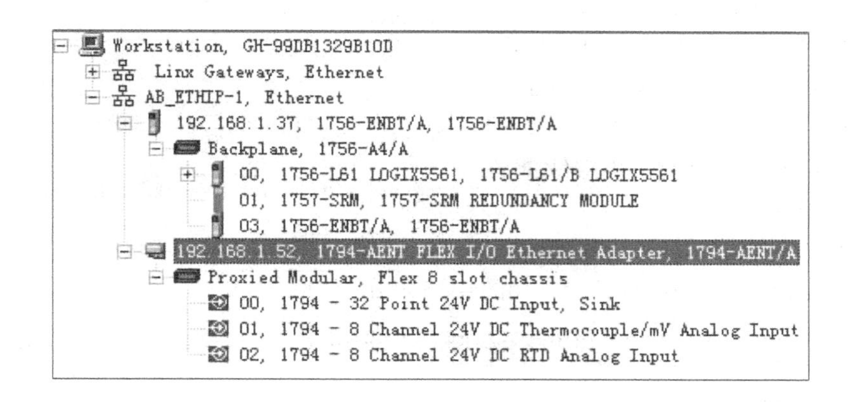

图 4-17　访问 EtherNet 的 RSLinx 界面

2）看到以太网中连接有 Flex I/O 后，可以在 RSLogix5000 软件中按照以太网扫描结果组态 Flex I/O。

3）在“I/O Configuration”文件夹处单击右键，选择“New Module”，如图 4-18 所示。

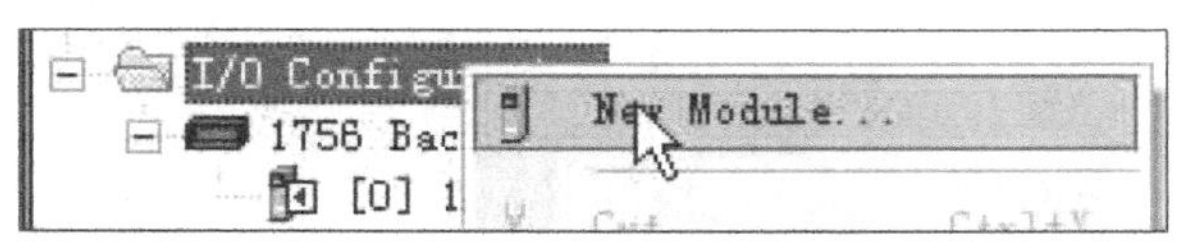

图 4-18　添加 I/O 组态

4）在弹出的模块列表中选择“1756-ENBT”（这里因具体情况的不同而不同，在本例中本地框架上的为“1756-ENBT”以太网通信模块），单击“确定”，如图 4-19 所示。

Module	Description	Vendor
1756-DHRIO/C	1756 DH+ Bridge/RIO Scanner	Allen-Bradl
1756-DHRIO/D	1756 DH+ Bridge/RIO Scanner	Allen-Bradl
1756-DNB	1756 DeviceNet Scanner	Allen-Bradl
1756-EN2F	1756 10/100 Mbps Ethernet Bridge, Fiber Media	Allen-Bradl
1756-EN2T	1756 10/100 Mbps Ethernet Bridge, Twisted-Pai...	Allen-Bradl
1756-EN2TR	1756 10/100 Mbps Ethernet Bridge, 2-Port, Twi...	Allen-Bradl
1756-ENBT	1756 10/100 Mbps Ethernet Bridge, Twisted-Pai...	Allen-Bradl
1756-ENET/A	1756 Ethernet Communication Interface	Allen-Bradl
1756-ENET/B	1756 Ethernet Communication Interface	Allen-Bradl

图 4-19　选择“1756-ENBT”通信模块

5）下面组态该模块的属性，右健单击 RSLinx 中“1756-ENBT”模块，可以查看该模块的属性，如图 4-20 所示。

根据以上属性信息，可以在 RSLogix5000 工程中组态该模块的属性。主要是设置该模块的槽号（槽号是位于框架内的）、IP 地址（在 RSLinx 中可以查看）、硬件版本信息以及电子锁状况，如图 4-21 所示。

6）组态好“1756-ENBT”模块后，在它下面单击右键，选择“New Module”，如图 4-22 所示。添加 Flex I/O 的以太网适配器“1794-AENT”模块，再继续配置其他 Flex I/O 模块。

7）在弹出的模块列表中选择 Flex I/O 通信模块的目录号“1794-AENT”，如图 4-23 所示。

Device	1756-ENBT/A
Vendor:	Allen-Bradley Company
Product	12
Product	58
Revision:	4.7
Serial	0023C737
EDS File	0001000C003A04XX.EDS

图 4-20　ENBT 模块属性

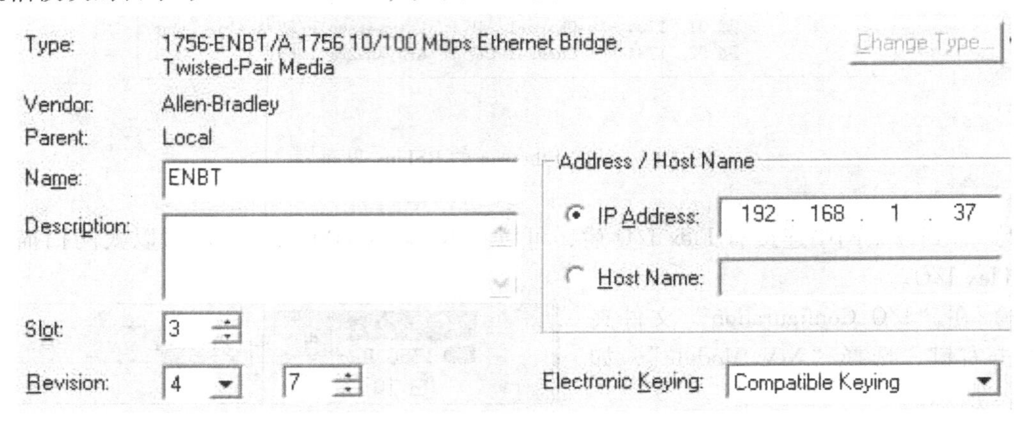

图 4-21　配置 ENBT 模块的属性

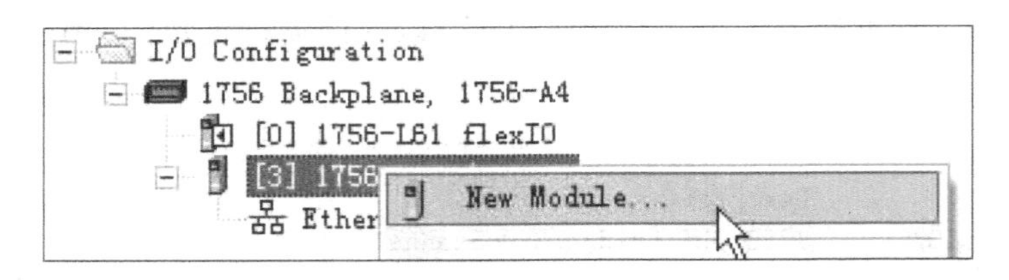

图 4-22　添加 AENT 模块

Module	Description	Vendor
1783-ETAP	3 Port Ethernet Tap, Twisted-Pair Media	Allen-Bradl
1783-ETAP1F	3 Port Ethernet Tap, 1 Fiber/2 Twisted-Pair M...	Allen-Bradl
1783-ETAP2F	3 Port Ethernet Tap, 2 Fiber/1 Twisted-Pair M...	Allen-Bradl
1788-EN2DN/A	1788 Ethernet to DeviceNet Linking Device	Allen-Bradl
1788-ENBT/A	1788 10/100 Mbps Ethernet Bridge, Twisted-Pai...	Allen-Bradl
1788-EWEB/A	1788 10/100 Mbps Ethernet Bridge w/Enhanced W...	Allen-Bradl
1794-AENT	1794 10/100 Mbps Ethernet Adapter, Twisted-Pa...	Allen-Bradl

图 4-23　选择“1794-AENT”通信模块

8）在接下来的对话框里开始设置“1794-AENT”通信模块的属性，同样也可以在 RSLinx 中查看该模块的属性。配置信息如图 4-24 所示。

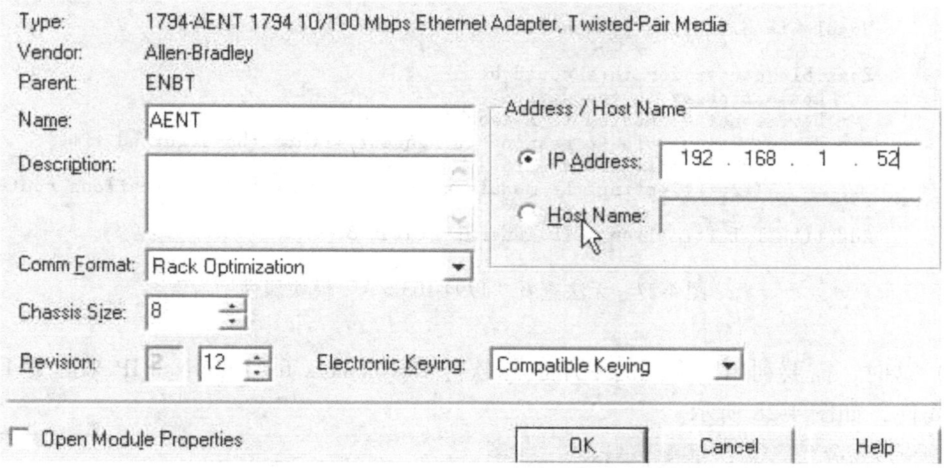

Type: 1794-AENT 1794 10/100 Mbps Ethernet Adapter, Twisted-Pair Media
Vendor: Allen-Bradley
Parent: ENBT
Name: AENT
Description:
Comm Format: Rack Optimization
Chassis Size: 8
Revision: 2 12
Electronic Keying: Compatible Keying
Address / Host Name
IP Address: 192 . 168 . 1 . 52
Host Name:
Open Module Properties
OK Cancel Help

图 4-24 设置“1794-AENT”通信模块的组态信息

9）在“1794-AENT”通信模块处单击右键，选择“New Module”，添加 Flex I/O 模块，如图 4-25 所示。

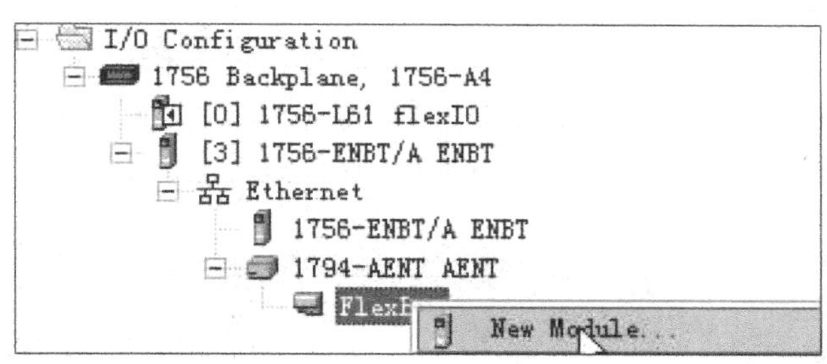

图 4-25 在“1794-AENT”通信模块下添加 Flex I/O 模块

10）在模块列表中选择“1794-IB32/A”，单击“确定”，如图 4-26 所示。

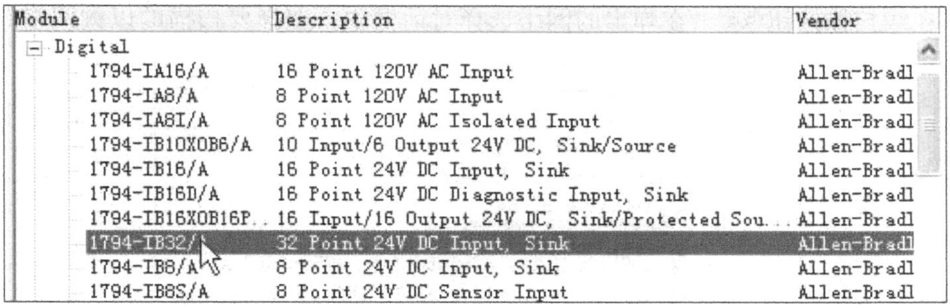

Module	Description	Vendor
Digital		
1794-IA16/A	16 Point 120V AC Input	Allen-Bradl
1794-IA8/A	8 Point 120V AC Input	Allen-Bradl
1794-IA8I/A	8 Point 120V AC Isolated Input	Allen-Bradl
1794-IB10XOB6/A	10 Input/6 Output 24V DC, Sink/Source	Allen-Bradl
1794-IB16/A	16 Point 24V DC Input, Sink	Allen-Bradl
1794-IB16D/A	16 Point 24V DC Diagnostic Input, Sink	Allen-Bradl
1794-IB16XOB16P...	16 Input/16 Output 24V DC, Sink/Protected Sou...	Allen-Bradl
1794-IB32/A	32 Point 24V DC Input, Sink	Allen-Bradl
1794-IB8/A	8 Point 24V DC Input, Sink	Allen-Bradl
1794-IB8S/A	8 Point 24V DC Sensor Input	Allen-Bradl

图 4-26 添加“1794-IB32/A”模块

11）添加“1794-IB32/A”模块后，需要配置输入模块的属性。此时在 RSLinx 中如果右键单击“1794-IB32/A”模块，选择属性，结果将如图 4-27 所示，在 RSLinx 下查看不到“1794-IB32/A”模块属性。

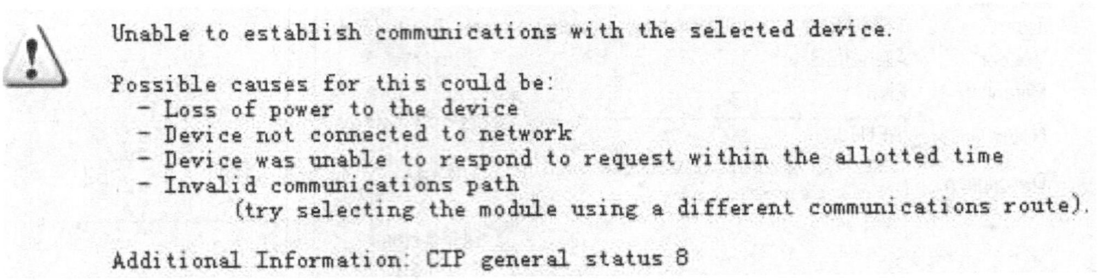

Unable to establish communications with the selected device.

Possible causes for this could be:
- Loss of power to the device
- Device not connected to network
- Device was unable to respond to request within the allotted time
- Invalid communications path
  (try selecting the module using a different communications route).

Additional Information: CIP general status 8

图 4-27　无法查看“1794-IB32/A”模块属性

12）这时，需要利用以太网的专用组态软件 RSNetWorx for EtherNet/IP 来配置 Flex I/O 模块的属性，如图 4-28 所示。

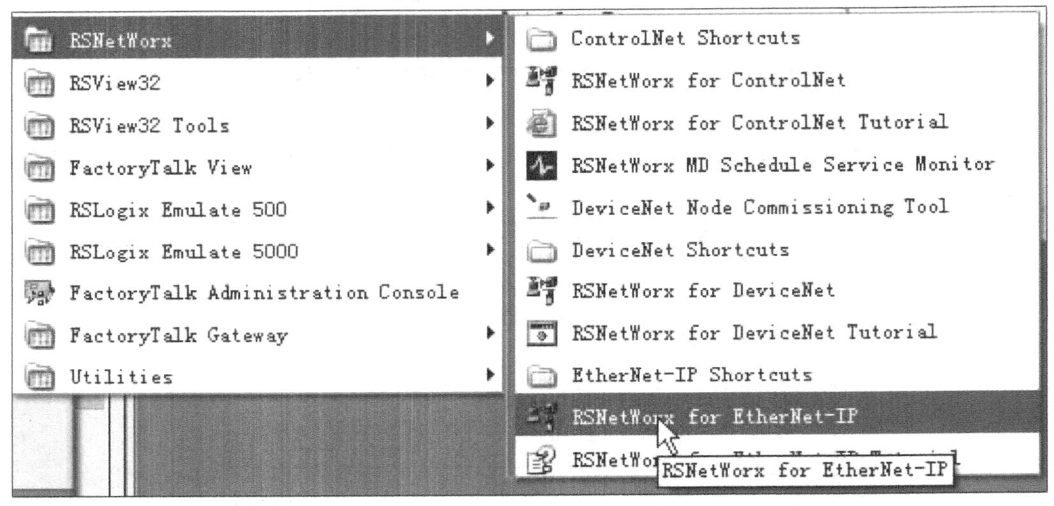

图 4-28　打开 RSNetWorx for EtherNet-IP

选择在线扫描按钮，在弹出的网络选择对话框中，选择要扫描的以太网络，如图 4-29 所示。

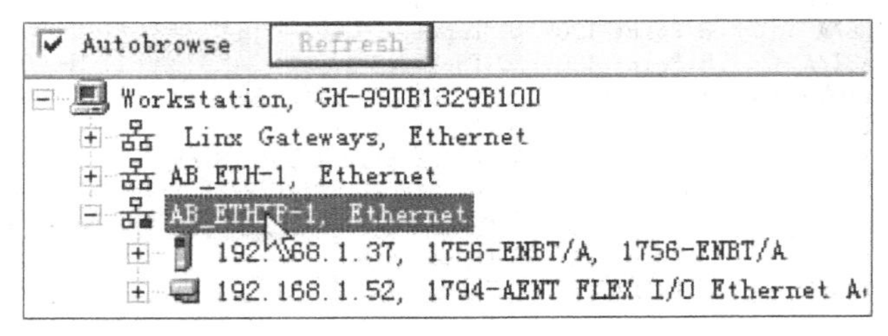

图 4-29　选择要扫描的以太网络

13）扫描结果如图 4-30 所示，可以看到模块上方都有一个加号。

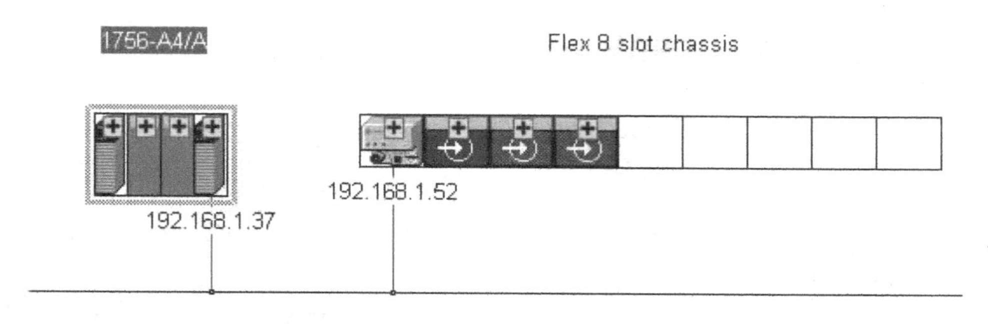

图 4-30　扫描以太网络结果

此时，可以点击 Edits Enable 复选框。再查看扫描结果，图中的绿色方框会消失，可以对模块进行正常操作。

14）右健单击要查看的“1794-IB32/A”模块，选择属性，可以看到该模块属性如图 4-31 所示。

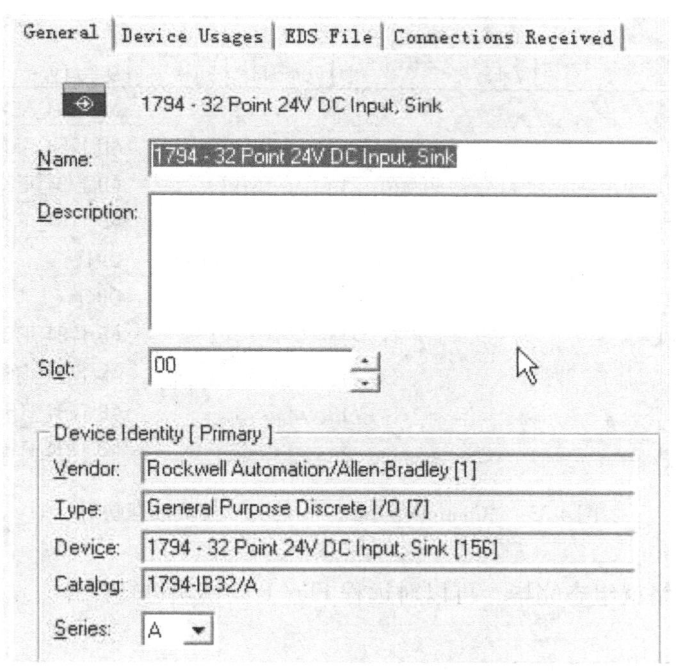

图 4-31　“1794-IB32/A”模块属性

15）知道“1794-IB32/A”模块属性后，就可在 RSLogix5000 工程中组态该模块，如图 4-32 所示。

16）接下来按照同样的方式组态其他 Flex I/O 模块。

将 I/O 模块配置完毕后，打开“Controller Tags”，发现这里生成了很多标签，这就是输入、输出模块的数据存储区，它们中间除了输入、输出数据外，还有许多关于组态、故障、时间戳等信息的数据，如图 4-33 所示。

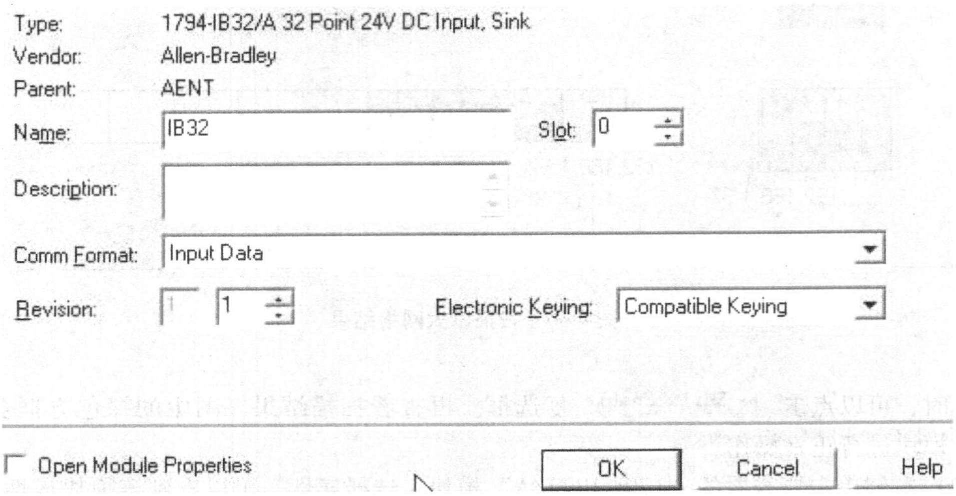

Type: 1794-IB32/A 32 Point 24V DC Input, Sink
Vendor: Allen-Bradley
Parent: AENT
Name: IB32 Slot: 0
Description:
Comm Format: Input Data
Revision: 1 1 Electronic Keying: Compatible Keying
Open Module Properties OK Cancel Help

图 4-32 “1794-IB32/A” 模块属性

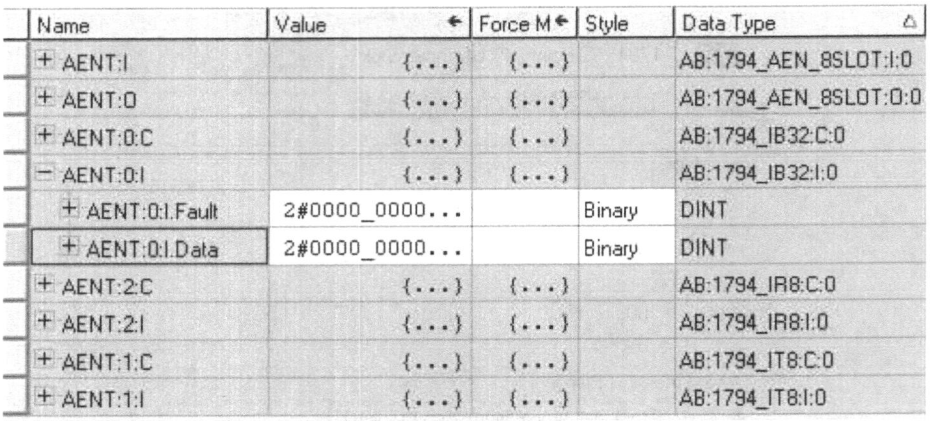

Name	Value	Force M	Style	Data Type
+ AENT:I	{...}	{...}		AB:1794_AEN_8SLOT:I:0
+ AENT:O	{...}	{...}		AB:1794_AEN_8SLOT:O:0
+ AENT:0:C	{...}	{...}		AB:1794_IB32:C:0
− AENT:0:I	{...}	{...}		AB:1794_IB32:I:0
+ AENT:0:I.Fault	2#0000_0000...		Binary	DINT
+ AENT:0:I.Data	2#0000_0000...		Binary	DINT
+ AENT:2:C	{...}	{...}		AB:1794_IR8:C:0
+ AENT:2:I	{...}	{...}		AB:1794_IR8:I:0
+ AENT:1:C	{...}	{...}		AB:1794_IT8:C:0
+ AENT:1:I	{...}	{...}		AB:1794_IT8:I:0

图 4-33 “Controller Tags” 中的 I/O 模块数据映射

至此，整个网络就组态完毕，可以对远程 Flex I/O 模块进行操作。

4.2 ControlNet 控制网

ControlNet 是一种高速确定性网络，用于对时间有苛刻要求的应用场所的信息传输。它为对等通信提供实时控制和报文传送服务。作为控制器和 I/O 设备之间的一条高速通信链路，它综合了现有网络的各种优点。

作为一种现代的开放网络，控制网提供了如下功能：

在同一条物理链路上支持 I/O 信息、控制器实时互锁以及对等通信报文传送和编程操作，具有确定性和可重复性功能。

具体说来，在控制网的单根实际电缆上支持两种类型的信息传输：一种是对时间有苛刻要求的控制数据和 I/O 数据，并且这种类型的数据在发送时具有确定性和可重复性，优先权最高；另一种是对时间没有苛刻要求的信息（例如：程序的上载/下载），并且这种类型的数据在发送时不允许牺牲控制数据和 I/O 数据，优先权较低。

注意：ControlNet 数据传输速率为 5Mbit/s，可寻址节点数为 99，使用 RG-6/U 同轴电缆；在野外、危险场合以及高电磁干扰场合，可采用光纤介质。

4.2.1　ControlNet 物理层

当设计特殊应用的通信网络时，ControlNet 网络介质组件提供了很大的灵活性。图 4-34 为 ControlNet 的网络结构。

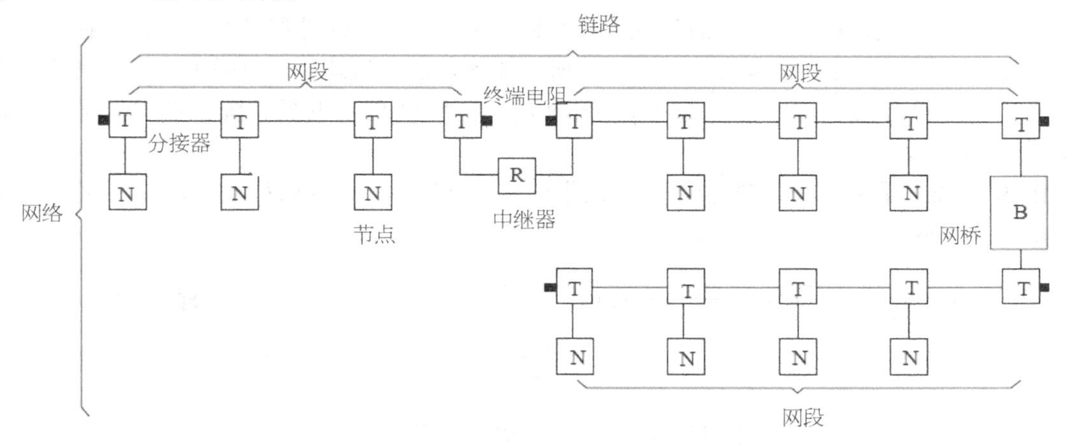

图 4-34　ControlNet 的网络结构

图 4-34 中的设备列表见表 4-2。

表 4-2　控制网的物理设备列表

名　称	说　明
网络	相连的所有节点的集合，任何一对连接路径可包括中继器和网关
链路	是专用地址范围 1～99 之间所有节点的集合，由一个或者多个网段组成
网段	通过分接器连接节点，并且带有终端电阻，但不含中继器的干线电缆段
干线电缆	一个电缆系统的母线或者核心部分
干线电缆段	任意两个分接器之间的电缆长度
电缆连接器	一种网络硬件，用于接合或断开网络介质和设备
网桥	两个链路之间的信息传递装置
中继器	一种网络硬件，用于接收电缆上的信号、放大信号并转发给电缆的另一段
终端电阻	一种网络硬件，附加在网络的末端用于吸收信号，否则信号会因反射而造成对其他信号的干扰，控制网使用 75Ω 的电阻
分接器	一种网络硬件，作为网络和设备之间的通信链路，它能够将网络上的设备接入网络
节点	具有编程或工程操作能力的连接点，它能够识别并处理输入数据并且可以将数据发送至其他节点

1. ControlNet 干线电缆

（1）同轴电缆

ControlNet 干线电缆是系统的总线或者中心部件。根据具体应用场合和安装环境等因素可以使用同轴电缆或光纤，两者也可以同时使用。一般在同一机柜或者相邻机柜之间使用同轴电缆，而主站和分站之间由于距离比较远，故使用光纤传输数据。

构建干线电缆最常用的电缆是标准的正交屏蔽 RG-6 同轴电缆（2 层金属膜加 2 层金属编织网屏蔽），它不仅成本低，而且具有良好的抗噪声干扰功能，有多家供货商生产的产品可供选择。

同轴电缆（Coaxial Cable）是指有两个同心导体，而导体和屏蔽层又共用同一轴心的电缆。它是计算机网络中使用广泛的另外一种线材。由于它在主线外包裹绝缘材料，在绝缘材料外面又有一层网状编织的屏蔽金属网线，所以能很好地阻隔外界的电磁干扰，提高通信质量。常用的规格有 RG-6（用于构建 ControlNet）、RG-59（用于电视系统）和 RG-58（以太网细缆）等。

图 4-35 描述了由同轴电缆组成的控制网干线和分接器，这是由终端电阻、分接器和干线同轴电缆组成。

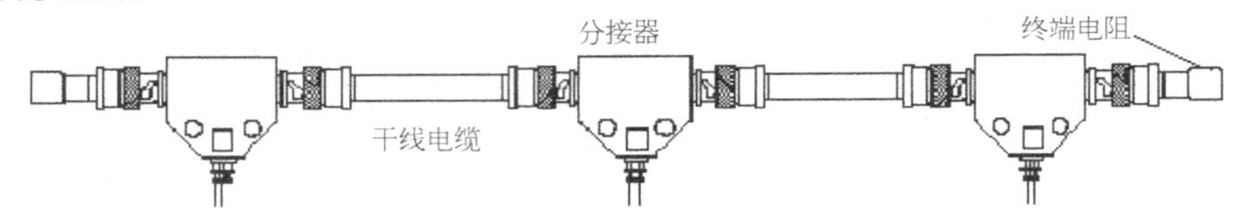

图 4-35　同轴电缆构成的 ControlNet 网络

要设计一个符合应用要求的由同轴电缆组成干线的控制网，需要确定一些参数，例如需要确定分接器的信号损耗、由于电缆长度和节点数量的增加带来的信号衰减等。关于干线长度和节点数量之间的关系，如图 4-36 所示。

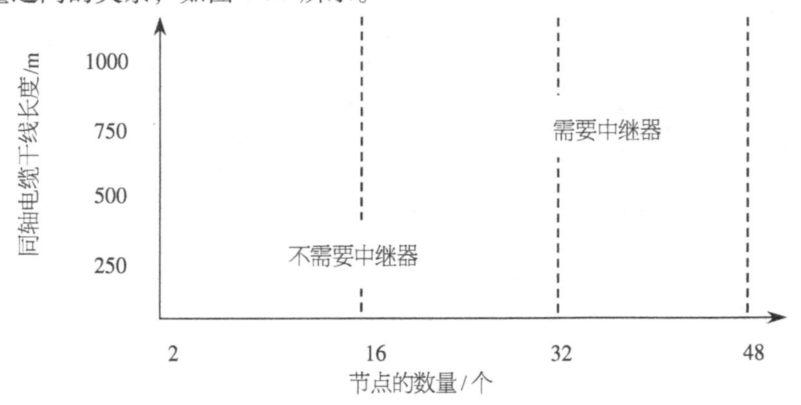

图 4-36　控制网通信距离与节点个数关系

需要注意的是：节点数为 2 时，干线电缆可长达 1000m；节点数为 48 时，干线电缆最长为 250m。

分接器的设计使得设备与干线电缆之间完全匹配，以避免反射干扰，其简单的安装使得用户可以在干线的任何地方安装分接器,对于网络上的每一个固定节点,都必须连接一个分接器。

节点连接在分接器下垂的支线电缆上。一条链路上最多可以连接 99 个可寻址的节点（不包括中继器），所有的控制网设备都设计了一个内置的网络访问端口 NAP（RJ45 标准），这个端口用于网络的优化、故障排查或者进行控制器编程的临时连接。连接到临时设备的电缆长度可达 10m。注意：不能使用 NAP 连接其他网段。

例如：如果某网段有 10 个分接器（10 个节点，一个分接器接一个节点），则最大的网段长度按下面的公式进行计算：1000 - 16.3 × (10-2) = 869.6。

（2）光缆

当同轴电缆不能满足应用项目要求时，光缆也可以被用作干线电缆。但是不能直接用光缆连接设备（除少数特殊设备之外），光缆可以将控制网络延伸至 25km 左右，而且可以隔离噪声，有效地避免电气干扰。

光缆网段由一段光缆、两端的光纤中继器和光纤适配器组成。光纤适配器将来自光缆的信号进行转换，以便能够在同轴电缆上传输。

图 4-37 显示了使用光纤时的典型拓扑结构，图中包括光缆、光纤适配器和光纤中继器。

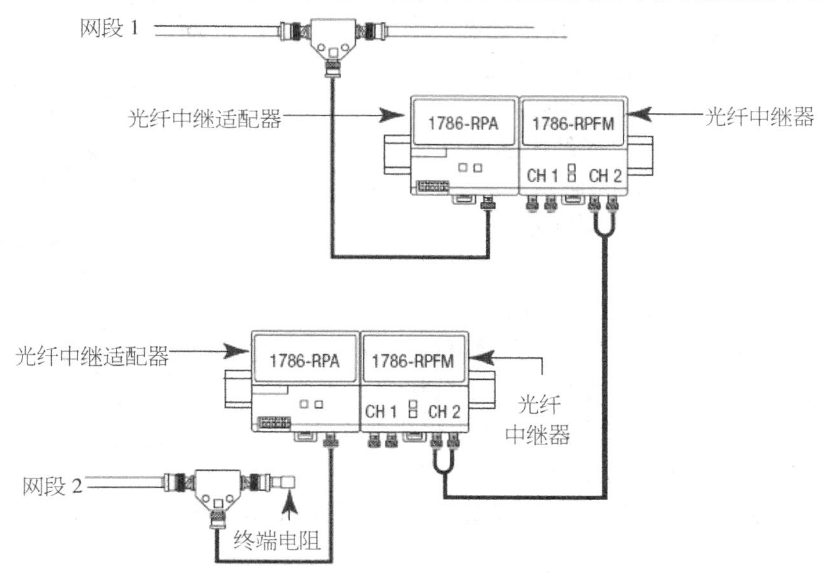

图 4-37　光纤网络典型拓扑结构

光纤的结构和同轴电缆很类似，也是中心为一根由玻璃或透明塑料制成的光导纤维，周围包裹着保护材料，根据需要还可以多根光纤合并在一根光缆里面。根据光信号发生方式的不同，光纤可分为单模光纤和多模光纤。相应的，光纤中继模块必须采用相应的模块。例如，如果选用多模光纤，则必须选用“1786-RPFM”（多模模块），而不是“1786-RPFS”（单模模块）。

2. ControlNet 连接设备

（1）中继器

中继器（Repeater）是网络物理层上的连接设备，适用于相同的两类网络的互联，主要功能是通过对数据信号的重新发送或者转发，来延长网络传输的距离。

如果应用项目的干线网段需要更多的分接器，或者干线电缆网段的长度超过限制条件所允许的长度，则需要安装中继器。

当使用中继器满足介质需求时，需要注意如下几点：

1）在一个网络中最多串联使用 5 个中继器，或者最多并联使用 48 个中继器。

2）每个网段最大可用节点号为 99。中继器不占用节点地址，不算在 99 之内。

ControlNet（控制网）有两种类型的中继器：同轴电缆中继器和光纤中继器。

同轴电缆中继器可以位于干线电缆的任意位置，使用两个分接器连接中继器以实现连接两个网段的目的。常见的同轴电缆中继器为“1786-RPCD”，但中继器需要和适配器配合使用，每个适配器最多可以接 4 个中继器。具体接法如图 4-38 所示。

光纤中继器可以位于干线电缆有分接器的任意位置，但是光纤中继器还需要一个“1786-RPFA”光纤适配器将信号从同轴电缆转换到光缆。以下为可用的光纤中继器类型：

“1786-RPFS”短距离光纤单模中继器；

“1786-RPFM”中距离光纤多模中继器；

“1786-RPFL”长距离光纤中继器；

“1786-RPFXL”超长距离光纤中继器。

具体的使用方法如图 4-38 所示。注意：一个适配器最多可以连接 4 个光纤中继器。

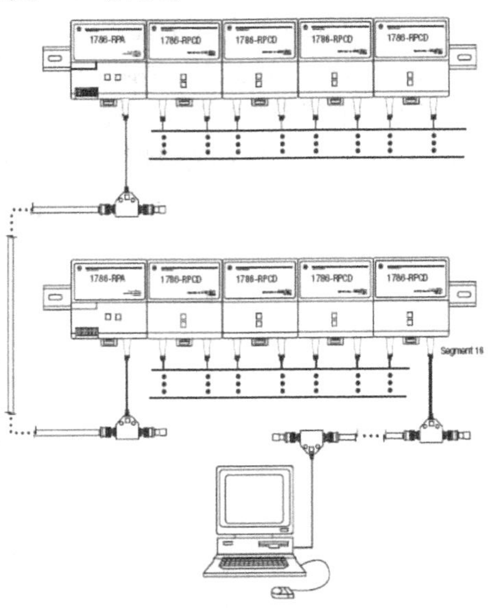

图 4-38　同轴电缆中继器的使用

（2）分接器

分接器（Tap）是用来将节点连接到 ControlNet 的干线上。分接器的数量由连接到网络的设备数量决定。网络上的每个节点都需要一个分接器，未连接物理设备的分接器会在网络上产生噪声干扰。基于此原因，推荐在每个网段上只保留一个未连接的支线电缆。如果介质系统要求保留多个支线，则未使用的支线电缆应该连接一个假负载，目录号为“1786-TCAP”。

常见的分接器如图 4-39 所示。

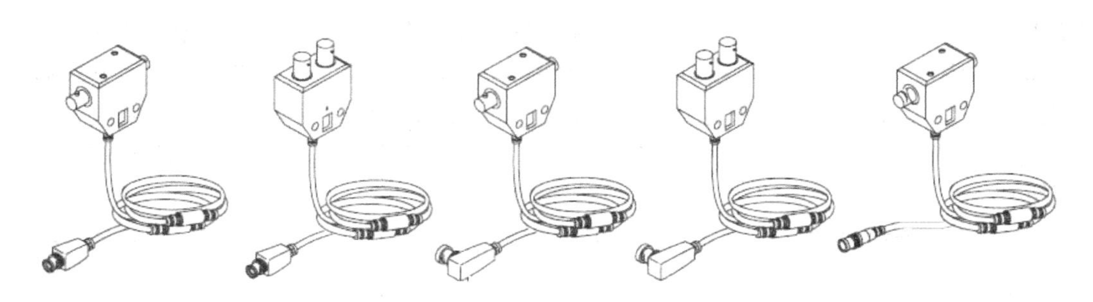

图 4-39　常见分接器

控制网通信模块上的 RJ-45 标准的 NAP 接口一定不能用作分接器，更不能当做工业以太网的通用接口。它一般用作临时性接口，用来规划网络，刷新模块固件。

（3）终端电阻

终端电阻是为了消除通信电缆中的信号反射。信号在传输线末端没有遇到阻抗，或者阻抗很小，信号就会反射回网络。这种现象的原理与光从一种媒质进入另一种媒质要引起反射是类似的。要消除这种反射，就必须在电缆的末端跨接一个与电缆的特性阻抗同样大小的终端电阻，使电缆的阻抗连续。由于信号在电缆上的传输是双向的，因此，在通信电缆的另一端可跨接一个同样大小的终端电阻。

ControlNet 网络的终端电阻必须满足以下要求：

1）终端电阻必须安装在 BNC 插头上，并且其阻值为 75Ω。

2）终端电阻必须安装在每个网段的末端。

图 4-40 显示了一个带 BNC 接头的 75Ω 终端电阻。

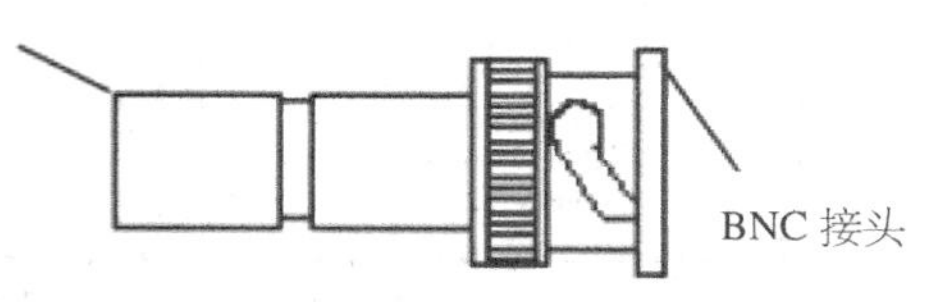

图 4-40　安装终端电阻

（4）电缆连接器

电缆连接器是用来连接分接器的，常见的有 BNC 接头。当然，根据现场安装环境的不同，电缆连接器也是有多种样式的。

表 4-3 说明了电缆连接器的类型和推荐的用法。

表 4-3　ControlNet 电缆连接器的使用

若要进行下列操作	使用下列类型的电缆连接器
将同轴电缆段连接到分接器的 BNC 连接器上	1786-BNC 电缆连接器
在同轴电缆上预留一段空间，以便于将来安装分接器或者电缆接头	1786-BNCJ bullet（插孔对插孔）
将两个相邻的分接器直接连接到一起而不使用同轴电缆段	1786-BNCP barrel（插针对插针）
将分接器上还没有连接节点的一端盖住	1786-TCAP 分接器假负载
为同轴电缆提供 90°的弯曲（防止电缆弯曲过度）	直角形（插孔对插针）
将短距离的光缆连接到光纤中继器	V-引脚“即插即用”型连接器
将中等距离、长距离或者超长距离的光缆连接到光纤中继器	MT-RJ 或者 ST 连接器

4.2.2　ControlNet 网络优化

1. RSNetWorx for ControlNet 软件

RSNetWorx for ControlNet 软件专门用于对 ControlNet 网络进行设计、组态、优化及管理。该软件最大限度地允许用户提高对 ControlNet 的利用率。用户可以通过简洁的软件界面迅速地对网络上的设备进行设置。这些设置可以在“离线”方式下通过“拖/拽”设备图标的操作方式进行，也可以通过 RSLinx 软件“在线”扫描 ControlNet 进行组态。图 4-41 所示即为 RSNetWorx for ControlNet 软件的主界面。

该软件功能如下：

1）充分利用“生产者/消费者”模式具有的信息传递优越性，定义网络上设备的数据信息，便于设备之间相互通信。

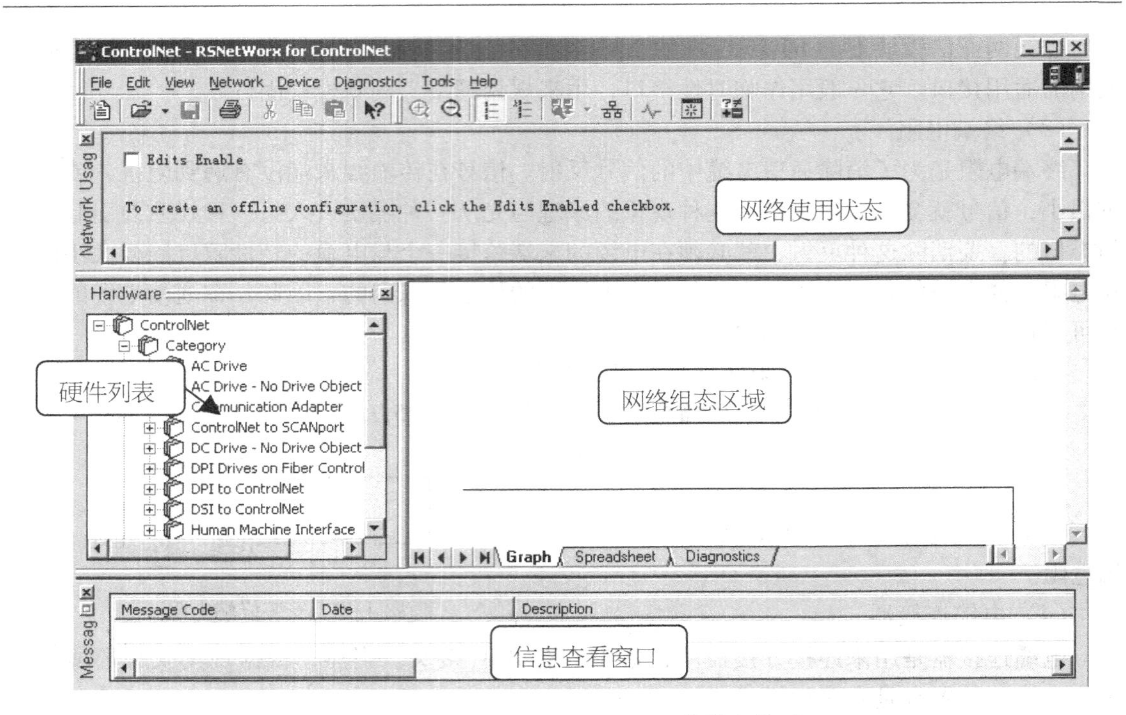

图 4-41　RSNetWorx for ControlNet 软件主界面

2）单键式操作可实现整个网络配置的上载/下载。

3）网络时序规划和带宽计算。

4）深层次浏览，点击式组态。

5）组态冲突诊断。

6）通过添加 EDS（电子数据表）更加容易地实现对新型设备的支持，真正实现多设备供应商所生产的设备之间的兼容与互操作。

7）HTML 超文本格式报表。

2. ControlNet 网络参数

ControlNet 网络参数主要有：NUT（网络刷新时间）、SMAX（最大规划节点）、UMAX（最大非规划节点）和介质冗余选项等。

ControlNet 工业通信网络的数据链路层采用并时间域多路存取（Concurrent Time Domain Multiple Access，CTDMA）技术，这种技术依靠生产者与消费者的通信模式来完成，数据源只需要将数据发送一次，多个需要该数据的节点通过在网络上识别标识符，同时从网络上获取来自同一生产者的报文数据。这样，一方面有效地提高了网络的带宽利用率；另一方面数据可以同时到达该节点，可实现各节点的精确同步化。

ControlNet 针对控制网络数据传输类型的需要，设计了通信调度的时间分片方法，它既可满足对时间有严格要求的控制数据的传输要求，例如 I/O 刷新、控制器之间的数据传输，又可满足信息量大、对时间没有苛求的数据与程序的传输，例如远程组态、调整和故障查询等。通信调度的时间分片方法根据网络应用情况，将网络运行时间划分为一系列等间隔的时间片，即 NUT。

（1）NUT

ControlNet 采用 CTDMA 仲裁机制，这种仲裁机制把网络时间分割为一个个时间片，每个时间片的持续长度为一个 NUT（网络刷新时间）。CTDMA 把每个 NUT 分为 3 个部分：预定时段、非预定时段和网络维护时段，如图 4-42 所示。

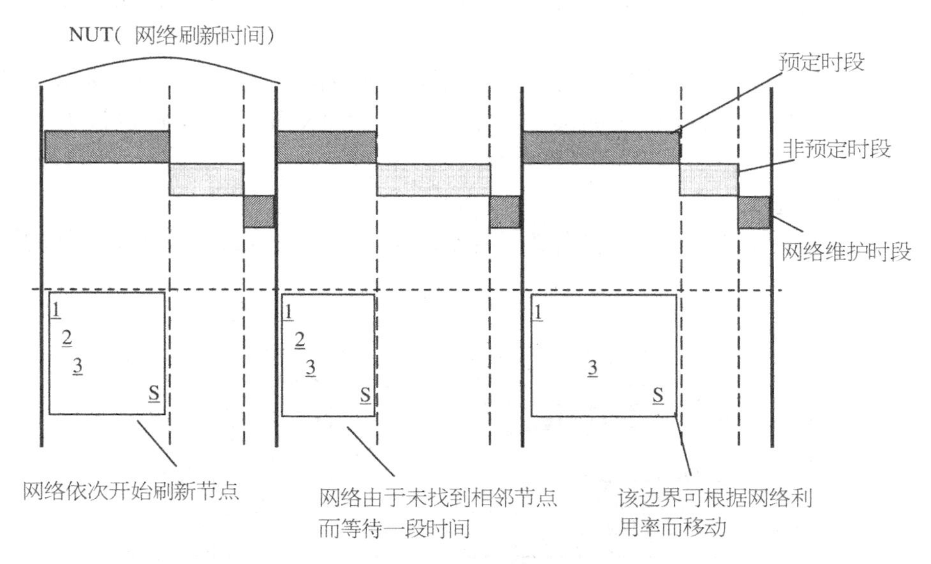

图 4-42　NUT（网络刷新时间）的构成

具体的设置方法如下，在属性对话框里找到 NUT，如图 4-43 所示。

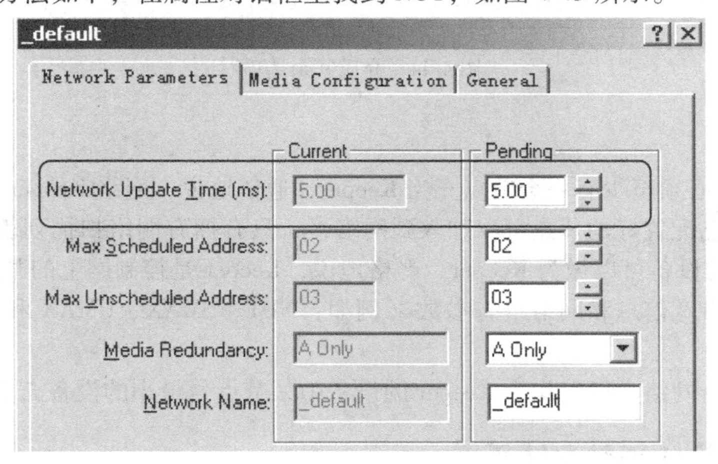

图 4-43　NUT 的设置

（2）SMAX 和 UMAX

SMAX 定义了哪些节点可以访问规划带宽。为了网络能够正常运行，最大规划节点应该满足如下的推荐做法：

1）SMAX 是在规划带宽内通信的最高节点地址。

2）SMAX 不要预留低于该节点号的空节点地址，因为这样做将浪费规划带宽。

UMAX 是用户组态的参数，它定义了哪些节点可以访问非规划带宽。为了网络能够正常运行，最大非规划节点应该满足如下推荐做法：

1）最大非规划节点是需要在网络上通信的最高节点地址。

2）最大非规划节点不要预留低于该节点号的空节点地址，因为这样做将浪费非规划带宽。

需要特别注意的是，最好将所有的规划节点地址排列在一起，并且位于非规划节点地址之前，这样可以减少网络规划带宽的浪费。正确设置 SMAX 和 UMAX 可以极大地提高带宽的利用率。

（3）介质冗余选项

介质冗余是用户组态的参数，它定义了将使用哪个通道进行数据传输。具体的设置方式如图 4-44 所示。

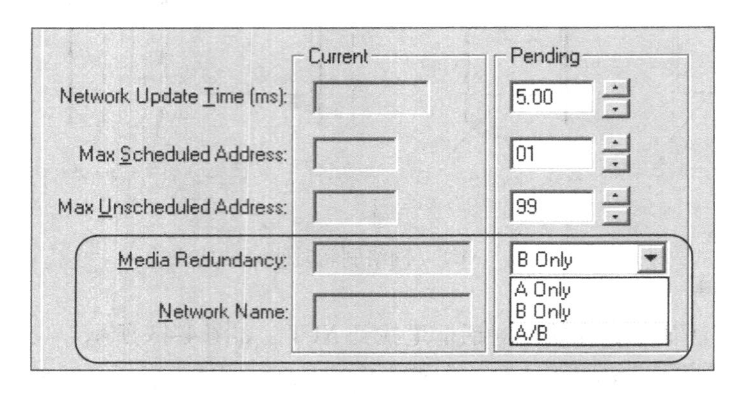

图 4-44　介质冗余选项

（4）Keeper

ControlNet 中必须至少有一个节点充当 Keeper，通俗地说，网络 Keeper 就是网络的控制器。它仅仅允许已配置好的节点可以加入到网络中，只有拥有网络扫描列表（Scan-list Configuration）信息的设备可以做为 Keeper。严格地说，Keeper 是控制网上的某个节点，它具有存储和应用预定带宽信息和网络组态参数（例如：NUT、SMAX、UMAX 和介质使用方式等信息）的能力。

一般情况下，网络上可以作为 Keeper 的设备中，节点号最小的设备充当 Keeper。

4.2.3　ControlNet 远程 I/O 扩展

常见的 ControlNet 扩展远程 I/O 有分布式的和基于机架的两种方式，表 4-4 中列出了常用的 I/O 模块选择列表。

下面通过一个 ControlNet 网络扩展远程 I/O 的实验来体会它的组态过程，实验设备用一个带控制器和 1756-CNB 的主机架和一个带 1756-CNB 及若干个 I/O 模块的远程机架组成。

1）打开 RSLinx，添加 EtherNet/IP 驱动，通过工业以太网访问 ControlNet，具体操作不再叙述。

表 4-4　ControlNet 扩展的 I/O 模块选择列表

选择 I/O	选择适配器	技术指标
1756 ControlLogix I/O （基于机架的 I/O）	1756-CNB 1756-CNBR（冗余）	• 高级诊断和快速升级 • 模拟量和离散量 I/O • 能够带电插拔（RIUP） • 可拆卸端子块 • 软件组态时简单的启动向导 • 4～32 点
1794 Flex I/O （分布式模块化 I/O）	1794-ACN15 1794-ACNR15（冗余）	• 独立于端子块基座的模块 • 能够带电插拔（RIUP） • 24/48V 直流 • 继电器输出、模拟量、专用以及温度模块

2）打开 RSLogix5000 软件，新建工程，选择控制器型号、控制器的版本号，输入工程的名称、框架类型以及控制器所处的槽号即可。

3）在“I/O Configuration”文件夹处单击右键，选择“New Module”，如图 4-45 所示。

图 4-45　I/O 组态

4）在弹出的模块列表中选择“1756-CNB/B”（这里因具体情况的不同而不同，在本例中本地的框架上的为 1756-CNB/B 模块）然后单击“确定”，如图 4-46 所示。

Module	Description	Vendor
⊟ Communications		
56AMXN	DCSNet Interface	Allen-Bradl
1756-CN2/A	1756 ControlNet Bridge	Allen-Bradl
1756-CN2/B	1756 ControlNet Bridge	Allen-Bradl
1756-CN2R/A	1756 ControlNet Bridge	Allen-Bradl
1756-CN2R/B	1756 ControlNet Bridge	Allen-Bradl
1756-CNB/A	1756 ControlNet Bridge	Allen-Bradl
1756-CNB/B	1756 ControlNet Bridge	
1756-CNB/D	1756 ControlNet Bridge	Allen-Bradl
1756-CNB/E	1756 ControlNet Bridge	Allen-Bradl
1756-CNBR/A	1756 ControlNet Bridge, Redundant Media	Allen-Bradl

图 4-46　选择本地 ControlNet 通信模块

5）下面组态该模块的属性，主要是设置该模块的节点和槽号（注意：节点位于网络上，而槽号是位于框架内的）以及电子锁，如图 4-47 所示。

6）添加远程的 ControlNet 通信模块。在本地 ControlNet 通信模块上单击右键，选择“New Module”，具体操作如图 4-48 所示。

7）在弹出的模块列表中选择远程通信模块的目录号，如图 4-49 所示。

8）选择远程 ControlNet 通信模块完毕，单击“确定”，在接下来的对话框里开始设置远程 ControlNet 通信模块的属性，除了本地 ControlNet 通信模块的设置（节点、槽号、电子锁）之外，还需要设置远程 ControlNet 通信模块所处框架的大小，如图 4-50 所示。

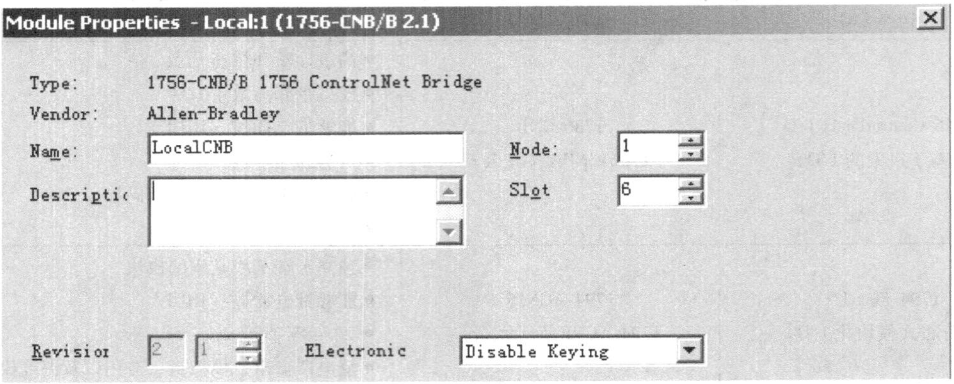

Module Properties - Local:1 (1756-CNB/B 2.1)

Type: 1756-CNB/B 1756 ControlNet Bridge
Vendor: Allen-Bradley
Name: LocalCNB
Node: 1
Descripti(
Slot 6
Revisior 2 1
Electronic Disable Keying

图 4-47 配置本地 ControlNet 通信模块的属性

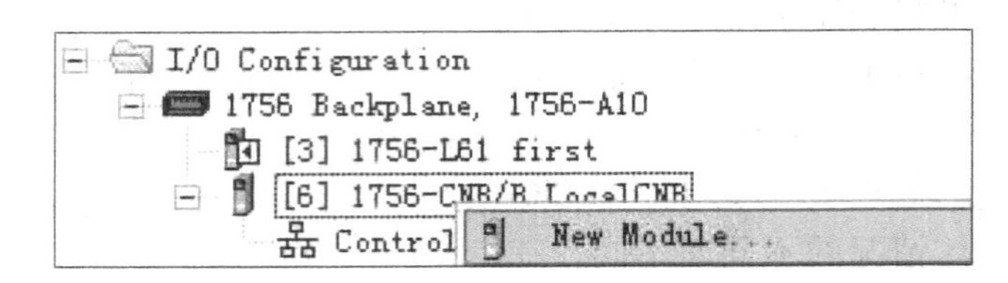

图 4-48 添加远程通信模块

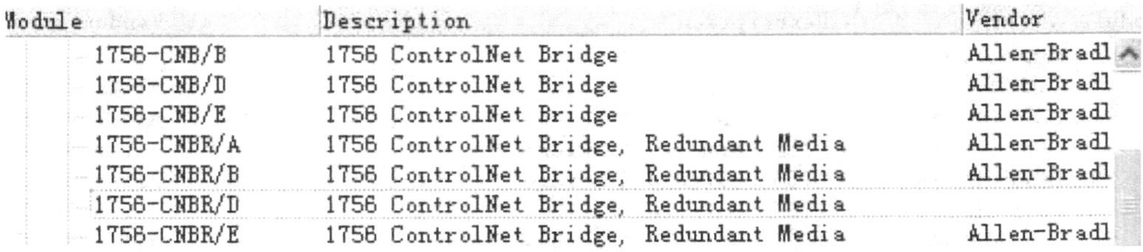

Module	Description	Vendor
1756-CNB/B	1756 ControlNet Bridge	Allen-Bradl
1756-CNB/D	1756 ControlNet Bridge	Allen-Bradl
1756-CNB/E	1756 ControlNet Bridge	Allen-Bradl
1756-CNBR/A	1756 ControlNet Bridge, Redundant Media	Allen-Bradl
1756-CNBR/B	1756 ControlNet Bridge, Redundant Media	Allen-Bradl
1756-CNBR/D	1756 ControlNet Bridge, Redundant Media	
1756-CNBR/E	1756 ControlNet Bridge, Redundant Media	Allen-Bradl

图 4-49 选择远程通信模块的目录号

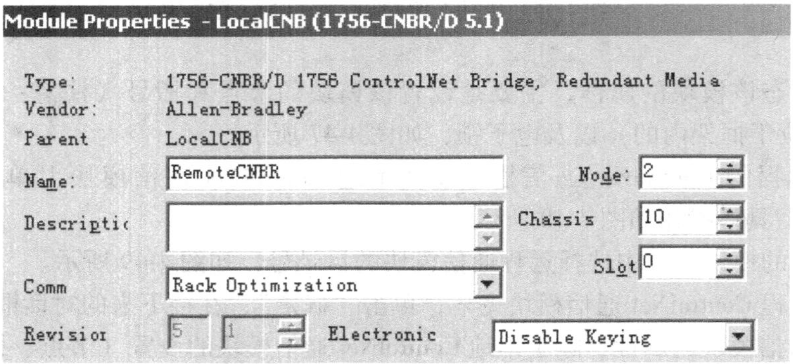

Module Properties - LocalCNB (1756-CNBR/D 5.1)

Type: 1756-CNBR/D 1756 ControlNet Bridge, Redundant Media
Vendor: Allen-Bradley
Parent LocalCNB
Name: RemoteCNBR
Node: 2
Descripti(
Chassis 10
Slot 0
Comm Rack Optimization
Revisior 5 1
Electronic Disable Keying

图 4-50 设置远程通信模块的槽号

9）添加远程框架上的 I/O 模块：在远程 ControlNet 通信模块处单击右键，选择“New Module”，如图 4-51 所示。

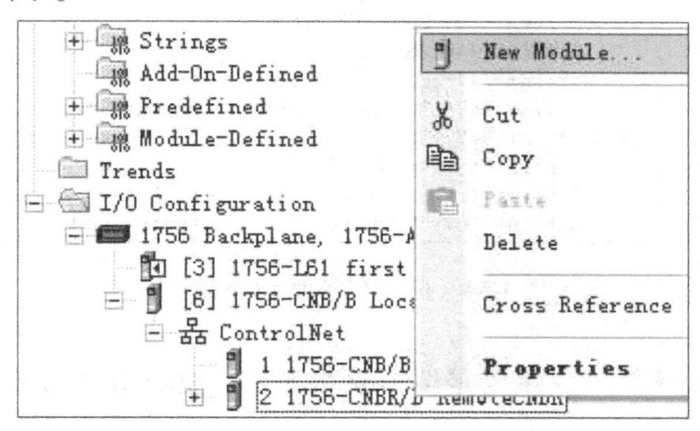

图 4-51　添加远程 I/O 模块

10）在模块列表中选择“1756-IB16D”，单击“确定”，如图 4-52 所示。

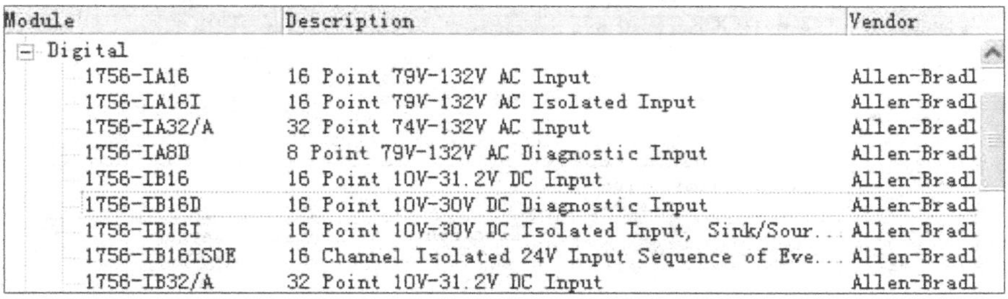

Module	Description	Vendor
Digital		
1756-IA16	16 Point 79V-132V AC Input	Allen-Bradl
1756-IA16I	16 Point 79V-132V AC Isolated Input	Allen-Bradl
1756-IA32/A	32 Point 74V-132V AC Input	Allen-Bradl
1756-IA8D	8 Point 79V-132V AC Diagnostic Input	Allen-Bradl
1756-IB16	16 Point 10V-31.2V DC Input	Allen-Bradl
1756-IB16D	16 Point 10V-30V DC Diagnostic Input	Allen-Bradl
1756-IB16I	16 Point 10V-30V DC Isolated Input, Sink/Sour...	Allen-Bradl
1756-IB16ISOE	16 Channel Isolated 24V Input Sequence of Eve...	Allen-Bradl
1756-IB32/A	32 Point 10V-31.2V DC Input	Allen-Bradl

图 4-52　添加 1756-IB16D 模块

11）配置输入模块属性，主要是输入模块名称、模块所在的槽位、通信格式以及电子锁等信息，如图 4-53 所示。

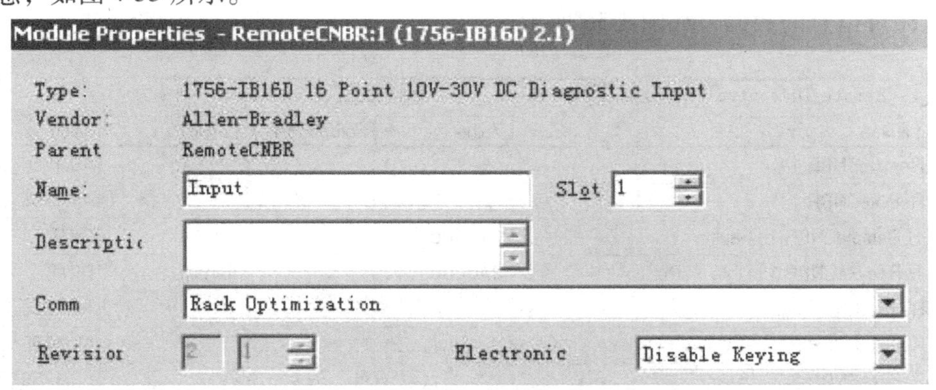

图 4-53　组态 1756-IB16D 模块属性

12）接下来按照同样的方式在模块列表中选择“1756-OB16D”输出模块，然后单击“确定”即可，如图 4-54 所示。

Module	Description	Vendor
1756-IV32/A	32 Point 10V-30V DC Input, Source	Allen-Bradl
1756-OA16	16 Point 74V-265V AC Output	Allen-Bradl
1756-OA16I	16 Point 74V-265V AC Isolated Output	Allen-Bradl
1756-OA8	8 Point 74V-265V AC Output	Allen-Bradl
1756-OA8D	8 Point 74V-132V AC Diagnostic Output	Allen-Bradl
1756-OA8E	8 Point 74V-132V AC Electronically Fused Outp...	Allen-Bradl
1756-OB16D	16 Point 19.2V-30V DC Diagnostic Output	Allen-Bradl
1756-OB16E	16 Point 10V-31.2V DC Electronically Fused Ou...	Allen-Bradl
1756-OB16I	16 Point 10V-30V DC Isolated Output, Sink/Sou...	Allen-Bradl

图 4-54　选择 1756-OB16D 模块

13）接下来配置模块属性，主要是填写模块名称、模块所在的槽位、通信格式以及电子锁等信息，如图 4-55 所示。

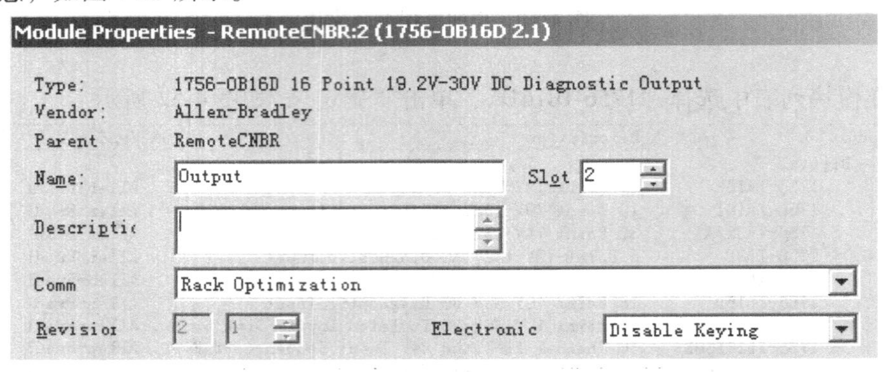

图 4-55　组态 1756-OB16D 模块属性

14）将 I/O 模块配置完毕后，打开“Controller Tags”，发现这里生成了很多标签，这就是输入、输出模块的数据存储区，它们中间除了输入、输出数据外，还有许多关于组态、故障、时间戳等信息的数据，如图 4-56 所示。

Scope: Remote_IO(contro　Show: Show All　Sort: Tag Name

Tag Name	Value	Force Mask	Style	Type
⊞-RemoteCNBR:1:C	{...}	{...}		AB:1756_DI:...
⊟-RemoteCNBR:1:I	{...}	{...}		AB:1756_CN...
⊞-RemoteCNBR:1:I.Fault	2#0000_...		Binary	DINT
⊞-RemoteCNBR:1:I.Data	2#0000_...		Binary	DINT
⊞-RemoteCNBR:2:C	{...}	{...}		AB:1756_DO...
⊞-RemoteCNBR:2:I	{...}	{...}		AB:1756_CN...
⊟-RemoteCNBR:2:O	{...}	{...}		AB:1756_CN...
⊞-RemoteCNBR:2:O.Data	2#0000_...		Binary	DINT
⊞-RemoteCNBR:I	{...}	{...}		AB:1756_CN...
⊞-RemoteCNBR:O	{...}	{...}		AB:1756_CN...

图 4-56　控制器域标签数据区

15）将工程下载至控制器中，可以看到在“I/O Configuration”文件夹处有几个黄色的三角惊叹号，这表示网络尚未进行优化，如图 4-57 所示。

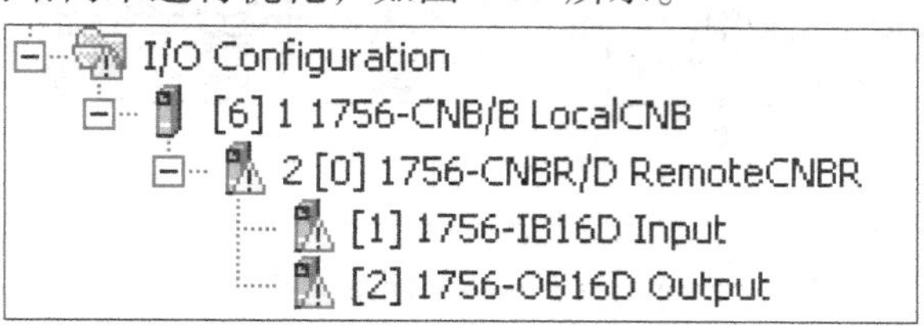

图 4-57　网络未进行优化时的 I/O 状态

16）下面进行网络优化，在进行网络优化前，先让控制器处于编程状态，然后再开始优化网络，打开 RSNetWorx for ControlNet 软件，先上载网络参数，在“Network”菜单下选择“Online”，如图 4-58 所示。

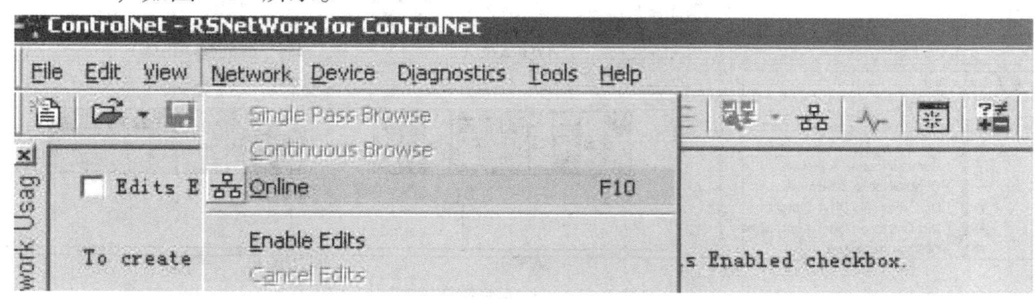

图 4-58　上载网络参数

17）在弹出的对话框中找到“ControlNet”，单击“OK”即可，如图 4-59 所示。

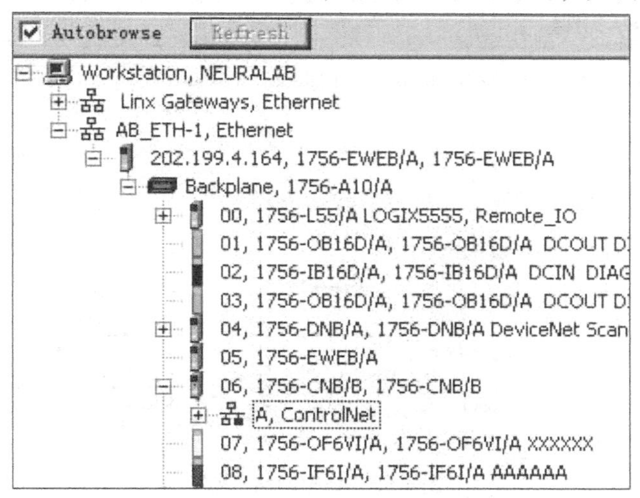

图 4-59　选择 ControlNet 网络

18）该软件开始自动扫描网络，扫描完毕后的情况如图 4-60 所示。

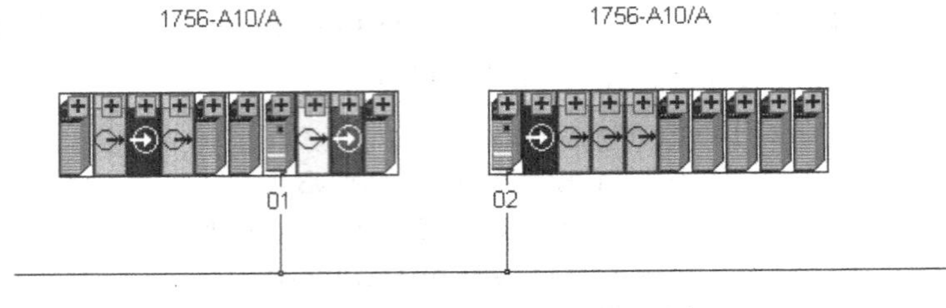

图 4-60　ControlNet 网络上的设备

19）扫描完毕后，开始网络优化，先单击“Edits Enable”，如图 4-61 所示。

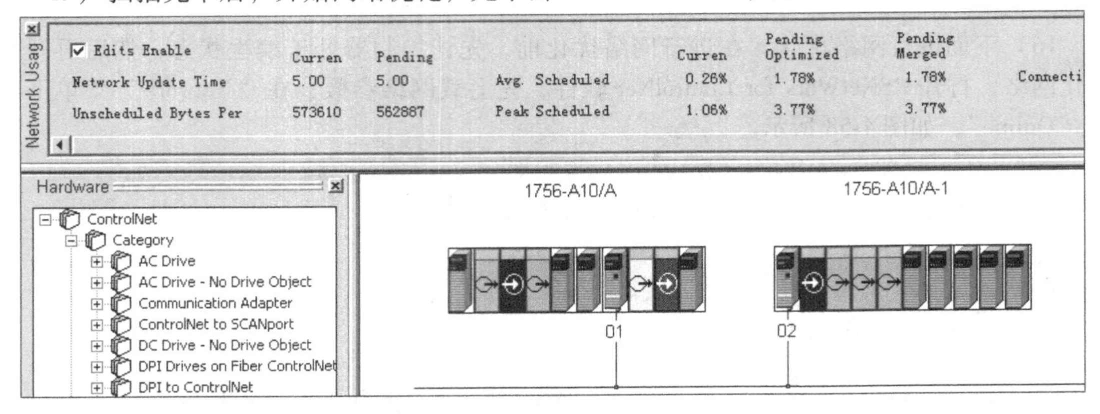

图 4-61　选择编辑使能

20）然后开始配置网络参数，单击“Network”菜单下的“Properties”，弹出如下对话框，在这里设置 NUT、SMAX、UMAX 和是否冗余等信息，具体设置如图 4-62 所示。

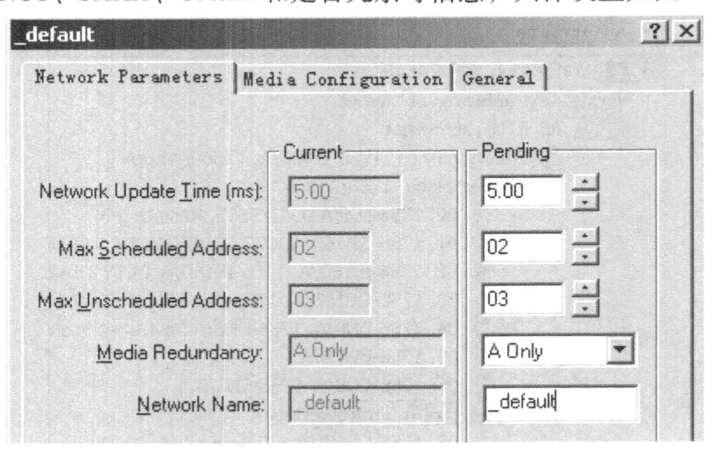

图 4-62　组态网络参数

21）然后单击工具菜单栏上的保存按钮，选择保存的路径，单击“确定”按钮，会弹出如图 4-63 所示的提示优化的对话框。

22）单击“OK”按钮，网络会自动地将组态信息保存到 Keeper，如图 4-64 所示。

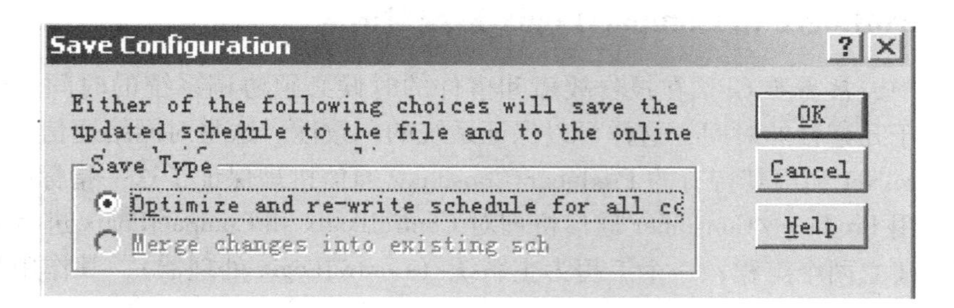

图 4-63　优化网络信息

图 4-64　保存 Keeper

23）开始在线优化网络，如图 4-65 所示。

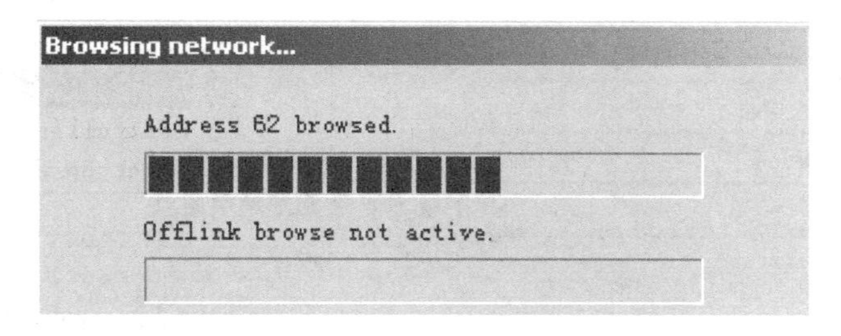

图 4-65　在线优化

24）优化完毕后，网络的状态如图 4-66 所示，比较一下和刚上载时的网络有什么不同。

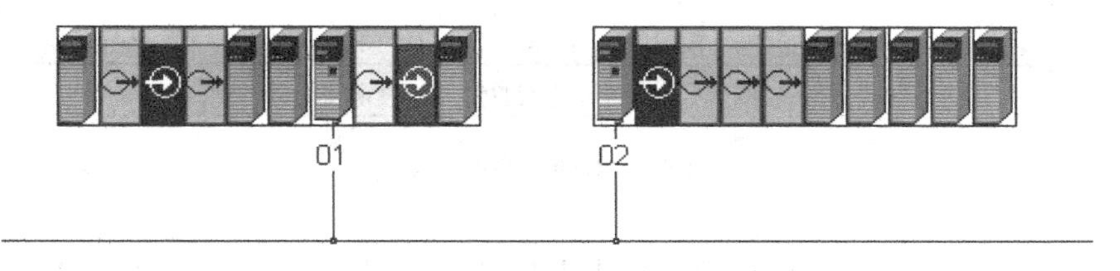

图 4-66　网络优化完毕后的界面

25）让控制器处于在线状态，I/O 灯和 OK 灯均显示固定绿色，这就表明网络通信已经完成。至此，整个网络就优化完毕，就可以对远程 I/O 模块进行操作了。

4.2.4 ControlLogix 和 CompactLogix 系统对时

实际生产中，常需要 CPU 在报告故障和事件的时候必须协调系统的时间，而且系统时间误差必须小于几毫秒的时间，这样可以保证系统的一致性。这是对网络通信实时性的一种考验，而 ControlNet 利用其特有的 Producer/Consumer 通信机理保证了这一指标的实现。

下面是利用 Producer/Consumer 通信机理对 ControlLogix 和 CompactLogix 进行系统对时的实验。这需要建立两个工程：一个工程为主系统（ControlLogix 处理器），其作用是设置并获取 CPU 的时钟，并且将它广播出去。另外一个工程为从系统（CompactLogix 处理器），它的作用是消费主系统 CPU 广播的数据并将该数据设置为本 CPU 的时钟，实现系统对时。

首先打开 RSLinx 软件，通过以太网络查看系统结构，需要的 ControlLogix 和 CompactLogix 系统一定都要在 ControlNet 网络中。

1. 主系统配置

打开 RSLogix5000 编程软件，点击 File（文件）→New（新建），将会看到 New Controller（新建控制器）画面。根据实际情况填写控制器槽号和机架槽数等信息，至于控制器的版本信息，可以在 RSLinx 软件右键控制器查看。本例中查看到的信息如图 4-67 所示。

创建完工程后，双击打开“Controller Tags”，如图 4-68 所示。

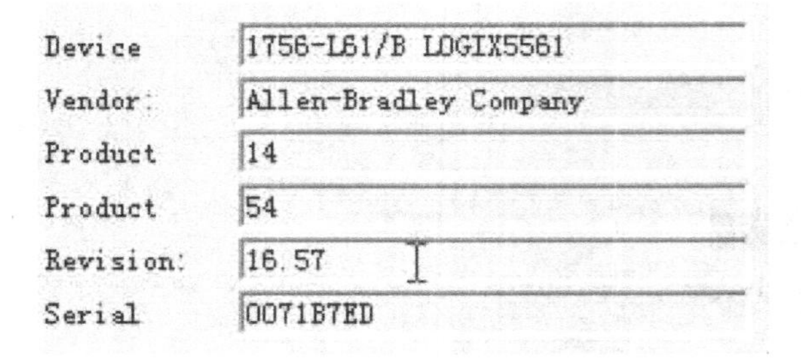

图 4-67　ControlLogix 控制器版本信息

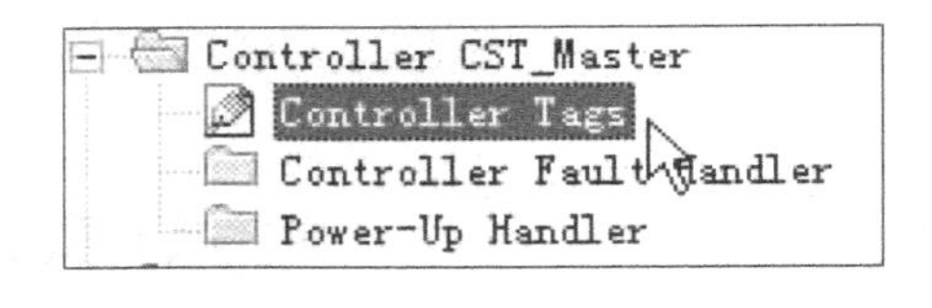

图 4-68　打开控制器标签

点击软件窗口下方的“Edit Tags”，添加一个名字为“Date”，数据类型为“DINT［8］”的标签，如图 4-69 所示。

Name	Alias For	Base Tag	Data Type △	Style	Description
+ Date			DINT[8]	Decimal	

图 4-69　新建“Date”数据

右键点击“Date”前的灰色按钮，点击 Edit“Date”Properties，修改“Date”属性，如图 4-70 所示，选择“Produced”，广播该标签。

然后点击“Connection”，确定连接数，将“Consumer”的数量更改为“3”，并单击“确定”，如图 4-71 所示。

右键“Tasks”文件夹，点击“New Task”，新建周期型任务，如图 4-72 所示。

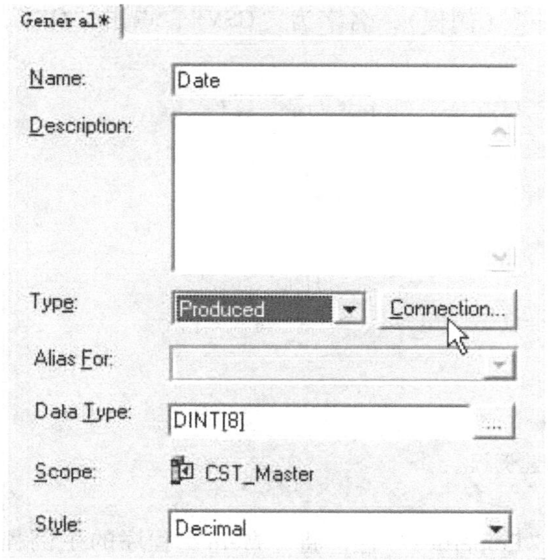

图 4-70　广播标签“Date”

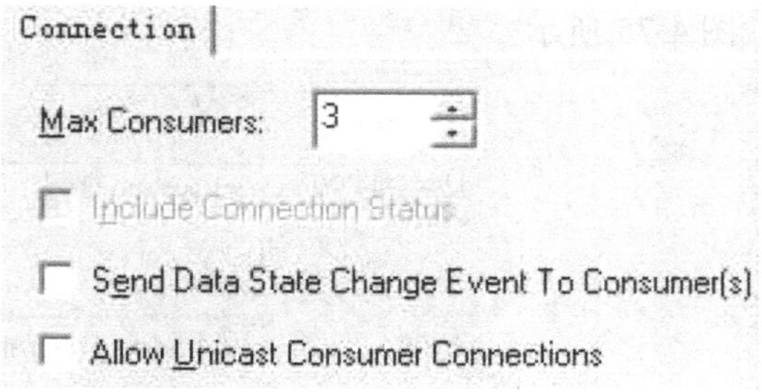

图 4-71　“Consumer”的数量更改为“3”

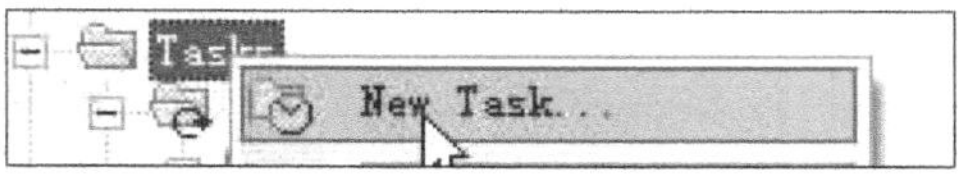

图 4-72　新建周期型任务

新建的周期型任务，周期为 2ms，优先级为 5，设置如图 4-73 所示。

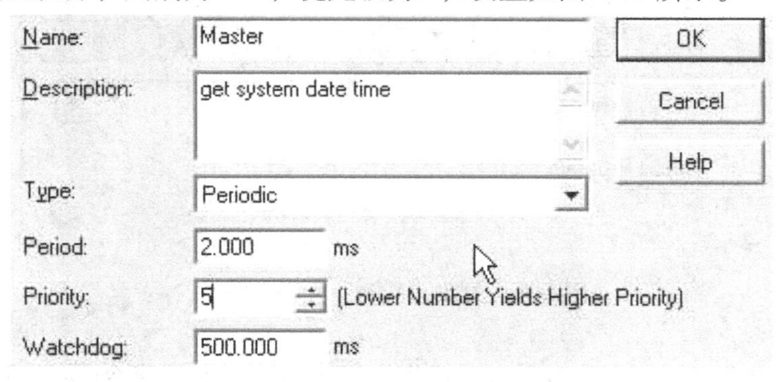

图 4-73　新建任务属性

在新建的“Master”任务下，右键新建一个“Program”，名字为“Main”，点击“OK”，如图 4-74 所示。

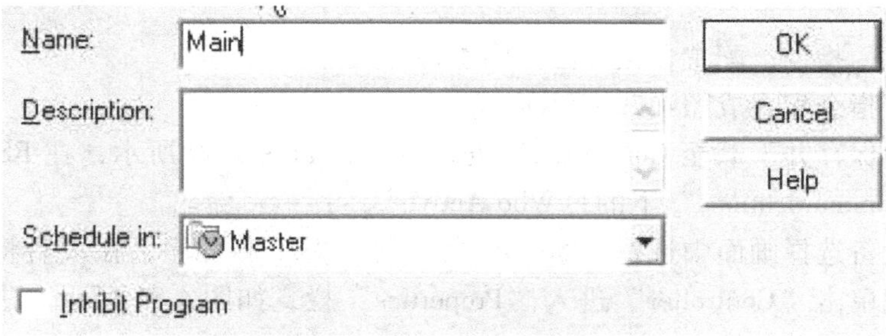

图 4-74　新建程序

在“Main”程序下，右键新建一个“Routine”（例程），名字为“GSV”，点击“OK”，如图 4-75 所示。

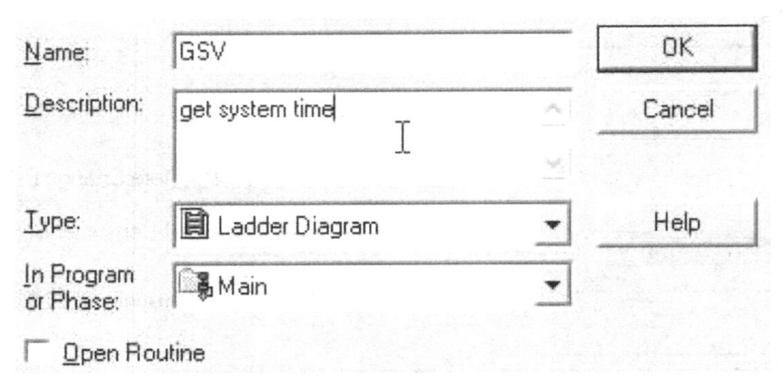

图 4-75　新建例程

右键单击“Main”程序文件夹，选择属性“Properties”栏，将“Main”程序的主例程设为新建的名为“GSV”的“Routine”（例程），如图 4-76 所示。

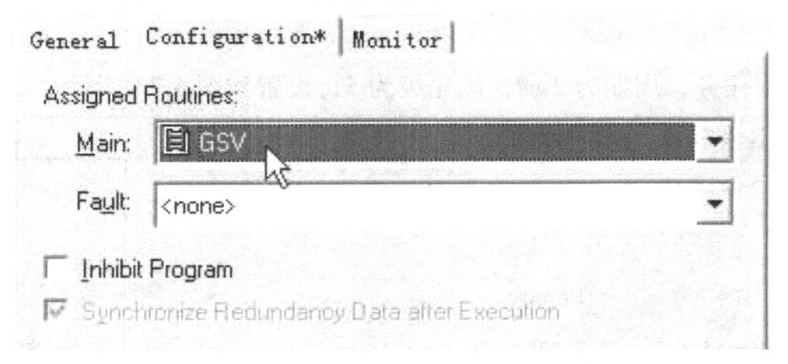

图 4-76　更改“Main”程序主例程

双击打开“GSV”例程，在“Input/Output”指令段中找到“GSV”指令，如图 4-77 所示。

图 4-77　查找 GSV 指令

添加“GSV”指令，配置参数方法如图 4-78 所示。

将“GSV”指令配置成图 4-79 所示形式。

检验程序后保存并下载至 ControlLogix 处理器中，如图 4-80 所示，在 RSLogix5000 编程软件中选择“Communications”下的“Who Active”。

在弹出的设备选择画面中选择 1756-L61 控制器，并下载程序，在线后将处理器转到运行状态，并右键单击“Controller”进入“Properties”栏，如图 4-81 所示。进入到控制器属性界面，调整控制器时间。

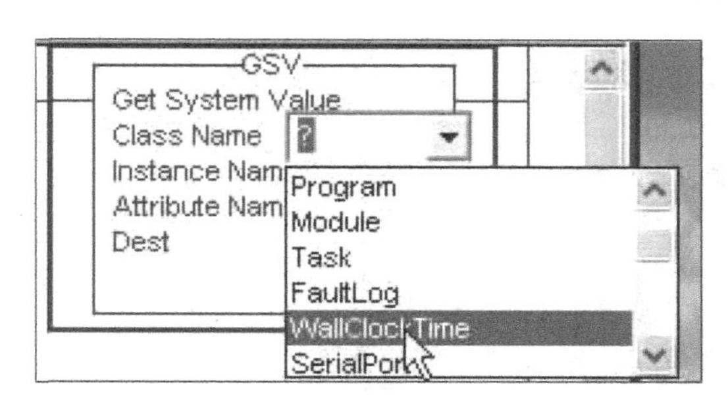

图 4-78　配置“GSV”指令

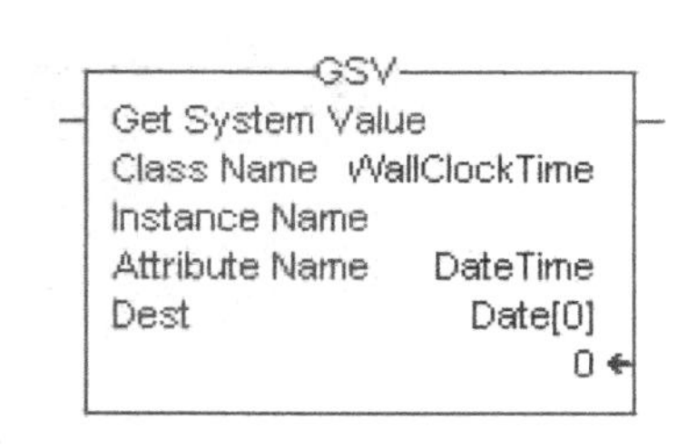

图 4-79　“GSV”指令配置结果

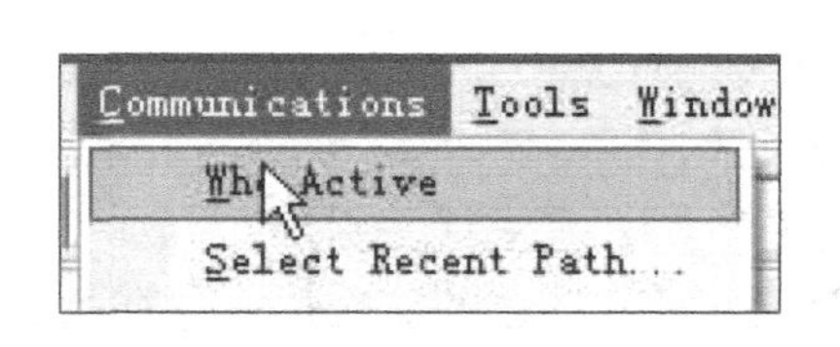

图 4-80　选择通信

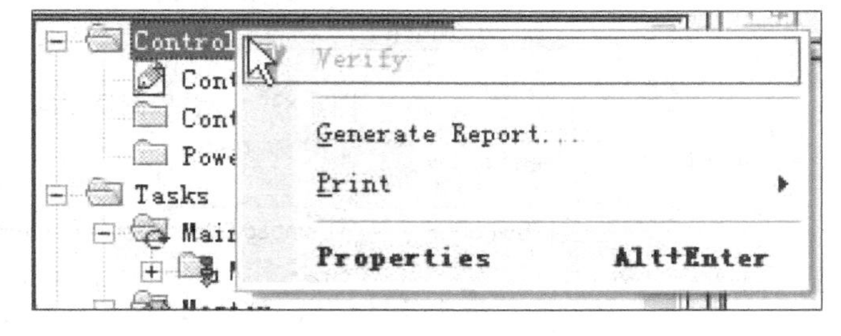

图 4-81　选择控制器属性

将 CPU 的时间设为与工作站的时间相同，即与计算机的时间相同，如图 4-82 所示。

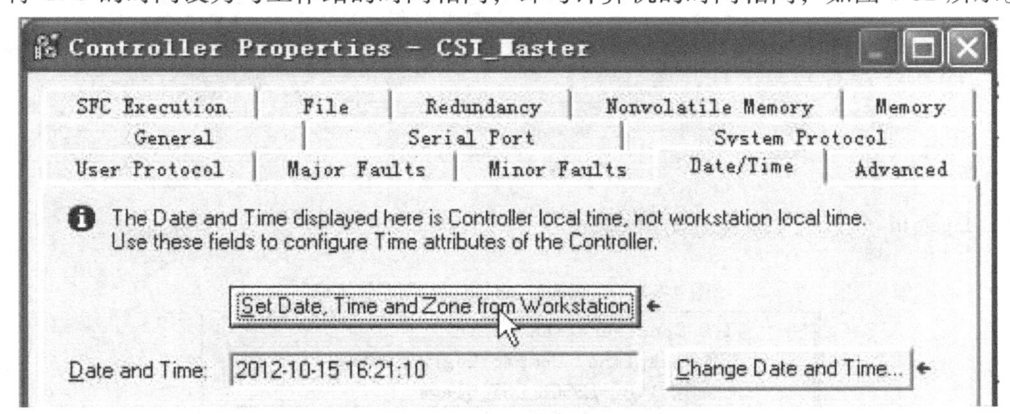

图 4-82　更改 CPU 时间

至此，主系统的程序编制完毕，等待从系统的工作结束后观察对时的结果，现在可以在控制器标签文件夹中观察“Date”的值是否与系统时间对应，结果如图 4-83 所示。可以看到，控制器时间是与计算机系统时间对应上的。

2. 从系统配置

与主系统一样，为 CompactLogix 系统新建一个项目，根据 RSLinx 软件中显示的控制器情况，右键查看 CompactLogix 系统信息组态控制器。本例中控制器组态信息如图 4-84 所示。

选择属性，右键 CompactLogix 控制器集成的 ControlNet 通信口，更改通信口的组态信息，如图 4-85 所示。

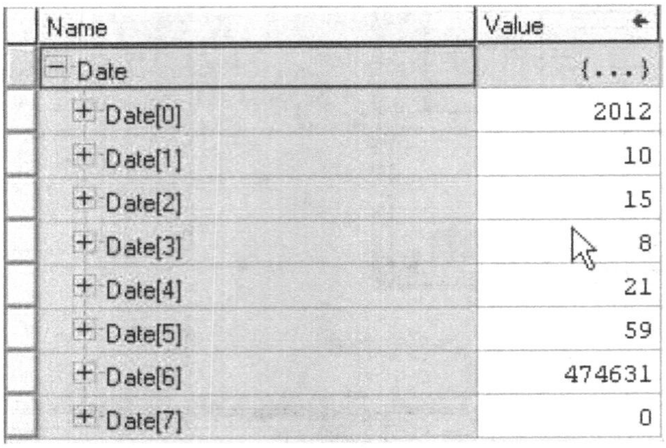

Name
Value
Date
{...}
Date[0]
2012
Date[1]
10
Date[2]
15
Date[3]
8
Date[4]
21
Date[5]
59
Date[6]
474631
Date[7]
0

图 4-83　查看控制器时间

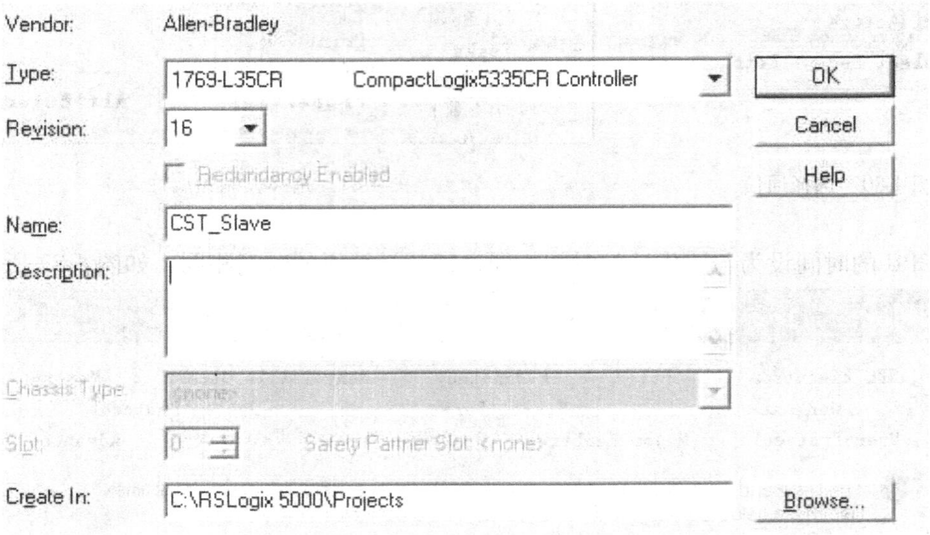

Vendor:
Allen-Bradley
Type:
1769-L35CR
CompactLogix5335CR Controller
OK
Revision:
16
Cancel
Redundancy Enabled
Help
Name:
CST_Slave
Description:
Chassis Type:
<none>
Slot:
0
Safety Partner Slot: <none>
Create In:
C:\RSLogix 5000\Projects
Browse...

图 4-84　CompactLogix 控制器组态信息

I/O Configuration
Backplane, CompactLogix System
1769-L35CR CST_Slave
1769-L35CR ControlNet Port LocalCNB
New Module...
Cut
Ctrl+X
Copy
Ctrl+C
Paste
Ctrl+V
Delete
Del
Cross Reference
Ctrl+E
Properties
Alt+Enter
Description
Status
Module Fault

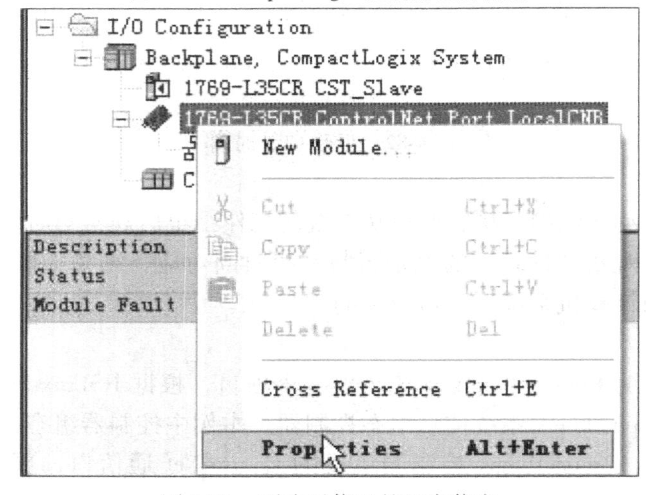

图 4-85　更改通信口的组态信息

根据实际信息和 RSLinx 中查看到的信息，主要是模块的 ControlNet 节点地址信息，填写通信口的信息如图 4-86 所示。

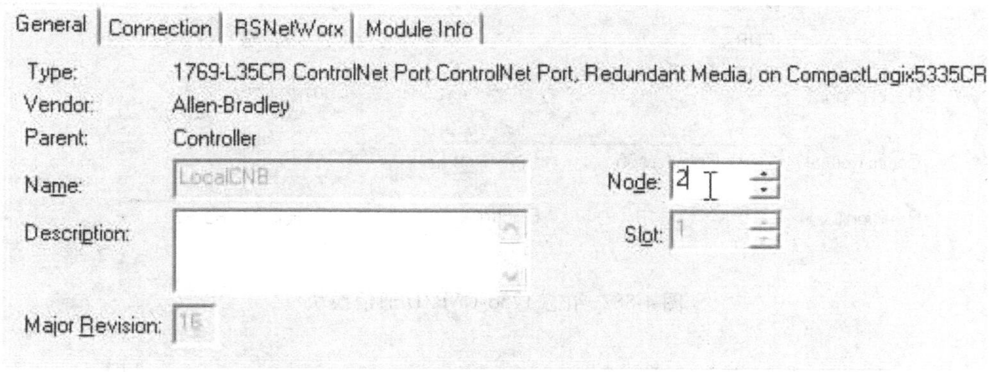

图 4-86　更改通信口的组态信息

组态主系统的处理器。本实验中通过 ControlNet 网络通信连接主系统处理器，所以需要先组态主系统的 1756-CNB/D 通信模块。同样右键 CompactLogix 控制器集成的 ControlNet 通信口，选择“New Module”。在弹出的模块列表中选择 1756-CNB/D 通信模块，如图 4-87 所示。

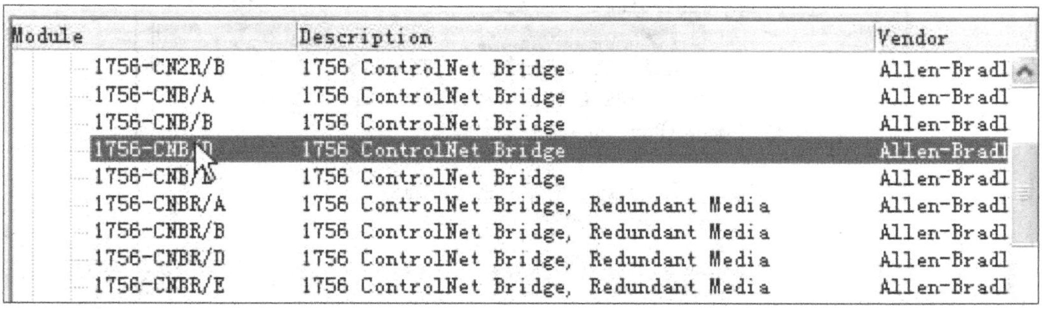

图 4-87　选择 1756-CNB/D 通信模块

在弹出的 1756-CNB ControlNet 通信模块设置对话框中根据 RSLinx 软件中扫描结果填写版本信息如图 4-88 所示。注意，由于主机架使用的是 13 槽框架，所以“Chassis Size”一栏写“13”，RSLinx 扫描结果中 CNB 模块处于 ControlNet 网络的 1 号节点，故节点号写“1”，CNB 模块处于机架上第一槽，故“Slot”项写“1”。点击“OK”完成设置。

接下来，在 CNB 模块下添加主系统的控制器。右键 CNB 模块选择“New Module”添加控制器，如图 4-89 所示。

在图 4-90 所示画面中选择主系统使用的 1756-L61 处理器。

Type: 1756-CNB/D 1756 ControlNet Bridge　Change Type...

Vendor: Allen-Bradley

Parent: LocalCNB

Name: CNB　Node: 1

Description:　Chassis Size: 13

Slot: 1

Comm Format: Rack Optimization

Revision: 7　15　Electronic Keying: Compatible Keying

图 4-88　组态 1756-CNB/D 通信模块

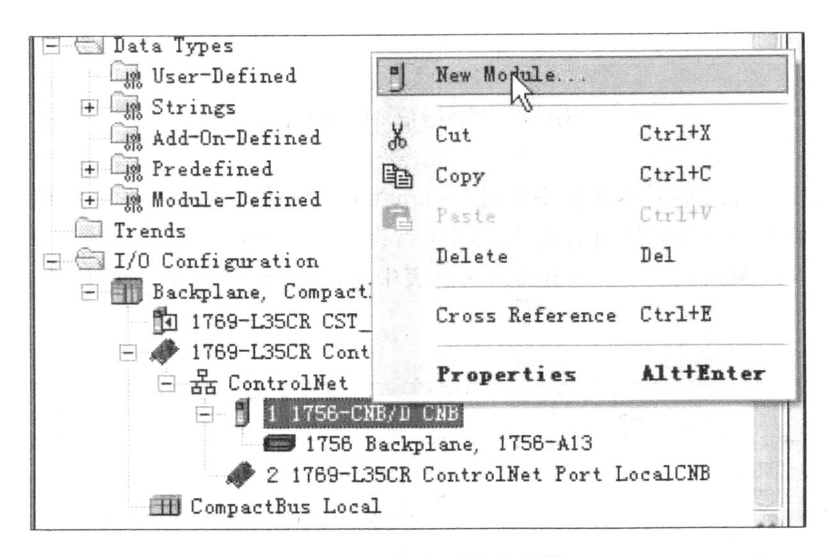

图 4-89　添加主系统处理器

Module	Description	Vendor
⊞ Analog		
⊞ Communications		
⊟ Controllers		
1756-L1	ControlLogix5550 Controller	Allen-Bradl
1756-L53	ControlLogix5553 Controller	Allen-Bradl
1756-L55	ControlLogix5555 Controller	Allen-Bradl
1756-L60M03SE	ControlLogix5560M03SE Controller	Allen-Bradl
1756-L61	ControlLogix5561 Controller	Allen-Bradl
1756-L61S	ControlLogix5561S Safety Controller	Allen-Bradl
1756-L62	ControlLogix5562 Controller	Allen-Bradl

图 4-90　添加主系统处理器 1756-L61

根据 RSLinx 扫描结果，组态控制器，这里给控制器命名为“L61”，注意这个命名可以与主系统中建立的程序名称不一样，如图 4-91 所示。

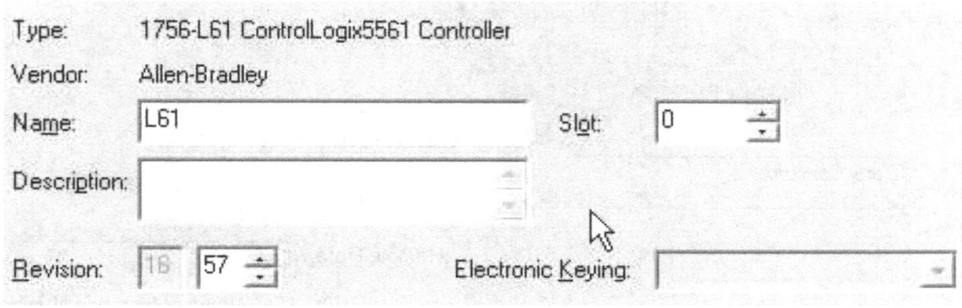

Type:
1756-L61 ControlLogix5561 Controller
Vendor:
Allen-Bradley
Name:
L61
Slot:
0
Description:
Revision:
16
57
Electronic Keying:

图 4-91　组态系统处理器 1756-L61

组态完的系统结构图如图 4-92 所示。

I/O Configuration
Backplane, CompactLogix System
1769-L35CR L35CR
1769-L35CR ControlNet Port LocalCNB
ControlNet
1769-L35CR ControlNet Port Local
1 1756-CNB/D CNB
1756 Backplane, 1756-A13
[0] 1756-L61 L61
[1] 1756-CNB/ CNB
CompactBus Local

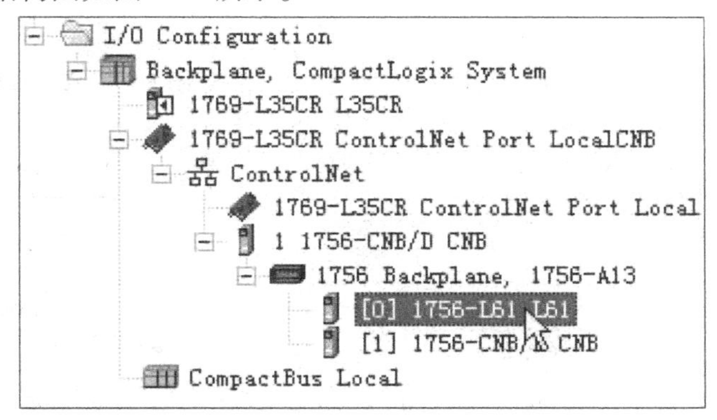

图 4-92　从系统组态结果

组态结束后，开始对从系统进行编程调试。如图 4-93 所示，添加一个名字为 “Date _ Consumer”，数据类型为 “DINT［8］” 的标签。

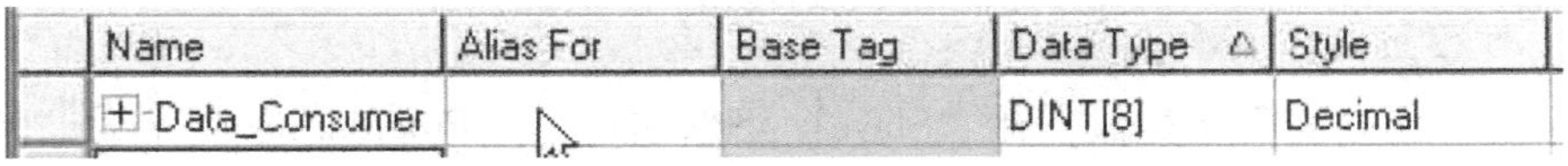

Name
Alias For
Base Tag
Data Type
Style
Data_Consumer
DINT[8]
Decimal

图 4-93　添加 “Date _ Consumer”

右键点击 “Date _ Consumer”，点击 “Edit Tag Properties”，修改 “Date _ Consumer” 属性，如图 4-94 所示。

选择 “Consumed”，消费制定的标签，然后点击 “Connection”，如图 4-95 所示。注意这里连接的是组态时建立的主系统处理器的名称，即 “L61”，连接的是该处理器中的 “Date” 数据。注意该数据名称必须与之前在主系统程序中新建的数据名称一致，否则将无法对时。

新建数据后，再新建例程。右键 “Tasks” 文件夹上点击 “New Task”，建立如图 4-96 所示配置的任务。

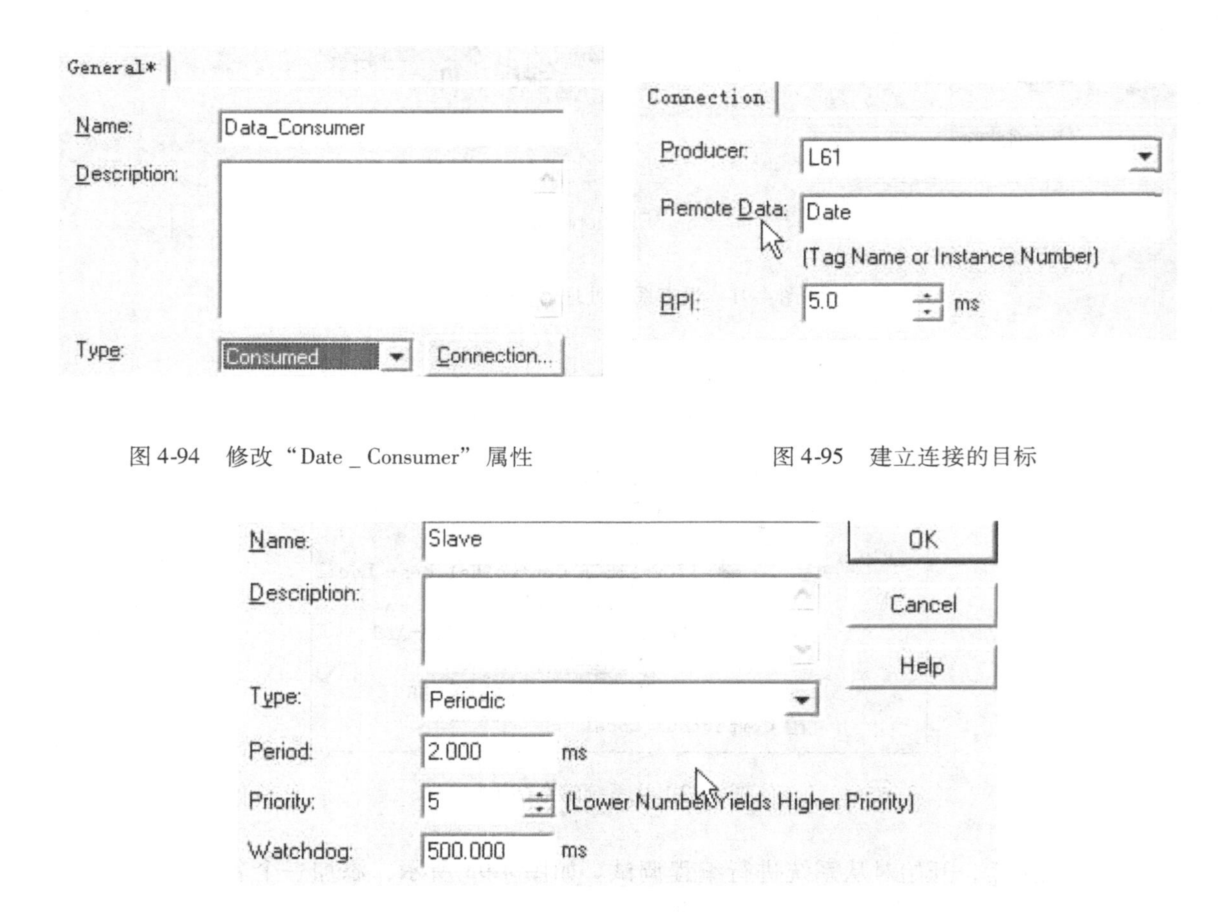

图 4-94　修改“Date _ Consumer”属性

图 4-95　建立连接的目标

图 4-96　新建从系统任务

与主系统中建立的程序类似，在“Slave”下新建一个“Program”，名字为“Main”；在“Main”下新建一个“Routine”，名字为“SSV”。右键单击“Main”的属性“Properties”栏，将“Main”的主“Routines”定为新建的名为“SSV”的“Routine”，单击“OK”结束。

在“SSV”例程中输入“SSV”指令，填写如图 4-97 所示的参数和标签。

检验程序后保存并下载至从站的 CompactLogix 处理器中。但是通过观察，发现“I/O not responding”的灯在处理器上闪动，并且远程 ControlLogix 系统的 CPU 模块上有黄色的三角标记，如图 4-98 所示。这表示远程 CPU 广播的“Producer”数据属于“Schedule”的数据，需要进行 ControlNet 网络规划后才能使用。

打开 RSNetWorx for ControlNet 软件。选择要扫描的 ControlNet，如图 4-99 所示。

点击“OK”后，扫描结果如图 4-100 所示。

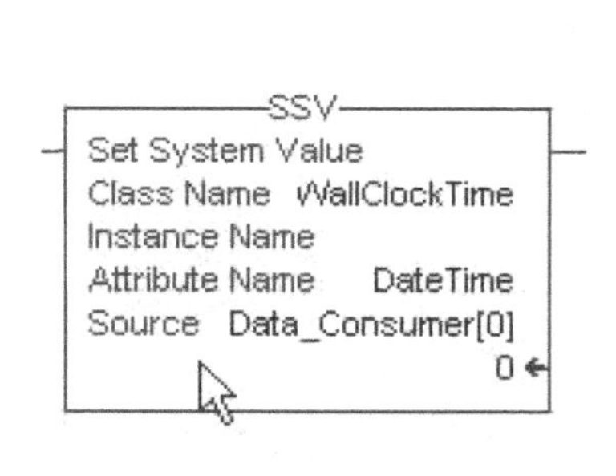

图 4-97　配置“SSV”参数

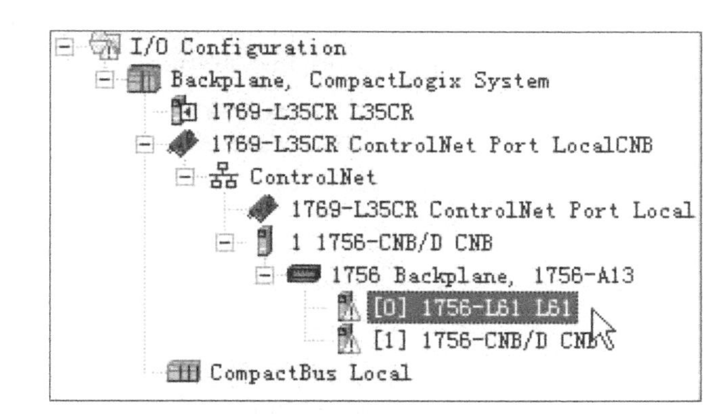

图 4-98　未进行 ControlNet 的网络规划的状态

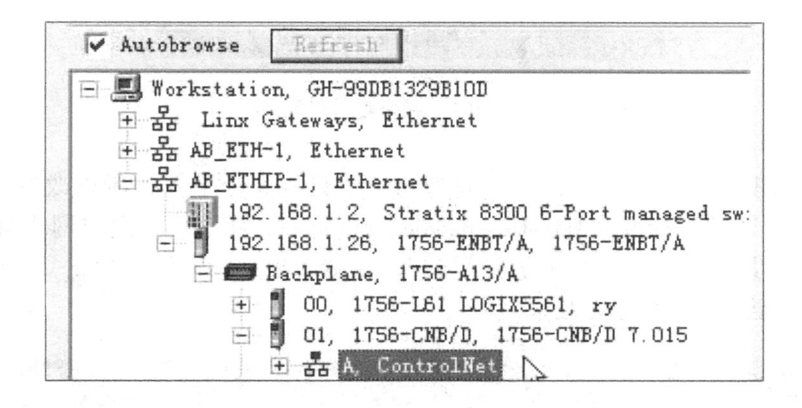

图 4-99　选择要扫描的 ControlNet

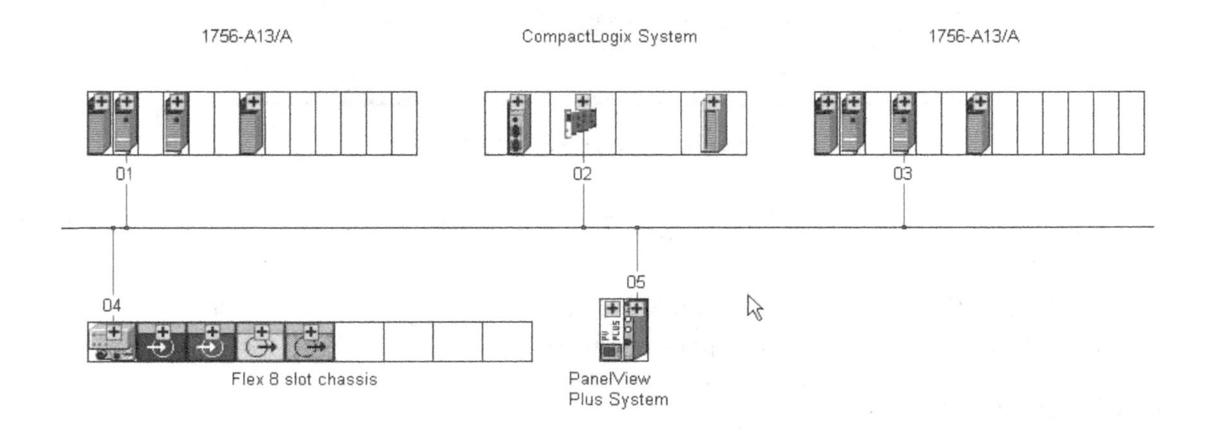

图 4-100　扫描结果

单击菜单中"Network"的"Properties"项进行网络参数设定，如图 4-101 所示。

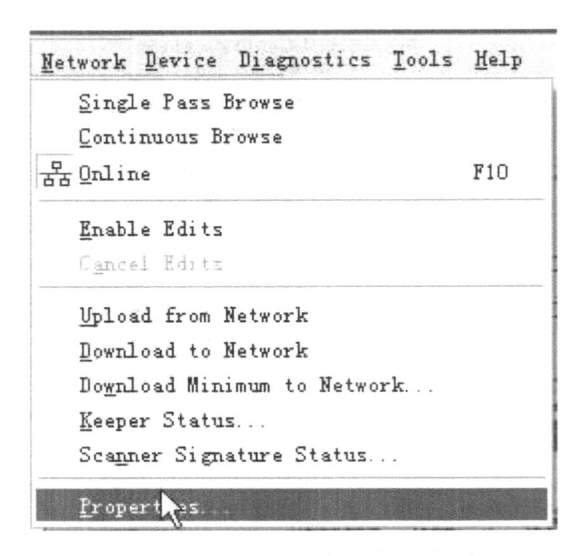

图 4-101　网络参数设定

点击后，出现了网络参数对话框。因为网络中只有 5 个节点，所以改变"Max Scheduled Address"为"5"，改变"Max Unscheduled Address"为"6"，设定网络参数后，再次扫描，进行下一步。单击菜单栏中的保存按钮，在随后出现的画面中单击"OK"继续，如图 4-102 所示。至此，网络组态结束。

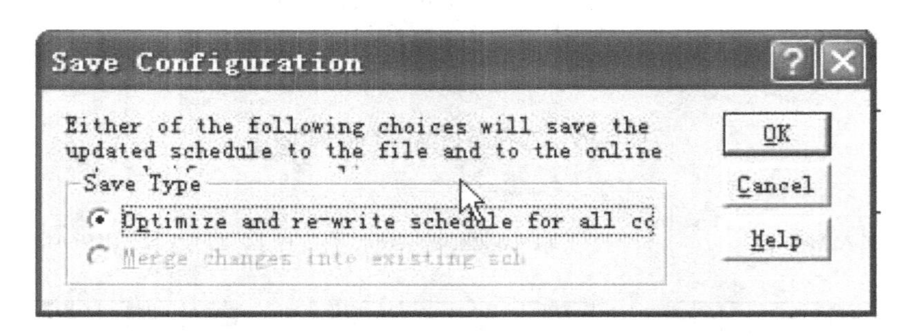

图 4-102　保存网络组态信息

回到 RSLogix5000 编程界面，在线观察，发现黄色三角标记已经消失，并且处理器的 I/O 显示"OK"，如图 4-103 所示。

在线后将处理器转到运行状态，打开从站控制器标签，观察时间数据是否与主站一致，如图 4-104 所示。至此，ControlLogix 和 CompactLogix 系统对时实验结束。

4.2.5　清除 Keeper

在 ControlNet 网络中如果节点设备或参数发生了改变，就需要适时地清除 ControlNet 网络中残留的 Keeper 信息，这样可以更好地确保重新组态的 ControlNet 网络运行通畅。

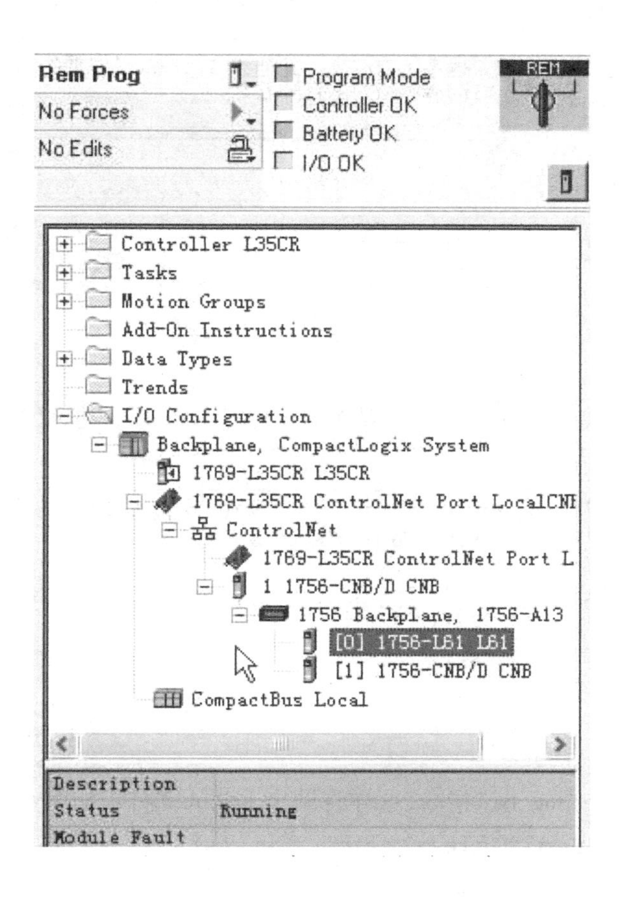

图 4-103　网络优化后程序正常

Scope: CST_Master　Show...　STRING, ALARM, ALARM

Name	Value	Force M	Style	Data Type
− Date	{...}	{...}	Decimal	DINT[8]
+ Date[0]	2012		Decimal	DINT
+ Date[1]	10		Decimal	DINT
+ Date[2]	15		Decimal	DINT
+ Date[3]	9		Decimal	DINT
+ Date[4]	13		Decimal	DINT
+ Date[5]	0		Decimal	DINT
+ Date[6]	432630		Decimal	DINT

Scope: CST_Slave

Name	Value
− Date_Consumer	{...}
+ Date_Consumer[0]	2012
+ Date_Consumer[1]	10
+ Date_Consumer[2]	15
+ Date_Consumer[3]	9
+ Date_Consumer[4]	13
+ Date_Consumer[5]	0
+ Date_Consumer[6]	408630

图 4-104　校验主从系统时间

1）首先在 Windows 界面下，在开始菜单- > 运行中输入 DOS 指令“cmd”，进入 MS-DOS 模式，如图 4-105 所示。

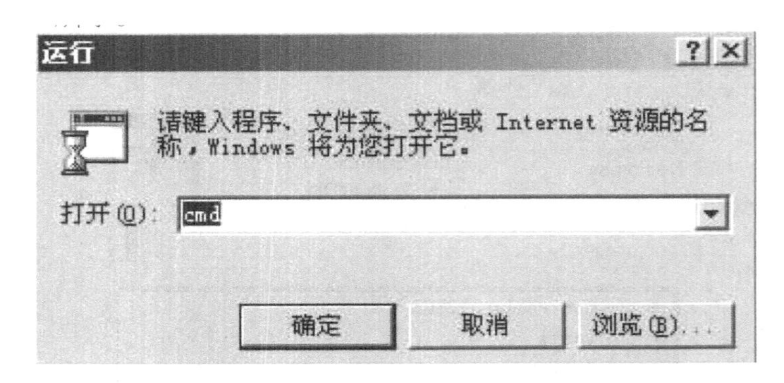

图 4-105　输入“cmd”命令

2）在 MS-DOS 模式中，键入“cd \ WINNT \ SYSTEM32”，进入“WINNT \ SYSTEM32”目录，如图 4-106 所示。

```
Microsoft Windows 2000 [Version 5.00.2195]
(C) 版权所有 1985-2000 Microsoft Corp.

C:\Documents and Settings\ralab>cd\winnt\system32

C:\WINNT\system32>_
```

图 4-106　“System32”目录

3）键入“clearkeeper log. txt”指令，这样将调出 RSLinx 窗口，如图 4-107、图 4-108 所示。

```
C:\WINNT\system32>clearkeeper log.txt

WARNING: Environment Variable 'ASAOBJ_CONFIG'
         or Registry Entry 'AB.1756-LL40.1\Rx\Properties\
         Should be Assigned to a Directory!
Error - Device Class:                OA Structure Template
Error - Device Instance:             OA Structure Template
```

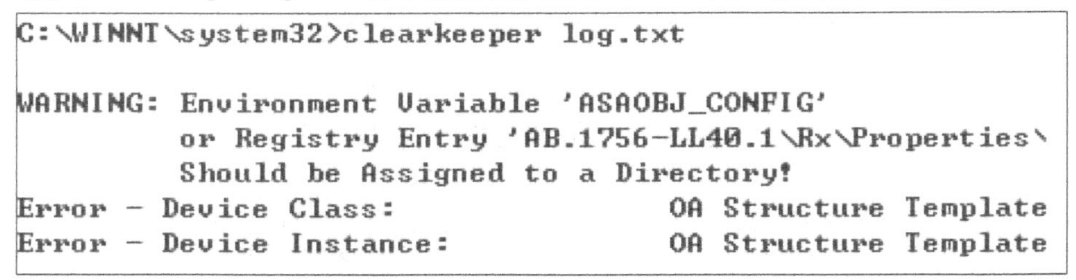

图 4-107　执行 ClearKeeper 命令（一）

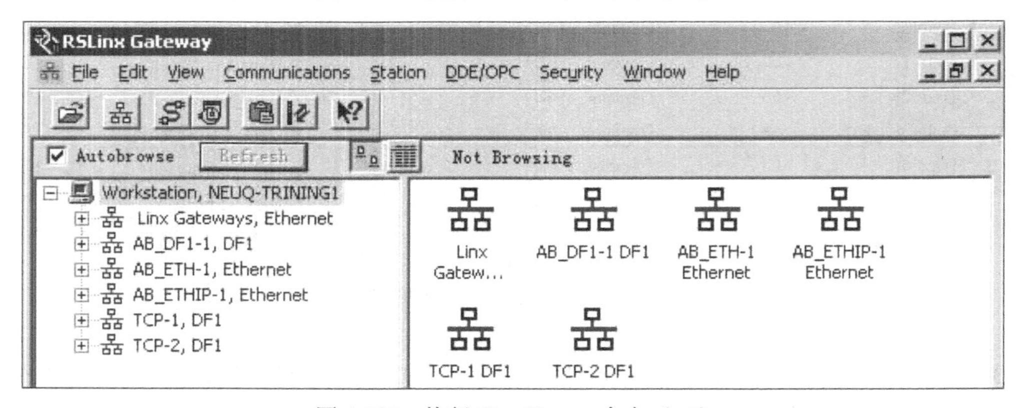

图 4-108　执行 ClearKeeper 命令（二）

4）在 ControlLogix 机架上，注意到 CNB 模块上显示“A#01”，此时 OK 灯处于闪烁状态。

5）在 RSLinx 中，向下展开，找到位于节点 1 的 CNB 模块，然后双击 CNB 模块，同时迅速观察 CNB 模块上的显示情况。显示内容被清除，接着滚动显示版本号。如果出现该现象，表示完成了清除 Keeper 的任务。

6）关闭所有窗口。

ClearKeeper 程序可在 Rockwell Automation 网站上下载，也可由 RSLogix5000 的安装光盘中获取。

4.3 DeviceNet 网络组态

DeviceNet 是由美国 Rockwell 公司在 CAN 基础上推出的一种低成本的通信连接。它将基本工业设备（如光电传感器、电动机起动器、输入/输出设备等）连接到网络，如图 4-109 所示，这种网络连接避免了昂贵和繁琐的硬接线。

DeviceNet 是一种简单的网络解决方案，在提供多个供货商同类部件间的可互换性的同时，减少了配线和安装工业自动化设备的成本时间。DeviceNet 的直接互联性不仅改善设备间的通信，而且同时提供了相当重要的设备级自诊断功能。这是通过硬接线 I/O 接口很难实现的。

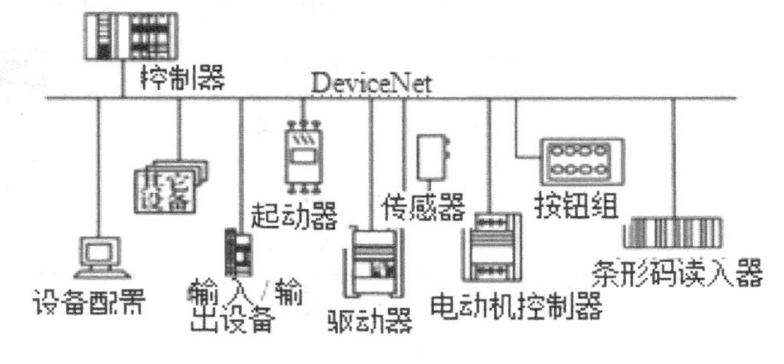

图 4-109 DeviceNet 通信连接实例

DeviceNet 属于总线式串行通信网络，与一般的通信总线相比，DeviceNet 总线的数据通信具有突出的可靠性、实时性和灵活性。其特点可概括如下：

1）采用 CAN 物理层和数据链路层规约，使用 CAN 规约芯片。

2）网络上最多可以容纳 64 个节点，每个节点支持的 I/O 数量没有限制。

3）网络拓扑结构灵活，采用主干线—分支线总线拓扑结构。

4）节点设备可通过网络统一配电（信号线和电源线都包含在干线中），也可以配置为自行供电。

5）大电流容量（每个电源最大容量可以达到 16A）。

6）网络数据传输速率可选 125kbit/s，250kbit/s，500kbit/s 三种。

7）具有误接线保护功能，并可带电更换网络节点，在线修改网络配置。

8）支持位选通（Bit-Strobe）、轮询（Polled）、周期传送（Circle）和状态改变（Change Of State，COS）的数据传递方式。

9）采用非破坏性逐位仲裁机制（Carrier Sense Multiple Access with Non-destruction Bitwise Arbitration，CSMA/NBA）实现按优先级发送信息。

10）具有通信错误分级检测机制，通信故障的自动判别和恢复功能。

11）采用生产者/消费者网络模型，支持对等、多主、主/从通信方式。

12）既适用连接低端工业设备，又能连接变频器、操作员终端等复杂设备。

4.3.1 PowerFlex40 变频器控制

变频器是 DeviceNet 网络上最常见的一种设备，下面将通过组态 PowerFlex40 变频器在 DeviceNet 网络上的控制来学会整个组态过程。

1）将带有 22-COMM-D 适配器的 PowerFlex40 变频器上电。这里为了方便实验，先将 22-COMM-D 适配器设置节点的拨码开关设置为 3 号节点。

2）为实现网络控制，需要在变频器的参数中，将“P36［Start Source］”设为“5”，即选择 Comm Port（通信端口给定）；将“P38［Speed Reference］”设为 5，选择 Comm Port（通信端口给定）。

3）启动 RSNetWorx for DeviceNet 软件，选择 DeviceNet 网络后 Online（上线），所有设备出现的画面上，如图 4-110 所示。

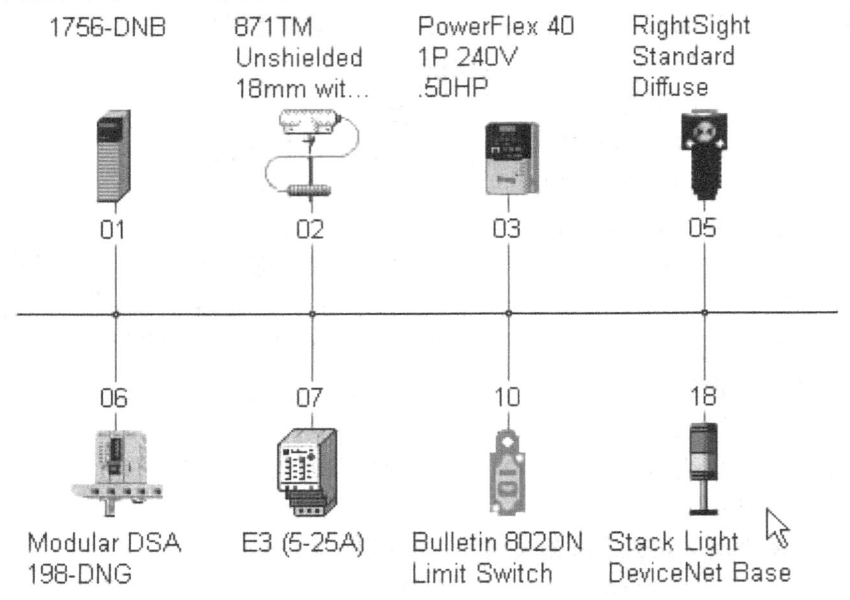

图 4-110 DeviceNet 网络结构图扫描

双击 1756-DNB 设备网扫描器模块，配置其属性。注意：在“Module”（模块）选项卡中，将“Slot”置为 1756-DNB 模块在机架中的槽号。

4）选择“Scanlist”（扫描列表）选项卡，将 PowerFlex 40 放入右侧的“Scanlist”（扫描列表）中，如图 4-111 所示。

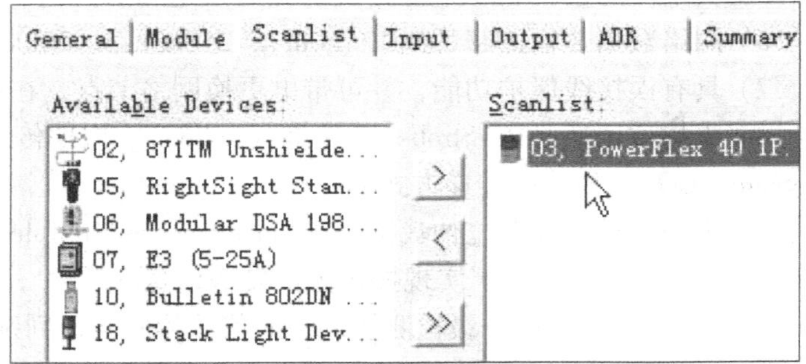

图 4-111 配置扫描列表选项卡

5）选择“Input”（输入映像字）选项卡，输入映像字包括两部分：状态字和频率反馈字，各占一个字。单击“Advanced”（高级）按钮，将其地址重新分配。配置界面如图 4-112 所示。

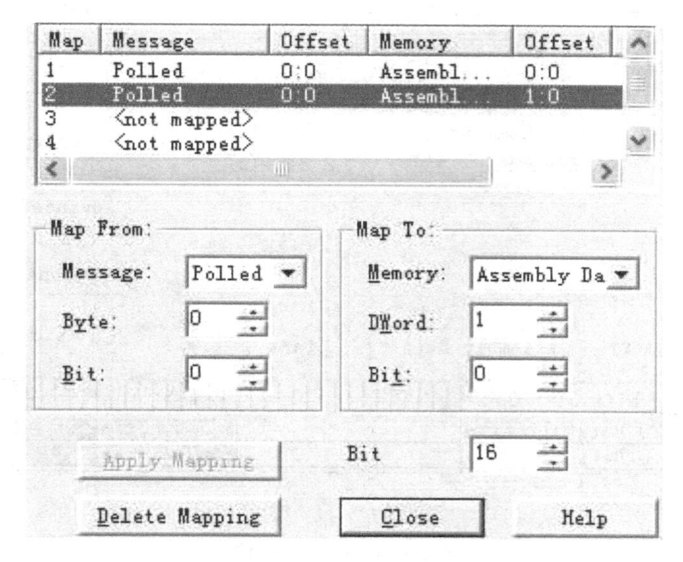

图 4-112　地址重新分配界面

配置结果如图 4-113 所示。

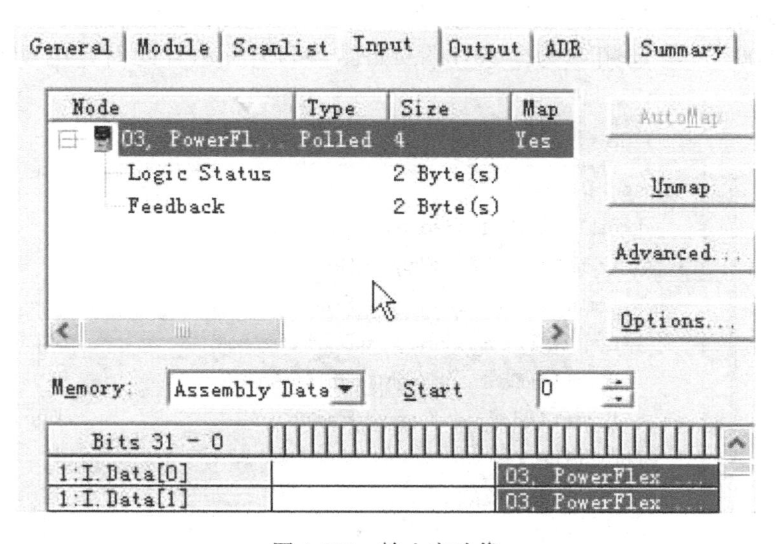

图 4-113　输入字映像

6）选择“Output”（输出映像字）选项卡，输出映像字包括两部分：控制字和给定频率字。单击“Advanced”（高级）按钮，将其地址分配成如图 4-114 所示。完成后，单击“OK”。

7）打开 RSLogix5000 软件，创建一个 ControlLogix 的项目，在 I/O 组态文件夹下添加一个设备网扫描器模块 1756-DNB。在新模块列表中选择 1756-DNB，并配置其属性。

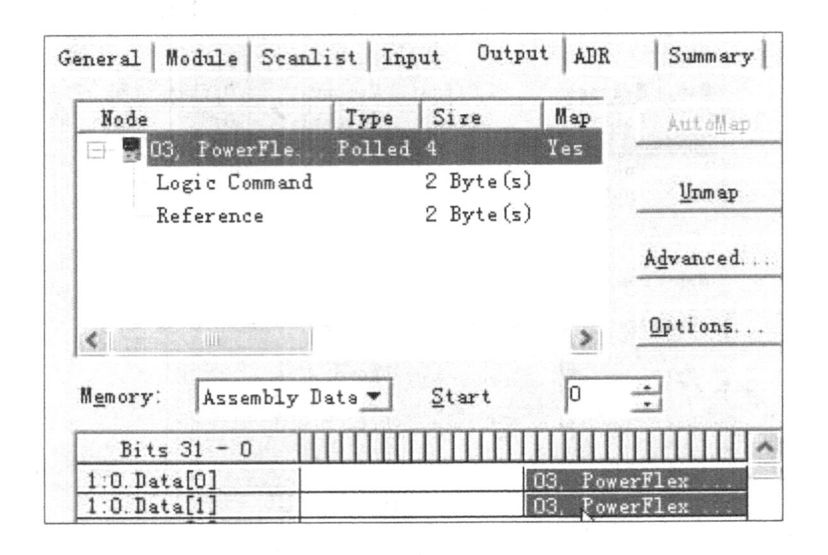

图 4-114　输出字映像

8）在 Controller Scope Tag 表中，查找自动生成的 1756-DNB 数据结构体。将“CommandRegister. Run”位置“1”，使 DNB 处于运行模式。

9）将“Local: 1: O. Data［0］”的值设为“2”，启动变频器；并将“Local: 1: O. Data［1］”设为“500”，给定频率为“50Hz”，如图 4-115 所示。此时，电动机应已开始运行。

Local:1:O	{...}
Local:1:O.CommandRegister	{...}
Local:1:O.CommandRegister.Run	1
Local:1:O.CommandRegister.Fault	0
Local:1:O.CommandRegister.DisableNetwork	0
Local:1:O.CommandRegister.HaltScanner	0
Local:1:O.CommandRegister.Reset	0
Local:1:O.Data	{...}
Local:1:O.Data[0]	2
Local:1:O.Data[1]	500
Local:1:O.Data[2]	0

图 4-115　启动变频器

10）此时，在 DNB 的输入映像字区域“Local: 1: I. Data”可读出反馈字，如图 4-116 所示。其中，“Local: 1: I. Data［0］”为变频器逻辑状态字，“Local: 1: I. Data［1］”为变频器当前频率。

Name	Value	Force M	Style	Data Type
− Local:1:I	{...}	{...}		AB:1756_DNB_
+ Local:1:I.StatusRegister	{...}	{...}		AB:1756_DNB_
− Local:1:I.Data	{...}	{...}	Decimal	DINT[10]
+ Local:1:I.Data[0]	1295		Decimal	DINT
+ Local:1:I.Data[1]	1295		Decimal	DINT
+ Local:1:I.Data[2]	0		Decimal	DINT

图 4-116　变频器反馈字

4.3.2　自动更换设备功能

当 DeviceNet 网络上的设备出现故障时，维护工程师将不得不以手动的方式对新设备进行重新组态编程。因此，维护中最担心的是变频器发生故障后需要很长时间才能恢复生产，对此 DeviceNet 网络中的“自动更换设备（ADR）”功能将发挥意想不到的作用。ADR 能够在更换设备以后，节点重新进入网络时，自动地组态该节点。ADR 不仅能够自动设定节点地址，还能将合适的组态信息下载到新入网的节点设备。这样，维护工程师只需要简单拆下故障设备，装上新设备，就可以完成故障设备的更换，其余的事情扫描器会自动进行处理。具体操作过程如下：

1）双击打开 RSNetWorx for DeviceNet，单击“Online”（在线）图标，选择 DeviceNet 网络后单击“确定”，扫描到网络如图 4-117 所示。在该网络上，可以看到有两个变频器设备，分别为 04 号节点和 63 号节点。

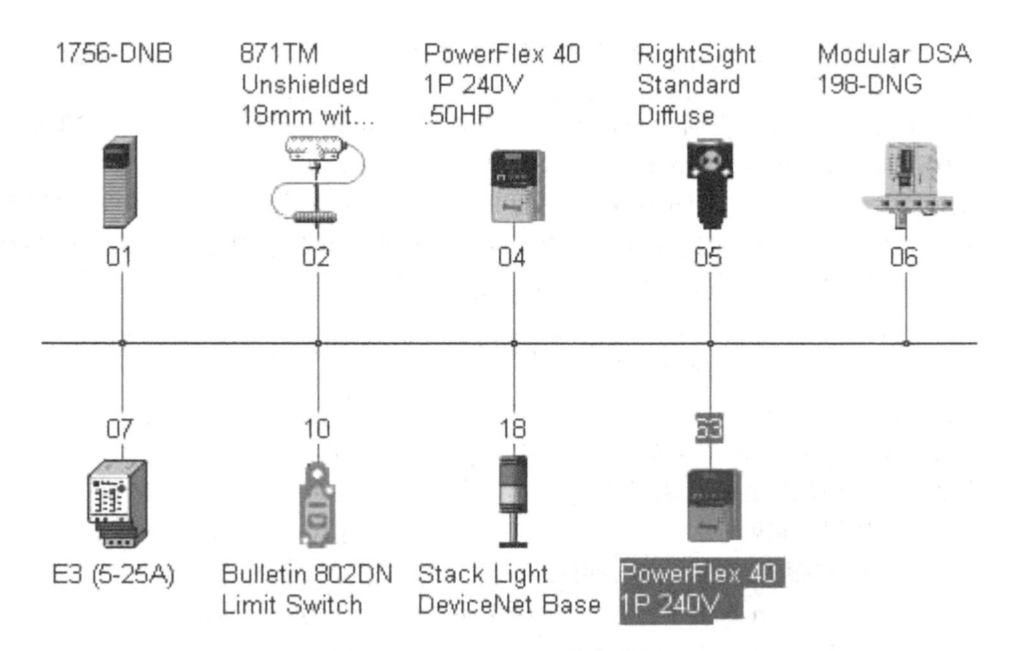

图 4-117　DeviceNet 网络扫描结果

ADR 是罗克韦尔自动化公司的 DeviceNet 扫描器所具备的一个特性。它允许一个主扫描器将每个可用设备的组态情况都存储在它的扫描列表中，如果一个设备发生故障，那么，在用于更换的设备（63 号节点）进入网络时，主扫描器就会自动地将故障设备的组态参数发送给新的设备。本实验中，将 04 号节点的变频器作为发生故障（如掉电）的设备，63 号节点的变频器作为用于更换的设备。

这里对 PowerFlex40 变频器的 DeviceNet 通信模块 22-COMM-D 适配器进行说明。在不知道模块的软件节点地址时，通过 22-COMM-D 的拨码开关可以手动的设置其在 DeviceNet 网络中的节点地址。将拨码开关都打到“close”，即 0 的位置时，22-COMM-D 适配器的 DeviceNet 网络节点地址就通过软件进行配置，具体配置参数如图 4-118 所示。

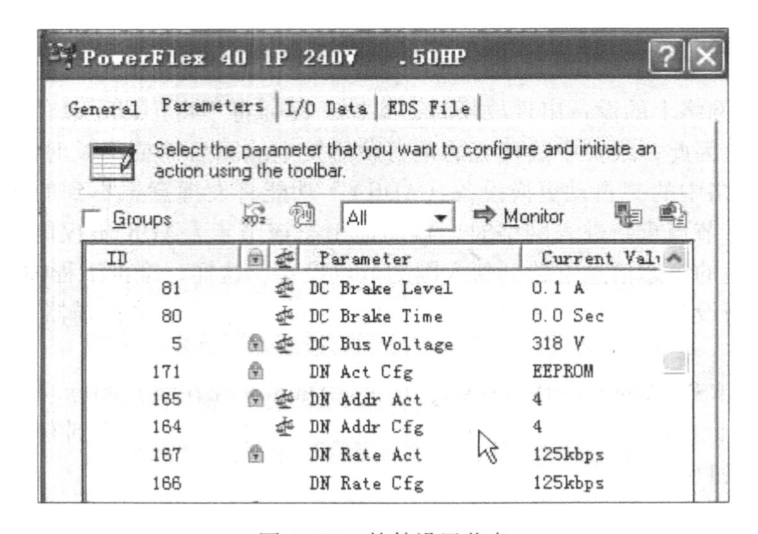

图 4-118 软件设置节点

在拨码开关都打到 0 状态时，适配器的节点地址（即变频器的节点地址）由参数 DN Addr Cfg 确定，波特率由参数 DN Rate Cfg 确定。

在本实验中，需要使用 1756-DNB 模块的 ADR 功能，该功能要求替换的设备采用软件设置节点地址的方式，所以事先可以先用拨码开关设置变频器节点地址，然后在 RSNetWorx for DeviceNet 软件中更改适配器的上述参数为“4”和“63”，波特率都为“125kbps”，然后把拨码开关都拨回 0 状态，使用软件设置节点方式。

2）右键单击网络背景（注意：不能单击具体设备），从弹出菜单中选择“Upload”（上载），如图 4-119 所示。

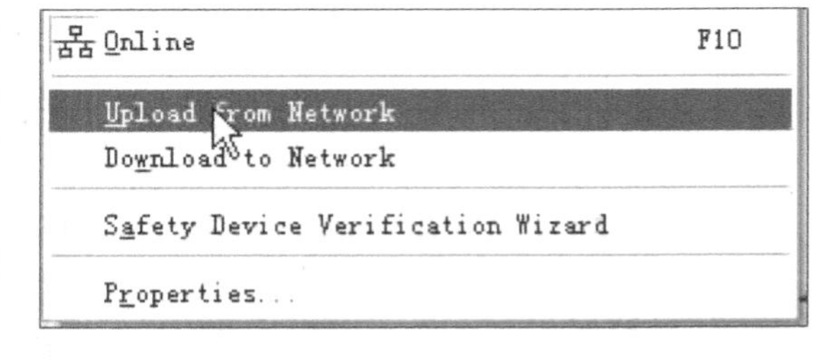

图 4-119 上载 DeviceNet 网络所有设备信息

3）双击 04 号变频器节点，弹出如图 4-120 所示画面，将“Start Source”和“Speed Reference”改为“Comm Port”，单击“OK”确定。注意，此时不修改 63 号节点参数。

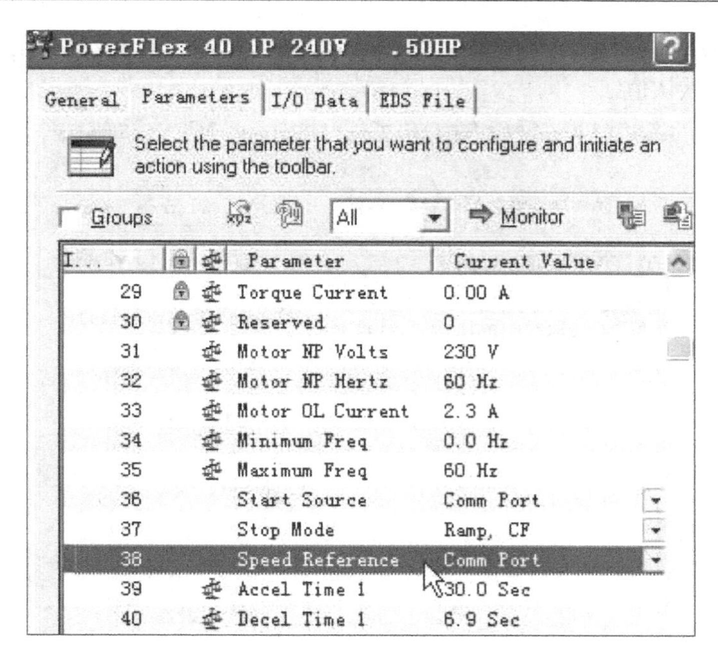

图 4-120　更改 4 号变频器参数

4）双击 1756-DNB 扫描器模块，单击“Scanlist”（扫描列表）选项卡，将 04 号变频器节点添加到“Scanlist”（扫描列表）中，如图 4-121 所示。

5）选择“ADR”选项卡，选中“Enable Auto-Address Recovery”复选框。然后，单击“Load Device Config”（加载设备组态），选中“Configuration Recovery”（恢复组态信息）复选框。

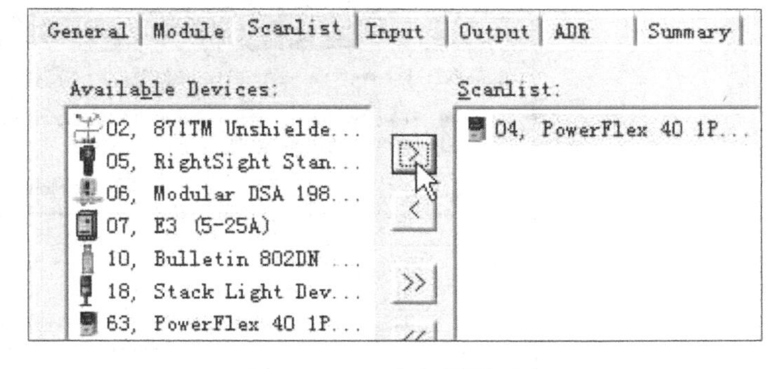

图 4-121　组态扫描器列表

检查右侧的“ADR Space (in Bytes)”框。“Used”框中的数字表示在 1756-DNB 扫描器中已经存储了多少字节的组态数据，可用字节的总数显示在“Total”框中。当所存储的数据量达到总的字节数时，就不能再存储任何其他的组态信息。

ADR 的第二部分是 Auto-Address Recovery（自动恢复地址）。自动恢复地址只对于那些允许软件设定节点地址的设备适用。在本实验中，将变频器的 DeviceNet 通信适配卡设置为软件设定节点地址，即出厂默认值 63 号节点。

设置完成后如图 4-122 所示。

6）单击“Download to Scanner”（下载到扫描器），将组态信息下载到扫描器中，然后单击“Apply”（应用）。

7）下载完参数后，从 RSNetWorx for DeviceNet 软件中可以看到 04 号变频器节点未掉电时，DeviceNet 网络的扫描情况和原来一样。同时，查看 63 号节点变频器的参数情况如图 4-123 所示，为出厂默认值。

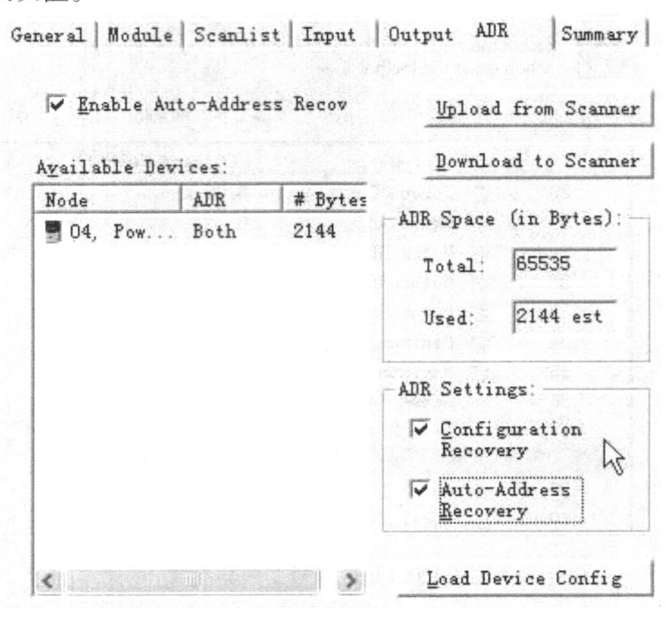

图 4-122　ADR 功能设置

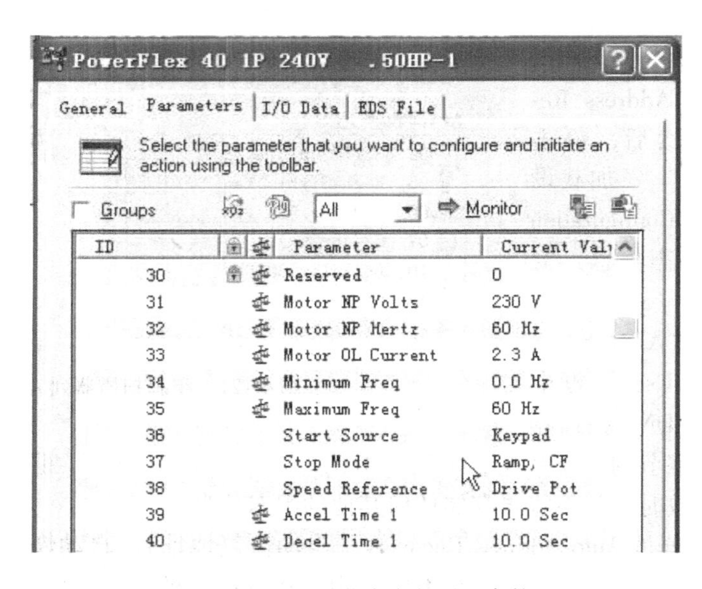

图 4-123　63 号节点变频器的参数

8）现在将 04 号变频器断电，扫描器 1756-DNB 将检测到“Scanlist”（扫描列表）中的 04 号变频器节点从网络上断开。此时，ADR（自动设备更换）开始发挥作用。1756-DNB 检测网络上是否有 63 号节点接入，如果有，且与 ADR 中设备属性一致（即都为同类型的设备），则自动将故障设备地址和组态信息下载到该设备中以替换故障设备。这时，网络上 63

号变频器节点处于断开状态，04 号变频器节点恢复工作，如图 4-124 所示。

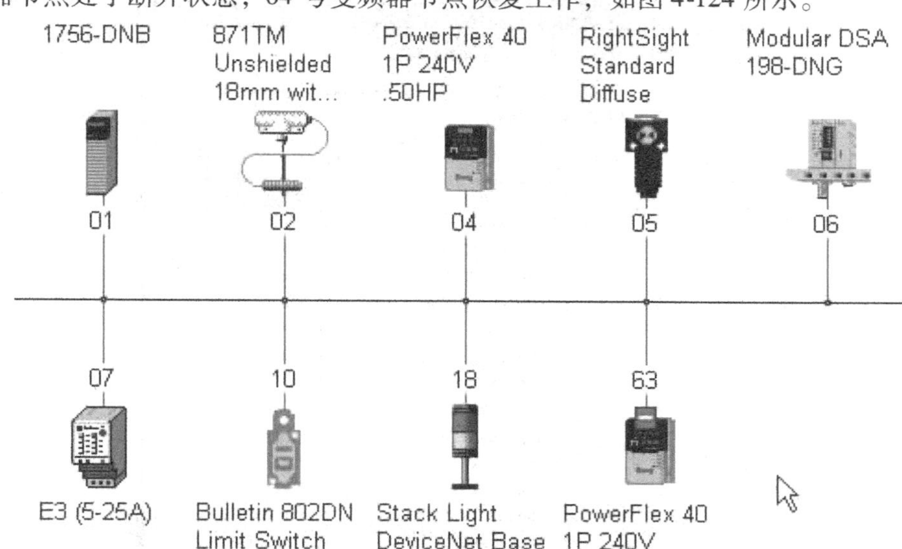

图 4-124　节点自动替换

9）双击恢复后的 04 号变频器节点，发现其参数“Start Source”和“Speed Reference”改为“Comm Port”，表示组态信息已恢复，如图 4-125 所示。

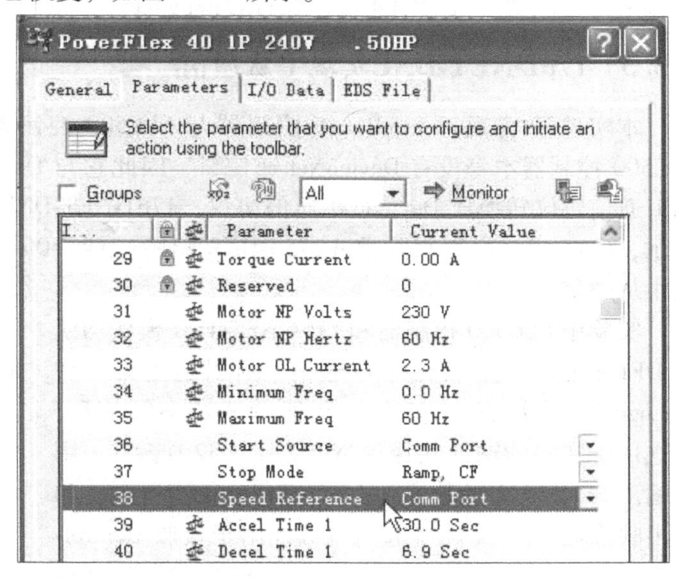

图 4-125　检验 ADR 功能

仔细观察，不难发现 63 号节点变频器完全代替了原来的 04 号节点，包括组态信息、节点地址和在 RSNetWorx for DeviceNet 软件中的设备名称。原来的 63 号节点地址变频器名称为 PowerFlex 40 1P 240V .50HP-1，04 号节点掉电一段时间后（30s 左右），63 号变频器自动替换 04 号变频器，此时节点地址为 63 的变频器已经不存在了，所以显示 63 号变频器离线。查看 04 号节点信息时设备名称仍然是名称为 PowerFlex 40 1P 240V .50HP 和原来的参数组态信息，但实际上该节点设备是原来的 63 号节点设备。

为了验证原来的 63 号节点设备组态信息已经改变，可以恢复原来的 04 号节点设备，然后把原来的 63 号设备的 22-COMM-D 通信模块中设置节点地址的拨码开关设置为 63，这样在 RSNetWorx for DeviceNet 软件中又可以重新扫描到 63 号节点设备，查看其组态信息如图 4-126 所示。

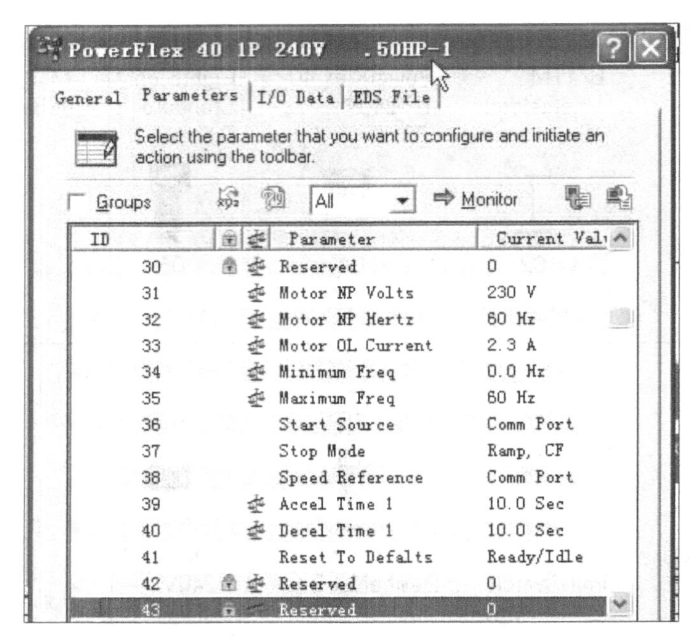

图 4-126　检验原来的 63 号节点设备组态信息

从图中可以看到该设备的名称又变回了 PowerFlex 40 1P 240V . 50HP-1，但是其 36 和 38 号参数已经改变，说明刚才是该设备替换的 04 号节点设备。

4.3.3　1761-NET-DNI 实现主从通信

本实验要实现 ControlLogix 控制器与 SLC500 控制器在 DeviceNet 上的主从通信，而 SLC500 控制器本身没有 DeviceNet 通信口，因此它与 DeviceNet 设备通信时，需要将串口的 DF1 通信协议转换成 DeviceNet 通信协议，1761-NET-DNI 模块提供了这一功能。如图 4-127 所示，ControlLogix 控制器通过 1756-DNB 模块与 SLC500 控制器通过 1761-NET-DNI 模块建立起主从通信。

实验中 SLC500 控制器和 1761-NET-DNI 模块均使用 DF1 通信方式，使用串口通信，所以这里需要在 RSLogix500 中设置 SLC500 控制器的波特率等信息，建立用于实验的输入映像区 N9 文件（32 个字），用于输出 SLC500 中的数据到 ControlLogix 控制器中；和输出映像区 N10 文件（32 个字），用于接收 ControlLogix 控制器的输出数据。而 1761-NET-DNI 需要在 RSNetWorx for DeviceNet 软件中设置波特率、DF1 通信设备类型、数据扫描延时和设备监测脉冲等参数。注意本例中使用的是 B 系列的 1761-NET-DNI 模块，其允许映射的数据区域大小有别于 A 系列。

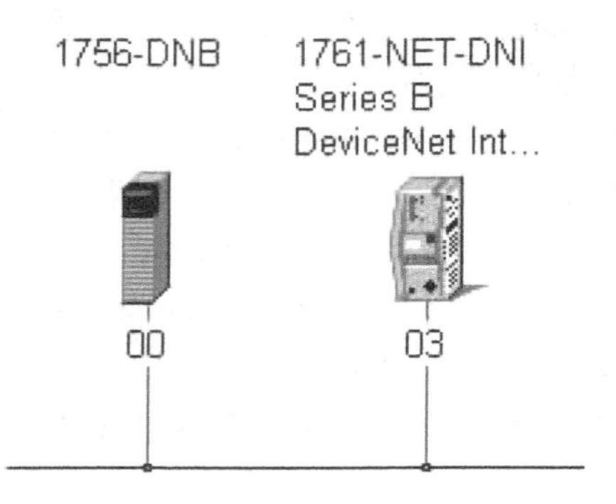

图 4-127　DeviceNet 网络扫描结果

另外在 SLC500 控制器中还需要编写一条设备检测脉冲程序，在组态 1761-NET-DNI 模块时将会介绍程序内容及其作用。

使用 RSLogix5000 软件组态 ControlLogix 控制器的主要工作是组态 1756-DNB 模块，给模块分配数据映像区。

该例主要部分是主从通信，建立主从通信可分为两个步骤：一是 1761-NET-DNI 模块与 SLC500 控制器之间的 DF1 串行通信，控制器的部分整型文件（或位文件）与 1761-NET-DNI 的输入/输出数据区建立映射关系；二是 1756-DNB 模块与 1761-NET-DNI 模块之间的 DeviceNet 主从通信，1761-NET-DNI 输入/输出数据映射到 1756-DNB 的输入/输出映像表中。因此，SLC500 控制器通过程序将输入/输出文件的数据传送到整型文件（或位文件）中，经过两次映射与 1756-DNB 模块建立了从站与主站的通信关系。

1. 配置 1761-NET-DNI 模块

在 RSNetWorx for DeviceNet 软件中找到扫描按钮，弹出如图 4-128 所示的配置网络位置对话框，在树状展开图中找到本实验使用的 1756-DNB 模块，展开模块所带的网络，选择"DeviceNet"。

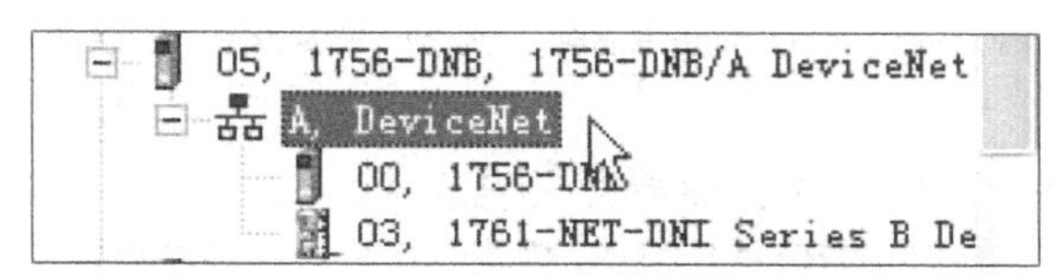

图 4-128 选择 DeviceNet 网络所在的位置

扫描结束后，双击 1761-NET-DNI 模块图标对该模块进行需要的配置。1761-NET-DNI 模块的节点地址配置界面如图 4-129 所示，该节点地址即模块在 DeviceNet 网络中的地址。

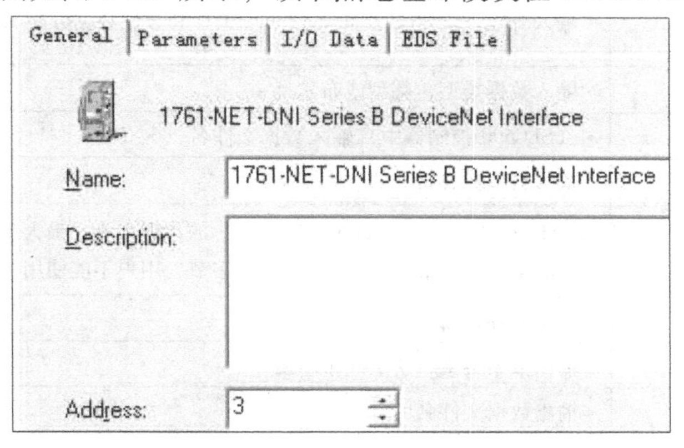

图 4-129 1761-NET-DNI 模块的节点地址配置界面

节点配置结束后，点击"Parameters"选项卡，将会弹出参数上/下载对话框，选择上载参数（upload），然后根据需要进行变更。

这里需要提出的是如果需要变更 Input/Output Size（输入/输出大小）、Input/Output Split Point（输入/输出分隔点）等数据时需要先将"I/O Scan Enable"参数"Disable"，如图 4-130 所示，只有这样才能将修改的参数下载到 1761-NET-DNI 模块中。

修改参数后点击界面右上角 图标将修改的参数下载到模块中。参数修改及下载结束后，需要再将"I/O Scan Enable"参数改回到"Enable"状态，然后点击"确定"。

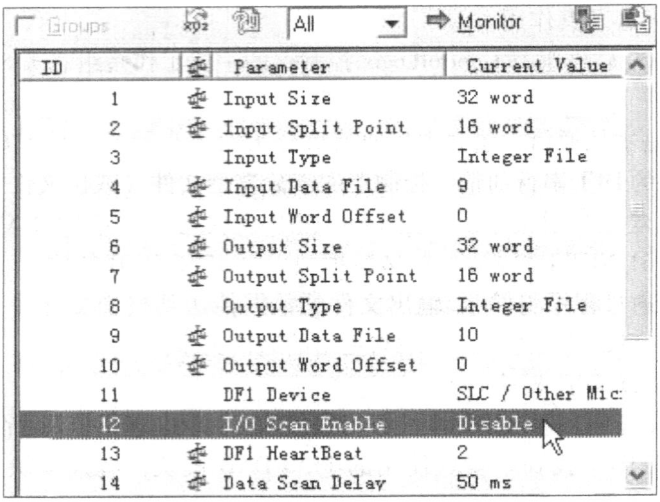

Groups　All　Monitor

ID	Parameter	Current Value
1	Input Size	32 word
2	Input Split Point	16 word
3	Input Type	Integer File
4	Input Data File	9
5	Input Word Offset	0
6	Output Size	32 word
7	Output Split Point	16 word
8	Output Type	Integer File
9	Output Data File	10
10	Output Word Offset	0
11	DF1 Device	SLC / Other Mic
12	I/O Scan Enable	Disable
13	DF1 HeartBeat	2
14	Data Scan Delay	50 ms

图 4-130　将“I/O Scan Enable”参数“Disable”以修改参数

1761-NET-DNI 模块参数列表的各参数含义见表 4-5。

表 4-5　1761-NET-DNI 模块（B 系列）参数含义

参数号	参数	含　义
1	Input Size	输入到 DNI 模块的 RS-232 口的数据大小，最大 32 个字，最小为 1 字；第一个字的第一个字节（byte 0）为状态字节，用户不能使用
2	Input Split Point	输入分隔点。定义了 Master/Slave I/O 和显性数据分配的大小，具体信息见说明 1
3	Input Type	输入数据类型，整型或布尔型
4	Input Data File	（SLC500 控制器中）输入数据文件名
5	Input Word Offset	输入数据偏移量，即从哪个字开始
6	Output Size	DNI 模块输出（到 SLC500 控制器）的数据大小，最大 32 个字，最小为 1 字；第一个字的第一个字节（byte 0）为状态字节，用户不能使用
7	Output Split Point	输出分隔点
8	Output Type	输出数据类型，整型或布尔型
9	Output Data File	输出数据文件名
10	Output Word Offset	输出数据偏移量
11	DF1 Device	与 DNI 模块通信的 DF1 设备类型，0：Other；1：PLC；2：SLC/Other MicroLogix；3：MicroLogix 1000
12	I/O Scan Enable (Polling Enable)	该参数可以使能 DNI 模块去扫描 DF1 设备，或是和 DF1 设备做 I/O 数据交换；当修改大部分 DNI 参数时，需要将该参数“Disable”，修改保存结束后，使能该参数
13	DF1 Heartbeat	数据脉冲监测次数，具体含义见说明 2
14	Data Scan Delay (Polling Delay)	数据扫描延迟时间，指两次通信之间的延迟时间，根据需要确定，本实验采用默认值 50ms

（续）

参数号	参数	含　义
15	Message Timeout	信息超时设定，本实验采用默认值 0ms
16	DF1 Substitute Address	DF1 替代地址，本实验采用默认值 64，即不使用替代地址
17	DF1 Autobaud	自动检测 DF1 设备波特率，本实验已知控制器波特率，故禁止该位
18	DF1 Baud Rate	DF1 设备波特率，本实验即 SLC500 串口的通信波特率
19	DeviceNet Autobaud	自动检测设备的设备网波特率，本实验采用默认值

说明 1：

SLC500 数据区和 1761-NET-DNI 数据区的映射关系如图 4-131 所示，在数据映像区中会映射出主站输入/输出数据和显式数据两类数据，主站输入/输出数据主要用于主从通信时的数据交换，显式数据主要用于对等通信中，现在使用得较少。两类数据的分隔点就是用 “Input Split Point” 和 “Output Split Point” 参数来设定。

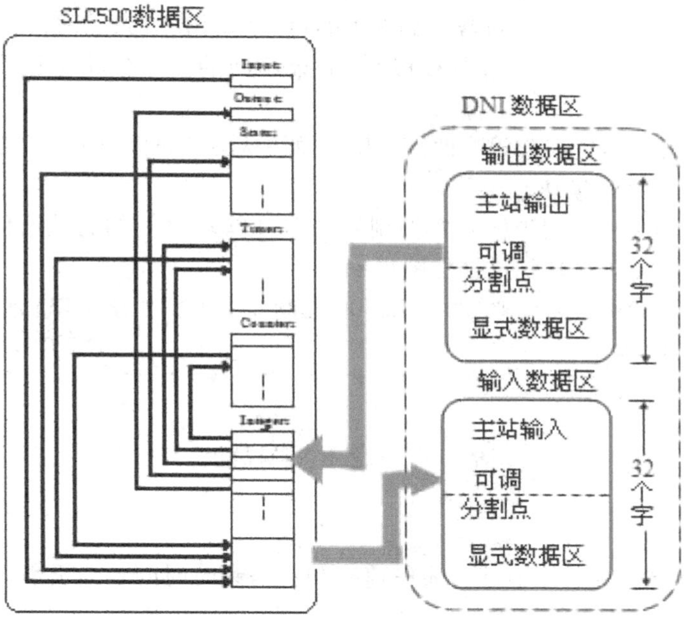

图 4-131　SLC500 数据区和 DNI 数据区的映射关系

本试验中，映射了 32 个字的数据区，其中 16 个字用做主站输入/输出数据。

说明 2：

DF1 设备数据脉冲监测用于检测 DF1 设备（本例中为 SLC500）与 1761-NET-DNI 模块之间的有效通信路径，同时也可以用于监测相关的控制器是否在扫描其逻辑程序。

注意当 “I/O Scan Enable” 参数使能（Enable）时，脉冲监测参数才有效。

设备监测信号位处在 1761-NET-DNI 模块与控制器（本例中即 SLC500）互传数据包中首字节的第七位，即第 8 个数据位（byte 0，bit 7）。1761-NET-DNI 模块将输出数据的监测信号位置 1，送给控制器。控制器接收到后，用户需要在逻辑程序中将监测信号位送入输入数据包相应位中，使 1761-NET-DNI 模块在读取控制器的输入信息时能读到该位信息。脉冲监测次数取决于 1761-NET-DNI 模块需要循环监测位的频率。如图 4-132 所示是默认的两次脉冲监测（每隔一次读操作脉冲监测一次）信号时序图。

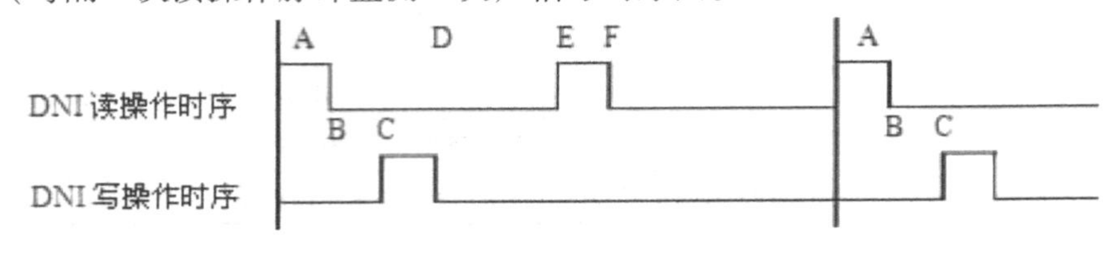

图 4-132　1761-NET-DNI 监测信号时序图

图 4-132 中，A：DNI 从控制器中读数据；B：DNI 检查监测位并取反；C：DNI 向控制器中写数据；D：DNI 数据扫描延迟时间；E：DNI 从控制器中读数据；F：DNI 数据扫描延迟时间。

如图 4-132 所示，在设定的时间内，DNI 读回的设备监测信号状态正确（即 A 段为 1），它便将此位取反后再次发送给控制器（如图中的写操作的 B 段）；经过相同的过程，DNI 又将监测位置 1，写入控制器中（图中 C 段），如果读回的信号位状态正确，一个循环结束（图中 E、F 段）。

如果检测到监测信号的状态没有改变，DNI 模块认为是通信或者控制器错误，并以一个零长度数据包报告给 DNI 模块。

因此，设备监测脉冲可用于检测在控制器和 DNI 模块之间的有效通信路径，并且能够检测相连接的控制器是否循环扫描梯形图程序。

所以，按照本实验的设置，必须在 SLC500 控制器中编辑如图 4-133 所示的程序。

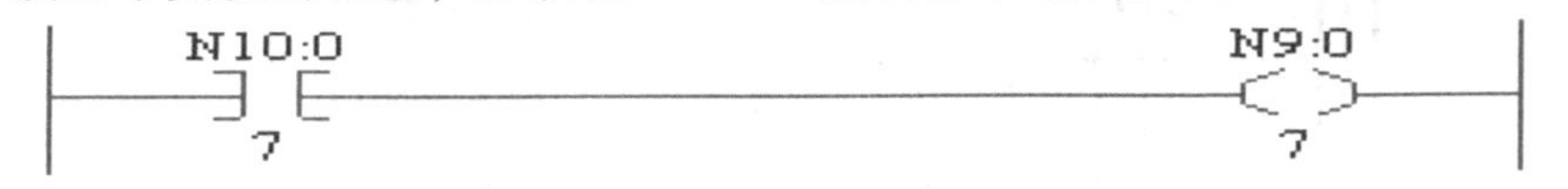

图 4-133　设备脉冲监视程序

说明 3：

设置 DNI 在 D 网上的节点地址、通信速率和通信超时时间。这里需要注意的是，节点地址不要冲突，通信速率保持一致。

Input（输入）是对于 DeviceNet 网路主站说的，而对于串口所连设备则是输出。Output（输出）也一样。注意不要弄反了。

2. 配置 1756-DNB 模块

对 1761-NET-DNI 模块进行需要的配置后，开始配置 1756-DNB 模块。查看和修改 1756-DNB 模块的网络节点地址。将 1761-NET-DNI 模块从“Available Devices”窗口组态到“Scanlist”窗口中。然后对其进行 I/O 分配管理。点击“Edit I/O Parameters”按钮，进入对 DNI 模块数据映像区的设置，如图 4-134 所示。

这里数据传输方式选择轮询（Polled）方式，本例中使用了 16 个字的主站输入和输出数据，所以在输入和输出数据配置中都写 32 个字节。尤其需要注意的是：在这里只需要配置主站的输入和输出映像数据，不需要配置显式数据，即数据分隔点之前的数据，不能超出分隔点分配的数据，同时也不能小于分隔点分配的数据个数，否则在 1756-DNB 模块中会报 E#77 号错误（返回到扫描器的数据大小与“Scanlist”的不匹配）。

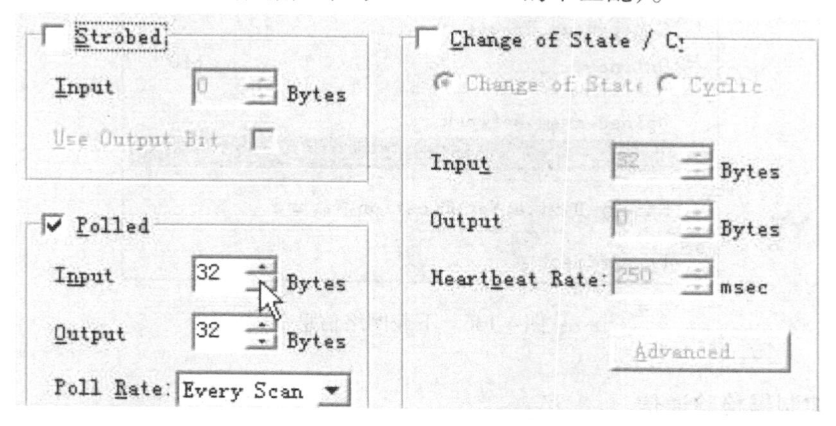

图 4-134　I/O 分配管理界面

轮询频率不变，为默认的“Every Scan”，点击“OK”确定。由于数据区不是实际的 I/O，所以点击“OK”后可能会提示，继续确定即可。

配置了“Scanlist”后，可以点击“Input”和“Output”选项卡查看配置的数据大小及逻辑位置，如图 4-135 所示。本例中配置的输入数据放在“5：I. Data［0］～［7］”的 8 个 DINT 数组中。

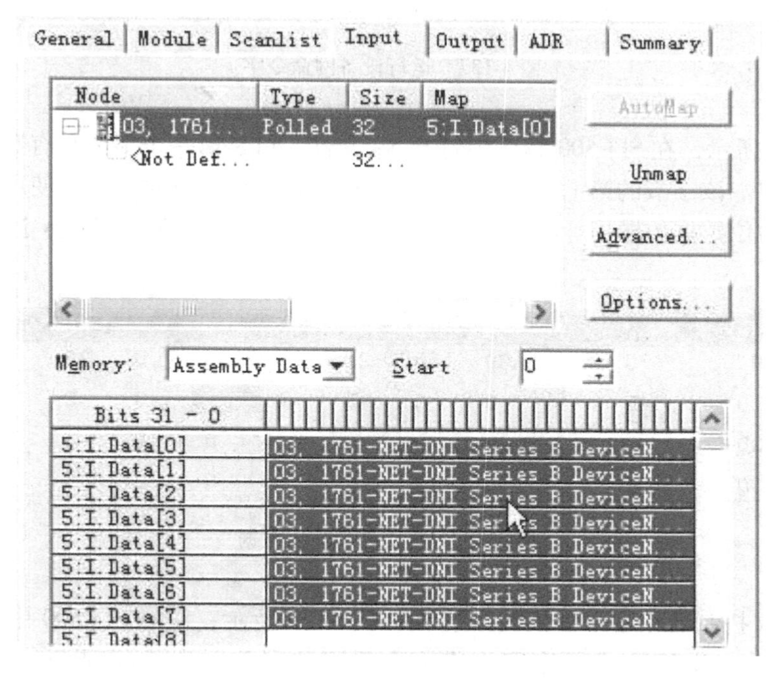

图 4-135　输入数据映像区大小及逻辑位置

两个模块都配置好后，右击网络扫描界面中的空白部分，选择下载网络信息到设备网中，如图 4-136 所示。下载完后，在 1756-DNB 模块中会出现 E#86 号错误，这是没有运行

SLC500 控制器的原因，只要运行 SLC500 控制器即可。

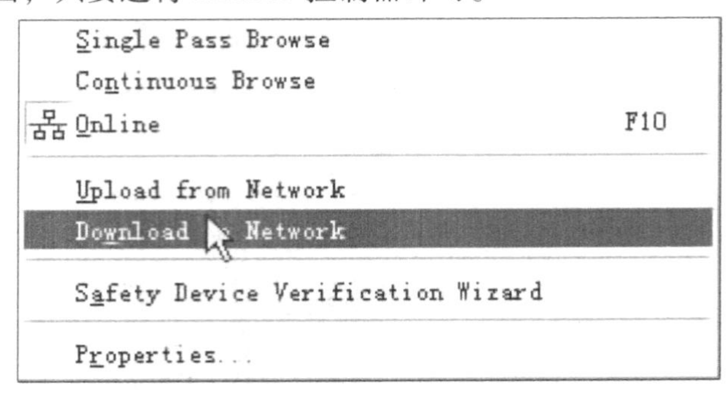

图 4-136　下载网络信息

3. 运行控制器检验通信

所有的参数都配置好后，运行 ControlLogix 控制器，可以检验输入/输出映像的位置以及正确性。

如图 4-137 所示，为了检验设备网的通信，需要运行设备网，这在 RSLogix5000 程序中有设备网的使能位，将其置 1 即可。

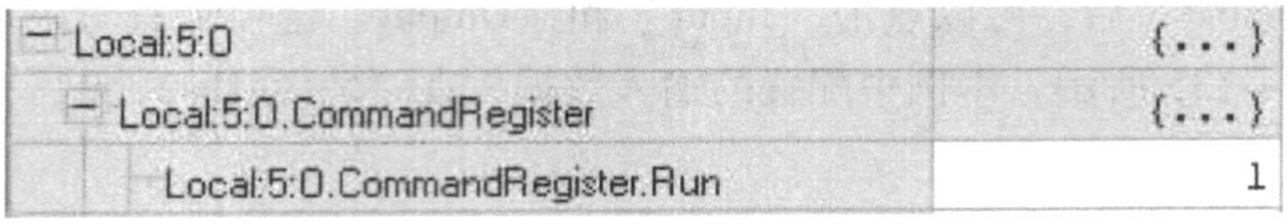

− Local:5:O	{...}
− Local:5:O.CommandRegister	{...}
Local:5:O.CommandRegister.Run	1

图 4-137　运行设备网命令字

如图 4-138 所示，在 SLC500 程序中打开 N9 文件，可是第一个字节是有数的，它就是前面提到的状态字。该字节的第七位 0 和 1 交替变换，在传输信息时是不能使用的，但是该字节其他位可作为位数据传输用。写下图示的输入数据，然后到 ControlLogix 控制器的程序中检查映像结果。

Offset	0	1	2	3	4	5	6	7	8	9
N9:0	0	0	5AC0	158	22	0	185	0	23	0
N9:10	4D	0	B	0	E	0	10	0	E	0
N9:20	0	0	38	0	0	0	0	0	0	0
N9:30	21	0	0	0	0	0	0	0	0	0

图 4-138　N9 文件中输入数据

ControlLogix 控制器程序中输入数据结果如图 4-139 所示，注意 SLC500 中第一个字节第七位是状态数据；SLC500 中两个字组成一个双字数据映射到 ControlLogix 控制器的一个 DINT 数据中。

同时为了检验映像数据是否如 DNI 模块中所设的只有 16 个字，可以在 N9 中的第 15 位字后的位置写入数据，检查在 ControlLogix 控制器程序中是否有数据。

如图 4-139 所示，在 ControlLogix 控制器程序中可以看到 15 位字后的数据并没有映射到 ControlLogix 控制器中。

同样，检查 ControlLogix 控制器中的输出字能否映射到 SLC500 控制器中。如图 4-140 所示，在 ControlLogix 控制器程序中的 DNB 映射文件的输出部分中写入图示的数据，同样，为了检验输出数据是否会超出设定的输出映像区，可以在 ControlLogix 控制器中的第 8 个 DINT 数据位置写入数据，在 SLC500 控制器中检查结果。注意 ControlLogix 控制器中第一个字（状态字）不写数据。

Data[0]	16#0000_0000		Hex
Data[1]	16#0158_5ac0		Hex
Data[2]	16#0000_0022		Hex
Data[3]	16#0000_0185		Hex
Data[4]	16#0000_0023		Hex
Data[5]	16#0000_004d		Hex
Data[6]	16#0000_000b		Hex
Data[7]	16#0000_000e		Hex
Data[8]	16#0000_0000		Hex
Data[9]	16#0000_0000		Hex

图 4-139　ControlLogix 控制器中映射结果

SLC500 控制器接收数据的结果如图 4-141 所示，写入的第 1、2、3 个数据分别映射到了 N10 文件的第 2、4、6 个字中。如同前面所说，这是 ControlLogix 控制器和 SLC500 控制器数据类型不同引起的，这并不影响数据传输的正确性。在第 8 个 DINT 数据位置写入的数据没有映射到 SLC500 控制器 N10 文件中，符合之前对 DNI 模块的设置。

− Local:5:O.Data	{...}
+ Local:5:O.Data[0]	0
+ Local:5:O.Data[1]	234
+ Local:5:O.Data[2]	785
+ Local:5:O.Data[3]	4675
+ Local:5:O.Data[4]	0
+ Local:5:O.Data[5]	0
+ Local:5:O.Data[6]	0
+ Local:5:O.Data[7]	34
+ Local:5:O.Data[8]	16
+ Local:5:O.Data[9]	0

图 4-140　ControlLogix 控制器中写输出数据

Offset	0	1	2	3	4	5	6	7	8	9
N10:0	67	0	234	0	785	0	4675	0	0	0
N10:10	0	0	0	0	34	0	0	0	0	0
N10:20	0	0	0	0	0	0	0	0	0	0
N10:30	0	0	0	0	0	0	0	N10:16	0	0

图 4-141　SLC500 中 N10 文件映射结果

4. 数据类型转换

为了使数据映像位置一一对应而不是 SLC500 控制器中的两个字合并成一个双字映射到 ControlLogix 控制器中，可以使用 RSLogix5000 编程指令中的 COP 指令。COP 指令如图 4-142 所示，在源（Source）一栏中填写需要复制的数据数组的首地址；在目标（Dest）栏中填写目的数据数组的首地址，在此定义目标数据的数据类型可以与源数据的数据类型不同，COP 指令会将源数据按照目标数据格式存放。在本例中可以实现数据格式转换的目的。长度（Lenght）一栏填写分配的目的地址的个数，即目的数据数组的容量，注意填写足够存放转换数据的容量。

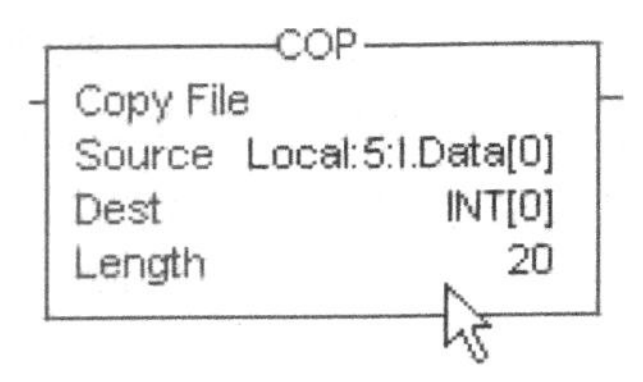

图 4-142　COP 指令

在 RSLogix5000 编写如图 4-143 所示的程序，ControlLogix 控制器将接收的输入数据放入“Local：5：I. Data [0]”开始的地址中，本例中将其转换为对应 SLC500 中的 INT 类型的数据放入 INT［0］开始的地址中。然后建立一个输出数据标签 OUTPUT，数据类型也为 INT 类型，数据区大小可以设定得大一些，这里设置为 100 个，把 OUTPUT 中的数据存入“Local：5：O. Data［0］”开始的地址中，这里设定得比在 DNI 模块中建立的数据要长，在 DNI 模块中设定的 16 个字，在这里设定 10 个双字，用于检验数据传输能否超出设定的范围。

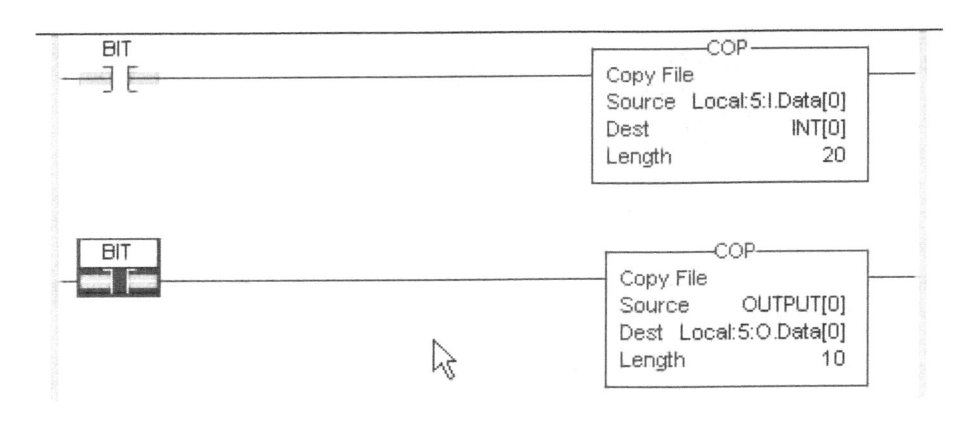

图 4-143　数据类型转换程序

在 RSLogix500 中向 SLC500 的 N9 文件写入如图 4-144 所示的数据，同时为了检验映像

Offset	0	1	2	3	4	5	6	7	8	9
N9:0	128	5656	23232	344	34	0	389	0	35	0
N9:10	77	0	11	0	14	15	16	17	14	19
N9:20	20	0	56	0	0	0	0	0	0	0
N9:30	33	0	0	0	0	0	0	0	0	0

图 4-144　N9 文件中输入数据

数据是否如程序所设的只有 16 个字，可以在 N9 中的第 15 位字后的位置写入数据，以检查 ControlLogix 控制器中的映射结果。

ControlLogix 控制器程序中输入数据结果如图 4-145 所示。可见 SLC500 中第一个字节的状态数据是没有及时映射到控制器中，这是由于控制器的扫描时间与 SLC500 状态字的变化周期不一致引起的；但随后的数据一对一映射到 ControlLogix 控制器的 INT 数据文件中。同时可以看到 N9 中的第 15 位字后的数据并没有映射到控制器中。

同样，也可以检查 ControlLogix 控制器中的 OUTPUT 文件中的数据能否一对一映射到 SLC500 控制器中。如图 4-146 所示，在 ControlLogix 控制器程序中的 OUTPUT 文件中写入图示的数据，在第 15 个 OUTPUT 数据位后写入数据，用于检测输出数据是否会超出设定的输出映像区，在 SLC500 控制器中检查结果。

− INT	{...}	{..	Decimal
+ INT[0]	0		Decimal
+ INT[1]	5656		Decimal
+ INT[2]	23232		Decimal
+ INT[3]	344		Decimal
+ INT[4]	34		Decimal
+ INT[5]	0		Decimal
+ INT[6]	389		Decimal
+ INT[7]	0		Decimal
+ INT[8]	35		Decimal
+ INT[9]	0		Decimal
+ INT[10]	77		Decimal
+ INT[11]	0		Decimal
+ INT[12]	11		Decimal
+ INT[13]	0		Decimal
+ INT[14]	14		Decimal
+ INT[15]	15		Decimal
+ INT[16]	0		Decimal
+ INT[17]	0		Decimal
+ INT[18]	0		Decimal

图 4-145　映射结果

− OUTPUT	{...}	{..	Decimal
+ OUTPUT[0]	0		Decimal
+ OUTPUT[1]	123		Decimal
+ OUTPUT[2]	789		Decimal
+ OUTPUT[3]	546		Decimal
+ OUTPUT[4]	0		Decimal
+ OUTPUT[5]	0		Decimal
+ OUTPUT[6]	635		Decimal
+ OUTPUT[7]	0		Decimal
+ OUTPUT[8]	0		Decimal
+ OUTPUT[9]	0		Decimal
+ OUTPUT[10]	0		Decimal
+ OUTPUT[11]	0		Decimal
+ OUTPUT[12]	0		Decimal
+ OUTPUT[13]	0		Decimal
+ OUTPUT[14]	0		Decimal
+ OUTPUT[15]	454		Decimal
+ OUTPUT[16]	6565		Decimal
+ OUTPUT[17]	232		Decimal
+ OUTPUT[18]	0		Decimal

图 4-146　写输出数据

SLC500 控制器接收数据的结果如图 4-147 所示，写入的数据一对一映射到了 N10 文件中。在第 16 个 OUTPUT 数据位置写入的数据没有映射到 SLC500 控制器 N10 文件中，这验证了数据传输的正确性。可见同前面所说，ControlLogix 控制器和 SLC500 控制器数据类型不同引起的映射问题得到了很好的解决。

自此，本实验结束。本实验主要介绍了如何利用 RSNetWorx for DeviceNet 软件组态控制网设备，通过 DeviceNet 以及 1761-NET-DNI 和 1756-DNB 模块，ControlLogix 控制器和 SLC500 控制器实现了主从通信，数据得到了很好的交换融合。

Offset	0	1	2	3	4	5	6	7	8	9
N10:0	195	123	789	546	0	0	635	0	0	0
N10:10	0	0	0	0	0	454	0	0	0	0
N10:20	0	0	0	0	0	0	0	0	0	0
N10:30	0	0	0	0	0	0	0	0	0	0

N10:15

图 4-147　SLC500 中 N10 文件映射结果

第 5 章

传统网络及第三方通信

学习目标

- DH + 网络通信的方法
- Remote I/O 网络的组态
- 与 Modbus 网络设备的通信
- 与 Modbus TCP 网络设备的通信
- 与 Profibus 网络设备的通信

5.1 DH + 网络通信

在控制层，除了功能强大的控制网外，还有 DH + （Data Highway plus）网络，它也是一种工业局域网，用于可编程序控制器、计算机、人机界面等产品之间的数据传送。在早期 A-B 的产品中，所有 PLC-5 和 SLC5/04 控制器都有一个内置的 DH + 通信接口，控制器之间交换数据是通过 MSG 指令完成的，DH + 网络技术参数见表 5-1。目前的 ControlLogix 系统采用 CIP 三层网络，当与 PLC-5 和 SLC5/04 这些传统设备通信时，必然要经过协议的转换，而这些主要是通过 1756-DHRIO 模块实现的。

表 5-1　DH + 网络技术参数

名　　称	描　　　述
网络节点范围	最多 64 个节点
干线最大长度	3050m
传输波特率	57.6 KB/s,115.2KB/s 和 230.4KB/s
总线寻址方式	多主方式,令牌传递
系统特性	在总线上添加/删除设备无需关闭总线电源

5.1.1 组态 DHRIO 模块

1. 1756-DHRIO 模块的硬件设置

ControlLogix 控制器与 PLC-5 或 SLC500-5/04 控制器之间的通信组态前要对双方的硬件地址和波特率进行设置。首先对 PLC-5 或 SLC500-5/04 控制器进行设置，通常情况下波特率设为 57.6 KB/s，而节点地址不要设置重叠即可。接下来设置 1756-DHRIO 模块，模块上有两个通道，它们都可设置成 DH + 或 Remote I/O 网络。例如将 Channel A 的拨码开关拨到 0，代表 Channel A 选择的通信模式是 DH + ；Channel B 的拨码开关拨到 1，代表 Channel B 选择的通信模式是 RIO Scanner。Channel 的拨码开关拨到其他位置是无效的。每个 Channel 对应着都有两个拨码开关用于设置 DH + 节点地址，注意 DH + 地址是八进制的，地址范围：00 ~77。如果 Channel 的拨码开关拨到 1，即选择的通信模式是 Remote I/O 网络，则地址开关设置无效。

2. 1756-DHRIO 模块的软件组态

1756-DHRIO 模块的软件组态是通过 RSLinx 软件完成的。首先通过以太网驱动扫描到 ControlLogix 的背板。当扫描到 1756-DHRIO 模块后，在该模块上右键点击“Module Configuration”，在“Routing Table”选项卡中出现如图 5-1 所示界面，这里的 Link ID 可以设置为 1 ~99 之间的任何值。一般情况下都是只建一个链路，因此选择默认情况即可。

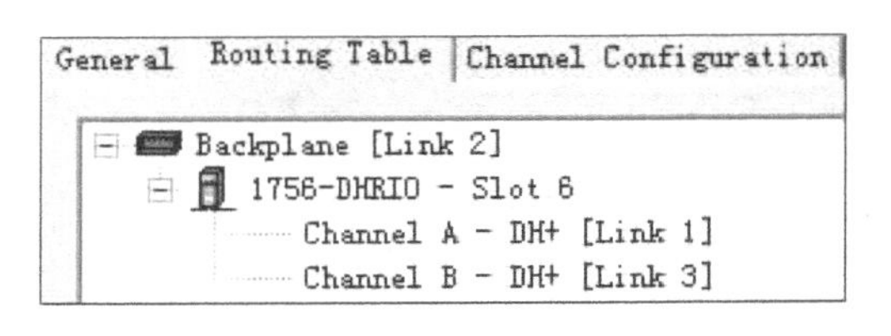

图 5-1　1756-DHRIO 信息

在“Channel Configuration”选项卡中，设置控制器所在框架中的槽号。而 DH + 的节点地址已通过 1756-DHRIO 模块上的拨码开关设置完成，如图 5-2 所示。

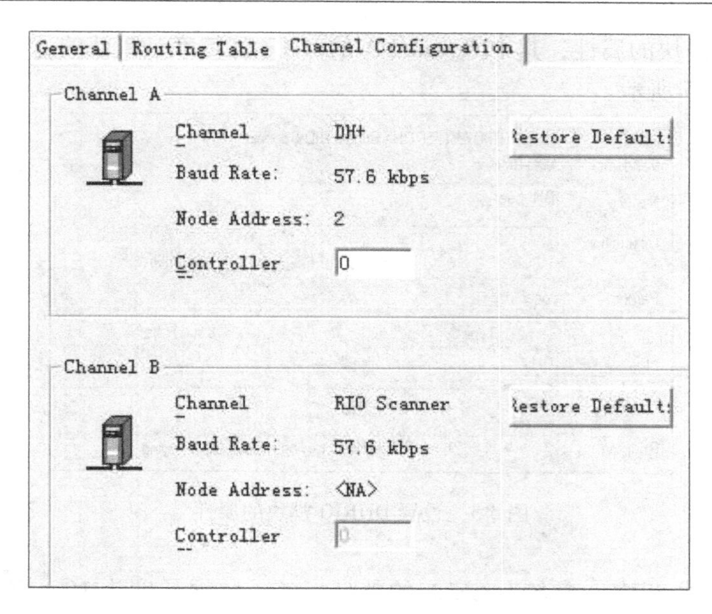

图 5-2 设置控制器的槽号

注意，这里的控制器槽号必须与控制器模块在 ControlLogix 框架中的槽号一致，否则，PLC-5 无法正常读写 1756-L61 控制器。而通信的波特率默认为 57.6KB/s。至此，通信连接建立完毕。此时 PLC-5 已被扫描到，RSLinx 扫描结果如图 5-3 所示。

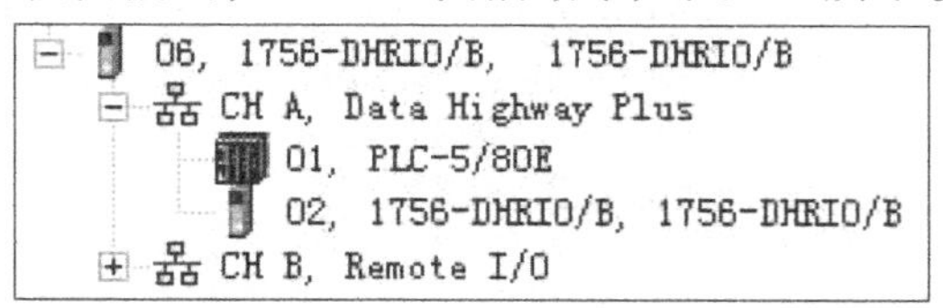

图 5-3 RSLinx 扫描结果

5.1.2 ControlLogix 读写 PLC-5 数据

打开 RSLogix5000 软件，新建一个工程，在 I/O Configuration 中添加 1756-DHRIO 模块，如图 5-4 所示。

Module	Description
1756-CNBR/D	1756 ControlNet Bridge, Redundant M...
1756-CNBR/E	1756 ControlNet Bridge, Redundant M...
1756-DHRIO/B	1756 DH+ Bridge/RIO Scanner
1756-DHRIO/C	1756 DH+ Bridge/RIO Scanner
1756-DHRIO/D	1756 DH+ Bridge/RIO Scanner
1756-DNB	1756 DeviceNet Scanner
1756-EN2F	1756 10/100 Mbps Ethernet Bridge, Fi...
1756-EN2T	1756 10/100 Mbps Ethernet Bridge, Tw..
1756-ENBT	1756 10/100 Mbps Ethernet Bridge, Tw..

图 5-4 添加 DHRIO 模块

设置 DHRIO 模块的属性，其中 Channel A 的 DH + 波特率是默认的，因此在软件中是不能更改的，如图 5-5 所示。

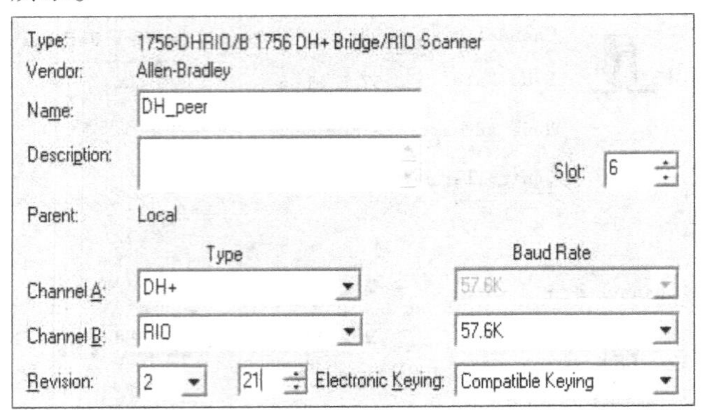

图 5-5　设置 DHRIO 模块的属性

在控制器标签中新建一个名为 CELL 的整型标签，数据长度为 10，用于存储读写的数据。然后再建一个名为 M1 的 MESSAGE 类型的标签，如图 5-6 所示。ControlLogix 控制器向 PLC-5 写入的数据存放在 N7 文件中，其属性如图 5-7 所示。

Name	Alias For	Base Tag	Data Type
⊞-M1			MESSAGE
⊞-CELL			INT[10]

图 5-6　新建 M1 和 CELL 标签

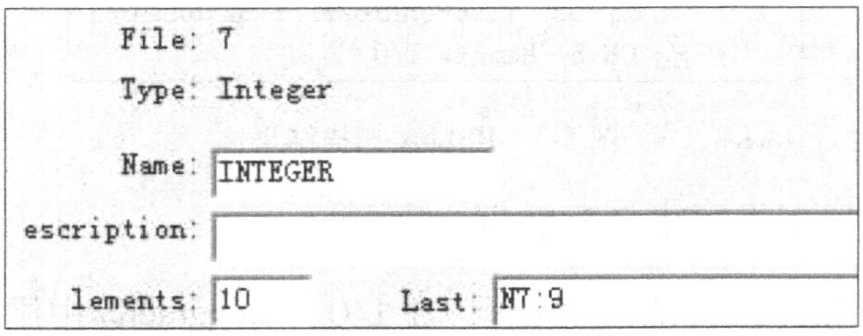

File: 7
Type: Integer
Name: INTEGER
escription:
lements: 10　Last: N7:9

图 5-7　N7 文件属性

在 RSLogix5000 主例程中编写 ControlLogix 控制器与 PLC-5 控制器进行数据交换的程序，如图 5-8 所示。

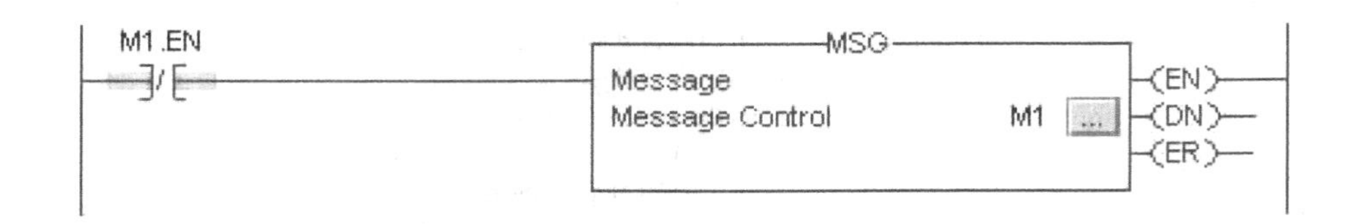

图 5-8　ControlLogix 向 PLC-5 写数据

1. ControlLogix 控制器发送数据

点击 M1 旁边的灰色按钮，对 MSG 指令进行组态，如图 5-9 所示。

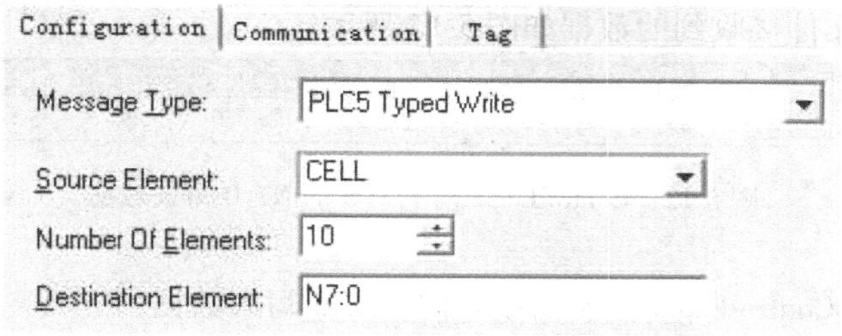

图 5-9　组态 MSG 指令的 Configuration 选项卡

Configuration 选项卡的各项内容解释如下：

Message Type：PLC-5 Typed Write，向 PLC-5 写入数据；

Source Element：CELL，向外发送数据的源文件；

Number Of Elements：10，源文件的长度；

Destination Element：N7：0，接收数据方的文件起始地址。

组态 MSG 指令的 Communication 选项卡，如图 5-10 所示。

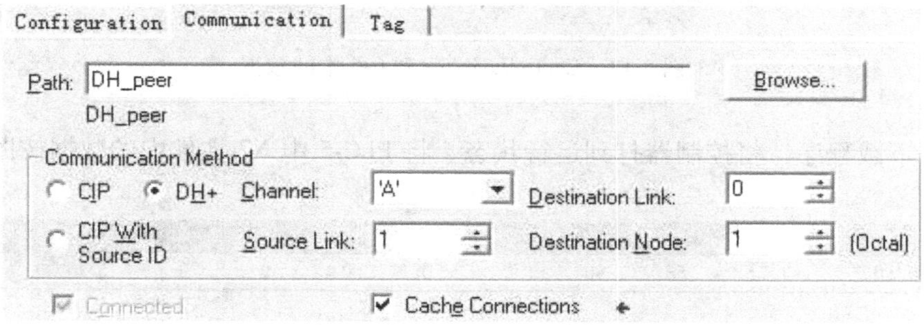

图 5-10　组态 MSG 指令的 Communication 选项卡

Communication 选项卡的各项内容解释如下：

Path：DH _ peer，即 MSG 指令的通信路径。点击"Browse"按钮，选择 DHRIO 模块；

DH +，Channel"A"：通道 A 为 DH +通信模式；

Source Link：1，要与 RSLinx 扫描到的 Channel A 的 Link 号一致；

Destination Link：0，说明 1756-DHRIO 的信息传送方式为本地 DH +通信；

Destination Node：1，目标的节点地址，即 PLC-5 控制器的 DH + 节点地址。

至此 MSG 指令组态完毕。保存工程，将程序下载到 ControlLogix 控制器，在控制器标签中为 CELL 输入如图 5-11 所示的数据。

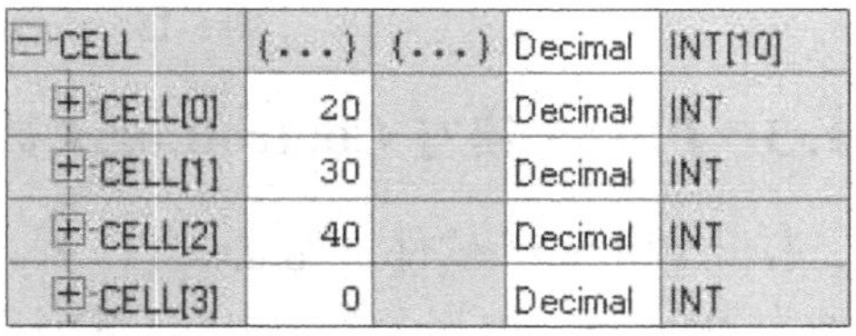

⊟CELL	{...}	{...}	Decimal	INT[10]
⊞CELL[0]	20		Decimal	INT
⊞CELL[1]	30		Decimal	INT
⊞CELL[2]	40		Decimal	INT
⊞CELL[3]	0		Decimal	INT

图 5-11　为标签 CELL 输入数据

打开 RSLogix5 软件，新建 PLC-5 控制器，控制器 General 属性的设置参考 RSLinx 软件中扫描到的 PLC-5 属性，在数据文件"Data Type"中将

N7 文件的数据长度设成 10。保存工程并下载到 PLC-5 控制器。

将 PLC-5 与 ControlLogix 控制器均打到运行状态，ControlLogix 中的 MSG 指令运行，PLC-5 中的 N7:0 起始的文件接收到的数据如图 5-12 所示。

Offset	0	1	2	3	4	5	6	7	8	9
N7:0	20	30	40	0	0	0	0	0	5	0

图 5-12　ControlLogix 向 PLC-5 的 N7:0 写入数据

运行结果表明，ControlLogix 控制器成功向 PLC-5 写入数据。

2. ControlLogix 控制器接收数据

将 MSG 指令 Configuration 选项中的 Message Type 改为 PLC-5 Typed Read，其他选项的设置保持不变，即可实现 ControlLogix 读 PLC-5 中的数据，如图 5-13 所示。

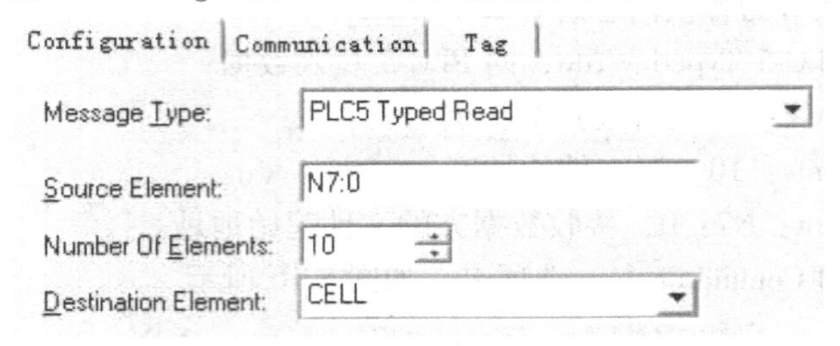

图 5-13　ControlLogix 读 PLC-5 中的数据

保存并下载程序，将控制器打到运行状态。将 PLC-5 中 N7 文件中的数据按图 5-14 所示修改。

Offset	0	1	2	3	4	5	6	7	8	9
N7:0	5	56	90	0	0	0	0	0	5	0

图 5-14　修改 N7:0 中的数据

ControlLogix 控制器中 CELL 标签成功读到 PLC-5 控制器中的 N7 文件数据，如图 5-15 所示。

⊟CELL	{...}	{...}	Decimal	INT[10]
⊞CELL[0]	5		Decimal	INT
⊞CELL[1]	56		Decimal	INT
⊞CELL[2]	90		Decimal	INT
⊞CELL[3]	0		Decimal	INT

图 5-15　ControlLogix 读 PLC-5 里的数据

5.1.3　PLC-5 读写 ControlLogix 数据

打开 RSLogix5 软件，建立一个工程，在控制器数据文件“Data Type”中新建一个数据类型为 Message，数据个数为 10 的 MSG 文件。再建立一个数据长度为 10 的 N11 整型文件，用于存储 PLC-5 读写的数据，如图 5-16、图 5-17 所示。在 RSLogix5 中编写 PLC-5 控制器与

ControlLogix 控制器进行数据交换的程序如图 5-18 所示。

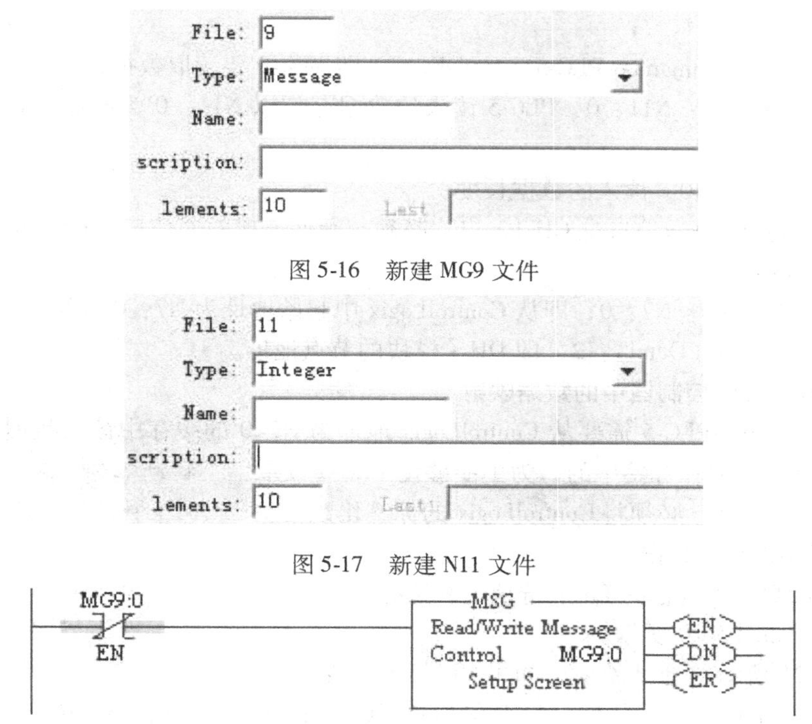

图 5-16　新建 MG9 文件

图 5-17　新建 N11 文件

图 5-18　PLC-5 读 ControlLogix 中的数据

1. PLC-5 控制器组态接收数据

双击 “Setup Screen”，在弹出的对话框中组态 MSG 指令，如图 5-19 所示。

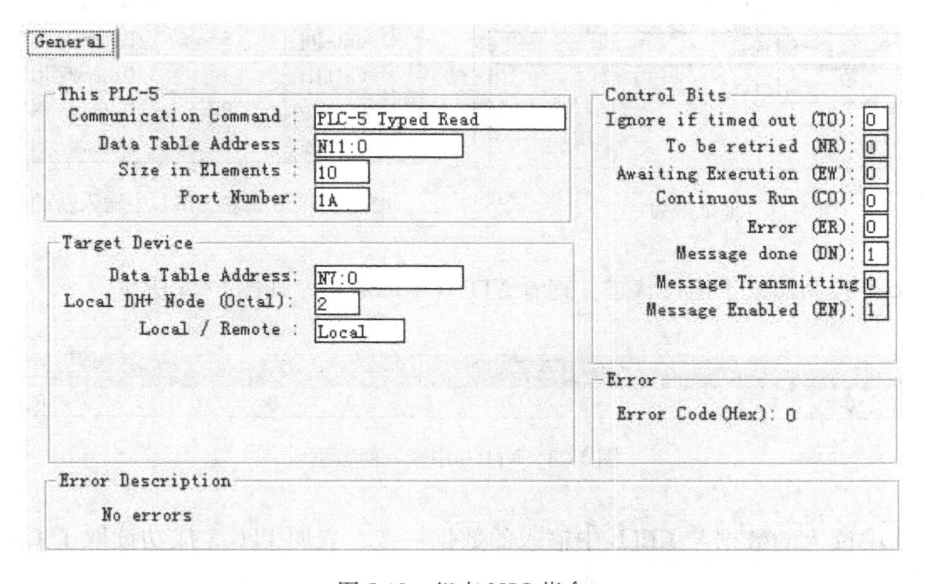

图 5-19　组态 MSG 指令

各项解释如下：

This PLC-5：

Communication Command：PLC-5 Typed Read，即 PLC-5 要读取数据；

Data Table Address：N11：0，PLC-5 读入的数据存到以 N11：0 为起始地址的数据文件中；

Size in Elements：10，读入的数据长度。

Port Number：1A，通信口是 CH 1A 口，必须与硬件连接的通信口保持一致。

Target Device：

Data Table Address：N7：0；即从 ControlLogix 中起始地址为 N7：0 的缓存中读取数据；

Local DH + Node（Octal）：2，即 DH + 模块的节点地址。

2. ControlLogix 控制器中的数据映射

在 MSG 指令中，PLC-5 需要从 ControlLogix 地址为 N7:0 的缓存中读取数据，但是 ControlLogix 中数据是存放在标签中的，为了能够使 PLC-5 读取到 ControlLogix 的数据，必须将 ControlLogix 的标签化数据映射为 PLC-5 能够识别的数据。

在 RSLogix5000 工具栏的 Logic 选项上，选择 Map PLC/SLC Messages，如图 5-20 所示。

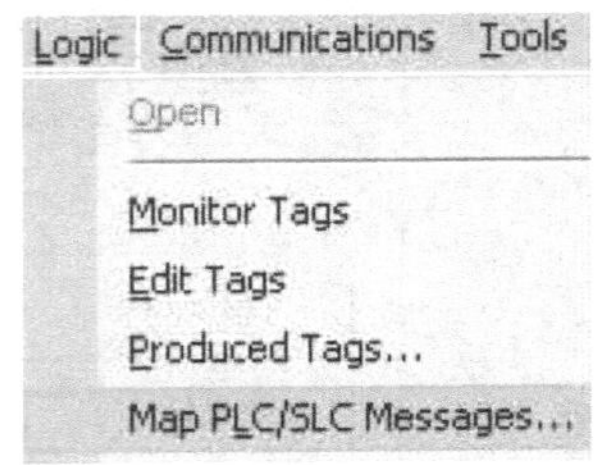

图 5-20　Map PLC/SLC Messages

做如图 5-21 所示的地址映射，如果 PLC-5 还需要读取 ControlLogix 中多个标签数据的话，只需在 ControlLogix 的映射表“File Number”中新建 N 文件，并与 ControlLogix 中的标签做对应就可以了。

保存并下载程序，使 ControlLogix 控制器处于运行状态。

在标签 CELL 中输入如图 5-22 所示数据。

PLC 3,5 / SLC Mapping

File Number	Name
7	CELL

图 5-21　地址映射

CELL	{...}	{...}	Decimal	INT[10]
CELL[0]	6		Decimal	INT
CELL[1]	7		Decimal	INT
CELL[2]	8		Decimal	INT
CELL[3]	0		Decimal	INT

图 5-22　在标签 CELL 中输入新的数据

将 PLC-5 控制器处于运行状态。查看 N11:0 中的数据，如图 5-23 所示。

Offset	0	1	2	3	4	5	6	7	8	9
N11:0	6	7	8	0	0	0	0	0	0	0

图 5-23　N11:0 中读入的数据

N11:0 中读入的数据与 CELL 中输入的数据一致，表明 PLC-5 成功读取了 ControlLogix 中的数据。

3. PLC-5 控制器组态发送数据

PLC-5 向 ControlLogix 中写数据只需要在 MSG 指令中将 Communication Command 改为 PLC-5 Typed Write 即可，如图 5-24 所示。

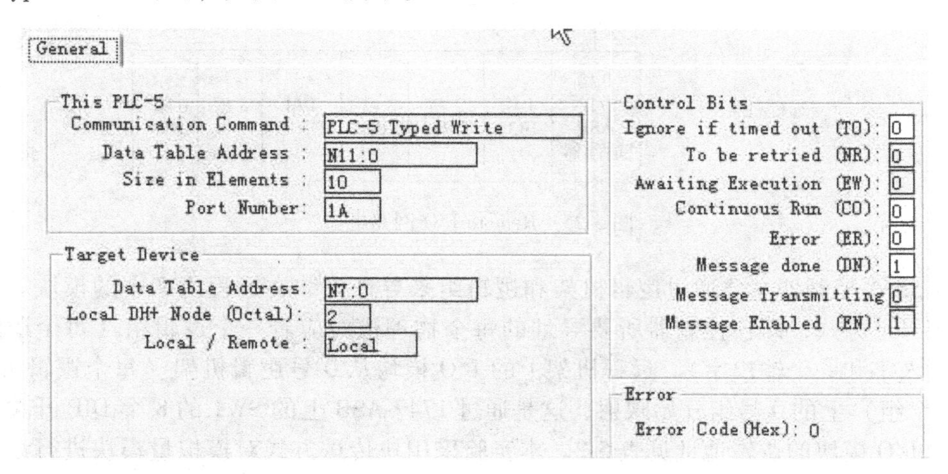

图 5-24　PLC-5 向 ControlLogix 中写数据

其他操作过程与 PLC-5 读取 ControlLogix 中数据的过程一致，这里不再赘述。

5.2　Remote I/O 网络通信

Remote I/O 网络的全名是通用远程 I/O 链路（Universal Remote I/O Link），采用 Remote I/O 网络可以将 I/O 框架放置到靠近传感器和执行器的地方，从而代替了现场设备用导线经过长距离直接与本地 I/O 框架中的模块连接的方法，这有助于减少安装、启动和维护费用。Remote I/O 网络常用于 SLC500 系列和 PLC-5 系列控制系统的远程 I/O 扩展网络，它的技术特性与 DH + 一致。随着 ControlLogix 系统逐渐成为主流产品，在很多自动控制系统改造中，控制器都改为 ControlLogix，而远程链路上的 I/O 模块仍是 SLC500 和 PLC-5 系列，这样在通信上仍要维持 Remote I/O 网络，1756-DHRIO 模块正是为此而设计。

5.2.1　1747-ASB 适配器硬件设置

在 ControlLogix 系统建立的 Remote I/O 网络主从通信模式中，扫描器 1756-DHRIO 模块为“主”，适配器 1747-ASB 及其所带的远程 I/O 为“从”。为实现主从通信，首先需要对适配器模块 1747-ASB 进行硬件配置。

1747-ASB 模块的作用是直接将远程框架和远程扩展框架上的 I/O 模块映射到 ControlLogix 控制器的映像区中。在配置适配器模块 1747-ASB 之前，先建立 Remote I/O 网络，如图 5-25 所示。

注意，1747-ASB 模块必须安装于远程机架上的最左侧，且位于 1747-ASB 模块右边的槽号为 0（远程框架中规定 ASB 模块所在槽后面的槽为 0 号槽），其余 I/O 模块的槽号依次递增。

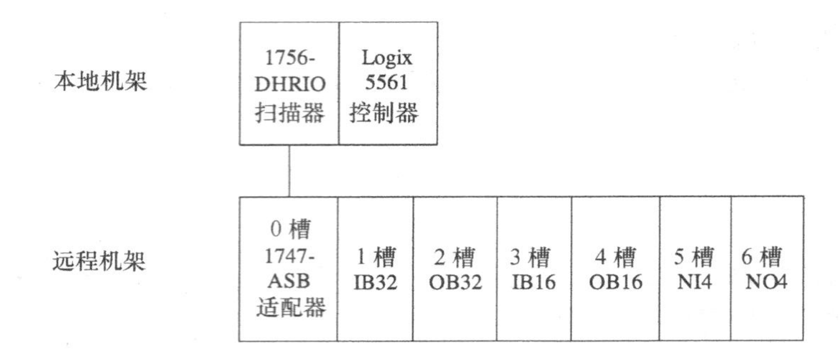

图 5-25　Remote I/O 网路框架

Logix5561 控制器主要通过逻辑机架和逻辑组来寻址安装在远程机架中的模块。本实验采用 1 槽寻址方式，即：控制器所要寻址的每个物理槽对应着一个逻辑组（每个逻辑组包含一个输入字和一个输出字）。远程机架上的 I/O 模块从 0 号逻辑机架（每个逻辑机架分 0 ~7 共 8 个组）上的 0 号组开始映射，这是通过 1747-ASB 上的 SW1 的 8 个 DIP 开关来设置的。远程 I/O 模块的逻辑地址见表 5-2。本实验采用块传送方式对模拟量模块进行读写，这样可以一次对所有通道完成读写。

表 5-2　远程 I/O 模块的逻辑地址

组号 / 逻辑机架号	0、1	2	3	4	5
0	0 号 I/O 槽(IB32) 1 号 I/O 槽(OB32)	2 号 I/O 槽(IB16)	2 号 I/O 槽(OB16)	4 号 I/O 槽(NI4)	5 号 I/O 槽(NO4)

需要说明的是，在 1 槽寻址中使用 32 点 I/O 模块时，必须从 0 号 I/O 槽开始在 I/O 槽的两个相邻槽（奇/偶对）中成对地安装一块输入模块和一块输出模块，进行 I/O 配对。因此，0 号 I/O 槽（IB32）占用了 0、1 组的两个输入字；1 号 I/O 槽（OB32）占用了 0、1 组的两个输出字，2 号 I/O 槽（IB16）占用了 2 组的输入/输出字，但只使用了输入字；3 号 I/O 槽（OB16）占用了 3 组的输入/输出字，只用到了输出字；4 号 I/O 槽（NI4）占用了 4 组的输入/输出字；5 号 I/O 槽（NO4）占用了 5 组的输入/输出字。远程 I/O 模块占用了 3/4 个 0 号逻辑机架，总共占用了 6 个逻辑组。

适配器 1747-ASB 的组态是通过模块上的三组 DIP 开关来完成的，它们的设置意义如图 5-26 所示。

本实验适配器模块的组态见表 5-3、表 5-4、表 5-5。

对 SW1、SW2、SW3 的开关状态做如下说明：

①SW1：1 ~6 均为 ON，表示映像区的起始逻辑机架号为 0；7 ~8 均为 ON，表示起始组号为 0。

②SW2：1 ~2 均为 ON，表示使用 57.6KB/s 的波特率；3 为 OFF，表示未使用 I/O 互补；5、6、7、8 分别为 ON、ON、OFF、OFF，表示远程机架的适配器 ASB 共映像了 6 组数据。

③SW3：1 为 ON，表示保持最后状态（当系统发生故障时）；2 为 ON，表示适配器自动重启（通信故障清除后）；3 为 ON，表示网络链路响应时间较长（如使用 57.6KB/s 的波

特率时）；4为OFF，表示是最后机架；5、6分别为ON、OFF，表示1槽寻址方式；7为OFF，表示I/O数据以块传送方式传输；8为ON，表示保存模式，即上电后DIP开关和I/O模块的组态信息将被保存在适配器模块的非易失性存储器中。

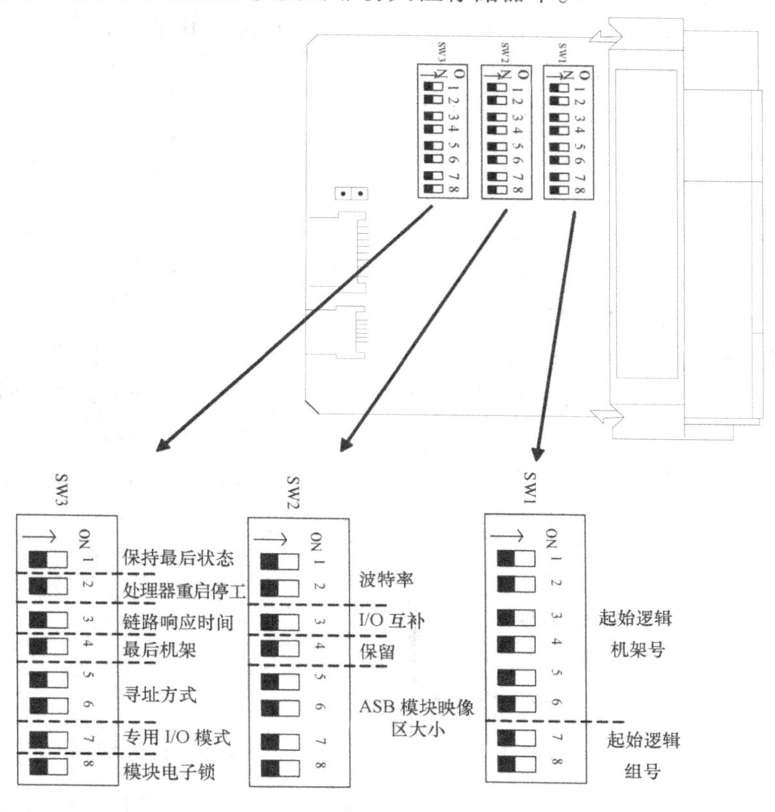

图5-26　1747-ASB的DIP开关设置

表5-3　SW1的开关状态

SW1	1	2	3	4	5	6	7	8
状态	ON	ON	ON	ON	ON	ON	ON	ON

表5-4　SW2的开关状态

SW2	1	2	3	4	5	6	7	8
状态	ON	ON	OFF	ON	ON	ON	OFF	ON

表5-5　SW3的开关状态

SW3	1	2	3	4	5	6	7	8
状态	ON	ON	ON	OFF	ON	OFF	OFF	ON

至此，扫描器模块1756-DHRIO和适配器模块1747-ASB的硬件配置完毕，下面进行软件配置。

5.2.2 组态 1756-DHRIO 模块

适配器设置好后，下面需要对 1756-DHRIO 模块做 Remote I/O 网络扫描器设置，将 1756-DHRIO 模块上的 B 通道拨码开关打到 1，代表 Channel B 的通信模式是 RIO Scanner，即选用 Channel B 做主从通信的扫描通道。

打开 RSLinx 软件，通过以太网驱动扫描网络，在 1756-DHRIO/B 的属性中，进行模块组态，如图 5-27 所示。

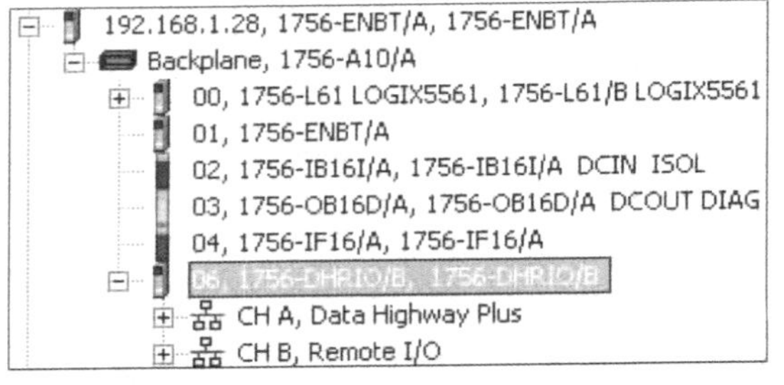

图 5-27 组态 1756-DHRIO/B

在弹出的路径表对话框里的 Channel B-DH+中，选择编辑模块，如图 5-28 所示。

DHRIO 模块的槽号为 6，与模块在本地机架上的槽号保持一致；Channel A 和 Channel B 的 Link ID 保持与路径表扫描上来的 Link 号一致，分别为 1 和 3，如图 5-29 所示。

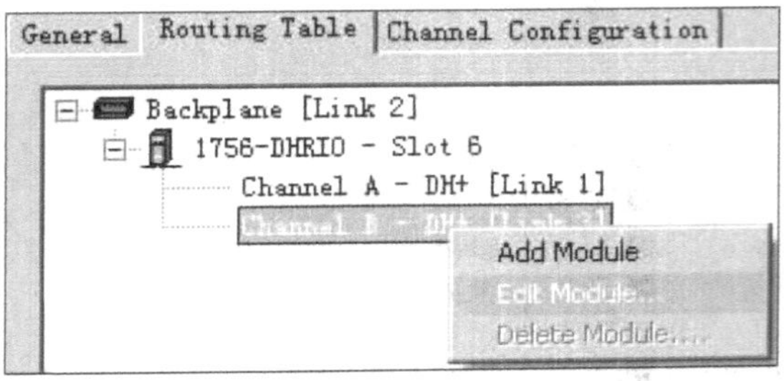

图 5-28 编辑 DHRIO 模块属性

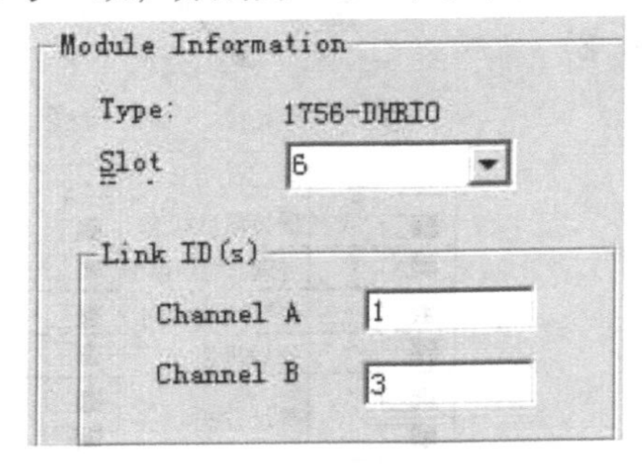

图 5-29 核对 DHRIO 模块信息

点击 DHRIO 模块组态的 Channel Configuration 选项卡，查看控制器槽号和 1756-DHRIO 的波特率，如图 5-30 所示。

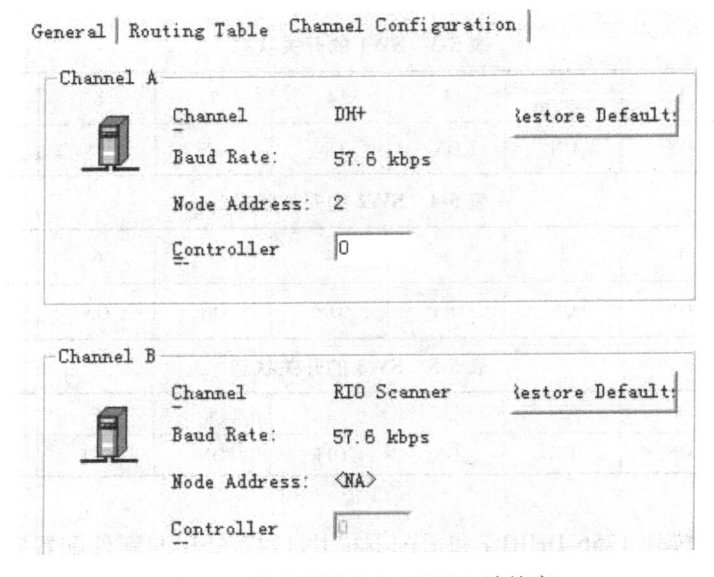

图 5-30 控制器槽号和 DHRIO 波特率

注意，控制器槽号为 0，与控制器在本地机架上的槽号一致；Channel B 以 RIO Scanner 模式通信，其波特率是 57.6kbit/s，这与 1747-ASB 模块上由 DIP 开关设置的波特率一致。至此，在 RSLinx 软件中，DHRIO 组态完毕。

打开 RSLogix 5000 软件，新建 Logix5561 控制器，其槽号及版本必须与本地机架中控制器属性一致。在 I/O Configuration 中添加 1756-DHRIO 模块，如图 5-31 所示。

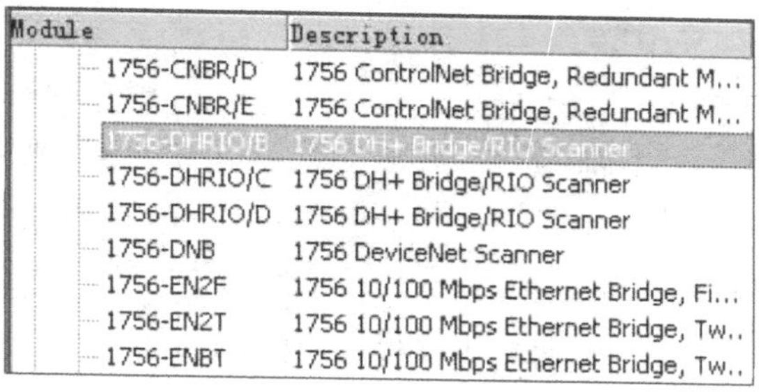

Module	Description
1756-CNBR/D	1756 ControlNet Bridge, Redundant M...
1756-CNBR/E	1756 ControlNet Bridge, Redundant M...
1756-DHRIO/B	1756 DH+ Bridge/RIO Scanner
1756-DHRIO/C	1756 DH+ Bridge/RIO Scanner
1756-DHRIO/D	1756 DH+ Bridge/RIO Scanner
1756-DNB	1756 DeviceNet Scanner
1756-EN2F	1756 10/100 Mbps Ethernet Bridge, Fi...
1756-EN2T	1756 10/100 Mbps Ethernet Bridge, Tw..
1756-ENBT	1756 10/100 Mbps Ethernet Bridge, Tw..

图 5-31　在背板上添加 1756-DHRIO 模块

在弹出的对话框中组态 DHRIO 模块，如图 5-32 所示。

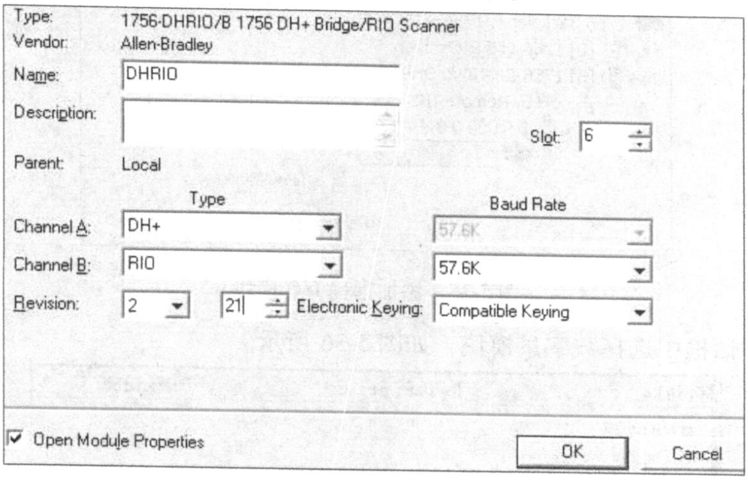

Type: 1756-DHRIO/B 1756 DH+ Bridge/RIO Scanner
Vendor: Allen-Bradley
Name: DHRIO
Description:
Slot: 6
Parent: Local
Type　Baud Rate
Channel A: DH+　57.6K
Channel B: RIO　57.6K
Revision: 2　21　Electronic Keying: Compatible Keying
Open Module Properties　OK　Cancel

图 5-32　在 RSLogix 5000 里组态 DHRIO 模块

1756-DHRIO 模块在本地机架中位于 6 号槽，Channel B 通信模式为 RIO（远程 I/O 扫描器），波特率选择 57.6K，与远程机架中的适配器 1747-ASB 波特率保持一致，否则将无法通信。

在 1756-DHRIO 模块的 Channel B 上继续进行 Remote I/O 组态，添加适配器 1747-ASB，如图 5-33 所示。

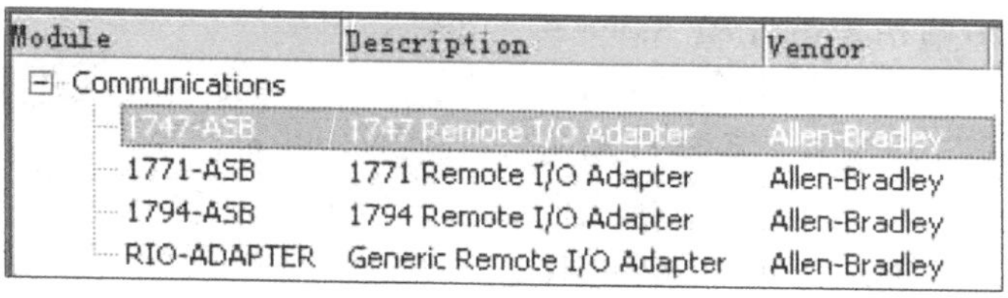

Module	Description	Vendor
Communications		
1747-ASB	1747 Remote I/O Adapter	Allen-Bradley
1771-ASB	1771 Remote I/O Adapter	Allen-Bradley
1794-ASB	1794 Remote I/O Adapter	Allen-Bradley
RIO-ADAPTER	Generic Remote I/O Adapter	Allen-Bradley

图 5-33　添加适配器 ASB

在弹出的对话框中输入起始逻辑机架号和起始组号以及远程 I/O 对该逻辑机架的占用率，如图 5-34 所示。

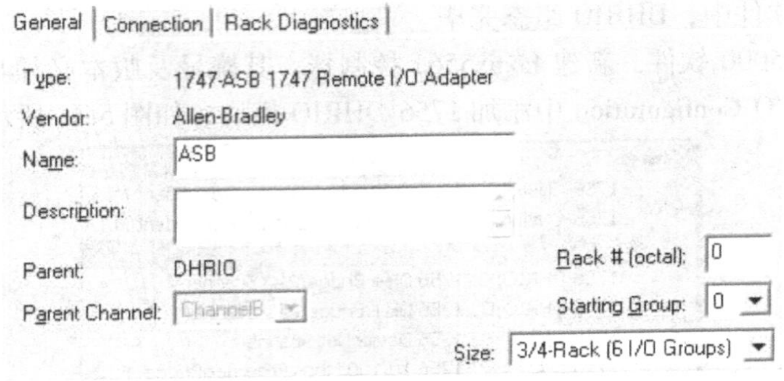

General
Connection
Rack Diagnostics
Type:
1747-ASB 1747 Remote I/O Adapter
Vendor:
Allen-Bradley
Name:
ASB
Description:
Parent:
DHRIO
Parent Channel:
ChannelB
Rack # (octal):
0
Starting Group:
0
Size:
3/4-Rack (6 I/O Groups)

图 5-34　组态逻辑机架 0

远程 I/O 地址映射是从逻辑机架 0 的第 0 组开始的，且占用了逻辑机架 0 的 3/4 逻辑组。在 Remote I/O Rack 上右击，添加远程 I/O 模块，如图 5-35 所示。

1756 Backplane, 1756-A10
[0] 1756-L55 RIOshiyan
[6] 1756-DHRIO/B DHRIO
CH B, Remote I/O
B <000 0 3/4> 1747-ASB ASB
Remote I/O Rack
New Module...
Paste
Ctrl+V

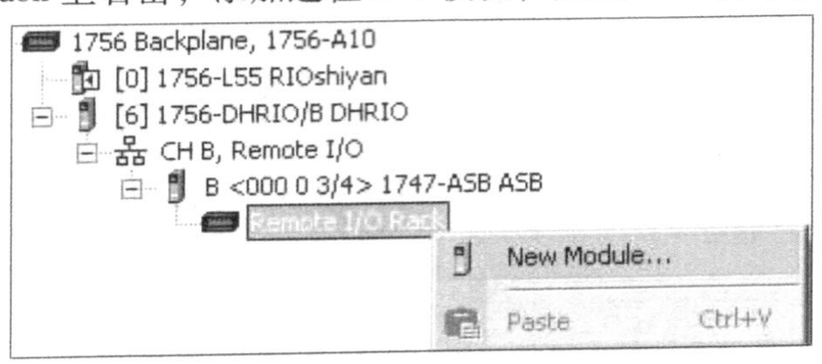

图 5-35　添加远程 I/O 模块

在弹出的对话框中选择数字量模块，如图 5-36 所示。

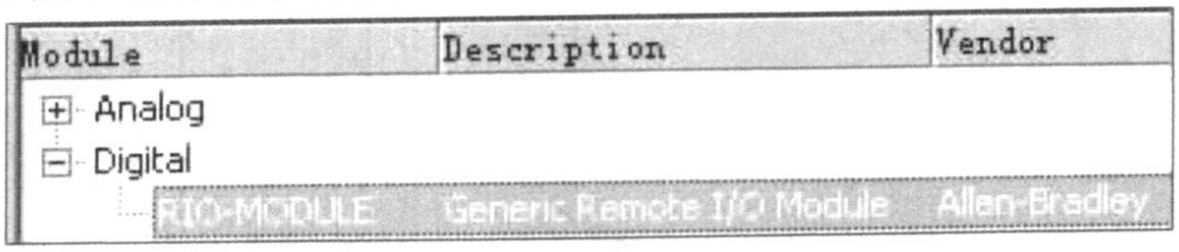

Module
Description
Vendor
Analog
Digital
RIO-MODULE
Generic Remote I/O Module
Allen-Bradley

图 5-36　添加数字量模块

点击“OK”，在弹出的对话框中组态数字量模块，如图 5-37 所示。

首先组态的是远程机架 0 号槽的 32 位数字量输入模块 1746-IB32，起始组号为 0。“Slot”的可选值为 0 或者 1，这只在 2 槽寻址时才有意义，表示两槽中的左槽（Slot = 0）或者右槽（Slot = 1）。由于本实验采用 1 槽寻址，所以“Slot”都为 0，系统自动为 1746-IB32 模块分配 0、1 号逻辑组。依次添加远程机架上的 1746-OB32 模块、1746-IB16 模块和 1746-OB16 模块，起始组号分别为 1、

Type:
RIO-MODULE Generic Remote I/O Module
Name:
IB32
Description:
Parent Rack:
ASB (0,0) 3/4-Rack (6 I/O Groups)
Group:
0
Slot:
0

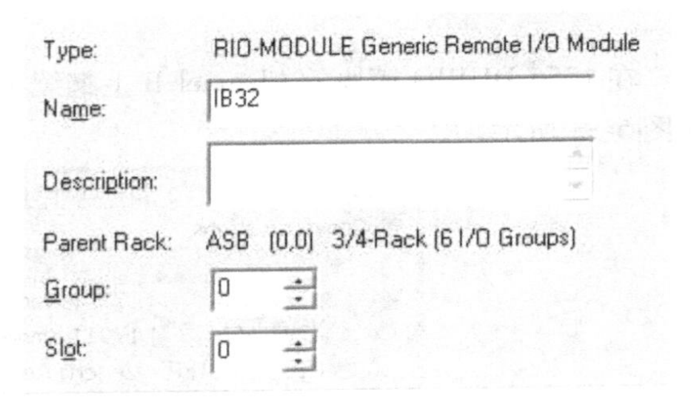

图 5-37　组态数字量模块

2、3。

再添加模拟量模块 1746-NI4、1746-NO4，起始组号分别为 4、5，如图 5-38 所示。

Module
Description
Vendor
Analog
RIO-MODULE
Generic Remote I/O Module
Allen-Bradley

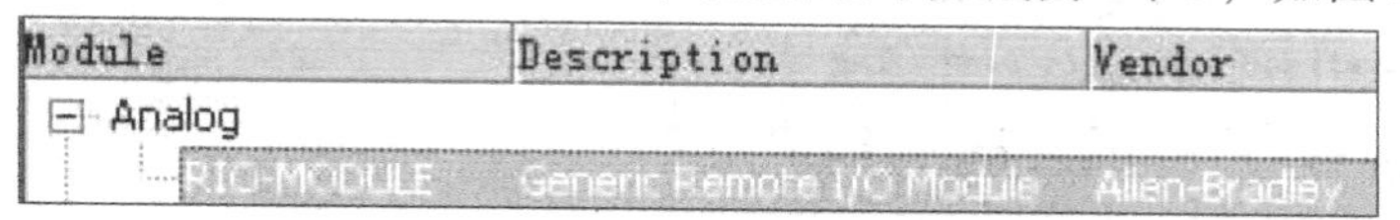

图 5-38　添加模拟量模块

在弹出的对话框中组态模拟量模块，如图 5-39 所示。

至此，远程 I/O 模块的组态完毕，I/O Configuration 树状图如图 5-40 所示。

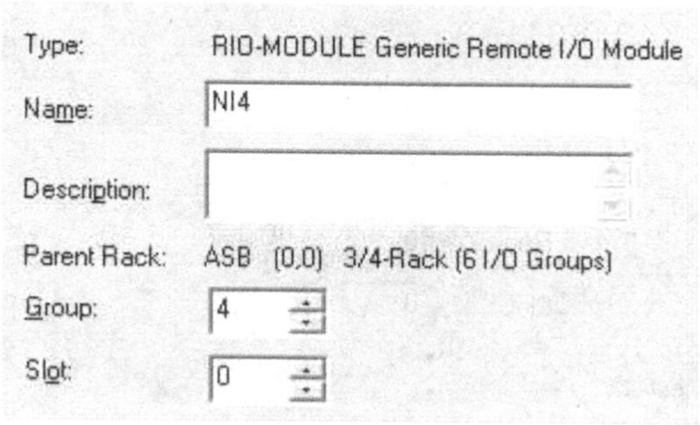

Type:
RIO-MODULE Generic Remote I/O Module
Name:
NI4
Description:
Parent Rack:
ASB (0,0) 3/4-Rack (6 I/O Groups)
Group:
4
Slot:
0

图 5-39　组态模拟量模块

1756 Backplane, 1756-A10
[0] 1756-L55 RIOshiyan
[6] 1756-DHRIO/B DHRIO
CH B, Remote I/O
B <000 0 3/4> 1747-ASB ASB
Remote I/O Rack
[0:0] RIO-MODULE IB32
[1:0] RIO-MODULE OB32
[2:0] RIO-MODULE IB16
[3:0] RIO-MODULE OB16
[4:0] RIO-MODULE NI4
[5:0] RIO-MODULE NO4

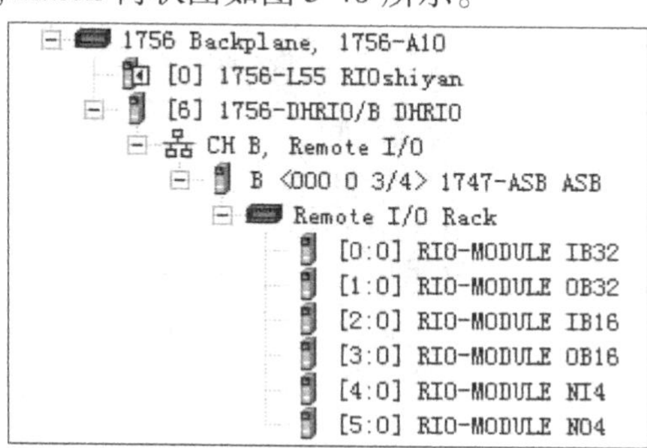

图 5-40　远程 I/O 组态完毕时的 I/O Configuration 树状图

因为本实验采用的是块传送的方式读写模拟量模块，所以要用到 MSG 指令，先新建 M0 和 M1 两个 MSG 标签，如图 5-41 所示，实验用到的程序如图 5-42 所示。

Name	Alias For	Base Tag	Data Type
⊞-M0			MESSAGE
⊞-M1			MESSAGE

图 5-41　新建 M0 和 M1 MSG 标签

M0.EN
MSG
Message
Message Control
M0
EN
DN
ER
M1.EN
MSG
Message
Message Control
M1
EN
DN
ER

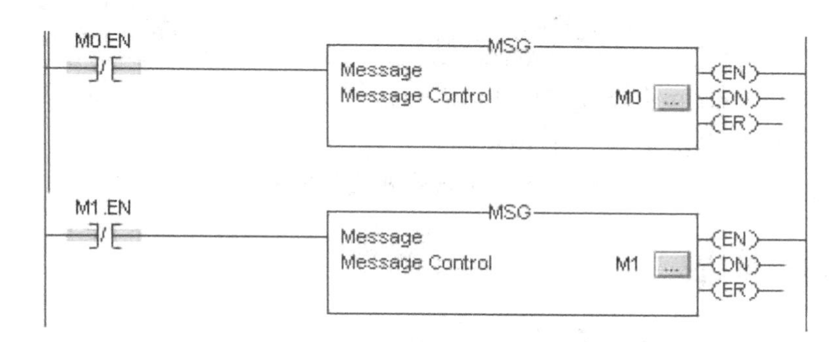

图 5-42　块传送方式读写模拟量模块

MSG 指令设置如图 5-43、图 5-44 所示。这里需要强调的是 Number of Elements 参数的值必须与模拟量模块的输入/输出字严格一致，否则将无法通过块传送方式对模拟量模块进行读写。其他参数按照前面的组态信息来填写。

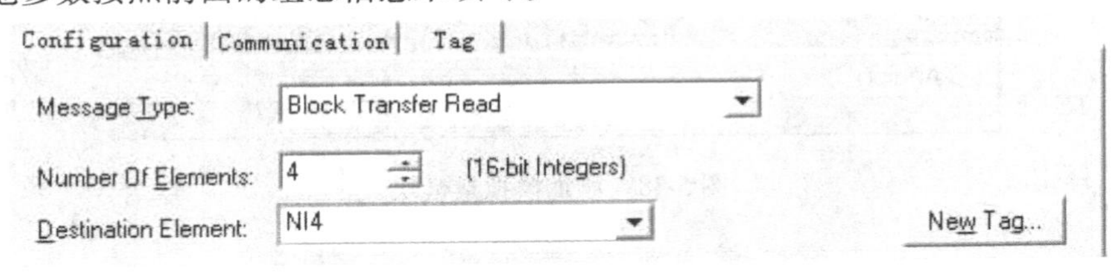

图 5-43　MSG 指令 Configuration 设置

图 5-44　MSG 指令 Communication 设置

模拟量输出模块 NO4 的 MSG 指令只需将 Message Type 参数改为 Block Transfer Write，Communication 选项卡下的 Group 参数改为 5 即可。

下载工程并运行程序。双击“Controller Tags”，查看控制器标签，如图 5-45 所示。

分别按下实验箱上的 1746-IB32 和 1746-IB16 模块对应的数字量输入按钮，展开标签 ASB：I（逻辑机架 0 的输入标签）观察各组数据的变化。旋转 1746-NI4 模块对应的模拟量输入旋钮，到 NI4 整型数组中查看相应的值。展开标签 ASB：O（逻辑机架 0 的输出标签）分别输出给 1746-OB32 模块、1746-OB16 模块，以点亮实验箱上数字量输出指示灯，在 NO4 数组中输入一个数值，在模拟量输出窗口中观察相应值的变化。

Name	Alias For	Base Tag	Data Type	Style
⊞-Local:6:I			AB:1756_DH...	
⊞-ASB:I			AB:RIO_6IO...	
⊞-ASB:O			AB:RIO_6IO...	
⊞-NI4			INT[8]	Decimal
⊞-NO4			INT[8]	Decimal
⊞-M0			MESSAGE	
⊞-M1			MESSAGE	

图 5-45　查看控制器标签

5.3　DH-485 通信

罗克韦尔自动化公司生产的 L6x 及以下系列 PLC（MircoLogix 系列、PLC-5 系列、SLC500 系列乃至 ControlLogix 系列）都有一个 RS-232 电平标准的 9 针串行通信口，该通道可以组态为 DF1、DH-485 或 ASCII 通信网络。在实际工业现场，通过 1761-NET-AIC 将 RS-232 的电气标准转换成 RS-485 的电气标准，通信距离可达 1km。网络结构图如图 5-46 所示。

由于 DH-485 网络是以 EIA（电子工业协会）RS-485 标准为基础的，因此在利用通道 0 组态 DH-485 网络时，需要将通信口的 RS-232 协议转换成 RS-485 协议，这样才能进行通信。这就需要在组态时将驱动器设置成 DH-485。

1. 控制器通道组态

首先进行的是 SLC-5/05 通道组态。在 RSLogix500 中将其 CH0 的 DF1 协议改为 DH-485 协议，并选择节点地址。

打开 RSLinx，添加以太网 IP 驱动程序，找到 SLC-5/05 控制器，如图 5-47 所示

打开 RSLogix500 编程软件，上载程序，双击左侧目录中的“Channel Configuration”，选择 Chan. 0-System 选项卡，在 Driver 中选择 DH485 协议，节点地址设为 1，波特率选择 19200bit/s，如图 5-48 所示。

ControlLogix
SLC500
1761-NET-AIC
1761-NET-AIC
DH-485 网络

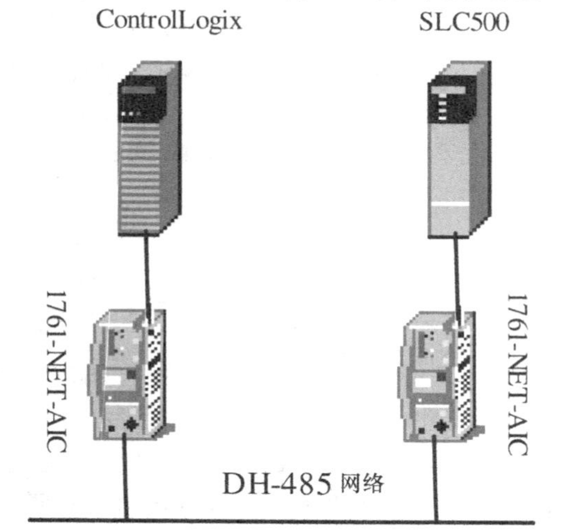

图 5-46　DH-485 网络通信结构图

AB_ETHIP-1, Ethernet
192.168.1.105, SLC-5/05, 1747-L553 A/4 - DC 2.59

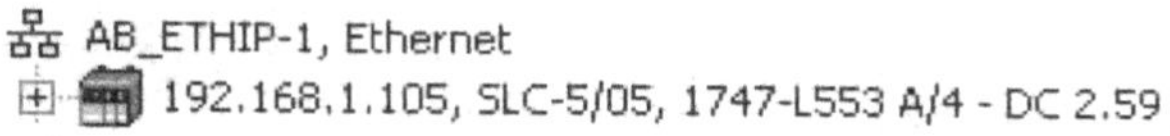

图 5-47　RSLinx 扫描结果

General
Chan. 1 - System
Chan. 0 - System
Chan. 0 - User
Driver
DH485
Baud
19200
Node Address
1
(decimal)

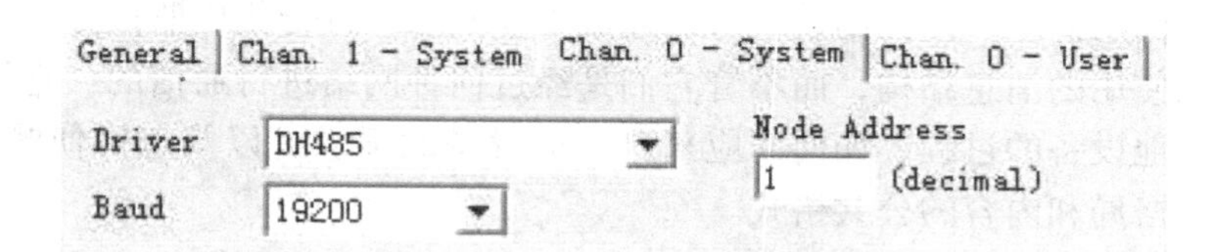

图 5-48　SLC-5/05 组态

保存并下载程序到 SLC-5/05 控制器中。这样 SLC-5/05 的通道组态就完成了。

然后进行 1756-L61 的通道组态。新建 1756-L61 控制器后进入控制器属性设置，在“System Protocol”选项卡下组态 DH-485 协议，并将其节点地址设置为 0，如图 5-49 所示。

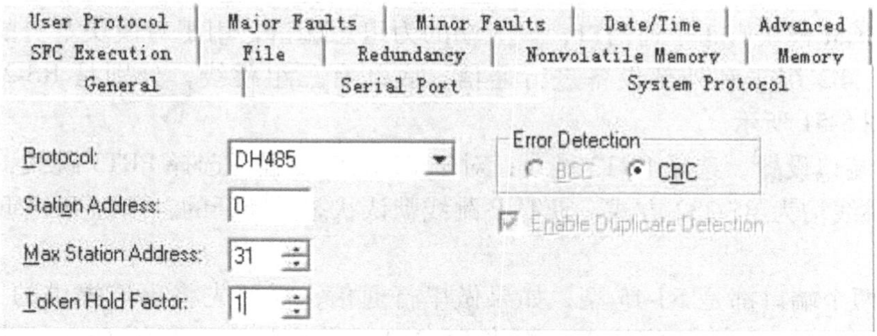

User Protocol
Major Faults
Minor Faults
Date/Time
Advanced
SFC Execution
File
Redundancy
Nonvolatile Memory
Memory
General
Serial Port
System Protocol
Protocol:
DH485
Station Address:
0
Max Station Address:
31
Token Hold Factor:
1
Error Detection
BCC
CRC
Enable Duplicate Detection

图 5-49　1756-L61 组态

2. 查看 DH-485 网络

启动 RSLinx，这时 RSWho 窗口的左侧可以看到 1756-L61 和 SLC-5/05 都已经连接到了网络上。节点地址分别为 0 和 1，如图 5-50 所示。

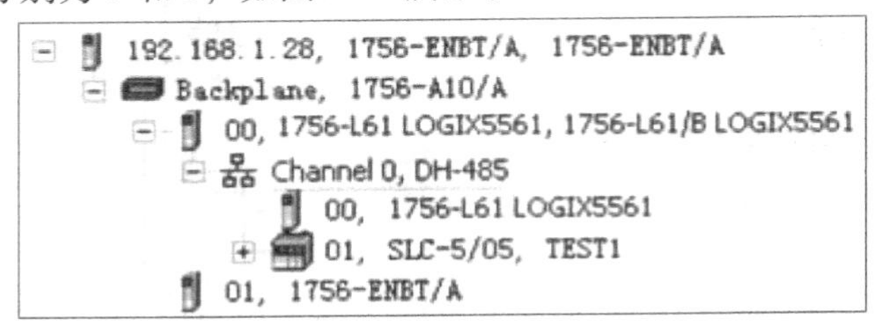

图 5-50　RSLinx 扫描结果

数据传输过程与 DH + 网络相同，通过 MSG 指令实现，这里不再一一赘述。另外，针对控制器带有串口的通信，可以将串口对联，采用 DF1 通信协议进行数据交换，方法与 DH + 和 DH-485 相同。

5.4　Modbus 通信

Modbus 协议是应用于电子控制器上的一种通用语言。通过此协议，控制器相互之间、控制器经由网络（例如以太网）和其他设备之间可以通信。它已经成为一种通用的工业标准。有了它，不同厂商生产的控制设备可以连成工业网络，进行集中监控。此协议定义了一个控制器能认识使用的消息结构，而不管它们是经过何种网络进行通信的。它描述了一台控制器请求访问其他设备的过程，如何回应来自其他设备的请求，以及怎样侦测错误并记录。它制定了消息域格局和内容的公共格式。

5.4.1　Modbus 串行通信

标准的 Modbus 口是使用 RS-232C 兼容的串行接口，它定义了连接口的针脚、电缆、信号位、传输波特率、奇偶校验。通信时，每个控制器需要知道它们的设备地址，识别按照地址发来的消息，决定要产生何种行动。如果需要回应，控制器将生成反馈信息并用 Modbus 协议发出。

1. MVI56-MCM 模块的硬件设置

MVI56-MCM 模块有 3 个通信口，最上端的为组态端口，用于对模块本身的配置。其他两个端口 P1、P2 用于和外部设备进行通信。底部有三组跳线，分别是 RS-232、RS-422、RS-485，如图 5-51 所示。

对于 P1 端口设置，选择 PRT2 跳线；对于 P2 端口设置，选择 PRT3 跳线，默认状态下两个端口的跳线均为 RS-232 方式。SETUP 跳线默认状态是断开的，未经 ProSoft 人员授权不要随意更改。

P1、P2 两个端口都是 RJ-45 型，如果做串行通信，需要先将出厂提供的 RJ-45 转 RS-232 连接线接到 MVI56-MCM 模块上，再将 RS-232 端分别接到配套的 DB9 接头上。通过螺钉端子按如图 5-52 方式接线。

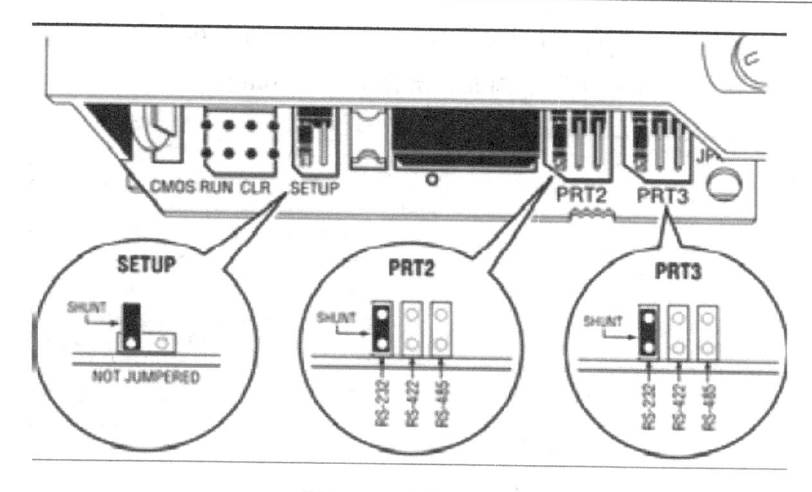

图 5-51　跳线设置图

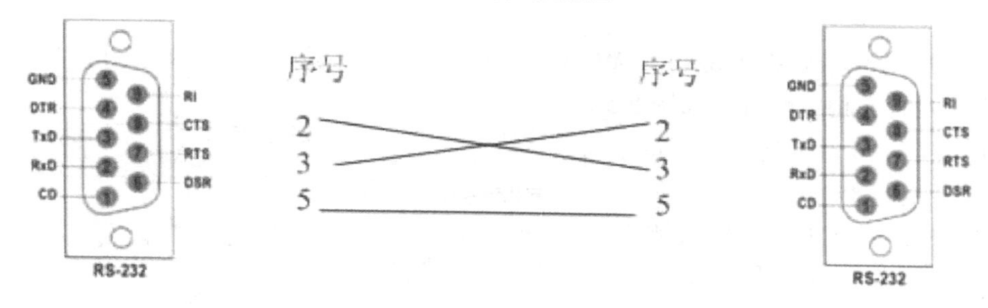

图 5-52　RS-232 接线

2. MVI56-MCM 模块的软件组态

首先需要新建工程，选择 CPU 并进行相关组态配置。在组态 IO 模块时，要选择 others →1756 - Module。注意模块所处的槽号，通信的数据格式要选择 INT 类型。组态模块信息如图 5-53 所示。

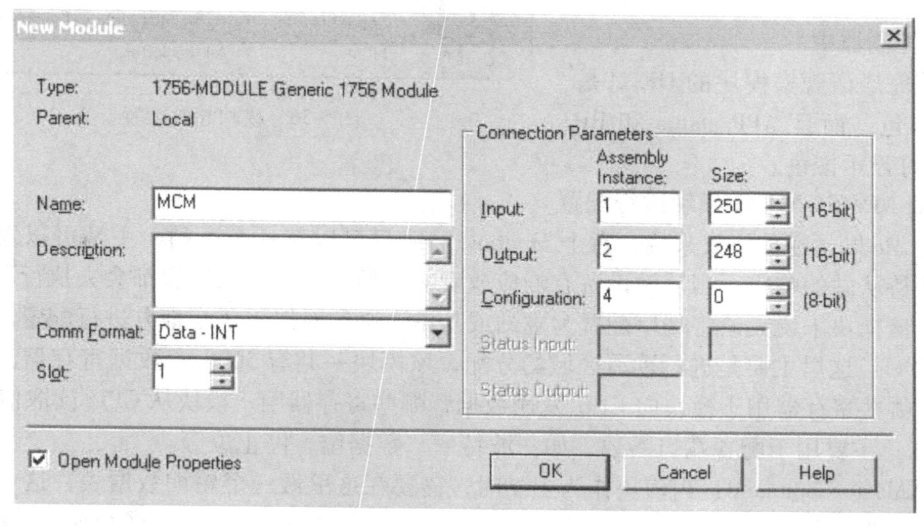

图 5-53　配置模块信息

导入模块已提供的标准例程，打开梯形图导入例程（MainProgram 双击进入梯形图，右键点击“rung”会弹出如图 5-54 所示画面，选择 Import Rung）。

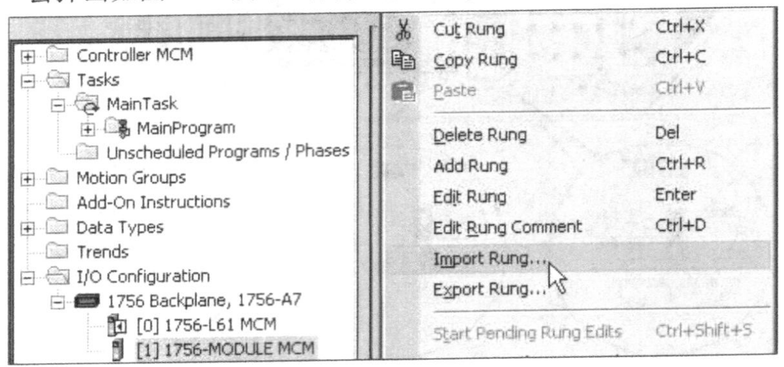

图 5-54　导入例程

选择要导入的名为 MVI56（E）MCM _ AddOn _ Rung _ v2 _ 8. L5X 的文件，如图 5-55 所示。修改导入时的相关配置，如图 5-56 所示。

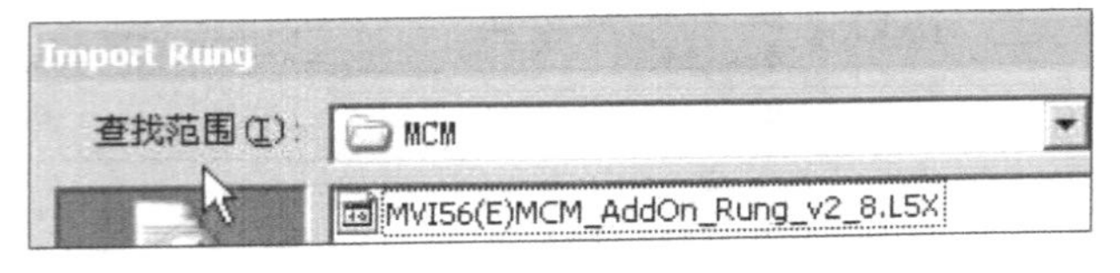

图 5-55　导入的 AOI 文件

Import Configuration

Tags | Data Types | Add-On Instructions

Name	Data Type
AOI56MCM	AOI56MCM
Local:1:I	AB:1756_MODULE_INT_500Bytes:I:0
Local:1:O	AB:1756_MODULE_INT_496Bytes:O:0
MCM	MCMModuleDef

图 5-56　模块相关配置

上图中将 Local：1：I，Local：1：O 这两个变量修改为硬件所在槽位对应的变量，由于本示例模块插在主站 1 槽，所以修改完配置如上图所示。点击“确定”后，可以发现整个工程里面多了一些配置，包括：ControllerTags，Data Type-UserDefine，Add-On Instructions 等；导入后在例程中会出现 MCM 模块标准的运行程序如图 5-57 所示，下载程序到 ControlLogix 控制器中。

下载完毕请观察模块的 OK 灯是否变为绿色，而且 APP status 和 BP AC 指示灯显示橙色。

3. 对 MVI56-MCM 模块进行配置

对于 Modbus 通信协议来说，每个 Modbus 网络只可以有一个主站，主站可以发出请求信息，等待从站的响应。当从站设备有响应或者响应超时时，主站模块都会去执行下一条命令。对于该模块来说无论将端口配置为主站或从站，必须对以下 3 个地方进行配置。

ModDef：这里主要是进行读写区域的分配，该模块一共有 5000 个数据寄存器，在这里可以配置哪些寄存器用于模块向 CPU 发送数据，哪些寄存器用于模块从 CPU 读取信息。

PortX：主要用于配置端口参数，如：波特率、数据位、停止位等。

PortXMasterCommand：当模块作为主站时，需要在这里做一个轮询数据表，这个表主要告诉模块，要和 Modbus 网络里的哪些设备进行连接，需要进行哪些数据交换，读/写的数据存到什么位置等信息。

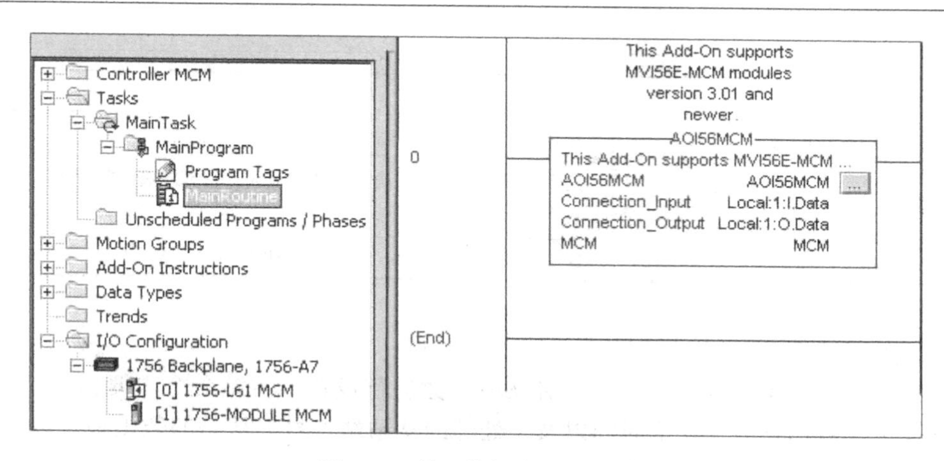

图 5-57　导入的标准通信例程

（1）配置 ModDef

双击“ControllerTags”进入变量表，展开 MCM-MCM. config-MCM. Config. Moddef，变量详细说明见表 5-6。

表 5-6　Moddef 变量详细说明

变量	描　　述
WriteStartReg	写寄存器起始地址，这个变量用来表示从 CPU 往 MVI 模块写数据的起始地址，有效范围：0 ~ 4999
WriteRegCnt	写寄存器的数量，从 CPU 写到 MVI 模块的寄存器个数，参数有效范围：0 ~ 5000
ReadStartReg	读寄存器的起始地址，这个变量用来表示 CPU 从 MVI 模块读数据的起始寄存器地址，有效范围：0 ~ 4999
ReadRegCnt	读寄存器的数量，这个变量表示 CPU 从 MVI 模块读取的寄存器个数，有效范围：0 ~ 5000

（2）Port1 和 Port2 的端口设置

不管端口作为主站还是从站，该项设置是必需的。该设置位于 ControllerTag 选项里的 MCM. Config. PortX 部分，Port1 和 Port2 是相互独立的，需要分别进行配置。各项参数说明见表 5-7。

表 5-7　Port1 参数说明

变　　量	描　　述
MCM. CONFIG. Port1. Enabled（使能位）	1 = 使能端口，0 = 端口禁止
MCM. CONFIG. Port1. Type（端口类型）	0 = Master，1 = Slave
MCM. CONFIG. Port1. Protocol（协议）	这个参数决定端口使用的 Modbus 协议。有效协议为：0 = Modbus RTU 和 1 = Modbus ASCII
MCM. CONFIG. Port1. Baudrate（波特率）	这个参数定义端口使用的波特率。比如，要选择 19K 波特率，那就输入 19200。有效的输入为 110，150，300，600，1200，2400，4800，9600，19200，28800，38400，57600 和 115
MCM. CONFIG. Port1. Parity（校验方式）	0 = 无校验，1 = 奇校验，2 = 偶校验，3 = 标记校验，4 = 空格校验
MCM. CONFIG. Port1. DataBits（数据位）	数据位，有效值 5 ~ 8

（续）

变　　量	描　　述
MCM. CONFIG. Port1. StopBits（停止位）	停止位，有效值 1 ~ 2
MCM. CONFIG. Port1. SlaveID（从站地址）	这个参数定义的是模块的从站站地址，仅当模块设置为从站的时候，该参数生效
MCM. CONFIG. Port1. CmdCount（命令个数）	这个参数指定 Modbus 主站端口处理的命令个数

（3）端口命令配置

当端口被配置为主站的时候，必须对该项参数进行设置，主站命令主要包括：使能位，数据存储地址，数据长度，轮询时间以及要处理的从站站点号，从站的数据地址以及 Modbus 功能码。各项参数说明见表 5-8。

表 5-8　MasterCmd 参数说明

变　　量	描　　述
MCM. CONFIG. Port1MasterCmd[0]. Enable	0 = 禁止该条指令执行 1 = 允许指令执行 2 = 有条件执行，该指令只适用于功能码为 5，6，15，16 的写指令，当数据有变化时指令执行
MCM. CONFIG. Port1MasterCmd[0]. IntAddress	该参数指定与命令相关的内部数据库起始地址，当功能码设置为读从站数据，则该地址为将从站数据读上来后存取的内部数据库的起始地址。当功能码设置为写从站数据时，则该地址表示要写到从站的内部数据库的起始地址。当使用位操作时，需要将内部数据库地址乘以 16 后作为起始地址
MCM. CONFIG. Port1MasterCmd[0]. Count	要操作的数据长度，该参数用来表示要和从站设备进行交换的数据个数，参数的有效范围为 1 ~ 125 个字或 1 ~ 16000 个 bit
MCM. CONFIG. Port1MasterCmd[0]. Node	这个参数指定了发送到 Modbus 网络上的命令要到达的从站地址。合法输入是 0 ~ 255。大多数 Modbus 网络的上限值是 247
MCM. CONFIG. Port1MasterCmd[0]. Func	Modbus 功能码，有效输入 1，2，3，4，5，6，15，16； 1 = 读输出状态（即读取 Modbus 0 区的值） 2 = 读输入状态（即读取 Modbus 1 区的值） 3 = 连续读数据寄存器的数据（即连续读取 Modbus 4 区的值） 4 = 读输入寄存器的值（即读取 Modbus3 区的值） 5 = 写单个位（即对 Modbus 1 区的值进行写操作） 6 = 写单个数据寄存器（即对 Modbus 4 区的值进行但数值的写操作） 15 = 连续写多个位（即对 Modbus 1 区的值进行连续写操作） 16 = 连续写多个寄存器（即对 Modbus 4 区的值进行连续的写操作）
MCM. CONFIG. Port1MasterCmd[0]. DevAddress	Modbus 数据地址，要和从站进行哪些数据交换，这里指的是 Modbus 的起始数据地址，这个参数依赖于从站设备厂商对其设备的数据定义

4. MVI56-MCM 模块作主站的配置方法

MVI56-MCM 模块作为 Modbus 主站时的配置方法如图 5-58 所示。

− MCM	{...}
− MCM.CONFIG	{...}
− MCM.CONFIG.ModDef	{...}
+ MCM.CONFIG.ModDef.WriteStartReg	0
+ MCM.CONFIG.ModDef.WriteRegCnt	600
+ MCM.CONFIG.ModDef.ReadStartReg	1000
+ MCM.CONFIG.ModDef.ReadRegCnt	200
+ MCM.CONFIG.ModDef.BPFail	0
+ MCM.CONFIG.ModDef.ErrStatPtr	-1

图 5-58　ModDef 配置

写寄存器起始地址为 0，寄存器的数量为 600。读寄存器的起始地址为 1000，读寄存器的数量为 200。无条件连续运行，不保存错误状态。此时模块的工作原理如图 5-59 所示。

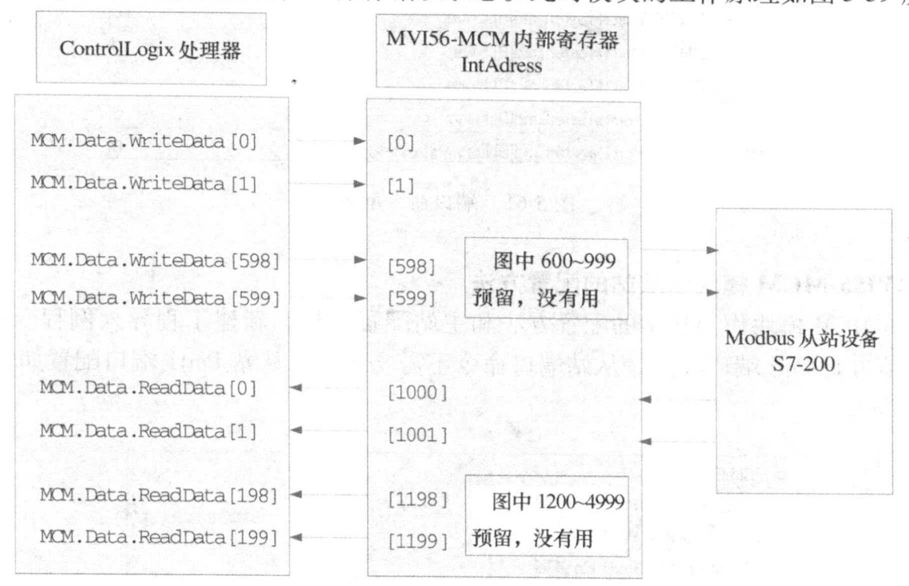

图 5-59　模块工作原理

写数据的过程如下：CPU 将 MCM. Data. WriteData ［0］ 的数据映射到 MVI56 - MCM 的内部寄存器 ［0］，内部寄存器 ［0］ 再发送给 Modbus 从站设备。

读数据的过程如下：MVI56 - MCM 模块先将从站设备的数据读到内部寄存器 ［1000］ 中，内部寄存器 ［1000］ 再将数据映射到 MCM. Data. ReadData ［0］，完成读取数据过程。

Port1 配置如图 5-60 所示。Port2 本实验不使用。

MCM. CONFIG. . Port1MasterCmd ［0］ 配置如图 5-61 所示。

功能码 3 表示读取 Modbus 网络上的起始地址为 DevAddress + 400001。本实验表示将 2 号 Modbus 从站的 400000 ~ 400009 这 10 个数据读取到内部寄存器 1000 ~ 1009。

MCM.CONFIG.Port1.Enabled	1
MCM.CONFIG.Port1.Type	0
MCM.CONFIG.Port1.FloatFlag	0
MCM.CONFIG.Port1.FloatStart	0
MCM.CONFIG.Port1.FloatOffset	0
MCM.CONFIG.Port1.Protocol	0
MCM.CONFIG.Port1.Baudrate	9600
MCM.CONFIG.Port1.Parity	2
MCM.CONFIG.Port1.DataBits	8
MCM.CONFIG.Port1.StopBits	1

图 5-60　Port1 口配置

MCM.CONFIG.Port1MasterCmd[0].Enable	1
MCM.CONFIG.Port1MasterCmd[0].IntAddress	1000
MCM.CONFIG.Port1MasterCmd[0].PollInt	0
MCM.CONFIG.Port1MasterCmd[0].Count	10
MCM.CONFIG.Port1MasterCmd[0].Swap	0
MCM.CONFIG.Port1MasterCmd[0].Node	2
MCM.CONFIG.Port1MasterCmd[0].Func	3
MCM.CONFIG.Port1MasterCmd[0].DevAddress	0

图 5-61　端口命令配置

5. MVI56-MCM 模块作从站的配置方法

MVI56-MCM 模块作为从站的配置方法和主站配置一样，新建工程导入例程。和作主站相区别的地方是 Port 端口配置，从站端口命令不需要配置。从站 Port1 端口配置如图 5-62 所示。

MCM.CONFIG.Port1	{...}
MCM.CONFIG.Port1.Enabled	1
MCM.CONFIG.Port1.Type	1
MCM.CONFIG.Port1.FloatFlag	0
MCM.CONFIG.Port1.FloatStart	0
MCM.CONFIG.Port1.FloatOffset	0
MCM.CONFIG.Port1.Protocol	0
MCM.CONFIG.Port1.Baudrate	9600
MCM.CONFIG.Port1.Parity	2
MCM.CONFIG.Port1.DataBits	8
MCM.CONFIG.Port1.StopBits	1
MCM.CONFIG.Port1.RTSOn	0
MCM.CONFIG.Port1.RTSOff	0
MCM.CONFIG.Port1.MinResp	0
MCM.CONFIG.Port1.UseCTS	0
MCM.CONFIG.Port1.SlaveID	2

图 5-62　从站 Port1 端口配置

Type = 1 表示设置为从站，SlaveID = 2 表示从站地址设置为 2。其他配置和主站一样。

将程序编译下载到 ControlLogix 控制器中运行，观察 MVI56-MCM 的 RJ45 接头左侧发送接收灯都处于闪烁状态，APP 和 OK 灯都处于常绿状态。至此，Modbus 通信完成。

5.4.2　远程控制 ATV71 变频器

Modbus 网络最常使用的是 Modbus RTU 通信协议，电气标准为 RS-485，控制器通信使用主从技术，即仅一个设备（主设备）能初始化传输（查询）。其他设备（从设备）根据主设备查询提供的数据做出相应反应。主设备可单独和从设备通信，也能以广播方式和所有从设备通信。如果单独通信，从设备返回一条消息作为回应，如果是以广播方式查询的，则不作任何回应。Modbus 协议建立了主设备查询的格式：设备（或广播）地址、功能代码、所有要发送的数据、错误检测域。

从设备回应消息也由 Modbus 协议构成，包括确认要行动的域、任何要返回的数据、和错误检测域。如果在消息接收过程中发生错误，或从设备不能执行其命令，从设备将建立错误消息并把它作为回应发送出去。

MVI56-MCM 模块作主从通信最典型例子就是远程控制施耐德的 ATV71 变频器，由于 ATV71 变频器主要支持 Modbus RTU 通信协议，电气标准也是 RS-485。下面将着重介绍 MVI56-MCM 模块是如何控制 ATV71 变频器的。

1. ATV71 变频器从站设置

在 MVI56-MCM 与 ATV71 进行 Modbus 通信之前，首先要保证 ATV71 能单独带电动机运行，所以必须对 ATV71 的“简单起动”菜单中的参数进行设置。从主菜单开始配置如下：主菜单→1 变频器菜单→1.1 简单起动，旋转导航键查找并设置参数，根据自己所带电动机的实际应用进行设置。ATV71 变频器操作面板为集成显示终端如图 5-63 所示。

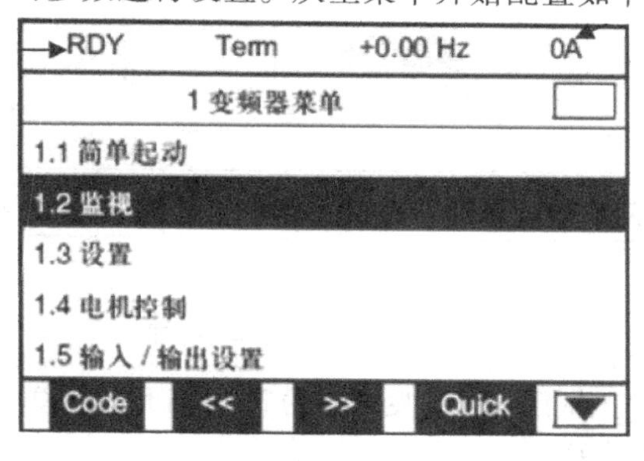

图 5-63　集成显示终端

下面对控制方式进行配置，本实验采用 Modbus 通信控制起停及速度给定。操作步骤：主菜单→1 变频器菜单→1.6 命令→给定 1 通道→选择 Modbus。1.6 命令→组合方式→选择组合通道。1 变频器菜单→1.8 故障管理→电动机缺相-输出缺项设置→选择否。需要设置的参数见表 5-9。

表 5-9　设置参数表

参数路径	参数说明	值	功 能 描 述
CTL-/FR1	配置给定 1	Mdb	通过 Modbus 总线给定
CTL-/CHCF	控制模式设置	SIN	SIN – 组合，控制和频率给定由同一种方式设定；SEP – 分离，控制和频率给定由不同的方式设定
Flt-/OPL-/OPL	电机缺相故障	No	带小电动机试验时，禁止因为输出电流过小出现的电动机缺相故障；一般在变频器最小输出电流大于电动机额定电流时需要禁止电动机缺相故障

对于通信参数的设置步骤：1 变频器菜单→1.9 通信→网络 Modbus→分别对 Modbus 地址、波特率、通信格式进行设置，设置的参数见表 5-10。

表 5-10　通信参数表

参数路径	参数说明	值	功能描述
CON-/ND1-/ADD	从站地址	3	范围 1～247
CON-/ND1-/tbr	通信速率	9600	4.8～4800bit/s；9.6～9600bit/s；19.2～19200bit/s
CON-/ND1-/tfo	通信格式	8E1	8O1：8 个数据位，奇校验，1 个停止位 8E1：8 个数据位，偶校验，1 个停止位 8n1：8 个数据位，无校验，1 个停止位 8n2：8 个数据位，无校验，2 个停止位

注意：MVI56-MCM 模块提供的 P1、P2 两个端口虽然也是 RJ-45 型，但接口线序为 DI＝1 号端子、DO＝8 号端子；而 ATV71 的 RJ45 接口线序如图 5-64 所示，DI＝4 号端子、DO＝5 号端子。

2. MVI56-MCM 模块的组态

ATV71 变频器配置好后，相应地将 MVI56-MCM 模块底部的 P1 口对应的跳线 PRT2 设置为 RS-485，这样模块的通信格式才能和 ATV71 通信格式相匹配。

接下来在 ControlLogix 中将 Port1 口的参数配置成如图 5-65 所示。

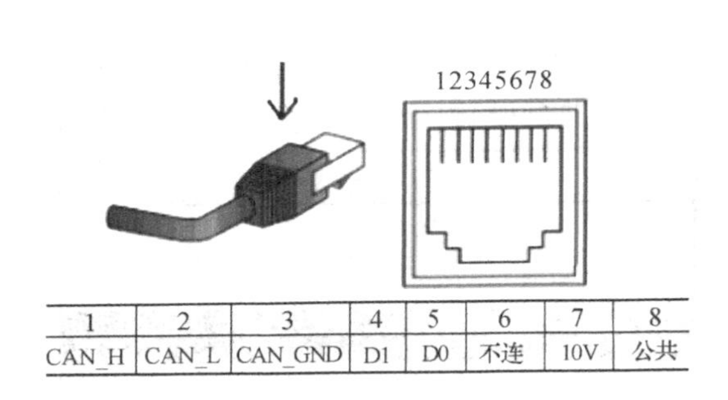

图 5-64　ATV71 的 RJ45 接口

MCM.CONFIG.Port1	{...}
MCM.CONFIG.Port1.Enabled	1
MCM.CONFIG.Port1.Type	0
MCM.CONFIG.Port1.FloatFlag	0
MCM.CONFIG.Port1.FloatStart	0
MCM.CONFIG.Port1.FloatOffset	0
MCM.CONFIG.Port1.Protocol	0
MCM.CONFIG.Port1.Baudrate	9600
MCM.CONFIG.Port1.Parity	2
MCM.CONFIG.Port1.DataBits	8
MCM.CONFIG.Port1.StopBits	1

图 5-65　Port1 端口配置

由于 ATV71 变频器的 Modbus 地址 8501 对应控制字，地址 8502 对应频率给定。因此参数设置的意义为：在从站地址 3 中，写入 2 个数据，并采用功能码 16 连续写入寄存器。MasterCmd [0] 配置如图 5-66 所示。

MCM.CONFIG.Port1MasterCmd	{...}
MCM.CONFIG.Port1MasterCmd[0]	{...}
MCM.CONFIG.Port1MasterCmd[0].Enable	1
MCM.CONFIG.Port1MasterCmd[0].IntAddress	0
MCM.CONFIG.Port1MasterCmd[0].PollInt	0
MCM.CONFIG.Port1MasterCmd[0].Count	2
MCM.CONFIG.Port1MasterCmd[0].Swap	0
MCM.CONFIG.Port1MasterCmd[0].Node	3
MCM.CONFIG.Port1MasterCmd[0].Func	16
MCM.CONFIG.Port1MasterCmd[0].DevAddress	8501

图 5-66　MasterCmd [0] 配置

3. MVI56-MCM 与 ATV71 变频器的通信测试

通过 RSLogix5000 编程就可实现 ControlLogix 控制器对 ATV71 变频器的控制，其中 Modbus 通信控制的控制字说明见表 5-11。

表 5-11　控制字说明

	Bit0	Bit1	Bit2	Bit3	Bit4	Bit5	Bit6	Bit7
1	通电	允许电压	快速停车	允许操作	保留(=0)	保留(=0)	保留(=0)	故障复位
0	接触器控制	提供交流电源授权	紧急停车	运行命令				确认故障
	Bit8	Bit9	Bit10	Bit11	Bit12	Bit13	Bit14	Bit15
1	暂停	保留(=0)	保留(=0)	缺省情况下为转动方向命令	可定义	可定义	可定义	可定义
0	恢复							

对 ATV71 变频器实现 Modbus 通信控制的状态字说明见表 5-12。

表 5-12　状态字说明

	Bit0	Bit1	Bit2	Bit3	Bit4	Bit5	Bit6	Bit7
1	通电准备就绪	通电	运行被允许	故障	电压有效	快速停车	通电被禁止	警告
0	动力部分线电源挂起	就绪	运行	故障	动力部分线电源有电	紧急停车	动力部分线有电	报警
	Bit8	Bit9	Bit10	Bit11	Bit12	Bit13	Bit14	Bit15
1	保留(=0)	远程	达到目标	内部限值有效	保留(=0)	保留(=0)	通过 STOP 停车	转动方向
0		通过网络给出的命令过给定	达到给定	给定超出限制				

ATV71 内部 Modbus 地址分配见表 5-13。

表 5-13　ATV71 内部 Modbus 地址分配

名称	控制字	转速给定	频率给定	状态字	转速返回	频率返回	电流返回	故障代码
地址	8501	8602	8502	3201	8604	3202	3204	8606

展开 RSLogix5000 编程软件中的 Controller Tag，先在 MCM. DATA. WriteData [0] 字中写入 6 先停车，再写入 15 激活运行。在 MCM. DATA. WriteData [1] 字中写入 200，电动机便会起动运行。写入数据如图 5-67 所示。

⊟MCM.DATA.WriteData	{...}
⊞MCM.DATA.WriteData[0]	15
⊞MCM.DATA.WriteData[1]	200

图 5-67　Modbus 数据写入

从变频器面板中操作，1 变频器菜单-1. 2 监视。可以观察写入的控制字和输入频率。在主面板上也可观察频率为 20Hz。至此，完成了 MVI56-MCM 通过 Modbus 控制施耐德 ATV71 变频器的实验。

5. 4. 3　Modbus TCP 通信

Modbus TCP 是基于以太网的通信协议，控制器使用对等技术通信，故任何控制都能初始和其他控制器的通信。这样在单独的通信过程中，控制器既可作为主设备也可作为从设备。提供的多个内部通道可允许同时发生的传输进程。

在消息位，Modbus 协议仍提供了主从原则，尽管网络通信方法是“对等”。如果控制器发送一条消息，它只是作为主设备，并期望从从设备得到回应。同样，当控制器接收到一条消息，它将建立一个从设备回应格式并返回给发送的控制器。

ControlLogix 系统通过 MVI56E-MNET 模块实现基于以太网的 Modbus TCP 通信。当连接在处理器和模块之间进行数据交换时，MVI56E-MNET 模块充当一个普通的 IO 模块，通过梯形图实现模块和处理器的数据交换，模块即可插到本地也可插到远程 IO 机架上。MVI56E-MNET 内部有 5000 个字的寄存器区供用户使用，作为主站时最多支持 100 条指令，支持功能码 1、2、3、4、5、6、15、16。模块可同时作为 Server 和 Client，作为 Client 时最大可连接 100 个 Server，通信时使用 502 端口。

本实验使用 Quantum 控制器 140CPU671-60，通过以太网模块进行 ModbusTCP 通信。下面分别对 MVI56E-MNET 和 Quantum 控制器进行配置并进行通信测试。

1. MVI56E-MNET 模块的配置

首先用 ProSoft Configuration Builder 软件对 MVI56E-MNET 进行配置。打开 PCB 软件，添加模块，选择 MVI56E-MENT，如图 5-68 所示。

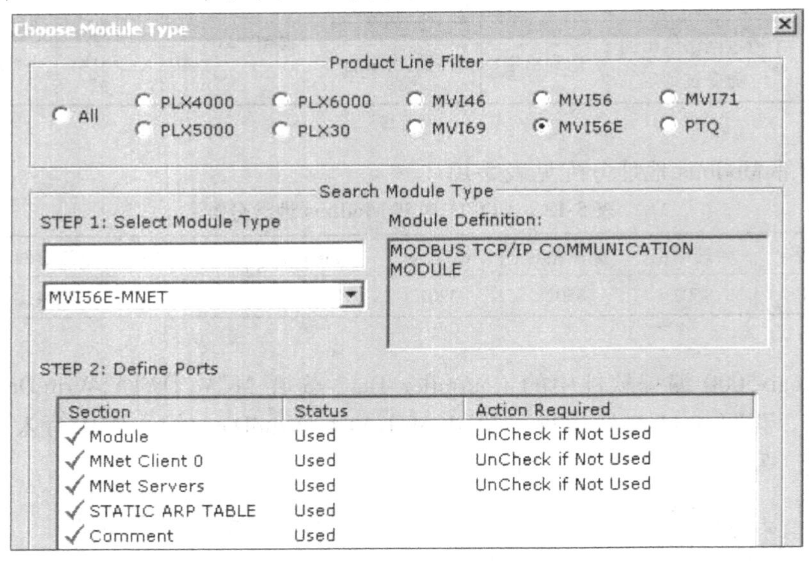

图 5-68　添加 MVI56E-MENT 模块

模块添加好后左侧列表如图 5-69 所示。

点击列表 Module 进行配置，选择默认配置如图 5-70 所示。

Error/Status Pointer = 4500 代表错误状态存放的起始地址为 4500。Read Register Start = 1000，Read Register Count = 600 表示读取数据存放在内部寄存器 1000 ~ 1599 地址内。Write Register Start = 0，Write Register Count = 600 代表写数据存放在内部寄存器 0 ~ 599 地址内。和 MVI56-MCM 模块配置相同。

点击列表 MNet Client 0 Commands 进行配置，配置好之后如图 5-71 所示。

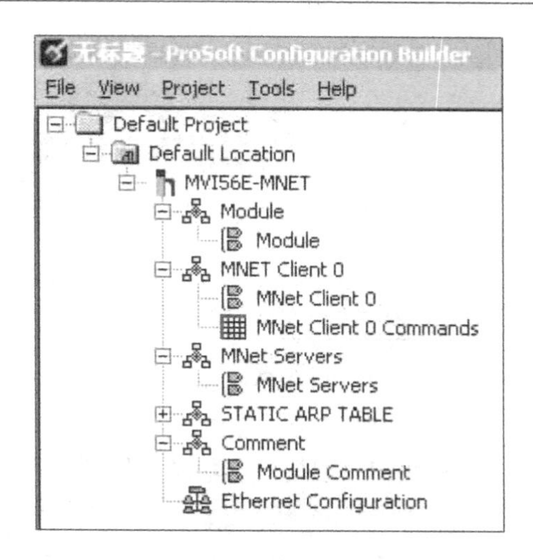

图 5-69　MVI56E-MNET 列表 MNet Client 0 Commands

Edit - Module

Error/Status Pointer	4500
Read Register Start	1000
Read Register Count	600
Write Register Start	0
Write Register Count	600
Failure Flag Count	0
Initialize Output Data	No
Pass-Through Mode	0
Duplex/Speed Code	Auto-negotiate

Error/Status Pointer

4500

Comment:

Definition:

图 5-70　Modle 配置

Edit - MNet Client 0 Commands

	Enable	Internal Address	Poll Interval	Reg Count	Swap Code	Node IP Address	Serv Port	Slave Address	ModBus Function	MB Address in Device
1	Yes	1000	0	30	No Change	192.168.1.2	502	1	FC 3 - Read Holding Registers(4X)	9
2	Yes	0	0	8	No Change	192.168.1.2	502	1	FC 16 - Preset (Write) Multiple Register (4X)	0

图 5-71　MNet Client 0 Commands 配置

第一条表示从 IP 地址为 192.168.1.2 的 Server 地址 40010 ~ 40039 中连续读取 30 个数存放到内部寄存器 1000 ~ 1029 地址内。

第二条表示将内部寄存器 0000 ~ 0007 地址的 8 个数据写入到 IP 为 192.168.1.2 的 Server 地址 40000 ~ 40007 内。

点击列表 Edit-MNet Server 进行配置，本实验为默认配置如图 5-72 所示。当 MVI56E-MNET 作为 Server 时内部寄存器 0 ~ 4999 内的 5000 个数据分别对应 ModbusTCP 地址为 40001

~45000。

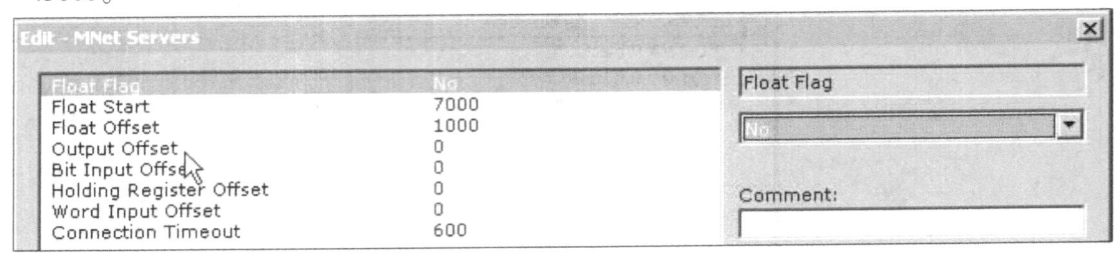

图 5-72　Edit-MNet Server 配置

点击列表 Edit-WATTCP，对模块 IP 地址进行配置，如图 5-73 所示。

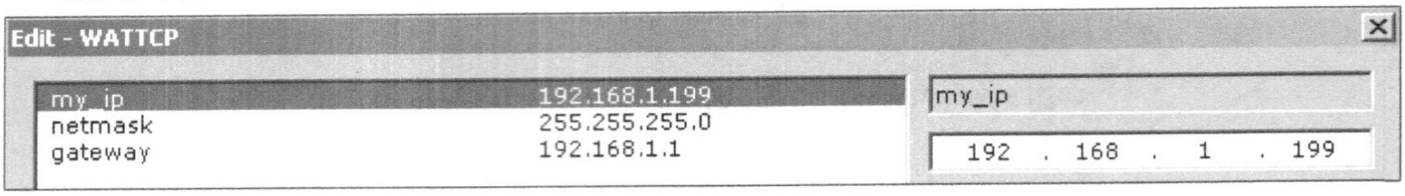

图 5-73　IP 地址配置

右键点击列表 MVI56E-MNET，选择 Download from PC to Device，如图 5-74 所示。

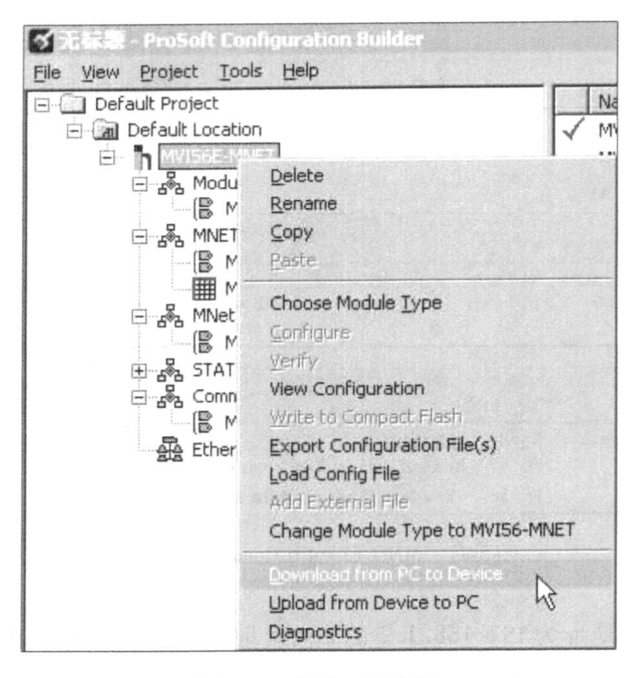

图 5-74　模块下载配置

弹出框图如图 5-75 所示。Select Communication Path 选择 1756-ENBT。点击 CIP Path Edit 进行路径配置如图 5-76 所示。

点击 Download 下载后 MVI56E-MNET 模块会自动运行。

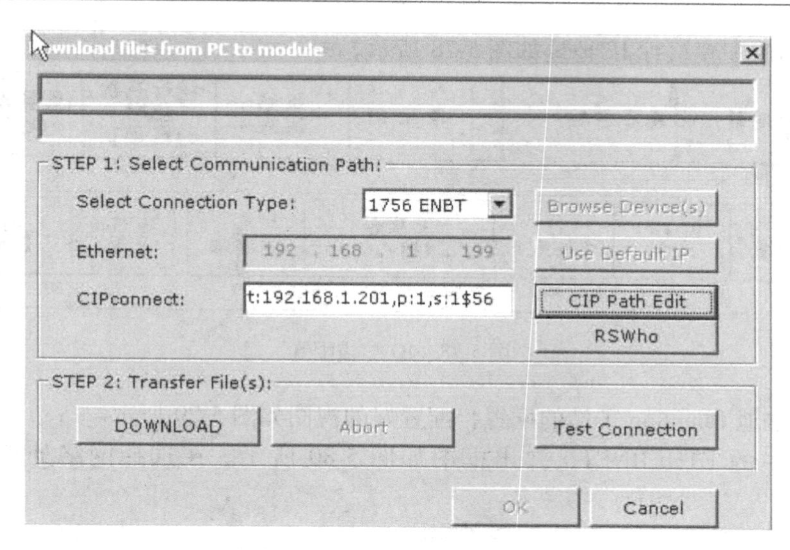

图 5-75　下载配置

N	Source Module	Source Module IP Address	Source Module Node Address	Destination Module	Destination Module Slot Number
1	1756-ENBT	192.168.1.201		MVI56E-Module	1

图 5-76　路径配置

2. Quantum 控制器组态

本实验使用 Unity Pro L6. 0 软件对 Quantum 控制器进行编程，具体步骤如下。在结构视图中选择通信下的网络，新建名为 Modbus 的网络。双击 Modbus 弹出网络配置。在 IP 配置一栏中填写以太网模块的 IP 地址，子网掩码。将上面 IO 扫描选择为是，如图 5-77 所示。

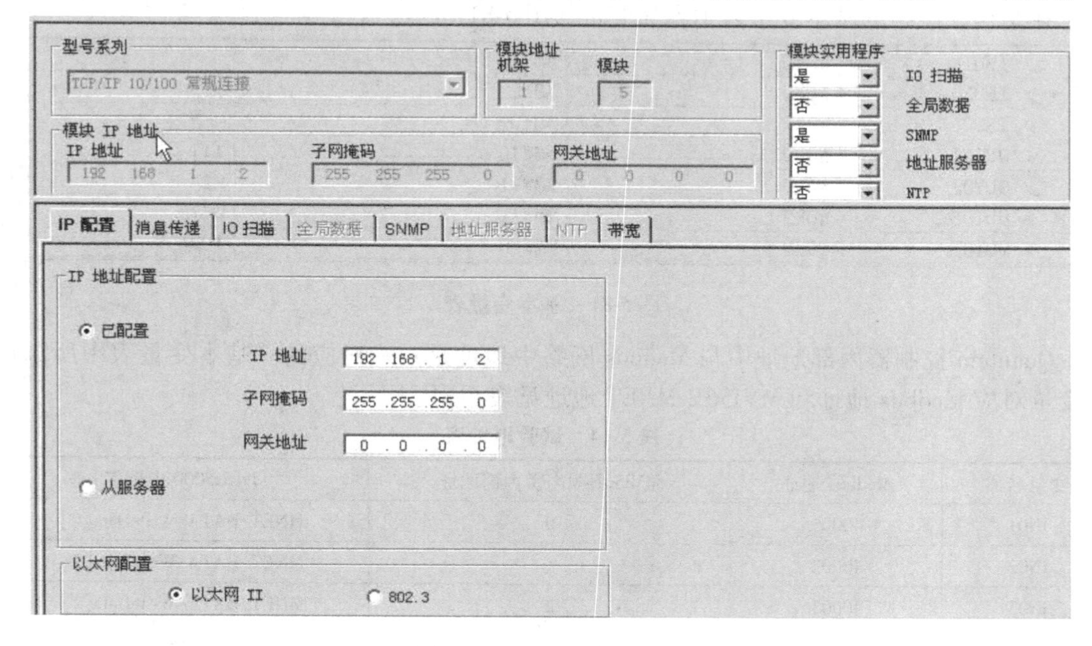

图 5-77　Modbus 网络配置

在 IO 扫描中配置目标 IP 地址如图 5-78 所示。

IP 地址	设备名称		单元 ID	从站语法	运行状况超时(毫秒)	重复速率(毫秒)
192.168.1.199		...	255	索引	1500	60

读主对象	读 Ref 从站	读长度	上次值(输入)	写主对象	写 Ref 从站	写长度
%MW1	0	4	保留上次值	%MW10	6	30

图 5-78　IO 扫描配置

下面进行本地 Quantum 子站的配置，配置好的视图如图 5-79 所示。

双击上图中的 ETHERNET，弹出框图如图 5-80 所示。在选择网络处选择新建好的 Modbus网络。

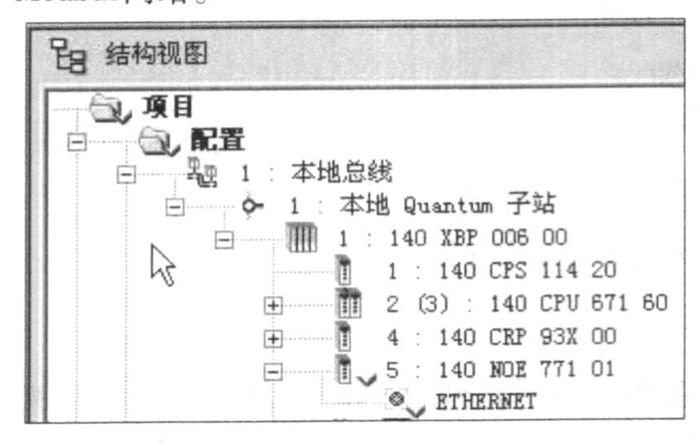

图 5-79　本地 Quantum 子站配置

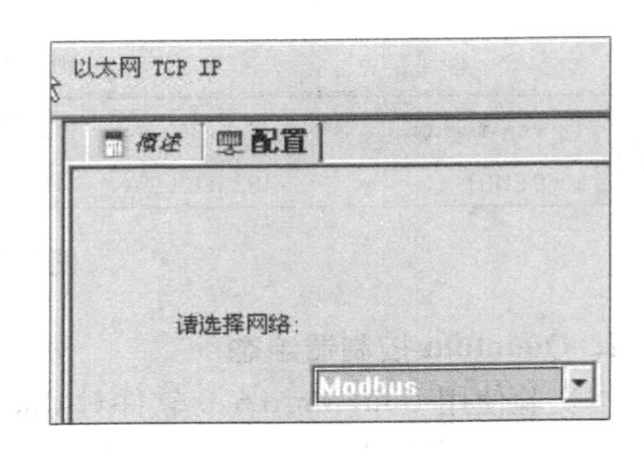

图 5-80　ETHERNET 配置

在结构视图中的基本变量表中添加变量如图 5-81 所示。

IN01	WORD	%MW1	
IN02	WORD	%MW2	
IN03	WORD	%MW3	
OUT01	WORD	%MW10	111
OUT02	WORD	%MW11	22
OUT03	WORD	%MW12	9876
OUT05	WORD	%MW20	1234

图 5-81　基本变量表

Quantum 控制器内部地址中与 Modbus 网络中地址是一一对应的。基本变量表中所添加的变量对应 Modbus 地址和 MVI56E-MNET 地址见表 5-14。

表 5-14　试验地址表

变量名称	Modbus 地址	MVI56E-MNET 内部地址	Logix5000 中标签
IN01	40001	0	MNET. DATA. WriteData[0]
IN02	40002	1	MNET. DATA. WriteData[1]
IN03	40003	2	MNET. DATA. WriteData[2]
OUT01	40010	1000	MNET. DATA. ReadData[0]

（续）

变量名称	Modbus 地址	MVI56E-MNET 内部地址	Logix5000 中标签
OUT02	40011	1001	MNET. DATA. ReadData[1]
OUT03	40012	1002	MNET. DATA. ReadData[2]
OUT05	40020	1010	MNET. DATA. ReadData[10]

将程序下载到 Quantum 控制器中即可。

3. MVI56-MNET 模块与 Quantum 控制器通信建立

将 MVI56E-MNET 模块和 Quantum 控制器配置好后，最后组态 ControlLogix 控制器。打开 RSLogix5000 软件，新建工程，组态控制器和 1756-MODULE。要选择 others→1756 - Module。注意模块所处的槽号，通信的数据格式要选择 INT 类型。组态模块信息如图 5-82 所示。

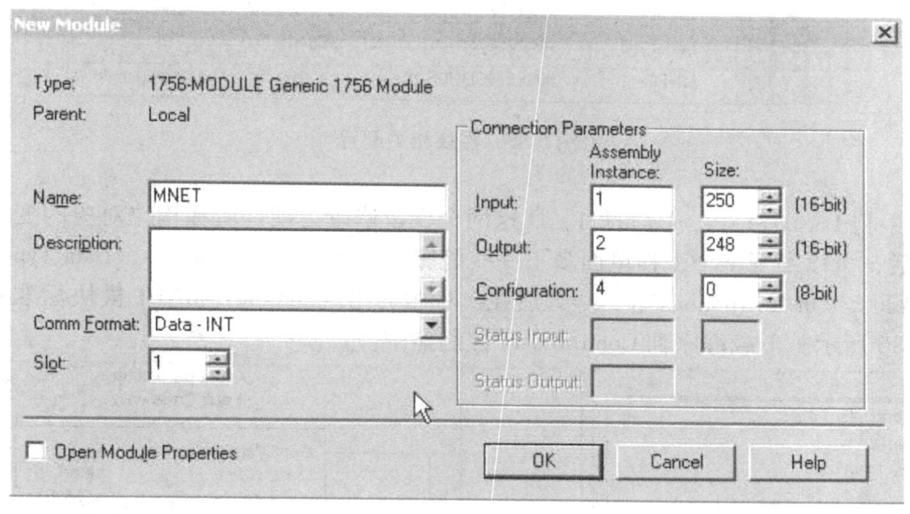

图 5-82　配置模块信息

导入模块已提供的标准例程，打开梯形图导入例程（MainProgram 双击进入梯形图，右键点击“rung”会弹出如图 5-83 所示画面，选择 Import Rung）。

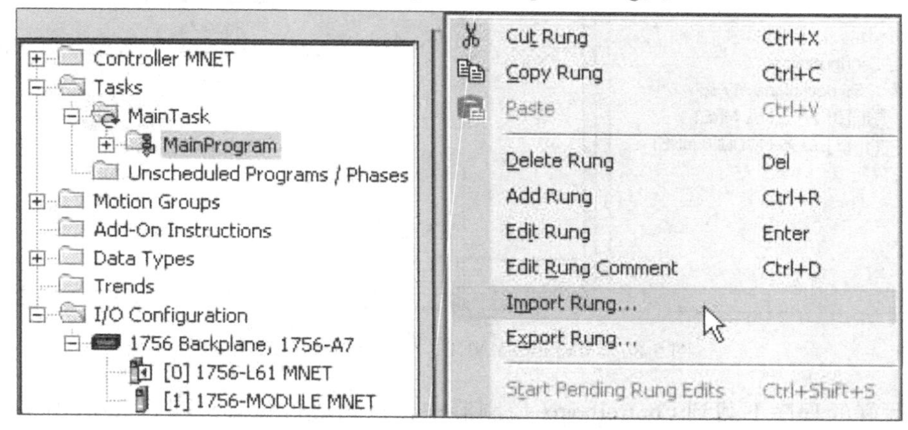

图 5-83　导入例程

选择要导入的名为 MVI56（E）MNET _ AddOn _ Rung _ v1 _ 4. L5X 的文件，如图 5-84 所示。修改导入时的相关配置，如图 5-85 所示。

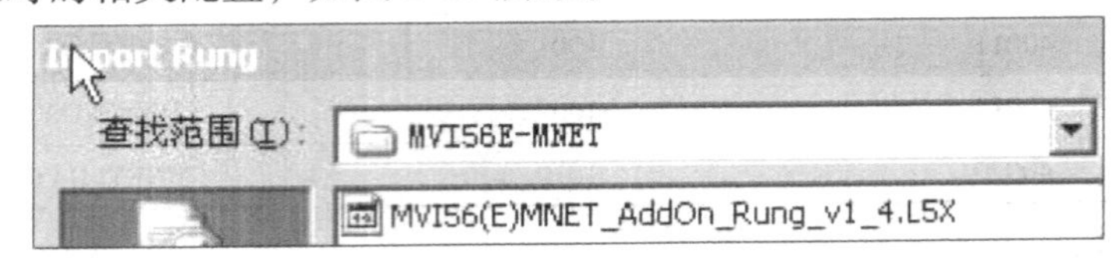

图 5-84　导入的 AOI 文件

Import Configuration

Tags | Data Types | Add-On Instructions

		Name	Data Type	Description
		AOI56MNET	AOI56MNET	
X		Local:1:I	AB:1756_MODULE_INT_500Bytes:I:0	
X		Local:1:O	AB:1756_MODULE_INT_496Bytes:O:0	
		⊞ MNET	MNETMODULEDEF	Output parameters.

图 5-85　模块相关配置

上图中将 Local：1：I，Local：1：O 这两个变量修改为硬件所在槽位对应的变量，点击“确定”后，可以发现整个工程里面多了一些配置，包括：ControllerTags，Data Type - User-Define，Add - On Instructions 等；导入后在例程中会出现 MVI56E-MNET 模块标准的运行程序如图 5-86 所示。下载程序到 ControlLogix 控制器中。

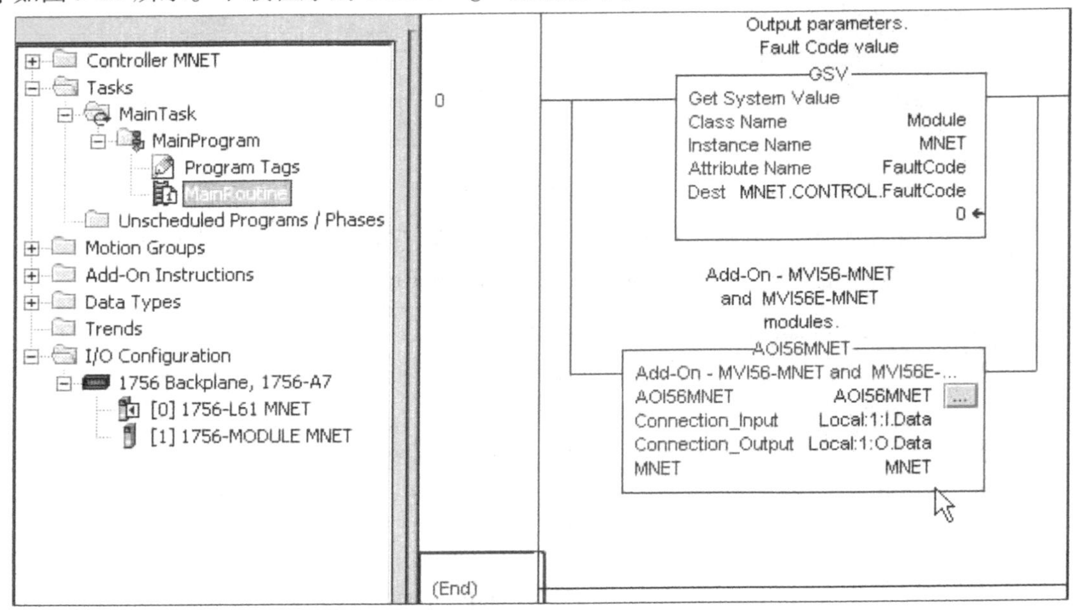

图 5-86　MVI56E-MNET _ AddOn 指令梯形图

将编写好的程序下载到 ControlLogix 控制器中，打到运行状态。同时在 Unity pro 中打开动态变量表，修改输出数据如图 5-87 所示。在 RSLogix5000 的 Controller Tag 中就能看到

MNET. DATA. ReadData 标签列表中的数值与 Unity pro 中 OUT01 ~ OUT03 的数值同时变化。

名称	值	类型	注释
OUT01	111	WORD	
OUT02	22	WORD	
OUT03	9876	WORD	
OUT05	1234	WORD	
IN01	555	WORD	
IN02	666	WORD	
IN03	777	WORD	

图 5-87　Unity Pro 通信结果

同理，在 ControlLogix 控制器的 MNET. DATA. WriteData 标签列表中写入数值如图 5-88 所示。在 Quantum 控制器的 Unity pro 的变量列表中 IN01 ~ IN03 的数值也同时变化。

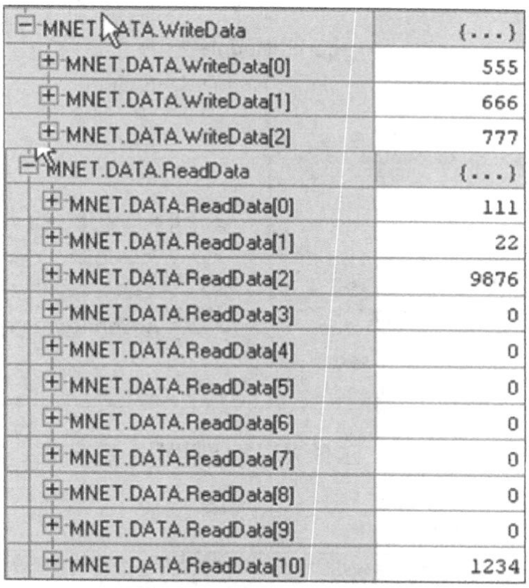

MNET.DATA.WriteData	{...}
MNET.DATA.WriteData[0]	555
MNET.DATA.WriteData[1]	666
MNET.DATA.WriteData[2]	777
MNET.DATA.ReadData	{...}
MNET.DATA.ReadData[0]	111
MNET.DATA.ReadData[1]	22
MNET.DATA.ReadData[2]	9876
MNET.DATA.ReadData[3]	0
MNET.DATA.ReadData[4]	0
MNET.DATA.ReadData[5]	0
MNET.DATA.ReadData[6]	0
MNET.DATA.ReadData[7]	0
MNET.DATA.ReadData[8]	0
MNET.DATA.ReadData[9]	0
MNET.DATA.ReadData[10]	1234

图 5-88　Logix5000 通信结果

至此，MVI56-MNET 与 Quantum 控制器通信结束。

5.5　Profibus 通信

Profibus（Process Field Bus）是一种国际化、开放式、不依赖于设备生产商的现场总线标准。Profibus 是一种用于工厂自动化车间级监控和现场设备层数据通信与控制的现场总线技术。它可实现现场设备层到车间级监控的分散式数字控制和现场通信网络，从而为实现工厂综合自动化和现场设备智能化提供了可行的解决方案。

5.5.1 MVI56-PDPMV1 模块的配置

ControlLogix 系统使用 MVI56-PDPMV1 模块与其他支持 Profibus 协议的从站设备通信。这里以西门子的 S7-300 设备作为从站目标设备，构建 Profibus 网络系统。

首先要使用软件 Prosoft Configuration Builder 来组态 MVI56-PDPMV1 模块。配置该模块的数据区、网络站点、波特率、协议类型等信息，如果该模块不在设备列表中，还需导入该模块的 GSD 文件，设置设备的站点以及对应的数据区等信息。

打开组态软件 Prosoft Configuration Builder，在组织结构区选择“Add Project”命名为 TEST，右键新建的 TEST，选择“Add Location”命名为 MVI，右键新建的 MVI，选择“Add New Module”，最后建立组织结构如图 5-89 所示。

图 5-89　项目组织结构

双击“New Module”，选择 MVI56-PDPMV1 模块，如图 5-90 所示。

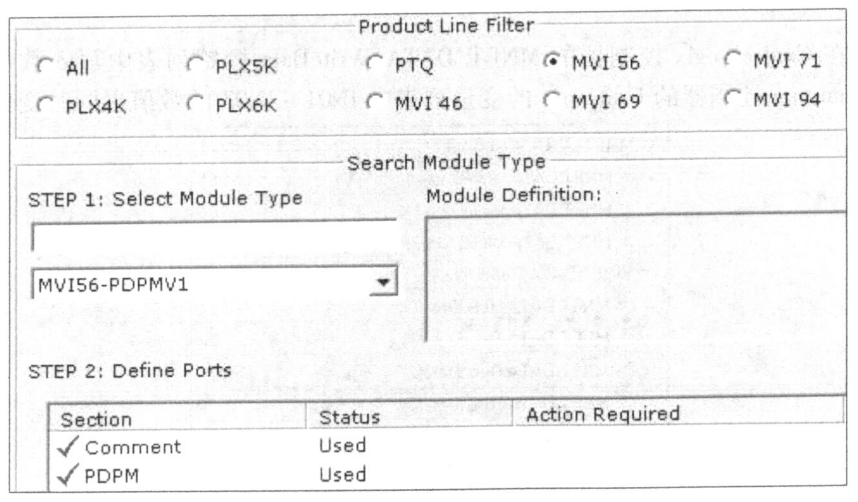

图 5-90　选择 MVI56-PDPMV1 模块

配置好的组织结构如图 5-91 所示。

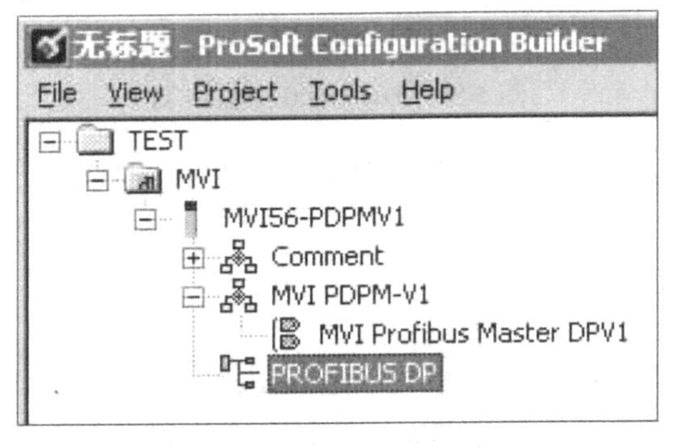

图 5-91　配置好的组织结构

双击上图 MVI Profibus Master DPV1，对输入/输出数据大小进行设置，本实验保持默认，如图 5-92 所示。

Edit - MVI Profibus Master DPV1

Input Data Size	768
Output Data Size	768
Input Byte Swap	No
Output Byte Swap	No
Use Legacy Mode	Yes
Block Timeout	1000

Input Data Size
768
Comment:

图 5-92　配置 MVI56-DPMV1 模块输入/输出数据区大小

双击图 5-91 中 MVI56-PDPMV1 模块下的 Profibus DP 项，打开 Profibus 网络主站组态界面，如图 5-93 所示。从对话框的“Profibus Editor：Terminated”一栏中可以读取网络组态情况，当组态完成并保存后，在该栏提示编辑保存，此时就可以下载网络组态信息。

PDPMV1 PROFIBUS Master Setup
PROFIBUS Master - Module Communications
Profibus Editor : Terminated
Select Port: 1756 ENBT
t:192.168.1.25,p:1,s:8$56
Test Connection
CIP Path Edit
Firmware Update
Cancel Update
PROFIBUS Setup and Monitor
Prohibit Master Control
Configure PROFIBUS
Cancel Monitor/Modify
Checksums
PROFIBUS: 95D2468C
Module: 7A436DF7
Calculate

图 5-93　Profibus 网络主站组态界面

在“Select Port”下拉菜单中，可以选择下载模块组态信息的路径，这里可以通过 1756-ENBT 模块经由机架背板下载到 MVI56-PDPMV1 模块，也可以经由计算机的串口（COM1 或 COM2）直接连接模块的串口（需要经 RJ45 口转换接头）下载。

如果通过以太网下载，就要选择 1756-ENBT 模块，这就需要配置模块的具体下载路径。点击“CIP Path Edit”，进入下载路径配置界面，如图 5-94 所示。

Source Module	Source Module IP Address	Source Module Node Address	Destination Module	Destination Module Slot Number
1756-ENBT	192.168.1.25		MVI56-Module	8

图 5-94　下载路径配置

本实验中 1756-ENBT 模块的 IP 地址为 192. 168. 1. 25，所在机架槽号为 8，所以配置成如上路径。

在主站组态界面中可以点击“Test Connection”按钮测试建立的下载路径是否通畅。如果通畅，将出现“Successfully Connection”对话框。

5.5.2 MVI56-PDPMV1 模块的软件组态

新建工程，选择 CPU 并进行相关组态配置。在组态 IO 模块时，要选择 others→1756-Module。注意模块所处的槽号，通信的数据格式要选择 INT 类型。组态模块信息如图 5-95 所示。

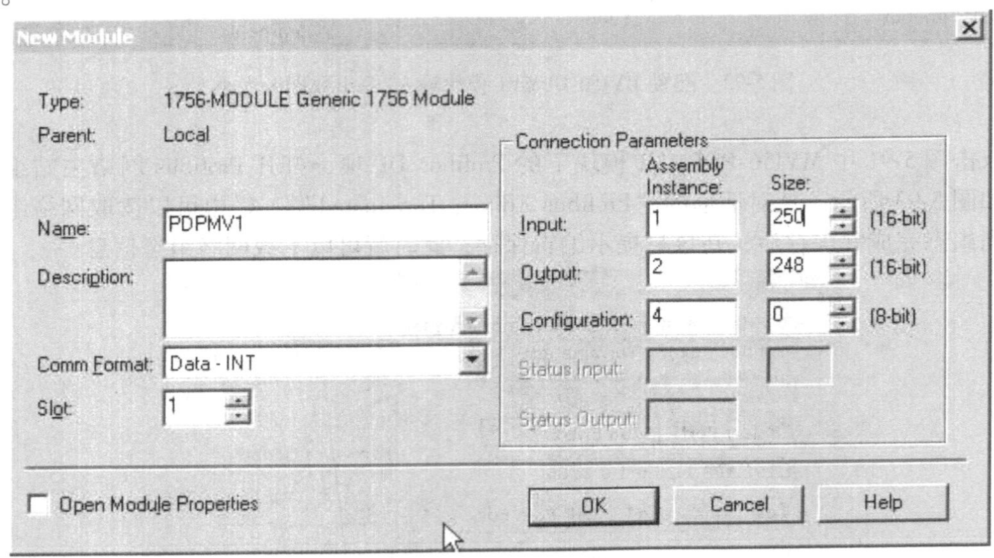

图 5-95　配置模块信息

导入模块已提供的标准例程，打开梯形图导入例程（MainProgram 双击进入梯形图，右键点击“rung”会弹出如图 5-96 所示画面，选择 Import Rung）。

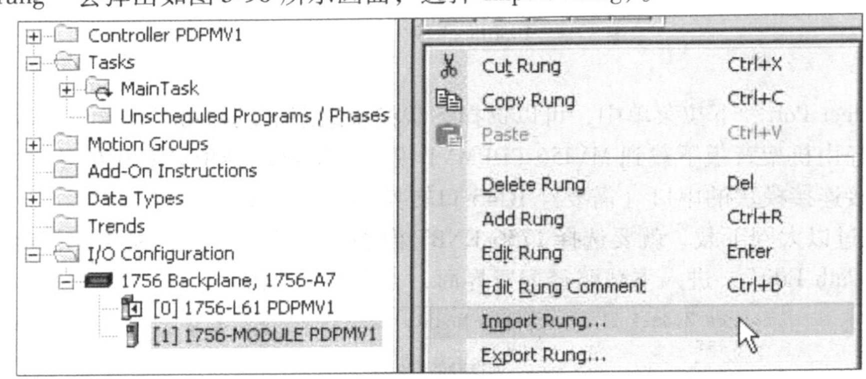

图 5-96　导入例程

选择要导入的名为 AOI56PDPMV1 _ LEGACY. L5X 的文件，如图 5-97 所示。修改导入时的相关配置，如图 5-98 所示。

上图中将 Local：1：I，Local：1：O 这两个变量修改为硬件所在槽位对应的变量，注意根据实际的硬件组态信息配置程序，如模块槽号、版本信息等内容，修改完配置如上图所示。点击“确定”后，整个工程里面多了一些对该模块的配置，包括：ControllerTags，Data Type - UserDefine，Add - On Instructions 等；导入后在例程中会出现 PDPMV1 模块标准的运行程序如图 5-99 所示。

图 5-97　导入的 AOI 文件

Import Configuration

Tags | Data Types | Add-On Instructions

		Name	Data Type
		AOI56PDPMV1	AOI56PDPMV1_LEGACY
		Local:1:I	AB:1756_MODULE_INT_500Bytes:I:0
		Local:1:O	AB:1756_MODULE_INT_496Bytes:O:0
		MVI56PDPMV1	PDPMV1_ModuleDef

图 5-98　模块相关配置

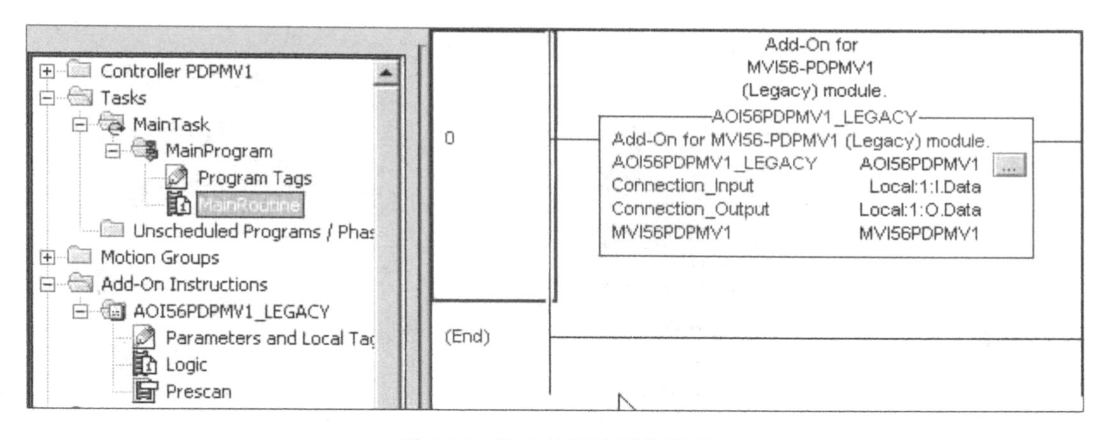

图 5-99　导入的标准通信例程

下载 MVI56-PDPMV1 模块对应版本的 RSLogix5000 例程到 ControlLogix 控制器中。运行程序，可以看到 MVI56 模块 DP 接口附近的 4 个 LED 灯除了左上角的通信状态灯外都已点亮，模块面板上的 OK 灯变为绿色，而且 APP status 和 BP AC 指示灯显示橙色。

5.5.3　Profibus 主站通信的配置

在主站组态界面中，点击“Configure PROFIBUS”按钮，进入 Profibus 网络构建界面，如图 5-100 所示。

双击网络连接窗口中的“PROFIBUS Master”图标，进入 Profibus 网络主站配置界面，如图 5-101 所示。

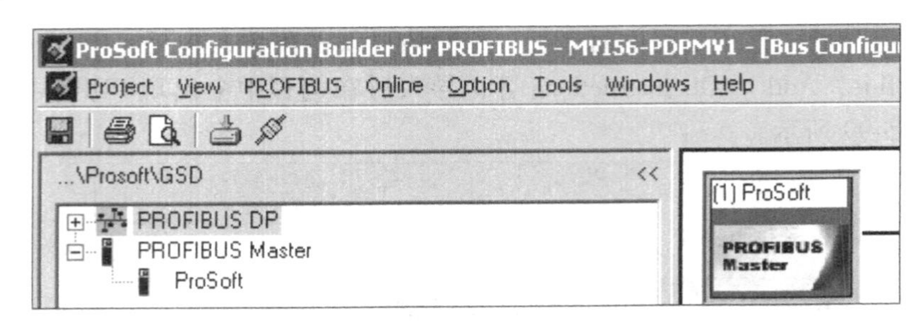

图 5-100 网络构建界面

在“PROFIBUS”项配置主站节点号为 1、波特率为 1500kBit/sec、网络属性为 DP。其他项根据需要设置，点击“OK”完成设置，返回 Profibus 网络构建界面。

正常情况下，MVI56-PDPMV1 模块的组态软件中不带西门子模块信息，所以要在网络中添加西门子模块作为从站。在 Profibus 网络构建界面中“Tools”一项的下拉菜单中选择“Install new GS＊-file…”，添加西门子模块的“GS*”文件，如图 5-102 所示。

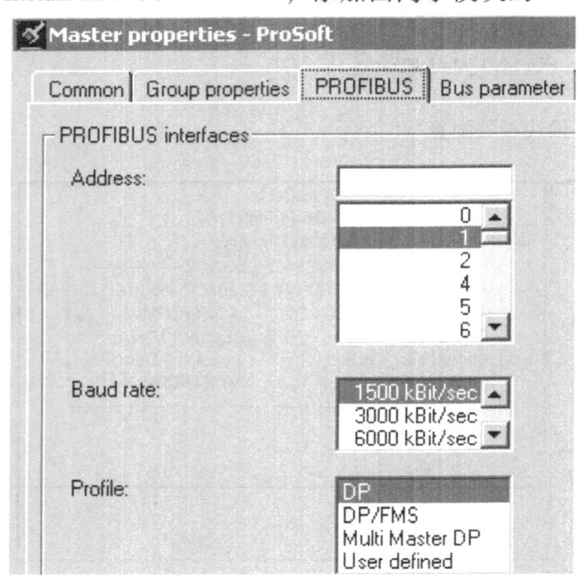

图 5-101 Profibus 网络主站配置

图 5-102 添加 GS* 文件

导入在西门子官方网站上下载的 S7-300 的 3.0 版本控制器的 GSE 文件（实验用到的文件名为 SIEM8176. GSE），再选择模块的图标（下载 GSE 文件时，文件夹中会带有控制器模块的图标）。导入西门子模块 GSE 文件后，在 Profibus 网络构建界面中的模块结构树上将显示如图 5-103 所示结构树。

将上图中的“CPU 315-2 DP V3”图标拖拽到网络连接窗口中，构建如图 5-104 所示网络结构。

双击添加的西门子控制器图标，打开控制器的配置界面如图 5-105 所示。

在控制器的配置中，需要配置节点这一参数，其他可改参数根据需要配置。从站节点的波特率会自动跟主站的波特率保持一致，这里不需要配置。

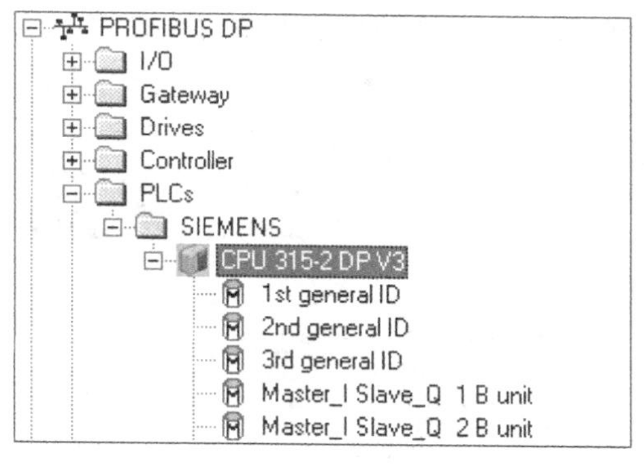

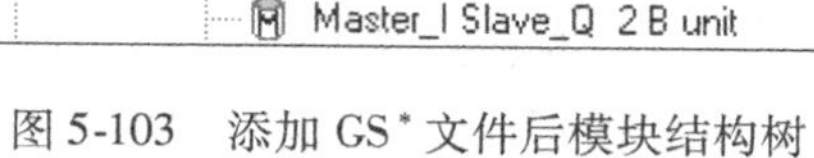

图 5-103　添加 GS*文件后模块结构树

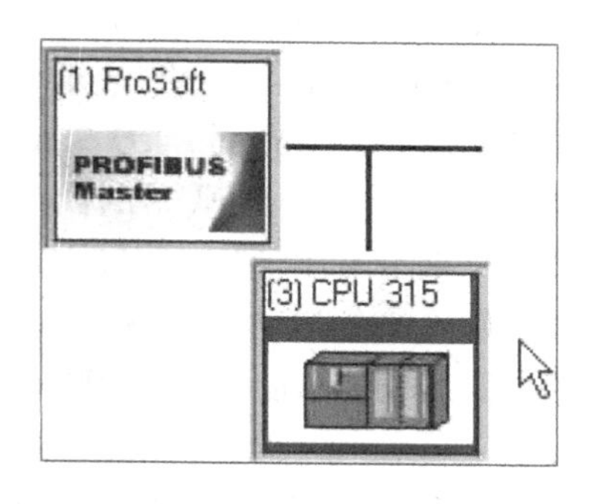

图 5-104　网络结构

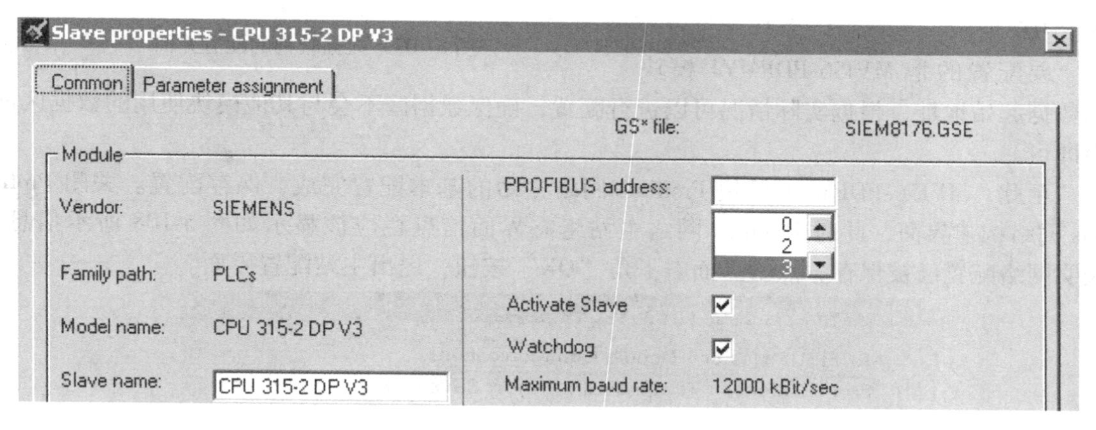

图 5-105　控制器的配置界面

配置完节点后，返回网络组态界面，配置西门子控制器的数据结构。具体做法为：单击 CPU 315 模块图标，在网络连接窗口下可以看到模块的数据结构组织信息，展开添加的西门子控制器结构树，将需要的数据结构文件图标拖拽到西门子的数据结构组织区，基本配置结果如图 5-106 所示。

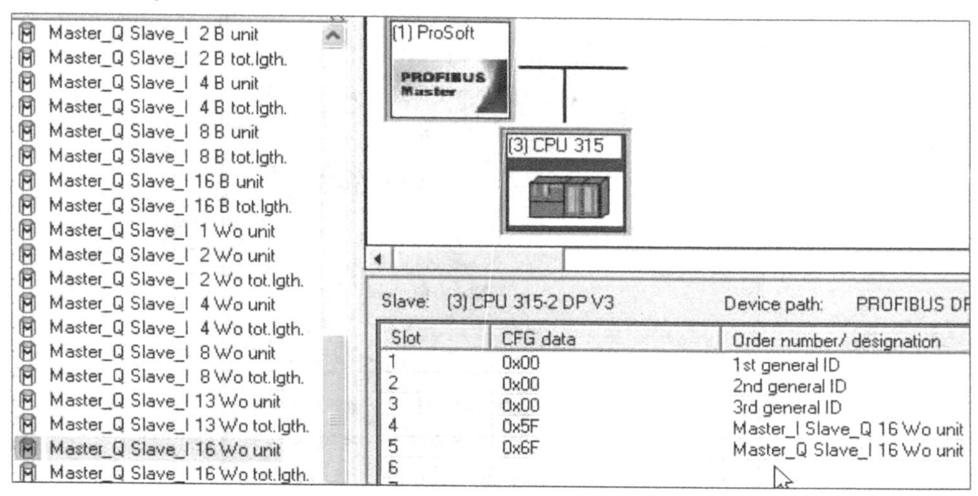

图 5-106　西门子控制器的数据配置

注意组态的前三项是西门子控制器必须组态的数据，后两项根据需要可以选择不同的数据结构。“Msater _ I Slave _ Q” 表示主站输入、从站输出，“Msater _ Q Slave _ I” 含义相反。这就要求从站的西门子控制器在数据区的映射上要与主站保持一致，使网络的通信数据区对应，否则网络将无法正常通信，S7-300 也无法运行。

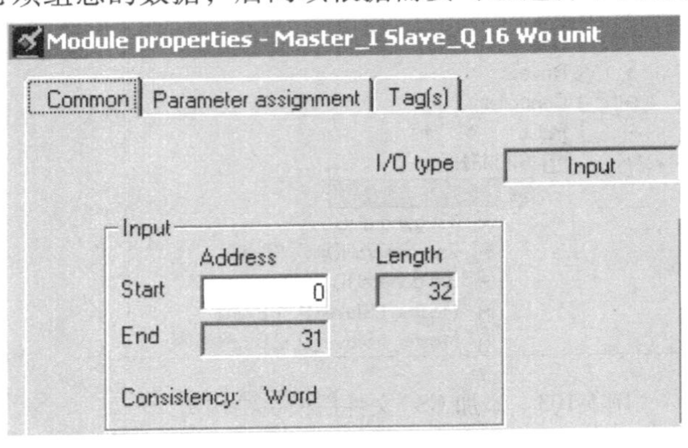

图 5-107　数据结构的配置界面

双击 4 号槽位的数据结构体，对数据结构可以进行进一步的配置，如图 5-107 所示。

要配置的是 MVI56-PDPMV1 模块的数据起始地址，根据实际情况可以进行配置，确保数据区不会与其他模块使用的数据区冲突即可。

至此，MVI56-PDPMV1 模块 Profibus 网络主站的基本配置完成，保存配置。关闭 Profibus 网络构建界面，此时 Profibus 网络主站组态界面信息栏应该显示如图 5-108 所示信息，表明网络配置已被保存，点击界面右下角“OK”按钮，退出主站配置界面。

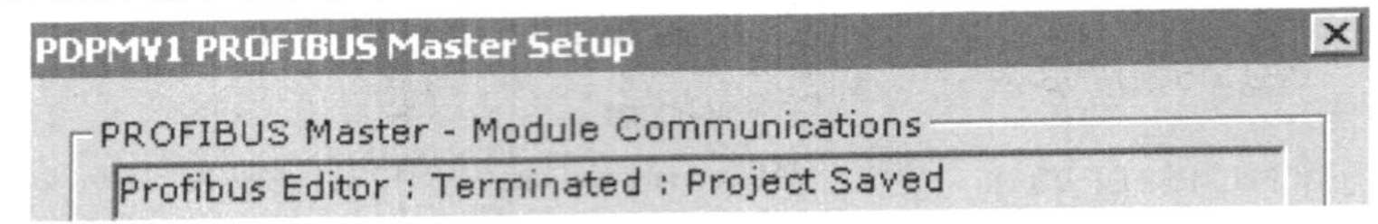

图 5-108　网络配置保存

返回 PCB 软件的主窗口。右键项目结构树中的 MVI56-PDPMV1 模块，由于通信路径已经配置好，因此可以直接选择下载组态信息到模块中，如图 5-109 所示。

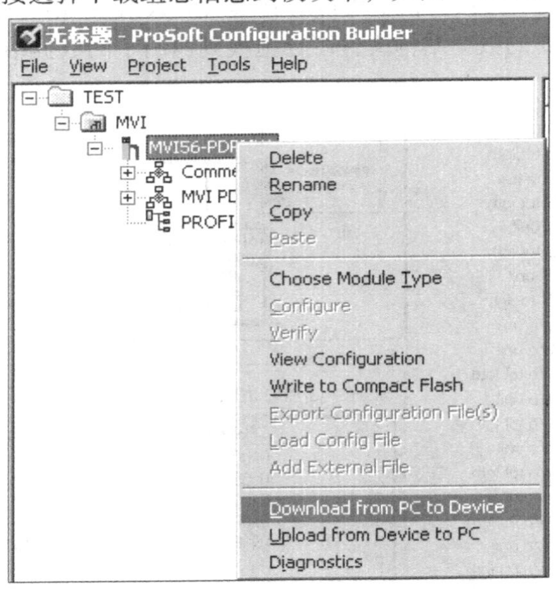

图 5-109　下载 MVI56 模块配置信息

配置信息下载完成后显示如图 5-110 所示信息，点击“OK”确认完成即可。

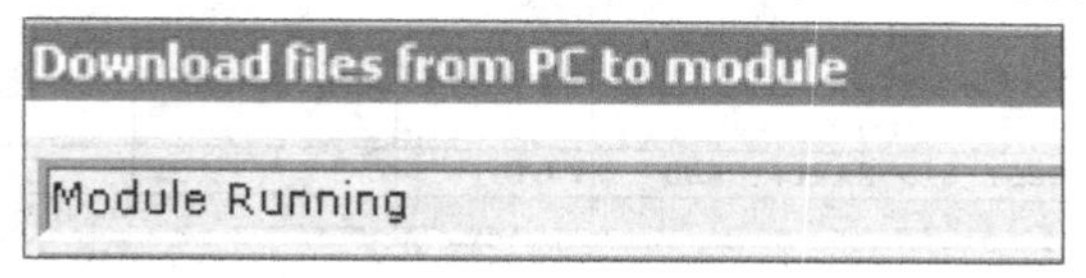

图 5-110　下载 MVI56 模块配置信息

5.5.4　Profibus 从站通信的配置

当西门子 S7-300 控制器做从站时，需要组态控制器的 Profibus 网络站点号、波特率、输入/输出文件位置及大小等信息，注意需要与 MVI56-PDPMV1 模块内组态的西门子控制器信息相匹配，否则将会导致系统不能正常通信。

打开 STEP-7 软件，在设备树状框中右键→插入新对象→SIMATIC 300 站点，新建 S7-300 项目。双击右侧设备区中硬件图标，配置 S7-300 项目硬件信息。在弹出对话框的左侧设备树状表中展开 SIMATIC 300→RACK-300→Rail，添加导轨；SIMATIC 300→PS-300→ PS 307 10A，添加电源。注意型号匹配，型号信息在树状列表的下方区域显示；CPU 315-2 DP → 6ES7 315-2AH14-0AB0 →V3. 0，选择所用的控制器。在弹出的控制器配置对话框“General”选项卡中配置控制器的节点地址为 3（匹配 MVI56 模块中的设置）。在“Network Setting”选项卡中配置波特率以及网络类型，如图 5-111 所示。

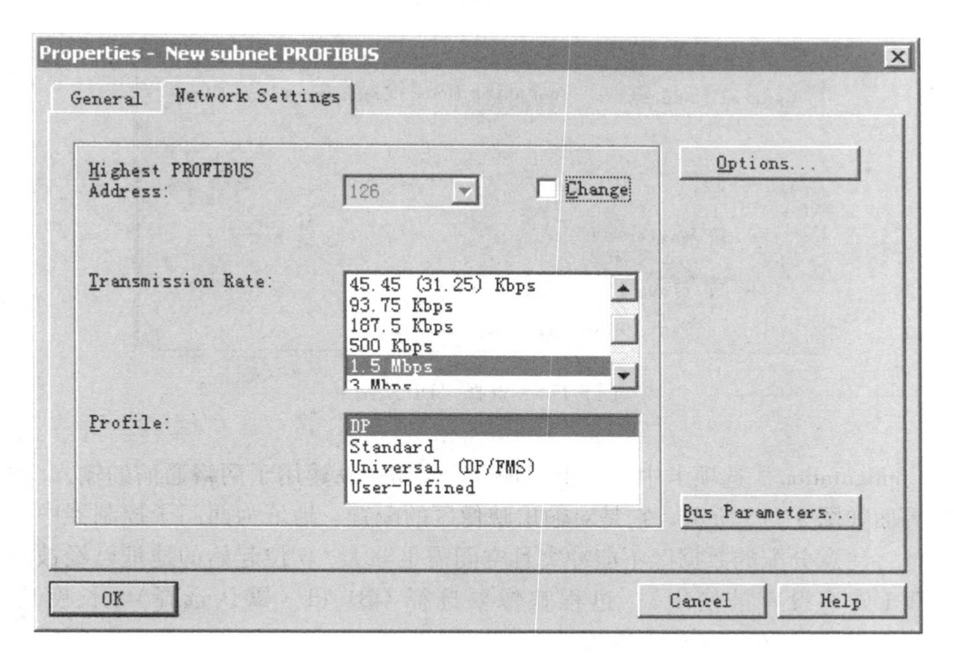

图 5-111　下载 MVI56 模块配置信息

回到硬件配置窗口中，双击设备列表中“DP”一栏，组态 DP 网络。如图 5-112 所示，弹出 DP 网络对话框，在“General”选项卡中查看或修改网络名称、节点信息等内容，如图 5-113 所示；在“Operating Mode”选项卡中选择“DP Slave”模式，如图 5-114 所示。

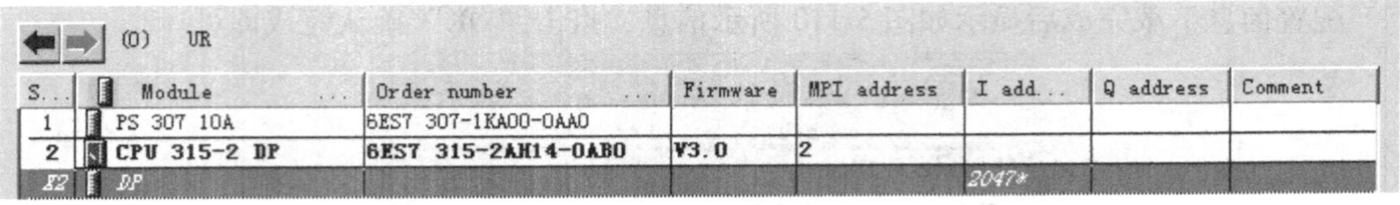

S...	Module	Order number	Firmware	MPI address	I add...	Q address	Comment
1	PS 307 10A	6ES7 307-1KA00-0AA0					
2	CPU 315-2 DP	6ES7 315-2AH14-0AB0	V3.0	2			
X2	DP				2047*		

图 5-112　设置主站地址

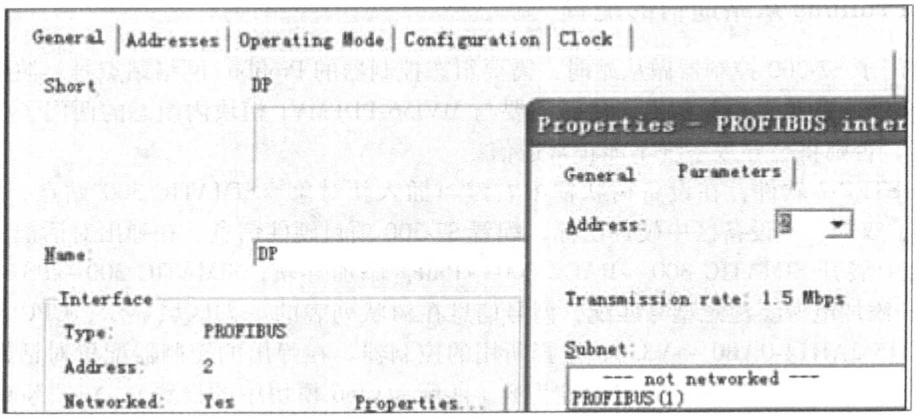

图 5-113　名称、节点信息

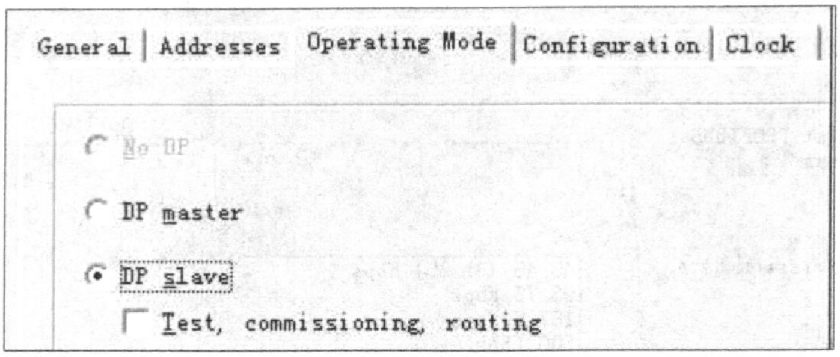

图 5-114　选择“DP 从站”

在“Configuration”选项卡中，点击“New”按钮。新建用于网络通信的输入/输出映像区，配置界面如图 5-115 所示，它是对输出映像区的配置。地址为西门子控制器中的映像区的起始地址，注意分配的数据区不能冲突且空间需足够大，0 位起始的地址已经被占用，这里选择 272（该字没有被使用）。过程映像要选择 OB1 PI（默认选择）。长度选择要与 MVI56 模块中设置的 16 字单位相匹配。

配置好的映像区结果如图 5-116 所示，上方是 STEP-7 软件中配置的网络输入/输出映像区，下半部分为 PCB 软件中配置西门子控制器的数据配置结构。可以看出作为从站，西门子的本地输出对应着 16 字单元 Slave _ Q，本地输入对应着 Slave _ I。

西门子控制器从站配置完成后，点击图标，下载配置信息至西门子控制器中。将控制器打到 RUN 状态。此时 COM、DBASE、MSTR 和 TKN _ HLD 4 个绿灯点亮。至此，ControlLogix 与 S7-300 之间便可以进行 Profibus 通信了。

地址类型 (T)：
地址 (A)：
"插槽"：
过程映像 (P)：
中断 OB (I)：

地址类型 (Y)：输出
地址 (E)：272
"插槽"：4
过程映像 (R)：OB1 PI
诊断地址 (G)：

长度 (L) 16
单位 (U) 字
一致性 (O)：单位
注释 (C)：

图 5-115　西门子 DP 网络输入/输出配置界面

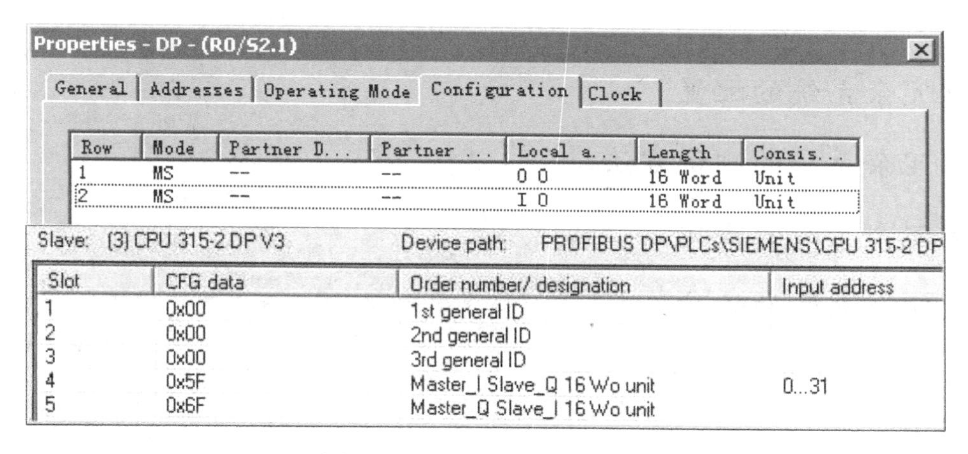
Properties - DP - (R0/S2.1)

General | Addresses | Operating Mode | Configuration | Clock

Row	Mode	Partner D...	Partner ...	Local a...	Length	Consis...
1	MS	--	--	O 0	16 Word	Unit
2	MS	--	--	I 0	16 Word	Unit

Slave: (3) CPU 315-2 DP V3　　Device path: PROFIBUS DP\PLCs\SIEMENS\CPU 315-2 DP

Slot	CFG data	Order number/ designation	Input address
1	0x00	1st general ID	
2	0x00	2nd general ID	
3	0x00	3rd general ID	
4	0x5F	Master_I Slave_Q 16 Wo unit	0...31
5	0x6F	Master_Q Slave_I 16 Wo unit	

图 5-116　设置从站数据映像区

第6章

冗余系统

学习目标

- 冗余系统的配置
- 冗余系统的测试方法
- 冗余系统的优化
- 冗余系统的故障诊断

6.1 冗余系统的构建

随着工业自动化的飞速发展，冗余系统越来越广泛地应用于工业生产中。在一些对系统可靠性要求很高的应用中，如石化、造纸、冶金、电力等行业，必须保证工业生产系统在一定时期内系统不间断运行。如果控制系统出现故障，由此引起的停产和设备的损坏将造成极大的经济损失。又如某些复杂的大型生产系统，如汽车装配生产线，只要系统中一个地方出问题，就会造成整个系统停产。因此仅仅通过提高控制系统的硬件及软件的可靠性来满足上述行业对可靠性的要求是不可能的。因为 PLC 本身的可靠性的提高有一定的限度，并且可靠性的提高会使成本急剧增加。这就需要考虑使用冗余系统，这样在系统中一些关键模块或网络设计有一个或多个备份，当正在工作的部分出现问题时，系统可以通过特殊的软件或硬件自动切换到备份上，从而保证了系统不间断工作。

在冗余控制系统中，最常见的冗余类型有电源冗余、网络冗余、控制器冗余以及 I/O 模块冗余。其中控制器冗余主要通过冗余扫描器将远程链路上的 I/O 分别组态给不同的控制器，这样当其中一个控制器故障时，另一个控制器可以立刻接管远程 I/O 的控制权，以防止远程 I/O 失控而导致误动作。SLC 的 1747-BSN 冗余即为此类型的冗余。而网络冗余采用冗余模块再加上双网络。而整个系统中最重要的部分，由两套配置完全相同的控制器模块、电源和冗余模块组成。是否使用备用的 I/O 系统取决于系统对可靠性是否有更高的要求。两个控制器模块使用相同的用户程序并行工作，其中一块是主控制器，另一块是备用控制器，后者的输出是被禁止的。当主控制器出现故障时，马上投入备用控制器，这一切换过程是由所谓冗余处理单元 RPU（Redundant Processing Unit）控制的，I/O 系统的切换也是由 RPU 完成的。在系统正常运行时，由主控制器执行系统的工作，履行控制功能，进行 I/O 控制，并且更新备用控制系统的状态及数据，备用控制器的 I/O 映像表和寄存器通过 RPU 被主控制器同步刷新，处于监视主机的运行状态；当接到主控制器的故障信息后，RPU 在 1 ~ 3 个扫描周期内将控制功能切换到备用控制器，由备用控制器控制系统。此过程的切换时间要求一般不超过 PLC 的一个扫描周期，为了确保它们之间的顺利切换，这两个控制器模块通过同步光缆通信，同步处理程序、数据寄存器、定时器、计时器和其他数据，保持实时的数据刷新。另一类系统没有 RPU，两台控制器用通信接口连在一起，当系统出现故障时，由主控制器通知备用控制器，这一切换过程一般不是太快，只适用于实时性不高的系统。

ControlLogix 控制系统的冗余结构如图 6-1 所示，它是由两个相同的机架构成。当主控制器出现故障时，信号同时经过 1757-SRCX 同步光纤传给从控制器，从控制器立即启动接管工作，同时主控制器停止工作。这一系列看似很繁琐的动作，其实实现起来只需几十毫秒的时间，既省去了编程的麻烦，又大大减少了设备切换的时间，降低了系统故障的发生率，但是硬件冗余的成本相对软件冗余较高。软件冗余是指控制器与控制器之间的冗余需要通过软件编程来实现。软件冗余系统通过程序监视对等控制器，主控制器发生故障时，对等控制器检测到该信息，立即运行控制接管程序。这种控制系统只需要较少的硬件，也能实现冗余 CPU 的切换，但是它切换的时间相对较长，不利于工业生产过程，这大大影响它在工业控制中的应用。

下面将以 Logix5561 控制器为例，从程序流程图的角度讲述冗余原理（其他的控制器同

Logix5561 的冗余原理相同）。

Logix5561 控制器冗余的原理及程序流程：在 ControlLogix 系统正常工作时，只有一个 Logix5561 控制器模块可以拥有对整个控制系统输出模块的控制权，称之为主控制器，而其他控制器模块可以同时接收输入模块的数据，所以冗余的主要工作就是备份控制器，实时地监视主控制器的工作状态，如主控制器进入非正常工作状态时，备份控制器接过对系统输出模块的控制权。同时，取消主控制器对系统输出模块的控制权。这样就可以保证系统始终用正常工作的 CPU 工作。

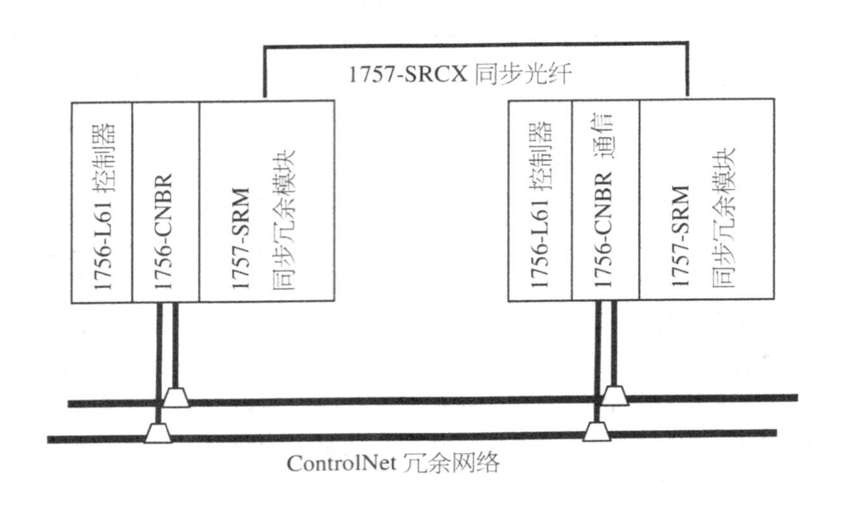

图 6-1　ControlLogix 控制系统的冗余结构

当主控制器进入非正常工作状态时，整个系统输出模块的控制权交给了冗余控制器，输出模块在切换中无论是模拟量还是开关量都必须保持不变。因此，冗余控制器在主控制器工作时，控制器内部储存的输出模块的值就必须实时地与主控制器中相应的输出值保持一致，这样才能实现无扰切换。

6.1.1　电源冗余系统

冗余电源是当机架主电源出现故障时还能维持机架供电的备份电源。电源冗余系统主要使用下列硬件：

1）两种冗余供电电源，1756-PA75R 和 1756-PB75R 的任一组合。

2）1756-PSCA 机架适配器模块代替标准供电电源。

3）两根 1756-CPR 电缆将供电电源连接到 1756-PSCA 适配器。

4）如果需要，使用提供的报警器接线将电源连接至输入模块。

电源冗余系统配置如图 6-2 所示。

冗余电源模块（1756-PA75R 或者 1756-PB75R）上有两个指示灯，用来指示冗余电源状态。这两个指示灯分别是电源（Power）指示灯和非冗余（Non-Redundancy）指示灯。它们的含义见表 6-1。

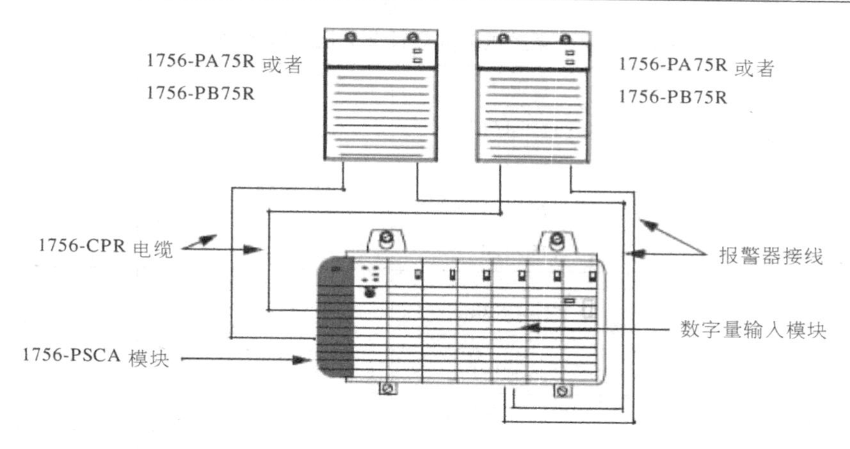

图 6-2　电源冗余系统配置

表 6-1　冗余电源指示灯含义

指示灯的状态	指示灯的含义	推荐采取的措施
电源灯一直绿色；非冗余指示灯熄灭	两个冗余电源都供电正常	无
电源灯一直绿色；非冗余指示灯为琥珀色（黄色）	该冗余电源供电正常，但是仅有这一个冗余电源给机架适配器模块（1756-PSCA）供电	检查另一个冗余电源
电源灯熄灭；非冗余指示灯一直显示琥珀色（黄色）	连接线路都正常接好，但是冗余电源仍是关闭状态	启动冗余电源，如果冗余电源未能启动，请按下面的方法进行操作： 首先，拆除输入电源，然后等待 15s 重新连接输入电源，并启动冗余电源，如果冗余电源还未启动，则更换电源
电源灯熄灭；非冗余指示灯熄灭	母线电压过低，未到达指定范围	检查母线电压是否低于指定范围。如果指示灯仍然处于关闭状态，则重新上电
	连接线路都正常接好，但是冗余电源未供电	检查输入线路并且重新给电源上电
	输出电缆（1756-CPR）未连接	连接输出电缆并且重新给电源上电
	已经开始供电，但是有缺陷	更换冗余电源

6.1.2　控制器冗余系统

控制器冗余系统使用两个具有相同槽位的机架，机架上插入相同控制器及其他模块的系统。系统要求模块具有相同的固件版本，模块与模块之间的固件版本号必须是相互匹配。下面介绍的是 16.57 版控制器冗余系统的固件配置（见表 6-2）。

注意：

1）Firmware 16.57 普通版可组成该冗余系统。

2）非表中模块与该控制器版本的冗余系统不匹配，不能出现在冗余机架中，否则冗余系统不能正常工作。

表 6-2　冗余系统需要的硬件及其固件版本对应表

模　　块	目录号	系列	固件版本号
ControlLogix5561 控制器	1756-L61	所有	16. 57
ControlLogix5562 控制器	1756-L62		
ControlLogix5563 控制器	1756-L63		
ControlLogix5564 控制器	1756-L64		
ControlNet 通信模块	1756-CNBR	D	7. 16
		E	11. 05
1756-ENBT 模块	1756-ENBT	所有	6. 06
1756-EWEB 模块	1756-EWEB	所有	4. 16
冗余模块	1757-SRM	A,B	5. 04
	1756-RM	A,B	2. 06

3）在网站 http：//support. rockwellautomation. com/ControlFlash 中可以找到固件刷新包名为 V16. 057 _ Aug2012。包中包含了上述列表中模块所需要的固件，其他版本的固件包也能在该网站中找到。

4）虽然 16. 57 版本的冗余系统要求 1756-ENBT 模块的固件版本为 6. 06 版本，但是 16 版的 RSLogix5000 编程软件在项目中不识别主版本高于 4 的 ENBT 模块，所以用户需要在组态 6. 06 版本的 1756-ENBT 模块时，在“Electronic Keying”选项中选择“Compatible Keying”或者“Disable Keying”，否则将会出现组态错误。

ControlFLASH 软件一般在安装 RSLigx5000 编程软件时选择安装；若没有安装，可以单独下载 ControlFLASH 软件安装。其他版本冗余系统固件清单见附表。

打开软件后点击“下一步”选择要刷新的模块目录号，然后在网络中选中相应的模块，再选择需要刷新版本刷新即可（点击“显示所有版本号”，可以看到计算机上安装的该模块的固件版本，若找不到需要的版本，可以到 Rockwell 官方网站下载）。

注意刷新过程中不能断电或是中断与模块的通信，否则将可能导致硬件不可修复的错误。刷新成功后将会显示如图 6-3 所示的内容。

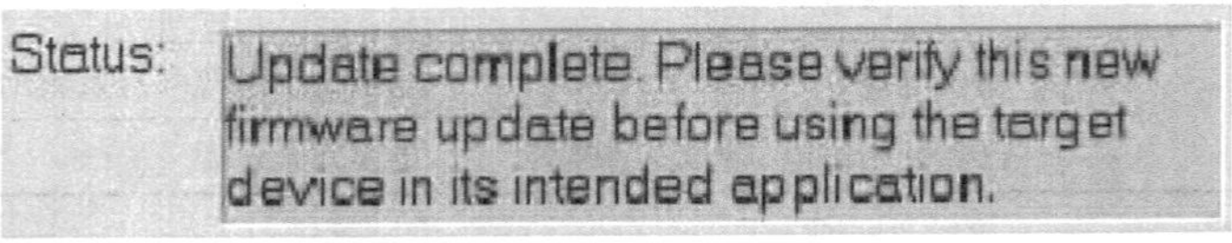

Status: Update complete. Please verify this new firmware update before using the target device in its intended application.

图 6-3　ControlFLASH 刷新成功指示

RSLogix5000 软件使用 16 版本的亦可。其他软件建议使用表中版本（见表 6-3），或是更高版本。

1. 冗余系统硬件配置

冗余系统的硬件配置必须满足如下要求：

1）控制器冗余的两个机架必须是相同的。例如：主机架是 7 槽的机架，从机架也必须是 7 槽的机架。

表 6-3　冗余系统需要的操作软件及其版本

软　　件	版　本
RSLinx Classic	2. 54. 00
Redundancy Module Configuration Tool	6. 02. 10
RSLogix5000	16. 04. 00
ControlFLASH	9. 00. 15 及更新版本
RSNetWorx™ for ControlNet	9. 00. 00(CPR 9,SR1)
FactoryTalk View Site Edition (SE)	5. 00. 00(CPR 9)
RSLinx® Enterprise	5. 17. 00(CPR 9,SR1)
FactoryTalk® Services Platform	2. 10. 01 (CPR 9, SR1)
RSNetWorx for DeviceNet	9. 00. 00(CPR 9,SR1)
RSNetWorx for EtherNet/IP	9. 00. 00 (CPR 9, SR1)

2）机架上所插入的模块必须是相同的。尤其注意的是相同模块的固件版本号必须一致，同时模块与模块之间的固件版本号必须是相互匹配的，固件版本匹配见表 6-2。

3）主从机架上所有成对模块的槽号必须一致。

4）主从机架上的 ControlNet 网络通信模块的物理节点必须一致，即两个模块上的拨码开关的设置必须一致。

5）除了在冗余机架上的 ControlNet 网络节点外，每个网络上至少还要有 2 个其他节点，即冗余系统 ControlNet 网络至少具有 4 个节点。其中，非冗余节点使用最小的节点号，冗余机架中的 ControlNet 网络通信模块设置为接近预定义节点最大值 SMAX（在 RSNetWorx for ControlNet 中可以设置 SMAX 值），为每组成对模块分配 2 个连续的节点地址，即如果成对模块在主机架的节点地址为 6，则节点 7 不能被占用。

6）冗余系统中所有设备的节点号最好顺次排列，不应有节点空缺，否则，系统可能报错。

7）不能有设备连接到冗余机架中 ControlNet 通信模块的网络端口访问系统。

8）每个冗余机架中只能有以下模块：控制器、ControlNet 模块、EtherNet/IP 模块、系统冗余模块（1757-SRM 模块要占用 2 个插槽）。冗余机架上不得有 I/O 模块。

9）将 1757-SRCX 光纤同步电缆连接到 1757-SRM 冗余模块上。冗余不需要额外的编程，而且对于通过 EtherNet/IP 或 ControlNet 网络连接的任何设备都是透明的。冗余使用 1757-SRM 模块来保持冗余机架之间的通信。

10）每个冗余机架中最多 2 个 EtherNet/IP 模块，具体限制见表 6-4。

表 6-4　每个冗余机架中通信模块的个数限制

ControlNet 模块个数	最多可使用 EtherNet/IP 模块个数	ControlNet 模块个数	最多可使用 EtherNet/IP 模块个数
1	2	4	1
2	2	5	0
3	2		

注意：冗余机架中不要使用5个以上的ControlNet模块。每个冗余机架内总通信模块数量（CNB、ENBT和EWEB等）为5个。

11）EtherNet/IP网络仅适用于HMI、工作站和报文通信（无I/O控制）。

12）I/O模块可以放置的网络位置如下：

与冗余控制器同一个ControlNet网络（无桥接）；DeviceNet网络（如通过远程机架中的1756-DNB模块连接）；通用远程I/O网络（如通过远程机架中的1756-DHRIO模块连接）。

至此，冗余系统的硬件配置完毕。图6-4给出了ControlLogix冗余系统的一般规划模式。

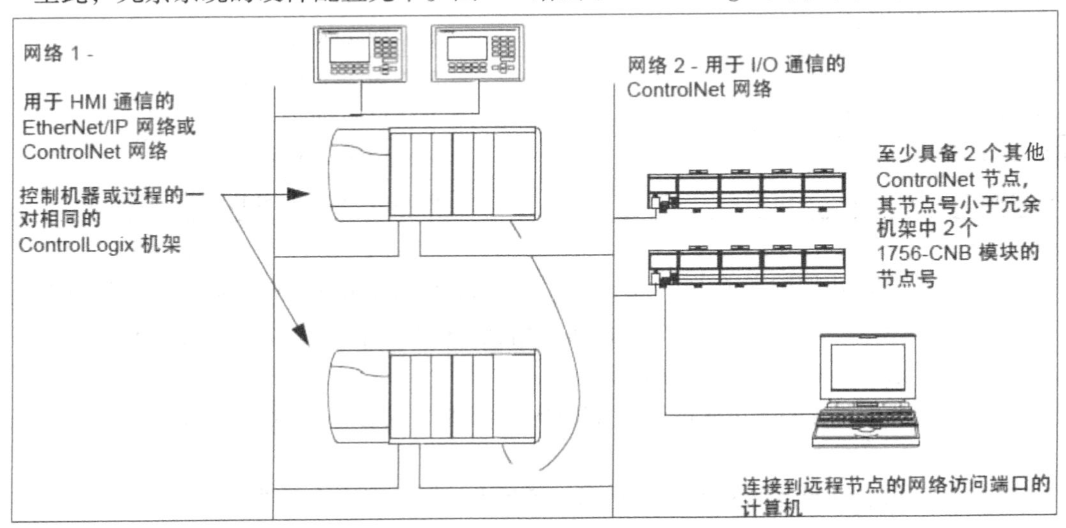

图6-4 ControlLogix冗余系统的一般规划模式

2. 冗余系统配置过程

下面举例介绍搭建ControlNet冗余系统和EtherNet/IP冗余系统的一般步骤：

1）选择冗余设备，选择相同型号的机架、控制器、ControlNet和EtherNet/IP通信模块、冗余模块以及冗余机架外的相关设备。

2）刷新固件版本，按照16.57 _ Aug版控制器冗余系统的构建要求，把冗余机架内的模块刷新至相应固件版本。

3）设置通信模块，本例中除冗余机架的ControlNet通信模块节点外，还有3个ControlNet节点，故把冗余机架的ControlNet节点都设置成最末尾的4号节点。同时，把EtherNet/IP通信模块的IP地址设置成相同的192.168.1.29（确保与其他网络节点的IP不冲突），并把两模块连接到交换机上。

4）安装冗余设备，注意冗余机架上的模块位置需要一一对应，连接冗余模块的通信光缆，安装完成后，两个机架的配置完全一致。

5）安装非冗余设备，对于ControlNet网络需要注意节点设置不要重叠，网络两端需要加终端电阻。

6）安装完成后，先给非冗余设备上电，然后给冗余机架A上电（先上电为主机架），随后给冗余机架B上电（上电的先后顺序可以区分冗余机架的主从身份），根据需要配置ControlNet网络，更新ControlNet网络信息。

7）若冗余不成功，根据 ControlNet 模块以及冗余模块 LED 显示的信息进行诊断（本节末尾将介绍 LED 信息含义以及诊断方法）。

图 6-5 所示为系统冗余 RSLinx 软件扫描结果，可以看到系统实现了以太网冗余。

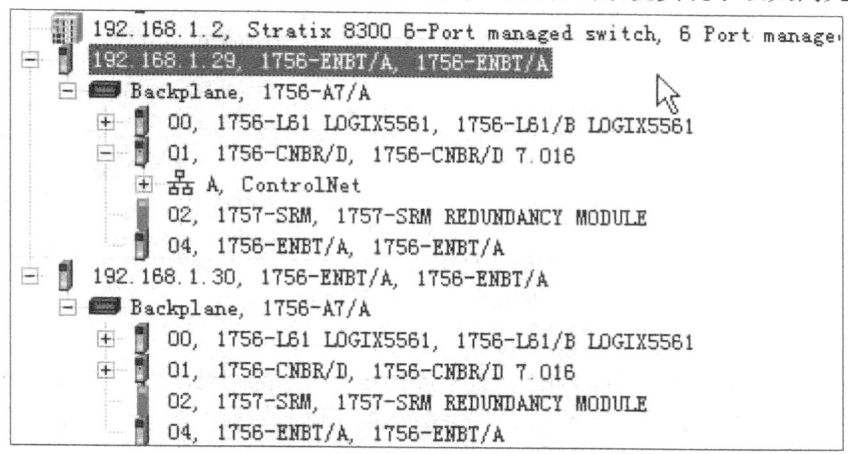

图 6-5　RSLinx 软件扫描结果

打开 IP 地址为“192.168.1.30”的以太网模块属性查看，如图 6-6 所示。

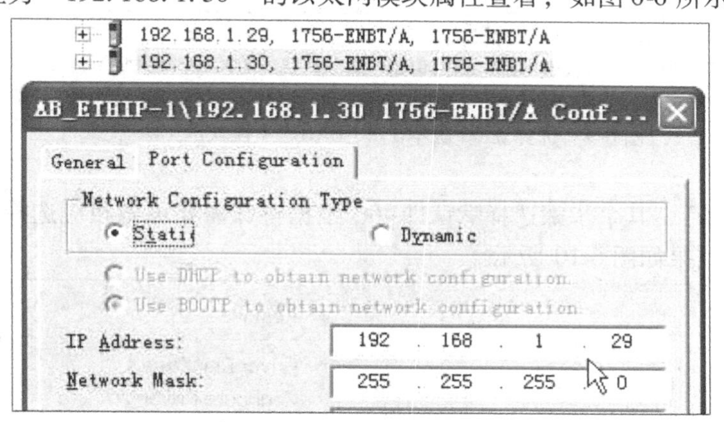

图 6-6　查看以太网模块属性

可以看到，该模块的配置 IP 地址为“192.168.1.29”，但是冗余系统中自动把从机架上的 EtherNet/IP 模块 IP 地址加 1，所以显示结果为“192.168.1.30”。

3. 冗余系统硬件 EDS 文件注册

1）对于 EtherNet/IP 网络冗余，需要把 1756-ENBT/A 模块刷新至 6.06 版本。由于该模块版本过高，在 RSLinx 软件中不能对模块进行正常的信息读取，甚至 RSLinx 软件不识别该模块，如图 6-7 所示。

图 6-7　RSLinx 软件不识别 6.06 版本的 1756-ENBT/A 模块

此时需要在 RSLinx 软件中注册模块的 EDS 文件，右键模块，选择“Upload EDS file from device”，如图 6-8 所示。

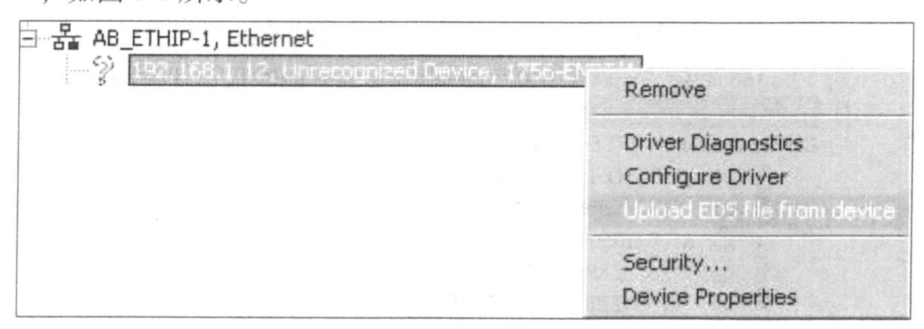

图 6-8　注册 6.06 版本 1756-ENBT/A 模块

在弹出的对话框中选择“下一步”，直至如图 6-9 所示的对话框时，选择 EDS 文件。

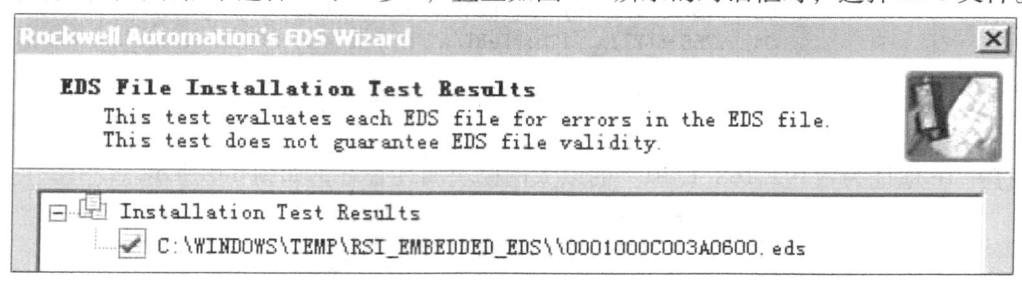

图 6-9　选择 6.06 版本 1756-ENBT/A 模块的 EDS 文件

点击“下一步”，其余步骤选择默认即可，根据特殊需要可做相应选择。完成注册后的 RSLinx 软件扫描结果如图 6-10 所示。

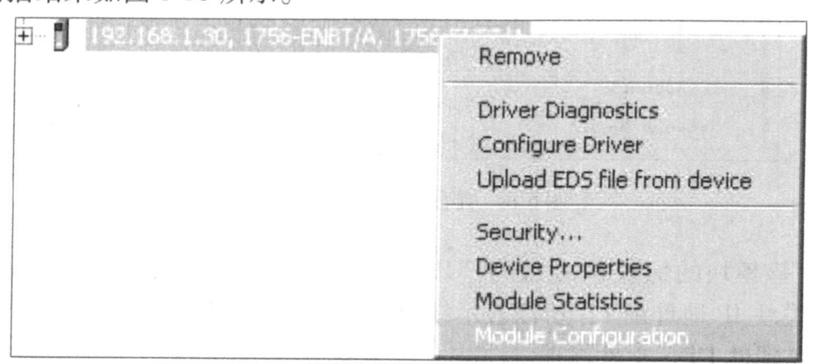

图 6-10　注册后 RSLinx 软件扫描结果

若右键 1756-ENBT/A 模块与图 6-10 不一致，也需要重复前述注册步骤，注册该模块。

2）在冗余系统中，仅对 HMI、工作站和消息使用 EtherNet/IP 网络。不要使用 EtherNet/IP 网络来控制 I/O 模块或做对等互锁（生产者和消费者标签），虽然 RSLogix 5000 软件允许设置和下载，试图对 I/O、生产者标签或消费者标签使用 EtherNet/IP 网络的冗余系统项目，但这些通信不能正常工作。

3）冗余系统在切换时，通过 EtherNet/IP 网络与控制器和 HMI 的通信将停止（通信延时），停止时长最长 1min。但 ControlNet 网络在切换时，则不会发生延时，所以如果系统不允许通信扰动，建议采用 ControlNet 网络冗余。

4）如果需要冗余网络，建议采用 ControlNet。在同一机架内使用 2 个 EtherNet/IP 模块并不会实现冗余 EtherNet/IP 通信，只要其中有一个模块出现故障或有一根电缆断开，仍会发生切换。ControlNet 模块具有 A/B 双通道，若其中一通道故障，另一通道仍可工作。

5）使用 1756-ENBT 模块做冗余系统时，确保该模块的目录版本不低于 E01。目录版本可以在模块或包装箱侧面的标记处查看到，如果使用更早的 1756-ENBT 模块，则从机架将不同步或者提示“硬件升级请求”。

4. 冗余系统软件配置

为了方便测试冗余系统，本实验只搭建 16.57 _ Aug 版控制器 ControlNet 冗余系统，模块类型、固件版本以及软件版本参照前节所述，本实验所设计的冗余系统如图 6-11 所示。

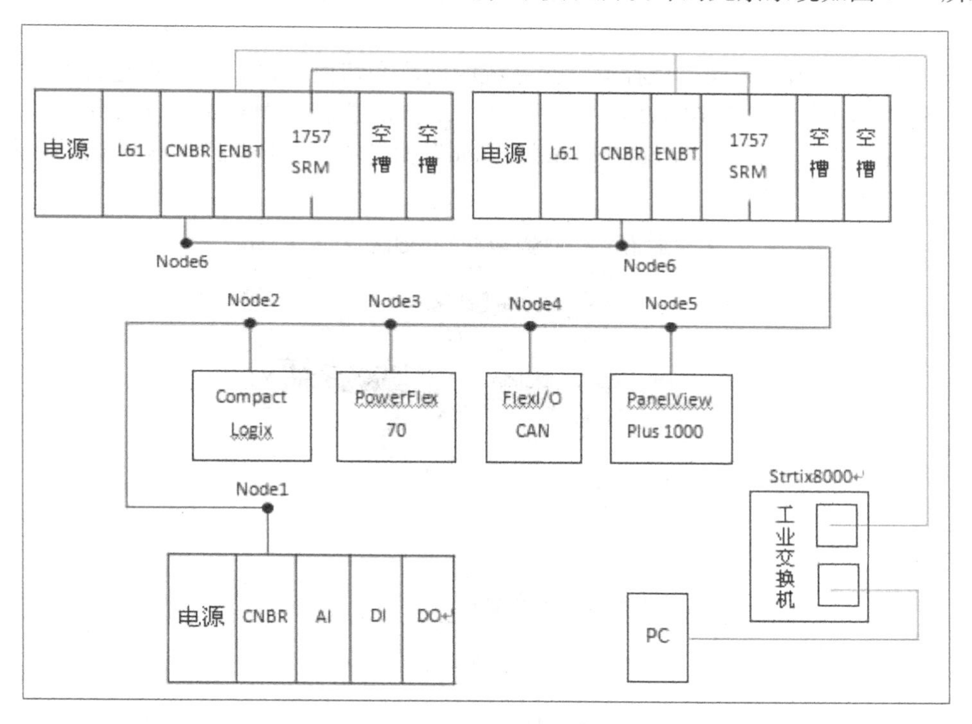

图 6-11　本实验所设计的冗余系统

在一对冗余机架中，首先开启的机架将成为主机架，从机架会在通电之后与主机架进行同步（冗余模块的组态、程序设置以及外部故障决定了同步的方式是自动、手动还是程序控制）。

在对冗余系统进行测试之前，先对冗余模块以及控制器进行组态，以实现系统冗余。

1）打开一个冗余机架的电源，并等待 1757-SRM 模块的 LED 显示“PRIM”。

2）打开 RSLinx 软件，使用以太网驱动扫描主机架，扫描结果如图 6-12 所示。

其中 6 号节点为主机架上的 ControlNet 节点，此时从机架还未上电。

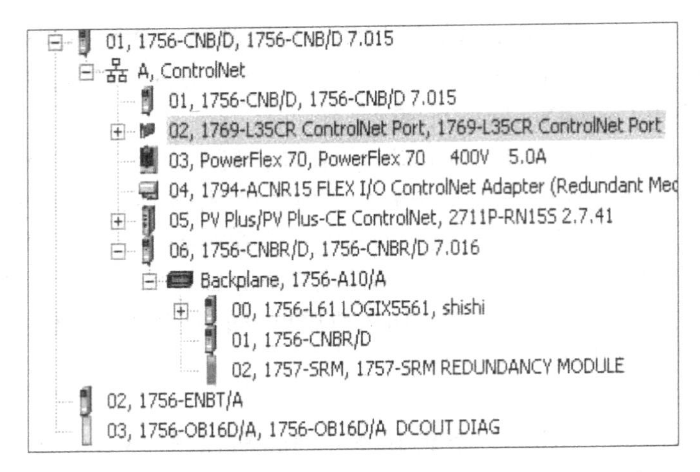

图 6-12　用以太网驱动扫描主从机架

3）组态 1757-SRM 模块，以控制冗余系统的同步和切换（RSLinx 软件包含了 1757-SRM 系统冗余模块组态工具）。在 1757-SRM 模块上，右键选择“Module Configuration”，单击“Configuration”选项卡，在“Auto-Synchronization”处选择“Always”，这里选择主机架 ID 为 B 机架，如图 6-13 所示。

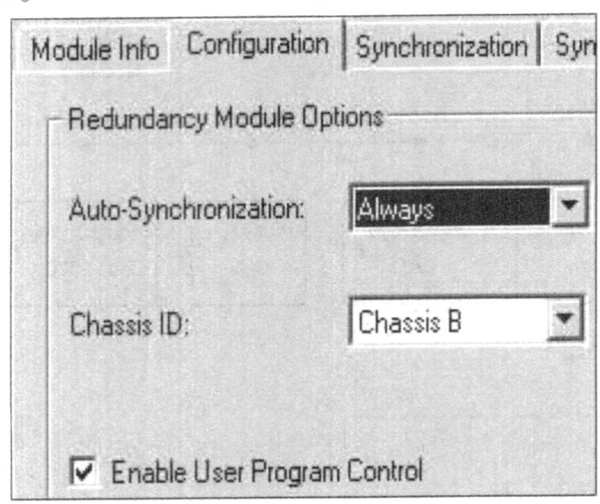

图 6-13　冗余模块组态-自动同步

4）打开 RSLogix5000 软件，新建控制器的型号、槽号以及版本与主机架上的控制器一致；在“Redundancy”项中使能冗余功能，如图 6-14 所示。

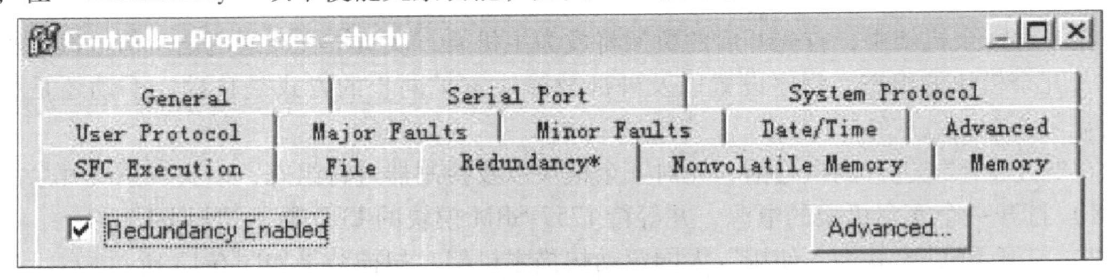

图 6-14　设置控制器冗余使能选项

设置完毕后，将控制器组态下载到主机架上的控制器里。注意，下载路径是6号节点7槽背板中的0号槽控制器。

5）打开从机架的电源，等待1757-SRM模块完成上电循环。这期间需要1～3min完成SRM模块上电，还可能需要几分钟来同步从控制器。通常情况下，这样就可以实现冗余了。如果主机架上的1757-SRM模块LED显示“PRIM”而从机架上的1757-SRM（同步机架）模块显示“SYNC”，那么系统已成功同步，同时从机架ID默认为A机架。此时RSLinx软件的扫描结果如图6-15所示。

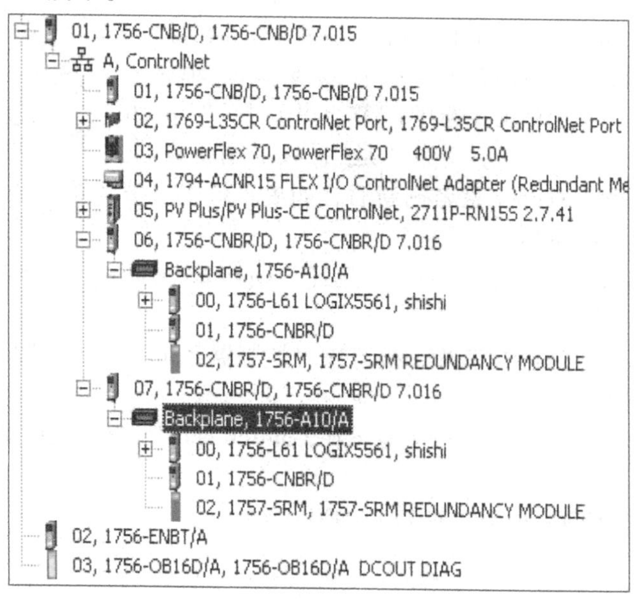

图6-15　主从机架全部扫描上来的树状图

从树状图中发现，从机架上的ControlNet节点自动加1，变成7号被扫描上来，而主机架上的ControlNet模块仍保持为6号节点。

5. 冗余系统故障处理

如果从机架上的1757-SRM模块未显示“SYNC”，表示系统同步失败，此时需要对同步故障进行诊断和处理。关于同步故障的诊断和处理，见后节。为便于理解和查看，这里只分析两种常见故障的解决办法。

1）如果从机架的ControlNet模块显示“NET ERR”，这表示ControlNet介质未完全连接，请检查所有ControlNet分接头、连接器和终端电阻是否连接妥当。

2）如果从机架的ControlNet模块显示“！Cpt”，这表示主从机架中的CNB模块在某些方面不匹配。如果已确定模块型号、固件版本、模块在机架上的位置以及机架尺寸完全一致，那么，请确保各个冗余机架中的所有ControlNet模块里都是有效的Keeper。如果ControlNet模块的Keeper签名阻止从机架进行同步（发生此情况的原因可能是：规划ControlNet网络时从机架已关闭，或ControlNet模块保存了先前在其他网络中组态的信息），需要刷新Keeper签名。要刷新Keeper签名，请在从机架不同步并且ControlNet模块显示“！CPT”时执行以下步骤。

启动 RSNetWorx for ControlNet 软件：

1）在“File”菜单中，选择“New”。

2）在“Network”菜单中，选择“Online”。

3）选择相应的 ControlNet 网络，然后点击“OK”。

4）在“Edits Enabled”处打上对勾，如图 6-16 所示。

5）在“Network”菜单中，选择“Keeper Status”。确保列表中包含所有 Keeper 节点，其中包括从机架中的 ControlNet 模块。如果各节点都具有有效的 Keeper 签名，证明故障不是出在 Keeper 签名上，请关闭该窗口，查询其他故障。如果有节点在有效 Keeper 列显示“否”，证明该 Keeper 签名无效，选中该节点并选择“Update Keeper”，将看到该签名由“否”变为“是”，表示刷新成功，关闭对话框即可。注意，Keeper 签名刷新后，如果系统仍有故障，需要将主从机架断电重启。

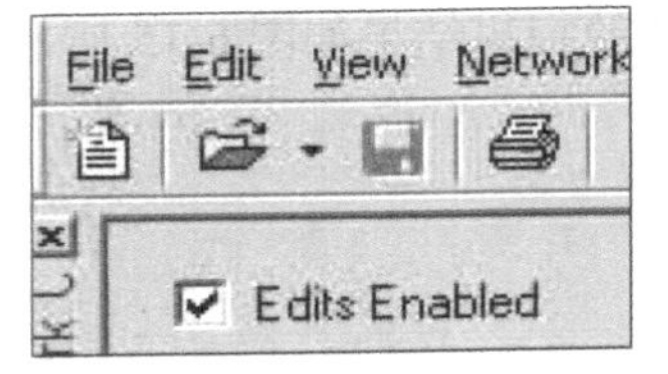

图 6-16　在“Edits Enabled”处打勾

6）点击保存按钮，在弹出的对话框中选择“Optimize and rewrite Schedule for all Connections”，然后点击“OK”。

至此，Keeper 签名故障已被清除，接下来对控制器冗余系统进行测试。

6. 冗余系统的限制

冗余系统中有若干受限的特性和功能。在 ControlLogix 冗余系统中请勿使用以下任何功能：

- 本地机架 I/O、1756-DHRIO 或 1756-DNB 模块；
- 事件任务；
- 禁止任务；
- 运动控制，如以下模块：1756-HYD02、1756-L60M03SE、1756-M02AE、1756-M02AS 1756-M03SE、1756-M08SE、1756-M16SE。

在冗余系统中，仅在 HMI/工作站通信和消息通信中使用 EtherNet/IP 网络。请勿将 EtherNet/IP 网络用于：

- 与 I/O 模块通信；
- 在设备之间通过生产者/消费者标签进行通信。

6.2　冗余系统的测试

为监视控制器冗余系统的工作状态，在 RSLogix5000 软件里编一段简单的程序，使与冗余控制器同一个 ControlNet 网络上的远程机架中的数字量输出模块小灯循环点亮，下载到主控制器并使主控制器处于运行状态。若冗余正常，当系统由主机架切换到从机架时，远程机架中的小灯依然在闪烁。在下面的主从切换实验中随时检验小灯的亮灭情况，以检查冗余系统工作是否正常。

首先在 RSLogix5000 软件里组态远程机架中的数字量输出模块，本实验的组态结果如图 6-17 所示。

小灯亮 1.5s、灭 3s 的循环点亮程序如图 6-18 所示。

注意：

1）I/O 组态结束后，将 RSLogix5000 切换到 Program 模式，然后对 ControlNet 网络进行规划，规划过程参考 Keeper 签名更新过程。

2）当硬件设备连接好，打开冗余机架电源之后，若控制器内有组态程序，控制器的 OK 灯有可能闪红色，表示控制器有错，这是由于内部组态信息和当前机架不符所致。需要通过 RSLogix5000 软件在组态控制器属性时，在“Major Flaults”中点击“Clear Majors”，进行控制器清错后才可继续进行冗余实验。

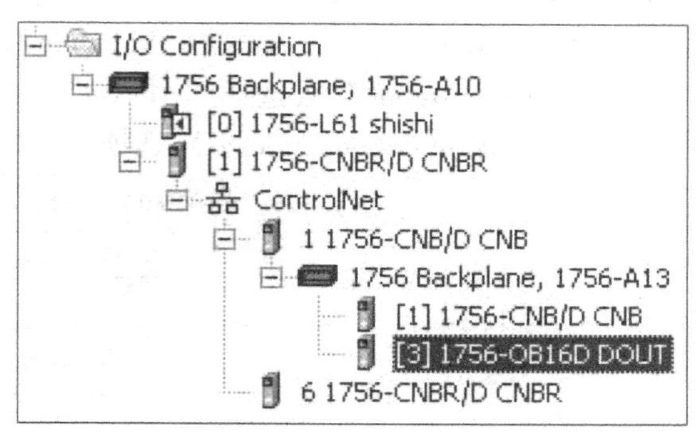

图 6-17　数字量输出模块组态

这里需要特别注意的是，ControlNet 的网络更新时间 NUT 应小于等于 90ms；I/O 的请求信息包间隔 RPI 应小于等于 375ms，因为较大的 RPI 可能会在切换时产生扰动。

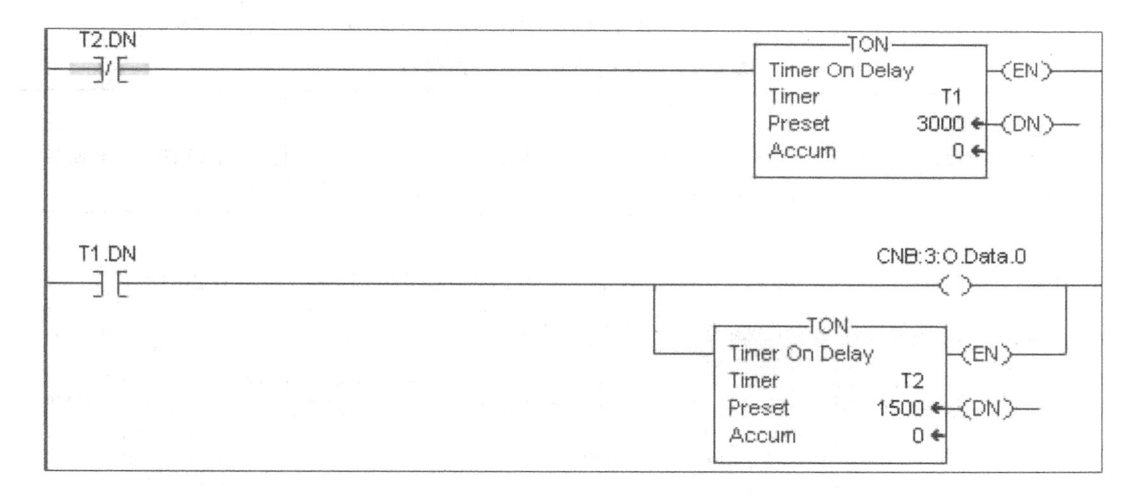

图 6-18　小灯循环点亮程序

将 RSLogix5000 工程下载到主机架上的控制器，并将控制器切换到运行状态。

以下任一原因都将导致控制器从主机架切换到从机架：

1）RSLinx 软件发出切换命令。

2）主机架出现以下任意一种情况：

①掉电；

②控制器出现主要故障；

③在主机架中移除或插入模块，或主机架中的任一模块失效；

④ControlNet 分接头或以太网电缆断开。

3）主控制器发出切换命令。

下面分别按照这三种不同情况对控制器冗余系统进行测试。

6. 2. 1　RSLinx 软件发出切换命令

1）“Auto-Synchronization”（自动同步）选项为“Always”（始终）。

在 1757-SRM 模块上，右键选择“Module Configuration”，单击“Configuration”选项卡，在“Auto-Synchronization”处选择“Always”。

单击“Synchronization”（同步）选项卡，如图 6-19 所示。

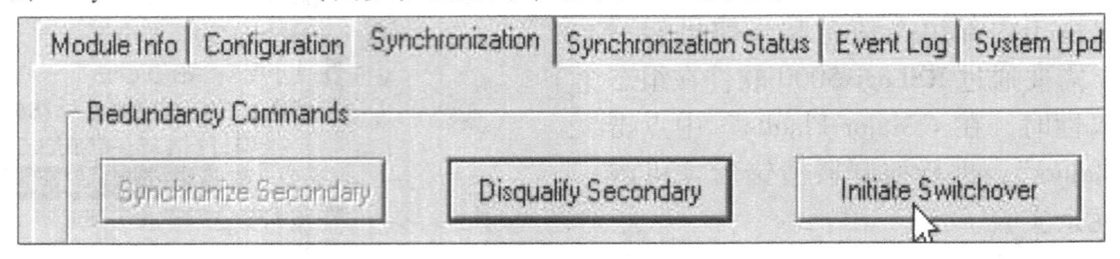

图 6-19　自动同步状态下的“Synchronization”选项卡

选择“Initiate Switchover”（启动切换），然后选择“Yes”继续。

在切换过程中，可看到新主机架中的 1756-CNBR 模块顺序显示如表 6-5 所示的内容。

表 6-5　切换后的 CNBR 状态信息

显示	PwNS→	PwDS→	PwQg→	PwQS→
含义	不带从控制器的主控制器	带有不正确状态从控制器的主控制器	带有正在检测状态是否正确的从控制器的主控制器	带有正确状态从控制器的主控制器

单击“Synchronization Status”（同步状态），可以监视同步过程，如图 6-20 所示。

Module Info | Configuration | Synchronization | Synchronization Status | Event Log | System Update

Slot	% Complete	Module Name	Module Revision	Secondary Readiness	State	Compatibility
0	100	1756-L61/B LOGIX5561	16.57	Synchronized	Primary	Full
1	100	1756-CNBR/D 7.016	7.16	Synchronized	Primary	Full
2	100	1757-SRM REDUNDANC...	5.4	Synchronized	Primary	Full

图 6-20　切换后的同步状态

切换结束后，如果 A 机架（原从机架）上的 1757-SRM 模块显示“PRIM”，而 B 机架（原主机架）上的 1757-SRM 模块显示“SYNC”，则证明系统已成功切换主从控制器。

“Auto-Synchronization”选项为“Conditional”（有条件），如图 6-21 所示。

在“Synchronization”选项卡中选择“Disqualify Secondary”（取消从控制器资格），在弹出的对话框中选择“Yes”。

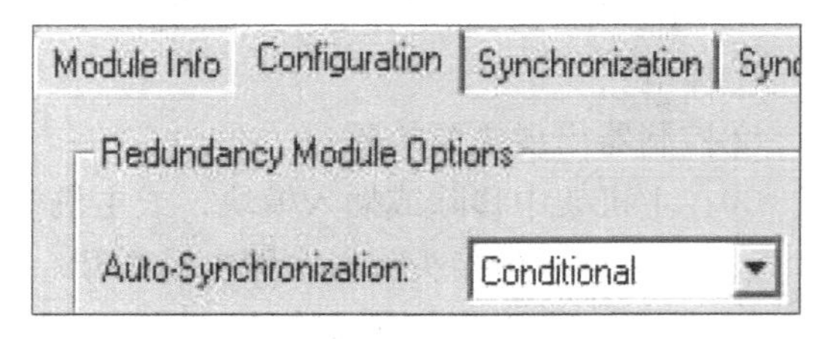

图 6-21　选择“Conditional”

取消从控制器资格后，“Synchronization”选项卡中除“Synchronize Secondary”（同步从控制器）选项为黑色可选外，其他 3 个选项均为灰色不可选状态，如图 6-22 所示。

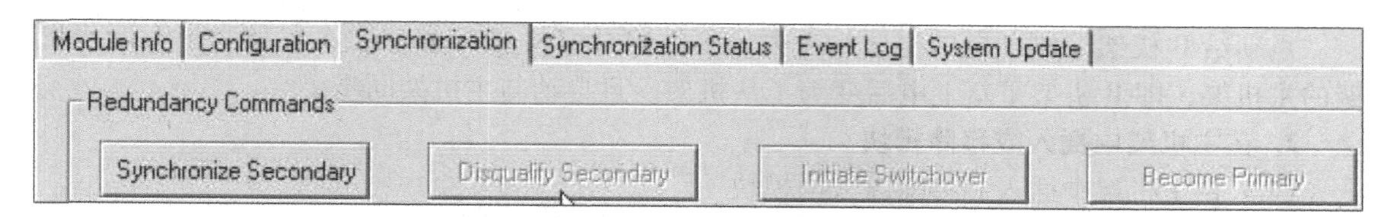

图 6-22 “Synchronization” 显示的信息

主机架中 1756-CNBR 模块最终显示“PWDS”（带有非正确状态从控制器的主控制器），同时，“Synchronization Status”选项卡中显示如图 6-23 所示的同步状态。

Slot	% Complete	Module Name	Module Revision	Secondary Readiness	State	Compatibility
0	0	1756-L61/B LOGIX5561	16.57	Disqualified	Primary	Full
1	0	1756-CNBR/D 7.016	7.16	Disqualified	Primary	Full
2	0	1757-SRM REDUNDANC...	5.4	Disqualified	Primary	Full
3	---	<empty>	---	---	---	---

图 6-23 取消从控制器资格后的同步状态

取消从控制器资格后，可尝试再次同步从控制器。单击“Synchronization”选项卡中的“Synchronize Secondary”选项，此时可能有对话框提示同步失败，点击“OK”关闭冗余模块组态窗口，然后再次打开该窗口，选择“Synchronize Secondary”选项，就能同步成功。

2）“Auto-Synchronization”选项为“never”（从不），控制器将不尝试同步，但仍可手动同步控制器。实验过程基本同“Conditional”下的操作。

6.2.2 主控制器故障切换命令

1. 主机架掉电

在冗余系统同步成功后，即主机架上的 1757-SRM 模块显示“PRIM”而从机架上的 1757-SRM 模块显示“SYNC”，将“Auto-Synchronization”选项改为“Always”，点击“Apply”，“OK”，关闭窗口。给主机架断电后，此时，“Synchronization Status”选项卡中显示如图 6-24 所示的同步状态。

Module Info | Configuration | Synchronization | Synchronization Status | Event Log | System Update

Slot	% Complete	Module Name	Module Revision	Secondary Readiness	State	Compatibility
0	0	1756-L61/B LOGIX5561	16.57	No Partner	Primary	Undefined
1	0	1756-CNBR/D 7.016	7.16	No Partner	Primary	Undefined
2	0	1757-SRM REDUNDANC...	5.4	No Partner	Primary	Incompatible

图 6-24 主机架掉电后的同步状态

同时，RSLinx 软件扫描到的树状图中显示 7 号节点丢失，即系统丢失从控制器（从控制器已切换为主控制器）。

单击“Event Log”（事件日志）选项卡，会有对话框询问是否要清空已掉电机架的事件记录，选择“OK”。对冗余系统进行事件分析。

在事件记录窗口中左下角可以看到，此时 A 机架为主机架且不带从机架。

重新给 B 机架（刚断电的机架）上电，事件记录窗口左下角显示 A 机架为带有同步机架的主机架，即 B 机架重新上电后变为了从机架，且自动与主机架同步。

2. 在主机架中插入或移除模块

（1）在主机架中插入和移除以太网模块

在插入以太网模块之前，请将 B 机架调整为主机架，A 机架为从机架。在 B 主机架上插入以太网模块，RSLinx 软件的扫描树状图中显示 7 号节点（从机架）上插有以太网模块，如图 6-25 所示。

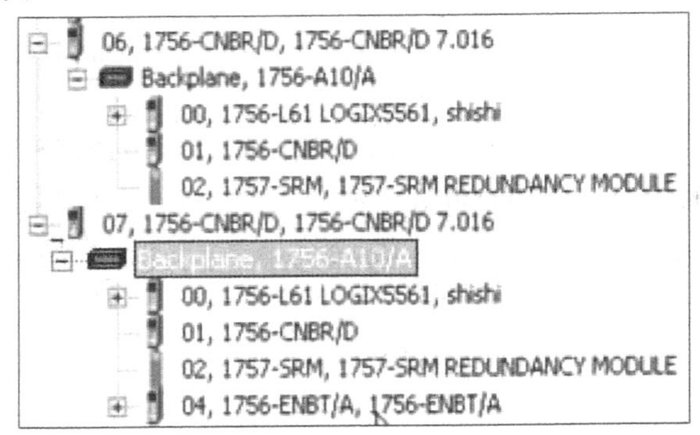

图 6-25　7 号节点（从机架）上扫描到以太网模块

请注意，以太网模块是插在 B 主机架上的，而通信软件扫描到的以太网模块是在从机架上，这说明插入以太网模块的 B 主机架自动切换为从机架，而原来的 A 从机架变为主机架，同时，以太网模块上显示"DSNP"（无匹配模块）。

给 A 机架断电，观察 B 机架是否还能切换为主机架。RSLinx 扫描结果如图 6-26 所示。

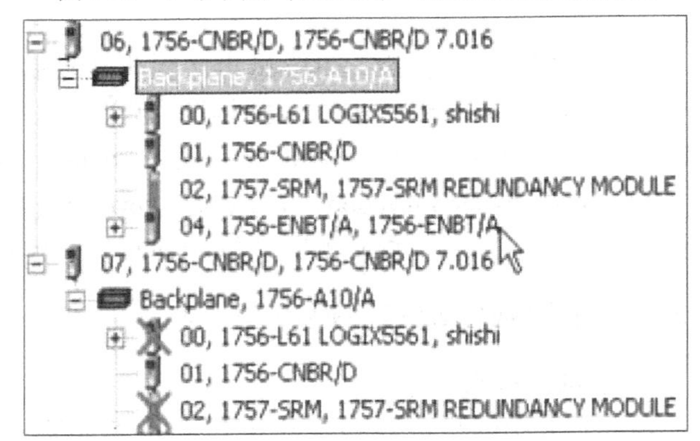

图 6-26　给 A 机架断电后的扫描结果

从图 6-26 可以看出，7 号节点丢失，即从机架丢失。这表明 A 机架（主机架）断电后，B 从机架切换为主机架，原 A 主机架丢失，即无从机架，此时以太网模块显示"PWNS"（不带从控制器的主控制器）。

重新给 A 机架上电。同步状态如图 6-27 所示。

1757-SRM REDUNDANCY MODULE

Module Info | Configuration | Synchronization | Synchronization Status | Event Log | System Update

Slot	% Complete	Module Name	Module Revision	Secondary Readiness	State	Compatibility
0	0	1756-L61/B LOGIX5561	16.57	Disqualified	Primary	Full
1	0	1756-CNBR/D 7.016	7.16	Disqualified	Primary	Full
2	0	1757-SRM REDUNDANC...	5.4	Disqualified	Primary	Full
3	---	<empty>	---	---	---	---
4	0	1756-ENBT/A	4.3	No Partner	Primary	Undefined

图 6-27　主机架 A 被断电后的同步状态

事件记录窗口左下角显示，当前 B 机架控制器为带有非正确状态从控制器的主控制器。拔掉以太网模块后，B 机架仍为主机架，A 机架自动与 B 机架同步为从机架。

（2）在主机架中插入和移除 I/O 模块

当前 B 机架为主机架，A 机架为从机架。向 B 主机架中插入数字量模块，RSLinx 扫描结果如图 6-28 所示。

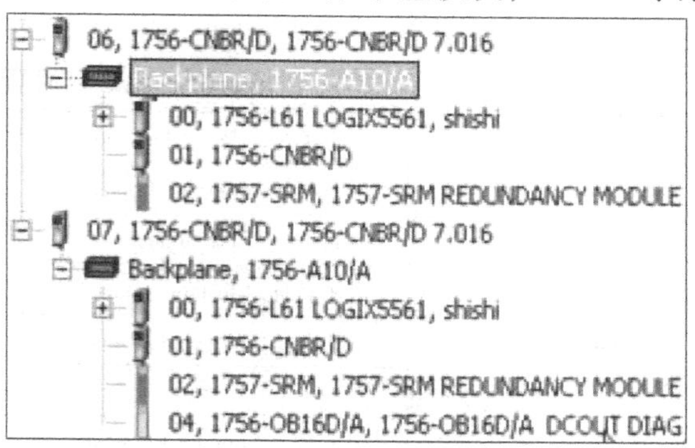

图 6-28　插入数字量模块后的 RSLinx 扫描结果

由扫描结果可见，插入数字量模块后，冗余系统发生了主从机架切换，由事件记录窗口（Event Log）看出，向主机架插入数字量模块会引起冗余系统的主从切换，即 A 机架变为主机架，B 机架变为从机架，且从机架同步失败。拔下数字量模块后的事件日志如图 6-29 所示。

由图 6-29 可以看出，拔下数字量模块后，主从不发生切换且从控制器同步成功。

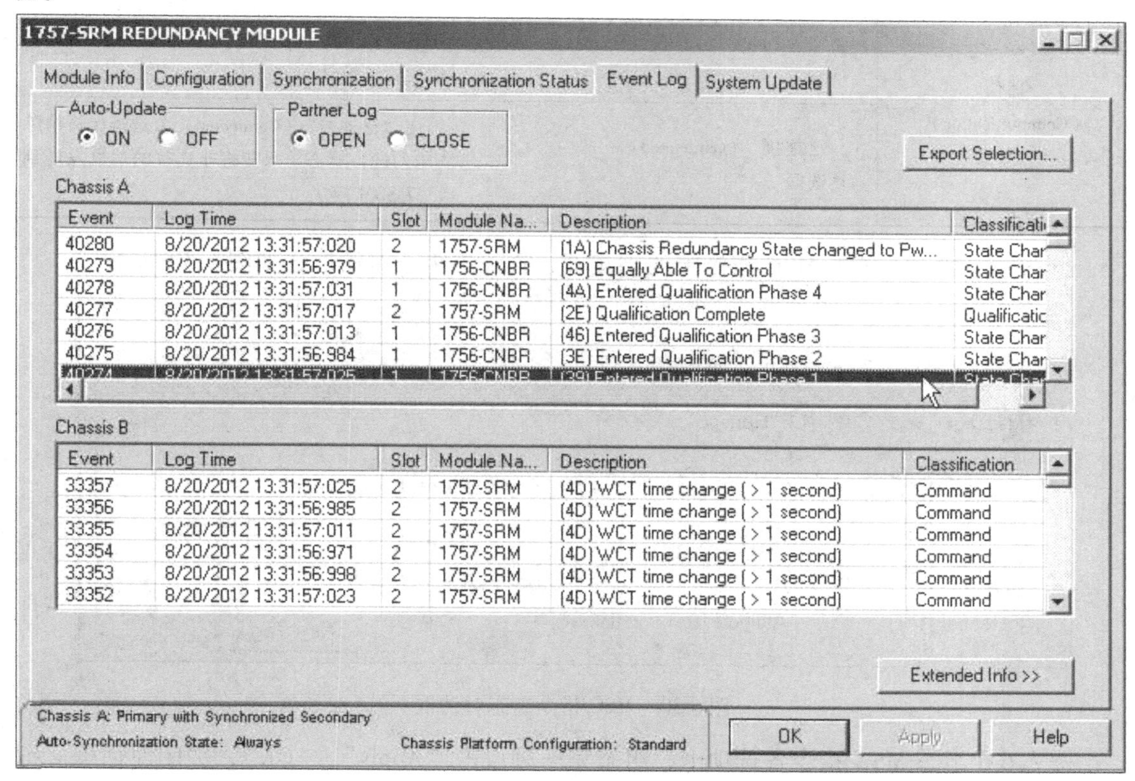

图 6-29　拔下数字量模块后的事件日志

6.2.3　主控制器发出切换命令

在编程之前，确保冗余模块组态对话框中“Configuration”（组态）选项卡里的“Enable User Program Control”（使能用户程序控制）复选框已勾选。请将当前主从机架调整为 B 机架是主机架，A 机架为从机架。

（1）主控制器发出取消同步命令

打开 RSLogix5000 主程序，在“Input/Output”选项卡中找到 MSG 指令。冗余系统需要对 MSG 指令进行特定的组态才能成功实现主从控制器的通信。可按表 6-6 组态取消同步的 MSG 指令。

表 6-6　组态取消同步的 MSG 指令

<table>
<tr><td rowspan="8">组态
(Configuration)</td><td>信息类型（Message Type）</td><td>CIP 通用（CIP Generic）</td></tr>
<tr><td>服务代码（Service Code）</td><td>4d</td></tr>
<tr><td>类名称（Class name）</td><td>bf</td></tr>
<tr><td>实例名称（Instance name）</td><td>1</td></tr>
<tr><td>属性名称（Attribute name）</td><td>保持空白</td></tr>
<tr><td>源（Source）</td><td>值为 1 的 INT 格式的标签</td></tr>
<tr><td>元素数（Num. Of Elements）</td><td>2</td></tr>
<tr><td>目标（Destination）</td><td>保持空白</td></tr>
<tr><td rowspan="2">通信
(Communication)</td><td>路径（Path）</td><td>格式：1，槽号（本例中路径项填：1，2）
其中，“槽号”指的是 1757-SRM 模块的左侧所处的槽号</td></tr>
<tr><td>“已连接”（Connected）复选框</td><td>使“已连接”（Connected）复选框保持清除（未勾选）状态。只能将非连接的信息发送到 1757-SRM 模块</td></tr>
</table>

组态方法如下，单击 MSG 指令上的小灰框，会弹出组态对话框，如图 6-30 所示。

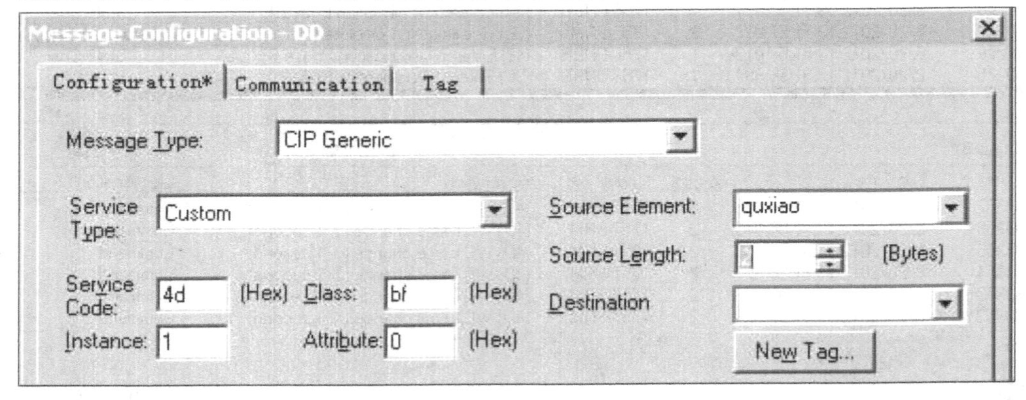

图 6-30　MSG 指令组态对话框

按表 6-6 组态 MSG 指令各选项卡，组态完毕后点击“Apply”，“OK”，关闭对话框。编好的程序如图 6-31 所示。

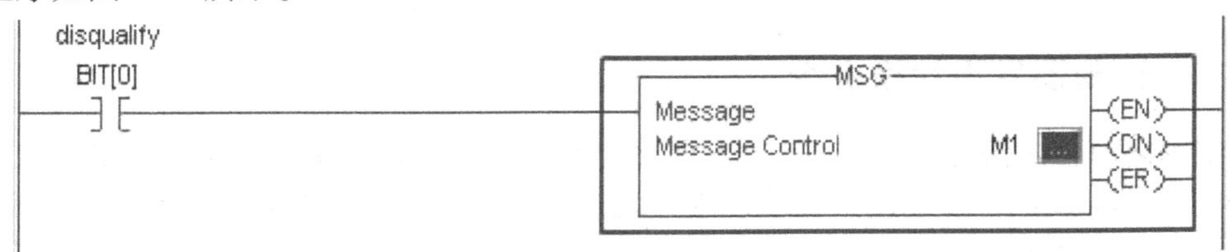

图 6-31　取消同步控制器的程序

将程序下载到主控制器并使程序运行，触发 BIT［0］（disqualify）位，此时控制器状态栏的“Primary”显示红色，代表当前主从控制器同步不成功，如图 6-32 所示。

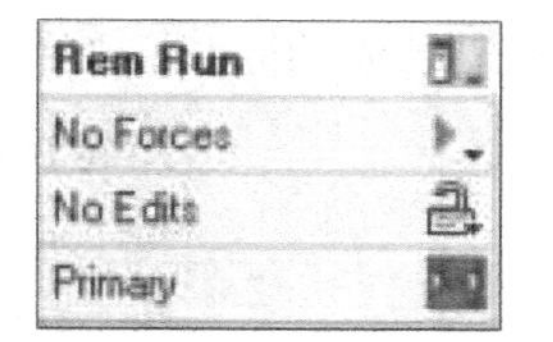

图 6-32　当前主从控制器同步不成功

同步状态显示如图 6-33 所示。

留意图 6-33 界面中的左下角，可以看到显示当前 B 控制器为带有非正确状态从控制器的主控制器信息，这表明程序控制取消同步成功。

（2）主控制器发出同步命令

Module Info | Configuration | Synchronization | Synchronization Status | Event Log | System Update

Slot	% Complete	Module Name	Module Revision	Secondary Readiness	State	Comp
0	0	1756-L61/B LOGIX5561	16.57	Disqualified	Primary	Full
1	0	1756-CNBR/D 7.016	7.16	Disqualified	Primary	Full
2	0	1757-SRM REDUNDANCY ...	5.4	Disqualified	Primary	Full

图 6-33　发出取消同步命令后的同步状态

可按表 6-7 组态获取同步资格的 MSG 指令。

表 6-7　组态获取同步资格的 MSG 指令

组态（Configuration）	信息类型（Message Type）	CIP 通用（CIP Generic）
	服务代码（Service Code）	4c
	类名称（Class name）	bf
	实例名称（Instance name）	1
	属性名称（Attribute name）	0
	源（Source）	值为 1 的 INT 格式的标签
	元素数（Num. Of Elements）	2
	目标（Destination）	保持空白
通信（Communication）	路径（Path）	格式：1，槽号（本例中路径项填：1，2） 其中，“槽号”指的是 1757-SRM 模块的左侧所处的槽号
	“已连接”（Connected）复选框	使“已连接”（Connected）复选框保持清除（未勾选）状态。只能将非连接的信息发送到 1757-SRM 模块

编好的程序如图 6-34 所示。

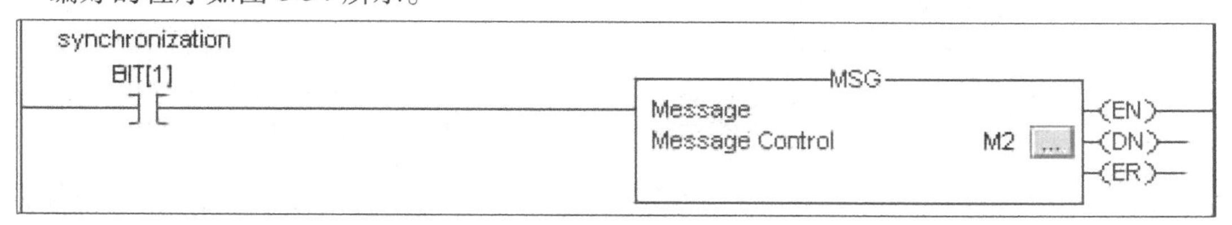

图 6-34　获取同步资格的程序

在主控制器运行该程序，触发 BIT［1］（synchronization）位后，发现冗余系统的主从机架已成功同步，控制器的状态如图 6-35 所示。

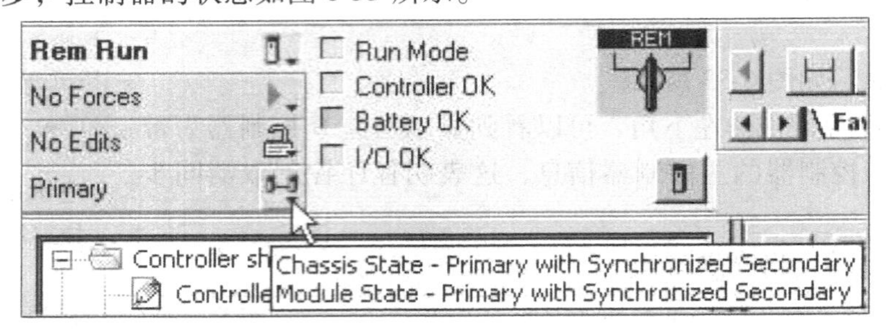

图 6-35　当前主从控制器同步成功

这里需要特别注意的一点是，在触发 BIT［1］（synchronization）位以重新获得同步资格之前，请确保事件日志（Event Log）里已显示“Autoqualification Trigger”（自动赋予资格触发），如图 6-36 所示，即发生了“取消同步”这一事件，导致系统再次尝试同步。只有当系统准备好尝试再次同步时，触发 BIT［1］（synchronization）才能有效地重新获得同步资格。关于 SRM 事件的解析，请查询事件日志中记录的 1757-SRM 事件解析表。

Event	Log Time	S...	Module ...	Description	Classification
42969	8/20/2012 14:57:47...	1	1756-CNBR	(39) Entered Qualification ...	State Changes
42968	8/20/2012 14:57:47...	2	1757-SRM	(2D) Qualification Attempted	Qualification
42967	8/20/2012 14:57:47...	2	1757-SRM	(32) Autoqual. State Change	Configuration
42966	8/20/2012 14:57:47...	2	1757-SRM	(33) Initiate Qual. Cmd. Ac...	
42965	8/20/2012 14:57:47...	2	1757-SRM	(2C) Autoqualification Trigger	Qualification
42964	8/20/2012 14:57:47...	0	1756-L61	(35) Partner Connection Opened	State Changes
42963	8/20/2012 14:57:47...	0	1756-L61	(35) Partner Connection Opened	State Changes

图 6-36　事件日志里显示“Autoqualification Trigger”

（3）主控制器发出主从切换命令

当前 B 机架为主机架，A 机架为从机架。可按表 6-8 组态主从切换的 MSG 指令。

表 6-8　组态主从切换的 MSG 指令

组态（Configuration）	信息类型（Message Type）	CIP 通用（CIP Generic）
	服务代码（Service Code）	4e
	类名称（Class name）	bf
	实例名称（Instance name）	1
	属性名称（Attribute name）	0
	源（Source）	值为 1 的 INT 格式的标签
	元素数（Num. Of Elements）	2
	目标（Destination）	保持空白
通信（Communication）	路径（Path）	格式：1，槽号（本例中路径项填：1，2） 其中，“槽号”指的是 1757-SRM 模块的左侧所处的槽号
	“已连接”（Connected）复选框	使“已连接”（Connected）复选框保持清除（未勾选）状态。只能将非连接的信息发送到 1757-SRM 模块

编好的程序如图 6-37 所示。

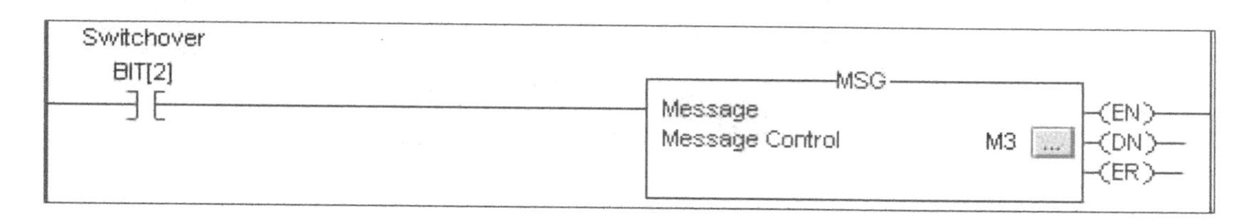

图 6-37　主从切换程序

在主控制器运行该程序，触发 BIT［2］（Switchover）位后，发现主从控制器切换成功，即此时 B 机架为从机架，A 机架为主机架。

这里需要指出的是，从事件日志列表中发现，主从切换命令发出后，控制器首先将取消从控制器的同步资格，然后检查从控制器是否有错，在确认从控制器无误后，重新赋予从控制器同步资格，最后完成主从控制器的切换。

6.2.4　监视冗余系统

成对的冗余机架，对外来说相当于一个单机系统，无论是修改程序、下载程序或是上位机和其他控制器访问，都跟单机的控制器一样，但是作为互为冗余的硬件设备，它们是两个独立的物理机架。在 1757-SRM 模块组态中可以看出，是用 A 机架和 B 机架来区分的，要了解究竟是 A 机架工作在主机状态还是 B 机架工作在主机状态，固然能从 1757-SRM 模块上读到，但是这些机架平时都是封闭在控制柜中。此外，如果系统发生了切换，需要维护人员介入进行处理，这可以通过编制冗余系统监控程序来实现。

获取冗余系统的状态，可以：

1）在人机界面观察冗余系统的工作状态。

2）基于系统的状态编制代码去执行。

3）得到诊断信息去维护系统。

例如执行 GSV 指令读取冗余系统的信息，确定主机控制器当前位于哪个物理机架，得到的“PhysicalChassisID”代码给出使用机架代码，“1”代表 A 机架，“2”代表 B 机架，如图 6-38 所示。

此处读到的信息可以在上位机编辑图形来显示冗余系统的工作状态。下面是当冗余系统发生切换时报警的逻辑编程，指令不断执行以获得当前物理机架的 ID。

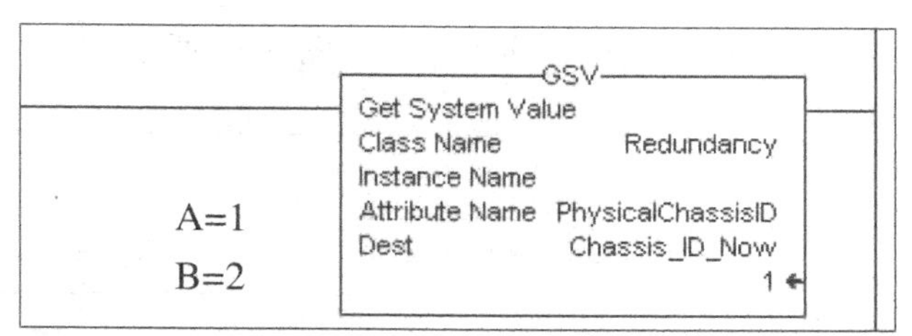

图 6-38　GSV 指令读取冗余系统信息

程序首次扫描时执行，将“Chassis _ ID _ Now”值赋给“Chassis _ ID _ Last”，如图 6-39 所示。

“Chassis ID”一旦发生变化，冗余切换就发生了，锁存切换状态，并存放新的对比值，如图 6-40 所示。

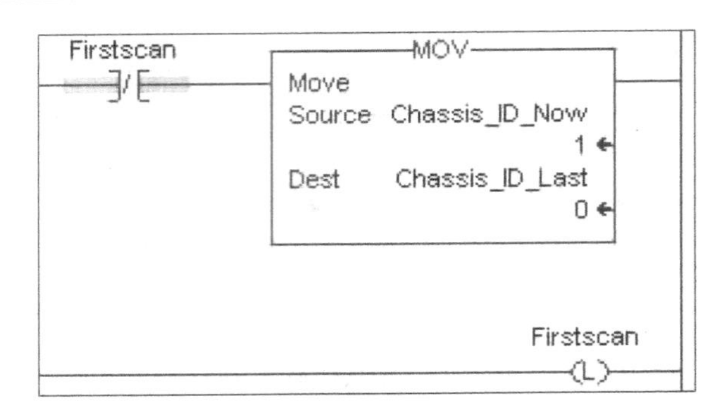

图 6-39　存放机架 ID 对比的值

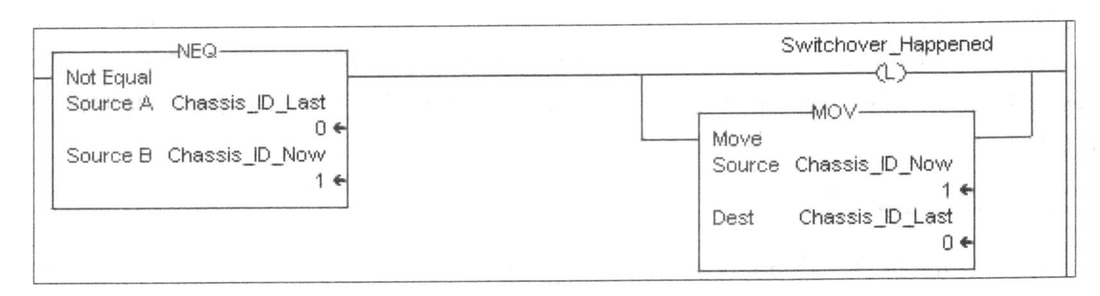

图 6-40　锁存切换状态

切换报警锁存，并解锁切换状态，准备下次的状态锁存，如图 6-41 所示。

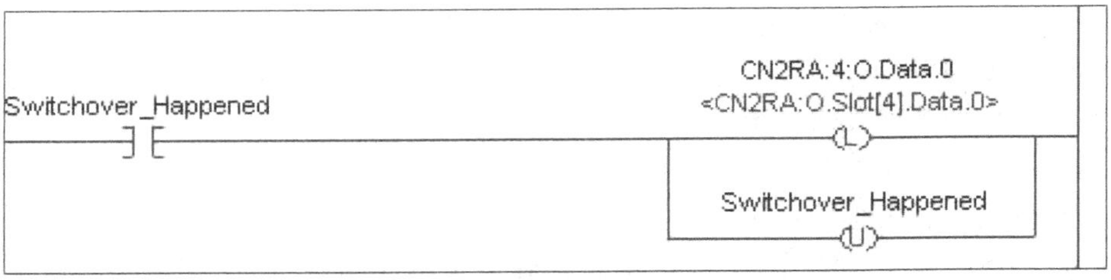

Switchover_Happened
CN2RA:4:O.Data.0
<CN2RA:O.Slot[4].Data.0>
L
Switchover_Happened
U

图 6-41　解锁切换状态

确认切换，复位切换报警，如图 6-42 所示。

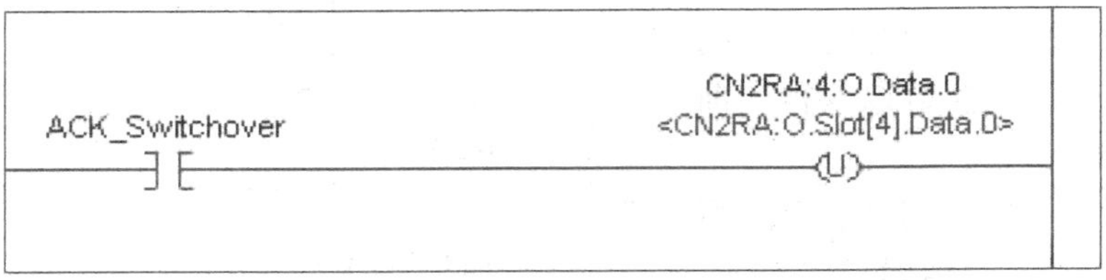

ACK_Switchover
CN2RA:4:O.Data.0
<CN2RA:O.Slot[4].Data.0>
U

图 6-42　复位切换报警

至此，监视冗余系统的程序编制基本完成。

6.2.5　冗余系统程序优化

由于冗余器件的介入，系统可靠性虽然得到提高，但一些相关的性能却有所降低。冗余系统的控制器相对于非冗余系统的控制器在一个工作周期内多了一项任务，即将所有输出指令的结果交叉下载给从控制器，因而增加了程序扫描周期。并且，因冗余系统数据交换量不同，所增加的扫描周期的时间也会有所不同，如图6-43所示。

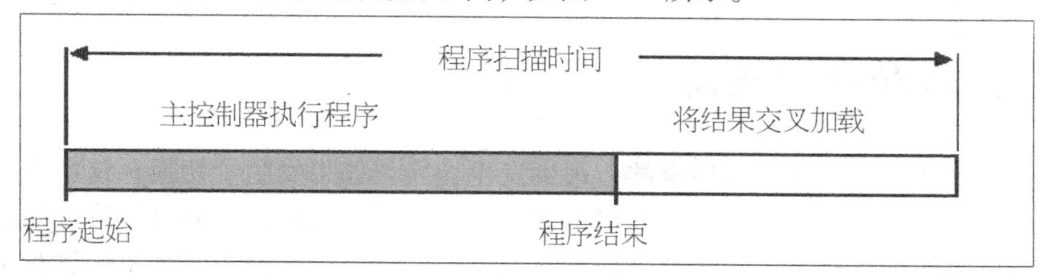

图6-43　交叉下载时程序扫描周期

所以针对双机冗余系统性能优化，不仅要减少主从控制器的切换时间，更需解决由于主从控制器同步而延长程序扫描时间的问题。针对主从控制器同步延长程序扫描时间，进而影响系统整体性能的问题，可以进行程序结构优化并减少主从控制器同步数据量。

1. 程序优化

由于交叉下载发生在每次程序执行完后，使用较多的程序会产生更频繁的启动和停止交叉下载。而每次交叉下载过程中，ControlLogix主控制器向从控制器发送的同步数据包大小固定，均为256Byte。因此，交叉下载次数增多，而每次数据量固定，必然延长了程序扫描时间。所以，程序设计时尽可能合并例程，即仅采用一个程序，减少交叉下载次数。同时，为保证其可读性，可将该程序划分为多个例程。同时，在每个例程中还需要尽可能地合并梯级代码；减少一些不必要和无意义的指令，如OTL、OTU（输出锁定/解锁）以及其他一些在梯级条件为“真”的情况下反复执行的指令（还有，比如ADD（加法）指令，虽然两个相加的数都没变，结果也没变，但是主控制器每次执行这个指令时都会将结果写入从控制器）。

另外，程序设计时必然包括一个连续型任务，该任务的优先级最低。程序执行过程中，该连续型任务会被SOTS（系统内务时间片）中断。SOTS中断连续型任务就意味着有可能中断交叉下载。因此，可将主要程序安排到周期性任务中，不会被SOTS中断，可以缩短程序扫描时间。

2. 优化数据结构

在不改变原有程序结构的情况下，只有减少主、从控制器之间的数据交换量才能减少冗余系统对程序扫描周期的影响。

PLC内部多为16位或32位操作系统。例如Logix控制引擎为32位。这就意味着单个标签至少占用32位内存空间。如果创建32个布尔型标签，将占用128｛$(32\times32)/8=128$｝个字节。但是，实际使用内存空间仅为4个字节。因此，每次程序执行结束后交叉下载的数据量亦增加，故延长交叉下载时间。

可通过创建数组的方式来优化数据结构。例如，创建32个元素的布尔型数组，这样它实际上仅占用 4 个字节。该方法对于 DINT、INT、SINT、TIMER 和 COUNTER 型数据同样有效。如果能规划用户自定义结构体（UDT）将更有效地节省内存。

另外，ControlLogix 控制器仅处理 DINT 型数据，因此，SINT 和 INT 型数据在交由其处理时必须进行数据类型转换，转换过程也会造成扫描周期的延长。因此在程序编写过程中，尽量使用 DINT 型数据代替 INT 和 SINT 型数据。

根据上述方法，可以将非经优化的程序扫描时间缩短 2 ~ 10 倍。

6.3 冗余系统的故障诊断

一般情况下，冗余系统是很稳定的，很少发生切换。如果发生了切换，这就需要现场的工作人员或者工程师了解发生了什么事情，并且一旦出现了故障，如何进行排查以恢复系统正常运行，从而保证生产过程的顺利进行。在本节中，将介绍如何对冗余系统进行维护及故障诊断。

6.3.1 通过控制网模块的诊断

冗余系统的故障信息一般首先反应在控制网模块中，这可以通过控制网通信模块前端显示面板看出。控制网（ControlNet）通信模块的前端显示面板如图 6-44 所示。

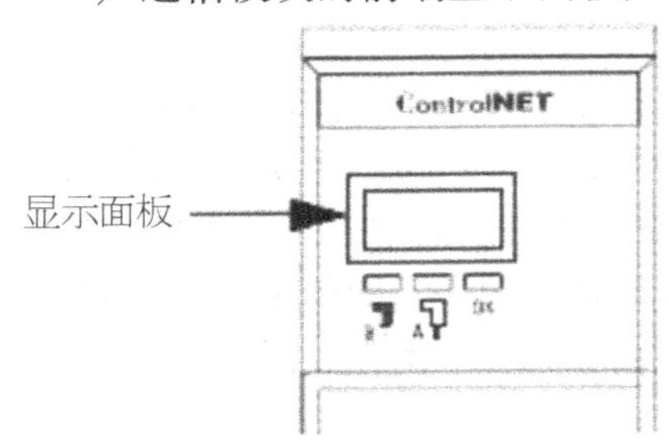

图 6-44　控制网通信模块前端显示面板

如果冗余系统出现故障，控制网模块前端显示面板显示“PwQS”、“PwQg”、“PwDS”和“PwNS”。显示内容的含义见表 6-9。

表 6-9　控制网通信模块显示的内容及其含义

显示的内容	表示含义	详细的信息
PwQS	主从控制器同步	冗余机架同步
PwQg	主控制器正在同步从控制器	检测从控制器状态是否正确
PwDS	主控制器所带从控制器状态错误	从控制器存在一个错误
PwNS	仅有主控制器，无从控制器	未连接上从控制器

关于“PwDS”和“PwNs”的详细信息和推荐采取的措施见表 6-10 和表 6-11。

在前面章节已经阐述冗余系统中从控制器是一直和主控制器进行同步的，如果主从控制器同步失败，这时从控制器所在机架内的控制网通信模块前端显示面板会显示“！CPT”的信息，如图 6-45 所示。

表 6-10　控制网通信模块显示“PwNS”时的信息

如果从机架	主机架内的通信模块	从机架内的通信模块	推荐采取的措施
通电	在从机架内有配对的模块	红色 OK　LED	更换相应模块
		绿色 OK　LED	检查 1756-SRCX 电缆是否正确连接
	在从机架内没有配对的模块	——→	安装一个匹配的模块
没有通电	——→		恢复供电

表 6-11　控制网通信模块显示“PwDS”时的信息

冗余模块	从机架内的通信模块	从机架内的控制器	推荐采取的措施
绿色 OK LED	不显示 NET ERR	闪烁红色 OK LED	清除控制器的主要故障
		固定红色 OK LED	1）给机架重新上电； 2）如果仍保持常亮红色 OK LED，则更换控制器并将控制器升级为合适的固件版本
	显示 NET ERR	——→	检查所有的 ControlNet 分接器、连接器以及终端电阻连接是否正确
红色 OK LED	——→		1）给机架重新上电； 2）如果冗余模块仍保持常亮红色 OK LED，请与 Rockwell Automation 办事处或者当地分销商联系

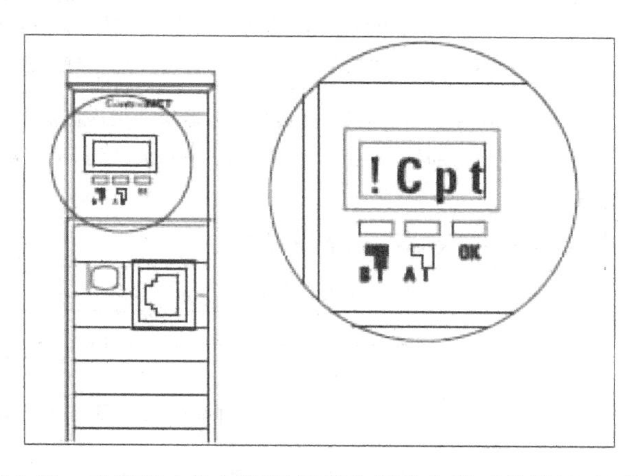

图 6-45　从机架内控制网通信模块同步失败时前端显示面板

从控制器所在机架内的控制网通信模块前端显示面板有时还会显示“CMPT”、“DULL NODE”和“NET ERR”等。这些信息都表示有故障，详细的信息见表 6-12。

表 6-12　从机架控制器同步失败时控制网通信模块显示的信息

如果显示	含义	检查下列事项
! Cpt	主从机架中的 ControlNet 模块某些方面不匹配	1）机架中的 ControlNet 模块版本是否相同 2）每个 ControlNet 模块与另一机架上的对等模块槽号是否相同 3）对等 ControlNet 模块是否设置相同的节点地址 4）每个冗余机架中的 ControlNet 模块是否均为有效的 Keeper

（续）

如果显示	含义	检查下列事项
CMPT	除 ControlNet 模块外，主从机架中的其他模块不匹配	1）每个 ControlNet 模块与另一机架上的对等模块槽号是否相同 2）每个对等控制器是否有相同的固件版本 3）系统每个模块是否有相互匹配的固件 4）RSLogix5000 工程是否组态了控制器并使能冗余
DULL NODE	在用户 ControlNet 网络上多个设备使用相同节点号	1）在 ControlNet 网络上，是否没有其他设备的节点号占用冗余 ControlNet 网络节点地址。例如，如果 ControlNet 模块被设为 3，其他设备不能设为 4 2）两个冗余模块都连着 1757-SRCX 电缆
NET ERR	ControlNet 介质没有完全连接	所有的 ControlNet 分接器、连接器以及终端电阻连接正确

同时控制网通信模块还会显示其他的四字字符，详细的信息见表 6-13。

表 6-13　控制网通信模块显示信息

<table>
<tr><th>ControlNet 模块的信息</th><th>显示</th><th colspan="2">含　义</th></tr>
<tr><td>模块的地址</td><td>A#xx</td><td colspan="2">xx 是该模块的节点地址</td></tr>
<tr><td>CPU 利用率的百分比</td><td>% Cxx</td><td colspan="2">xx 表示 CPU 利用率的百分比。显示范围 00 ~ 99%</td></tr>
<tr><td>打开连接个数</td><td>nCxx</td><td colspan="2">xx 表示 ControlNet 模块使用的开放性连接的个数</td></tr>
<tr><td>非连接客户端缓存个数</td><td>Ucxx</td><td colspan="2">xx 表示 ControlNet 模块使用的非连接缓存的个数。只有在模块使用 80% 或更多的缓冲区连接时，才会看到此数字。在数值降到 50% 以下时，模块将停止显示该数量</td></tr>
<tr><td>非连接的服务器缓冲区连接数量</td><td>Usxx</td><td colspan="2">xx 是该模块当前使用的非连接的服务器缓冲区连接数量。只有在模块使用 80% 或更多的缓冲区连接时，才会看到此数字。在数值降到 50% 以下时，模块将停止显示该数量</td></tr>
<tr><td rowspan="7">模块 Keeper 功能的状态</td><td rowspan="7">Kpxx</td><td colspan="2">xx 表示模块 Keeper 功能的状态</td></tr>
<tr><td>如果 xx 是：</td><td>那么 Keeper 为：</td></tr>
<tr><td>Ai</td><td>带有下列信息的激活状态网络 Keeper：
● 无效的 Keeper 信息；
● 该 Keeper 标记与网络的 Keeper 标记不符</td></tr>
<tr><td>Av</td><td>带有下列信息的激活状态网络 Keeper：
● 有效的 Keeper 信息；
● 该 Keeper 标记定义了网络的 Keeper 标记</td></tr>
<tr><td>li</td><td>带有下列信息之一的未激活状态的网络 Keeper：
● 无效的 Keeper 信息；
● 该 Keeper 标记与网络的 Keeper 标记不符</td></tr>
<tr><td>lv</td><td>带有有效的 Keeper 信息且与网络的 Keeper 标记匹配的未激活状态的网络 Keeper</td></tr>
<tr><td>Oi</td><td>● 上电且 Keeper 信息无效
● 下线且 Keeper 信息无效</td></tr>
</table>

（续）

ControlNet模块的信息	显示	含义	
模块Keeper功能的状态	Kpxx	Ov	• 上电且Keeper信息无效，可能与网络Keeper标记匹配或不匹配； • 下线且Keeper信息有效，可能与网络Keeper标记匹配或不匹配
超出模块带宽的次数	Bxnn	nn是指自模块关闭或复位后，超出模块带宽（超出带宽错误）的次数	

为了保证通信正确，冗余系统对于冗余机架中的各个ControlNet模块CPU利用率有明确要求。系统要求保持在75% ControlNet模块CPU利用率以下，因为：

1）各个冗余ControlNet模块都需要充足的额外处理时间进行冗余操作。

2）在进行像同步这样的峰值操作时，冗余操作需要额外占用ControlNet模块CPU的8%（近似值）。

3）总CPU利用率高于75%可能会使从机架在切换后无法同步。

要降低模块的CPU利用率，请采取以下任意操作：

1）更改ControlNet网络的网络更新时间（NUT）（通常情况下，延长NUT可降低ControlNet模块的CPU利用率）。

2）增加用户连接的请求信息包间隔（RPI）。

3）减少ControlNet模块上的连接数量。

4）减少MSG指令的数量。

5）为各个冗余机架再添置一个ControlNet模块。

6.3.2 通过事件日志的诊断

要确定系统切换或未能同步的原因，解析冗余模块事件日志也是一种常用的方法。

解析冗余模块事件需要事件以时间顺序排列，所以在这之前需要设置冗余模块时钟。一般在安装系统后进行设置或是在两机架掉电后进行复位使冗余模块时钟准确工作。

在RSLinx软件中，右击主机架上的冗余模块选择“Module Cofiguration…”就能进入冗余模块的组态工具对话框，选择“Event Log”菜单可以看到机架上冗余系统信息，主机架的事件记录在上半窗口，从机架的事件记录在下半窗口，在该界面的左下角，还可以看到当前冗余系统的组态信息。如图6-46所示的是主机架为A机架，系统冗余成功；自动同步状态为“Always”。

对于浏览机架事件，有以下几条注意事项：

1）导致机架发生切换的原因一般在从机架的事件中能找到，因为切换后原来的主机架（假设是ID为chassis A）变为从机架（ID仍为chassis A），且由于主机架发生故障才导致切换，故能在从机架（ID为chassis A）的事件记录中找到，并加以分析。

2）查找事件时注意时间的变化，有的关键事件间隔只有几分钟甚至更短。

3）冗余模块仅记录重大事件，不会在系统正常运行时记录事件。

4）可以在事件记录中的插槽和模块一栏中找到引起事件的模块。

5）双击事件，将会获得更多信息。

6）冗余模块事件说明请参阅表6-14，表中事件按照事件简码的字母顺序排列。

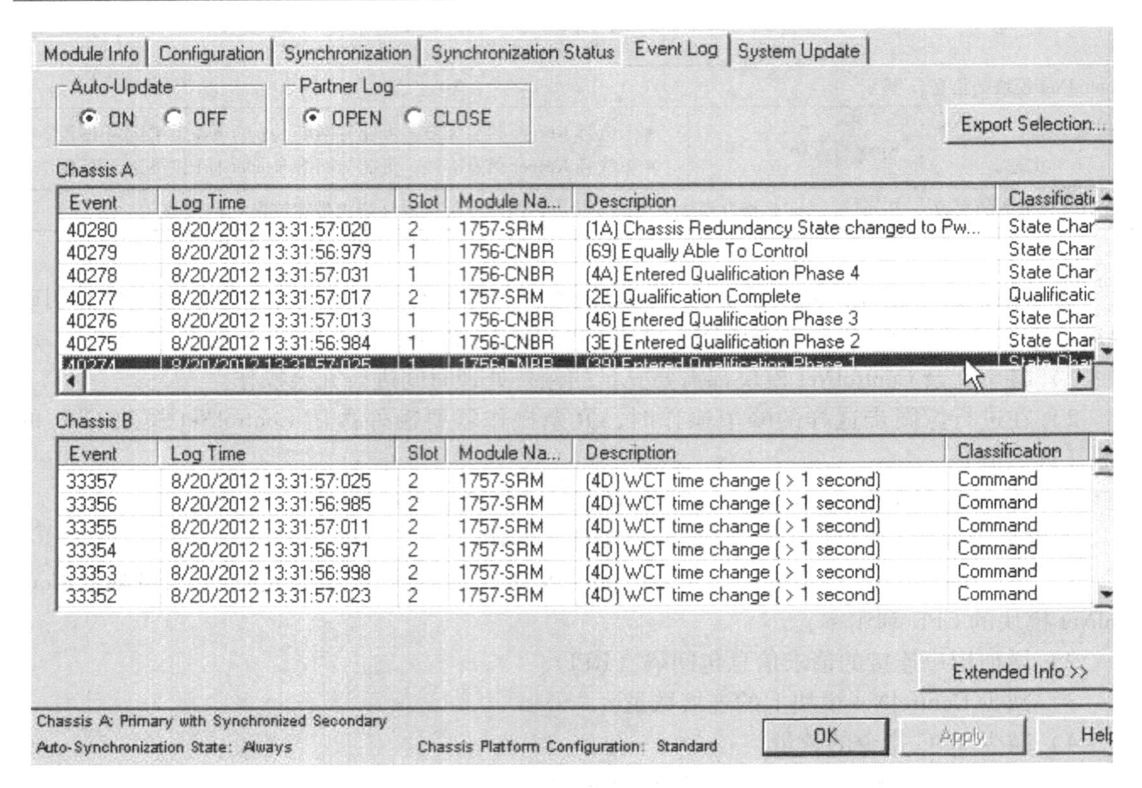

图 6-46　机架事件记录窗口

表 6-14　冗余模块事件说明

事件简码	含 义 及 操 作
自动赋予资格触发（Autoqualifica-tionTrigger）	发生了某事件，导致系统尝试进行再次同步。双击该事件可以了解发生的情况。显示该事件时，也表明从控制器准备好同步
空内存规则（Blank Memories Rule）	在两个机架同时上电时出现选取主机架的检查。假设 A 机架中的控制器中没有项目，而 B 机架中的控制器中有项目。这种情况下，B 机架成为主机架
机架冗余状态改变为…（Chassis Redundancy State changed to…）	机架改变为其他冗余状态 1）PwQS—带有状态正确（同步）从配对模块（从机架模块）的主控制器 2）QSwP—带有主配对模块（主机架上的模块）的状态正确（同步）的从控制器 3）DSwP—带有主配对模块的非正确状态的从控制器 4）DSwNP—不带任何配对模块的非正确状态的从控制器 5）PwDS—带有非正确状态从配对模块的主控制器 6）PwNS—不带任何从配对模块的主控制器 7）PLU—主控制器已锁定以进行更新 8）SLU—从控制器已锁定以进行更新
交叉装载错误（Crossloading Error）	模块无法获取其配对模块的信息。此时需要检查连接冗余模块的光缆是否有问题
非正确状态从控制器规则（Disqualified Secondaries Rule）	在两个机架同时上电时出现选取主机架的检查。假设一个机架中的模块在非正确的从机架状态下断电。这种情况下，另一个机架成为主机架

（续）

事件简码	含义及操作
故障模块规则（Failed Modules Rule）	在两个机架同时上电时出现选取主机架的检查。假设一个机架中的某模块发生故障，但其在另一个机架中的配对模块未发生故障。这种情况下，另一个机架成为主机架
固件错误（Firmware Error）	冗余模块存在问题。如果固件版本匹配，可以尝试断电重启系统以达到冗余机架同步的目的
模式或钥匙开关位置不正确（Improper Mode or Keyswitch Position）	如果主控制器出现故障，则无法执行锁定以更新。只要有一个控制器的钥匙开关未处于 REM 位置，便无法执行锁定以更新或锁定后切换命令
应用程序不兼容（Incompatible Application）	如果主从机架中的项目名称或应用程序不完全相同，则无法执行锁定以更新命令
无效应用程序（Invalid Application）	如果应用程序中存在测试编辑或 SFC 强制，则无法执行锁定以更新命令
模块插入（Module Insertion）	冗余模块当前在背板上发现了模块。这表示该模块刚上电、刚置入机架中或刚完成复位。双击该事件查看该模块的槽号。插入不配对或者不匹配的模块将会导致冗余机架切换
模块拒绝冗余模块发出的“锁定以更新”命令（Module Rejected Lock for Update Command from SRM）	某模块（其槽号可以通过扩展状态字的第 0 个字节进行指定）拒绝了“锁定以更新”命令。查看该模块的事件来确定原因
模块移除（Module Removal）	冗余模块在背板上再也看不到某模块。这表示该模块出现不可恢复故障、从机架中移除或已复位。双击该事件查看该模块的槽号。移除固有模块将会导致系统切换
模块机架状态规则（Modules Chassis State Rule）	在两个机架同时上电时出现选取主机架的检查。假设一个机架中的模块已处于主机架状态。这种情况下，该机架即成为主机架
NRC 模块规则（NRC Modules Rule）	在两个机架同时上电时出现选取主机架的检查。NRC 表示不支持冗余。假设一个机架中的某模块不支持冗余，而另一个机架中的所有模块均支持冗余。这种情况下，另一个机架成为主机架。所以构建冗余机架时需要按照给定的模块及固件清单购置
配对模块不在同一 ControlNet 链路中（Partner not on same CNet link）	主 ControlNet 模块无法通过 ControlNet 网络与从 ControlNet 模块进行通信。这表示存在以下一种情况 1）网络问题，如噪声、连接状况不佳或端接问题。请查看是否添加了终端电阻 2）未连接到网络的从 ControlNet 模块
断电时间规则（Powerdown Time Rule）	在两个机架同时上电时出现选取主机架的检查。如果两个机架的断电时间相差 1s 以上，则后一个掉电的机架最有机会成为主机架
程序故障（Program Fault）	控制器存在主要故障
冗余模块　OS 错误（SRM OS Error）	冗余模块存在问题。请检查模块类型及固件版本

（续）

事件简码	含 义 及 操 作
冗余模块序列号规则（SRM Serial Number Rule）	在两个机架同时上电时出现选取主机架的检查。如果前述规定未决定出主机架，则通过此项可最终确定。序列号较低的冗余模块最有机会成为主机架。只要另一机架在控制系统方面没有更强的能力，该机架便会成为主机架
等待从控制器规则（Standby Secondaries Rule）	在两个机架同时上电时出现选取主机架的检查。因为等待机架尚不可用，所以此项检查始终无法分出主从机架
SYS _ FAIL _ L 激活（SYS _ FAIL _ LActive）	模块存在不可恢复故障，或失去网络连接。出现这种情况时，SYS _ FAIL 信号变为真 机架的背板具有 SYS _ FAIL 信号。该机架中的各个模块将使用此信号来指示问题 1）该信号通常为假（未激活），这表示机架中的所有模块均正常 2）如果模块发生不可恢复故障或失去网络连接，其 SYS _ FAIL 信号会变为真（激活） 查看此后的事件来了解发生的情况 3）如果看到模块移除事件发生后不久，然后模块存在不可恢复故障。双击该“模块移除”事件查看该模块的槽号。SYS _ FAIL 信号可能会始终保持为真，直至重上电或移除故障模块 4）如果看到在几百毫秒时间内发生“SYS _ FAIL _ L 未激活”事件，则可能是电缆没接好或断开了。模块失去网络连接时，通信模块将发出 SYS _ FAIL 信号脉冲。查找“转为独立”（Transition to Lonely）事件来查看哪个模块失去了连接
配对 RM 已连接（The partner RM has been connected）	配对 SRM 或 RM 模块已上电或已通过光纤电缆连接
配对 RM 尖鸣（The partner RM screamed）	配对 SRM 或 RM 模块掉电、发生不可恢复故障或被移除 SRM 或 RM 模块具有能够使其保持通电的电路，保持的时间足以供其通过光纤互连电缆向其配对发送消息。即使在已将 SRM 从机架中移除后，它仍能发送消息。此消息称为尖鸣。此尖鸣使配对 SRM 能够区分出光纤互连电缆损坏情况和主 SRM 掉电或被移除的情况 1）如果光纤电缆损坏，则不会发生切换 2）如果 SRM 掉电或被移除，则将发生切换
转为独立（Transition to Lonely）	通信模块在网络中看不到其他任何设备。这通常表示该模块的网络电缆没接好或断开了。在重新连接电缆后，事件日志会显示“转为非独立”（Transition to Not Lonely）
未知事件（Unknown Event）	SRM 组态工具中没有该事件说明
WCT 时间更改（大于 1s）（WCT time change（ >1 second））	当发生如下情况时，SRM 的时钟会改变： 1）使用 SRM 组态工具设置时钟 2）将 SRM 连接到另一个已成为主 SRM 的模块上。该 SRM 将与主 SRM 的时钟同步

如果需要导出事件日志，可按以下步骤进行：

1）单击要导出的主机架中的第一个事件。

2）按住“Shift”键，然后单击要导出的主机架中的最后一个事件，如图6-47所示。

Module Info | Configuration | Synchronization | Synchronization Status | Event Log | System Update

Auto-Update: ON / OFF　Partner Log: OPEN / CLOSE　Export Selection

Chassis B

Event	Log Time	Slot	Module Na...	Description	Classification
33577	8/20/2012 14:17:14:115	2	1757-SRM	(1A) Chassis Redundancy State changed ...	State Changes
33576	8/20/2012 14:17:14:091	1	1756-CNBR	(69) Equally Able To Control	State Changes
33575	8/20/2012 14:17:14:071	1	1756-CNBR	(4A) Entered Qualification Phase 4	State Changes
33574	8/20/2012 14:17:14:055	2	1757-SRM	(2E) Qualification Complete	Qualification
33573	8/20/2012 14:17:14:021	1	1756-CNBR	(46) Entered Qualification Phase 3	State Changes
33572	8/20/2012 14:17:13:002	1	1756-CNBR	(3E) Entered Qualification Phase 2	State Changes
33571	8/20/2012 14:17:12:130	1	1756-CNBR	(39) Entered Qualification Phase 1	State Changes
33570	8/20/2012 14:17:12:091	2	1757-SRM	(2D) Qualification Attempted	Qualification

Chassis A

Event	Log Time	Slot	Module Na...	Description	Classification
41708	8/20/2012 14:26:25:403	2	1757-SRM	(4D) WCT time change (> 1 second)	Command
41707	8/20/2012 14:26:23:392	2	1757-SRM	(4D) WCT time change (> 1 second)	Command
41706	8/20/2012 14:26:21:382	2	1757-SRM	(4D) WCT time change (> 1 second)	Command
41705	8/20/2012 14:26:19:370	2	1757-SRM	(4D) WCT time change (> 1 second)	Command
41704	8/20/2012 14:26:17:359	2	1757-SRM	(4D) WCT time change (> 1 second)	Command
41703	8/20/2012 14:26:15:347	2	1757-SRM	(4D) WCT time change (> 1 second)	Command

图6-47　选择要导出的事件

3）对从机架事件窗口执行相同的操作。

4）单击“导出选项”（Export Selection）。

5）单击“浏览”（Browse）并为导出文件选择存放位置和名称。勾选“CSV”（逗号分隔值）（Comma-Separated Value）。需要时也可导出为“txt”文件。勾选“包括扩展信息”（Include Extended Information）复选框，如图6-48所示。

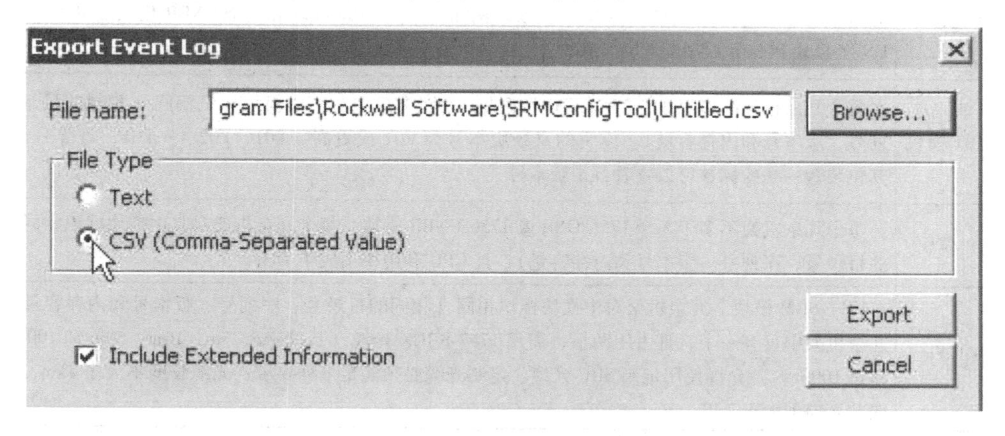

图6-48　选择导出事件的位置及类型

6）导出后事件如图6-49所示。

下面总结构建16.57 _ Aug版ControlLogix的控制器冗余系统需要注意的事项（见表6-15）。

Export Tim	2012 03:49:39 AM					
Network Path : CORE-XP!AB_ETHIP-2\192.168.1.33\Backplane\1\A\6\Backplane\2						
Connected Chassis ID: Chassis B						
Partner Chassis ID: Chassis A						
SRM Revision: 5.4.1						
Redundancy ConfigTool Version 6.2.10.0						
Chassis ID	Event	Log Time	Slot	Module Na	S/N	Description
Chassis B	33577	8/20/2012	2	1757-SRM	3CDC16	(1A) Chassis Redundancy State changed to PwQS
Chassis B	33576	8/20/2012	1	1756-CNBI	23AEC5	(69) Equally Able To Control
Chassis B	33575	8/20/2012	1	1756-CNBI	23AEC5	(4A) Entered Qualification Phase 4
Chassis B	33574	8/20/2012	2	1757-SRM	3CDC16	(2E) Qualification Complete
Chassis B	33573	8/20/2012	1	1756-CNBI	23AEC5	(46) Entered Qualification Phase 3
Chassis B	33572	8/20/2012	1	1756-CNBI	23AEC5	(3E) Entered Qualification Phase 2
Chassis B	33571	8/20/2012	1	1756-CNBI	23AEC5	(39) Entered Qualification Phase 1
Chassis A	41732	8/20/2012	2	1757-SRM	3BBB48	(4D) WCT time change (> 1 second)
Chassis A	41731	8/20/2012	2	1757-SRM	3BBB48	(4D) WCT time change (> 1 second)
Chassis A	41730	8/20/2012	2	1757-SRM	3BBB48	(4D) WCT time change (> 1 second)
Chassis A	41729	8/20/2012	2	1757-SRM	3BBB48	(4D) WCT time change (> 1 second)

图 6-49　导出格式为“CSV”的事件记录

表 6-15　进行系统冗余的步骤及注意事项

步骤	详细信息及注意事项
1）机架规格	两冗余机架规格相同
2）机架规划	每个冗余机架中仅能安装下列模块（不能安装其他模块）。 控制器；通信模块；1 个 SRM 模块（需要 2 槽）。每个机架的槽位安排相同
3）控制器	1756-L6X 系列控制器，1 个。每个冗余系统对中控制器标识相同（相同的目录号、序列号、版本号和内存容量），且内存容量为全部数据的两倍
4）连接数	控制器为冗余保留 7 个连接
5）通信模块	每个冗余机架通信模块数不大于 5；每个冗余机架中以太网模块数不大于 2；冗余机架外的控制网通信模块必须是 1756-CNB 或-CNBR 模块。例如，2 个 ENBT 模块和 3 个 CNBR 模块（共 5 个），0 个 ENBT 模块和 5 个 CNBR 模块（共 5 个）
6）ENBT 模块	每个冗余机架不多于 2 个 1756-ENBT 模块，且冗余机架对其中模块标识相同（相同的目录号、序列号、版本号和内存容量）。模块的目录版本号为 E01 或更高（E01，E02，…F01，等等）。模块或其包装盒一端的标签可以查看目录版本号
7）CNB 模块	每个冗余机架不多于 5 个 1756-CNB 或 1756-CNBR 模块。每个冗余机架对其中模块标识相同（相同的目录号、序列号、版本号和内存容量），且 CPU 利用率不大于 75%
8）SRM 模块	1757-SRM 模块。冗余机架对中模块标识相同（相同的目录号、序列号、版本号和内存容量）每个冗余机架中仅有一个，且占用两槽；需用 1757-SRCX 光缆（长度 1m，3m，10m，50m 和 100m），当超过 100m 时，允许使用定制 SRC 光缆。定制光缆必须满足下列要求：光缆长度不大于 4km；通过光缆的光损不大于 7dB

6.4　固件版本附表

1. Firmware 13 版控制器冗余系统

冗余系统需要的硬件及其固件版本对应表见表 6-16。

表 6-16 冗余系统需要的硬件及其固件版本对应表

模　块	目录号	系列	固件版本号
ControlLogix5561 控制器	1756-L61	所有	13.71
ControlLogix5562 控制器	1756-L62		
ControlLogix5563 控制器	1756-L63		
ControlLogix5555 控制器	1756-L55		13.70
ControlNet 通信模块	1756-CNBR/D	所有	5.51
	1756-CNB/D		
1756-ENBT 模块	1756-ENBT	E01 及以上	3.7
1756-EWEB 模块	1756-EWEB	所有	2.4
冗余模块	1757-SRM/A	所有	3.39
	1757-SRM/B		

注意：表中模块版本高于或等于所列版本时，才能构成冗余系统。非表中模块与该控制器版本的冗余系统不匹配，不能出现在冗余机架中，否则冗余系统不能正常工作。

冗余系统需要的操作软件及其版本见表 6-17。

表 6-17 冗余系统需要的操作软件及其版本

软　件	版本	软　件	版本
RSLinx Classic	2.50	RSNetWorx for ControlNet	4.21
Redundancy Module Configuration Tool	2.6.4	RSLinx Enterprise	3.0
RSLogix 5000	13.0	RSNetWorx™ for DeviceNet™	4.21

2. Firmware 15.61 版控制器冗余系统

Firmware 15.61 版控制器冗余系统的固件配置见表 6-18。

表 6-18 冗余系统需要的硬件及其固件配置对应表

模　块	目录号	系列	固件版本号
ControlLogix5561 控制器	1756-L61	所有	15.61
ControlLogix5562 控制器	1756-L62		
ControlLogix5563 控制器	1756-L63		
ControlLogix5555 控制器	1756-L55		
ControlNet 通信模块	1756-CNBR	D	7.13
		E	11.03
1756-ENBT 模块	1756-ENBT	所有	4.04
1756-EWEB 模块	1756-EWEB	所有	4.04
冗余模块	1757-SRM	A,B	4.06

注意：非表中模块与该控制器版本的冗余系统不匹配，不建议在冗余机架中使用，否则可能导致冗余系统不能正常工作。

冗余系统需要的操作软件及其版本见表 6-19。

表 6-19 冗余系统需要的操作软件及其版本

软　件	版本	注　意
RSLinx Classic	2. 51	
Redundancy Module Configuration Tool	3. 6. 4	使用该版本冗余系统时，不要升级 1757-SRM 模块的组态工具 Configuration Tool
RSLogix5000	15. 02	
RSNetWorx™ for ControlNet	5. 11	
RSLinx® Enterprise	3. 00	对于 RSView Supervisory Edition 软件，需要安装 RSLinx Enterprise HOTFIX

3. Firmware 16. 81 版控制器冗余系统

冗余系统需要的硬件及其固件版本对应表见表 6-20。

表 6-20 冗余系统需要的硬件及其固件版本对应表

模　块	目录号	系列	固件版本号
ControlLogix5561	1756-L61	所有	16. 81
ControlLogix5562	1756-L62		
ControlLogix5563	1756-L63		
ControlLogix5564	1756-L64		
ControlLogix-XT	1756-L63XT		
ControlNet 通信模块	1756-CN2	B	20. 11
	1756-CN2R	B	
	1756-CN2RXT	B	
1756-EN2T 模块	1756-EN2T	所有	2. 07
1756-EN2TXT 模块	1756-EN2TXT	所有	
冗余模块	1756-RM	A	2. 05
	1756-RMXT		

注意：此系统为增强型冗余系统，仅上表中所列的相应固件版本的模块才能构成该冗余系统。非表中模块与该控制器版本的冗余系统不匹配，不能出现在冗余机架中，否则冗余系统不能正常工作。

上述模块固件版本文件在 http：//rockwellautomation. com/support 中也可找到，名为 V16. 81EnhClxRed。冗余系统需要的操作软件及其版本见表 6-21。

表 6-21 冗余系统需要的操作软件及其版本

软　件	版　本
RSLinx Classic	2. 54
Redundancy Module Configuration Tool	6. 2. 10
RSLogix 5000	16

（续）

软　　件	版　　本
RSNetWorx for ControlNet	8. 00（CPR 9，SR1）
FactoryTalk View Site Edition	5. 00. 00（CPR 9）
FactoryTalk Services Platform	2. 10. 01（CPR9，SR1）
FactoryTalk Alarms and Events	2. 10. 00（CPR 9）
FactoryTalk Batch	10. 00. 26
RSLinx Enterprise	5. 17（CPR9，SR1）

注意：如果系统中使用 ControlLogix-XT 模块，并且放置在 1756-A5XT 槽架中，RSLinx-Classic 需要 2. 55 或者更新的版本。

4. Firmware 19. 53 版控制器冗余系统

冗余系统需要的硬件及其固件版本对应表见表 6-22。

表 6-22　冗余系统需要的硬件及其固件版本对应表

模　　块	目录号	系　　列	固件版本号
ControlLogix5561	1756-L61	所有	19. 52
ControlLogix5562	1756-L62		
ControlLogix5563	1756-L63		
ControlLogix5564	1756-L64		
ControlLogix-XT	1756-L63XT		
ControlLogix5565	1756-L65		
ControlLogix5572	1756-L72	所有	19. 53
ControlLogix5573	1756-L73		
ControlLogix5574	1756-L74		
ControlLogix5575	1756-L75		
ControlNet 通信模块	1756-CN2	B	20. 13
	1756-CN2R	B	
	1756-CN2RXT	B	
EtherNet/IP 通信模块	1756-EN2T	所有	4. 03
	1756-EN2TR		4. 04
	1756-EN2TXT		4. 03
冗余模块	1756-RM	A	3. 2
	1756-RMXT		

注意：此系统为增强型冗余系统，仅上表中所列的相应固件版本的模块才能构成该冗余系统。非表中模块与该控制器版本的冗余系统不匹配，不能出现在冗余机架中，否则冗余系统不能正常工作。

冗余系统需要的操作软件及其版本见表 6-23。

表 6-23　冗余系统需要的操作软件及其版本

软　件	版　本
RSLinx Classic	2. 57(CPR9, SR3)
Redundancy Module Configuration Tool	7. 2. 7
RSLogix 5000	19. 01 (CPR9, SR 3)
RSNetWorx for ControlNet	10. 01 (CPR 9, SR3)
FactoryTalk View Site Edition	5. 10. 00(CPR9,SR2)
FactoryTalk Services Platform	2. 10. 02 (CPR9, SR3)
FactoryTalk Alarms and Events	2. 20. 00 (CPR9,SR2)
FactoryTalk Batch	11. 00. 00
RSLinx Enterprise	5. 21 (CPR9, SR2)
RSNetWorx for EtherNet/IP	10. 01 (CPR 9, SR3)

注意：如果系统中使用 ControlLogix-XT 模块，并且放置在 1756-A5XT 机架中，RSLinx-Classic 需要 2. 55 或者更新的版本。

第 7 章

FactoryTalk View 监控软件

学习目标

- 理解 FactoryTalk View 的架构
- 掌握 FactoryTalk View 的设计思想
- 学会开发 FactoryTalk View 应用项目
- 掌握 PanelView Plus 操作员终端的编程方法
- 首要集成 PowerFlex70 变频器

7.1 开发 FactoryTalk View 应用项目

在现代化的工业生产中，经常需要利用监控软件对现场的自动化设备进行监视和控制。下面所要介绍的 FactoryTalk View SE（简称 SE）就是一种高度集成、基于组件并用于监视和控制自动化设备的人机界面监控软件。

FactoryTalk View SE 是基于集成的、可扩展的架构，它适用于传统的单机版人机界面以及大型分布式工业自动化系统的开发。无论在小车间还是在国际大型企业里，FactoryTalk View SE 均为操作员、工程师和管理者提供了关键数据，并随时随地将系统的数据提供给所需的人员。作为 Client/Server 结构系统，FactoryTalk View SE Server 具有检测事件、管理报警、采集数据以及处理其他相关运行过程的功能，而 FactoryTalk View SE Client 则可以显示当前系统运行状况和历史数据，并为操作员提供用于控制的操作界面。

FactoryTalk View SE 为生产过程提供了交互窗口、面向对象的动画图形、开放的数据库格式、历史数据存储、增强的趋势分析、报警、直接引用数据服务器标签和 Object Smart Path™（对象智能路径）的能力。

本实验主要介绍如何使用 FactoryTalk View 软件创建装配线项目上位机监控显示画面，包括工艺流程动画的制作、装配工件完成数量、报警信息等。

7.1.1 FactoryTalk View SE 单机版架构

FactoryTalk View SE 单机工作站将服务器和客户端捆绑在一起。HMI 服务器组件安装在 SE 工作站上，而数据服务器组件可以使用本地的或远程的来为单机应用项目提供数据。结合实例，创建 FactoryTalk View SE 应用项目。

打开 FactoryTalk View Studio 集成开发平台。FactoryTalk View Studio 不仅是 PanelView Plus 界面的开发环境，也是 FactoryTalk View SE 上位机界面的开发环境，换言之，对于整个工厂中全部人机界面的开发，都可以通过 FactoryTalk View Studio 完成，且这些画面可以在不同操作终端上移植，如图 7-1 所示。选择“Site Edition（Local)”，单击“Continue”，创建一个新项目，命名为“TANK”，如图 7-2 所示。

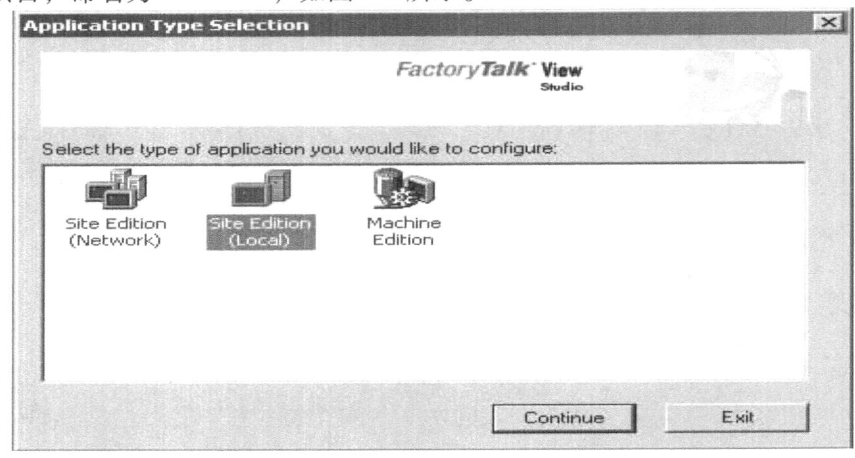

图 7-1　选择 SE（Local）

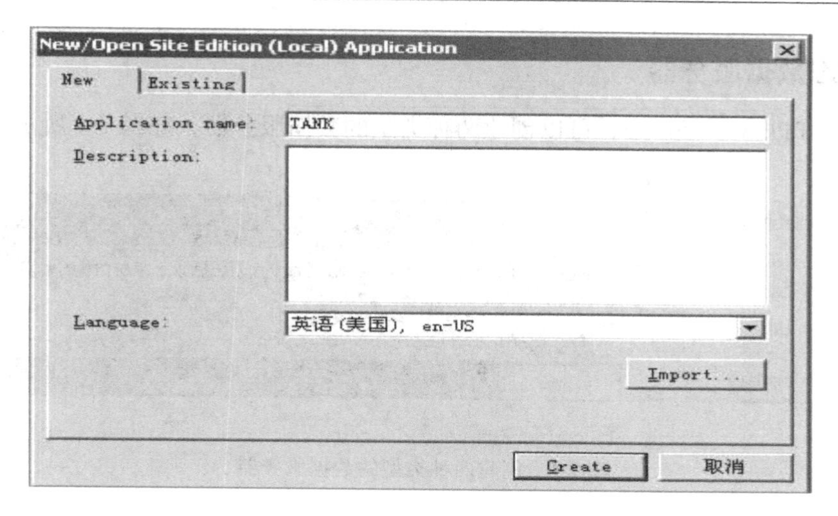

图 7-2　创建一个新项目

Local 应用项目包含一个 HMI 服务器，如图 7-3 所示。

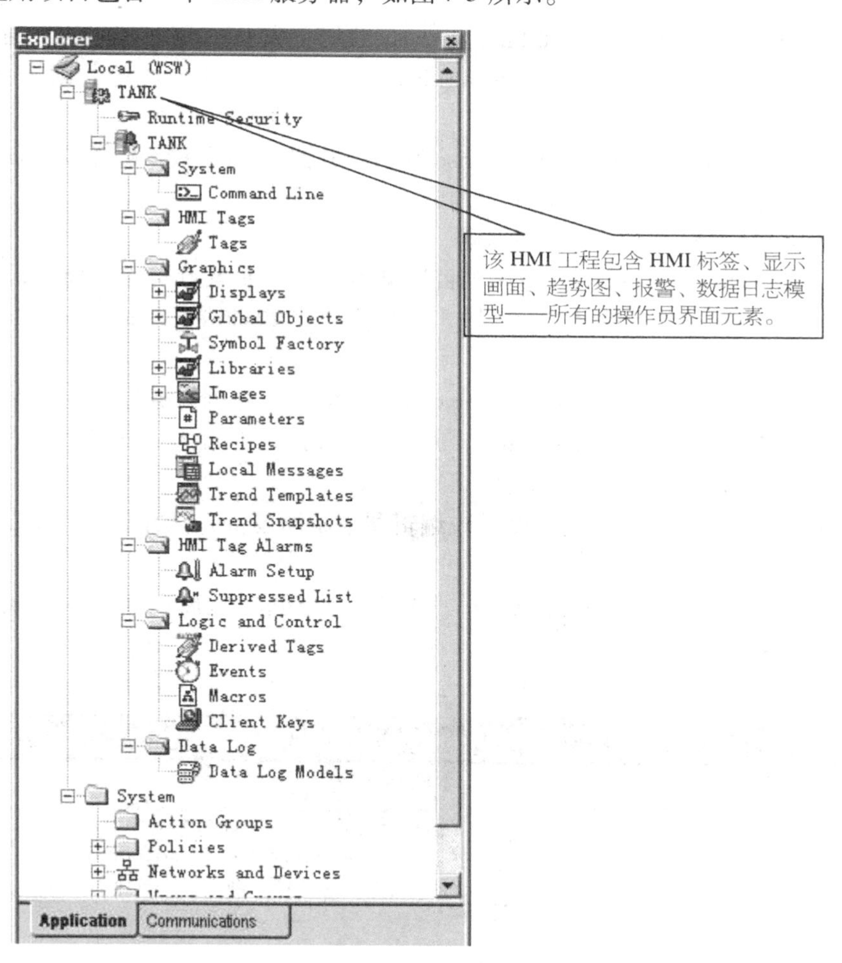

图 7-3　HMI 工程

7.1.2 组态数据服务器

在 FactoryTalk View SE 中，可以创建两种类型的数据服务器，如图 7-4 所示。

图 7-4 创建两种类型的数据服务器

1）RSLinx Enterprise 数据服务器。

2）OPC 数据服务器。

如果使用 RSLinx for RSView、RSLinx Gateway 或第三方 OPC 服务器来建立通信，则需要创建一个 OPC 数据服务器。如果使用 RSLinx Enterprise 来建立通信，则需要创建一个 RSLinx Enterprise 数据服务器。

现结合实例，分别介绍 RSLinx Enterprise 数据服务器和 OPC 数据服务器的创建。在实际应用时可以任意选择其中一种对项目进行构建。

1. 添加 RSLinx Enterprise 数据服务器

1）在“Application Explorer”（应用项目浏览器）中，右键点击应用项目根文件夹，选择“New Data Server”（新建数据服务器），然后点击“Rockwell Automation Device Server”（RSLinx Enterprise 数据服务器）。

2）在“Rockwell Automation Device Server Properties”（数据服务器属性）对话框中，输入数据服务器的名字“RSLinx Enterprise”。完成该操作之后，点击“OK”。

3）在 RSLinx Enterprise 中组态通信。

使用 Communication Setup（通信设置）编辑器来添加设备、设置驱动程序以及设置设备快捷方式。

双击“Communication Setup”，点击“Add”按钮，添加一个 Shortcut 并命名为“TANK”，如图 7-5 所示。

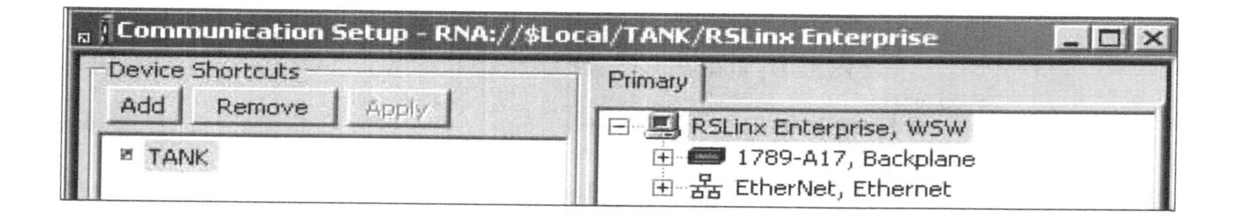

图 7-5 创建路径（Shortcuts）

4）展开 EtherNet 驱动，访问 ControlLogix 的背板，进而将 Shortcut 与 ControlLogix 控制器相关联，如图 7-6 所示。

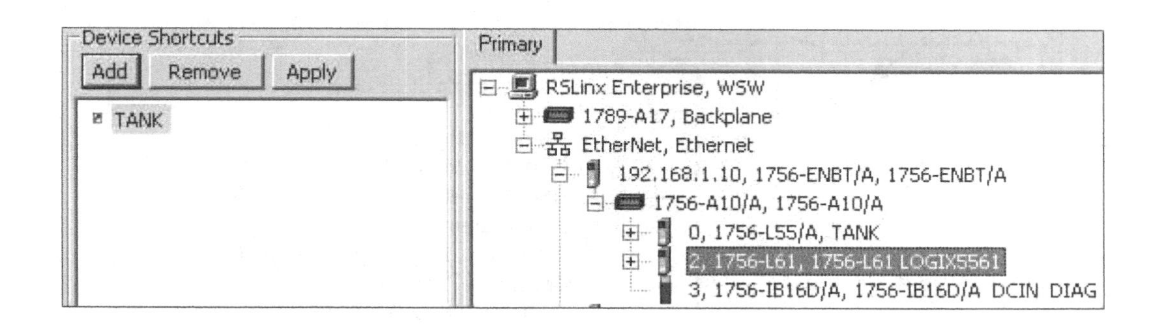

图 7-6　关联 ControlLogix 控制器

5）点击“Apply”（应用），然后单击“OK”退出。

2. 添加 OPC 数据服务器

1）RSLinx 软件，选择 DDE/OPC→Topic Configuration，如图 7-7 所示。创建一个 OPC Topic，并命名为“TANK”，展开 Ethernet 驱动访问 ControlLogix 的背板，进而找到 Logix5561 控制器，如图 7-8 所示。

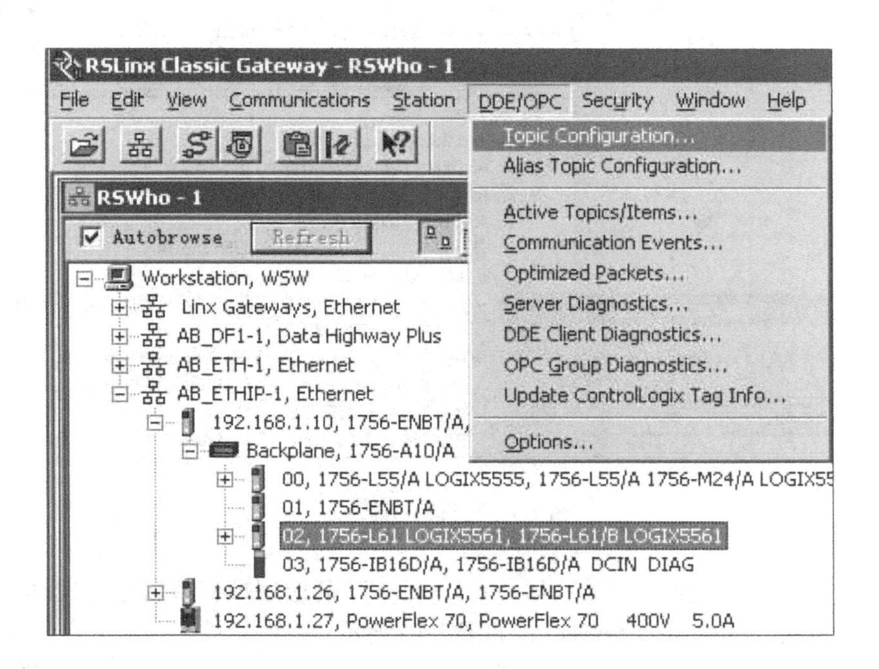

图 7-7　创建一个 OPC Topic

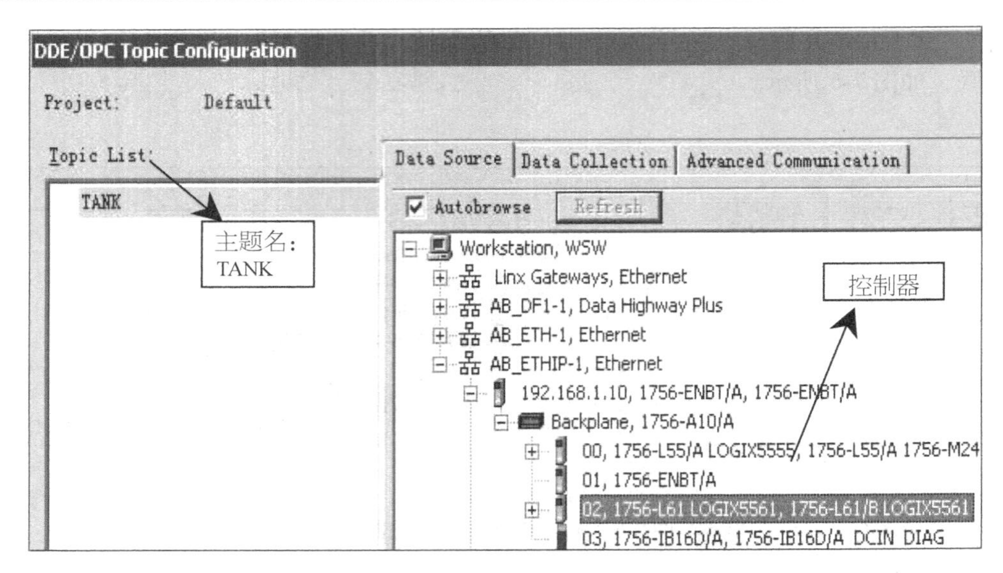

图 7-8　指定控制器的位置

2）单击“Done”，完成“DDE/OPC Topic Configuration”选项的操作，单击“Apply”（应用），如图 7-9 所示。

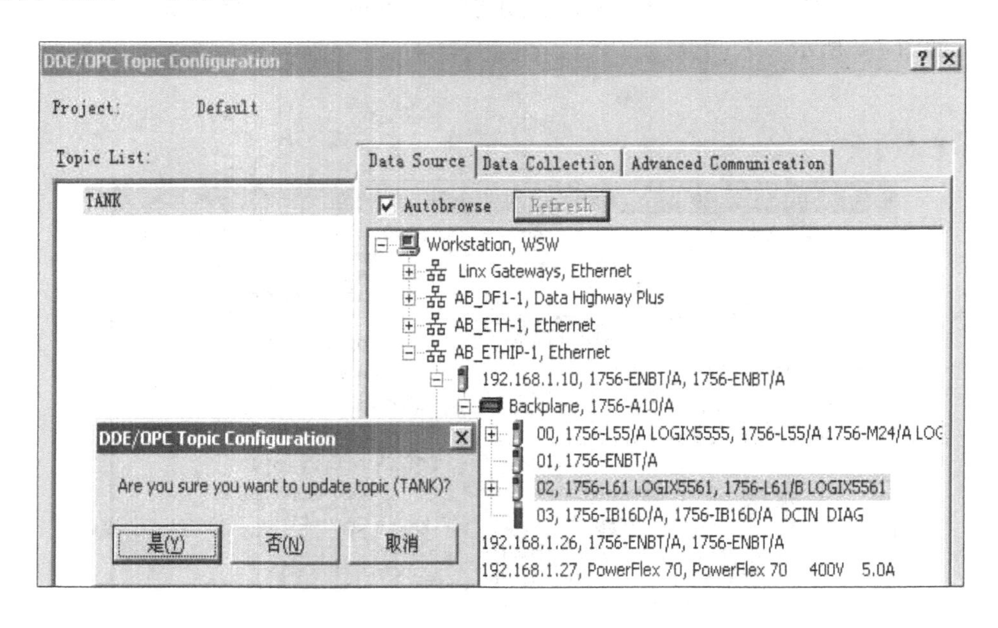

图 7-9　更新 convey 主题

3）在 SE 软件中右键点击“Application Explorer”的应用项目根目录，选择“New Data Server”，然后点击“OPC Data Server”，如图 7-10 所示。

将计算机设置报存到本地计算机。选择“RSLinx OPC Server”（RSLinx OPC 服务器），如图 7-11 所示。

图 7-10　创建 OPC 数据服务器

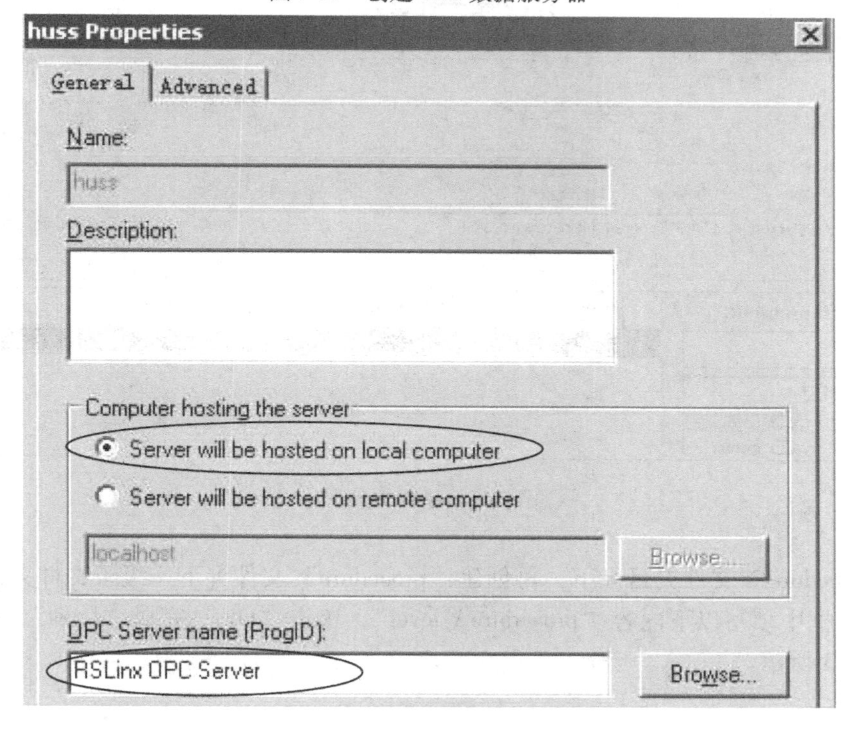

图 7-11　OPC 数据服务器设置

7.1.3　创建标签数据库

标签是设备或内存中一个变量的名字。标签可分为：

1. 直接引用的标签

RSView SE 可以直接得到控制器中某个数据点的数值。当需要使用控制器中标签时，通过建立的数据服务器直接在线选择该标签即可。

2. HMI 标签

除了直接引用标签以外，FactoryTalk View SE 还提供了具有报警、安全和数据操作等附加属性的标签。这种类型的标签称为 HMI 标签。

3. 系统标签

当创建一个新的工程时，会自动创建一个包含系统标签的文件夹。这些标签是用于保持系统信息的专用内存型标签。用户只能使用它，不能编辑和删除它。它包括报警信息、通信状态、系统时间和日期等。

工序对象 Tag（标签）的创建

在项目管理文件夹中打开“Tag Database”（标签数据库）（或者双击“HMI Tags”文件夹下的“Tags”），按工序流程顺序首先创建“procedure”文件夹，如图 7-12 所示。

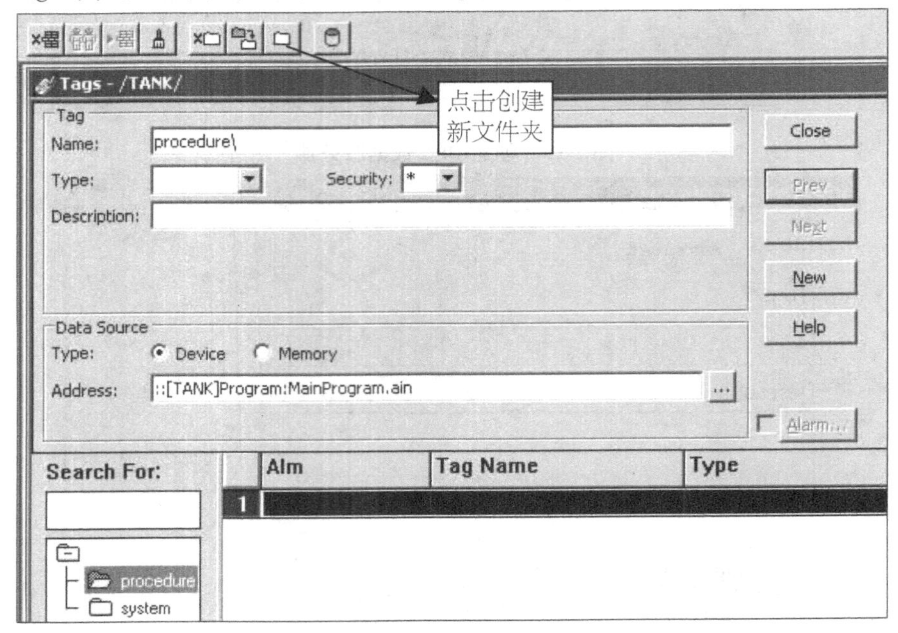

图 7-12　新建文件夹

在“procedure”文件夹目录下，再创建“procedure”文件夹下一级子文件夹，在“New Folder”对话框中填写以下内容“procedure \ level”，单击“OK”完成“level”文件夹的创建，如图 7-13 所示。

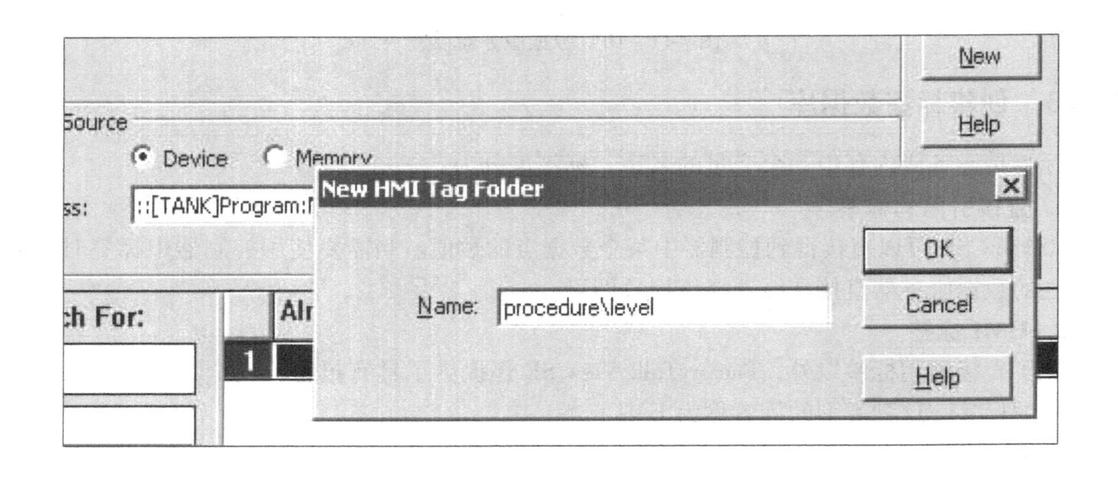

图 7-13　创建“level”文件夹

在子文件夹“level”下创建控制颜料管工作的“Tag：procedure \ level \ start”。数据类型选择“Digital”（数字量），数据源类型选择“Device”（设备），因为“Tag”的数据来源于 ControLogix 控制器中的“Tag”，属于外部设备。“Tag”地址通过单击浏览按钮进行选择，如图 7-14 所示。

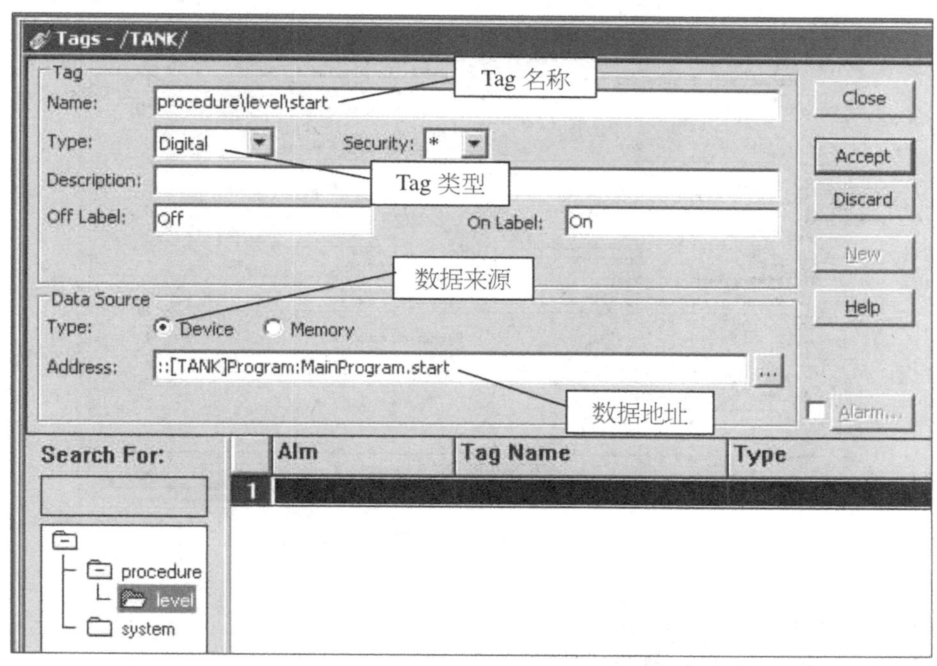

图 7-14　创建控制颜料罐工作的“Tag”

7.1.4　创建 SE 系统主画面

1. 主界面显示设置

创建一个新画面，在菜单栏下选择“Edit”菜单中的“Display Settings”，进入显示设置对话框，如图 7-15 所示。

在系统的主界面中，显示设置选择默认设置即可。各选项卡具体含义如下：

（1）设置属性

各项含义如下：

1）Display Type：显示类型，包括替换、覆盖、在顶部。

2）Size：显示尺寸，包括使用当前尺寸、用像素点指定尺寸。

3）Allow Multiple Running Copies：允许多个复制运行，如果有一个图形界面被参数文件所用，可能用户想要在屏幕的不同位置显示同一个图形显示画面的多个副本，则选中这个复选框。

4）Cache After Displaying：图形界面显示后载入缓存中，此选项可加快图形界面下一次显示的速度。缓存中可存储 40 页图形界面。

5）Resize：调整图形界面，允许用户在运行时调整图形界面的大小。

6）Title Bar：标题栏，设置图形界面的标题。

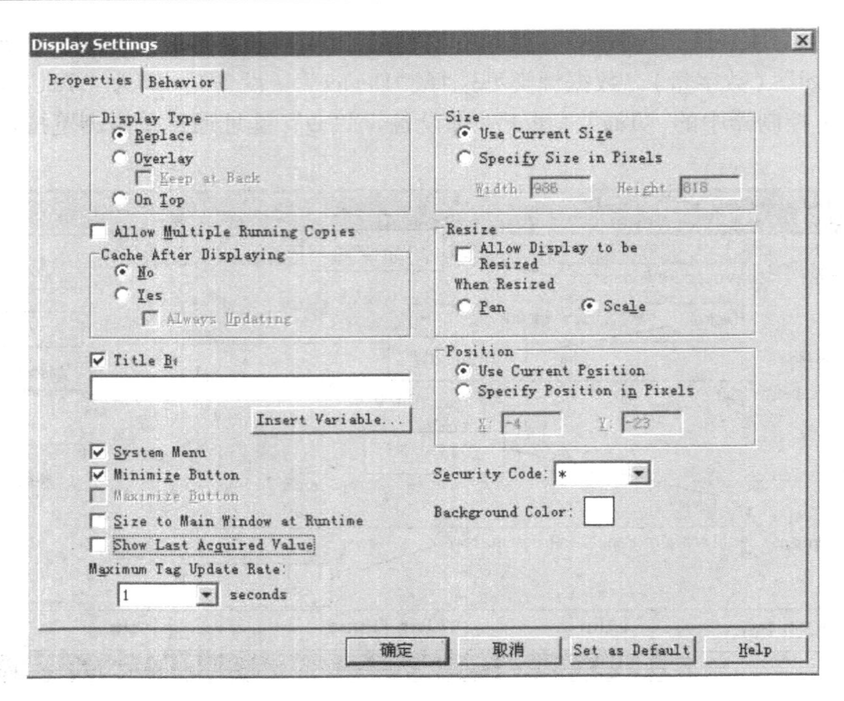

图 7-15 主界面显示属性设置

7）System Menu：显示系统菜单。

8）Minimize Button：显示最小化按钮。

9）Maximize Button：显示最大化按钮。

10）Show Last Acquired Value：显示最后获得的值，选择这个复选框，图形界面将显示图形对象最后对应的标签值，直到从 ControlLogix 获得最新值。

11）Position：显示位置，包括使用当前位置以及用像素点指定位置。

12）Security Code：安全代码，为图形界面指定安全代码。

13）Background Color：背景颜色。

（2）设置行为

在行为选项卡中设置以下信息，如图 7-16 所示。

图中各项含义如下：

1）Commands：命令，包括起动和关闭图形界面时执行的命令。

2）Behavior of Interactive Objects：互动对象行为，包括按压时发出鸣叫和当指针经过时高亮显示。

3）Input Field Colors：输入区域颜色，包括输入区域未被选中时、输入区域被选中时、输入区域输入错误且被选中时、输入区域输入错误且未被选中时的文本和填充颜色。

4）Behavior of Object with Input Focus：具有输入焦点对象的行为，当对象获得焦点时用指定颜色高亮显示。

5）Display On-screen Keyboard：显示屏幕键盘，在运行时，当向输入区域输入数据时，屏幕上将显示键盘，用户可以用鼠标进行输入。

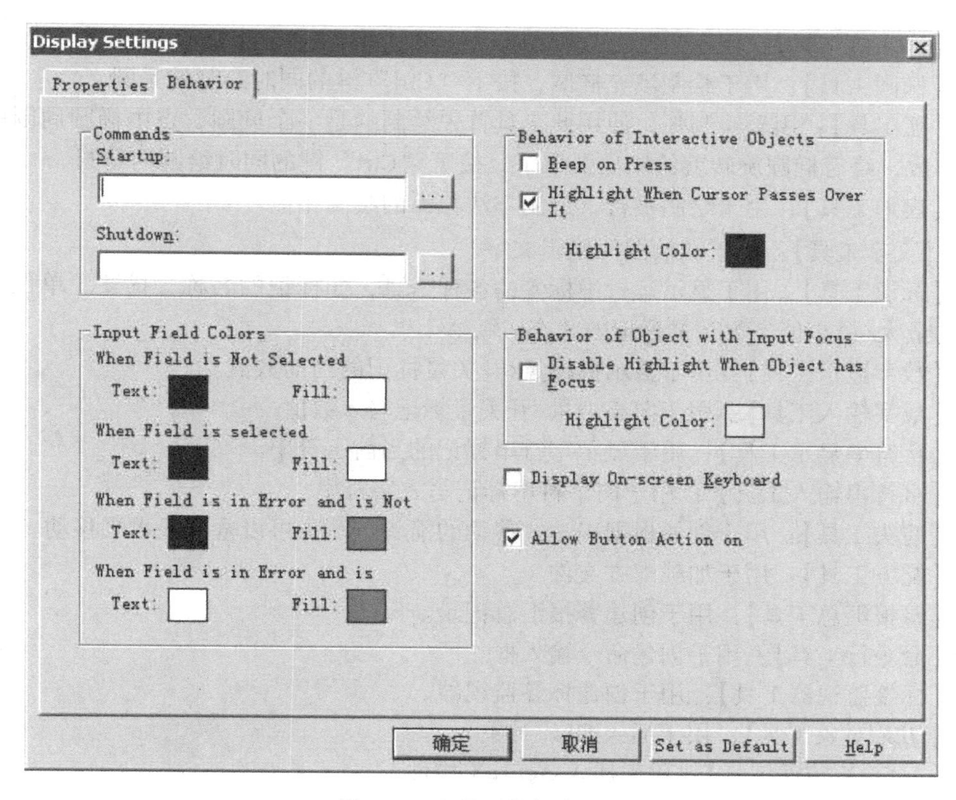

图 7-16　主界面的行为设置

6）Allow Button Action on：允许按钮在出现错误时仍能执行动作，例如，当某个关联到标签上的按钮按下后执行的命令是打开一个界面，当按钮与这个标签的通信突然中断时，按钮上将会出现一个“X”，如果此选项打勾，那么按下按钮后仍然能打开那个界面。

2. 基本绘图工具的介绍

【选择工具】：当把鼠标移到已经绘制好的目标上并单击时，目标被选中，接下来可以进一步编辑目标的各种属性。

【旋转工具】：当选中目标后，单击该按钮，将在目标的几何中心出现⊕，此时拖动目标就可以以⊕为中心旋转。拖动⊕还可以转移旋转中心。

【矩形工具】：用于绘制填充矩形，按下“Ctrl”键的同时绘制的是正方形。

【圆角矩形工具】：用于绘制填充圆角矩形，按下“Ctrl”键的同时绘制的是圆角正方形。

【直线工具】：用于绘制直线，按下“Ctrl”键的同时绘制的直线为垂直或水平。

【折线工具】：用于绘制折线，按下“Ctrl”键的同时绘制的直线为垂直或水平。

【多边形工具】：用于绘制填充多边形，按下“Ctrl”键的同时绘制的边为垂直或水平。

【徒手画工具】：用于绘制不规则图形。

【椭圆工具】：用于绘制填充椭圆，按下“Ctrl”键的同时绘制的是圆。

【弧工具】：用于绘制弧，使用此工具首先绘制的是一个椭圆，点中椭圆周围的一个小方框不放，绕着椭圆旋转就绘制出弧形了，按下“Ctrl”键的同时绘制的是圆。

【楔形工具】：用于绘制楔行，绘制方法与弧的绘制相似。

【文字工具】：用于在绘图区编辑文字。

【标识工具】：用于显示运行中标签的各种信息，如标记的名称、描述、单位、模拟量标记的最大/最小值、数字量标记的状态。

【数字显示工具】：用于显示模拟量/开关量标记的当前数值。

【数字输入工具】：用于向模拟量/开关量标记写入数值。

【字符串显示工具】：用于显示字符串标记的当前字符串。

【字符串输入工具】：用于向字符串标记写入字符串。

【箭头工具】：用于创建根据表达式移动的箭头，箭头可以垂直或水平移动。

【配方工具】：用于加载配方文件。

【警报汇总工具】：用于创建警报汇总记录。

【命令行工具】：用于创建命令输入框。

【标签监视器工具】：用于创建标签监视器。

【OLE 对象工具】：用于插入 OLE 对象。

【ActiveX 控件工具】：用于插入 ActiveX 控件。

【趋势工具】：用于创建趋势图。

【按钮工具】：用于创建按钮。

以编辑文字为例，单击，在显示画面上用鼠标确定 Text 对象放置位置，拖出一个矩形，弹出 Text 属性对话框，此时可以在 Text 栏中输入要显示的字符，这里为“颜料生产线”。输入完成后可在下方设置文字的相关属性，对文字进行编辑，如图 7-17 所示。

在弹出的对话框中按照醒目、美观大方的原则选择字体（Font 选项）、大小（Size 选项）、文字背景颜色（Back color 选项）、文字颜色（Fore color 选项）、文字自动适应大小（Size to fit 选项）、自动换行（Word wrap 选项）、文字在对象中的位置（Alignment 选项）、文字背景类型（Back style 选项）。选择完毕后单击“确定”，如图 7-18 所示。

在对启动画面设计完毕后，单击，在弹出的“Save As”对话框中键入该画面的名称，单击保存。

3. 创建图形对象

（1）图形对象的类型

图形对象的类型包括简单对象、FactoryTalk View SE 对象、OLE 对象、ActiveX 对象。在创建水箱液位控制系统图形对象的过程中，主要创建了简单对象，如报警指示灯等；FactoryTalk View SE 对象，如液位数值显示区域等。这里，根据系统的需要没有涉及 OLE 及 ActiveX 对象。

（2）创建简单图形对象

1）简单图形对象的绘制。

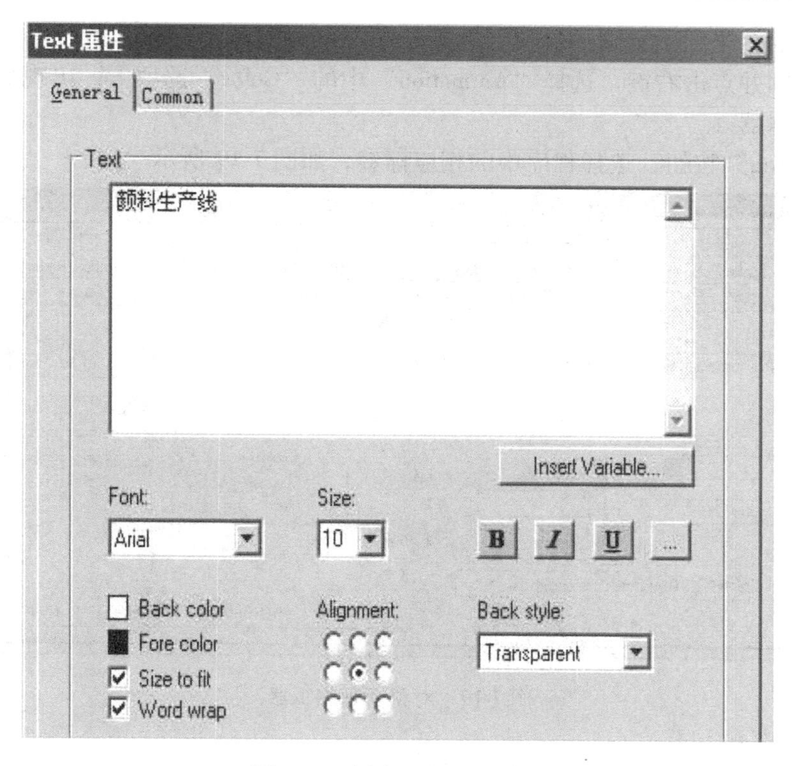

图 7-17　创建一个 Text 对象

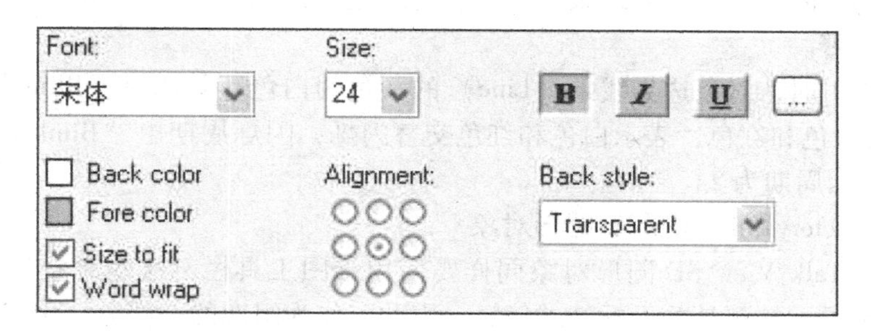

图 7-18　字体设置

创建简单的图形对象主要是利用上面提到的绘图工具箱里的工具进行画图。画图方法非常简单，只需选中所选工具就可以在图形编辑区域画图，如：矩形、圆角矩形、直线、折线、多边形、徒手画、圆/椭圆、弧形、扇形、文本。对于图形的修改也非常简单，当修改线、矩形、多边形时，只需选中要修改的图形对象，点击绘图工具箱中的“Polylines”工具，鼠标移到要修改的图形对象上，进行拖拽修改；当修改弧形、扇形、圆/椭圆时，只需选中要修改的图形对象，点击绘图工具箱中的“Arc”或“Wedge”工具，鼠标移到要修改的图形对象上，进行拖拽修改。

2）简单图形对象的属性设置。

创建图形对象除了绘画图形以外，最重要的就是根据图形所代表的含义编辑图形的属性。以上位报警指示灯为例，介绍简单图形对象属性的编辑。

①在主界面适当的位置画一个圆。

②选中此圆并点击右键，选择“Animation”中的“Color”选项卡，出现如图 7-19 所示的对象属性编辑器。

③点击“Tag”按钮，选择程序中的相应标签，如图 7-19 所示。

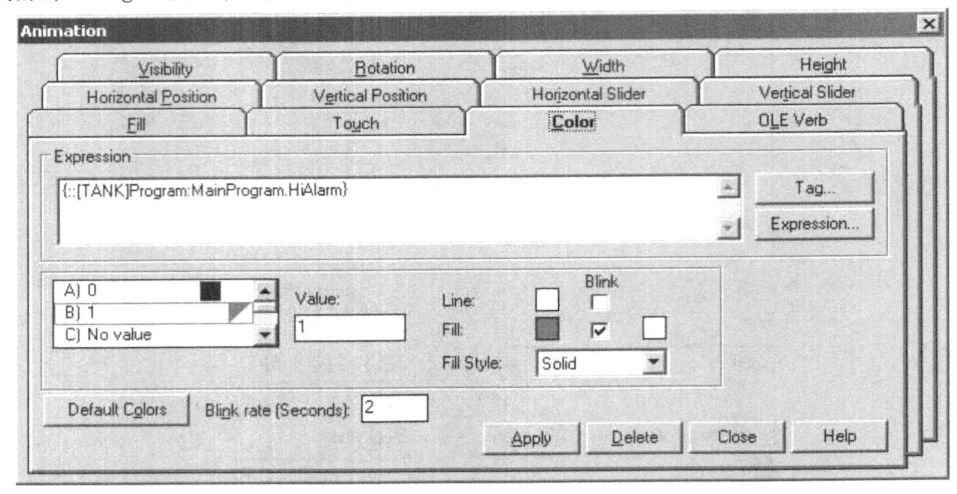

图 7-19　对象动画编辑器

设置如下信息：

当标签值为 0 时，对象边界线条（Line）的颜色为黑色，背景（Fill）色为白色，表示水位正常，不报警。

当标签值为 1 时，对象边界线条（Line）的颜色为白色，并选择“Blink”（闪烁），背景（Fill）色为白色和红色，表示白色和红色交替闪烁，闪烁周期由“Blink rate”设定，这里设置为 2，表示周期为 2s。

（3）创建 FactoryTalk View SE 图形对象

创建 FactoryTalk View SE 图形对象同样要使用绘图工具栏，这些对象都要求有信息输入，大部分对象显示的都是关于标签的信息，因此，作为组态的一部分，用户必须提供标签的名称。

1）创建数字显示。

首先，在绘图工具箱中选择数字显示（Numeric Display）工具，在图形界面的适当位置用鼠标拖画出一个矩形区域，弹出“Numeric Display”对话框，如图 7-20 所示。

然后在“Numeric Display”对话框中，可以选择对应标签或者表达式。最后，点击“OK”，完成设置。

2）创建柱状图。

首先，在绘图工具箱中选择柱状图（Bar Graph）工具，在图形界面中，用鼠标拖画出一个矩形区域。然后，双击柱状图，弹出属性对话框，在“Connections”选项卡中点击“Tag”图标下的 ••• ，为柱状图选择链接的标签为“Tank\Water_Situation”，如图 7-21 所示。在“General”选项卡中设置柱状图外观、最大/最小值以及极限值。根据标签的数值范围设置最大/最小值，其余使用默认设置即可。

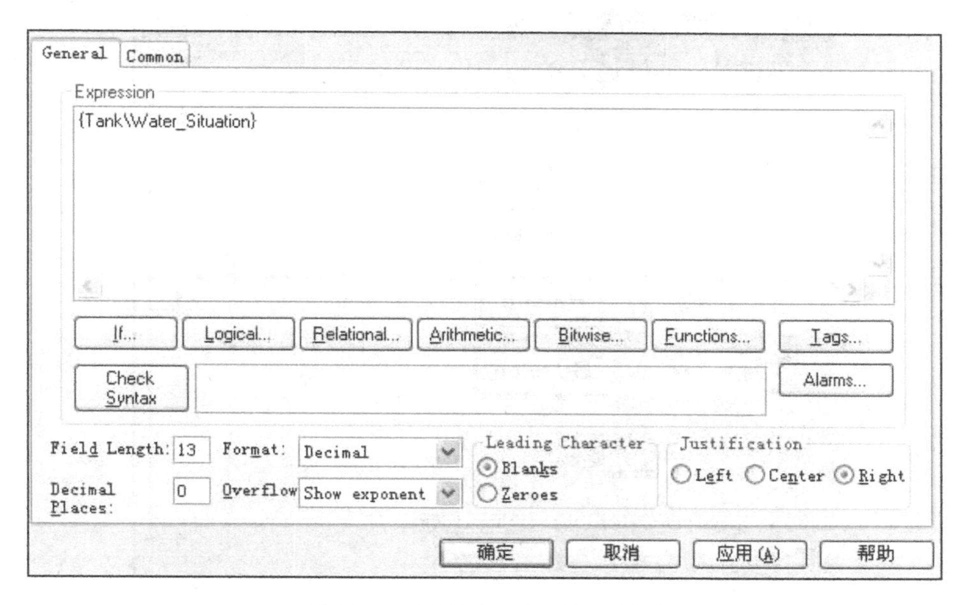

图 7-20　系统液位数值显示编辑器

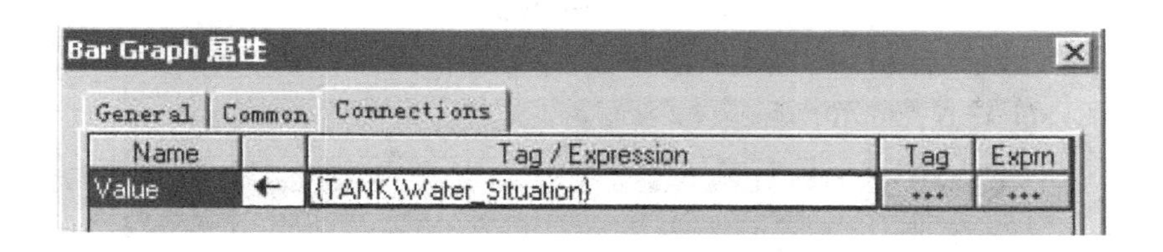

图 7-21　柱状图属性设置

最后，点击“OK”按钮，完成设置。

3）创建按钮。

用按钮工具可以创建与标准 Windows 按钮一样的按钮。用户可以向按钮赋予各种 FactoryTalk View SE 命令，当它们被按下或释放时，执行相应的命令动作。

①设置触发按钮。

首先，在绘图工具箱中选择按钮（Button）工具，在图形界面中，用鼠标拖画出一个适当区域，弹出“Button Configuration”对话框，如图 7-22 所示。

然后，选择“Action”选项卡，选择“Toggle tag value”（按一次按钮则对应的标签值取反），在“Tag”一栏选择该按钮对应的标签，具体设置如图 7-23 所示。

选择“Up Appearance”选项卡，在标题中输入：按钮名称，back color（按钮背景颜色）设为蓝色，如图 7-24 所示。

最后，点击“OK”按钮，完成设置。

②报警汇总按钮的设置。

首先，在绘图工具箱中选择按钮（Button）工具，在图形界面中，用鼠标拖画出一个适当区域，弹出“Button Configuration”对话框。

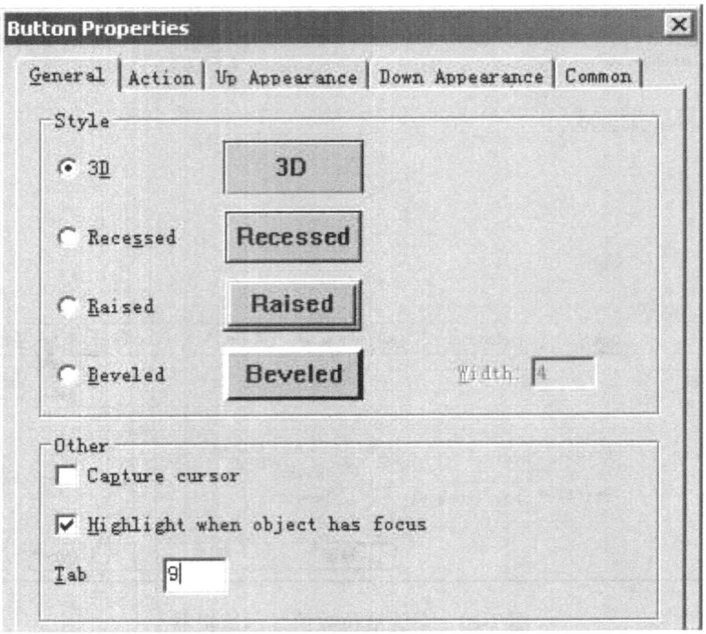

图 7-22　按钮组态画面

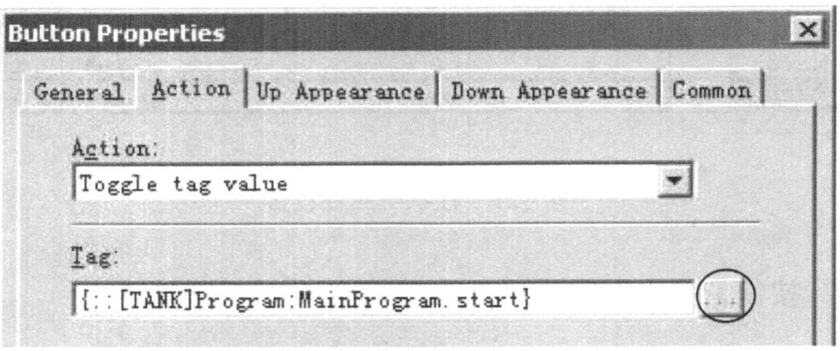

图 7-23　按钮设置

选择“Action”选项卡，选择“Run command”，表示按下按钮后会运行一条 SE 中的指令。在该选项下面还有 3 个选项：“Press action”（按下按钮后运行命令）、“Repeat action”（重复按下按钮后运行命令）和“Release action”（释放按钮后运行命令），这里我们选择“Release action”，即在释放按钮后运行指令，在框中输入“display alarm”，即按下按钮后跳转到报警总汇的界面中，具体设置如图 7-25 所示。

选择“Up Appearance”选项卡，在标题中输入：报警汇总。

最后，点击“OK”按钮，完成设置。当项目运行时，点击此按钮就会自动进入报警总汇的画面中。

4. 关于图形编辑的其他功能

(1) 对图形界面进行编辑

通过图形工具栏，如图 7-26 所示，用户可以对图形对象进行各种编辑，包括：

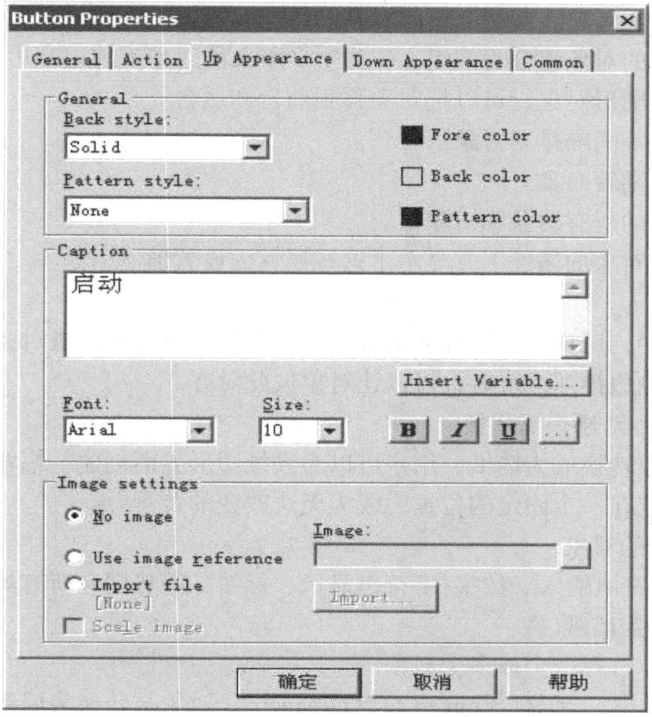

Button Properties

General | Action | Up Appearance | Down Appearance | Common

General

Back style:

Solid

Pattern style:

None

Fore color

Back color

Pattern color

Caption

启动

Insert Variable...

Font:

Arial

Size:

10

B I U ...

Image settings

No image

Use image reference

Import file

[None]

Scale image

Image:

Import...

确定　取消　帮助

图 7-24　设置“Up Appearance”属性

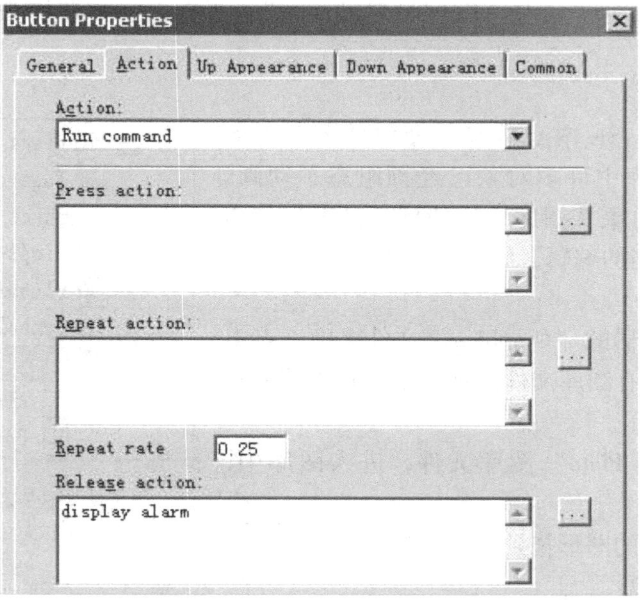

Button Properties

General | Action | Up Appearance | Down Appearance | Common

Action:

Run command

Press action:

Repeat action:

Repeat rate　0.25

Release action:

display alarm

图 7-25　报警按钮的动作设置

图 7-26　图形工具栏

1）移动、缩放、调整、剪切、复制和粘贴等。

2）把几个独立的对象组合为一组，作为一个单独的对象或将组合后的对象分开。

3）对于叠加的图形对象，可以把对象移到前台和后台。

4）水平或垂直等间隔排列对象。

5）水平或垂直翻转对象。

6）显示画面中的所有对象和对象组。

7）显示了选定对象的属性，并显示了这些属性的设置值。

（2）对齐对象

通过对齐工具栏，用户可以很容易地将对象彼此对齐或者与网格对齐。当用户想要对象的顶部、底部或者侧边排列成线时，可以让对象彼此对齐。

（3）为图形界面创建一幅背景

通过把图形对象转换成为墙纸，用户可以为系统图形界面创建一幅背景。当对象转换为墙纸后，它就被锁定在一个固定的位置，成为无法改变的背景。

1）不能被转换的对象。

包括：数字/字符串输入、数字/字符串显示、标签、趋势图和所有具有动画的对象。

2）把对象转换为墙纸。

在图形界面中，选择一个或多个对象。

在“Edit”菜单中，点击“Convert to Wallpaper”，对象被转换为墙纸。

3）解锁墙纸。

在“Edit”菜单中，点击“Unlock Wallpaper”，所有以前被转换为墙纸的对象都被解锁。

（4）使用图形库

FactoryTalk View SE 本身带有一套包括图形对象和界面的图库，图库中许多对象已经预组态了动画。读者可以将需要的对象从图库中拖拽到自己编辑的图形界面中，进行适当的编辑，满足系统的需要。

具体方法如下：

1）在工程管理器的“Graphics”文件夹中，点击“Library”图标，所有图库文件出现在工程管理器的右框中，如图 7-27 所示。

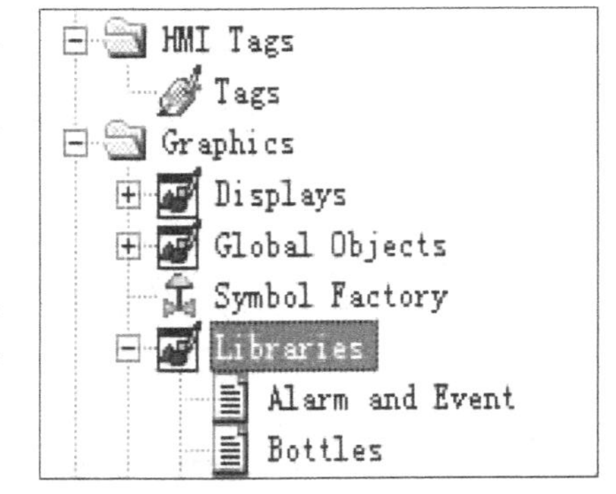

图 7-27　图库

2）双击“Face Plate”图库文件，进入图库中，如图 7-28 所示。

3）选择图库中的图形拖到系统图形界面中。

7.1.5　组态 SE 的报警

报警在工业应用中具有十分重要的地位。在事故发生前或事故发生的初期，技术人员能够知道事故发生的地点和时间，并能够及时地排除故障，这是工业生产中对 FactoryTalk View SE 工作站的基本要求。因此，如何正确地制作报警是 FactoryTalk View SE 学习的一个重要的方面。FactoryTalk View SE 组态软件提供了完善的报警功能，在实际工程中应用广泛。

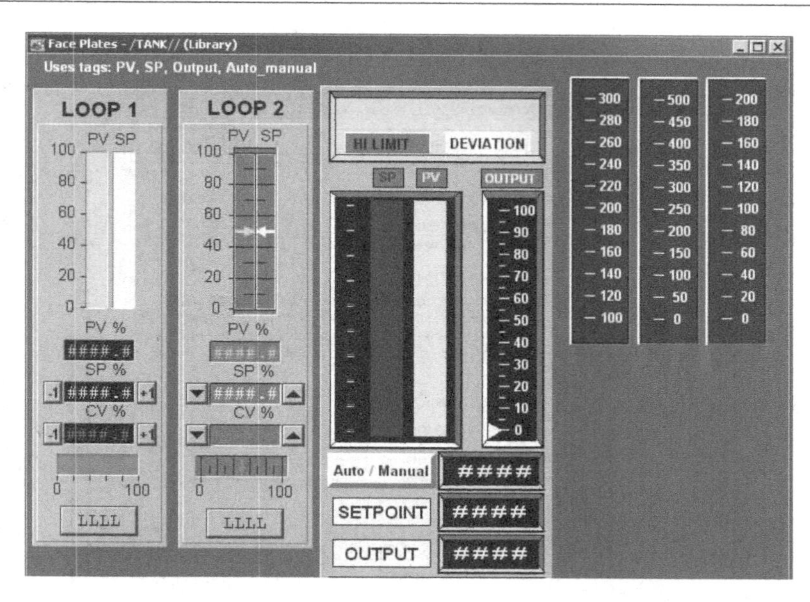

图 7-28　图库中的图形

下面围绕实例，具体介绍组态报警的方法。

1. 组态报警设置编辑器

在报警设置编辑器中，为所有的报警定义常规特性。在该编辑器中可以设置报警通告和每个严重等级的报警信息的目的文件，并且可以创建取代系统默认信息的信息。

1）在 HMI 工程的“Alarms”（报警）文件夹中，双击“Alarm Setup”，打开该编辑器，如图 7-29 所示。

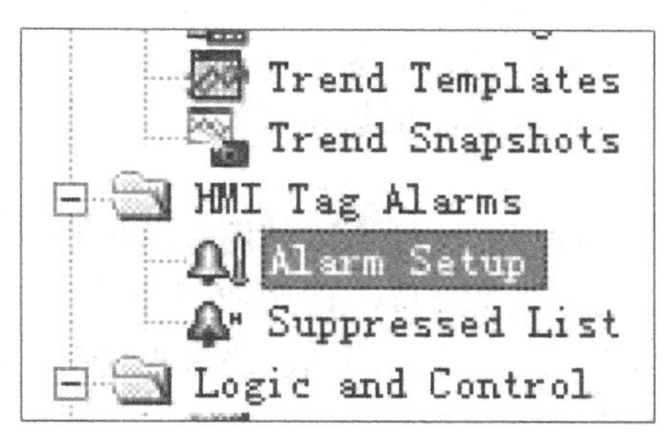

图 7-29　组态报警设置

2）组态报警设置编辑器，按照图 7-30、图 7-31 所示进行设置。

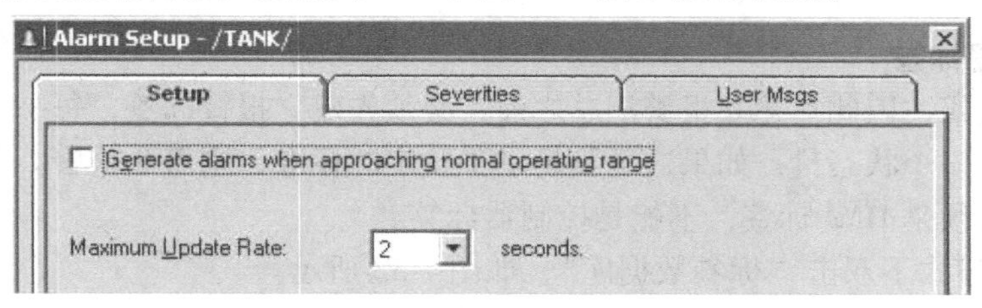

图 7-30　设置“Setup”选项卡

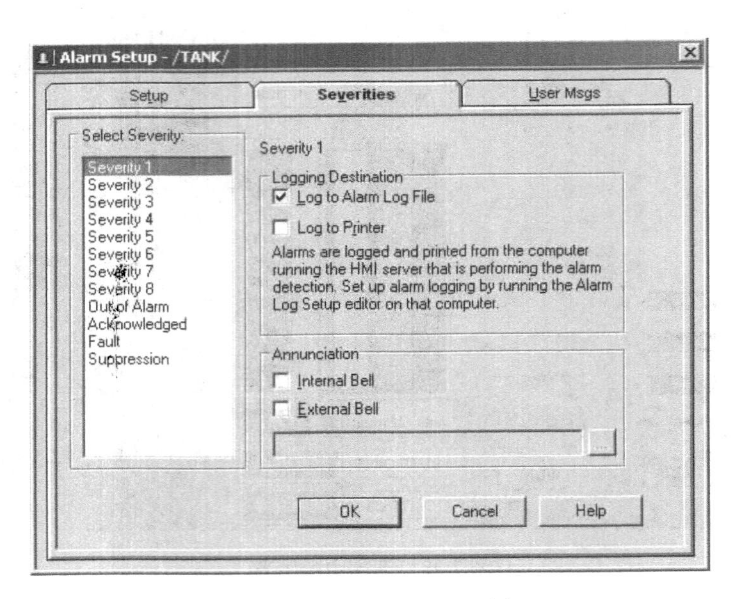

图 7-31 “Severities”选项卡

上图中，“Alarm Setup”的设置选项含义如下：

Setup 选项卡

Generate alarms when approaching normal operating range：当接近正常运行范围时产生报警。当点选此复选框，则穿越报警阈值的模拟量标签数值返回到正常运行范围时产生报警事务。如果用户不想产生这些报警，确保 Setup 选项卡中该选项为未选中状态。

Maximum Update Rate：最大更新速率。从列表中选择一个数值，设置具有报警定义的 HMI 标签被扫描的频率，或者保持默认的更新速率为 2s。该数值的范围为 0.50 ~ 120s。

Severities（严重等级）选项卡

所有的报警都必须分配严重等级。这样可以使用一组报警。对于每种严重等级，设置一个日志目的文件以及使能内部响铃（Windows 的感叹号声音）或使能外部响铃（可以激励控制器中某个位的数字量型标签。当操作员确认或静音报警时，该位会被复位）。

User Msgs 选项卡

当产生报警时，会有一条信息发送到日志文件或打印机。在此处可以为所有的报警都组态默认的“用户信息”。该默认信息可以被标签级的“系统信息”（不可编辑）或“定制的信息”所覆盖。

2. 创建报警标签

系统需要报警，因此在建立报警汇总之前，必须先建立报警标签，每一个报警标签实际上代表着系统的一个状态量，如果这个量超过了预定的标准，则需要报警。需要注意的是制作的报警标签必须是 HMI 标签，不能是控制器标签。

1）在编辑模式下双击“标签数据库”，如图 7-32 所示。

2）在弹出的对话框中找到要建立报警的标签，如图 7-33 所示。

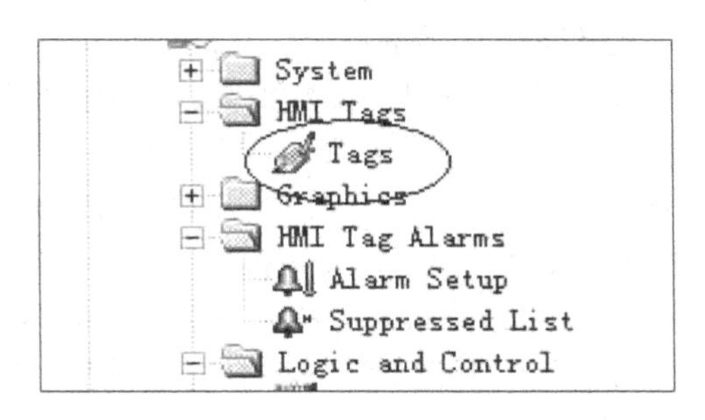

图 7-32　建立报警标签

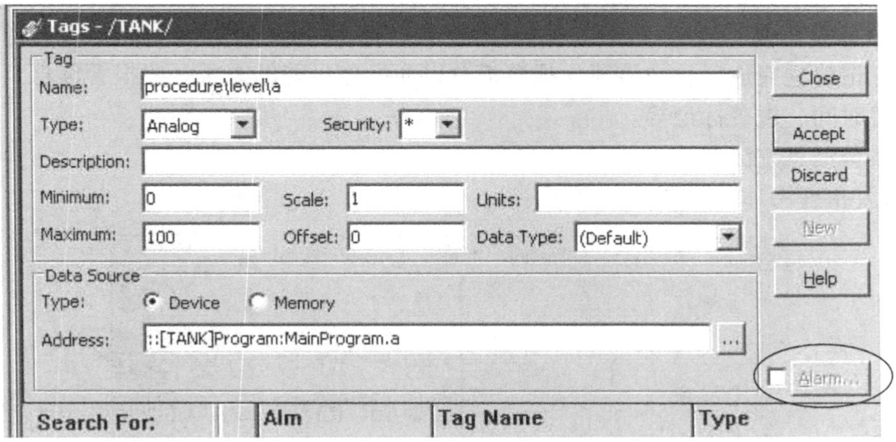

图 7-33　编辑报警标签

3）选择上图中的报警按钮，出现如图 7-34 所示的报警编辑对话框。

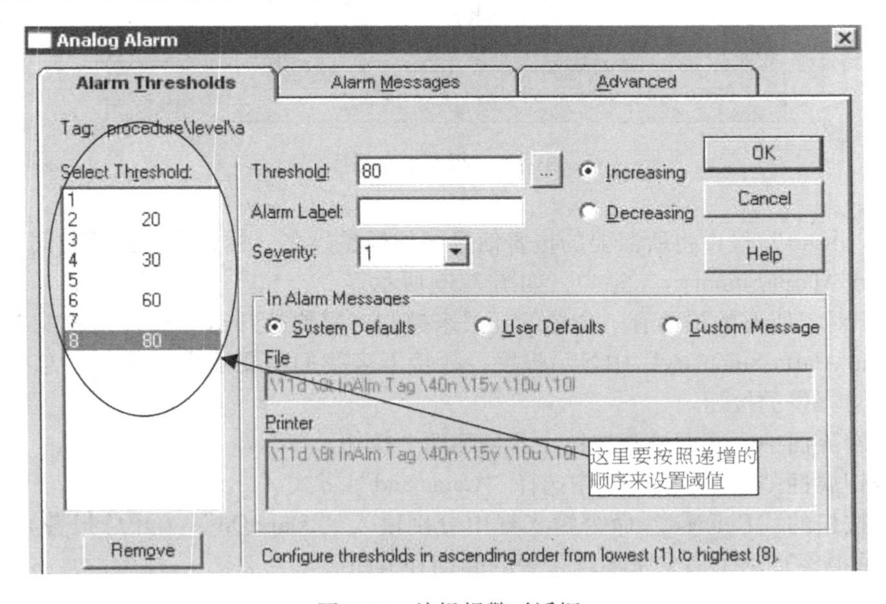

图 7-34　编辑报警对话框

报警标签可以分为模拟量报警和数字量报警，“procedure \ press \ a”为模拟量报警。模拟量报警可以有 8 个阈值，每个阈值都可以设置报警，其中阈值表示报警的临界值。值得注意的是，阈值的设置需按照递增的顺序来设置，否则会弹出警告，导致阈值的设置失败。“增加”（Increasing）和“减少”（Decreasing）分别表示当“增加”选中时，增加到超过阈值则报警；当“减少”选中时，减少到少于阈值则报警。

报警的严重程度分 8 个等级，一级为最高等级，八级为最低等级。报警标签中填入用户需要报警的信息（相当于解释说明），其他的选择项可以选择系统默认。

在水箱报警系统中，主要监视液位的变化，因此需要对液位高度这个模拟量进行报警。

最后，点击“确认”按钮完成报警“Tag”的建立。

3. 建立报警汇总

报警标记建立完成后，应该建立报警汇总以便操作员能够查看一些报警信息。如：报警日期、报警时间、报警标记等。

建立报警汇总方法如下：

1）打开报警图库，如图 7-35 所示。

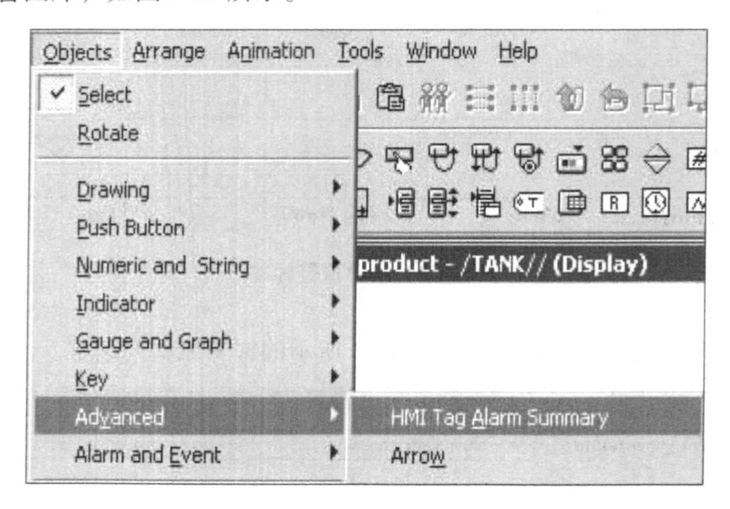

图 7-35　报警汇总图库

2）在“Insert”栏中将所需要的报警信息，如标签姓名、标签值、报警时间等信息拖拽到“HMI Tag Alarm Summary”栏中，如图 7-36 所示。

3）由于对于所有的报警有一个总的开关来控制，需要打开这个总开关才能在报警总汇框（HMI Tag Alarm Summary）中显示报警，故接下来我们需要建立一个开启总报警的按钮和一个关闭总报警的按钮。

①在报警界面中，使用绘制按钮工具创建两个按钮。

②在按钮属性“Action”标签中选择“Command”方式。

在两个按钮的“Release”命令输入框中分别输入“AlarmOn”（开总报警）和“AlarmOff”（关总报警）两个命令来实现报警的起动和关闭。

点按工具栏中的“Text”按钮，添加“水箱液位报警汇总”文本。

根据设定的阈值 20、30、60 和 80，可以看到图中超过 20 和 30 的时候产生了一次进入

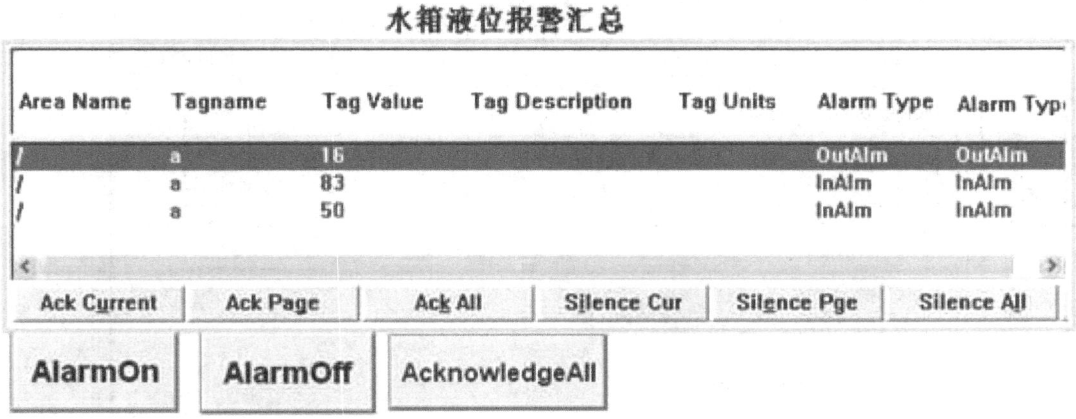

水箱液位报警汇总

Area Name	Tagname	Tag Value	Tag Description	Tag Units	Alarm Type	Alarm Typ
/	a	16			OutAlm	OutAlm
/	a	83			InAlm	InAlm
/	a	50			InAlm	InAlm

Ack Current　Ack Page　Ack All　Silence Cur　Silence Pge　Silence All

AlarmOn　AlarmOff　AcknowledgeAll

图 7-36　水箱液位报警汇总

报警提示（InAlm），在超过阈值 80 的时候又产生了一次进入报警提示（InAlm），将值从 83 下降到 16 后，产生一次离开报警（OutAlm）提示。

报警汇总画面图形显示画面向管理人员、操作人员展示了整个生产工艺流程，它能较全面地反应生产的实际过程。

7.1.6　组态 SE 的数据日志

数据日志是 FactoryTalk View SE 的一种用于采集和存储标签值的组件。用户需要在定义数据日志模型时设置要采集何种标签数值、何时采集以及将其存储到什么位置。被采集的数据可以存储到内部文件中，也可以存储到 ODBC（开放式数据库连接）兼容数据库中。

数据记录的主要用途如下：

1）在一个趋势图里显示。

2）可以使用任何 ODBC 兼容的报表软件进行分析，如 Microsoft Excel。

3）存档以备以后分析。

下面主要介绍如何建立数据日志。

设置一个数据日志模式需要指定日志路径和存储格式、触发数据日志的条件、创建和删除日志文件的时间以及该模式监视的标记类型。

1. 起动“项目管理器”里的“数据日志模型”（Data Log Models）编辑器

2. “Setup”选项卡设置

按图 7-37 所示，添加数据日志描述信息为“液位变化”并在存储形式中选择文件集形式。

在“设置”选项卡里可以对数据日志做简要的描述，包括数据存储的位置及记录文件的存储格式。数据日志信息可以用两种格式来存储，一种是扩展名为 . DAT 的文件集，另一种为 ODBC 数据源。如果使用 File Set（文件集）存储格式，则标签值将会以私有格式文件存储。用户只能使用 FactoryTalk View SE 趋势图查看这些文件集的内容。如果将日志记录到 ODBC 数据库，则可以使用第三方的 ODBC 兼容工具来分析数据以及创建数据报表。

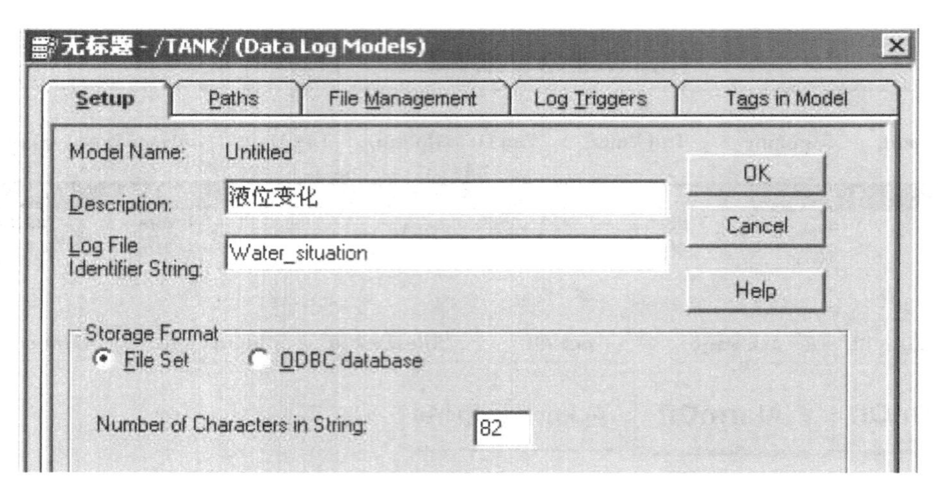

图 7-37　数据日志设置窗口

3. 路径（Paths）选项卡设置

在“路径”选项卡里指定数据存储在哪里。一般情况下，数据存储在主要路径。只有在无法访问主要路径时才会记录到次级路径，例如当网络无法连接到主要路径时，或者是主要路径所在磁盘已满。本例中不做任何改变，选择默认即可，如图 7-38 所示。

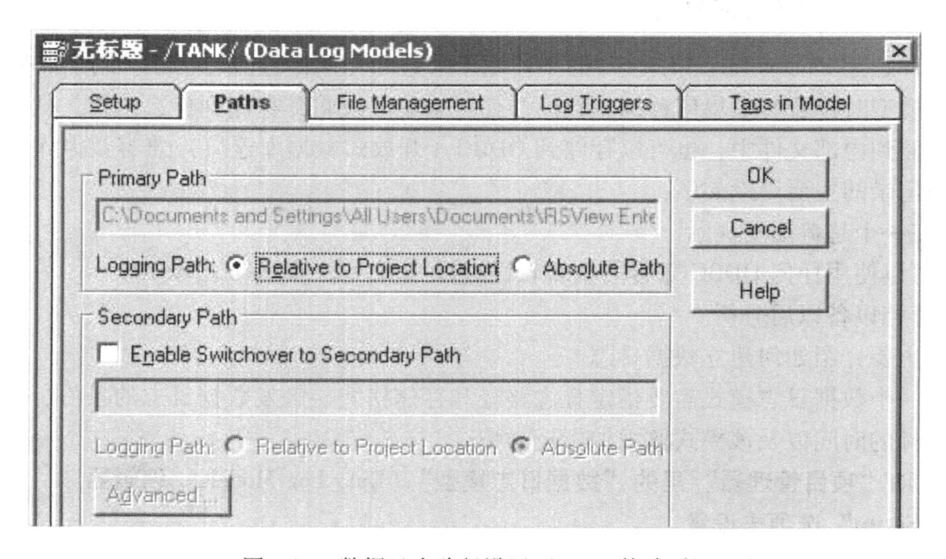

图 7-38　数据日志路径设置（. DAT 格式时）

4. 文件管理（File Management）选项卡设置

在“文件管理”选项卡里可以指定何时创建新文件以及何时删除旧文件，如图 7-39 所示。文件集形式每次创建一组 3 个，系统自动给出“数据日志”文件名。本例采用默认设置，不做任何修改。

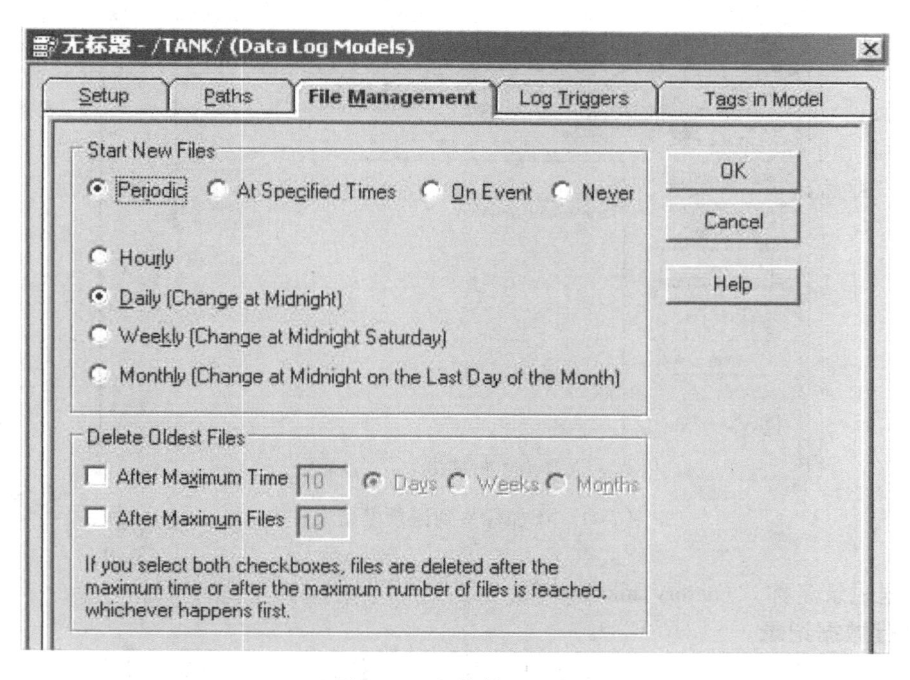

图 7-39　文件管理组态

5. 日志触发（Log Triggers）选项卡设置

在“日志触发”选项卡里，用户可以指定何时触发对标签数值的记录。

本例中选择 1s 进行一次数据记录，如图 7-40 所示。

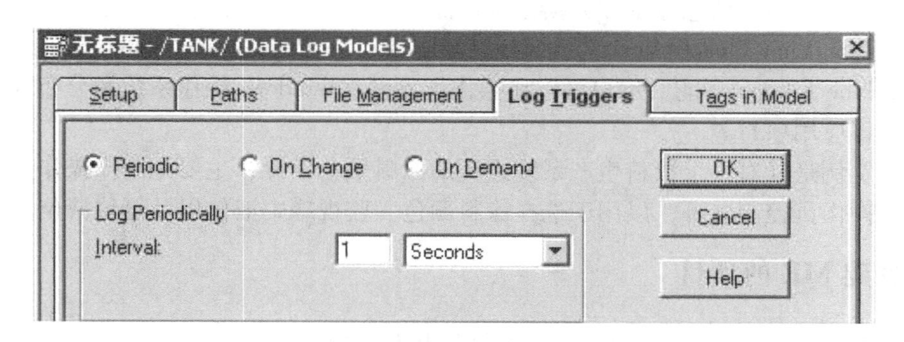

图 7-40　数据记录触发记录

6. 模型中的标签（Tags in Model）选项卡设置

“模型中的标签”选项卡可以指定某种模式将记录哪些标记的数值。本例中添加“Tank \ Water _ Situation”，记录水箱控制系统的液位，如图 7-41 所示。

7. 保存数据日志模式

完成以上所有步骤之后，按“OK”按钮，保存数据记录模式。在“另存为”对话框里

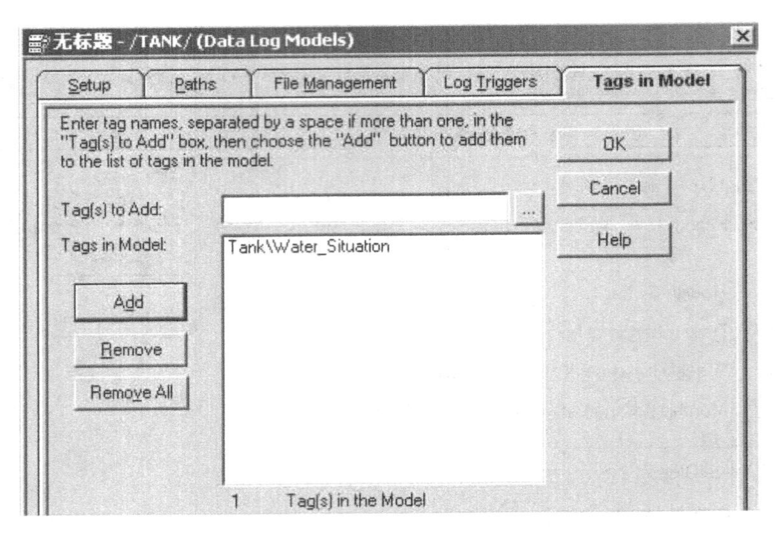

图 7-41　添加标签到记录模型文件中

键入该数据记录名称“FactoryTalk View”。

8. 运行数据记录

数据日志模式保存后，它并没有真正工作，需要执行相关的命令才能激活。FactoryTalk View SE 有多种激活记录的方法，只要使用可执行命令“DataLogOn”即可。

7.2　开发 PanelView Plus 应用项目

采用 PanelView Plus 和 VersaView CE 操作员界面终端能够使应用项目的开发、使用与维护更高效。通过图形化信息显示和数据记录，操作员可以快速掌握设备状态，进而完成系统效率优化。PanelView Plus 和 VersaView CE 终端应用项目均由 RSView Studio 软件开发并具备 RSView Machine Edition 功能。用户可以在操作员界面、Windows 操作系统和分布式系统多个平台上执行该应用项目。

下面的实例是针对一个涂料生产系统进行的涂料颜色设计，主要是制作操作员界面。将开发一个主操作员控制屏幕，以用于选择涂料颜色、监视罐中液位以及复位液位。

7.2.1　创建 ME 的项目

1）双击图标，打开 RSView Studio 集成开发平台。

RSView Studio 不仅是 PanelView Plus 界面的开发环境，也是 RSViewSE 上位机界面的开发环境。换言之，对于整个工厂中全部人机界面的开发，都可以通过 RSView Studio 完成，且这些画面可以在不同操作终端上移植。

2）单击“New”（新建）选项卡，输入项目的名称“ACME PAINT MFG”并单击“Create”（创建）新的项目，如图 7-42 所示。

3）组态与 ControlLogix 控制器的通信。单击 RSLinx Enterprise 一侧的⊞号将其展开，单击“Communication Setup”（建立通信）进行通信设置。

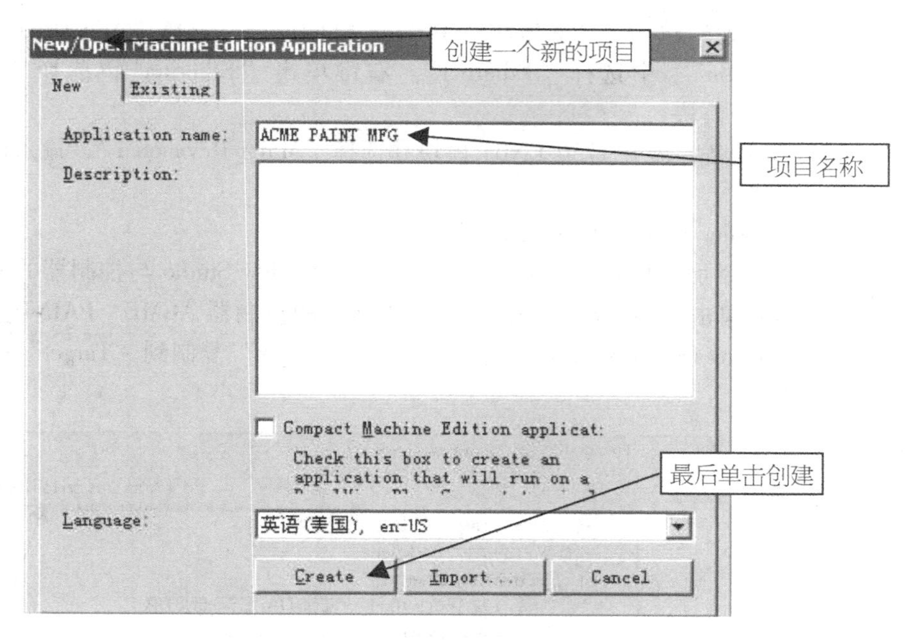

图 7-42　创建新的应用项目

4）选择“Create a new configuration”（创建一个新的通信配置）并按下“Finish”，创建一个新的通信组态，如图 7-43 所示。

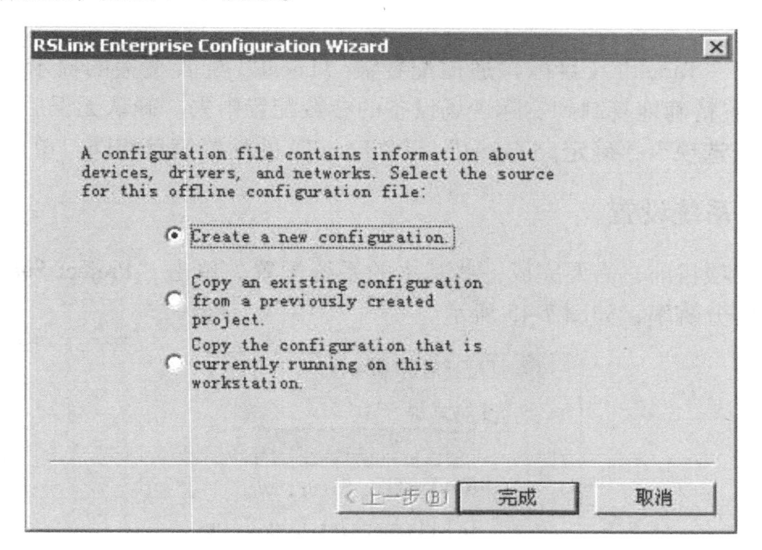

图 7-43　创建新的通信配置

5）组态本地（Local）通信。开发人员可以使用 RSView Studio 为应用项目的开发模式（Local）和运行模式（Target）配置相对独立的通信路径。这样，开发人员可以不必在实际操作终端上即可测试应用项目，进而节省了测试和开发时间。对于本实验，开发应用项目的上位机通过 Ethernet 网络与 ControlLogix 控制器通信。

选择“Local”（本地）选项卡，右键单击 RSLinx Enterprise，选择“Add Driver”，在弹出的“Add Driver Selection”中选择“Ethernet”。右键单击“Ethernet”，选择“Add Device”，添加 1756-ENBT 模块。

双击 EtherNet/IP 设备，展开 1756-ENBT 模块并选择“Major Revision 1”，输入该模块的 IP 地址。

同样，添加 PanelView Plus 1000 人机界面。

6）单击“Add”，添加“Device Shortcut”——定义 RSView Studio 与控制器的通信。输入名称“Logix”，然后单击“Apply”将 Logix 与正在运行的控制器 ACME _ PAINT _ MFG 对应起来，最后单击“Copy from Design to Runtime”将该“Logix”复制到“Target”中，如图 7-44 所示。

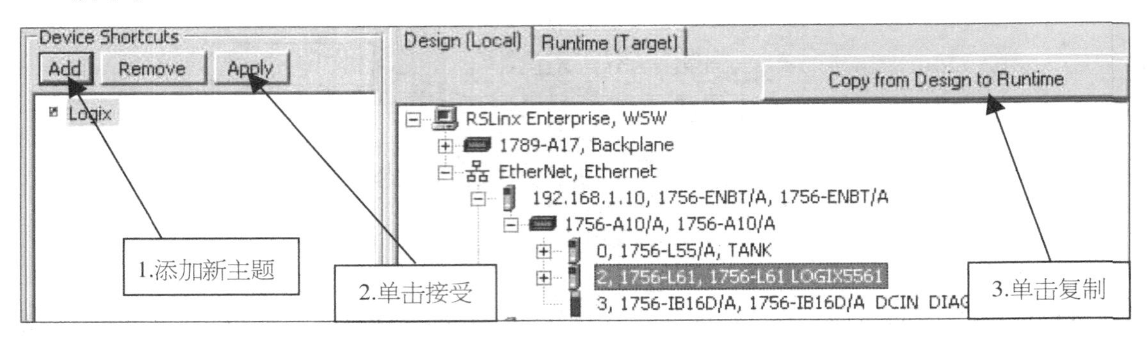

图 7-44 定义 PVP 与控制器的通信

7）此时弹出“Target”（目标）通信配置被“Local”配置覆盖的提示框，表示将在本地进行的参数配置精确地复制到实际现场设备的参数配置中去。确认无误后点击“OK”。然后单击“Target”选项卡，确定“Target”与“Local”的配置信息相同，单击“OK”。

7.2.2 初始化系统设置

1）创建应用项目前，需要完成一些基本的系统配置。单击“Project Settings”（项目设置），修改项目的分辨率，如图 7-45 所示。

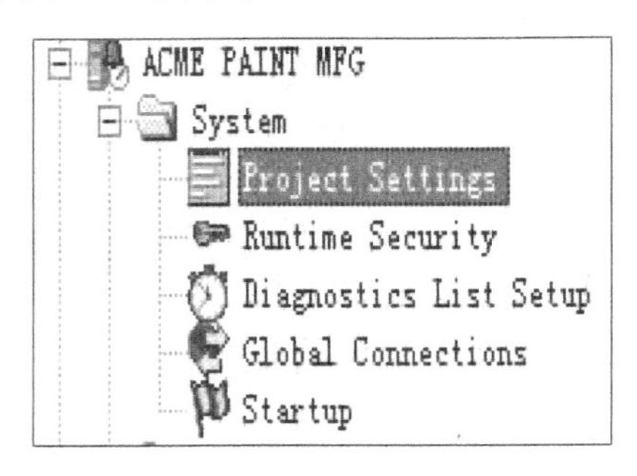

图 7-45 选择项目设置

2）选择“General”选项卡并选择项目窗口尺寸，根据表 7-1 选择相应的项目窗口大小。本应用实例将运行在 PanelView Plus 1000 人机界面，故选择 640x480。

表 7-1　终端类型与窗口尺寸关系

操作终端类型	项目窗口尺寸
PanelView Plus 400	320x240
PanelView Plus 600	320x240
PanelView Plus 700 或 VersaView CE 700	640x480
PanelView Plus 1000 或 VersaView CE 1000	640x480
PanelView Plus 1250 或 VersaView CE 1250	800x600
PanelView Plus 1500 或 VersaView CE 1500	1024x768

3）选择“Runtime”选项卡修改运行设置。

4）对于该项目，组态“Runtime”选项卡以显示 ACME PAINT MFG 标题栏，取消选择“Control Box”（即 ME 运行画面右上角显示的 功能），并使能 10min 后自动登出功能，如图 7-46 所示。

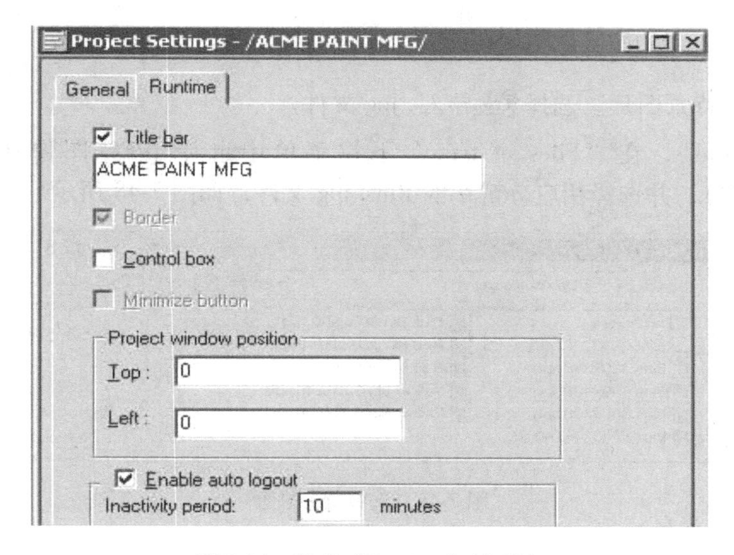

图 7-46　组态“Runtime”选项卡

5）项目设置完成后，单击“OK”。

7.2.3　创建操作员画面

RSView Studio 为开发人员提供各种工具和图库来创建用于表示机器或生产线的图形显示画面。本实例中，将创建应用项目主画面。该画面用于控制调色过程并提供颜料罐的相关信息。

工作完成后，显示画面如图 7-47 所示。

1）组态主画面显示。双击“Application Explorer”（应用项目资源管理器）的“Graphics”（图形）文件夹，创建新的显示画面，右键单击“Display”，并选择“New”。此时，显示出一个白色的空白区域。

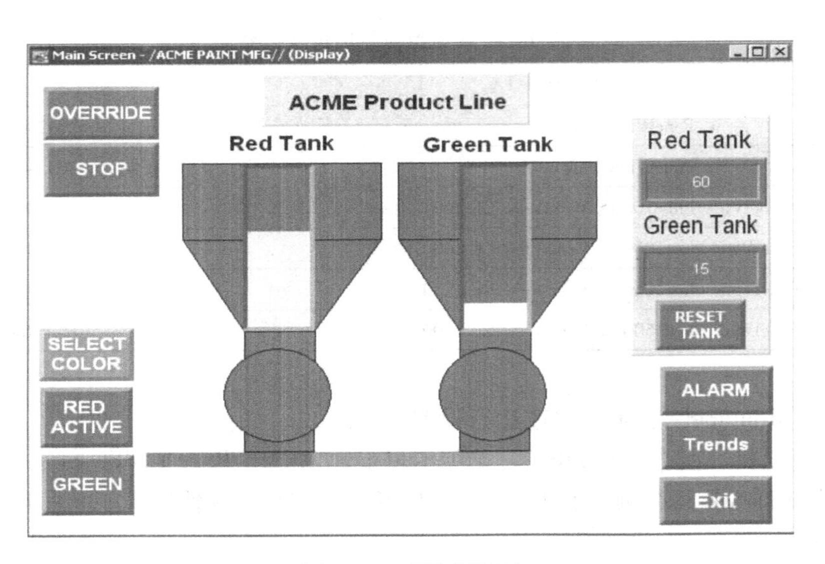

图 7-47　系统主画面

2）首先导入背景图片。选择 导入 . jpg 文件。

3）单击“Add”，在“Files of type”下拉菜单中选择 JPEG 图像（* . jpg，* . jpeg，* . jpe，* . jif，* . jfif），并选择相应分辨率的 Bins. jpg 文件，如图 7-48 所示。

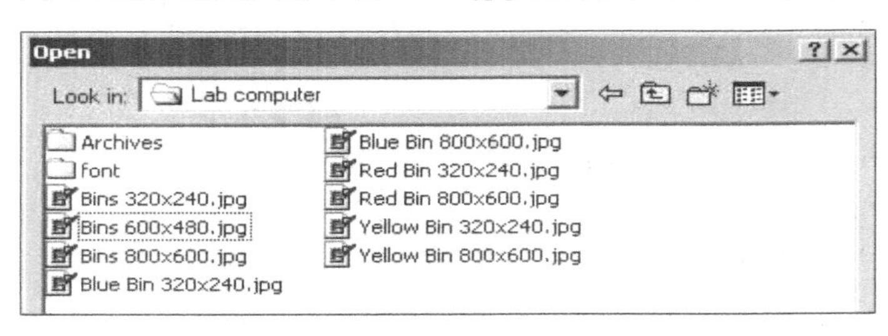

图 7-48　选择 jpg 图像

4）该图片将作为背景出现。要节约控制器资源，可将该图像转换为墙纸。这使得该图像永久作为显示画面的一部分。右键单击图像，并选择“Convert to Wallpaper”（转换为墙纸）。一旦图像被转为墙纸，它无法移动。如果需要移动它，必须通过 Edit-> Wallpaper-> Unlock All Wallpaper 将图像解锁。

5）创建“Goto Config Mode”（进入组态模式）按钮。进入 Objects-> Advanced-> Goto Configure Mode。注意，该按钮不会在 PanelView Plus 中显示，只是测试用的。点击该按钮将会模拟 PanelView Plus 中的实际操作画面。

6）单击并将该按钮拖拽到显示画面的右侧，双击该按钮打开属性窗口。用户可根据需要改变其背景和边框颜色。

7）单击“Label”（标签）选项卡并输入“Exit”。将标题颜色更改为黑色并加粗。另外，根据不同的屏幕分辨率需要，选择合适的字体尺寸，如图 7-49 所示。

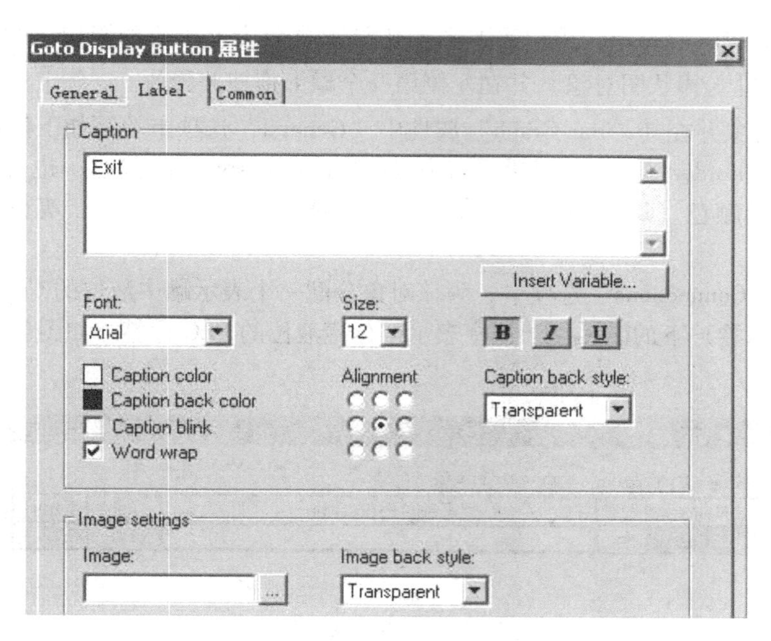

图 7-49　设置“label”选项卡

完成后，单击“OK”按钮。

8）单击 并输入名称“Main Screen”，保存该显示画面。

9）创建文本对象。选择工具栏中 （文本对象）并拖拽成一矩形。

10）此时将出现一对话框，设置如下信息：

文本：ACME Product Line；字体：Arial；尺寸：根据显示画面分辨率而定；背景色：暗红；前景色：白色；背景类型：实心。

11）单击“OK”按钮，画面如图 7-50 所示。

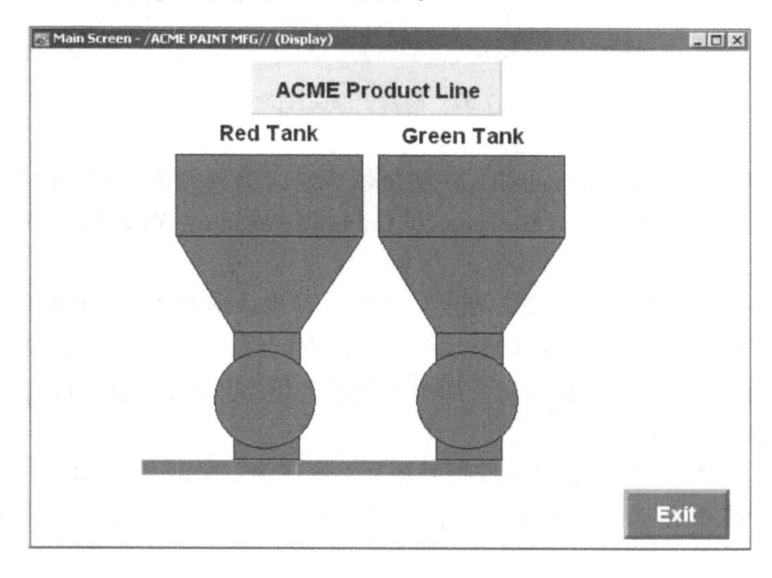

图 7-50　添加文本

12）创建棒状图形对象。用户需要图形化显示每个主上色罐的液位。为此，必须使用棒状图。选择 （棒状图对象）并在左侧第一个罐上拖拽并释放。

13）双击对象并在其“Bar Graph”属性中“General”选项卡填写如下信息：

边界类型（Border style）：镶边；背景类型（Back style）：实心；边界宽度（Border width）：2；背景颜色（Back color）：暗红；边界颜色（Border color）：亮红；最小值：0；最大值：100。

14）单击“Connections”选项卡，为该对象分配一个表示罐中液位的 ControlLogix 标签。单击“Tag”（标签）下的 ，选择表示红色罐液位的 PLC 标签，如图 7-51 所示。

图 7-51　设置棒状图属性

15）右键单击 ACME PAINT MFG，选择“Refresh All Folders”（刷新全部文件夹）更新当前可用的实时标签，如图 7-52 所示。

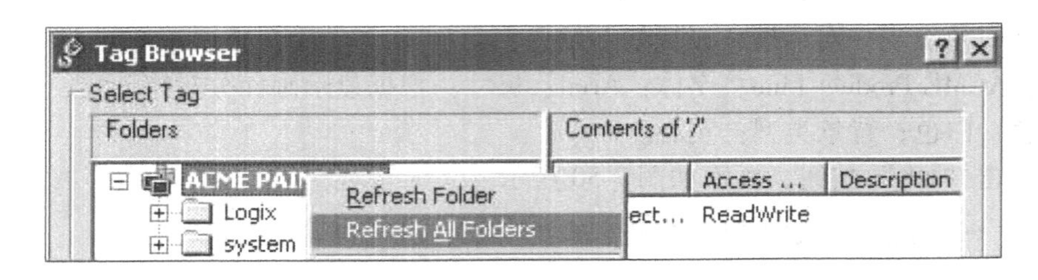

图 7-52　刷新全部文件夹

16）红色颜料罐的液位由 ControlLogix 控制器中定时器累加值表示。按照以下路径选择表示红色罐液位的 ControlLogix 标签：Logix-> Online-> Program：MainProgram-> Red _ Tank-> Fill _ Level-> ACC，如图 7-53 所示。

17）单击“OK”按钮退出标签扫描器，再次选择确认退出属性对话框。要测试该对象的组态和显示是否正确，按下 测试显示画面。此时，罐 1 应显示红色棒状图，表示当前红色颜料罐的液位。按下 停止测试。如果红色罐的组态正确，用户可以采用同样的方法快速组态蓝色罐的液位棒状图。

18）在红色棒状图上单击右键并选择复制，然后在第二个罐上粘贴该对象。

19）单击右键并选择属性面板（Property Panel），将红色改为蓝色。完成后，关闭面板，如图 7-54 所示。

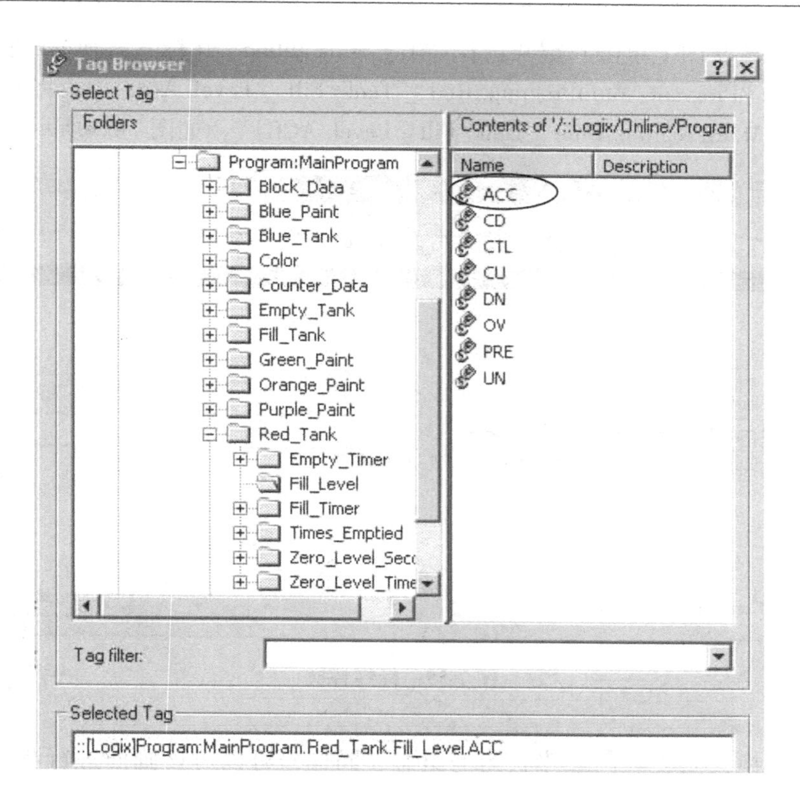

图 7-53　选择标签

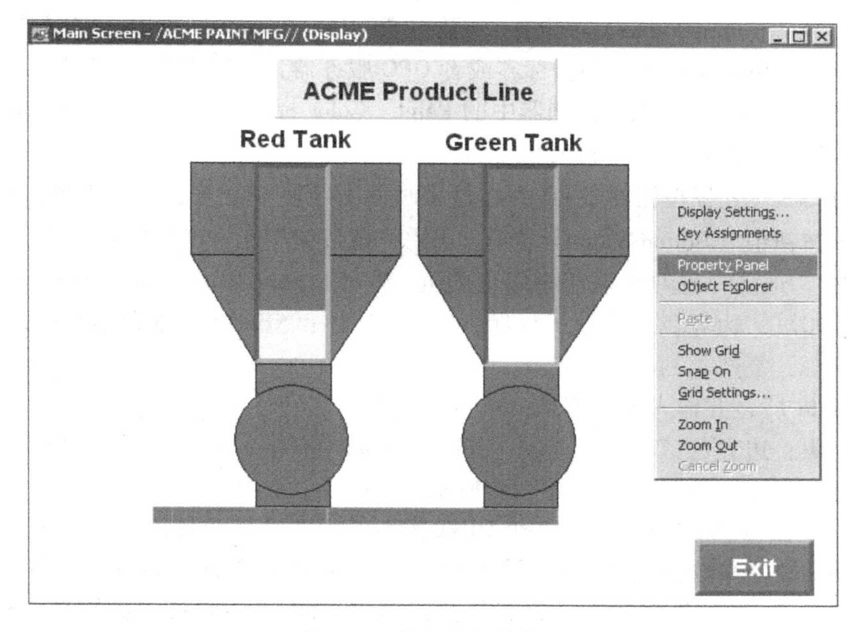

图 7-54　添加蓝色棒状图

20）在蓝色棒状图上单击右键并选择“Tag Substitution”（标签替换）。在该对话框中，查找“{::[Logix]Program:MainProgram. Red _ Tank. Fill _ Level. ACC}”并将其替换为“{::[Logix]Program:MainProgram. Blue _ Tank. Fill _ Level. ACC}”，如图 7-55 所示。

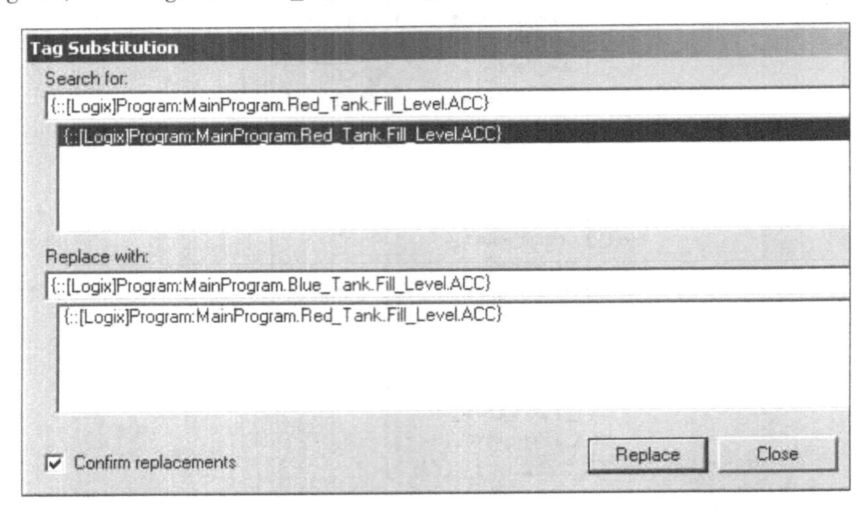

图 7-55　标签替换

21）单击替换，完成蓝色罐棒状图的组态。同样，可以对该画面进行测试。确定无误后，保存画面。

22）创建互锁按钮。操作员每次仅能选择生产一种颜料。因此，采用互锁按钮实现该功能。互锁按钮对应一个 DINT 类型（也可以为 INT、SINT 类型）的标签，当按钮按下后按钮状态变成状态 1（State1），同时该应用程序向数据源（Data Source）发送一个值（这个值在按钮属性页面中“Button Value”项设置）。数据源（Data Source）可以是控制器中的标签或者服务器（例如 RSLogix5000 控制器标签或者 OPC 服务器），应用程序都是从该数据源中读取数据的，这里使用的数据源是控制器中的 Paint _ Color 标签。本例中使用“Button Value”中设置的值来决定生产哪一种颜料。

23）选择（互锁按钮对象），并在显示画面上绘制一个按钮。双击该按钮来组态其属性。确定该按钮值（Button Value）为 0。用户将该按钮用作生产线停止按钮。

24）选择“States”选项卡来组态停止按钮。选择“State 0”，并输入如下信息：

背景色：暗红；边界色：红色；标题：Stop；字体：Arial；字体大小：14；标题颜色：白色；标题闪烁：复选。

选择“State 1”，并输入如下信息：

背景色：黑；边界色：暗灰；标题：Select Color；字体：Arial；字体大小：12；标题颜色：白色；标题闪烁：不复选，如图 7-56 所示。

25）首先，在 Logix5000 中创建一个 DINT 类型的程序标签，取名为“Paint _ Color”，用该标签所存储的数值来选择生产哪种颜色的颜料。然后进入“Interlocked”按钮的属性设置页面，选择“Connections”选项卡，设置该按钮值写入的 ControlLogix 标签名。选择（标签浏览）并选择 Logix-> Online-> Program：MainProgram-> Paint _ Color，并按下“OK”。

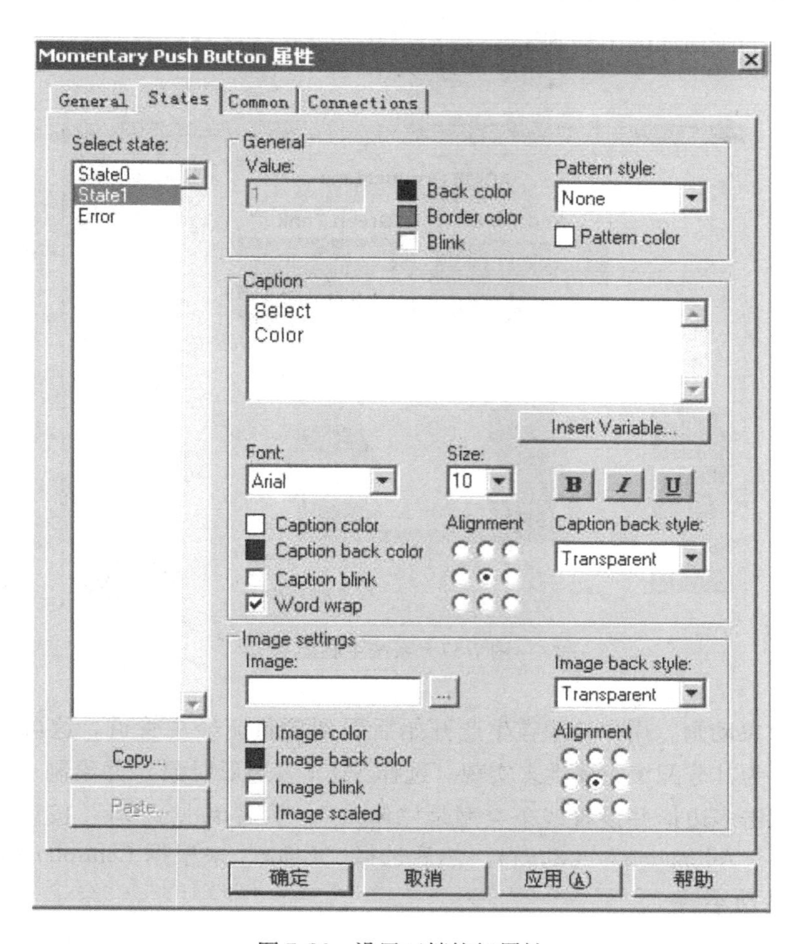

图 7-56　设置互锁按钮属性

26）选择“OK”按钮退出属性对话框。

27）创建 Purple（紫色）和 Blue（蓝色）互锁按钮。两个按钮使用 RSLogix5000 中的标签 Paint _ Color。使用停止按钮的基本组态信息来建立紫色和蓝色颜料按钮。将创建完的按钮复制并粘贴，确定位置后，按照表 7-2 配置相关属性。

表 7-2　配置相关属性

	Purple 按钮	Blue 按钮		Purple 按钮	Blue 按钮
值	1	3	值	1	3
State 0			State 1		
背景色	暗紫	暗蓝	背景色	亮紫	亮蓝
边界色	紫色	蓝色	边界色	紫色	蓝色
标题	Make Purple	Make Blue	标题	Purple Active	Blue Active
字体	Arial	Arial	字体	Arial	Arial
尺寸	20	20	尺寸	20	20
颜色	白色	白色	颜色	黑色	黑色
标题闪烁	不复选	不复选	标题闪烁	复选	复选

28）制作完的画面如图 7-57 所示。

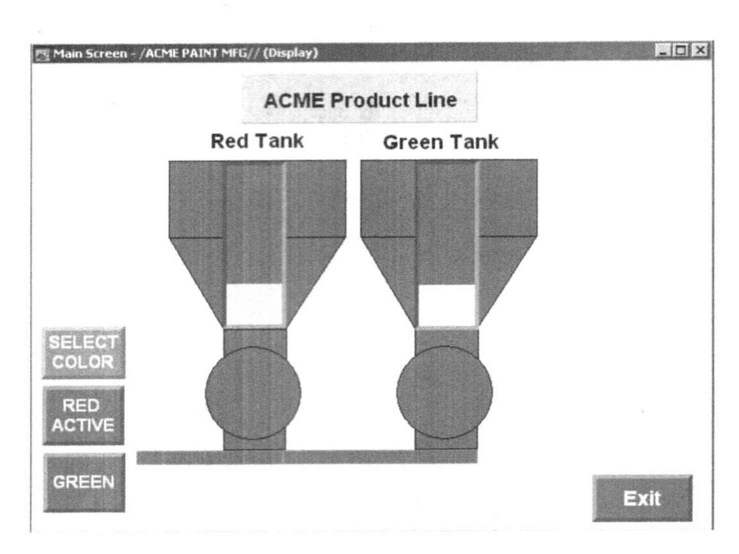

图 7-57　系统主画面

29）创建对象动画。用户希望在生产开始后看到颜料流经主管道。这可以通过创建一个基本多边形并为其分配填充属性来实现。选择（多边形对象）并绘制一个多边形覆盖主管道区域。双击多边形并设置线条类型是“None”，然后单击“OK”按钮。右键单击多边形对象，选择“Animation”（动画），然后选择“Color”来根据 ControlLogix 标签值改变颜色，如图 7-58 所示。

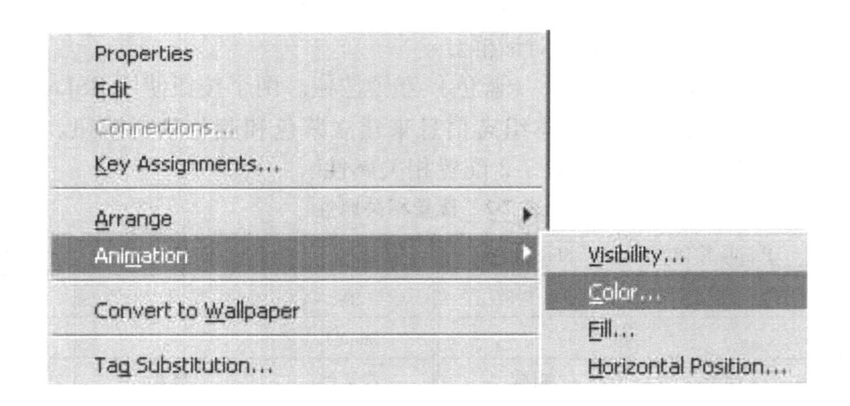

图 7-58　创建对象动画

30）按下 Tags... 按钮并查找表示当前生产颜料类别的标签 Logix-> Online-> Progra m：MainProgram-> Paint _ Color，如图 7-59 所示。

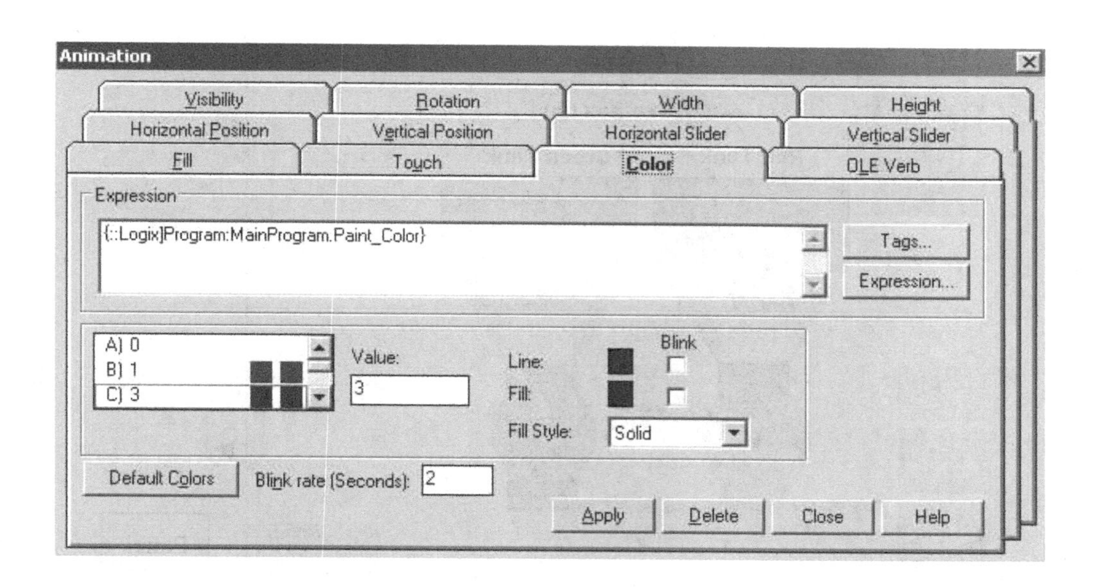

图 7-59　查找标签

按照表 7-3 设置颜色属性。

表 7-3　设置颜色属性

值	前景色	背景色
0	白色	白色
1	紫色	紫色
3	蓝色	蓝色

31）选择“Visiblity”（可见性）选项卡来控制长方形何时显示。在选择 Paint _ color 标签前，长方形不可见。选择 Tags... 按钮并找到 ControlLogix 标签 Logix-> Online-> Program：MainProgram-> Paint _ Color。当该标签值等于 1 时，长方形呈现紫色；当该标签值等于 3 时，长方形呈现蓝色。按下“Apply”（应用），然后选择“Close”（关闭），保存显示画面。

32）操作员希望在操作机器时能够看到罐中液位的百分比显示。创建一个面板和数字显示。

33）进入 Objects -> Drawing -> Panel。在显示画面的右侧绘制一个矩形。然后双击面板打开其属性对话框。将背景色改为“Orange”（桔色），边界颜色改为“Dark Orange”（暗桔色）。显示画面如图 7-60 所示。

34）创建数字显示对象。单击 （数字显示）按钮并在面板左上方拖放成矩形。双击并打开属性对话框，改变其属性，边界类型：无；背景色：红色，如图 7-61 所示。

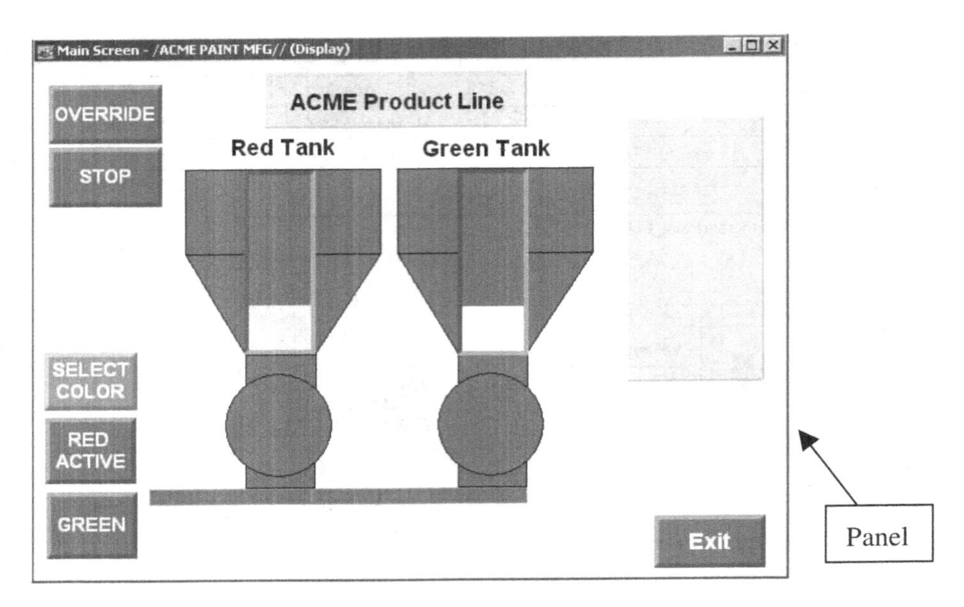

图 7-60　显示画面

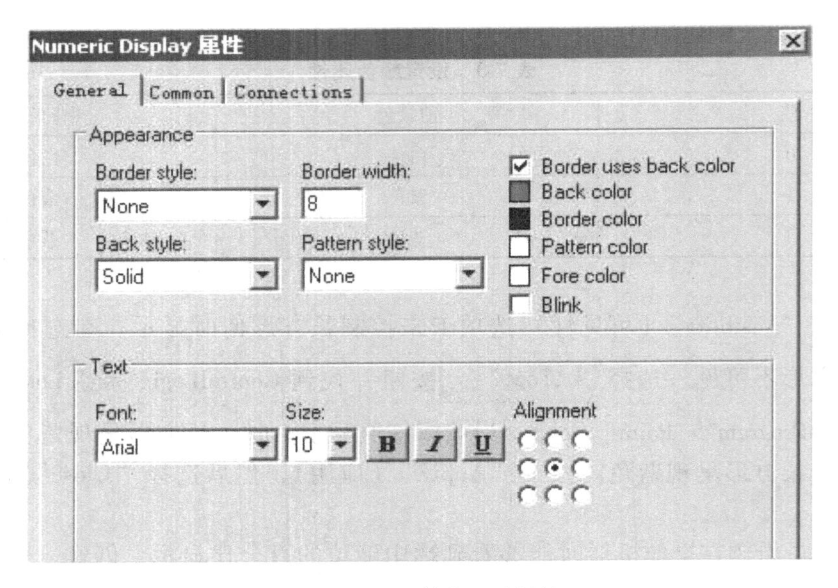

图 7-61　设置数字显示属性

35）单击“Connections”选项卡并打开标签浏览器。查找到：“[Logix]:Program:MainProgram. Red _ Tank. Fill _ Level. ACC”，如图 7-62 所示。

36）单击“OK”退出标签浏览器，再次选择确认退出对话框。

37）通过对第一个数字显示框复制、粘贴来创建第二个数字显示框。双击新的数字显示框打开属性对话框，将背景色改为蓝色。然后单击“Connections”选项，并按下 ... 按

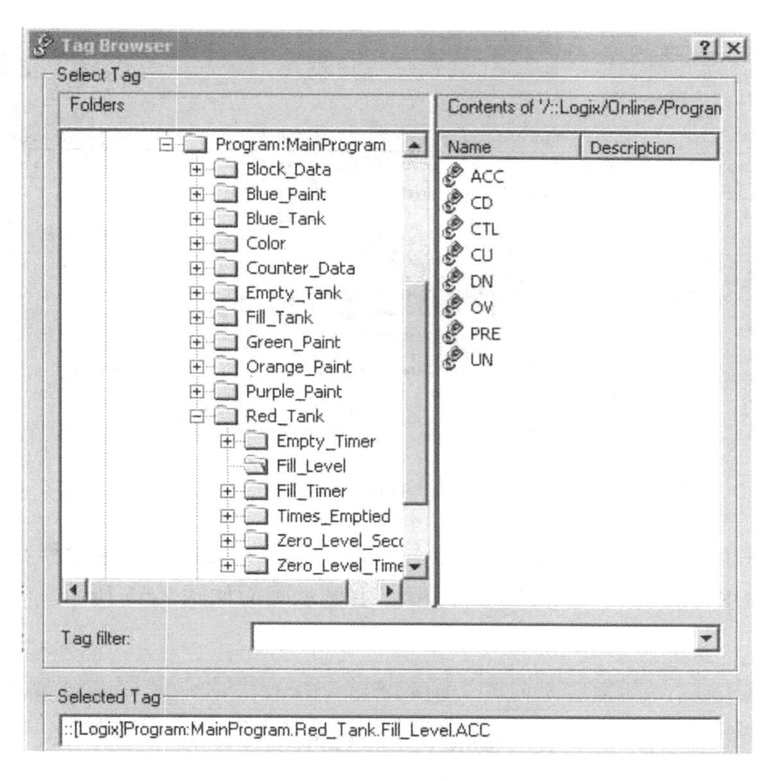

图 7-62　查找标签

钮将标签改变为："[Logix]:Program:MainProgram. Blue _ Tank. Fill _ Level. ACC" .

38）使用 ▶ 测试显示画面是否正常，按下 ■ 停止。

39）使用 Macro（宏）创建对象。RSView Studio 允许开发者创建 Macro 将任一 HMI 或 ControlLogix 标签改为指定值。双击应用项目浏览器的 "Logic and Control" 文件夹，右键单击 "Macros"，并选择 "New"，如图 7-63 所示。

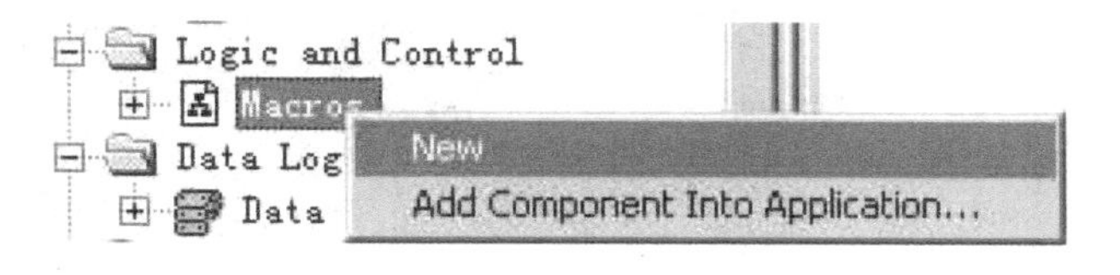

图 7-63　新建宏对象

40）使用标签浏览器，选择以下标签并将它们的表达式值设置为 "100"。

Logix→Online→Program：MainProgram→Red _ Tank→Fill _ Level→ACC

Logix→Online→Program：MainProgram→Blue _ Tank→Fill _ Level→ACC

按下 "Close"（关闭），然后选择 "Save"（保存），将 "Macro" 保存为 "Reset Tank Levels"（复位罐内液位），如图 7-64 所示。

41）使用 （macro button object）在数字显示下创建宏按钮。单击 ... 打开宏浏览

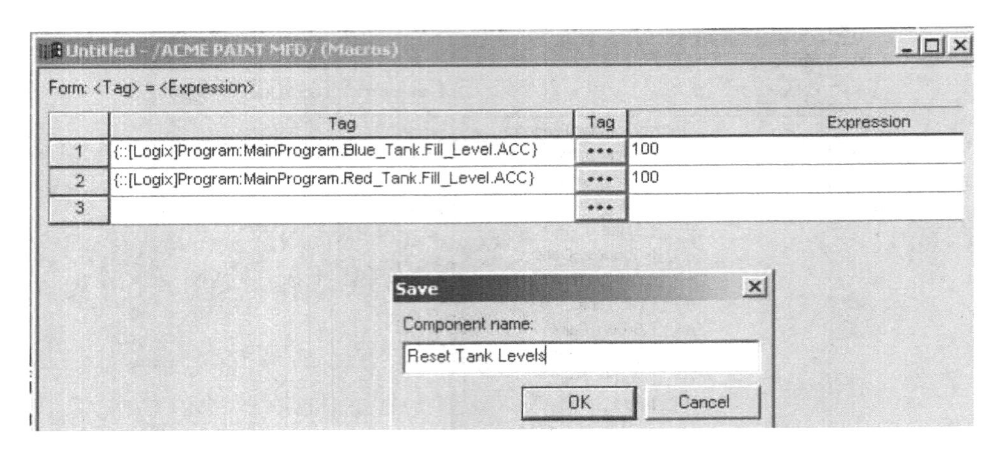

图 7-64　设置宏表达式

器。选择“Reset Tank Level”并单击“OK”按钮。选择“Label”（标题栏）并键入“Reset Tanks”。单击“OK”按钮，关闭属性对话框。主显示画面如图 7-65 所示。

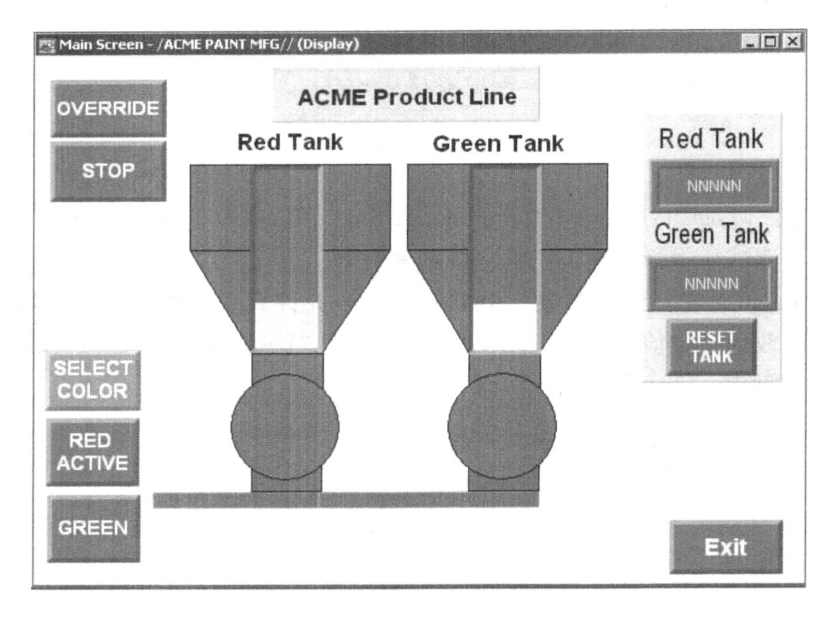

图 7-65　主显示画面

7.2.4　组态 ME 的趋势图

RSViewME 最多能够创建 300，000 数据点的历史和实时趋势。对于本项目，用户主要查看颜料罐液位的历史和实时趋势数据曲线。

1）创建“Data Log”（数据记录）。要记录历史数据，开发人员可以使用 RSView Machine Edition 创建一个数据记录将历史数据保存到终端或远程网络驱动器上。数据记录可以周期或事件方式进行。对于本项目，需创建一个每5s执行一次的罐液位数据记录。

2）双击应用项目资源管理器中“Data Log”文件夹，右键单击“Data Log Models”，并选择“New”。组态数据记录描述为“Tank Levels”并设置每5s触发一次，如图7-66所示。

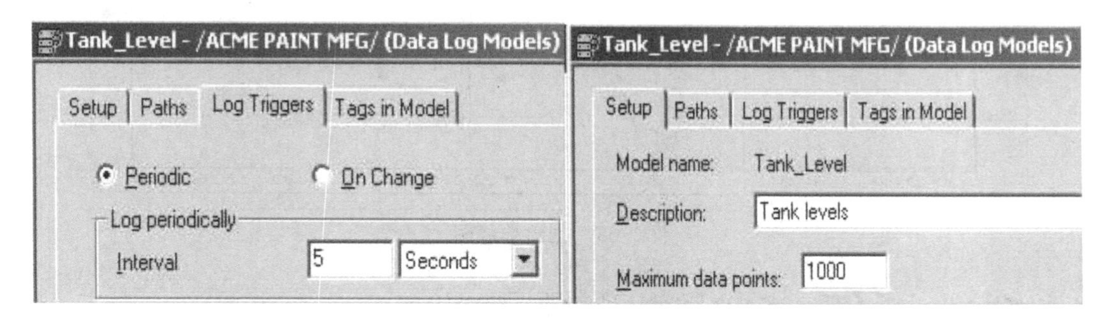

图7-66 设置数据记录模型

3）将以下两个标签添加到数据记录模型，如图7-67所示。

■ Logix->Online->Program:MainProgram->Red _ Tank->Fill _ Level->ACC

■ Logix->Online->Program:MainProgram->Blue _ Tank->Fill _ Level->ACC

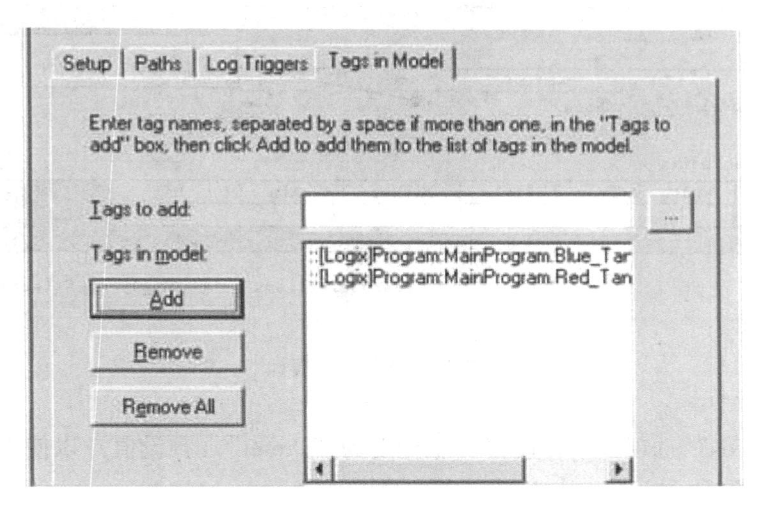

图7-67 添加标签

按下“Close”键并将“Data Log”保存为“Tank _ Levels”。

4）创建趋势图对象。RSView Machine Edition 可以显示数据趋势图，这是很多现场操作终端不具备的功能。首先，使用应用项目资源管理器创建新的显示画面。

5）使用 （趋势图对象）创建趋势图，如图7-68所示，该图占显示画面的2/3。双击趋势图对象进行组态。在“Display”（显示）选项卡下，将背景色设置为白色，并在“Pens”（画笔）选项卡下将两个画笔设置为“Visible”（可见），如图7-69所示。

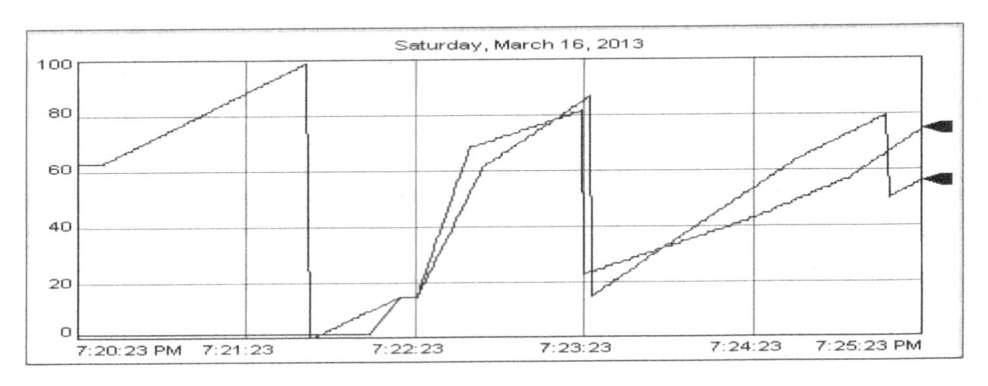

图 7-68　创建趋势图

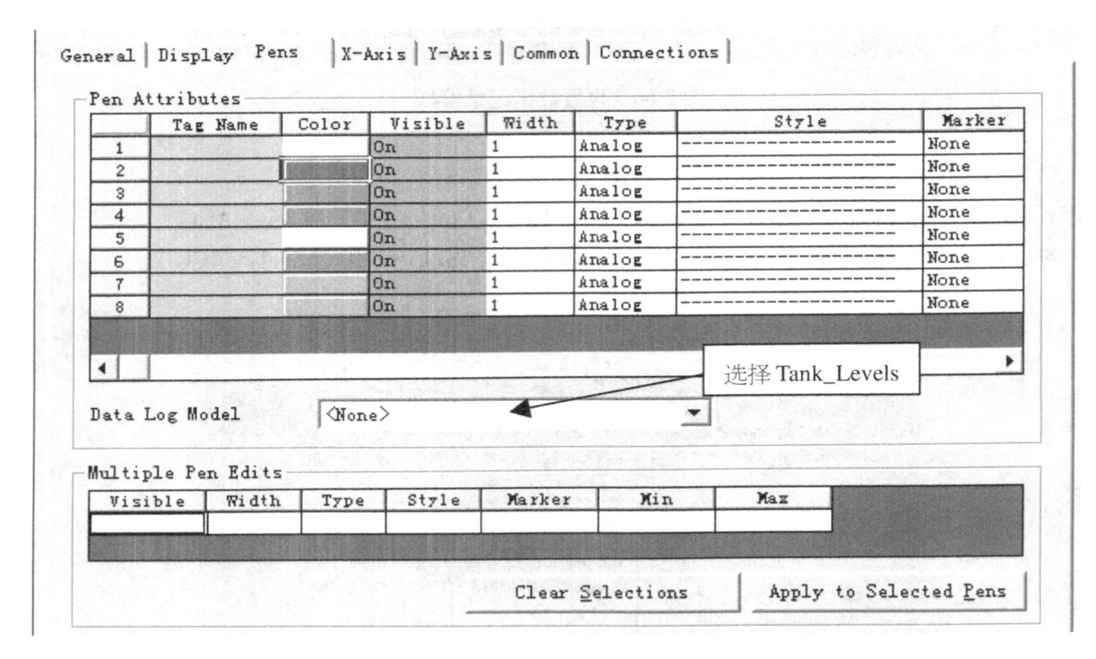

图 7-69　设置画笔属性

6）在“Y-Axis”选项卡下，设置 Y 轴刻度为“Preset”（预设值）以使用标签的最小和最大值，如图 7-70 所示。

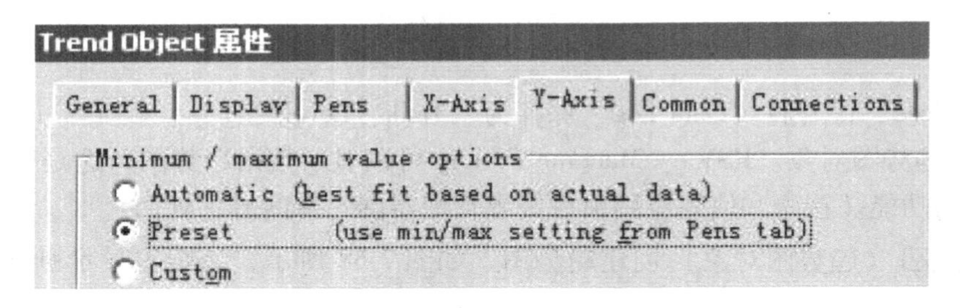

图 7-70　设置趋势图属性

7）将下列标签设为画笔，如图 7-71 所示。

■ Logix-> Online-> Program:MainProgram-> Red _ Tank-> Fill _ Level-> ACC

■ Logix-> Online-> Program:MainProgram-> Blue _ Tank-> Fill _ Level-> ACC

General | Display | Pens | X-Axis | Y-Axis | Common | Connections

Name		Tag / Expression
Pen 1	←	{::[Logix]Program:MainProgram.Red_Tank.Fill_Level.ACC}
Pen 2	←	{::[Logix]Program:MainProgram.Blue_Tank.Fill_Level.ACC}

图 7-71　指定画笔标签

8）单击保存显示画面为“Trend Tank Levels”。

9）创建“Goto Display”（跳转画面）按钮，返回主画面。选择 Object-> Display Navigation-> Goto，拖拽一个跳转按钮。双击该按钮，弹出如下图所示的属性对话框。将“Display settings”（显示设置）中“Display”设为“Main Screen”，表示跳转到“Main Screen”（主画面），如图 7-72 所示。

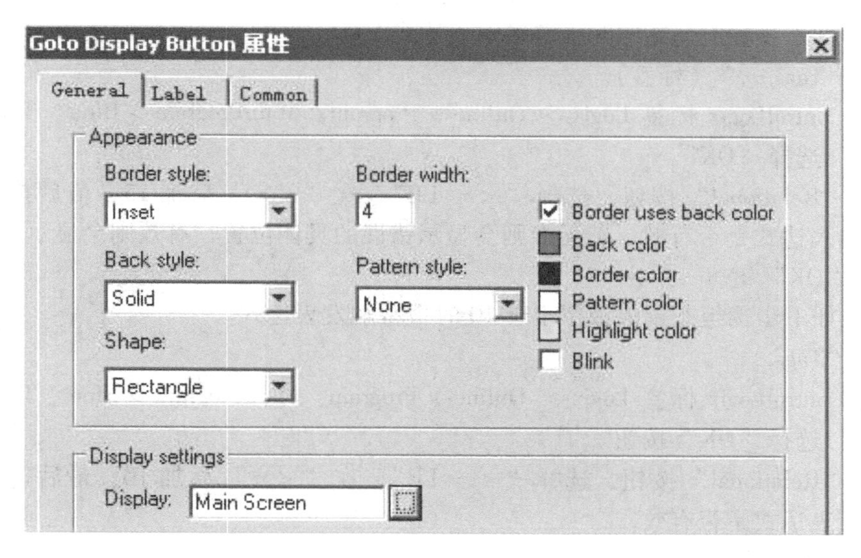

图 7-72　创建跳转画面按钮

7.2.5　组态 ME 的报警

开发人员可使用 RSView Machine Edition 创建并显示基于特定条件的报警信息。对于本项目，用户需要当红色罐内颜料液位低于 10 或蓝色罐内颜料液位低于 15 时显示报警信息，除此之外，还需要查看历史报警信息。

1）组态报警设置。RSView Machine Edition 中报警由多个“Triggers”（触发）组成，一旦触发值为真，相应的报警信息被触发。

2）双击应用项目资源管理器中“Alarms”文件夹并双击“Alarm Setup”，如图 7-73 所示。

图 7-73　选择报警设置

3）选择“Triggers”选项卡，选择“Add”，并按下“Expression Editor（Exprn...）”，如图 7-74 所示。

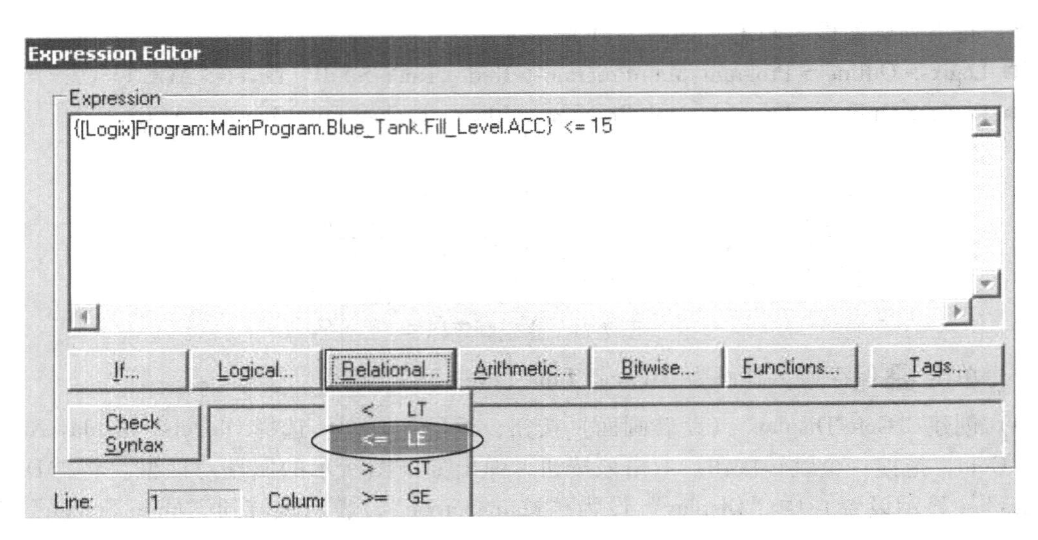

图 7-74　选择表达式编辑器

4）按照如下步骤组态罐空时报警触发表达式。

①选择“Tags...”（标签）。

②选择 ControlLogix 标签 Logix-> Online-> Program：MainProgram-> Blue _ Tank-> Fill _ Level-> ACC，选择“OK”。

③按下“Relational”按钮，选择“< = LE”，在“< =”后加 15，最后按下“Check Syntax”校验表达式是否有效，若无效则会显示错误的具体位置，有效则会显示“Valid”。

④按下“OK”键。

5）按照如下步骤组态罐内液位小于 10 时报警触发表达式。

①选择“Tags...”。

②选择 ControlLogix 标签 Logix-> Online-> Program：MainProgram-> Blue _ Tank-> Fill _ Level-> ACC，选择“OK”按钮。

③按下“Relational”按钮，选择“< = LE”，在“< =”后加 10，最后按下“Check Syntax”校验表达式是否有效。

④按下“OK”按钮。

6）选择“Messages”选项卡为每个触发条件组态特定信息，如图 7-75 所示。

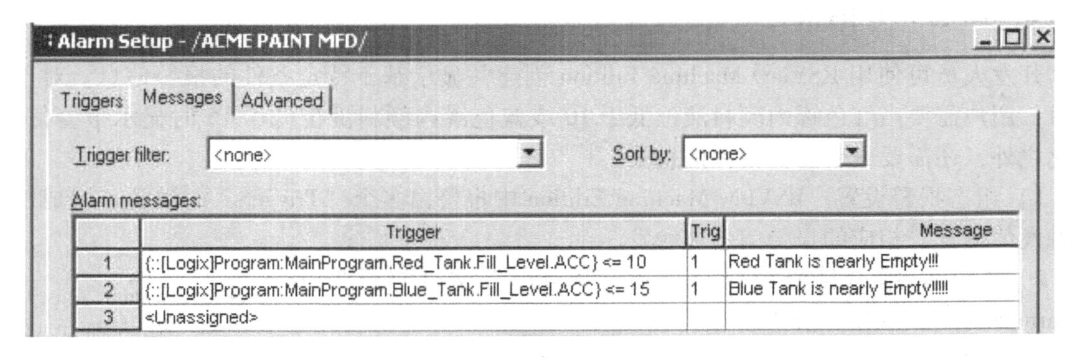

图 7-75　触发条件对应信息

7）创建报警历史显示，创建一个 Alarm History（报警历史）显示。在“Display”中新建一个画面，在画面上右键点击“Display Settings”选项，将背景色设置为“Dark Red”，大小为634 * 451，显示类型为“On Top”（位于顶层），并选择“Cannot Be Replaced”（不可被覆盖）。“On Top”（位于顶层）和“Cannot Be Replaced”（不可被覆盖）设置可确保该屏幕显示在最前面，如图7-76所示。

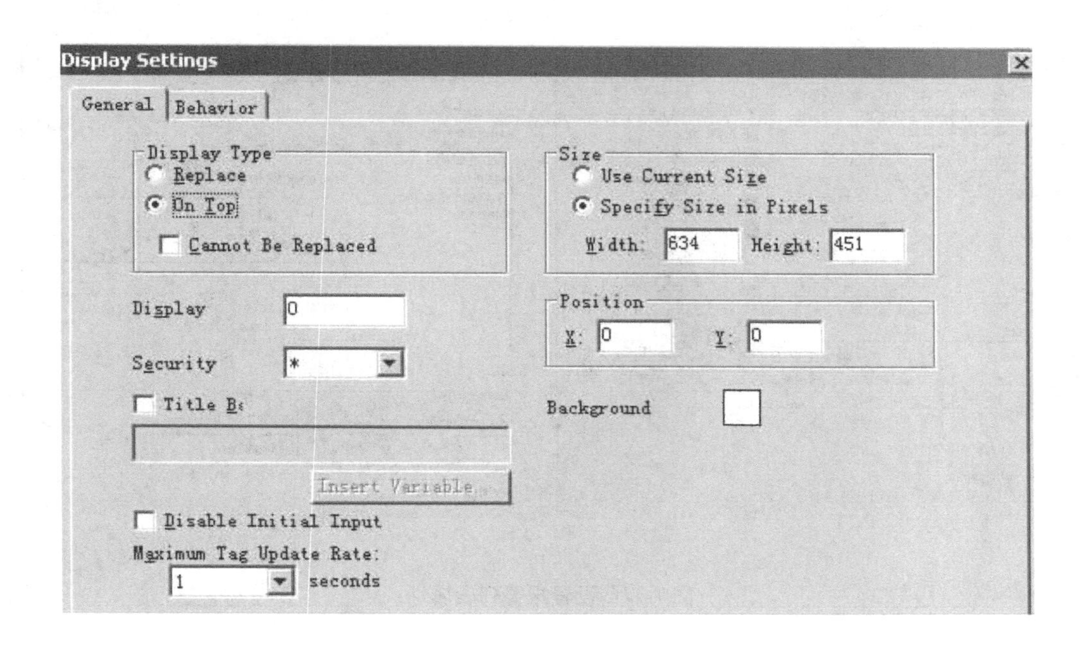

图7-76 创建报警历史显示

8）在显示画面上拖拽一个报警列表对象占整个画面的2/3，选择 Objects-> Advanced-> Alarm-> Alarm List（对象->高级->报警->报警列表）。

9）使用 （关闭显示画面对象）创建一个名为“Close”的按钮。设置该按钮背景色是灰色，字体颜色是白色。

10）使用 和 （向上和向下箭头）在显示画面上绘制向上和向下箭头。

11）通过访问菜单中 Objects -> Advanced -> Alarm -> Acknowledge（对象->高级->报警->应答）绘制一个“ACK”按钮。

12）通过访问菜单中 Objects -> Advanced -> Alarm -> Acknowledge All（对象->高级->报警->应答全部）绘制一个“ACK ALL”按钮。

13）绘制一个“Clear History Button”（清除历史报警按钮）。通过访问菜单中 Objects -> Advanced -> Alarm -> Clear Alarm History（对象->高级->报警->清除报警历史）绘制一个按钮，命名为“Clear”。

14）右键单击“Up”向上箭头按钮并选择“Property Panel”（属性面板）。将背景色改为红色，边界颜色为白色。

15）同样，设置向下箭头、应答按钮、应答全部和清除按钮的背景色和文字颜色，如图 7-77 所示。

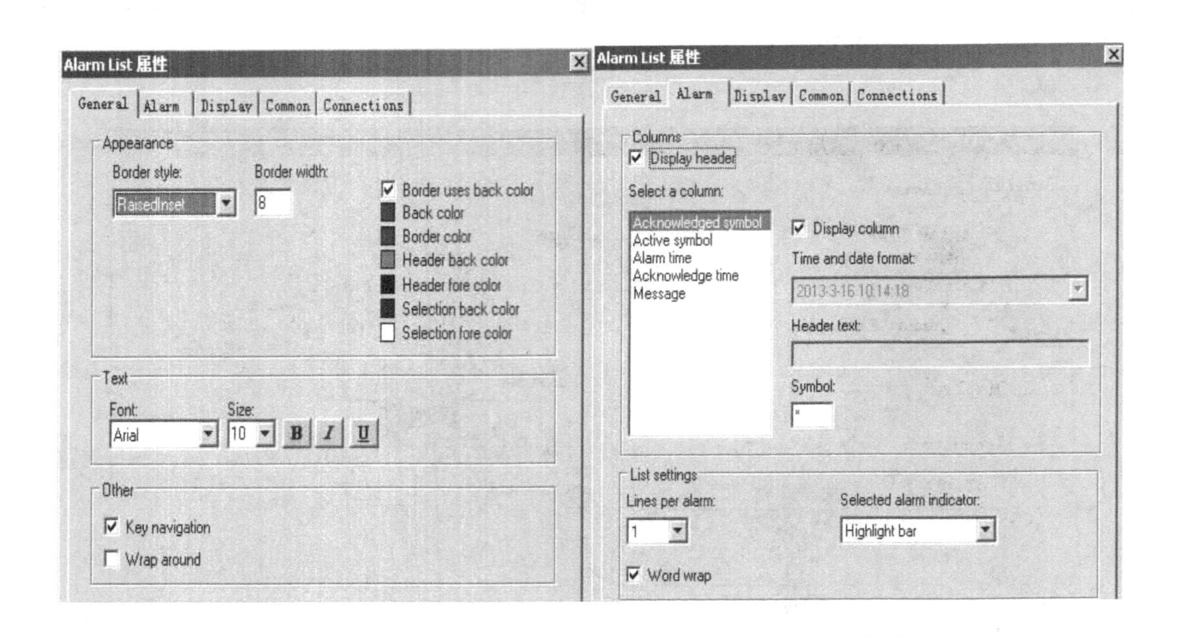

图 7-77　设置报警列表属性

16）将显示画面保存为“Alarm History”。创建好后的报警界面如图 7-78 所示。

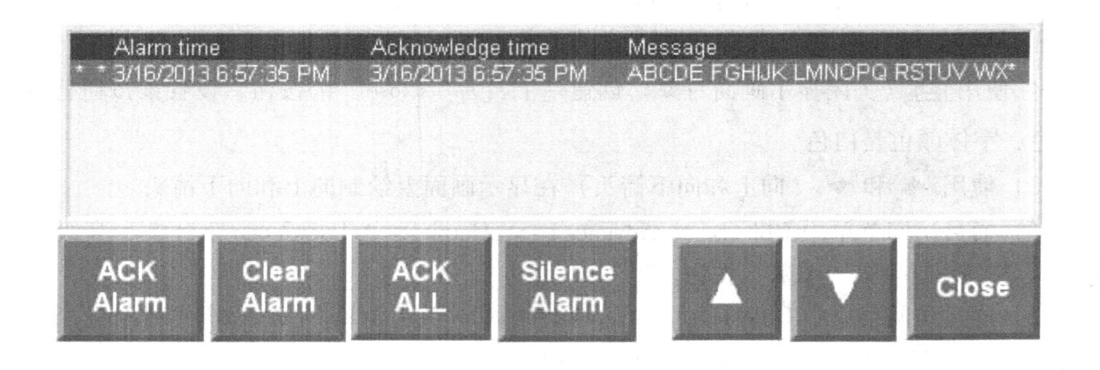

图 7-78　历史报警画面

17）在主画面上添加进入“Alarm History”画面的按钮，如图 7-79 所示。

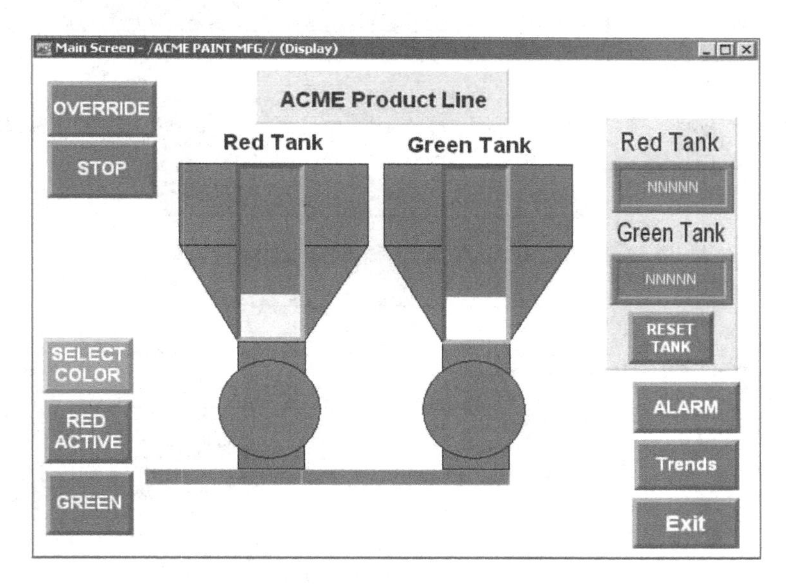

图 7-79　项目主画面

7.2.6　组态 ME 的 Startup 及测试

1）在操作终端上运行项目前，开发人员需要组态启动选项并测试显示画面。双击展开“System”文件夹，并双击“Startup”（启动），如图 7-80 所示。

2）设置启动属性页面中，“Alarms”（报警）选项用来启动报警功能，点此选项后 ME 能根据之前设置的报警条件进行报警显示。Information messages（信息通报）选项用来启动信息通报功能。“Data Logging”（数据记录）选项用来启动数据记录功能。“Startup macro”（启动宏）选项用来设置工程启动时调用的宏命令，例如调用那些对数据进行初始化的宏，用来进行数据的初始化。Shutdown macro（关闭宏）选项用来设置工程关闭时调用的宏命令，例如调用那些保存数据的宏，用来保存工程最后结束时的数据，以便下一次启动时能按照最新的一次数据继续运行。“Initial graphic”（初始画面）选项用来选择程序运行时的起始画面。在本次实例中，我们使能 Alarms（报警）、Information messages（信息）、Data logging（数据记录）和 intial graphic（初始画面），并将 Data logging（数据记录）设置为“Tank Levels”以及 intial graphic（初始画面）设置为“Main Screen”，如图 7-81 所示。

图 7-80　选择启动设置

3）测试该项目。选择应用项目菜单下“Test Application”（测试应用项目），如图 7-82 所示。

4）测试所有画面，确认无误后按“X”键退出。

5）将项目下载到终端。首先，选择 Application-> Create Runtime Application 创建运行应用项目“ACME PAINT MFD. mer”，并将其保存到默认目录下。

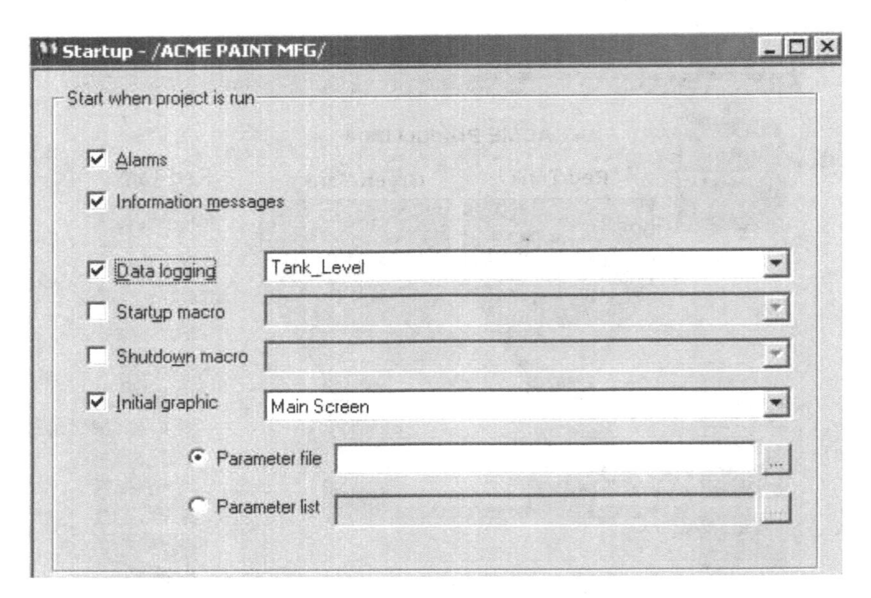

图 7-81　设置启动属性

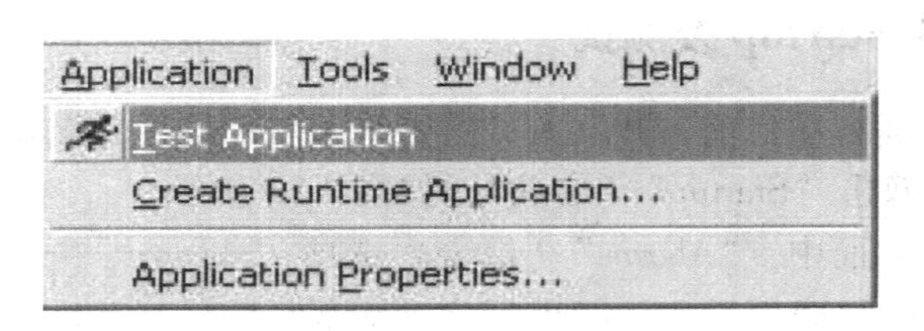

图 7-82　选择测试应用项目

6）选择 Program-> RockwellSoftware-> RSView Enterprise-> Tool-> ME Transfer Utility。在该界面下，“Source file” 选项用来选择将要下载到终端 PanelView Plus 中的 mer 文件路径。“Download as” 选项用来给下载到终端 PanelView Plus 中的 mer 文件别名。“Run application at start-up”（启动后运行应用程序），选择此项表示当文件下载到终端 PanelView Plus 后直接运行该下载的应用程序，若没勾此选项，则程序下载后将文件保存在 PanelView Plus 的存储器中，此时 PanelView Plus 不运行该程序，通过在 PanelView Plus 中点击 “Load Application”（装载应用项目）后再点击 “Run Application” （运行应用项目）才能将制作好的界面在 Panel View Plus 中显示出来。本例中，单击 ... 查找文件位置，确认 PanelView Plus 的路径后下载，如图 7-83 所示。

7）单击 “Download”（下载），将该文件下载到目标 PanelView Plus。

8）应用项目下载完成后，在 PanelView Plus 终端上，单击 “Load Application”（载入应用项目）并选择 “ACME PAINT MFD Advanced”，然后单击 “Load”（载入）。

9）单击 “Run Application”（运行应用项目）以启动该项目。

10）测试该项目的相关功能以校验其工作是否正常。

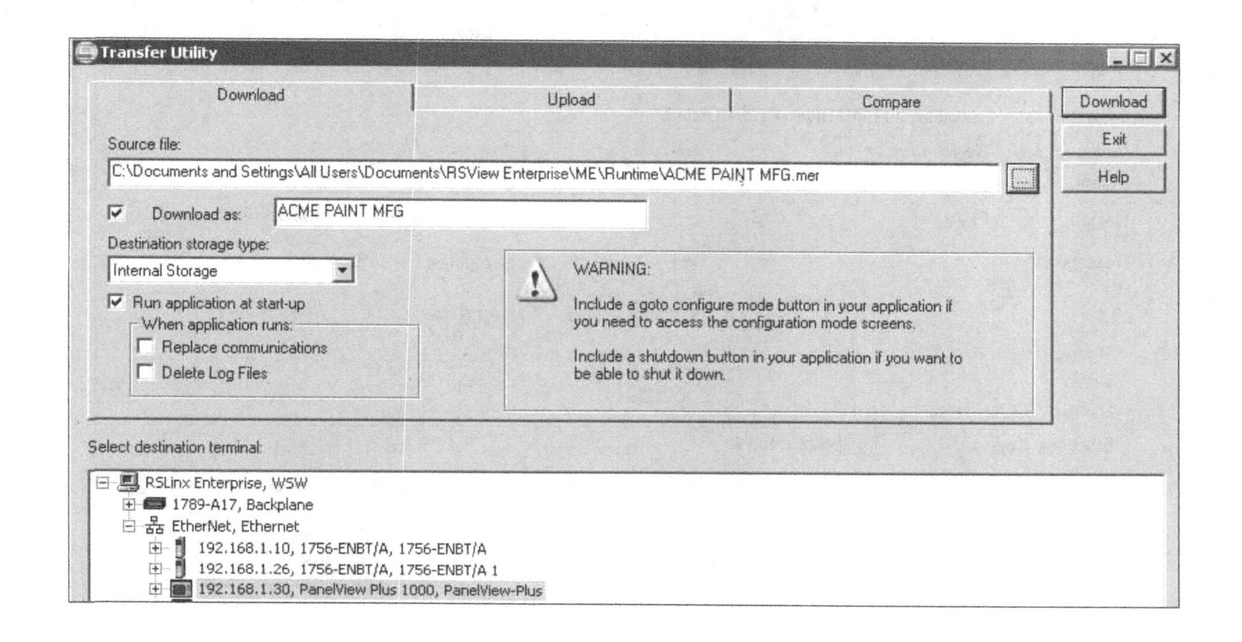

图 7-83　选择 PVP 终端

7.3　集成 PowerFlex70 变频器

一个工程师采用 RSView Studio 软件开发 PanelView Plus 操作员界面时，会发现对电机、阀门等标准设备的控制占整个开发过程的大部分，如果能对这些设备的操作界面预先开发并封装成类似于 RSLogix5000 软件中用户自定义 AOI 功能指令的标准图形，那将大大提高系统的开发效率和可靠程度。对此罗克韦尔自动化近些年做出的一项重要投资就是开发了 PlantPAx 系统，这一技术的基础是将 RSLogix5000 软件中开发的 AOI 指令与 RSView Studio 软件开发的 Faceplate 标准图形画面很好地结合在一起，使操作员界面与程序开发得到了最大的优化。下面将以设计对 PowerFlex70 变频器的控制为例，讲解如何使用 Faceplate 标准图形画面开发 PanelView Plus 操作员界面。

7.3.1　组态 PowerFlex70 变频器

开发 PanelView Plus 操作员界面之前，需要在 RSLogix5000 软件中先对 PowerFlex70 变频器进行组态。

打开 RSLogix5000 软件，创建一个新工程。这里变频器是连接在以太网上的，所以首先在 I/O 组态中组态一个 1756-ENBT 模块，然后在以太网下组态变频器，选择好变频器的类型后，打开变频器的属性对话框，如图 7-84 所示。

给变频器起一个名字，然后输入变频器的 IP 地址，单击 “Change” 按钮，弹出如图 7-85 所示的用于设置变频器部分基本属性的对话框。

New Module

General* | Connection | Module Info | Port Configuration | Drive

Type: PowerFlex 70-E AC Drive via 20-COMM-E
Vendor: Allen-Bradley
Parent: ENBT
Name: PF70
Description:

Module Definition
Series:
Revision: 2.9
Electronic Keying: Compatible Module
Connection: Parameters via Datalinks
Data Format: Parameters

Change ...

Ethernet Address
Private Network: 192.168.1.
IP Address: 192 . 168 . 1 . 27
Host Name:

图 7-84 变频器的属性对话框

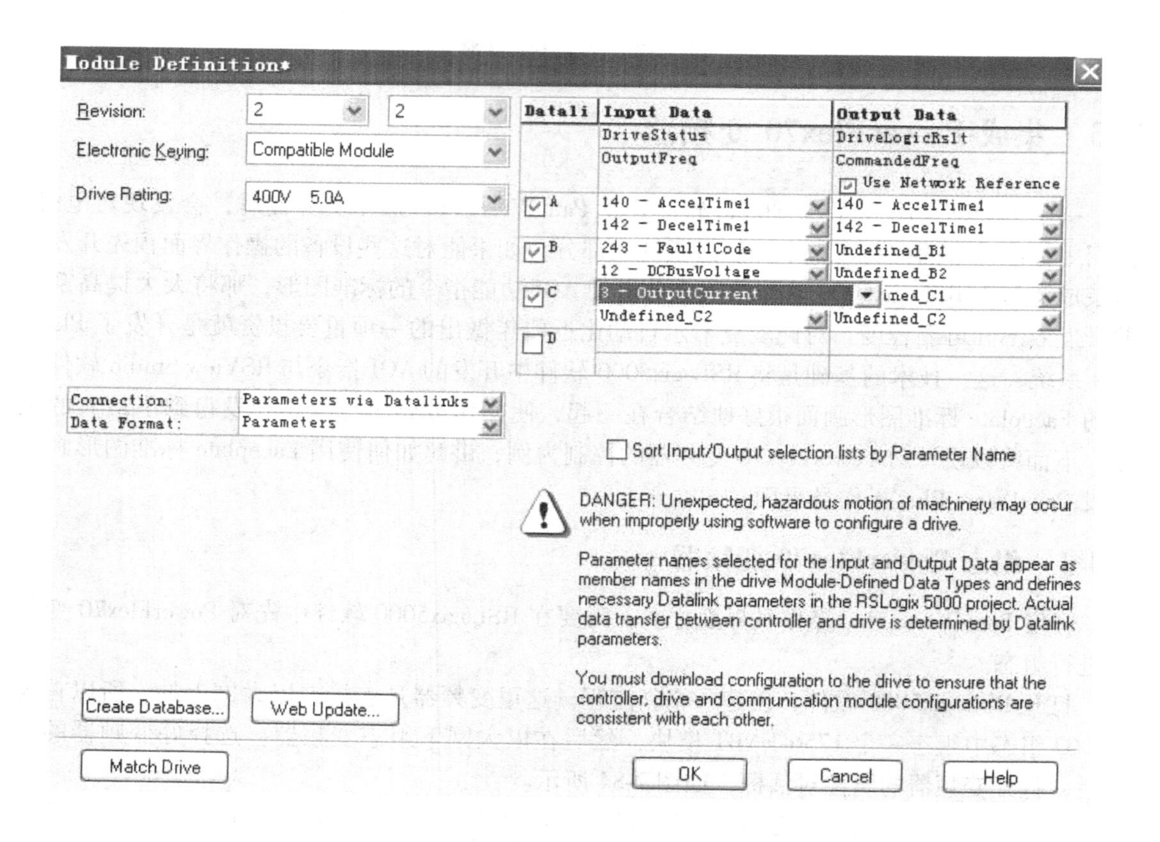

图 7-85 数据链路选择对话框

在这里，可以设置变频器的版本、额定电压、额定电流以及数据链路。数据链路 A、B、C、D 是指向变频器参数的指针，变频器的 I/O 组件并不是固定 I/O 组件，而是动态的组件，并具有使程序员能够挑选并选择所需变频器参数的功能，从而可以作为远程 I/O 进行通信。设置好相应的参数后，单击“OK”按钮。

打开属性对话框中的“Port Configuration”选项卡，如图 7-86 所示。

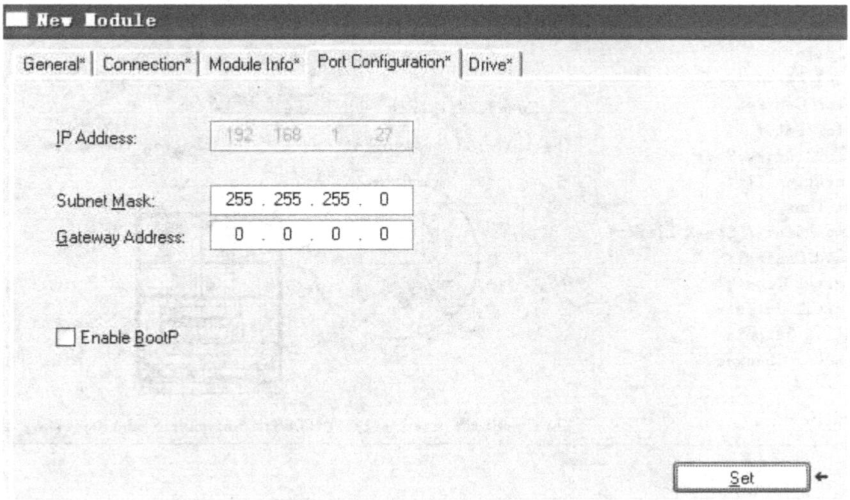

图 7-86　“Port Configuration”选项卡

设置好子网掩码，这时一定要单击“Set”按钮，否则子网掩码设置失败。

打开“Drive”选项卡，双击“Parameter List”，进行相关参数设置，如图 7-87 所示。

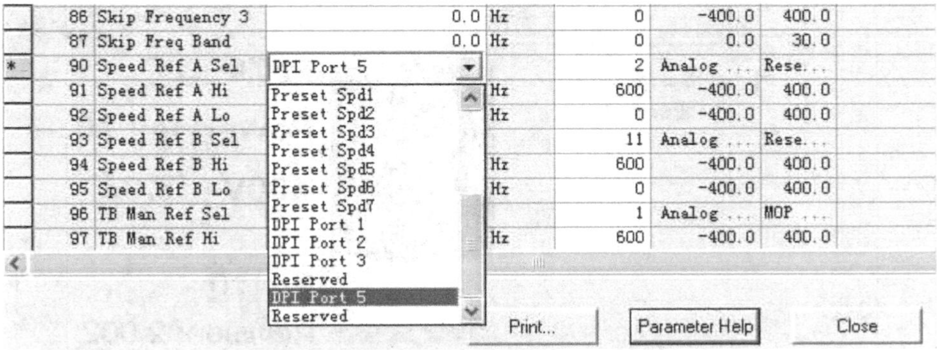

图 7-87　修改通信路径

这里仅将修改第 90 号参数，设置为 DPI Port 5。如果需要修改变频器的其他参数，也可以在 RSLogix5000 软件中修改，这种方式可极大地方便编程、调试以及维护，也充分体现了源代码集成的优势。

但最好的办法是在 Drive 选项卡的启动向导中设置所有要修改的参数，这样在“Speed Control”选项卡中对应地选择 DPI Port 5，如图 7-88 所示，也可以达到如图 7-87 所示一样的效果。

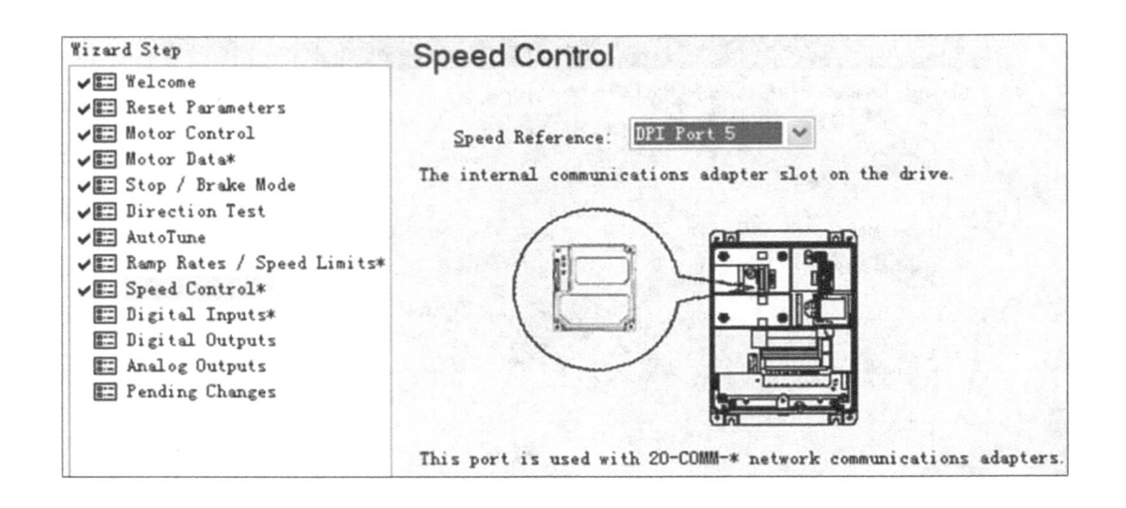

图 7-88　速度控制选项卡

启动向导设置好后，就需要将 PowerFlex70 的参数下载到变频器中。需要注意的是，下载选项是灰色的，如图 7-89 所示。

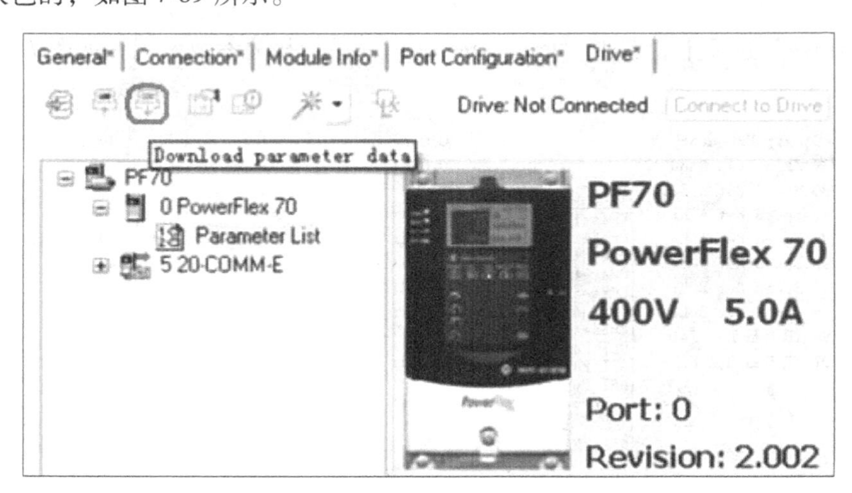

图 7-89　未保存前的驱动选项卡

此时，先单击“Drive”选项卡中的“OK”按钮，再次进入“Drive”选项卡，就会发现下载图标不是灰色的，即可以下载参数了，如图 7-90 所示。

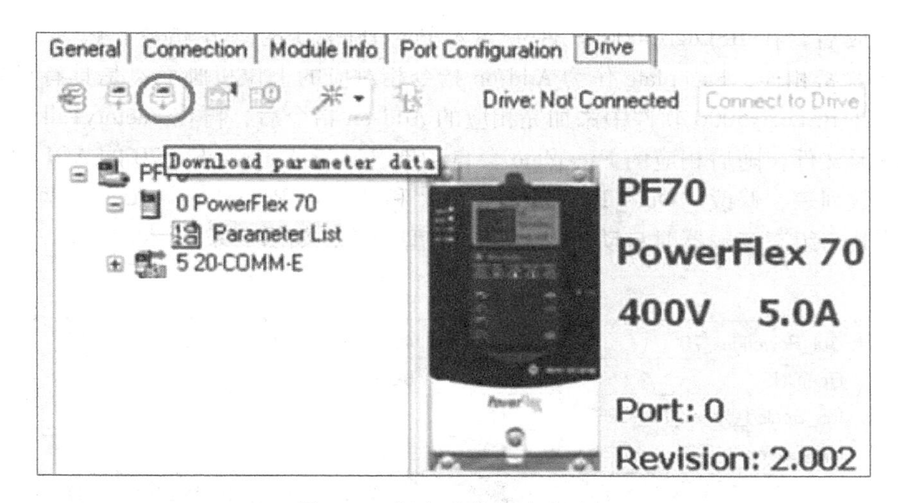

图 7-90　保存后的驱动选项卡

在下载过程中会弹出如图 7-91 所示的数据链路选择对话框。

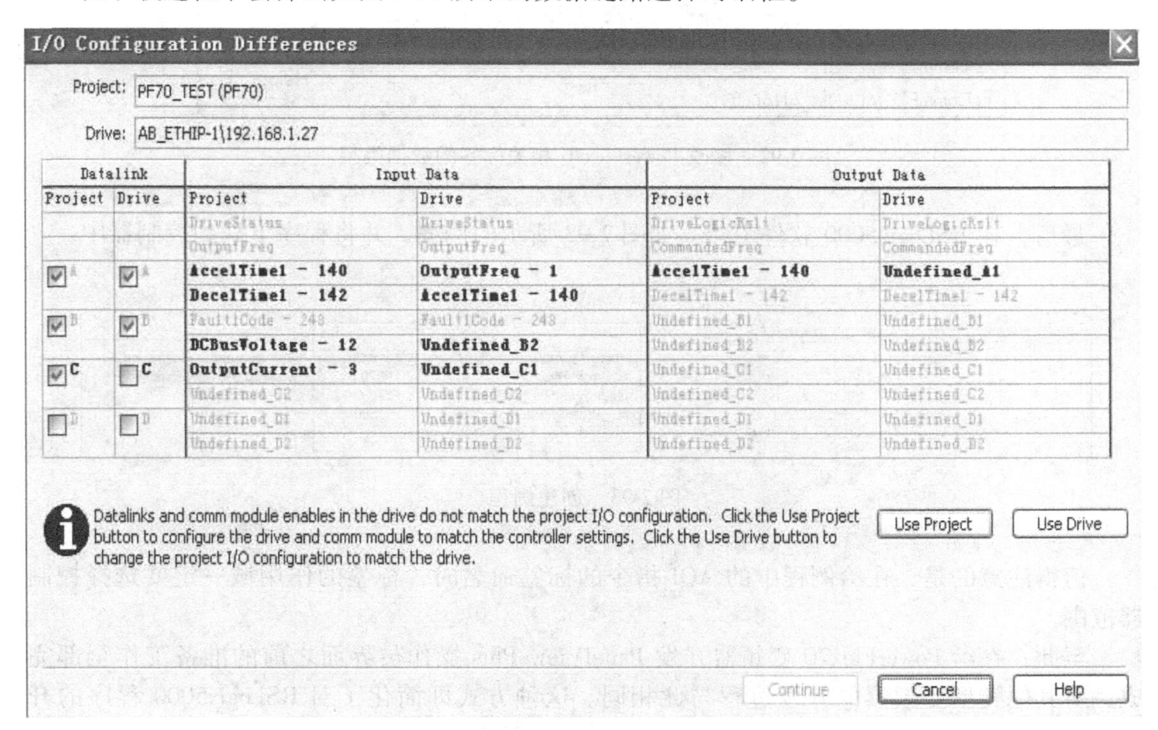

图 7-91　数据链路选择对话框

这里如果选择“Use Project”选项来对驱动和通信模块进行组态以匹配控制器的设置；如果选择“Use Drive”选项，就得改变 Project I/O 组态以匹配驱动。实验时，选择前者，项目设置将会下载到变频器中，适配器和变频器执行复位，复位工程大概将持续 60s 才会完成。复位完成之后，单击随后出现的（未呈灰色显示）“继续”。

下载完成后，在 RSLogix5000 软件中导入 PowerFlex70 的 AOI 指令，因为 Faceplate 与 Add-on 指令紧密相连，Faceplate 作为 Add-on 指令相对应的上位机画面，是具有设置相应功能的窗口。在 RSLogix5000 软件中添加完相应的 Add-on 指令后，再在 FactoryTalk View SE 导入相应的图形文件，随后相应的 Faceplate 会自动展开。导入 PowerFlex70 的 AOI 指令后，需要打开其参数列表，修改“Out _ PowerFlex _ 70”和“Inp _ PowerFlex _ 70”这两个标签的数据类型，使其与组态变频器时自动生成的数据类型一致，如图 7-92 所示。

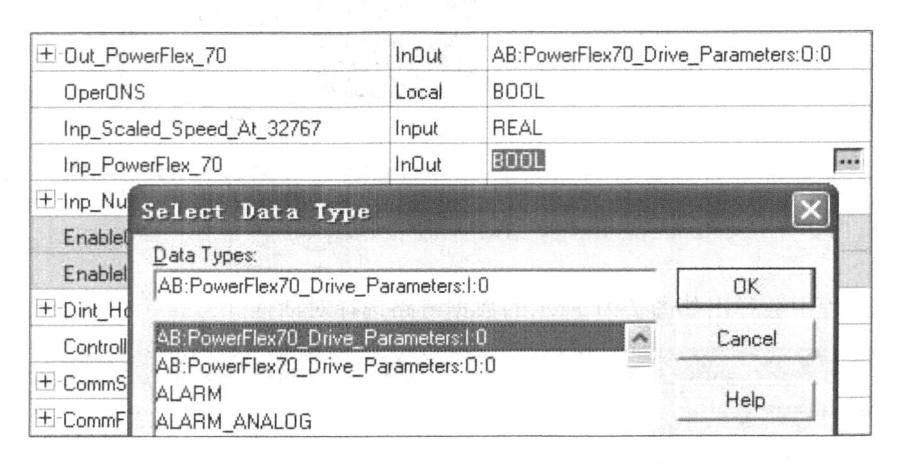

图 7-92　修改 PowerFlex70 相关标签的数据类型

最后，在 RSLogix5000 软件中建立如图 7-93 所示的例程，并将程序下载到控制器中。

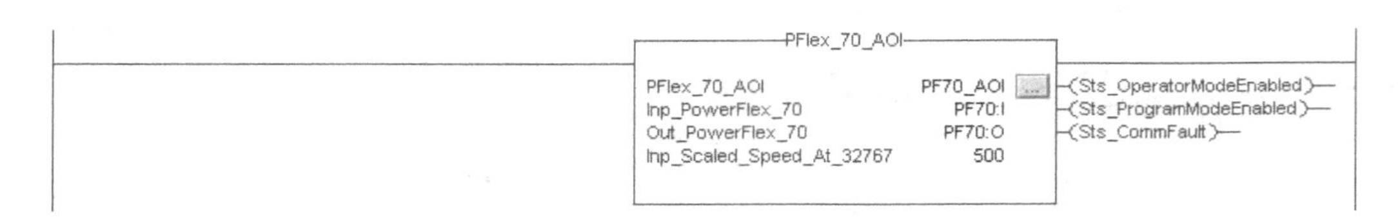

图 7-93　创建例程

值得注意的是，在给例程中的 AOI 指令的标签命名时，标签的作用域一定要选择控制器范围。

至此，在给 PowerFlex70 变频器开发 PanelView Plus 操作员界面之前的准备工作全部完成，对其他类型变频器的开发过程与此相同。这种方式即简化了对 RSLogix5000 程序的开发，更多的是对下面要介绍的对 Faceplate 上位机画面开发奠定了基础。

7.3.2　创建 Faceplate 画面

在介绍完用 PlantPAx 系统中的标准 AOI 功能块开发 RSLogix5000 程序后，借鉴这一设计思想，在 FactoryTalk View 上位机画面的开发中着重讲解 Faceplate 画面的开发过程。

新建一个 ME 工程项目，如图 7-94 所示。

需要特别注意的是在“Language”选项中，必须选择英语，否则当导入 PowerFlex70 图

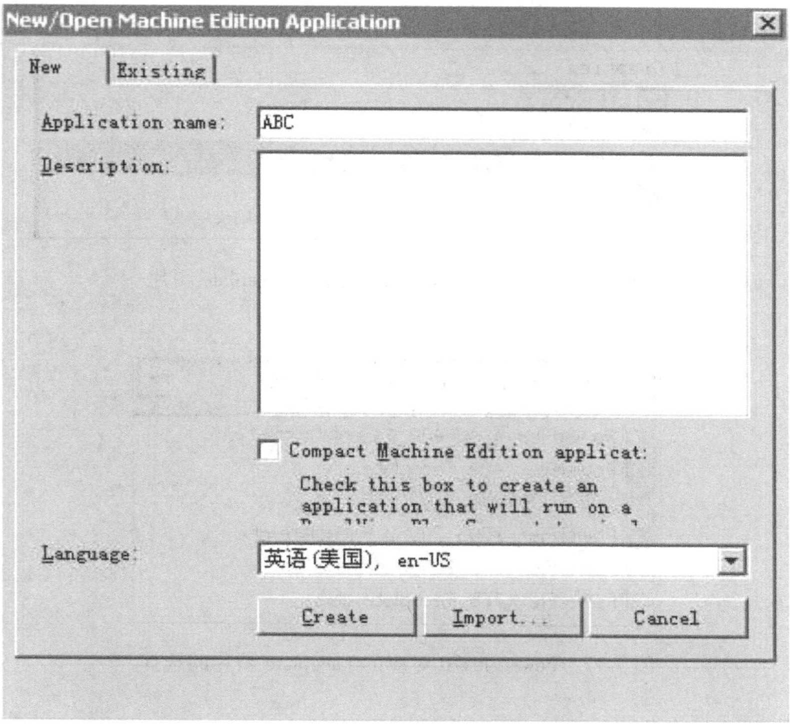

图 7-94　创建 ME 工程

片时将无法显示与图片相关的文字属性，图片下会呈现“?”。

创建好之后，首先应该建立通信连接，展开 RSLink Enterprise 前面的“+”，双击“Communication Setup”即可创建一个新的通信组态，如图 7-95 所示。

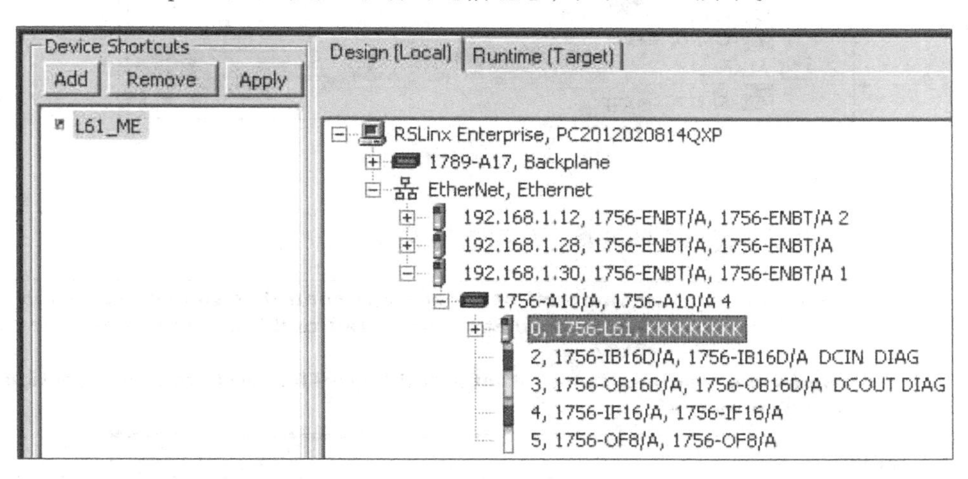

图 7-95　通信组态的建立

单击“Add”，命名为“L61 _ ME”找到实验时所用的 L61 控制器，单击“Apply”。

然后，将 PowerFlex70 面板图片添加到创建好的 ME 应用程序，如图 7-96 所示。

选择所需的图片，如图 7-97 所示。

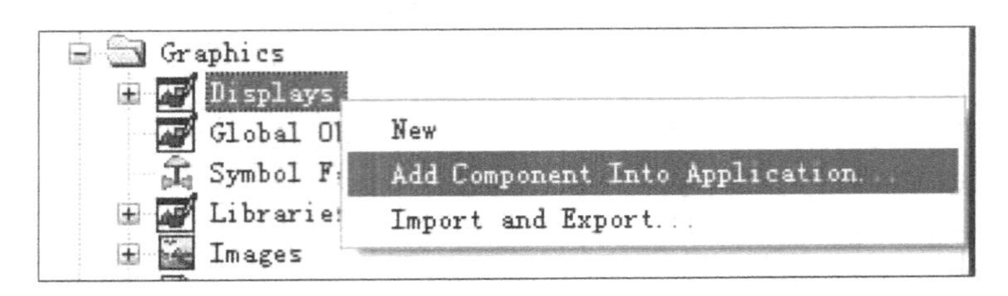

图 7-96　导入 PowerFlex70 对应的 Faceplate 图片

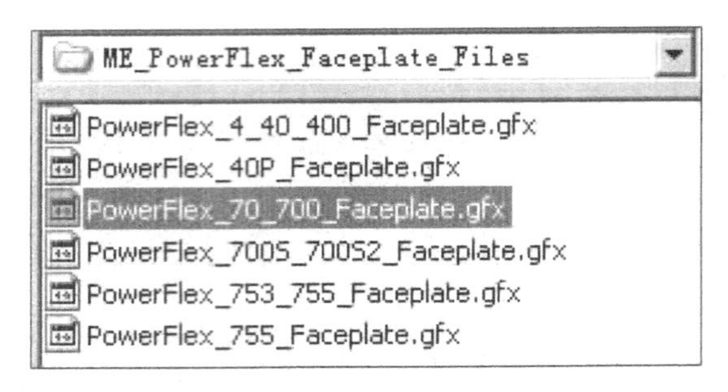

图 7-97　PowerFlex70 对应的 Faceplate 图片的选择

导入 Faceplate 画面。

接下来，将 PowerFlex70 面板参数文件导入到创建好的 ME 应用程序，如图 7-98 所示。

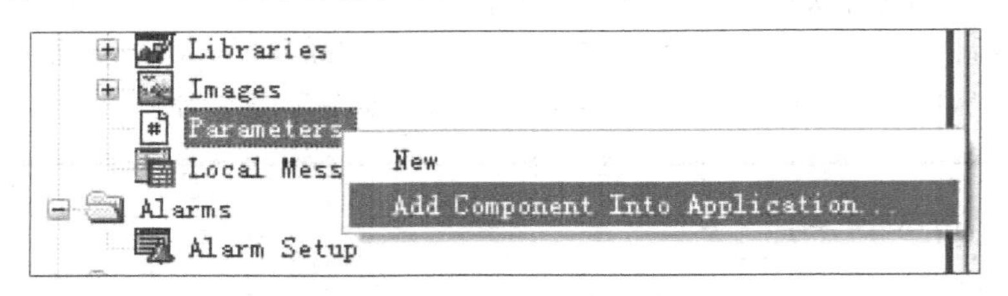

图 7-98　导入参数文件

导入参数后，需要修改相应的参数，如图 7-99 所示。

```
!   CLX-63 represents the "Device Shortcut" name of Logix controller you configured in
!   RSLinx Enterprise Communication Setup that is connected to the intended PowerFlex Drive.
!
!   Motor_1 represents the "Module Name" of intended PowerFlex Drive that was configured
!   in your Logix application file.
!==========================================================
#1=::[L61_ME]PF70_AOI
```

图 7-99　参数修改图

将“# = ::”后面的中括号里面的内容修改为“L61 _ ME”，使其与新建立的通信“L61 _ ME“匹配；中括号后面的参数修改为“PF70 _ AOI”，使其与在 RSLogix5000 软件中编写的例程中的 PowerFlex70 的 AOI 指令的标签“PF70 _ AOI”匹配。

打开“Display”目录下的 PowerFlex70 文件，选中实验时所需的图片，并复制到主画面中，右键单击主画面中刚刚复制的画面，打开属性选项卡，按图 7-100 所示配置相应参数。

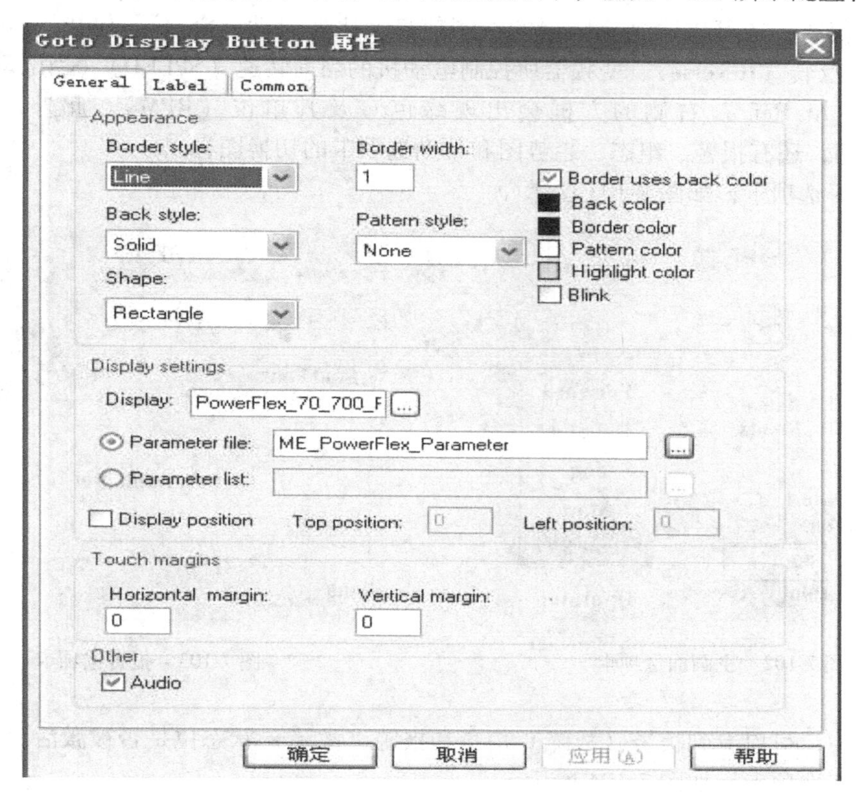

图 7-100　属性设置选项卡

在“Display”中，选择“PowerFlex _ 70 _ 700 _ Faceplate”文件，在“Parameter file”中选择“ME _ PowerFlex _ Parameter”文件，然后单击“应用”和“确定”。

最后，打开启动设置选项，如图 7-101 所示。

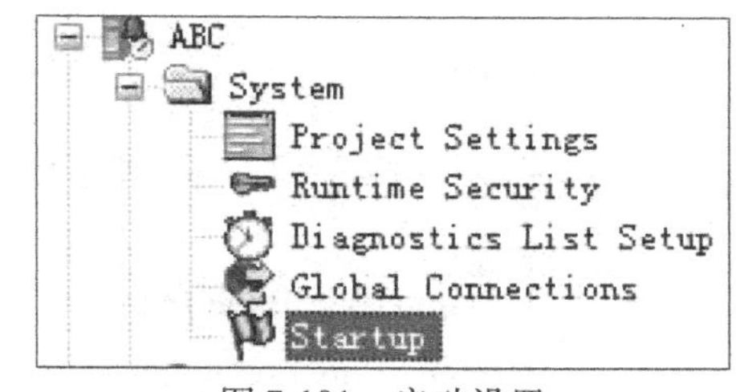

图 7-101　启动设置

在打开的启动设置选项卡中，设置初始画面显示，选择相应的参数文件。单击生成客户端按钮，即可生成客户端画面。

7.3.3　Faceplate 画面功能

单击生成客户端的 PowerFlex70 对应的 Faceplate 画面，弹出如图 7-102 所示的用于显示变频器基本信息的主画面选项卡。

在图中，可以清晰地看到变频器的当前状态信息，如是否有报警信号被触发（Alarm）、变频器是否故障（Fault）、变频器是否处于激活状态（Active）以及变频器准备好信号是否有效（Ready）；也可以清晰地看到变频器的控制模式，分为操作员（Operator）模式和程序（Program）模式；还可以看到变频器的控制信息，比如启动（Start）、停止（Stop）、正转（Forward）、反转（Reverse）、变频器所控制电动机的当前转速（SPEED）（当电动机达到额定转速时，“At Ref.”右侧的方框会出现绿色）及其单位（RPM）。此外，在标签名“PF70”下面，还有报警、组态、趋势图和帮助选项卡的切换图标。

打开报警选项卡，如图 7-103 所示。

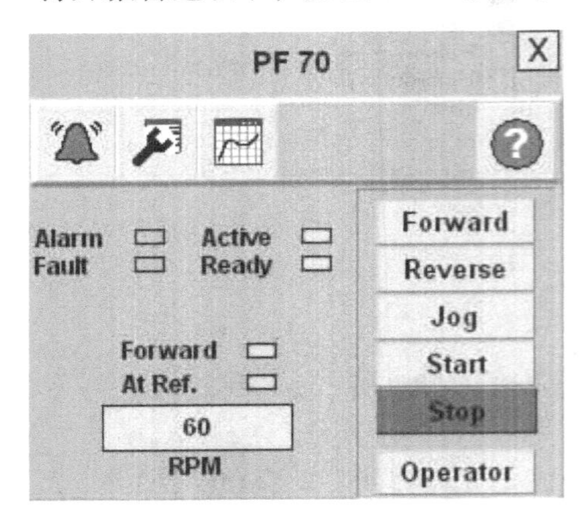

图 7-102　主画面选项卡

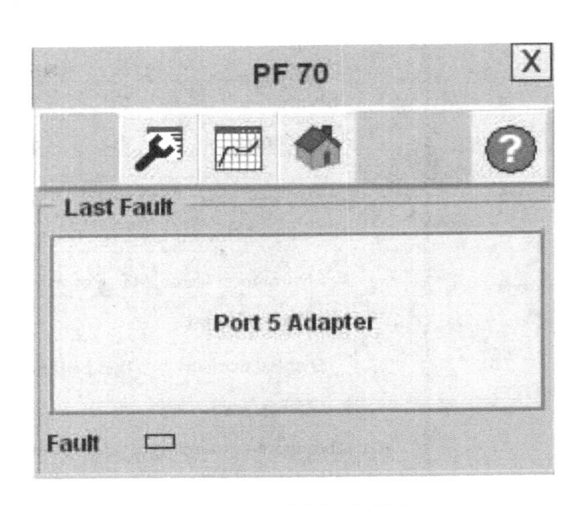

图 7-103　报警选项卡

在此图中，可以看到报警（故障）信息和报警（故障）状态位是否被激活。

打开组态选项卡，如图 7-104 所示。

在图中，可以看到通信模块故障定时器的预设值、组态变频器时数据链路 A 通道所对应的参数信息，即电动机的加速时间和减速时间还有电动机的转速单位。

打开趋势图选项卡，如图 7-105 所示。

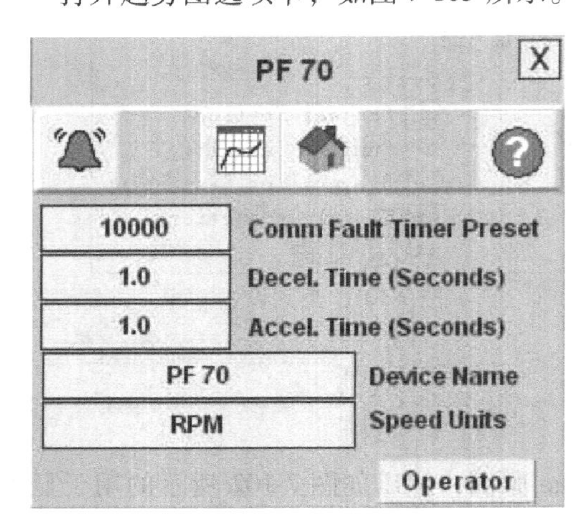

图 7-104　组态选项卡

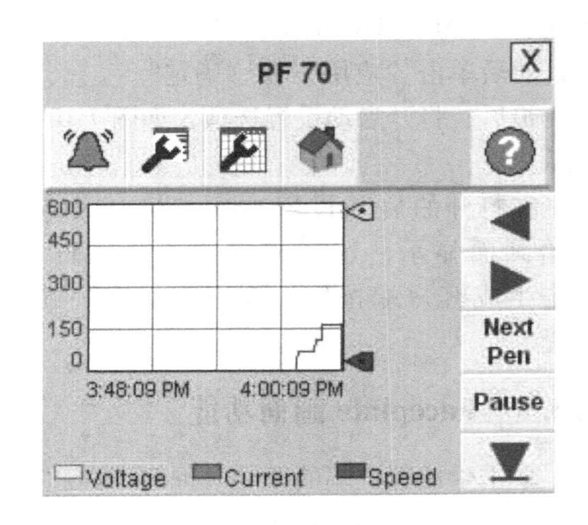

图 7-105　趋势图选项卡

显然，趋势图用于记录变频器的电压、电流以及速度。趋势曲线中的电压和电流是与组态变频器时数据链路 B 通道和 C 通道所选择的参数相对应。由于电流较小，大约 1A 左右，所示图中显示的不明显。可以通过单击“Next Pen”来切换电压、电流和速度的趋势图。单击趋势图选项卡会弹出趋势图属性对话框，如图 7-106 所示。

打开帮助选项卡，如图 7-107 所示。

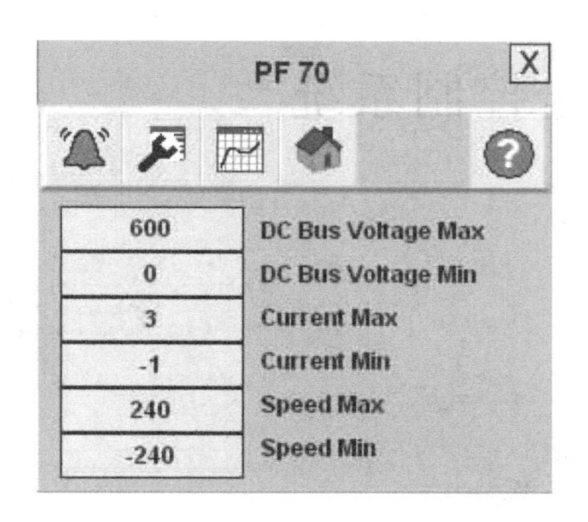

图 7-106 趋势图属性对话框

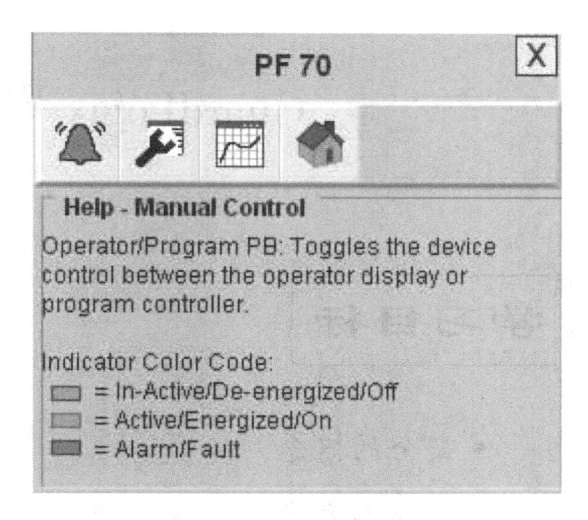

图 7-107 帮助选项卡

此选项卡用于提示用户 PowerFlex70 对应的 Faceplate 有两种控制模式，分别是操作员模式和程序模式以及主选项卡中灰色指示灯亮时，表示此状态位处于未激活或未使能或者关闭状态；绿色指示灯亮时，表示此状态位处于激活或使能或者导通；红色指示灯亮时表示有报警被触发或者故障发生。

第8章

GuardLogix 安全控制系统

学习目标

- 安全的概念
- 与安全有关的标准和规定
- 安全控制系统的设计
- GuardlLogix 系统介绍
- 组态安全 I/O 模块
- ESTOP、ROUT 指令的使用
- 安全标签的映射
- 安全标识与安全锁定
- 功能屏蔽灯输出

8.1　有关安全的规范和标准

1. 规范

自动化用户和生产商不断在寻找一种能帮助定位全球安全标准的灵活方案，在降低成本和提高生产率的双重竞争压力下，要求安全标准与安全控制能更好地集成在一起。目前有多个适用于工业机械设备安全的指令，其中有两条指令最为重要：机械指令和工作设备的使用指令。

1）机械指令（98/37/EC）涉及新机械和包括安全部件在内的机械设备的供应标准。

①该指令列出了各种机械必须遵守的健康与安全基本要求，称作 EHSR。这样做是为了确保机械安全，即确保在整个使用期间内对机械进行调节、维护时，不会使人员处于危险状态。

②该指令提供了消除危险的各种分级措施，机械供应商必须规定什么样的措施最合适。

● 本安型设计，设计本身就能防止各种危险。

例如：制造、运行时应采用合适的材料；应提供合适充足的照明与搬运设施；控制机构与控制系统必须安全可靠；各种机械不得意外启动，应配备一个或者多个紧急停止按钮；电源或者控制回路失效不应造成危险情况；机械应能保持稳定，并能承受可预见的各种应力；机械上不应有可能造成伤害的边缘或者表面等。

● 如以上不可行，可采用额外保护装置，如采用具有联锁接入点的防护罩、光幕、传感垫等非金属屏障。

例如：采用防护罩或者防护装置来防止危险，如移动部件，这些防护部件必须结构坚固，不易忽略；固定式防护罩必须采用通过工具才能拆除的安装方法；活动的防护罩应采用联锁机构；可调式防护罩应能在没有工具的情况下随时进行调节等。

● 如果采用上述方法后还存在危险，则必须通过个人防护装备和/或培训消除这些危险。

例如：防止电源或者其他能量源造成的危险；必须将温度、爆炸、噪声、振动、粉尘、气体或者辐射造成的危险降至最低；必须提供便于维护与维修的合适设施；必须提供充足的指示与警告装置；必须为设备提供有关正确安装、使用、调节等的说明书等。

③该指令规定：必须进行彻底的风险评估并做相应记录，确保消除所有潜在的机械危险。设计人员或者其他负责机构必须出示证明，这些证明应包括如试验结果、图样、技术规格等所有相关技术文件，以证明机械满足 EHSR（健康与安全基本要求）的要求。

2）工作设备的使用指令（89/655/EEC，经过 95/63/EC、2001/45/EC 修正）。与机械指令针对供应商相反，该指令是针对机械使用者。指令涵盖所有工业领域，规定了员工的一般职责和有关工作设备安全的最低要求。

2. 标准

全球机械安全标准由两个组织管理：ISO 与 IEC。

1）ISO，即国际标准化组织，属于非政府组织，由全球大多数国家的国家标准机构组成。ISO 在设计和制造机械以及有效、安全、洁净地使用机械等方面制定了各种标准，这些标准使各个国家之间的贸易更简单、更公平。

2）IEC，即国际电工委员会，IEC 编写和出版与电气、电子技术相关的国际标准。IEC

在所有电工技术标准化（如评估电工技术标准的一致性）方面推进了国际协作。

3）EN，即欧洲协调标准，按照这些标准设计、制造设备是证明其满足 EHSR 的最直接的方法。这些标准分为 A、B、C 三类。

A 类标准：涵盖适用于所有机械类型的领域。

B 类标准：包括两个子部分，B1 类标准（涵盖机械的特定安全与人机工程学领域）和 B2 类标准（涵盖安全部件与保护装置）。

C 类标准：涵盖特殊类型或者组别的机械。

3. 规范与标准的区别

标准是指为促进共同利益，在科学、技术、经验、成果的基础上，由各有关方面合作起草、协商一致而制定的经标准化机构批准的技术规范或其他文件。规范是指规定产品或服务特性的文本，例如，质量水平、性能、安全或尺寸，它可以只涉及术语、符号、检测或检验方法、包装、标志或标签等的要求。

标准强调必须在制定时由各方面协商达成一致意见，以确保标准公正、合理、普遍适用，并且必须由权威性机构批准才能发布；规范如果适合公用，经各方同意、权威机构批准，可转化为标准，当然，技术规范也可以与标准无关。

8.2 安全策略

为了制定正确的安全策略，必须执行两个关键的步骤：风险评估和风险降低。这两个步骤的联合实施过程如图 8-1 所示，对该实施过程做如下详细说明。

1. 机械局限性判定

该过程包括收集、分析有关机械部件、机构与功能的信息。如果相互独立的机械通过机械方式或者控制系统连在一起，那么应将这些机械看做是一台独立的机械，除非这些机械按照适当的保护措施已经过“区域划分”。我们应考虑机械使用期限内各个阶段的局限性，其中包括安装、调试、维护、停止使用以及合理预见到的使用不当或者故障导致的后果。

2. 危险识别

必须识别所有危险，并按照其性质一一列出，危险类型包括挤压、剪切、缠绕、部件弹出、气味、辐射、有毒物质、热、噪声等。应将任务分析结果与危险识别结果进行对比，对比结果将说明人员遇到危险的可能性，即出现危险情况的可能性。根据每个人或者每项任务的特点，可能会使相同的危险带来不同严重程度的危害。例如，一名经过培训的、高度熟练的技术人员的表现与一名没有技术、不了解机械的清洁工的表现是不同的。这种情况下，如果列出每种情况并单独解决，则可证明为技术人员采取的保护措施和为清洁工采取的保护措施是不同的。如果没有列出各种情况并单独解决，则应采用最严重的情况，并且为维护人员与清洁工采用相同的保护措施。

有时候需要为已经采用适当保护措施的现有机械进行总的风险评估，例如，采用联锁防护门的具有危险性活动部件的机械，这种危险性活动部件是一种潜在危险，会在联锁系统失灵后真正造成危险。

3. 风险评估

风险评估的依据是明确的机械功能、其在使用期限内应进行的各种任务以及局限性。通

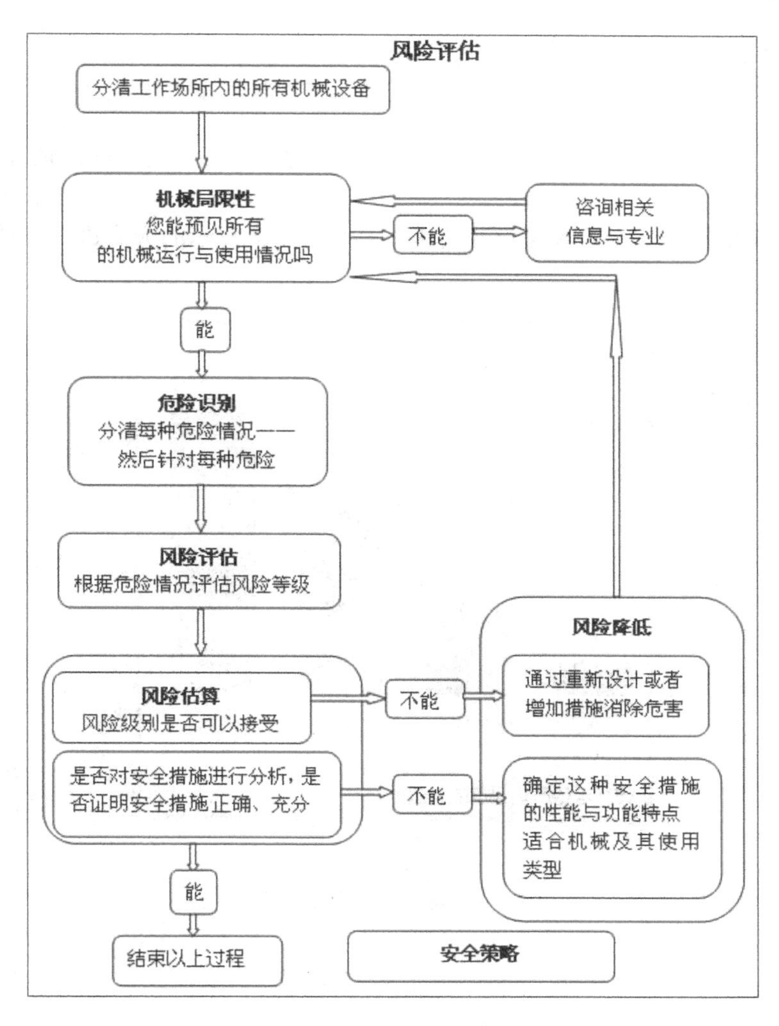

图 8-1　安全策略的制定步骤

过风险评估可提供关键信息，使用户或者设计人员在实现安全方面做出合理决策。

风险评估过程是一个重复逼近的过程，将在机械使用期限内的不同阶段进行。在机械使用期限的不同阶段内可用的信息也有所不同。例如，由机械制造商进行的风险评估会考虑机械机构、建造材料等方面，但对其设备的最终工作环境仅做大致的假设；而对于机械使用者来讲，他们没有必要深入考虑技术细节，但会考虑该机械工作环境的每一个细节。一次重复逼近的结果是下一次重复逼近的开始。

4. 风险估算

为了对出现的风险进行量化，我们必须考虑潜在危害的严重程度及其出现概率，进行风险估算时，通常不应考虑任何现有的保护系统。

主要考虑以下因素：

● 潜在伤害的严重程度。

●潜在伤害出现的概率。

其中，发生概率包括两个因素：

●暴露频率。

●伤害概率。

通过单独处理每种因素，为每种因素赋值。具体的环境将决定不同的估算方法，以下只是作为一种总的指导原则。

1）潜在伤害的严重程度。伤害严重程度可按照图 8-2 所示的分类进行评估。

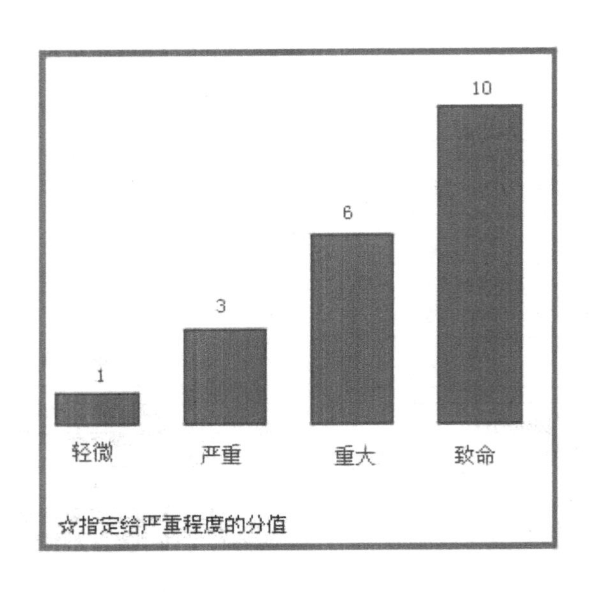

图 8-2　伤害严重程度分类

其中：

●致命：死亡。

●重大：通常不可逆，永久性残废、失去视力、截肢、呼吸系统损坏等。

●严重：通常可逆，失去知觉、烧伤、划伤等。

●轻微：皮肤挫伤、割伤、轻微刮伤等。

2）暴露频率。暴露频率可说明操作人员或者维护人员每隔多久才会暴露在危险环境下。暴露在危险环境下的频率可分为以下几类，如图 8-3 所示。

其中：

●经常：每天多次。

●偶尔：每天一次。

●很少：每周一次或者更少。

3）伤害概率。可将伤害概率分为以下几类，如图 8-4 所示。

将以上三部分值相加得到初始估算值，接下来需要通过考虑其他因素对初始估算值进行调节，具体见表 8-1。通常只有在机械的位置永久固定后才能正确考虑这些因素。

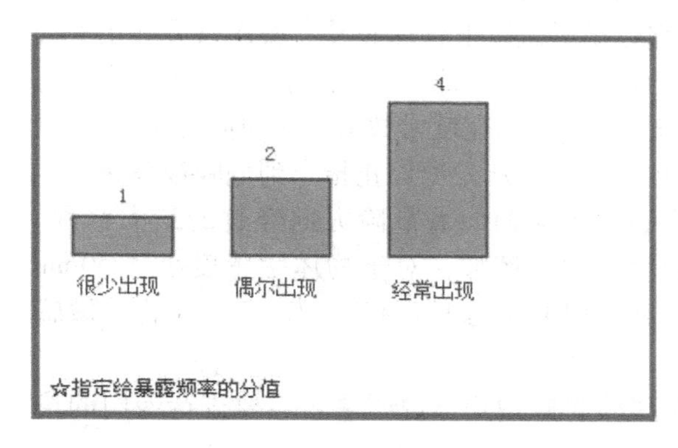

图 8-3　暴露频率

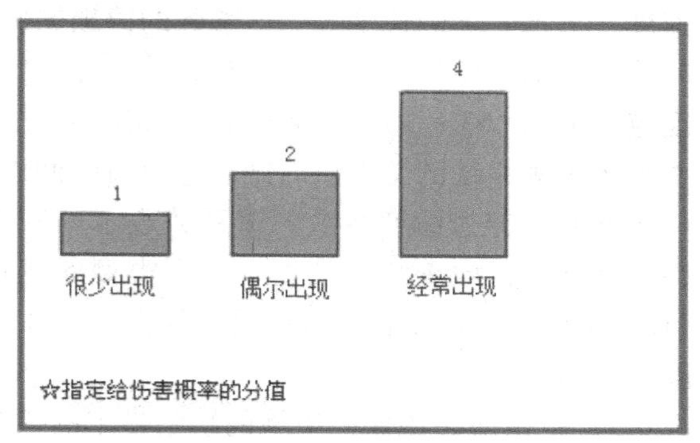

图 8-4　伤害概率

表 8-1　对初始估算值进行调节

典型系数	建议采取的措施
多个人员暴露在危险中	将严重程度乘以人数
电源未完全隔离时，在危险区域拖延时间	如果每次靠近所需的时间超过 15min，则伤害概率增加 1 分
操作人员技术不熟练或者未经过培训	总分翻倍
两次靠近之间的时间间隔很长，比如在监视系统中，可能存在入侵性	增加暴露频率的最大值

5. 风险降低

按照从风险评估阶段获得的信息，在必要的情况下选择安全措施以降低风险。

风险降低的措施级别如下，我们可以考虑 3 种基本的方法，并依次使用，这与规范中机械指令（98/37/EC）涉及的供应标准一致。

1）尽可能消除或者降低风险（采用本安型设计结构）。

2）对于不能通过设计消除的风险，安装必要的保护系统、采用必要的保护措施（如联锁防护罩、光幕等），这些过程需要一些计算，比如安全距离计算。

必须在操作人员进入危险状态前，将各种危险状态转变为安全状态。在安全距离计算方面，有两组已经使用的标准，分别为：

- ISO EN：（ISO 13855 和 EN 999）；
- US CAN（ANSI B11. 19、ANSI RIA R15. 06 与 CAN/CSA Z434-03）。

具体公式如下：

- ISO EN：$S = K \times T + C$
- US CAN：$Ds = K \times (Ts + Tc + Tr + Tbm) + Dpf$

这里仅介绍 ISO EN：（ISO 13855 和 EN 999）标准的计算公式。最小的安全距离主要取决于处理停机指令所需的时间、被探测前操作人员穿过探测区域有多远等。公式中参数介绍如下：

◆ S 为最近探测点与危险区域之间的最小安全距离。

◆ K 为速度常数。速度常数的值由操作人员的移动情况决定，如手的移动速度、行走速度、每走一步的长度等。该参数的值根据研究数据可做以下合理假设：操作人员静止不动时手的移动速度为 1600mm/s(63in/s)；同时还必须考虑实际应用环境。按照常规，接近速度应在 1600(63in/s) ~2500mm/s(100in/s)之间变化，实际速度常数应通过风险评估确定。

◆ T 为系统的总停机时间。总停机时间以秒为单位，从发出停止指令到危险被终止。

◆ C 为穿过深度系数。该系数表示在安全装置探测前向着危险方向经过的最大路程。穿过深度系数随着装置类型、应用类型的变化而变化，例如，对于物体敏感度小于 40mm (1.57in) 的光幕或者区域扫描仪的正常路径，可采用 ISO 与 EN 标准：C =8 × (物体敏感度 -14mm)，但不能小于 0。

3) 把由所采用保护措施的缺陷带来的剩余风险告知用户，说明是否需要进行专门的培训，规定需要采用个人防护器具的情况。

8.3 保护配套设备与措施

当风险评估显示一台机械或者一个工艺过程会导致伤害风险，必须进行风险降低，以限制甚至消除危险。实现该目的的方式取决于机械与危险本身的特点。安全措施被定义为能够防止靠近危险，或者能够检测是否靠近危险的方法，防护措施包括如下装置：固定式安全罩、联锁式安全罩、光幕、安全垫、双手控制装置、安全开关、逻辑功能装置（如安全监视继电器）以及安全可编程逻辑控制机构等，部分工业安全产品如图 8-5 所示。

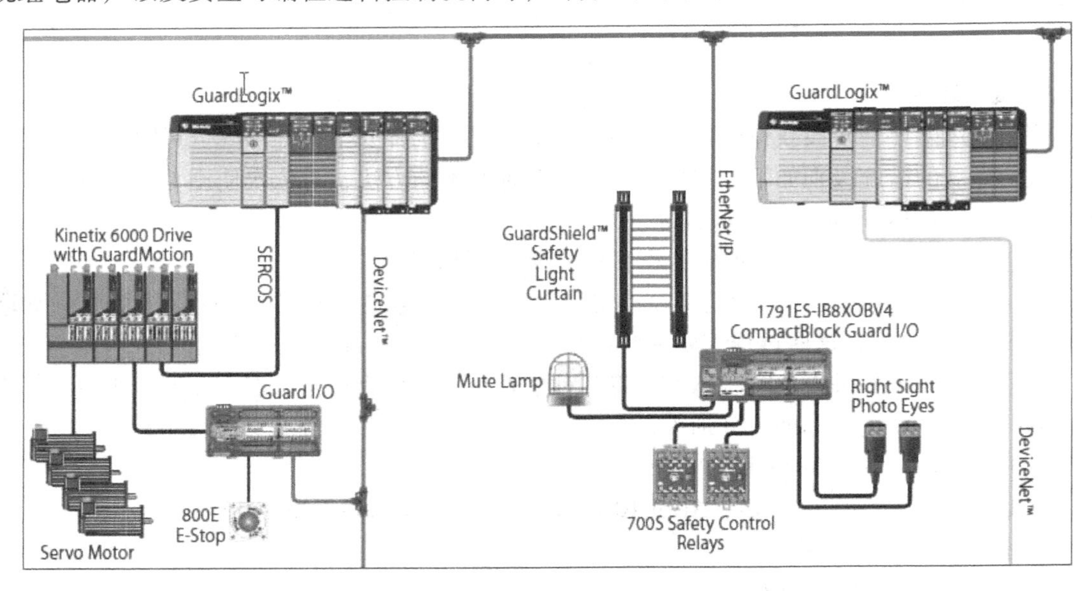

图 8-5 部分工业安全产品

8.3.1 急停开关

在国际上，机械或者制造系统的停止类别描述是一致的。注意：这些类别与 EN 954-1 (ISO 13849-1) 中的类别是不同的。有关更详细的内容，请参阅 NFPA79 与 IEC/EN60204-1

标准。

停止方法分为以下三类：

1）0 类停止方法通过直接切断机械执行机构的动力实现停止。这种停止方法称作无控制停止。动力切断后，制动所需动力也消失，这样，电动机就会自由转动并在一段时间后自然停止。其他情况下，比如，机械的夹紧装置若松开会使材料跌落，这种情况下就需要夹紧材料的动力。不需要动力的机械停止方法也可与 0 类停止方法配套使用。与 1、2 类停止方法相比，应优先采用 0 类停止方法。

2）1 类停止方法是一种受控型停止方法，通过机械执行机构上的动力实现停止。当实现停止后切断执行机构的动力。这种停止方法允许采用动力制动，以实现快速停止危险动作的目的。

3）2 类停止方法也属于受控型停止方法，但为机械执行机构保留动力。正常的停机方法属于 2 类停止方法。

必须按照风险评估结果确定采用 0 类或者 1 类的急停功能操作方式。急停功能必须由独立的人为动作启动。执行急停时，必须能抑制所有其他功能。急停的目的是在不会增加危险的情况下尽可能快的切断动力。直到最近，急停回路中还需要采用硬连接式电子-机械部件。如 IEC 60204-1 与 NFPA79 各标准的最新更改内容说明安全 PLC 以及其他形式的电子逻辑装置满足如 IEC61508 等标准规定的要求，可用于急停回路。

急停装置被认为是安全防护设备的补充装置。因为急停装置不能防止人员靠近危险区域或者探测得到人员靠近危险区域，所以不能作为主要的防护装置。实现急停的通常方法是在黄色背景上采用红色蘑菇形按钮，并在出现紧急情况时由操作人员按下。急停按钮必须数量充足、有计划地分布在机械周围，确保在危险点上总有一个急停按钮在操作范围内；必须能随时操作急停按钮，在机械的所有运行模式均能使用急停按钮。使用按钮作为急停装置时，必须采用蘑菇（或者便于手掌操作）形、红色并配备黄色背景的按钮，按钮被按下时必须改变状态，同时按钮在按下位置自锁。

在急停按钮上采用的最新技术之一是自检测技术。在急停按钮的背部增加一个触点，用来检测盘面部件的背部是否仍旧存在，这就是所谓的自检测接触功能块。这种功能块包括一个弹簧式触点，并在接触功能块卡入盘面时使该触点闭合。

8.3.2　安全继电器

逻辑功能装置在控制系统的安全部分发挥核心作用。逻辑功能装置可检查、监视安全系统，允许机械启动或者执行指令使机械停止运行。我们可采用一整套逻辑功能装置创建一个安全架构，以满足机械的复杂性、功能性需要。对于小型机械来讲，如果需要专门的逻辑功能装置实现安全功能，则采用小型硬连接安全监视继电器是最经济的。模块化与配置型安全监视继电器适用于需要大量不同类型安全装置以及控制区域比较小的情况。对于中型到大型、更复杂的机械，则可采用具有分布式 I/O 的编程系统。

罗克韦尔自动化提供了大量的安全继电器，能够满足多种多样的工厂要求和预算要求。在这些产品中，既有经济划算的单一功能的安全继电器，也有适用于更大、更复杂应用项目的模块化且可扩展的安全继电器。

1. MSR100 单一功能安全继电器

MSR100 单一功能安全继电器是一种适用于各种各样应用项目的简易的、经济划算的解决方案，如图 8-6 所示，能够兼容多种多样的输入设备和输出配置。MSR100 继电器适宜在相对较小的安全应用项目和单个区域控制项目中使用，并且采用了接线端子可以拆卸的紧凑设计风格，因而便于安装和维护。此类继电器另外还有机电版本，或固态型号（适用于循环率较高的应用项目）。

2. MSR200 模块化安全继电器

MSR200 模块化安全继电器系统采用了即插即用数字量 I/O 扩展模块，如图 8-7 所示，能够支持最多 22 项不同输入（安全地毯、光幕、安全开关等），从而仅需一个继电器系统便可实施对于更大、更复杂制造设备的安全控制。通过多个协议，MSR200 系列基于微处理器的设计方式能够实现更为完善的诊断功能和通信功能。另外，此产品还允许继电器通过现场总线网络向 HMI 传送输出和错误状态。因不同模块之间的简单插入连接方式，系统扩展十分简单，并且接线工作量低。MSR200 系统提供了 SIL3、延时输出支持以及可选专用显示模块，相对于专用的单一功能继电器能够显著节省机柜空间。

图 8-6　MSR100

图 8-7　MSR200

3. MSR300 可配置安全继电器

因可在多个输入模块与一个底座单元之间建立连接，MSR300 系列的可配置安全继电器能够处理更大、更为复杂的安全系统，如图 8-8 所示。此产品能够实现多项输入的逻辑配置以及多项独立输出的控制。此系统最高可以支持 20 个不同输入，最多可以控制 3 个区域。不同于软件配置，此系统通过旋转开关设置执行简单功能块逻辑配置。不同模块可以相互混合与匹配，与各种输入设备类型配合工作，从而减少了对于多个单一功能继电器的需求，简化了设置、接线、维护工作，节省了宝贵的面板空间。另外还有可选关闭延时模块。MSR300 通过多个协议实现的诊断功能能够提供输入、输出和错误状态。通过 HMI 提供 SIL3 级别的双手控制和监控功能，并且由于连接方式是插入式，减少了扩展输入和输出所带来的接线工作量，故 MSR300 易于自行定义和扩展。

4. MSR57 速度监视继电器

MSR57 速度监视继电器是一项先进技术，如图 8-9 所示，适用于操作过程中存在人员交互的运动应用项目。此产品可与任何驱动器相连接，并能利用当前安装的编码器监视速度。

MSR57 能够确认机器何时达到安全运行速度（由用户定义）或机器停止，操作员从而可以安全地进入危险区域。此外，还可按要求配置此产品，使速度监视继电器仅在机器已停止时运行，或者达到用户确定的安全速度之后才解除出入门锁。

图 8-8 MSR300

图 8-9 MSR57

8.3.3 安全 PLC

本节重点讲解安全可编程逻辑控制机构中的安全 PLC。

安全应用对规模化、灵活度等方面的需求促进了安全 PLC 的发展。可编程安全控制器与标准 PLC 的灵活性不相上下，但是，标准 PLC 与安全 PLC 之间有很大的区别。安全 PLC 可形成不同的平台，以满足更复杂的安全系统对于规模性、功能性、集成性的要求。

1. 安全 PLC 硬件系统

为达到所需的安全认证，在安全 PLC 中增加了 CPU 冗余功能和存储器、通信、I/O 回路的内部诊断功能。标准 PLC 对此没有要求，而安全 PLC 会用更多的时间对存储器、通信与 I/O 进行内部诊断。对于编程人员来说，控制器运行系统中的冗余与诊断功能是透明的，故安全 PLC 的程序与标准 PLC 的程序非常相似。图 8-10 所示为安全 PLC 功能框图。虽然基于控制器的各种系列的微处理器会有少许不同，但是为达到安全等级均采用了相似的原理。

两个微处理器中任何一个微处理器都能执行安全功能，然后进行大量的诊断分析以确保两个微处理器同步运行。这种结构类型称为 1oo2D。当然，必要时可采用多个微处理器处理 I/O、存储器与安全通信，并由监控回路执行诊断分析。

另外，对于每个输入回路每秒进行多次内部测试，以保证其运行正常。例如，用户在一个月中可能仅需按一次急停，但当按下急停时会对输入回路进行连续测试，以使安全 PLC 能对急停进行正确的内部检测。安全输入模块框图如图 8-11 所示。

安全 PLC 的输出为电子通道型或者符合安全等级的固态型输出。为确保能切断输出，输出回路与输入回路一样在每秒内也经过多次测试，如果 3 个回路中有一个出现故障，则另外两个输出回路会切断该输出，并由内部监视回路报告故障。也就是说，当探测到错误时装置会进入失电状态，也就是通常所说的“安全状态”。

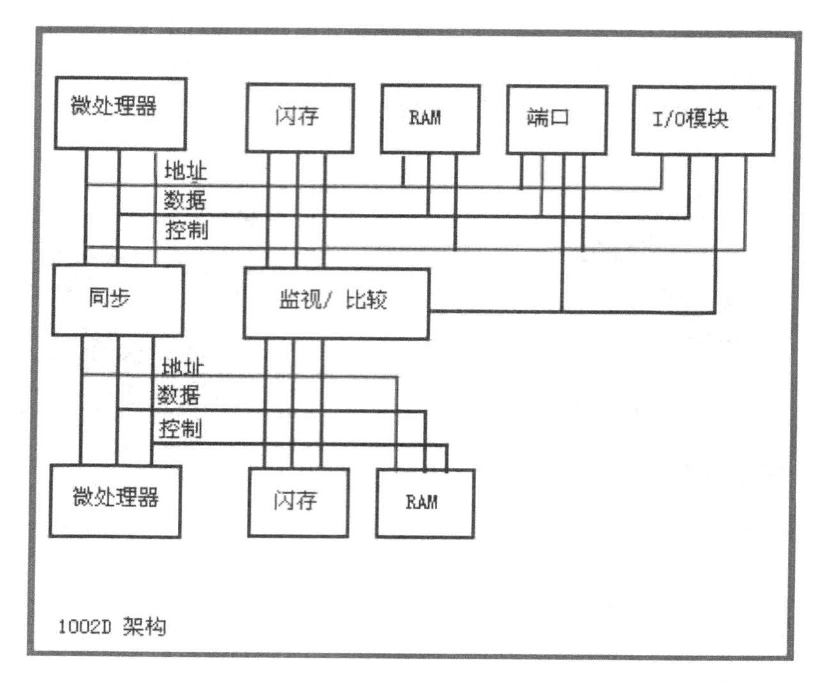

图 8-10　安全 PLC 功能框图

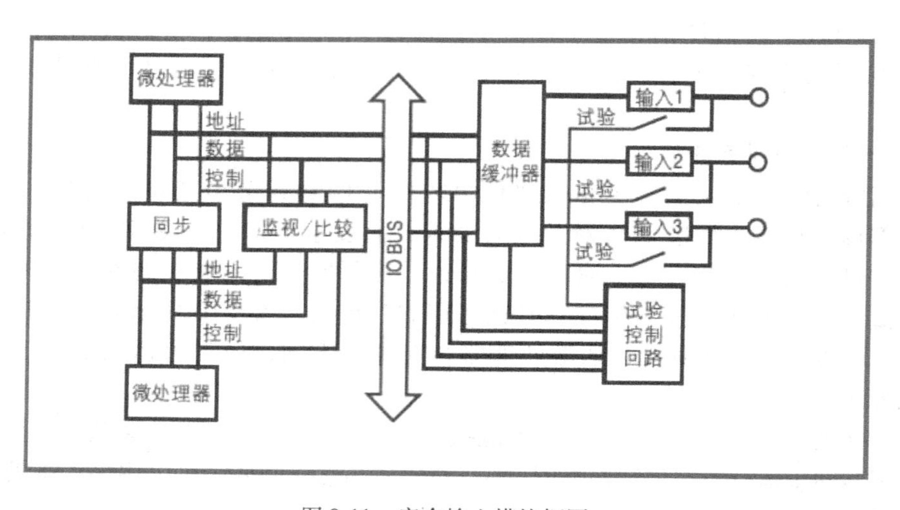

图 8-11　安全输入模块框图

2. 安全 PLC 软件结构

安全 PLC 的编程与标准 PLC 非常相似，以上所述诊断与错误检查已由操作系统完成，无需编程人员执行。大多数安全 PLC 都采用安全系统编程所需的特殊指令，采用这些指令的目的是模拟相应安全继电器的功能，例如，执行急停指令时与 MSR 100 系列中的 MSR 127 极为相似。虽然这些指令背后是复杂的逻辑，但编程人员将这些功能块连在一起后，安全程序看起来还是相对简单的。这些指令以及其他逻辑、数学函数、数据处理等均经过第三方的认证，以确保其运行符合适用标准的规定。

在拥有安全功能与标准控制功能并且这两种功能一起工作的单一控制架构内，利用安全控制解决方案可进行完全整合。通过安全与标准控制机构的整合，用户能够在安全网络上使用通用控制硬件、分布式安全 I/O 或通用 HMI（人机接口）装置，从而降低成本，缩短开发时间。图 8-12 所示为控制与安全的整合示例。

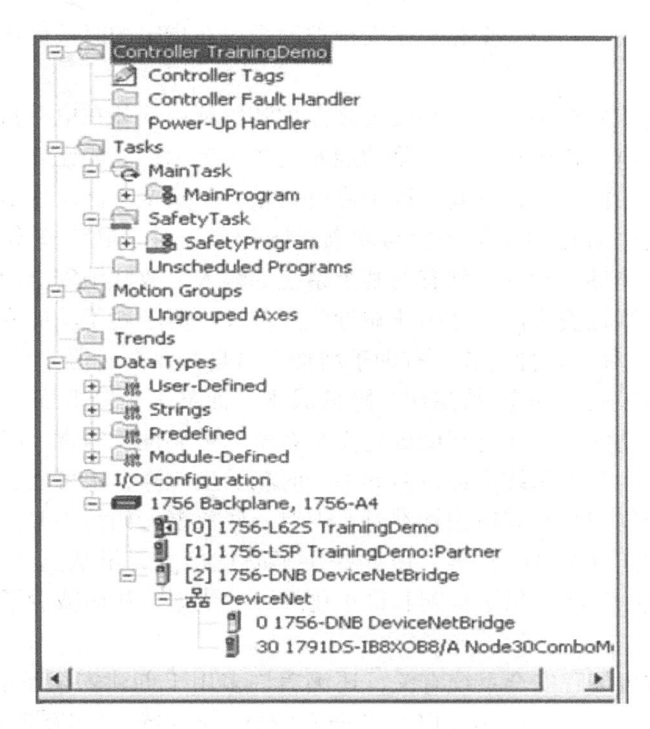

图 8-12　控制与安全的整合

与安全无关的标准功能位于主任务中，与安全有关的功能位于安全任务中。所有标准功能以及与安全有关的功能之间相互隔离。安全标签可由标准逻辑直接读取，安全标签通过以太网、控制网、设备网在 GuardLogix 之间交换，通过外部设备如 HMI（人机接口）、PC 或其他控制器可直接读取安全标签。

值得一提的是，在现代安全网络中，可采用单根电缆与安全装置、标准控制装置进行通信。CIP（通用工业协议）是由 ODVA（开放式设备网供货商协会）出版的开放式标准协议，利用该协议，可在设备网、控制网、以太网上的各安全装置之间实现安全通信。由于 CIP 安全性协议是标准 CIP 协议的延伸，所以安全装置与标准装置可存在于同一网络中，用户也可桥接含有安全装置的网络，从而能够细分安全装置，以便对安全响应时间进行微调。

除了使用保护设备之外，还可以采取一些保护措施，比如防止意外接通电源。许多标准都涉及防止意外接通电源，如 ISO14118、EN1037、ANSI Z244-1 等。这些标准有一个共同主题：防止意外接通电源的主要方法是切断系统电源，然后将系统锁定在断开位置，以使人员能安全进入机械的危险区域。主要方法有：为新型机械配备可锁定式能量隔离装置、悬挂警示牌、增设安全隔离系统、隔离负荷、提供钥匙安全联锁系统等。

8.4 控制系统的功能安全

安全分为结构安全和功能安全。结构安全取决于元件的材料、工艺等，功能安全则取决于过程或设备在响应安全输入操作时的运行情况，是一种逻辑上的安全，与机器或过程的物理操作有关。也就是说，功能安全相当于安全控制系统在指定的时段内实现其功能的能力置信水平。

下面举例说明功能安全的含义。温度过高保护装置利用安装在电动机绕组中的温度传感器，在绕组过热前使电动机停止，这就是功能安全的一个示例。相比之下，采用能够承受高温的绝缘材料不属于功能安全，尽管这种绝缘材料是一个安全示例，也能预防完全相同的危险。另外一个示例就是对比硬防护装置与联锁式防护罩：对于联锁安全门，当防护罩打开时，联锁机构便作为能够达到安全状态的某个系统的输入，故联锁安全门属于功能安全；虽然硬防护装置也能像联锁安全门一样阻止靠近危险部件，但不属于功能安全，比如个人防护器具（PPE）是作为一种防护性措施，有助于增加人员自身安全，但 PPE 不属于功能安全。

功能安全可提供较高的安全/故障比，降低成本，而又不会降低安全性，最大限度地提高生产率和安全性。功能安全还能帮助确定安全系统的可靠性。通常，我们不知道系统能够持续运行多长时间，但假设系统在运行时的某一时刻发生故障，很可能会危及工作人员的人身安全。由于使用功能安全及其适用标准时，需要一些数据，如每小时危险故障率（PFH_D）或平均危险故障前时间（$MTTF_D$）等，由此提供了时域信息，虽然这些信息不能视为绝对确定的值，但这些数据确实提供了检测和最小化故障的依据，从而减少了给人员和环境所带来的危险。

功能安全不仅与可编程安全系统有关，还涵盖许多用于创建安全系统的装置，如光幕、安全继电器、安全 PLC、安全接触器以及安全变频器，这些装置相互连接后可组成安全系统，能够执行与具体安全有关的功能，即功能安全。

关于控制系统机械功能安全最重要的 3 个标准是：

1. IEC/EN 61508

该标准包含了适用于设计复杂电子与可编程系统及子系统的各种要求与规定。该标准属于通用标准，所以没有限定在机械领域。

IEC/EN 61508 标准用 SIL（安全完整性等级）表示控制系统的安全级别。SIL 是一种对产品的能力测试结果的评价，该评价结果表征了产品在执行其功能时出现危险故障的概率，在 IEC/EN 61508 中被定义为“Functional Safety of Electrical/Electronic/ Programmable Safety-Related Systems（电工/电子/可编程安全相关系统的功能安全性）”，定义了一种产品在一个控制系统中安全标定方面的操作能力，目标设备的级别从机器设备的风险分析中获得。功能安全的标准体系如图 8-13 所示，这些标准提出了必须满足的、定量的安全性指标。

在给出 SIL 等级表之前，有必要介绍一下“失效”的概念。当一个设备（系统、单元、模块或部件）没有完成预定的功能时，就称其发生失效。系统失效分为物理失效和功能失效。物理失效通常称为随机失效，几乎总是永久性的并且与某个元件或模块有关，例如，由于晶体管发生开路故障导致控制器输出中断而不再给电磁阀输出电流。当系统所有的物理元件都在正常工作而系统却没有完成其功能时，这种失效称为功能失效。很多功能失效是由软

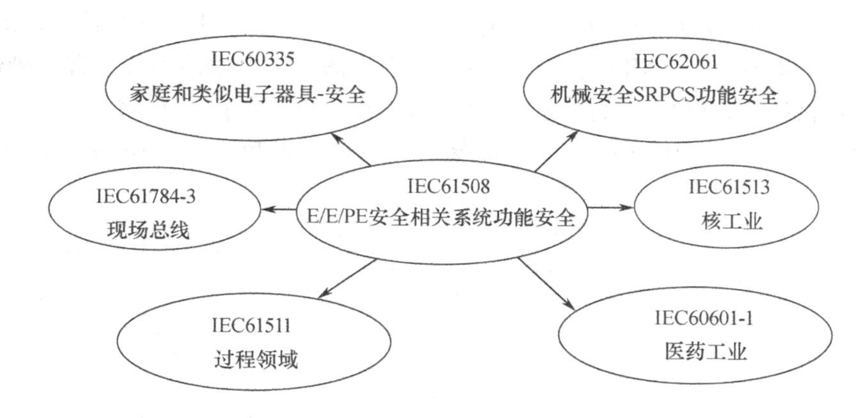

图 8-13　功能安全的标准体系

件失效引起的。低要求操作模式和高要求操作模式（或连续操作模式）下分配给一个 E/E/PE（电工/电子/可编程）安全系统的安全功能目标失效量见表 8-2、表 8-3。

表 8-2　在低要求操作模式下分配给 E/E/PE 安全系统的安全功能目标失效量

SIL(安全完整性等级)	低要求操作模式(执行功能的平均失效率 PF_D)
4	$10^{-5} \sim 10^{-4}$
3	$10^{-4} \sim 10^{-3}$
2	$10^{-3} \sim 10^{-2}$
1	$10^{-2} \sim 10^{-1}$

表 8-3　在高要求模式下分配给 E/E/PE 安全系统的安全功能目标失效量

SIL(安全完整性等级)	高要求(或连续)操作模式(每小时失效率 PFH_D)
4	$10^{-9} \sim 10^{-8}$
3	$10^{-8} \sim 10^{-7}$
2	$10^{-7} \sim 10^{-6}$
1	$10^{-6} \sim 10^{-5}$

2. IEC/EN 62061

该标准为 IEC/EN 61508 标准在机械方面专门补充的内容。该标准适用于与机械安全有关的所有电子控制系统，也适用于设计非复杂性系统及子系统。

3. EN ISO 13849-1：2008

该标准旨在为从类型要求向功能安全过渡提供路径。

IEC/EN 62061 标准与 EN ISO 13849-1：2008 标准的区别如下：

IEC/EN 62061 标准仅限于在电气系统领域，EN ISO 13849-1：2008 标准则适用于启动、液压、机械以及电气系统。IEC/EN 62061 与 EN ISO 13849-1：2008 标准均包含了与安全有关的电气控制系统，采用这两种标准后，可获得同样等级的安全性能与安全完整性，但这两个标准采用的方法不同。IEC/EN 62061 标准用 SIL（安全完整性等级）表示控制系统减少风险的能力，在机械领域应用 3 种 SIL，其中 SIL 1 属于最低级别，SIL3 属于最高级别；EN ISO 13849-1：2008 标准不使用术语 SIL，而是使用术语 PL（性能等级），有 5 种性能等级，其中 PLA 为最低级别，PLE 为最高级别。在许多方面，PL 与 SIL 存在联系。

表 8-4 说明了 PL 与 SIL 应用于采用低复杂性电动机械技术的典型回路结构时，PL 与 SIL 之间的关系。

表 8-4　PL 与 SIL 之间的关系

PL(性能等级)	PFH_D(每小时的危险性失效概率)	SIL(安全完整性等级)
A	$10^{-5} \sim <10^{-4}$	无
B	$3\times10^{-6} \sim <10^{-5}$	1
C	$10^{-6} \sim <3\times10^{-6}$	1
D	$10^{-7} \sim <10^{-6}$	2
E	$10^{-8} \sim <10^{-7}$	3

8.5　IEC/EN 62061 的标准设计

满足功能安全必须满足两类要求：

- 安全功能；
- 安全完整性。

安全功能要求包括诸如运行频率、所需的响应时间、运行模式、工作周期、运行环境与故障反应等功能。安全完整性要求由 SIL（安全完整性等级）表示。由危险分析可推导出安全的功能要求（即该安全功能的目的），由风险评估得出安全完整性要求（即安全功能顺利执行的可能性）。根据系统的复杂程度确定系统是否满足所需的 SIL 级别时，必须考虑表 8-5 中列出的一些或者全部要素。

表 8-5　SIL 的考虑要素

SIL 的考虑要素	符　　号	SIL 的考虑要素	符　　号
每小时危险性失效的概率	PFH_D	诊断试验时间间隔	T2
硬件的故障承受能力	HFT	对常见原因失效的敏感度	β
安全失效分数	SFF	诊断范围	DC
验证试验时间间隔	T1		

一旦知道具体概率，就能根据表 8-6 确定系统达到哪级 SIL。

表 8-6　确定系统的 SIL 级别

SIL(安全完整性等级)	PFH_D(每小时失效率)	SIL(安全完整性等级)	PFH_D(每小时失效率)
4	$10^{-9} \sim 10^{-8}$	2	$10^{-7} \sim 10^{-6}$
3	$10^{-8} \sim 10^{-7}$	1	$10^{-6} \sim 10^{-5}$

另外，安全系统可分为多个子系统。硬件安全完整性等级可由硬件的故障承受能力（HFT）和子系统的安全失效分数（SFF）确定。硬件的故障承受力即系统在故障情况下完

成其功能的能力，是指某个子系统在造成危险性失效前能够承受的故障数量，故障承受力为零表示出现单一故障时系统不能执行其功能。安全失效分数属于总失效率中不会造成危险性失效情况的那部分。这两部分组合后便是结构性限制（SILCL），由子系统组合而成的系统，其安全完整性等级只能低于或者等于任何子系统的最低 SIL 要求限制。安全失效分数和硬件的故障承受力之间的关系见表 8-7。

表 8-7 安全失效分数和硬件的故障承受力之间的关系

安全失效分数(SFF)	硬件的故障承受力		
	0	1	2
<60%	不允许，除非出现特殊情况	SIL CL1	SIL CL2
60% ~90%	SIL CL1	SIL CL2	SIL CL3
90% ~99%	SIL CL2	SIL CL3	SIL CL3
≥99%	SIL CL3	SIL CL3	SIL CL3

例如，由上表知，无论危险性失效的概率有多大，具有单一故障承受力且安全失效分数为 75% 的结构，其安全完整性等级超过 SIL2。

为了计算危险性失效的概率，必须将每个安全功能分解成多个功能块，然后按照安全标准设计子系统以实现这些功能。如果能确定每个子系统的危险性是小概率，知道其结构性限制（SILCL），那么通过将各个子系统的失效概率相加就能够很容易地算出总系统的失效概率。这种方法如图 8-14 所示。

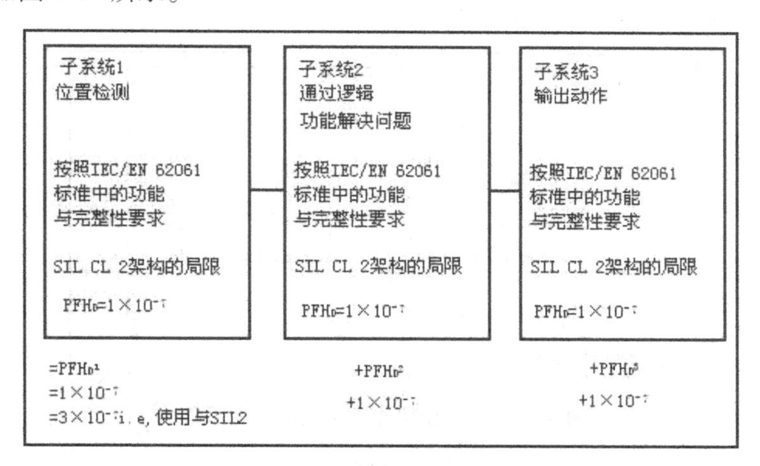

图 8-14 计算危险性失效概率的方法

例如，如果需要达到 SIL 2 级，则每个系统的 SIL 要求极限值 SIL CL 至少为 SIL2，系统的 PFH_D 总值不得超过“SIL 危险性失效概率”表（表 8-2、表 8-3）中的允许值。

下面给出计算不同结构子系统的失效率的计算公式。

在 IEC/EN 62061 标准中术语“子系统”具有特殊的含义，是一个系统分为多个部分，后一级再分部分，并且如果这些再分部分失效，将会导致安全功能失效。所以，如果两个冗余型开关用于一个系统中，则任何一个开关都不能作为一个子系统，子系统应由两个开关及其相关的故障诊断功能（如有）组成。

IEC/EN 62061 标准给出了4 个子系统逻辑结构以及估算低复杂性子系统达到 PFH_D 时可能用到的公式。这些结构是单纯的逻辑表示法，不应视作实际结构。这 4 个子系统逻辑结构以及伴随公式下面将一一介绍。

1）对于图 8-15 所示的基本型子系统而言，仅需把各个危险性失效概率简单相加即可。

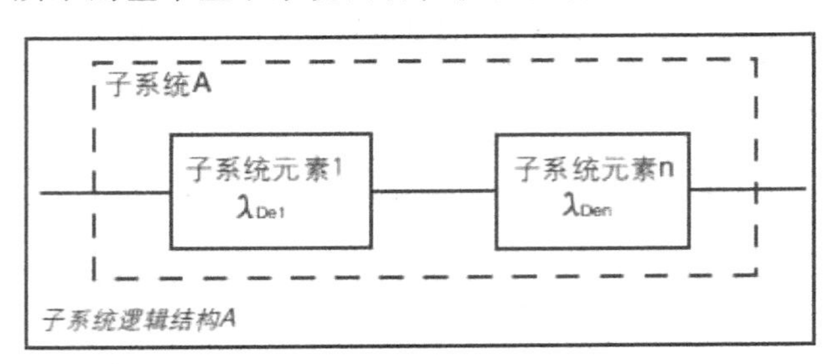

图 8-15　基本型子系统失效概率计算

$\lambda_{DssA} = \lambda_{De1} + ... + \lambda_{Den}$

$PFH_{DssA} = \lambda_{DssA} \times 1h$

λ 表示失效率，单位为失效数量/h；λ_D 下标 D 表示危险性失效率，λ_{DssA}下标 DssA 表示子系统 A 的危险失效率，即单独元件失效率 e1、e2、e3、…en 之和。危险性失效概率乘以 1 得到 1h 内危险性失效的概率。

2）图 8-16 所示为无诊断功能的单故障承受系统，其中，常见失效原因（CCF）是指由单个原因造成多个故障，导致危险性失效。

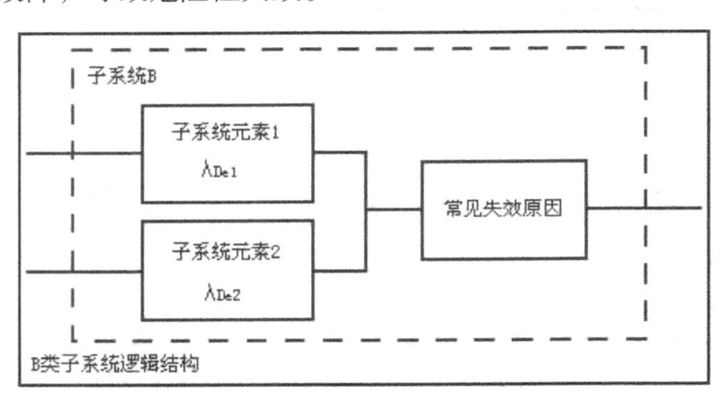

图 8-16　无诊断功能的单故障承受系统

$\lambda_{DssB} = 2 \times (1 - \beta) \times \lambda_{De1} \times \lambda_{De2} \times T_1 + \beta \times (\lambda_{De1} + \lambda_{De2})/2$

$PFH_{DssB} = \lambda_{DssB} \times 1h$

这种结构采用的公式考虑了子系统元件并联布置的情况，增加两个要素：

β—对常见原因失效的敏感性。

T_1—验证试验时间间隔或者使用期限，选其中时间较短的，验证试验用于探测子系统的故障、性能降低情况，以使子系统恢复到运行状态。

3）图 8-17 所示为具有诊断功能的零故障承受系统。诊断范围是探测到的危险性失效率与所有危险性失效率之比，计算诊断范围时不考虑安全失效的类型或者数量，诊断范围仅用探测到的危险性失效数量的百分值表示。

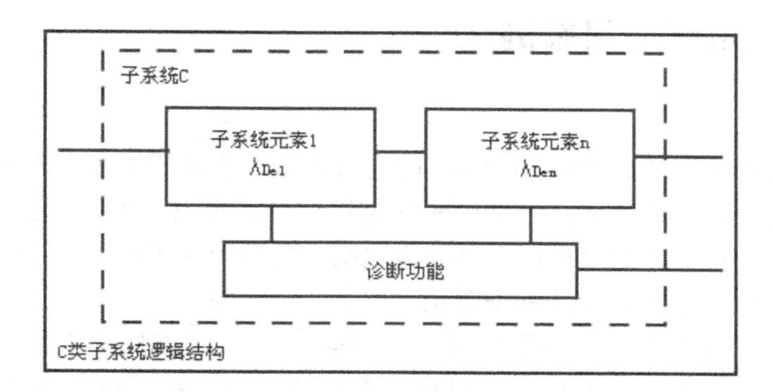

图 8-17　具有诊断功能的零故障承受系统

$\lambda_{DssC} = \lambda_{De1}(1 - DC_1) + \cdots + \lambda_{Den}(1 - DC_n)$

$PFH_{DssC} = \lambda_{DssC} \times 1h$

上述公式中包含了每个子系统的诊断范围—DC，诊断范围是探测到的危险性失效数量与所有的危险性失效数量的比值，诊断范围的值在 0 与 1 之间。

4）图 8-18 所示的子系统能够承受单故障，具有诊断功能。考虑单故障承受系统时，必须考虑潜在的“常见失效原因”情况。

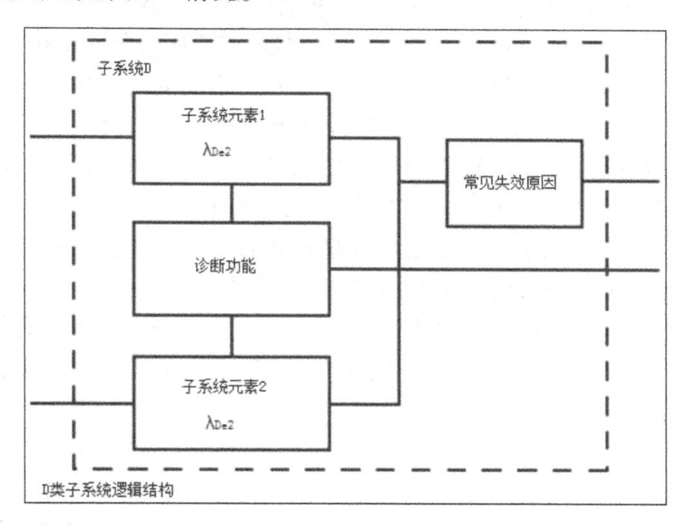

图 8-18　能够承受单故障具有诊断功能的子系统

如果子系统的各个要素相同，那么可用以下公式：

$\lambda_{DssD} = (1 - \beta)^2\{\lambda_{De}^2 \times 2 \times DC \times T_2/2 + \lambda_{De}^2 \times (1 - DC) \times T_1\} + \beta \times \lambda_{De}$

$PFH_{DssD} = \lambda_{DssD} \times 1h$

如果子系统的各个要素不同，那么可用以下公式：

$\lambda_{DssD} = (1 - \beta)^2\{\lambda_{De1} \times \lambda_{De2} \times (DC_1 + DC_2) \times T_2/2 + \lambda_{De1} \times \lambda_{De2} \times (2 - DC_1 - DC_2) \times T_1/2\} + \beta \times (\lambda_{De1} + \lambda_{De2})/2$

$PFH_{DssD} = \lambda_{DssD} \times 1h$

8.6 安全控制系统应用案例

1. 背景

澳大利亚钢铁产品制造商Smorgon Steel的卷板矫直厂主要用叉车和人工来调整钢长，其中材料搬运是最危险的工序。捆扎成束的两吨重钢铁经过传送、解开、拆束、定向和整型，然后重新打包运输，这一过程没有任何自动化控制。负重的叉车和人员拥挤在繁忙的工作空间中，给Smorgon Steel带来极大的安全隐患。

为降低这一工序给卷板矫直厂带来的风险，Smorgon Steel委托罗克韦尔自动化重新进行设计和改造。其中“叉车加人工搬运”材料处理系统由链式输送机、滚动转送台和高架起重机组成的网络取代，该网络对矫直流程中传送的重钢产品进行操纵。整个流程的大部分都在3个围起来的“安全区”进行，以减少人员进入危险工序的风险。而从位于围栏区外部的“安全区”控制台，可以对整个矫直、钢铁运输、拆束和成束流程等进行远程控制。通过使用双阻塞、排放阀门、液压和气动反馈、驱动器安全关断等设备，可在3个安全区中达到Cat3安全标准的要求。

虽然确立了清晰的系统安全规划，但控制平台（即由链式输送机、滚动转送台和高架起重机组成的网络）是否既能操纵矫直过程中重钢产品的传输，又能保证安全，这仍是一个问题。传统的安全控制方法是部署一对联动控制器，其中包含一个传统PLC和与其配对的专用安全控制器。控制系统的设计与开发通常分两个不同的阶段进行：首先建立基于PLC的传统控制作为系统的“基础”，而“安全”控制方面是在第二阶段改进的。虽然这种方法已在Smorgon Steel工厂的许多安全控制应用中使用过，但鉴于矫直厂项目的速成特性，完全集成的安全和标准控制平台可以实现快速实施，并且具有灵活性。

由于Allen-Bradley GuardLogix控制器具有双处理器安全架构，可在一个平台中实现集成安全和传统控制，且GuardLogix使用RSLogix5000编程软件，使用户可以使用熟悉的标准控制方法对其安全控制系统进行编程和管理，所以，针对提出的安全规划和快速实现安全性的要求，公司决定采用GuardLogix安全控制系统（包括Allen-Bradley变频器、安全网格和I/O），使项目以最快的速度完成。

2. 解决方案

在新矫直厂实施的完全集成“安全且标准”的控制解决方案中，GuardLogix控制器是核心部分。这一基于集成架构的系统由控制器、变频器、DeviceNet通信和分布式I/O的无缝网络构成。

工厂选用了19台PowerFlex70变频器，用于调节工厂中各种链式驱动的转运台、起重机等的速度。每台变频器都配备了符合Cat3标准的“安全关断”功能的“DriveGuard”接口卡选件。这样所构建的系统极大地节省了安装时间、工作量和主控制柜中的宝贵空间。与此同时，Flex I/O和安全I/O的分布式阵列还支持工厂的分布式I/O需求。

这些变频器和分布式I/O通过DeviceNet连接至系统的GuardLogix核心，此外，为实现标准和安全通信，分别建立两个单独的DeviceNet网络，即传统的DeviceNet和符合Cat4标准的DeviceNet Safety。分布式I/O和DeviceNet的组合大大缩短了现场安装和接线时间。

所有3个安全区均配备一个安全隔离站和至少一个允许人工接触到产品的门。门上的指示灯亮起表明电源已隔离，操作员可以将站打开；只有在操作员用其个人挂锁锁好门并在离开时取下锁后，才允许进入。每个门均安装了符合 Cat 3 标准的 GuardMaster TLS-GD2 电磁式安全锁。

PanelView Plus 人机界面（HMI）通过 EtherNet/IP 连接到 GuardLogix 系统中，可以更方便地维护矫直厂的设备，并提供详细的系统诊断，这样，技术人员无需直接访问 GuardLogix 程序代码就可进行故障分析。Smorgon Steel 由此实现了世界一流的操作安全性，节省了大量运输成本，优化了生产，实现了对整个过程的远程控制。

8.7　GuardLogix 系统的组态

8.7.1　GuardLogix 实验设备

由 Allen-Bradley 生产的 GuardLogix 集成安全系统如图 8-19 所示，其断开状态是安全状态，即能够保证系统安全停止。完全完整性等级 SIL3（IEC 61508），Cat2、3、4（EN 954）安全控制，有 49 条经过 TÜV 认证的安全指令。

图 8-19　GuardLogix 集成架构

1. GuardLogix 控制器

GuardLogix 控制器是由首要控制器 1756-L6xS 和安全伴侣 1756-LSP 组成的，这两个模块在集成架构中共同作用。注意，安全伴侣必须安装在首要控制器的右侧，而且两个模块的固件版本号必须精确匹配，才能建立安全应用中所需要的控制上的伙伴关系。下面分别介绍首要控制器和安全伴侣的作用。

1）首要控制器 1756-L6xS 执行标准和安全功能，同时还要与安全伴侣通信，其中，标准功能如下：I/O 控制；逻辑；定时；计数；生成报表；通信；算术运算；数据文件处理。首要控制器包含有一个中央处理器、I/O 接口和存储器，其中，1756-L61S 有 2MB 的标准任务和元件存储容量，1MB 的安全任务和元件存储容量；1756-L62S 有 4MB 的标准任务和元件存储容量，1MB 的安全任务和元件存储容量。

2）安全伴侣是为相关安全系统提供冗余的协处理器，它没有钥匙开关来控制操作模式，也没有 RS 232 通信口，其组态和操作是由首要控制器负责的。

2. GuardLogix 系统的优势

1）GuardLogix 是一款符合 SIL3 安全标准的 ControlLogix 处理器，它基于一个主安全处理器和一个配对安全处理器（配对安全处理器是系统的一部分，自动设置，无需组态）构成的双处理器（loo2）架构，保证了系统仍然是一个单一项目。

2）GuardLogix 使用 RSLogix 5000 标准开发环境，用户可以在一个项目中同时执行安全控制和标准控制，不需要手动分离标准内存和安全内存。RSLogix5000 V16 版为 GuardLogix 开启了新功能之门，它可以实现 ControlLogix 的全部未受限标准功能，包括顺序、运动、驱动和过程控制。需要注意的是，RSLogix 5000 第 14 或 16 及以上的版本支持 SIL3 安全集成等级，第 15 版本不支持 SIL3 安全集成等级，而且安全任务仅支持梯形图语言。

3）通过方便的开发调试环境，在安全应用开发期间，可以有多个用户编辑该项目；由于允许在线编辑和强制，因此其开发过程类似于标准应用的开发过程。一旦项目通过测试并准备最后确认，用户要将该安全任务设置为 SIL3 安全级别，然后由 GuardLogix 控制器强制执行，安全内存被锁定并被保护，安全逻辑不能修改。一旦安全被锁定到 SIL3 标准，GuardLogix 的标准侧操作起来就像一个普通的 Logix 控制器。

4）由于安全被集成，安全内存能被标准逻辑和外部设备读取，不需要花费时间从一个指定的安全设备读取安全数据，从而使系统范围内的集成变得更加容易，而且能在显示器上方便地显示安全状态，这是 GuardLogix 系统的时间优势。

5）SIL2 和 SIL3 是机械和加工安全应用最普遍的安全级别，GuardLogix 可用在遵从 SIL2 和 SIL3 安全级别产品的应用场合。

3. DEMO 实验箱介绍

本章通过 DEMO 箱上的实验操作来讲解 GuardLogix 系统是如何实现安全控制的，完成实验所需的硬件和软件如下：

（1）硬件

CLX-电源 1756-PA75；

CLX-框架 1756-A4；

GuardLogix 控制器 1756-L61S；

GuardLogix SafetyPartner 1756-LSP；

DeviceNet Scanner 1756-DNB；

1791DS-IB8XOB8 DeviceNet Safety（实现安全协议的标准设备网）I/O；

Ethernet 网桥 1756-ENBT；

Point I/O DeviceNet 适配器 1734-ADN；

Point I/O 8 pt 输入模块 1734-IB8；

Point I/O 8 pt 输出模块 1734-OB8。

本实验的实验箱硬件接线简图如图 8-20 所示。

图 8-20 中，IN0 为紧急停止按钮（EMERGENCY STOP）的输入通道 0；IN1 为紧急停止按钮（EMERGENCY STOP）的输入通道 1；IN2 为 K1/K2 接触器的辅助反馈通道；Out0 为安全输入/输出模块的 Out0（该点硬接线到接触器 K1 的线圈）；Out1 为安全输入/输出模块的 Out1（该点硬接线到接触器 K2 的线圈）；T0 为紧急停止按钮（EMERGENCY STOP）输入通道 0 的信号测试源；T1 为紧急停止按钮（EMERGENCY STOP）输入通道 1 的信号测试源；T2 为来自 K1/K2 的反馈信号测试源；T3 为功能屏蔽灯信号测试源。

紧急停止按钮被硬线接至 Safety I/O 模块，Safety I/O 模块则通过以 1756-DNB 为网桥的 DeviceNet Safety 连接到 GuardLogix 控制器上。图 8-20 左下方的两个按钮分别用于故障复位

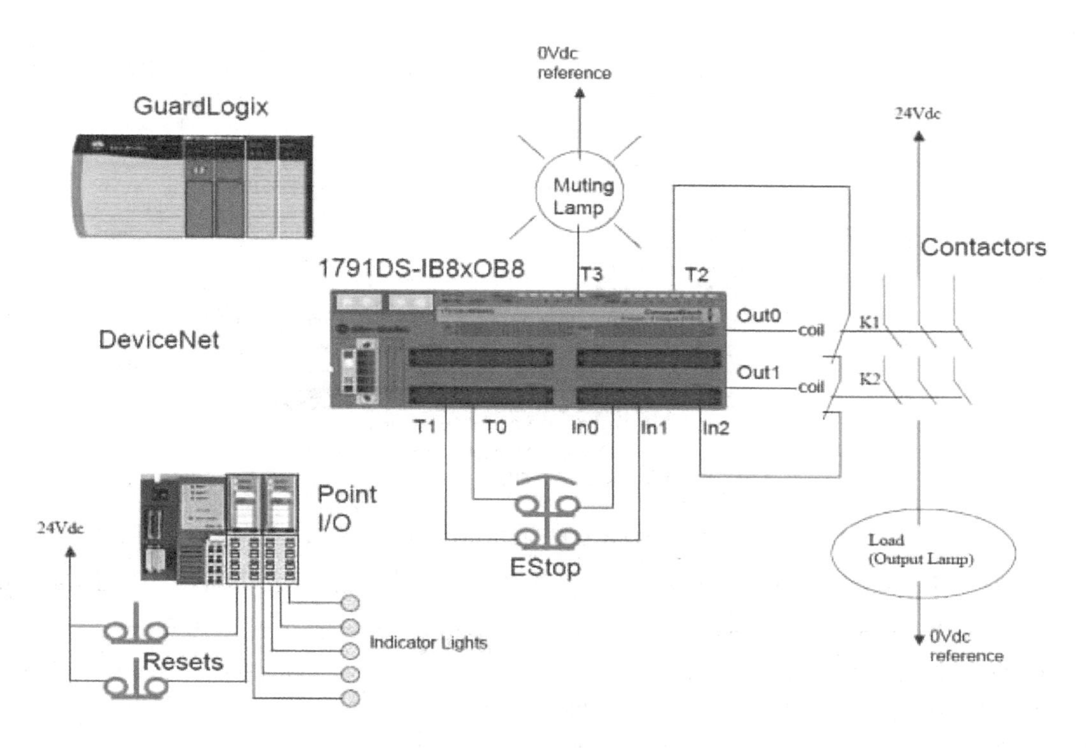

图 8-20　硬件接线简图

和电路复位，和所有的指示灯一样，采用 DEMO 箱中的标准 Point I/O 连接到 DeviceNet 上。安全输入/输出模块的两个输出端 Out0 和 Out1 连接到 100S 接触器的线圈上，100S 接触器的反馈端串联接到 Safety I/O 模块的 IN2 输入端。功能屏蔽输出从安全模块的功能屏蔽电源 T3 接线至紧急停止按钮的指示灯上。其中，DEMO 箱上 LAMP WIRE OFF、E-STOP WIRE OFF（如果轻按 E-STOP WIRE OFF 按钮，该按钮不会锁住，相当于给非保持型按钮输入一个脉冲信号）、SHORT CH-TO-CH 三个按钮是带锁的。

将安全输入/输出模块和标准输入/输出模块集成于同一个 DeviceNet 网络上，这是由于“安全”是内置于设备中的而不会影响到本地物理网络，这样就可以实现安全元件和标准元件在同一个 DeviceNet 网络中互相通信。在 DeviceNet 上使用 CIP Safety（通用工业安全协议），用于安全 I/O 连接；在 Ethernet 上使用 CIP Safety（通用工业安全协议），用于 GuardLogix 处理器之间的安全互锁，这使多个 GuardLogix 处理器能够共享不同区域之间安全互锁的安全数据。

（2）软件

RSLogix 5000（14 或 16 以上的版本，15 版本不支持 SIL3 安全集成等级）；

RSLinx；

RSNetWorx for DeviceNet。

8.7.2　DeviceNet 网络组态

在下载程序之前，需要先进行 DeviceNet 网络组态，以保证 DNB 模块里现有的设备信息与程序里的信息一致，这样程序下载到安全控制器后才能正常运行。组态 DeviceNet 网络的步骤如下：

1）在 RSLinx 软件里添加 ETHIP 驱动以自动扫描设备，RSLinx 扫描结果如图 8-21 所示。

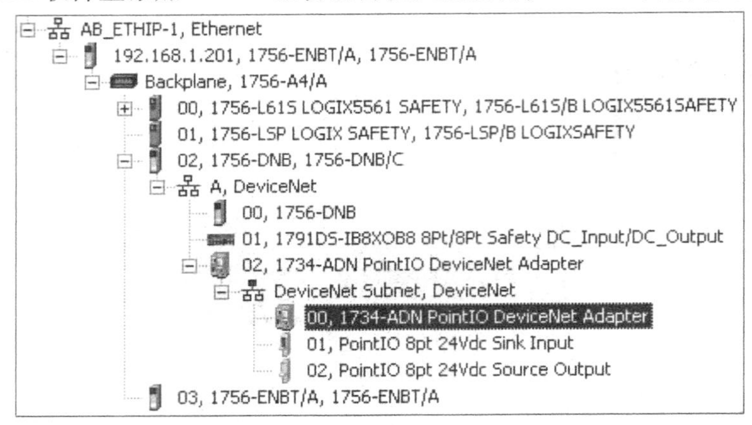

图 8-21　RSLinx 扫描到 DEMO 箱上的设备

2）打开 RSNetWorx for DeviceNet 软件，新建一个文件。点击“Online”按钮，选择“1734-ADN Point I/O Scanner”下的“DeviceNet”路径，如图 8-21 所示。

你将看到网络扫描进度，请耐心等待网络扫描结束。扫描结束后，将出现如图 8-22 所示的画面。

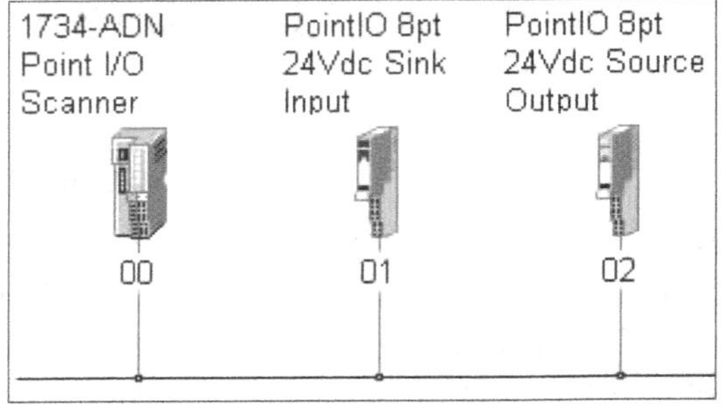

图 8-22　ADN 的网络扫描结果

3）双击“1734-ADN Point I/O Scanner”图标，在弹出的画面中点击输入和输出选项卡，查看 ADN 模块的数据地址分配信息，如图 8-23、图 8-24 所示。

由图 8-23、图 8-24 可以看出，输入和输出数据的前 16 位都是只读的（实际上是留给 ADN 模块使用的）。

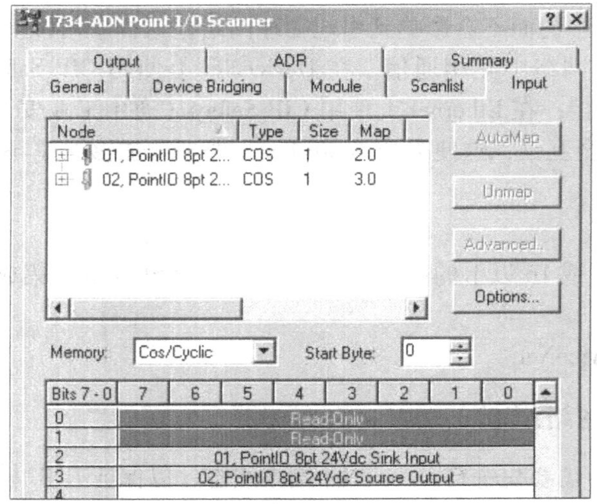

图 8-23　ADN 输入数据的地址分配

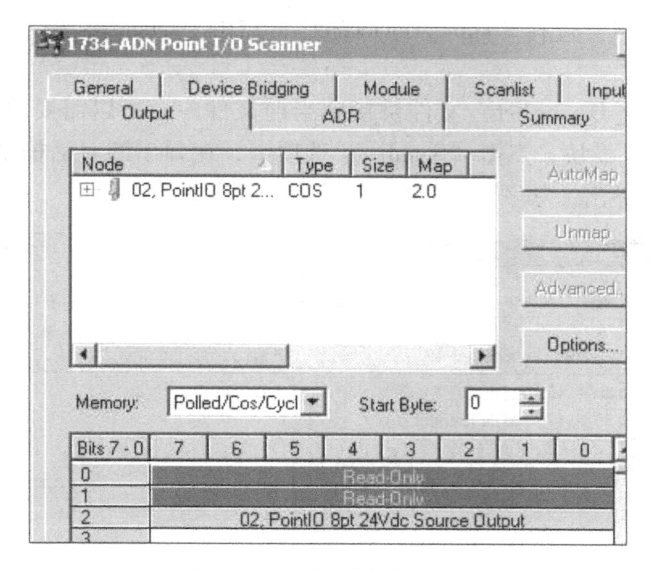

图 8-24　ADN 输出数据的地址分配

4）保存文件，命名为“sub _ DeviceNet”。

5）新建一个“DeviceNet”文件，点击上线按钮，选择“DeviceNet”路径，扫描结果如图 8-25 所示。

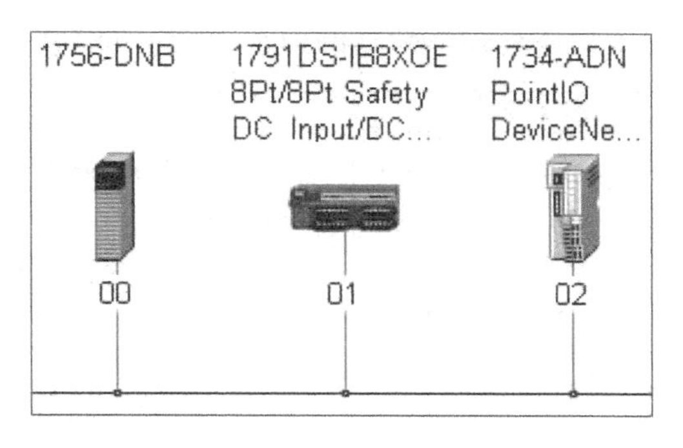

图 8-25　DNB 的网络扫描结果

6）双击“1734-ADN Point I/O DeviceNet Adapter”，在弹出的画面中点击“Device Bridging”选项卡，点击“Associate File”按钮，如图 8-26 所示。

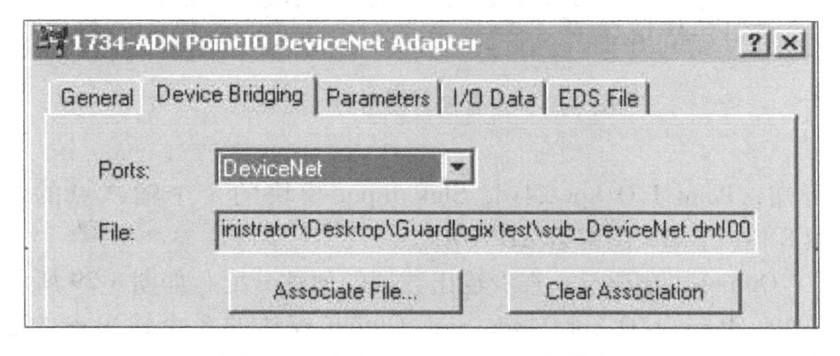

图 8-26　点击“Associate File”按钮

在弹出的对话框里，选择“sub _ DeviceNet”，点击“Open”，将“sub _ DeviceNet”桥接到当前文件中。

7）由于将“sub _ DeviceNet”文件桥接到当前文件中，所以需要对当前设备列表进行刷新。双击 1756-DNB 模块，点击“Scanlist”选项卡，在弹出的对话框中点击导出<<按钮，将列表中原有的设备导出，如图 8-27 所示。

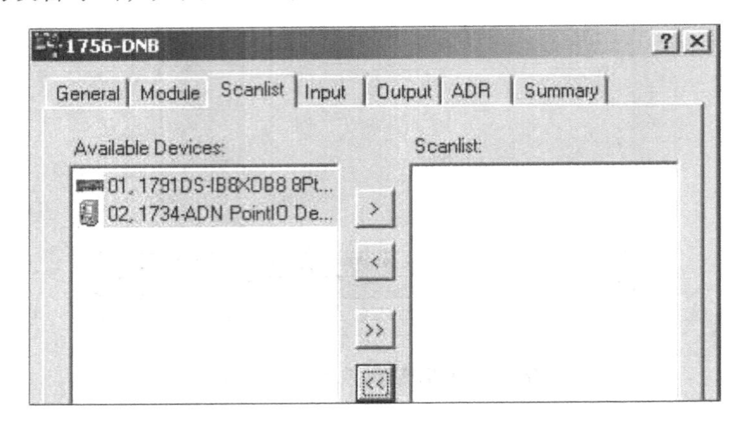

图 8-27　将列表中原有的设备导出

点击导入按钮<<，将设备重新导入列表中。

8）点击“Input”选项卡，查看输入数据的地址分配，如图 8-28 所示。

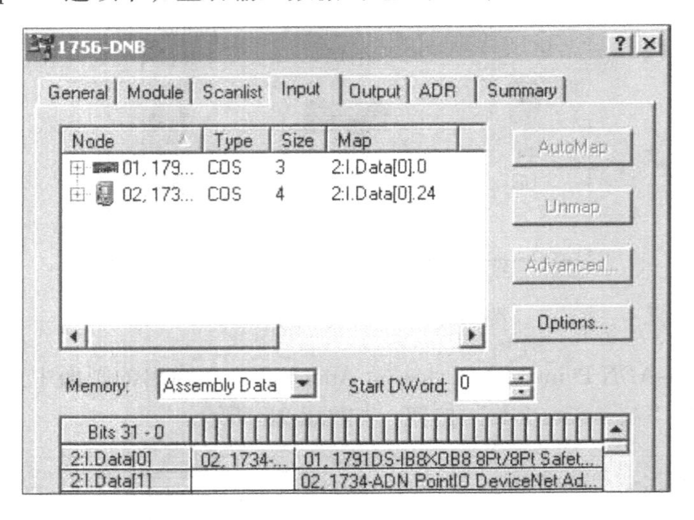

图 8-28　查看输入数据的地址分配

由图 8-28 可知，Point I/O 8pt 24vdc Sink Input 模块的 8 个输入点的起始地址是 2：I. Data［1］的第 8 位（前 16 位留给 ADN 用）。

同理，点击“Output”选项卡，查看输出数据的地址分配，如图 8-29 所示。

由图 8-29 可知，Point I/O 8pt 24vdc Sink Output 模块的 8 个输出点的起始地址是 2：O. Data［0］的第 16 位（前 16 位留给 ADN 用）。

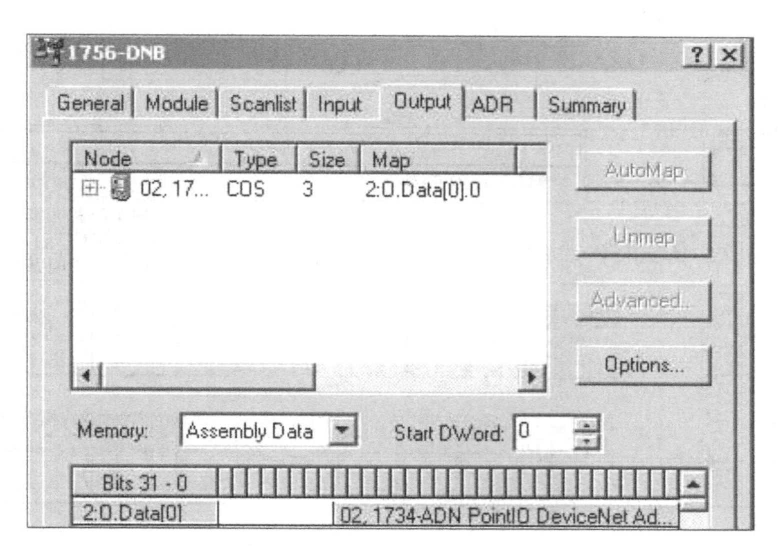

图 8-29　查看输出数据的地址分配

9）点击“Apply”按钮，在弹出的对话框中点击“Yes”，将做出的改动下载到 DNB 模块中。

10）将文件更名为“main _ DeviceNet”并保存。

8.7.3　组态 DeviceNet Safety I/O 模块

1. DeviceNet Safety I/O 模块

Guard I/O 专用于安全应用，可用在 I/O 和现场设备级故障的检测，同时加强操作员保护。通过 CIP Safety 协议，可以使用 GuardI/O 在 DeviceNet 上（现在也能在 EtherNet/IP 上）进行通信。CompactBlock Guard I/O 系列是受空间限制、需要靠近传感器和执行器的密集分布式 I/O 块应用的理想选择。本实验用的是 CompactBlock Guard I/O 系列的模块 1791DS-IB8XOB8（带固态输出的安全 I/O 模块），如图 8-30 所示，它有 8 个安全输入点，4 个测试输出点，8 个固态安全输出点。其中，根据系统的要求，4 个测试输出点均可用作固态安全输出点。

为便于排查实验故障，下面给出 1791DS-IB8XOB8 模块常见的指示灯状态做参考。

（1）给实验箱上电之后，1791DS-IB8XOB8 模块指示灯状态：

● MS（指示网络上该节点的状态）绿色闪烁，NS（指示整个网络的状态）固定绿色：待命状态（标准 I/O 在操作中）。

● Lock 黄色闪烁：组态正常，但组态未被 RSNetWorx for DeviceNet 软件锁定。用 RSNetWorx for DeviceNet 软件锁定网络配置的方法如下：完成网络配置后，校验网络配置是否正确。在确保网络配置正确后，单击 RSNetWorx for DeviceNet 软件菜单栏的“Network”选项，在弹出的下拉列表中选择“Safety Device Verification Wizard”选项，然后按照提示完成安全设备的锁定。另外，安全锁定密码设置如下：在安全设备图像上右击，选择“Safety”选项，在弹出的对话框中点击“Password”按钮，可以设置安全锁定的密码。

● IN PWR 固定绿色：输入电路供电正常。

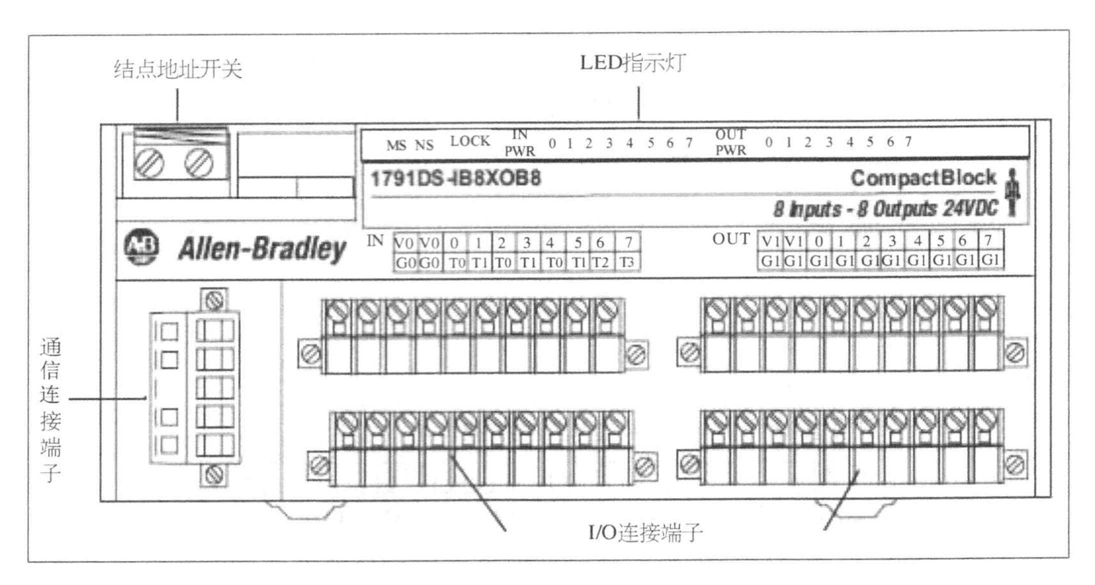

图 8-30　1791DS-IB8XOB8 模块

- IN0-IN7：固定黄色代表该输入点是“1”状态；固定红色代表该输入点的输入电路发生故障；不亮代表该输入点是“0”状态。
- OUT PWR 固定绿色：输出电路供电正常。
- OUT0-OUT7：固定黄色代表该输出点是“1”状态；固定红色代表该输出点的输出电路发生故障；不亮代表该输出点是“0”状态；闪烁红色代表当输出模式设置为双通道模式时，另外一个通道发生故障。

（2）程序下载到安全控制器之后，1791DS-IB8XOB8 模块指示灯状态：

- MS 固定绿色，NS 固定绿色：正常操作状态（安全 I/O 在操作中）。
- 其他指示灯状态根据程序代码可能发生相应变化。

和标准输入/输出模块不一样，1791DS 模块在上电时进行自诊断，并在操作时进行周期性自检。如果有错误发生，则会被当成一个致命错误，此时安全输出以及网络上的输出数据将被关断。

2. DeviceNet Safety I/O 模块组态

1）打开 RSLogix5000 软件，新建控制器。

注意，新建的控制器的版本号、槽号以及框架型号一定要与 RSLinx 扫描到的控制器属性保持一致。

2）点击控制器属性按钮，在弹出的对话框里点击“Date/Time”选项卡，在“Make this controller the Coordinated System Time master”处打上对勾，如图 8-31 所示。

注意，本地框架上的一个设备必须被指定为协同系统时间（CST）主站，如果存在一个 GuardLogix 控制器，那么它可以成为一个 CST 主站；如果没有设置一个 CST 主站，那么当控制器处于运行模式时，将出现一个不可恢复的安全错误。

3）在“I/O Configuration”处右击，添加 1756-DNB 模块，模块的版本号一定要与 RSLinx 扫描到模块的版本号保持一致，点击“OK”。

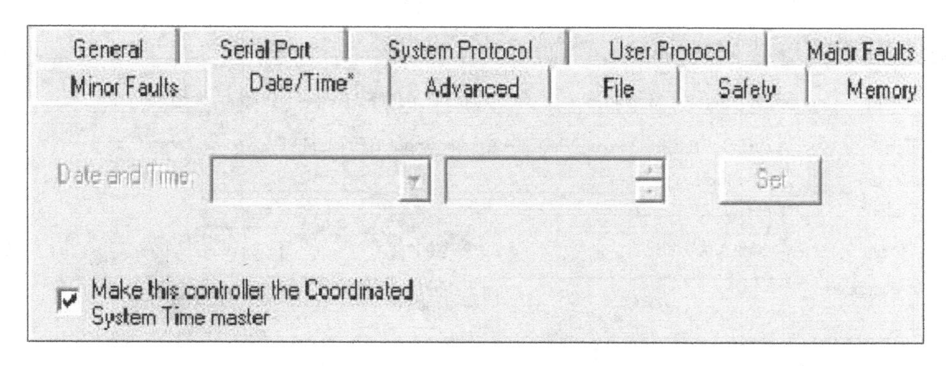

图 8-31　设置控制器属性

4）在弹出的对话框里设置 1756-DNB 的属性，如图 8-32 所示。模块的节点号以及槽号一定要与 RSLinx 扫描到模块的属性保持一致。

5）右击 I/O 配置中的 1756-DNB，选择“New Module”，在弹出的列表中选择 1791DS-IB8XOB8 模块，如图 8-33 所示。

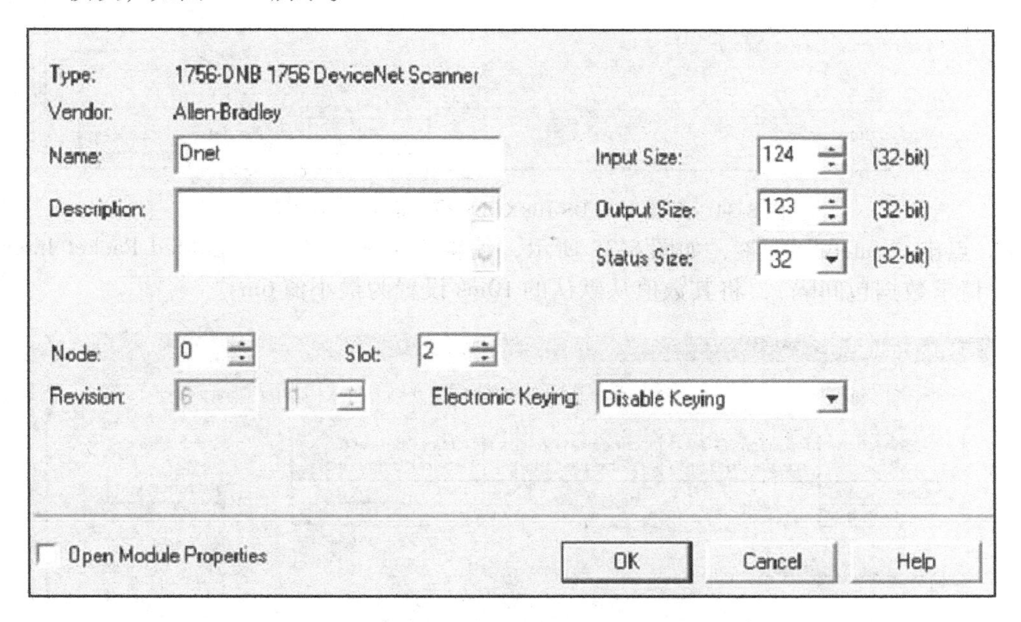

图 8-32　设置 1756-DNB 模块的属性

⊟ Safety

1732DS-IB8	8 Point 24 VDC Sink Safety Input	Allen-Bradley
1732DS-IB8XOBV4	8 Point 24V DC Sink Safety Input, 8 Point 24V DC Bipolar …	Allen-Bradley
1791DS-IB12	12 Point 24 VDC Sink Safety Input	Allen-Bradley
1791DS-IB16	16 Point 24 VDC Sink Safety Input	Allen-Bradley
1791DS-IB4XOW4	4 Point 24VDC Sink Safety Input, 4 Point 24 VDC Safety …	Allen-Bradley
1791DS-IB8XOB8	8 Point 24VDC Sink Safety Input, 8 Point 24 VDC Source …	Allen-Bradley

图 8-33　添加 1791DS-IB8XOB8

6）配置 1791DS-IB8XOB8 模块的名字和节点号，节点号必须与实际节点号相同，如图 8-34 所示。

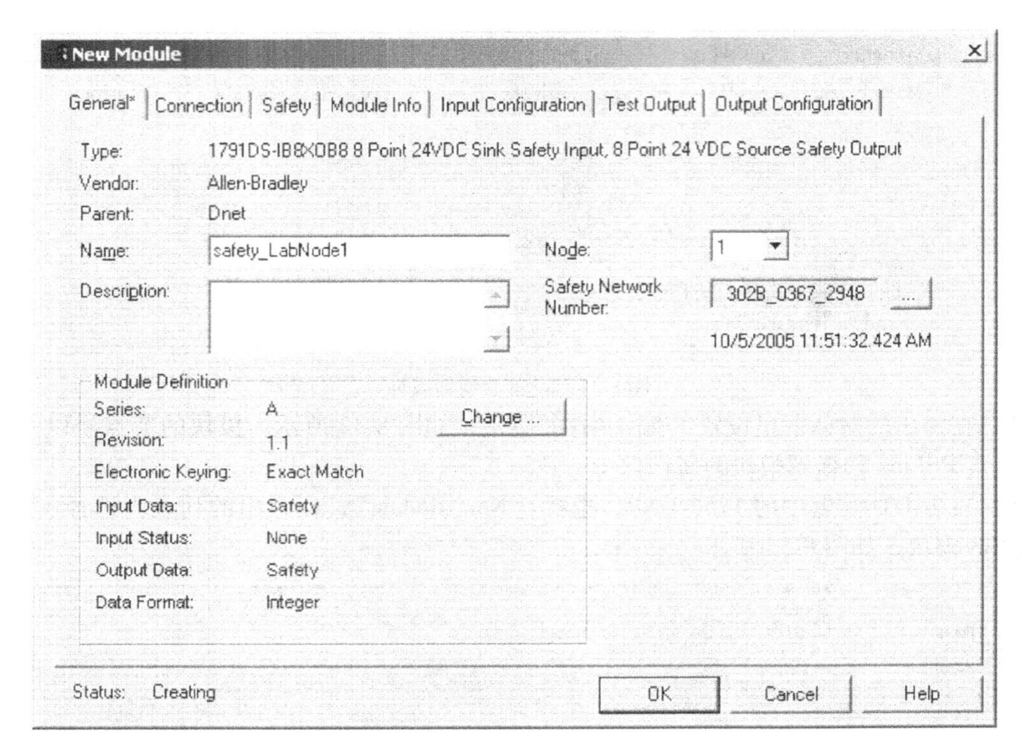

图 8-34　配置 1791DS-IB8XOB8 模块的名字和节点号

7）点击“Safety”标签，如图 8-35 所示，编辑安全输入的“Requested Packet Interval”（RPI，请求数据包间隔），将其数值从默认的 10ms 设置为最小值 6ms。

New Module

General* | Connection | Safety* | Module Info | Input Configuration | Test Output | Output Configuration

Connection Type	Requested Packet Interval (RPI) (ms)	Connection Reaction Time Limit (ms)	Max Observed Network Delay (ms)	
Safety Input	6	24.1		Reset
Safety Output	10	30.1		Reset

Advanced...

Configuration Ownership:

Reset Ownership

Configuration Signature:

ID: 8a8b_9365 (Hex) Copy

Date: 10/05/2005

Time: 11:51:32 AM 404 ms

Status: Creating　OK　Cancel　Help

图 8-35　设置“Safety”标签

“Requested Packet Interfval” 决定了一个连接的数据更新周期，对于安全输入来说，可以在模块属性对话框的 “Safety” 标签中设置 RPI，RPI 的最小增量为 1ms，由于安全输入/输出模块的限制，这里有效的 RPI 时间最小是 6ms，有效区间为 6 ~ 500ms，默认值为 10ms。模块属性中的安全输出 RPI 是不可编辑的，因为 SafetyTask（安全任务）周期和输出 RPI 之间是 directlink（直接连接）关系，安全输出在安全任务末端进行处理，所以输出 RPI 就等于安全任务周期。

8）点击 “Input Configuration” 标签以设置安全输入，点击下拉菜单改变输入点 0 的 “Point Mode”，并从表中选择 “Safety Pulse Test”，如图 8-36 所示。

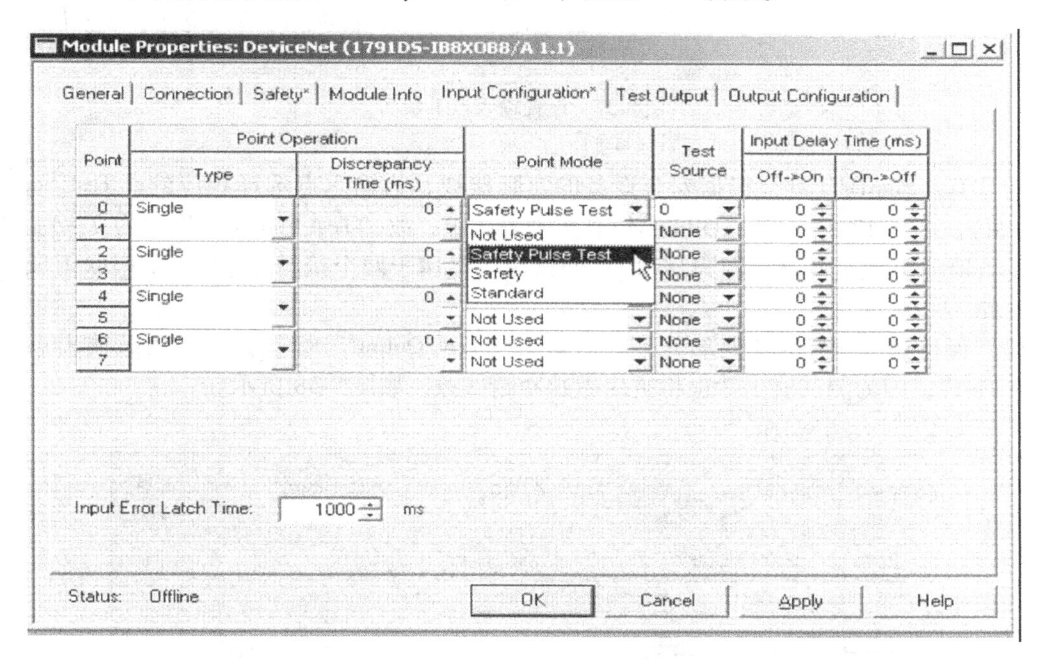

图 8-36　设置输入点 0 的 “Point Mode”

输入点操作类型：

● 通道独立（Single），模块对不一致输入不进行检测（本实验，选择独立型，以使我们使用的 ESTOP 指令检测不一致输入）。

● 通道对等（Equivalent），用于双通道输入设备，平常状态是两个通道均为 On 或 Off 状态，模块检测不一致输入。

● 通道互补（Complementary），用于多变化输入，常态是一个通道是 On 状态，另一个通道是 Off 状态，模块将检测不一致输入。

输入点模式：

● 不使用是指该输入点不使能，即使接入 24V 信号，该输入点数据仍保持逻辑 0。

● 安全脉冲测试能诊断出外部电路与 DC24V 之间的短路，以及输入通道之间的短路。

● 安全是指连接了一个具有固态输出的安全型传感器。

● 标准是指非安全型元件，如连接的是复位开关等。

9）对于输入点 1 和 2，重复前面的步骤，输入点 1 和 2 对应的 “Test Source” 属性分别设置为 1 和 2，如图 8-37 所示。

Point	Point Operation Type	Discrepancy Time (ms)	Point Mode	Test Source	Input Delay Time (ms) Off->On	On->Off
0	Single	0	Safety Pulse Test	0	0	0
1			Safety Pulse Test	1	0	0
2	Single	0	Safety Pulse Test	2	0	0
3			Not Used	None	0	0
4	Single	0	Not Used	None	0	0
5			Not Used	None	0	0
6	Single	0	Not Used	None	0	0
7			Not Used	None	0	0

图 8-37　设置输入点 1 和 2

在“Test Source”列，根据安全设备的实际接线，为输入点选择相应的“Test Source”（测试源），由于 1791DS-IB8XOB8 模块有 4 个测试源，故“Test Source”取值为 0 ~ 3。在本实验中，ESTOP 通道的测试源为 0 和 1，测试源 2 将用于两个接触器 K1、K2 串联组成的负反馈回路。

10）保持输入配置的其他部分不变，点击“Test Output”标签，设置测试输出点 2 为“Pulse Test”，因为测试输出 2 也将被用做脉冲测试源，如图 8-38 所示。

General | Connection | Safety | Module Info | Input Configuration* | Test Output*

Point	Point Mode
0	Pulse Test
1	Pulse Test
2	Pulse Test
3	Not Used

图 8-38　设置“Test Output”标签

Test Output 有 4 种点模式：

- Not Used（不使用），输出禁用。
- Standard（标准），用做标准输出。
- Pulse Test（脉冲测试），与安全输入配合使用，以诊断安全输入是否与 24V 电源短接或者输入通道间短接。
- Power Supply（供电电源），为连接到安全输入的安全设备提供电源。

接下来设置安全输出，以驱动安全接触器。

11）点击“Output Configuration”标签，如图 8-39 所示。点击输出点“0 Point Mode”下拉菜单选择“Safety”，重复上述步骤将输出点 1 的“Point Mode”设置为“Safety”，点击输出点“0/1Point Operation Type”下拉菜单，选择“Single”。

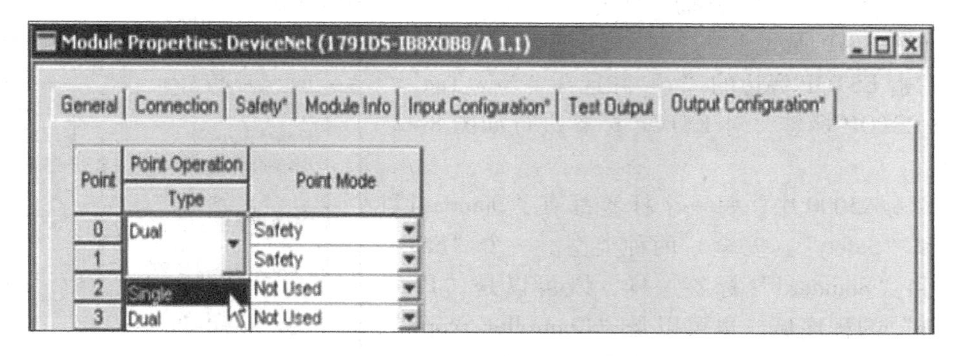

图 8-39　设置"Output Configuration"标签

输出通道操作类型：

● 独立型，当一对通道中的一个通道检测到有错误时，另外一个通道将不受影响。

● 对偶型，一对通道的任意一个通道发生错误，则两个通道均将关断。

输出通道模式：

● 不使用（Not Used），输出禁用。

● 脉冲测试的安全输出（PulseTest），检测输出与 DC24V 间的短路或输出通道间的短路。

● 安全（Safety），当外部输出回路断路或短路时，安全模块能够检测到故障并且报警。

8.7.4　ESTOP 安全停止指令

ESTOP 指令的基本作用是在软件可编程环境（专为 SIL3/CAT4 安全应用设计）中模拟安全继电器的输入功能。针对 ESTOP 指令中各状态位的变化，主要分以下 4 种操作模式：

1）常规操作。

2）不一致输入操作。

3）电路复位保持操作（只用在手动操作模式）。

4）循环输入操作。

1. 安全标签的创建

1）双击"SafetyProgram"中的"MainRoutine"。"SafetyPrograms"和"Routines"均为红色。

2）在指令工具栏点击左右按键，找到"Safety"标签。点击"Safety"标签，可看到可供使用的安全指令，"Safety"指令列表仅当在编辑"Safety Task"时才能看到，如图 8-40 所示。

图 8-40　可供使用的安全指令

3）点击 ESTOP 按钮[ESTOP]，可在“Safety Task”的主程序中添加一个 ESTOP 安全指令，梯级 0，如图 8-41 所示。

4）右击 ESTOP 旁边的“?”并选择“New Tag”，创建一个 ESTOP 标签，对 ESTOP 标签进行如图 8-42 所示配置。

在 RSLogix5000 中，每一个标签都有“Standard”（标准）和“Safety”（安全）两种类型。一个“Safety”标签和“Standard”标签一样，既可以是“Program Scope”的程序域，也可以是“Controller Scope”的控制器域。“Safety”标签是受保护的，在安全任务之外无法被读取，所以在本例中，将使用控制器域标签，这样我们可以在标准例程中读取这些标签。

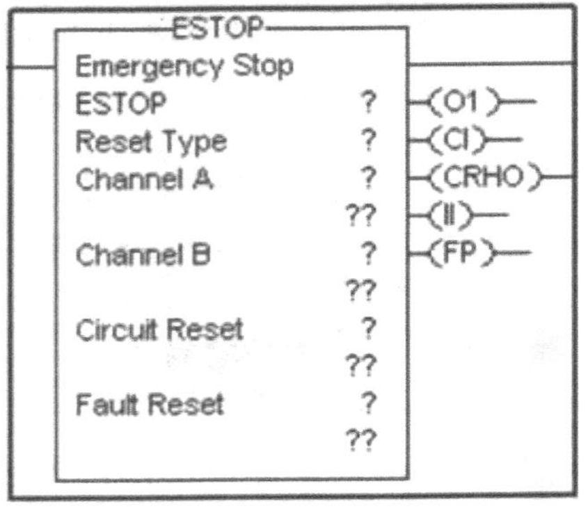

图 8-41　添加 ESTOP“Safety”指令

5）在 ESTOP 指令上，双击“Reset Type”，选择指令复位类型。设置为“Manual”需要一个预先的动作（即按下电路复位“Circuit Reset”按钮）以复位该指令的输出；设置为“Automatic”则不需要预先的动作即可进行该指令输出的复位。

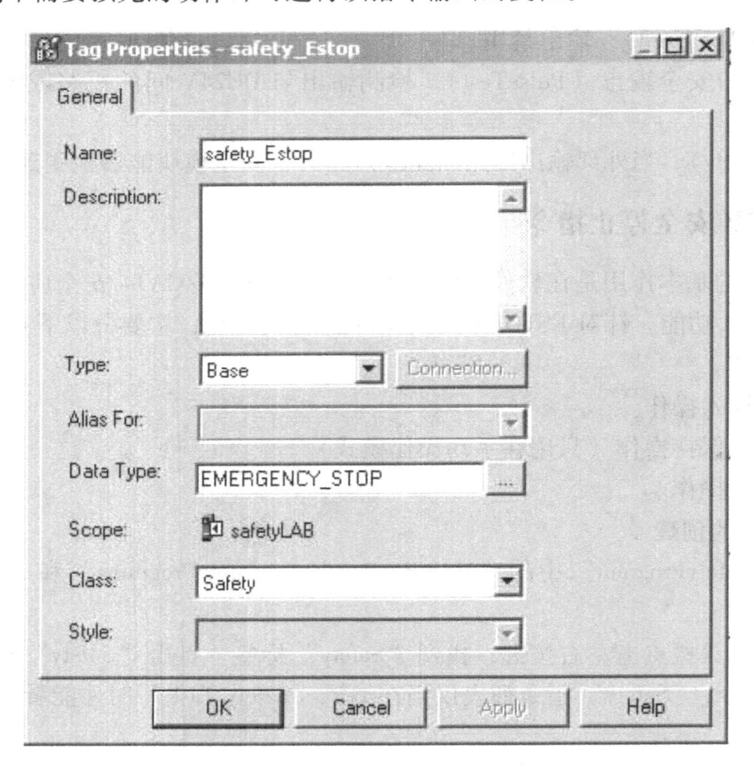

图 8-42　配置 ESTOP 标签

6）为 ESTOP 的输入通道 A 和 B 分配数据。双击通道 A 旁的“?”，并选择“safety_LabNode1：I. Pt00Data”作为 ESTOP 的通道 A 输入，如图 8-43 所示。

标签“Pt00Data”解释如下：Pt 表示点 point；00 表示指定点 0；Data 表示一个数据点；

后缀 InputStatus 表示输入状态；OutputStatus 表示输出状态。

重复上述步骤，进行通道 B 的设置。选择“safety _ LabNode1：I. Pt01Data”作为 ESTOP 指令通道 B 的输入。

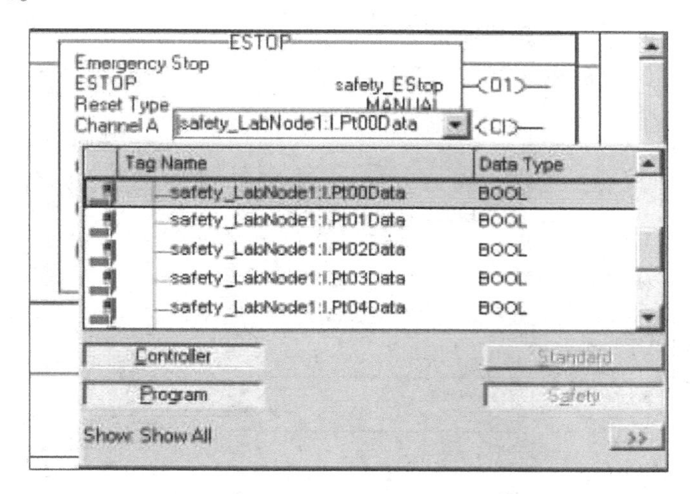

图 8-43　为 ESTOP 的输入通道 A 分配数据位置

7）在 ESTOP 指令中，右击 Circuit Reset 旁的“？”并选择“New Tag”，如图 8-44 所示对标签进行配置，点击“OK”按钮以确定所做的改变。

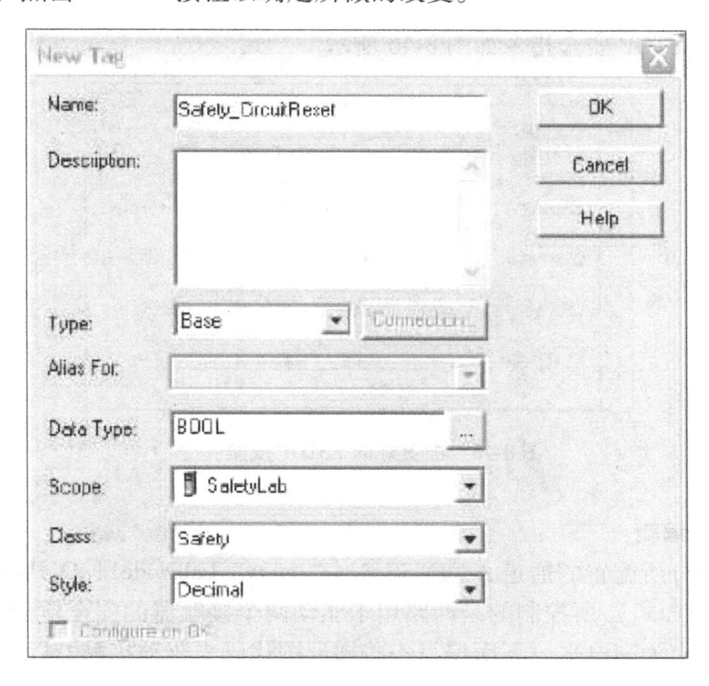

图 8-44　为 Circuit Reset 创建标签

8）右击 Fault Reset 旁的“？”并选择“New Tag”，如图 8-45 所示进行标签配置，点击“OK”按钮以确定所做的改变。

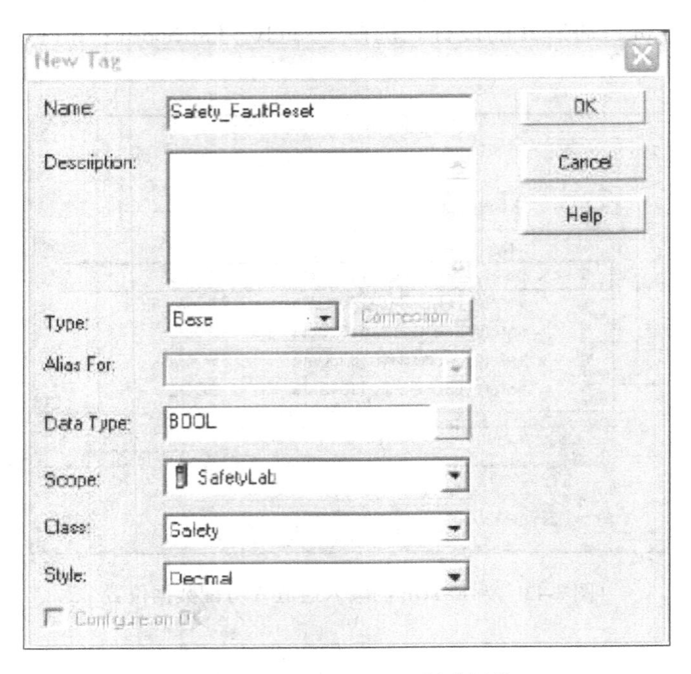

图 8-45　为 Fault Reset 创建标签

9）配置好的 ESTOP 安全指令如图 8-46 所示。

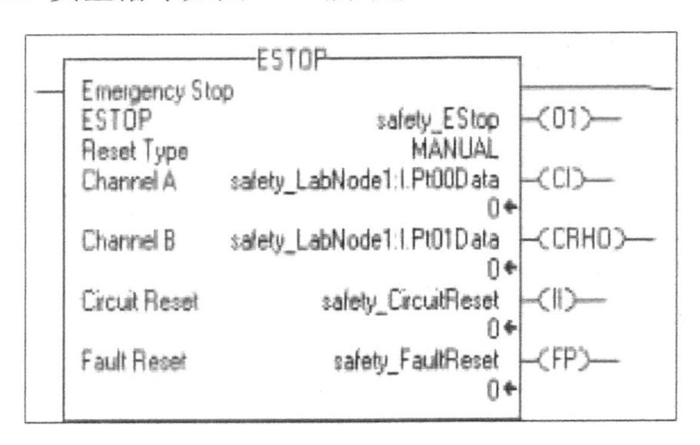

图 8-46　配置好的 ESTOP 安全指令

2. 安全程序的编辑

本实验前面部分所配置的通道 A 和通道 B（“safety _ LabNode1：O. Pt00Data”，“safety _ LabNode1：O. Pt01Data”）所控制的是两路用于驱动两个接触器的安全输出。当 ESTOP 没有被按下时，两路输出为高电平。下面编写一些梯形图代码来驱动接触器以点亮负载灯。

1）选择梯级 0，点击新梯级按钮 两次，建立两个新的梯级。在每一个梯级中添加 OTE 指令 。选择两个之前配置好的安全输出“safety _ LabNode1：O. Pt00Data”和“safety _ LabNode1：O. Pt01Data”作为 OTE 的标签，如图 8-47 所示。

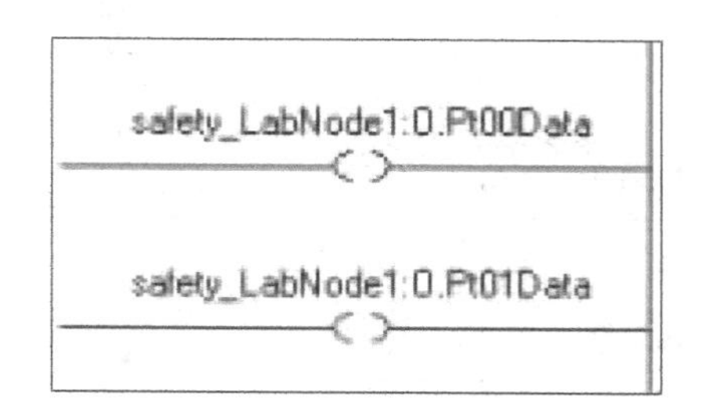

图 8-47　两个输出梯级指令

2）在上述两个梯级中加入 XIC 命令，并为其选择安全标签“safety _ Estop. O1”，确保这两个梯级的指令如图 8-48 所示。只有当 ESTOP 的两个输入通道均为高电平且电路复位时，ESTOP 指令才将其输出（“safety _ Estop. O1”）置为高电平。

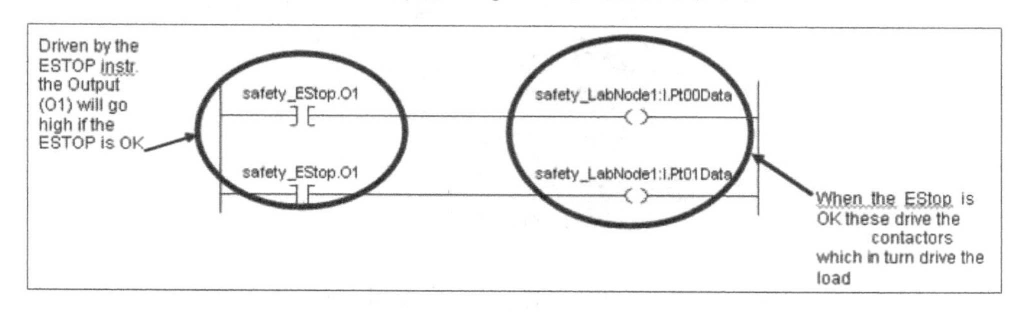

图 8-48　添加输入的两个梯级指令

3）切换到标准任务的“MainRoutine”，如图 8-49 所示。

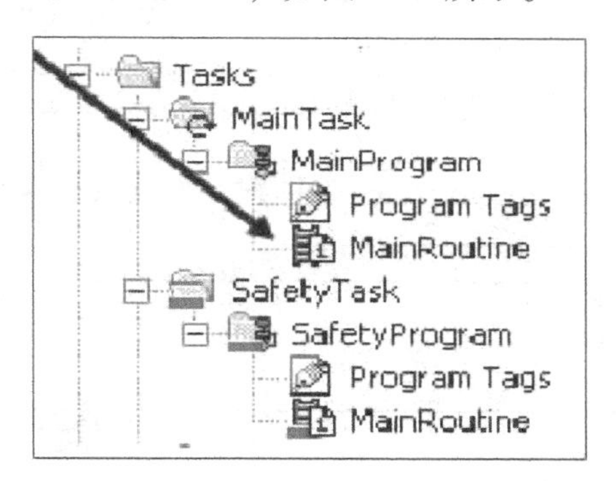

图 8-49　切换到标准任务的“MainRoutine”

4）插入以下梯级，如图 8-50 所示。

应该在控制器域内创建标准标签“std _ FaultReset”和“std _ CircuitReset”，且不能为“std _ FaultResetstd”和“std _ CircuitReset”创建“ALIAS”标签，因为安全标签不允许别名。

5）在菜单中，点击 Logic→Map Safety Tag，如图 8-51 所示。

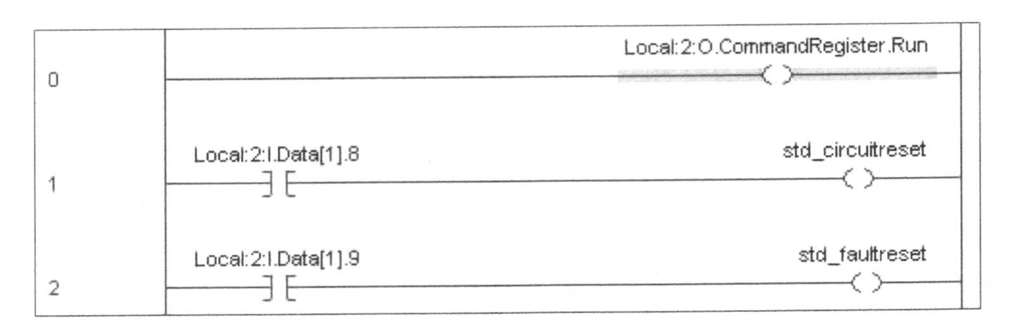

图 8-50　在标准任务中插入新梯级

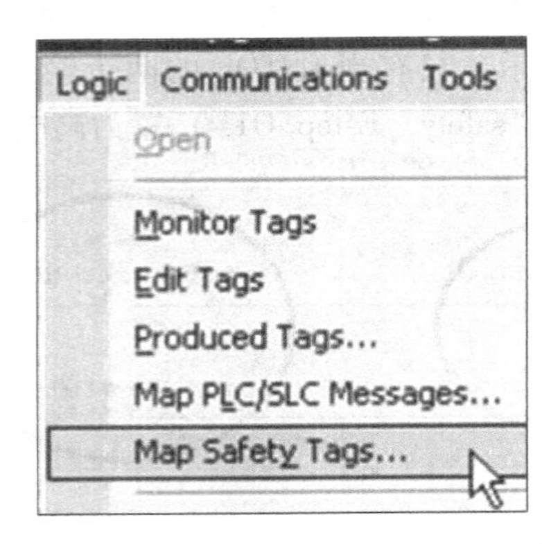

图 8-51　选择“Map Safety Tag”，打开映射工具

6）选择第一个标准标签“std _ CircuitReset”，如图 8-52 所示。

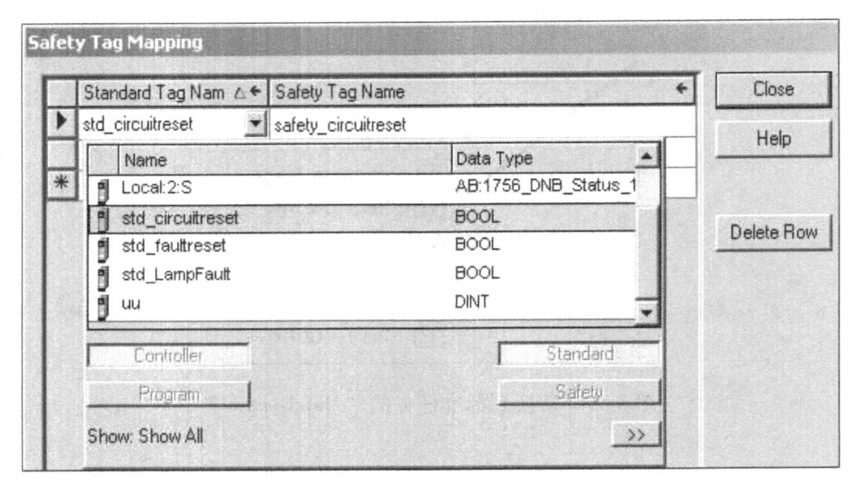

图 8-52　第一个标准标签“std _ CircuitReset”

7）点击“Safety Tag Name”下面的空白区域，选择标准标签所要映射的安全标签，在本例中选择安全标签“safety _ CircuitReset”，如图 8-53 所示。

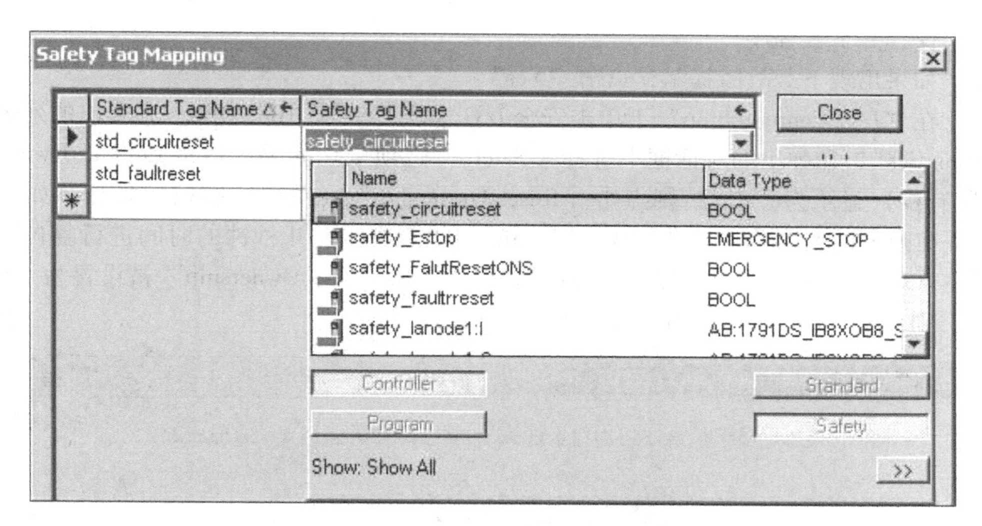

图 8-53　为标准标签“std _ CircuitReset”映射安全标签“safety _ CircuitReset”

8）重复前面两个步骤，将标准标签“std _ FaultReset”映射到安全标签“safety _ FaultReset”，如图 8-54 所示。

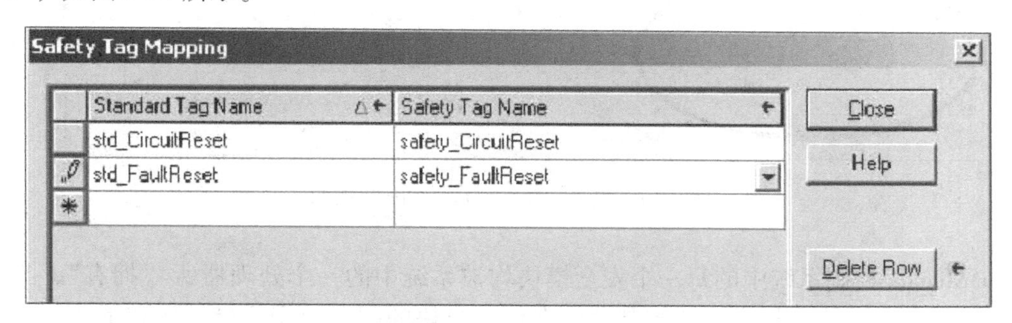

图 8-54　将标准标签“std _ FaultReset”映射到安全标签“safety _ FaultReset”

9）关闭“Safety Tag Mapping”窗口，通过添加以下梯级，完成标准主程序，如图 8-55 所示。通过读取安全例程中 ESTOP 指令内部状态位所对应的安全标签，由“Point I/O”指示 ESTOP 的状态位。

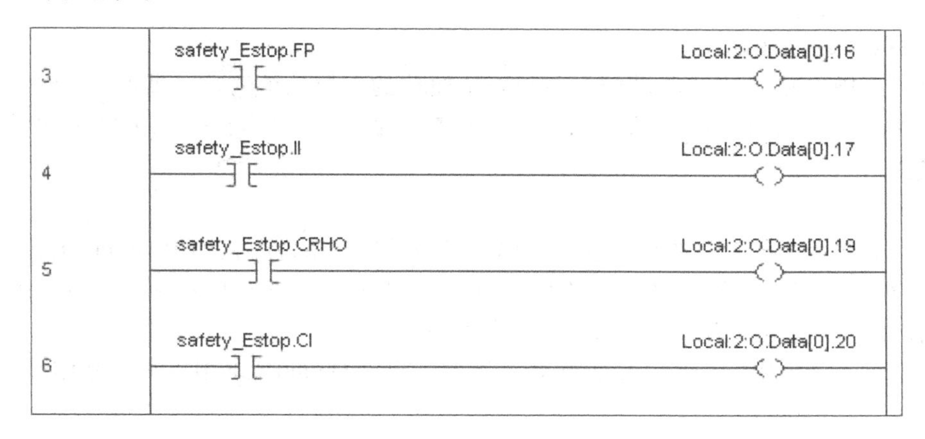

图 8-55　完成标准主程序

10）保存并下载程序。

11）如果出现下载故障提示，点击“Yes”。

12）在“I/O Configuration”下单击安全 I/O 模块 1791DS-IB8XOB8，在弹出的列表中选择“Properties”，在弹出的对话框中选择“Safety”选项卡。如果“Configuration Ownership”（配置所有权）显示为“??”，则点击“Reset Ownership”（重置所有权）按钮，如图 8-56 所示，并在弹出的警告框中点击“Yes”，Safety-IO 模块需要几秒钟的时间进行复位，当其复位时注意观察模块 LED 指示灯的状态；如果“Configuration Ownership”被设置为“Local”（本地），则点击“OK”，关闭属性对话框。

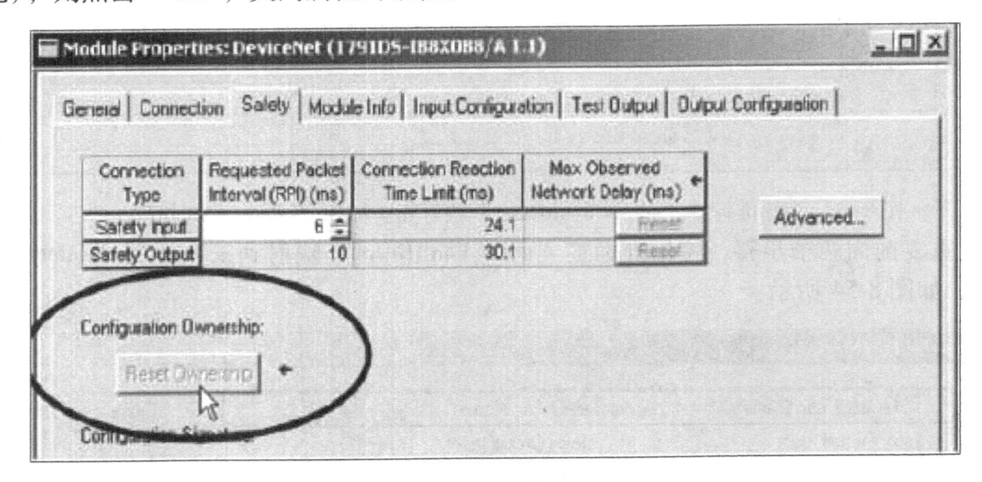

图 8-56　点击“Reset Ownership”按钮

GuardLogix 控制系统中的每一个安全模块均被系统中的一个处理器所“拥有”，当一个控制器“拥有”一个模块时，该控制器将存储该模块的配置数据；当创建和下载一个新的工程时，需要重新定义配置信息的“所有者”。一个安全模块仅能受一个控制器管理，要改变“所有者”，需要通过点击“Module Properties”对话框中“Safety”选项卡中的“Reset Ownership”按钮，使其回到“Out-of-Box”（不受限制）状态。

13）将控制器置于 Run 模式。

3. ESTOP 功能测试

通过以下操作测试 ESTOP 功能，并与安全模块的自检功能对比。期间请特别注意观察安全输入/输出模块的 LED 指示灯状态、DEMO 箱上的指示灯以及程序中的 ESTOP 指令各标志位的状态。

（1）常规操作

该指令对两个输入通道的状态进行监视，当满足如下条件时，输出 Output 1 置 1：

1）使用手动复位：两个输入都置 1，而且给电路复位一个上升沿跳变（即由 0 到 1）。

2）使用自动复位：两个输入保持 1 状态 50ms。

当两个输入通道中的任意一个置 0 时，指令的输出 Output 1 置 0。常规操作时序图如图 8-57 所示。

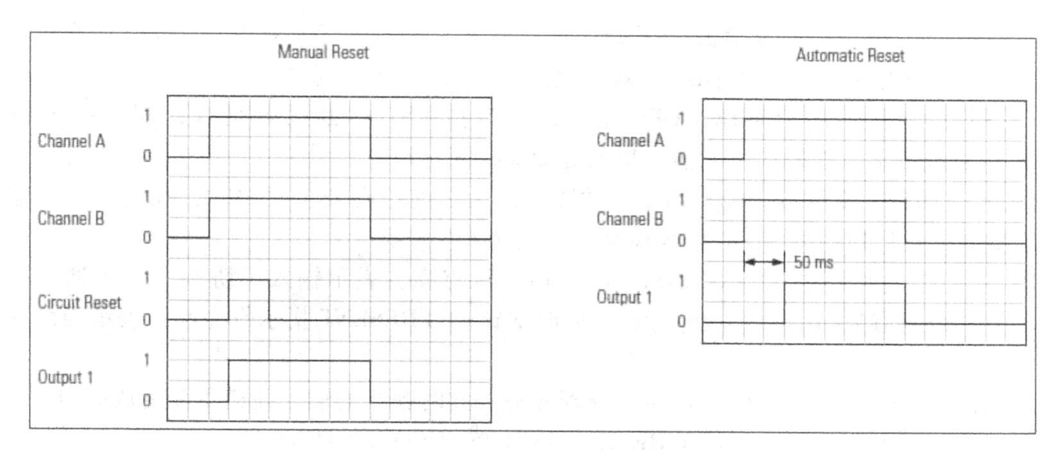

图 8-57　常规操作时序图

ESTOP 指令的两个输入通道通常是开路状态，即两个通道是“0”状态代表“安全”状态，而“1”状态代表“激活”状态。同理，该指令的输出 Output1 的“0”状态代表“安全”状态，而“1”状态代表“激活”状态。

1）程序下载完毕且控制器置于 Run 模式时，由于 ESTOP 指令的复位模式当前为手动复位，此时负载指示灯不亮。

2）按下“CircuitReset”按钮以驱动输出，此时负载指示灯亮起。

3）在线将 ESTOP 指令复位模式更改为自动复位，按下 ESTOP 按钮以强制两输入置 0，此时负载指示灯熄灭。释放 ESTOP 按钮，此时负载指示灯自动点亮。

（2）不一致输入操作

当两个输入通道处于不一致状态（一个置 1，另一个置 0）并保持 500ms（t1）时，该指令将引发故障，该故障由输入不一致位和当前故障位指示；如果当前故障为保持为 1，Output 1 无法置 1；当故障条件被修正且给故障复位位一个上升沿跳变时，当前故障位将被清零，时序图如图 8-58 所示。

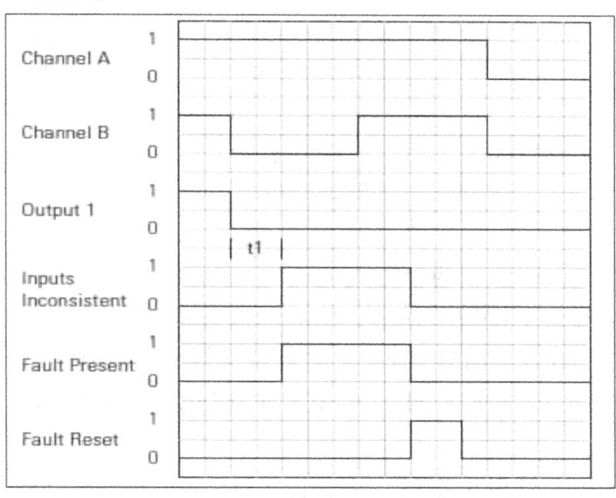

图 8-58　不一致输入操作时序图

离线将 ESTOP 复位模式更改为手动模式（以下实验均在手动模式下进行），下载程序后，在按下电路复位按钮“Circuit Reset”之前，负载指示灯不点亮。

1）通过按下 E-STOP WIRE OFF 按钮，以模拟 ESTOP 断线的情况，即断线的输入（IN0）变成低电平，而模块上的输入指示灯却保持固定黄色。

注意，1791DS 模块不会检测到输入故障，因为之前组态安全模块时，我们将安全输入设置为独立型，所以由 E-STOP 指令检测不一致输入。

2）实验箱上的 INPUTS INCONSISTENT 指示灯点亮，表示输入不协调（一个通道为低电平，另一个通道为高电平）故障存在，同时 FAULT PRESENT 指示灯亮起，表示当前存在故障。

3）释放 E-STOP WIRE OFF 按钮以修理故障，此时断线的输入通道重新变成高电平。

4）按下故障复位按钮 FAULT RESET，INPUTS INCONSISTENT 指示灯和 FAULT PRESENT 指示灯同时熄灭。

5）按下电路复位按钮 CIRCUIT RESET，负载指示灯重新点亮。

（3）电路复位保持操作（只用在手动操作模式）

若两个输入通道处于低电平且电路复位按钮保持按下状态，当两个输入通道变成高电平且电路复位按钮还是保持按下状态时，ESTOP 指令将置电路复位保持位为 1，其时序图如图 8-59 所示。

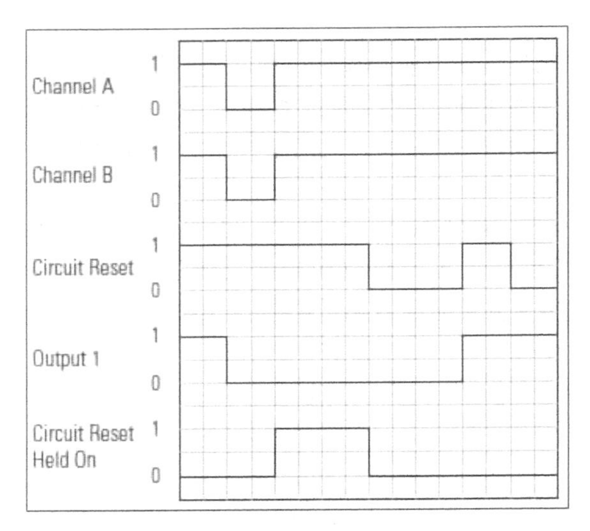

图 8-59　电路复位保持操作时序图

1）按下 ESTOP 按钮，以强制两个输入通道为低电平。

2）按住 CIRCUIT RESET 按钮不松手，然后释放 ESTOP 按钮。

3）此时 CIRCUIT RESET HELD ON（电路复位保持）灯亮起。

4）释放 CIRCUIT RESET 按钮，此时 CIRCUIT RESET HELD ON（电路复位保持）灯熄灭。

5）重新按下 CIRCUIT RESET 按钮，负载指示灯点亮。

（4）循环输入操作

当输出 Output 1 被激活（置 1）时，两个输入通道中的一个由 1 状态变为 0 状态然后又回到 1 状态，此时循环输入位被激活，输出 Output 1 无法激活，直到两个输入通道都变为低电平。其时序图如图 8-60 所示。

1）在本实验进行之前请确保负载指示灯处于激活状态。

2）轻按 E-STOP WIRE OFF 按钮（因为轻按 E-STOP WIRE OFF 按钮，输入通道 IN0 的低电平状态很短暂，不致于引发 IN0 断路故障）。此时，CYCLE INPUTS（循环输入）灯点亮，因为输入通道 IN0 发生了 Hi/Lo/Hi 的状态改变，而另一个通道保持 Hi 状态。

3）要想将 CYCLE INPUTS 置 0，必须将两个输入通道置 0。

4）通过按下 ESTOP 按钮来强制两个输入通道置 0。

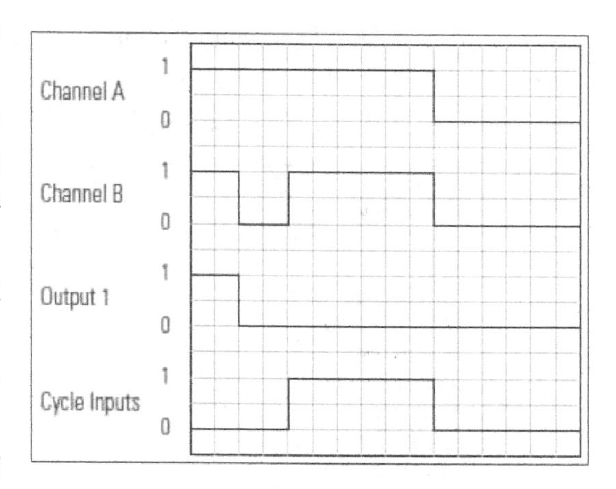

图 8-60　循环输入操作时序图

5）释放 ESTOP 按钮以使输入重新变成高电平。

6）按下 CIRCUIT RESET 按钮，负载指示灯重新点亮。

（5）安全模块故障检测功能—输入通道间短路

1）通过按下绿色 SHORT CH-TO-CH 按钮，造成输入通道与通道间的短路。

2）确认安全模块的输入是否变成红色。

1791DS-IB8XOB8 模块使用脉冲测试来检测 ESTOP 输入上的通道与通道间短路，并将两个故障输入在控制器内部程序中均设置为低电平，尽管安全输入模块上的 IN0 与 IN1 显示红色，但通过电表测量可知，实际上输入信号还是 24V。对于 1791 模块，需要输入变成低电平以复位输入故障。

3）释放 SHORT CH-TO-CH 按钮以修正故障。

4）按下 ESTOP 按钮以复位 1791DS 的故障（IN0 与 IN1 指示灯熄灭）。

5）松开 ESTOP 按钮，输入将重新变成高电平（IN0 与 IN1 显示黄色）。

6）按下 CIRCUIT RESET 按钮，负载指示灯开启。

在本实验中，你可以发现建立一个 ESTOP 安全回路是很简单的。需要注意的是，查看 RSLogix5000 标签会发现，在未发生任何故障的情况下，当实际输入端子的信号是“0”时，标签里输入信号的反馈状态 InputStatus 却为“1”，这是因为，只有当故障产生后，InputStatus 才会置“0”以反映故障状态。

8.7.5　I/O 状态监控

我们将向 ESTOP 安全回路中添加状态监控，这对于避免潜在的危险非常重要，在本实验中，我们将：添加代码以监测安全 I/O 点的状态，添加代码以监测安全接触器的反馈状态，添加代码以监测安全模块的连接状态。

改变“Safety Module Definition”（安全模块定义）以便包含点状态。

将工程“Go Offline”（离线），在“I/O Configuration”中，右键点击 1791DS-IB8XOB8

安全模块并选择“Properties”。

在“General”制表符下，点击“Change”按钮。在该对话框下，为安全模块配置需要产生的数据和状态标签。

为输入状态选择“Pt. Status-Muting”，为输出数据选择“Combined”。

(1) 输入数据的两个选项含义

1) Safety—选择该选项可以为安全模块创建如图 8-61 所示标签。

- IB8xOB8:I	{...}	{...}		AB:1791DS_IB8X...	Safety
IB8xOB8:I.RunMode	0		Decimal	BOOL	Safety
IB8xOB8:I.ConnectionFaulted	0		Decimal	BOOL	Safety
IB8xOB8:I.Pt00Data	0		Decimal	BOOL	Safety
IB8xOB8:I.Pt01Data	0		Decimal	BOOL	Safety
IB8xOB8:I.Pt02Data	0		Decimal	BOOL	Safety
IB8xOB8:I.Pt03Data	0		Decimal	BOOL	Safety
IB8xOB8:I.Pt04Data	0		Decimal	BOOL	Safety
IB8xOB8:I.Pt05Data	0		Decimal	BOOL	Safety
IB8xOB8:I.Pt06Data	0		Decimal	BOOL	Safety
IB8xOB8:I.Pt07Data	0		Decimal	BOOL	Safety

图 8-61 Safety 选项创建的标签

对图中标签作如下解释：

①RunMode（运行模式）—安全模块的运行模式。

②ConnectionFaulted（连接故障）—安全模块的通信状态。

③Safety Data（安全数据）—模块的安全输入数据。

2) Safety-Readback—该选项将创建安全标签和读回标签（Readback，指示输出端子是否有 24V 信号），不适用于只有输入的安全模块，如图 8-62 所示。

IB8xOB8:I.Pt00Readback	0		Decimal	BOOL	Safety
IB8xOB8:I.Pt01Readback	0		Decimal	BOOL	Safety
IB8xOB8:I.Pt02Readback	0		Decimal	BOOL	Safety
IB8xOB8:I.Pt03Readback	0		Decimal	BOOL	Safety
IB8xOB8:I.Pt04Readback	0		Decimal	BOOL	Safety
IB8xOB8:I.Pt05Readback	0		Decimal	BOOL	Safety
IB8xOB8:I.Pt06Readback	0		Decimal	BOOL	Safety
IB8xOB8:I.Pt07Readback	0		Decimal	BOOL	Safety

图 8-62 Safety-Readback 选项创建的标签

(2) 输入状态的 3 个选项含义

1) None（无）—仅创建输入的数据标签，不创建输入的状态标签。

2) Point Status-Muting（点状态-包含功能屏蔽）—为每一个输入/输出点的状态单独创建标签，且创建功能屏蔽输出点 T3 的状态，如图 8-63 所示。

3) Combined Status-Muting（联合状态）—单独的一个状态位代表了所有输入点状态位的“逻辑与”，比如说，假如任何一个输入通道发生故障，该位置 0；单独的一个状态位代表了所有输出点状态位的“逻辑与”，比如说，假如任何一个输出通道发生故障，该位置 0；且创建功能屏蔽输出点 T3 的状态位，如图 8-64 所示。

IB8xOB8:I.Pt00InputStatus	0	Decimal	BOOL	Safety
IB8xOB8:I.Pt01InputStatus	0	Decimal	BOOL	Safety
IB8xOB8:I.Pt02InputStatus	0	Decimal	BOOL	Safety
IB8xOB8:I.Pt03InputStatus	0	Decimal	BOOL	Safety
IB8xOB8:I.Pt04InputStatus	0	Decimal	BOOL	Safety
IB8xOB8:I.Pt05InputStatus	0	Decimal	BOOL	Safety
IB8xOB8:I.Pt06InputStatus	0	Decimal	BOOL	Safety
IB8xOB8:I.Pt07InputStatus	0	Decimal	BOOL	Safety
IB8xOB8:I.Pt00OutputStatus	0	Decimal	BOOL	Safety
IB8xOB8:I.Pt01OutputStatus	0	Decimal	BOOL	Safety
IB8xOB8:I.Pt02OutputStatus	0	Decimal	BOOL	Safety
IB8xOB8:I.Pt03OutputStatus	0	Decimal	BOOL	Safety
IB8xOB8:I.Pt04OutputStatus	0	Decimal	BOOL	Safety
IB8xOB8:I.Pt05OutputStatus	0	Decimal	BOOL	Safety
IB8xOB8:I.Pt06OutputStatus	0	Decimal	BOOL	Safety
IB8xOB8:I.Pt07OutputStatus	0	Decimal	BOOL	Safety
IB8xOB8:I.MutingStatus	0	Decimal	BOOL	Safety

图 8-63　Point Status-Muting 选项创建的标签

IB8xOB8:I.OutputStatus	0	Decimal	BOOL	Safety
IB8xOB8:I.InputStatus	0	Decimal	BOOL	Safety
IB8xOB8:I.MutingStatus	0	Decimal	BOOL	Safety

图 8-64　Combined Status-Muting 选项创建的标签

（3）输出数据的 4 个选项含义

1）Safety（安全）—仅创建安全输出数据标签，如图 8-65 所示。

− IB8xOB8:O	{...}	{...}		AB:1791DS_IB8X...	Safety
IB8xOB8:O.Pt00Data	0		Decimal	BOOL	Safety
IB8xOB8:O.Pt01Data	0		Decimal	BOOL	Safety
IB8xOB8:O.Pt02Data	0		Decimal	BOOL	Safety
IB8xOB8:O.Pt03Data	0		Decimal	BOOL	Safety
IB8xOB8:O.Pt04Data	0		Decimal	BOOL	Safety
IB8xOB8:O.Pt05Data	0		Decimal	BOOL	Safety
IB8xOB8:O.Pt06Data	0		Decimal	BOOL	Safety
IB8xOB8:O.Pt07Data	0		Decimal	BOOL	Safety

图 8-65　Safety（安全）选项创建的标签

2）Test（测试）—仅创建测试输出标签，如图 8-66 所示。测试输出是标准输出，不能用做安全场合。

− IB8xOB8:O	{...}	{...}		AB:1791DS_IB8X...	Safety
IB8xOB8:O.Test00Data	0		Decimal	BOOL	Safety
IB8xOB8:O.Test01Data	0		Decimal	BOOL	Safety
IB8xOB8:O.Test02Data	0		Decimal	BOOL	Safety
IB8xOB8:O.Test03Data	0		Decimal	BOOL	Safety

图 8-66　Test（测试）选项创建的标签

3）Combined（组合）—可同时创建安全输出数据和测试输出数据标签，如图 8-67 所示。

⊟ IB8xOB8:O	{...}	{...}		AB:1791DS_IB8X...	Safety
IB8xOB8:O.Pt00Data	0		Decimal	BOOL	Safety
IB8xOB8:O.Pt01Data	0		Decimal	BOOL	Safety
IB8xOB8:O.Pt02Data	0		Decimal	BOOL	Safety
IB8xOB8:O.Pt03Data	0		Decimal	BOOL	Safety
IB8xOB8:O.Pt04Data	0		Decimal	BOOL	Safety
IB8xOB8:O.Pt05Data	0		Decimal	BOOL	Safety
IB8xOB8:O.Pt06Data	0		Decimal	BOOL	Safety
IB8xOB8:O.Pt07Data	0		Decimal	BOOL	Safety
IB8xOB8:O.Test00Data	0		Decimal	BOOL	Safety
IB8xOB8:O.Test01Data	0		Decimal	BOOL	Safety
IB8xOB8:O.Test02Data	0		Decimal	BOOL	Safety
IB8xOB8:O.Test03Data	0		Decimal	BOOL	Safety

图 8-67　Combined（组合）选项创建的标签

4）None（无）—不创建任何输出标签。

点击“OK”，按钮点击“Yes”以接受模块定义的改变。

在控制器标签编辑器中检查“safety _ LabNode1：I”和“safety _ LabNode1：O”标签，注意新添加的状态信息。

8.7.6　ROUT 冗余输出指令

本节将使用带有连续反馈监控的冗余输出指令 ROUT，如图 8-68 所示，来控制 K1/K2 接触器。

ROUT 指令的基本作用是，在软件可编程环境（专为 SIL3/CAT4 安全应用设计）中模拟安全继电器的输出功能。同普通继电器不同，安全继电器有其特殊的结构：安全继电器在其中一对触点出现焊死故障的情况下，通过内部冗余（即另外一对触点打开）等结构，也能够把电源安全地从负载断开，体现了 GuardLogix 用于要求“安全停止”场合的特殊功能。ROUT 指令的各参数说明见表 8-8。

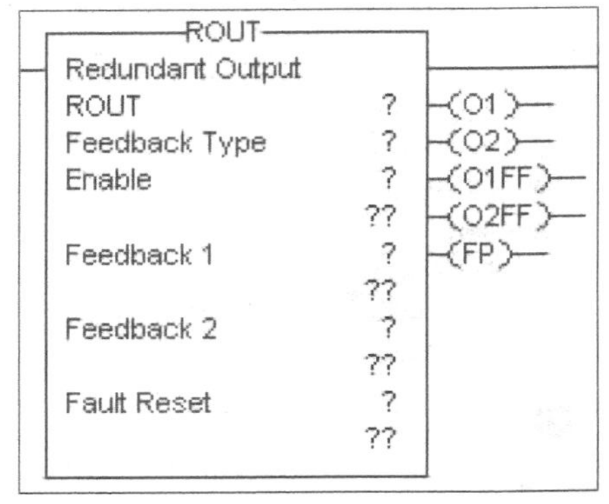

图 8-68　ROUT 指令

表 8-8　ROUT 指令的参数说明

参　数	描　述	不同状态的值
ROUT(冗余输出指令)	ROUT 指令的标签名	—
Feedback Type(反馈类型)	输出反馈是负反馈还是正反馈	负反馈是 RONF，正反馈是 ROPF
Enable(使能)	用来使能冗余输出的输入信号	Safe = 0, Active = 1

（续）

参　　数	描　　述	不同状态的值
Feedback 1(反馈 1)	直接来自设备，或者由 Output 1 间接控制	RONF：Off = 1，On = 0 ROPF：Off = 0，On = 1
Feedback 2(反馈 2)	直接来自设备，或者由 Output 2 间接控制	RONF：Off = 1，On = 0 ROPF：Off = 0，On = 1
Fault Reset(故障复位)	修复故障后，给该位一个上升跳变信号，Fault Present（当前故障）位将清零	Initial = 0，Reset = 1
Output1(输出 1)	冗余输出的 Output1	Safe = 0，Active = 1
Output2(输出 2)	冗余输出的 Output2	Safe = 0，Active = 1
Output1 Feedback Failure（输出 1 反馈故障）	Output1 的反馈在 250ms 内没有指示 Output1 的正确状态	Initial = 0，Fault = 1
Output2 Feedback Failure（输出 2 反馈故障）	Output2 的反馈在 250ms 内没有指示 Output2 的正确状态	Initial = 0，Fault = 1
Fault Present(当前故障)	当出现故障时，该位置 1；此时，冗余输出无法激活	Initial = 0，Fault = 1

1. 创建程序

1）在安全任务主程序中删除梯级 1 和 2，这两条梯级是基于 ESTOP 指令的输出来驱动安全输出的。在安全主例程中输入以下梯级以监控安全模块的连接状态和本实验所用到的安全 I/O 的状态，如图 8-69 所示。

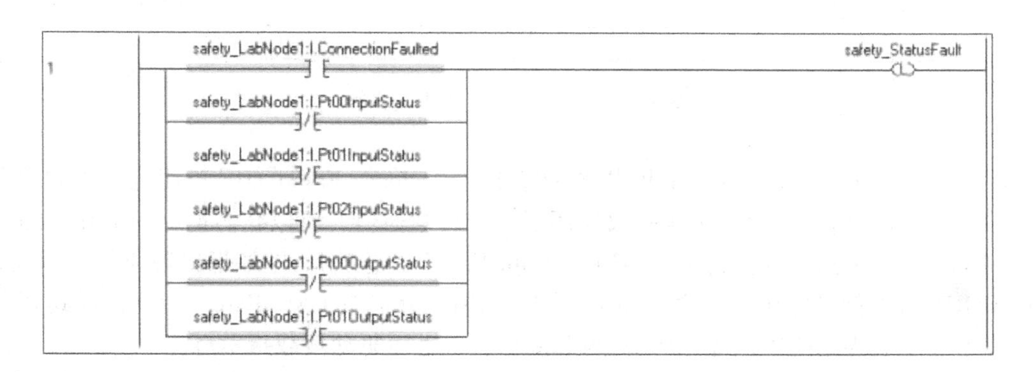

图 8-69　安全状态故障位置位

如果连接故障位 = 0，说明连接处于 OK 状态；如果安全 I/O 点状态 = 1，说明对应的安全点处于 OK 状态。

2）为确保在发生故障后，若要重新启动需要进行故障复位，可在梯级 1 后面输入以下梯级，如图 8-70 所示。

3）输入梯级 3、4、5，如图 8-71 所示。

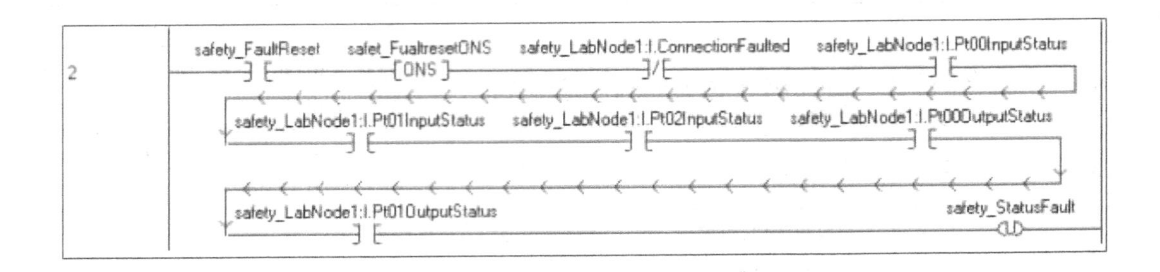

图 8-70　安全状态故障位解锁梯级

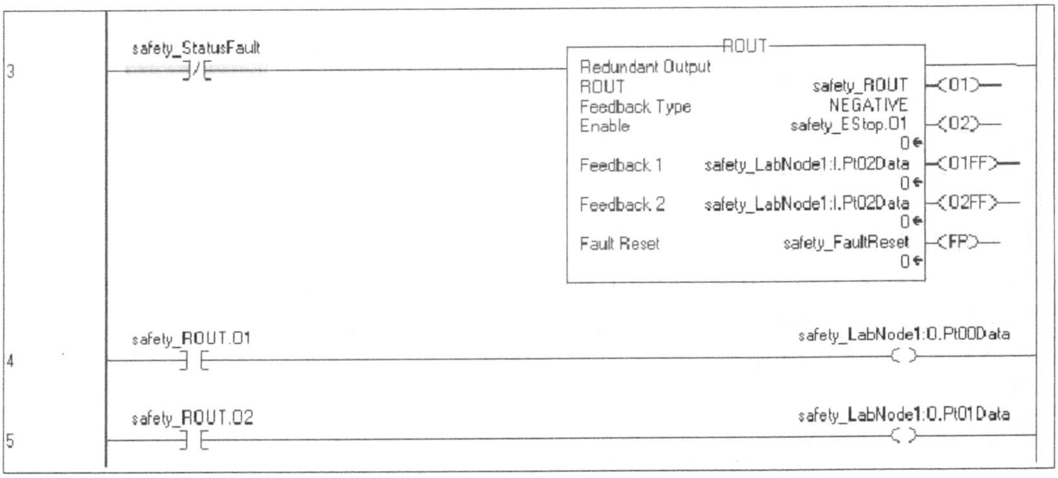

3
safety_StatusFault
ROUT
Redundant Output
ROUT　safety_ROUT　O1
Feedback Type　NEGATIVE
Enable　safety_EStop.O1　O2
0
Feedback 1　safety_LabNode1:I.Pt02Data　O1FF
0
Feedback 2　safety_LabNode1:I.Pt02Data　O2FF
0
Fault Reset　safety_FaultReset　FP
0
4
safety_ROUT.O1　safety_LabNode1:O.Pt00Data
5
safety_ROUT.O2　safety_LabNode1:O.Pt01Data

图 8-71　添加 safety _ ROUT 指令

梯级 3 中的 ROUT 指令由 ESTOP 指令的输出（“safety _ EStop. O1”）使能，并对两个冗余输出的反馈进行监控。由于本实验仅使用了一个反馈通道，所以我们把反馈 1 和 2 的输入都设为 IN2。ROUT 指令的执行由“safety _ StatusFault”位控制，即如果出现通信故障或 I/O 故障，ROUT 将置低其输出；反之，如果检测到所有的状态都 OK，ROUT 指令将置其冗余输出为 ON 状态，然后由这两个输出驱动两个接触器，进而驱动负载指示灯。

4）为了在 FAULT PRESENT 指示灯上显示存在故障的现实，可在标准例程中添加以下梯级，如图 8-72 所示。

5）保存和下载程序，并使处理器处于运行模式。

2. ROUT 功能测试

下面通过实验箱上的操作来测试 ROUT 指令的基本功能。

（1）常规操作

该指令通过监控一个单一逻辑输入信号 Enable 来激活两路输出 Output1 和 Output2，时序图如图 8-73 所示。

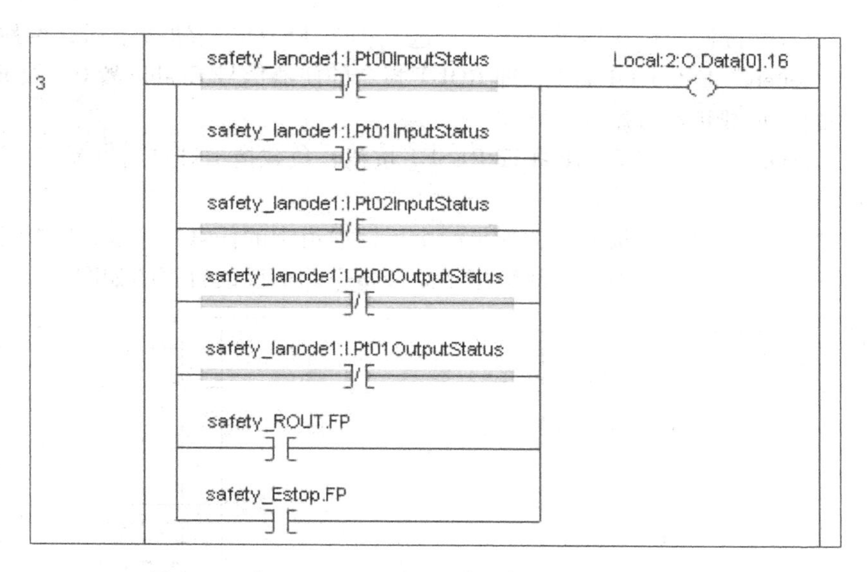

图 8-72　在 FAULT PRESENT 指示灯上指示故障已存在

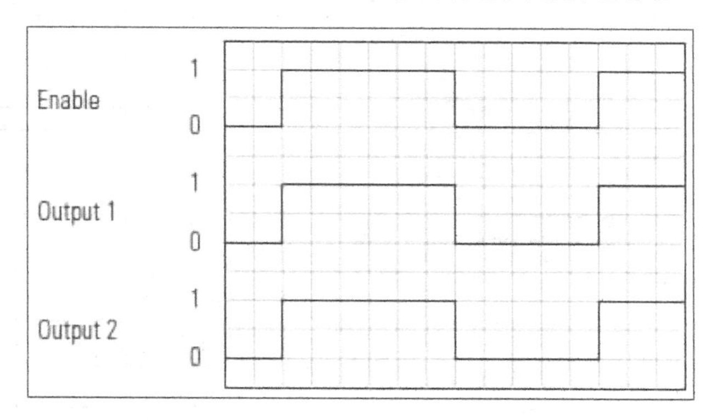

图 8-73　常规操作时序图

1）按下 CIRCUIT RESET 按钮，负载指示灯点亮，时序图如图 8-74 所示。

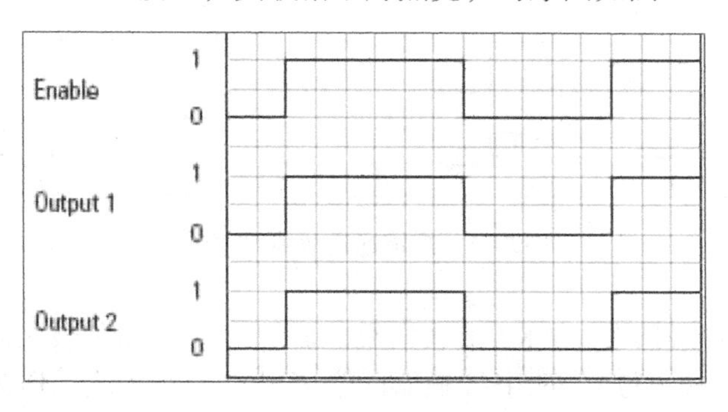

图 8-74　由 ROUT 指令开启负载的时序图

由于 ROUT 指令由 ESTOP 指令的输出（“safety _ EStop. O1”）使能，而“safety _ EStop. O1”是否为高电平取决于 IN0 与 IN1 是否为高电平以及 CIRCUIT RESET 按钮是否被按下。

2）按下 ESTOP 按钮，负载指示灯熄灭。这是因为 ESTOP 按钮按下后，两路输入被强制置 0，所以“safety _ EStop. O1 置 0，即 ROUT 指令的使能信号 Enable 置 0，故 ROUT 指令的两路输出关断，负载指示灯熄灭。

3）释放 ESTOP 按钮，按下 CIRCUIT RESET 按钮，负载指示灯重新点亮。

（2）反馈通道故障

该指令监控每路输出的反馈通道，如果两个反馈通道中的任意一个通道在指定时间内没有指示相应输出的期望状态，将产生故障指示。该指令的负反馈时序图如图 8-75 所示。

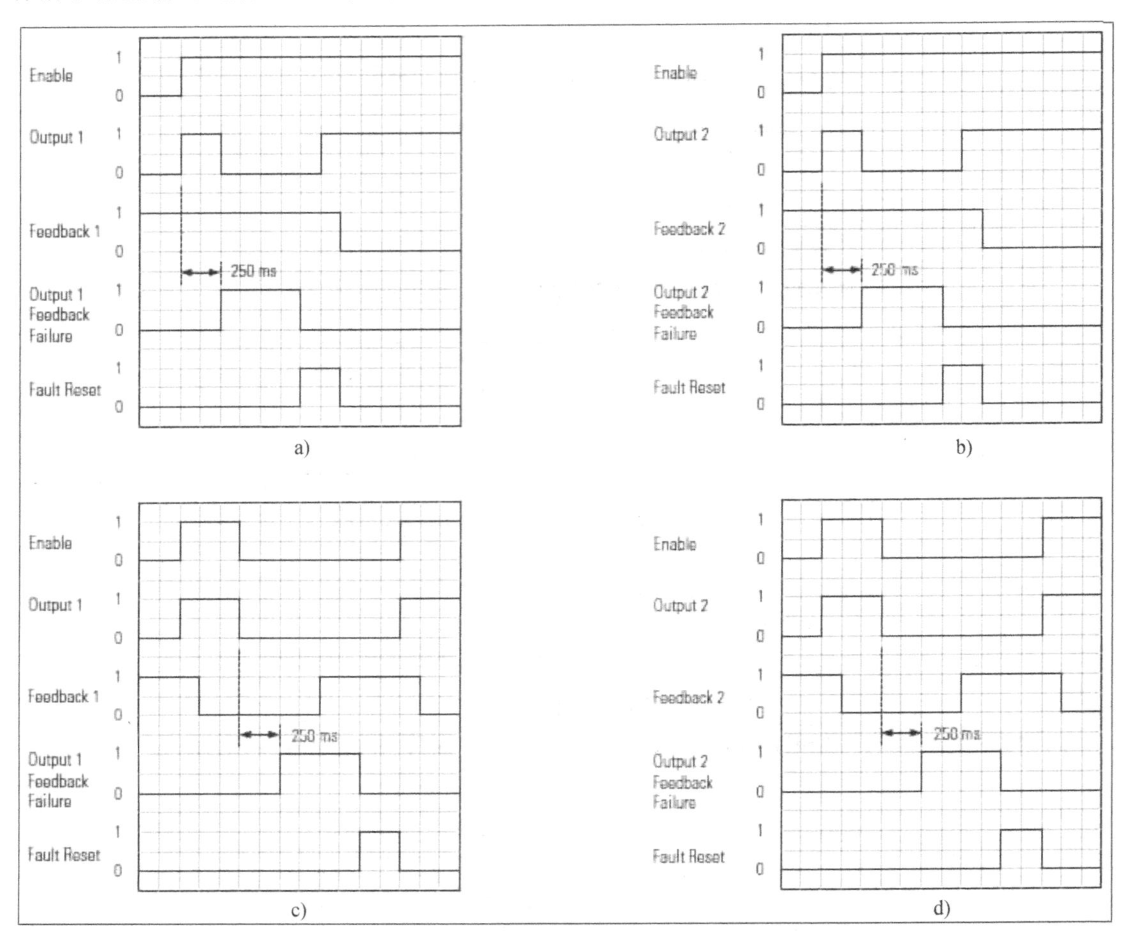

图 8-75　反馈通道故障时序图

DEMO 箱中两个接触器 K1 和 K2 串联接线，放置于 I/O 和负载之间。在本例中，负载指的是 Output Lamp（输出灯），两个接触器的常闭触点串联接线，作为反馈信号接在安全输入 IN2 上，并由安全模块上的测试源 T2 进行脉冲测试。由于试验箱上的反馈接线方式是负反馈，所以这里为 ROUT 指令选择负反馈，即当两个冗余输出激活时，反馈值为 0。

1）反馈通道对 24V 电源短路。

①在线修改安全例程的第三梯级，为 ROUT 指令中的 Feedback 1 输入数值 1，如图 8-76 所示。

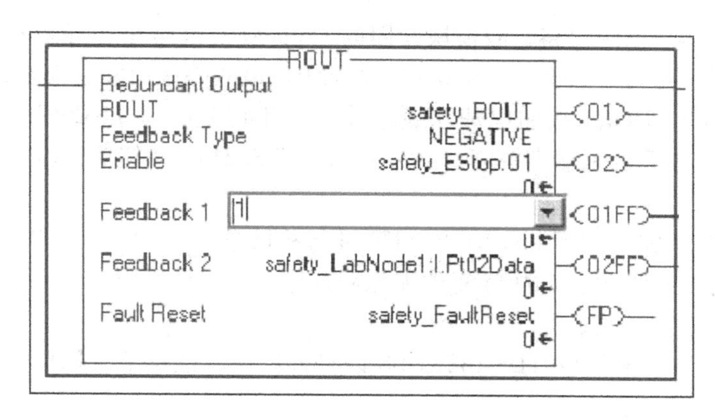

图 8-76　将反馈 1 对 24V 电源短路

②点击按钮。你会看到，由于 ROUT 指令的反馈 1 故障，输出将变为 OFF 状态。

③按下 FAULT RESET 按钮。你将看到 OUTPUT 保持 On 状态 250ms 后才关断。这是因为在 ROUT 指令作用下，Output1 可以在 250ms 的时间间隔内不变成低电平，时序图如图 8-75a 所示，这是因为每次按下 FAULT RESET 按钮，Output1 Feedback Failure 瞬间被清除，OUTPUT 将保持 On 状态 250ms 后才关断。这种故障是由 ROUT 指令监控的。

④在线将 ROUT 指令中的 Feedback 1 改回“safety _ LabNode1：I. Pt02Data”，点击按钮。

⑤按下 FAULT RESET 按钮，OUTPUT 指示灯将重新开启。

2）反馈通道对地短路。

①在线将 ROUT 指令的 Feedback1 输入零，这是模拟反馈 1 对地短路的情况。

②此时负载指示灯仍然亮着。这是因为在负反馈模式下，正常工作状态的反馈值就是 0，所以 ROUT 指令不会报错。此时按下 ESTOP 按钮，由于 Enable 位变为低电平，OUTPUT 指示灯熄灭，延迟 250ms 后显示 Output1 Feedback Failure 故障，如时序图 8-75c 所示。

③释放 ESTOP 按钮。在线将 ROUT 指令中的 Feedback 1 改回“safety _ LabNode1：I. Pt02Data”，点击按钮。

④点击 FAULT RESET 按钮，Output1 Feedback Failure 故障将被清除。按下 CIRCUIT RESET 按钮以使 Enable 位变为高电平，输出将置回 On 状态。

（3）安全模块故障检测功能——输出通道与 24V 电源短路

1）未进行安全输出脉冲测试。

①按下 OUTPUT SHORT 按钮（因 DEMO 箱上的 OUTPUT SHORT 按钮是非保持型的，所以需要按住该按钮以保持输出与 24V 电源短路），让安全输出 Output0 与 24V 电源短路。

由于此时仅使 Output0 与 24V 短路，输出依然是高电平，所以不会显示任何故障，即负载指示灯依然点亮。

②按下 ESTOP 按钮。

安全输出 Output0 现在是故障状态，这可从安全 I/O 模块的输出 Output0 灯变红看出，同时 FAULT PRESENT 指示灯亮起。这是因为，按下 ESTOP 按钮，Output0 应该输出低电平，而实际 Output0 与 24V 电源短路，故模块读回的 Output0 是高电平，导致输出信号与读回信号不一致，产生输出故障，导致 Output0 状态位置 0。该故障是由安全模块检测到的。

③释放 OUTPUT SHORT 按钮以清除短路故障，此时 FAULT PRESENT 指示灯熄灭。这是因为 ESTOP 按钮按下后是输出关断，释放 OUTPUT SHORT 按钮后，输出亦与 24V 电源断开，不再有故障。

④释放 ESTOP 按钮，按下 FAULT RESET 进行故障复位，再按下 CIRCUIT RESET 按钮来重启系统。实际上电路复位和故障复位无先后顺序。

2）进行安全输出脉冲测试。

①在 I/O 配置中，双击 1791DS-IB8XOB8 以打开模块属性菜单，选择“Output Configuration”选项卡。

②点击“Point Mode”（点模式），为点 0 和 1 选择“Safety Pulse Test”，如图 8-77 所示。

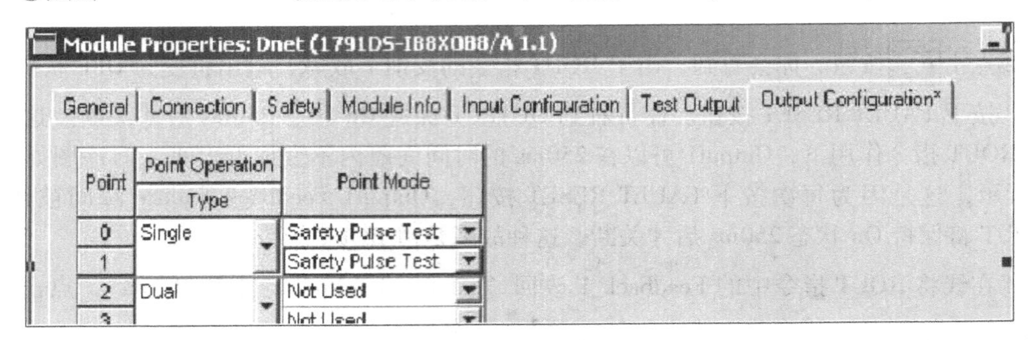

图 8-77　输出点 0 和 1 选择“Safety Pulse Test”

③将“Output Error Latch Time”（输出故障锁存时间）改为 20000ms，如图 8-78 所示。

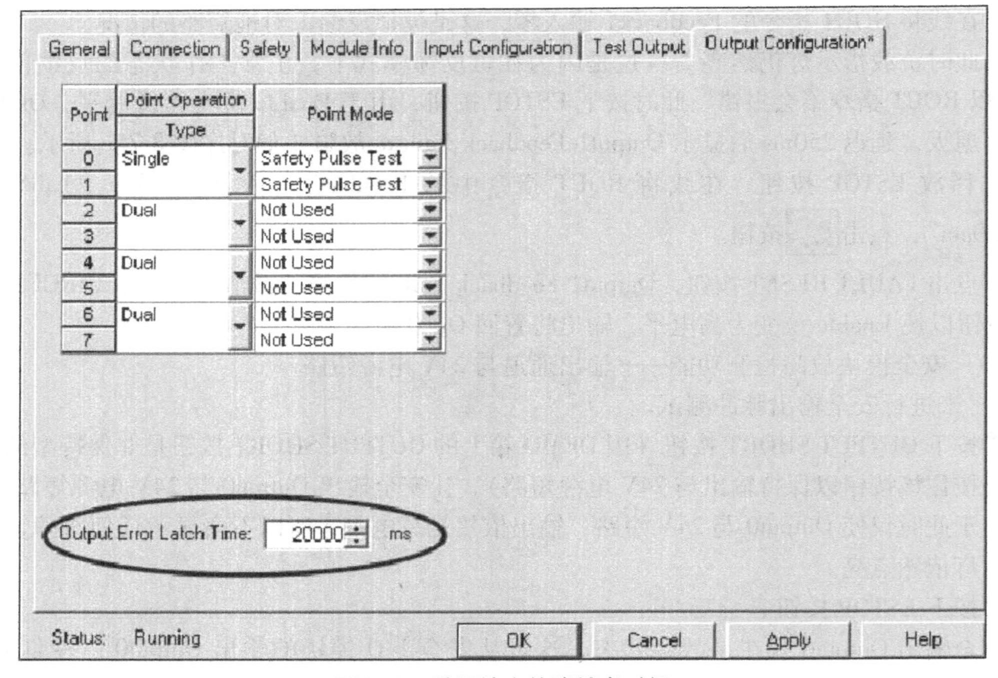

图 8-78　设置输出故障锁存时间

这样，即使输出故障被立刻清除，故障指示灯依然会保持一段时间（这段时间即所谓的输出故障锁存时间；本实验设置为 20s）。

④点击“OK”以关闭窗口，下载并运行程序。

⑤按下 CIRCUIT RESET 按钮以启动系统。

⑥现在按下 OUTPUT SHORT 按钮（按住该非保持型按钮），再次将 Output0 与 24V 短路，输出脉冲检测将检测到该短路故障，而使安全 I/O 模块上的 Output0 变红以指示 Output0 故障。

⑦释放 OUTPUT SHORT 按钮。

根据前面我们的配置，Output0 灯的红色故障指示状态将保持亮 20s（即故障锁存时间），在这段锁存时间内，无法重启系统。

⑧20s 的锁存时间过后，按下 FAULT RESET 按钮以重启系统。

8.7.7　功能屏蔽灯输出

1791DS 模块提供了功能屏蔽灯输出端口 T3。在实验箱的 T3 端口连接指示灯，通电时，可以检测到如下故障：烧坏的灯泡、断线、对地短路，这实际上是通过循环检测回路的电流来实现故障检测的。这对于通过灯来显示安全的开关或用于探测低亮度环境的 ESTOP 应用程序来说至关重要。另外，功能屏蔽灯通常与安全光栅配合使用。

功能屏蔽是指电敏防护设备安全、自动的瞬态暂停，使用屏蔽指示灯指示屏蔽状态，屏蔽指示灯指示光电防护设备是否已停止，通过这种方法，可在暂时停止诸如光栅或光幕等光电防护设备功能时，接收到清晰的指示信号，从而保证机器操作员的安全。

功能屏蔽灯常用于传送原料经过的危险区域，比如，在需要不断送、取料的冲压设备上，如果安装接触式安全防护门，则需要操作人员频繁地开关防护门，这样不但增加了操作人员的工作量，而且降低了生产效率。在这种情况下，采用安全光栅就是最佳的选择。安全光栅由投光器和受光器两部分组成。投光器发射出调制的红外光，由受光器接收，形成了一个保护网，当有物体进入保护网时，就有光线被物体挡住，通过内部控制线路，受光器马上做出反应，在输出部分输出一个信号用于机床紧急刹车。在操作人员送取料时，只要有身体的任何一部分遮断光线，就会导致机器进入安全状态而不会给操作人员带来伤害，此时功能屏蔽灯点亮，表示机器进入安全状态。

1）通过改变 Safety Module Definition（安全模块定义）来包含功能屏蔽灯。选择“Safety Module Definition 的 Test Output”选项卡，为输出点 3（输出点 3 是唯一支持功能屏蔽灯的测试输出）选择“Muting Lamp”，如图 8-79 所示。

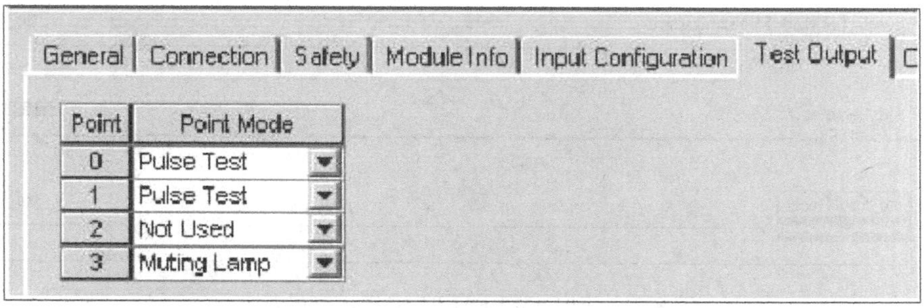

General | Connection | Safety | Module Info | Input Configuration | Test Output | C

Point	Point Mode
0	Pulse Test
1	Pulse Test
2	Not Used
3	Muting Lamp

图 8-79　为测试输出点 3 选择“Muting Lamp”

2）点击“OK”以确认所做的改动。在安全例程中，如图 8-80 所示在 ESTOP 指令周围添加一个输出分支，当 ESTOP 待命（即“safety _ EStop. O1”输出为高）时，置位 ESTOP 灯源的输出（即“safety _ LabNode1：O. Test03Data”被置位）。

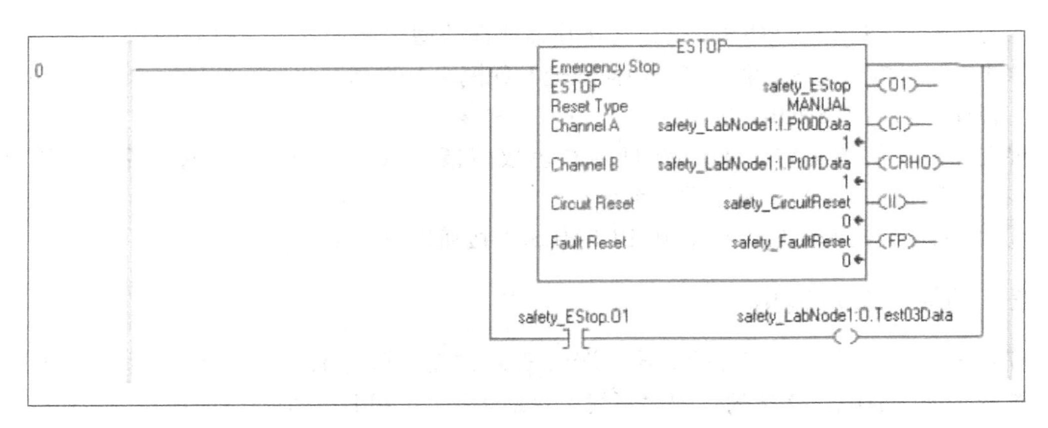

图 8-80　添加灯源“safety _ LabNode1：O. Test03Data”

3）保存并下载程序。按下电路复位按钮，会发现输出负载指示灯 Output Lamp 和功能屏蔽灯均点亮。

4）在标准例程中添加如图 8-81 所示梯级，即：检测功能屏蔽灯的电流，当指示灯烧掉或断线时，置位 std _ LampFault。如果灯的状态良好，则输入信号“safety _ LabNode1：I. MutingStatus”为 1，反之，如果检测到错误（即输出回路电流为 0）就置为 0，指示灯回路是连续检测的。这里用 latch（锁存）指令来捕捉低电平状态，并用 FAULT LAMP 指示灯进行显示，FAULT RESET 按钮可对锁存进行复位。

5）保存并下载程序，使程序处于运行状态。此时 LAMP FAULT 指示灯点亮，这是因为还未按下电路复位按钮时，功能屏蔽灯未点亮，安全模块检测到电流为 0，将“MutingStatus”置 0，指示有 LAMP FAULT。

6）按下 CIRCUIT RESET 按钮，负载输出指示灯 Output Lamp 和功能屏蔽灯均点亮，LAMP FAULT 指示灯还处于点亮状态。

图 8-81　用 LAMP FAULT 来指示灯的状态

7）按下 FAULT RESET 按钮，LAMP FAULT 指示灯熄灭。

8）按下 LAMP WIRE OFF 保持型按钮，功能屏蔽灯关闭，延迟一段时间后，LAMP FAULT 指示灯点亮。此时，“safety _ LabNode1：O. Test03”以输出脉冲的形式表示功能屏蔽灯断线，同时“MutingStatus”也是脉冲形式。

9）释放 LAMP WIRE OFF 保持型按钮，功能屏蔽灯点亮。

10）按下 FAULT RESET 按钮，确认 LAMP FAULT 指示灯熄灭。

8.7.8　安全标识和安全锁定

1. 安全标识

安全标识是 GuardLogix 系统用来识别每个工程的逻辑、数据和配置的唯一编号，它包含能代表程序的安全部分的独一无二的身份。GuardLogix 用安全标识来识别是否将正确的程序下载到相应的目标控制器中，并由此来保护系统的安全集成等级（SIL）。

只有在 GuardLogix 控制器处于下列状态时才可生成安全标识：

1）处于程序模式。

2）安全锁开启并且没有安全强制。

3）没有未解决的安全编辑或安全故障。

如果安全标识已经存在，在应用程序的安全部分是不允许有下列操作的：

1）在线或离线编程。

2）强制安全 I/O。

3）改变安全 I/O 或“producer controllers”（生产者控制器）的禁止状态。

2. 安全锁定

GuardLogix 控制器处于安全锁定状态就可以防止与安全相关的控制元件发生改动。安全锁定功能仅应用于安全部分。安全锁定是有密码保护的，安全锁定和解锁可设定不同的密码，即安全锁定具有保密特征。

无论控制器在线还是离线，无论是否拥有程序的源文件，都可以进行安全锁定，但是：必须当前没有安全强制和在线编辑，控制器的钥匙处于 RUN 位置时是不能进行安全锁定和安全解锁的。

如果控制器已被安全锁定，安全部分的下列操作是不被允许的：

1）在线或离线编程。

2）强制安全 I/O。

3）改变安全 I/O 或“producer controllers”（生产者控制器）的禁止状态。

4）产生或删除安全标识。

3. 实验操作

1）如果控制器处于在线状态，转到 Program 模式。

2）点击“Controller Properties”（控制器属性）图标 ，点击“Safety”选项卡。

3）点击“Generate”按钮以产生安全标识。

4）转到“Controller Tags”并核实所有安全标签的“Value”栏应该是变灰的，无法被编辑。

5）回到控制器的“Safety”选项卡，点击“Safety Lock/Unlock”按钮。

6）点击“Lock”，然后点击“OK”以关闭控制器属性窗口。

7）在线和离线状态分别试着编辑应用程序的安全部分，你将发现只有标准例程可以正常编辑。

8）回到控制器的“Safety”选项卡，点击“Safety Lock/Unlock”按钮，然后点击“Unlock”，以完成对控制器的解锁。

9）仍然是在“Safety”选项卡，点击“Delete”按钮删除安全标识，点击“OK”关闭窗口。

10）现在可以对“safety MainRoutine”（安全主程序）进行编辑了。

参 考 文 献

[1] 邓李. PAC 编程基本教程 [M]. 北京: 机械工业出版社, 2012.
[2] 邓李. ContrlLogix 系统使用手册 [M]. 北京: 机械工业出版社, 2008.
[3] 钱晓龙, 李晓理. 循序渐进 PowerFlex 变频器 [M]. 北京: 机械工业出版社, 2007.
[4] 钱晓龙, 李晓理. 循序渐进 SLC500 控制系统与 PanelView 训练课 [M]. 北京: 机械工业出版社, 2008.
[5] 钱晓龙. ControlLogix 系统电力行业自动化应用培训教程 [M]. 北京: 机械工业出版社, 2008.
[6] William M. Goble. 控制系统的安全评估与可靠性 [M]. 白焰等译. 北京: 中国电力出版社, 2008.
[7] 汪晋宽, 马淑华. 工业网络技术 [M]. 北京: 北京邮电大学出版社, 2006.